Schnittpunkt 10

Mathematik
Rheinland-Pfalz

Rainer Maroska
Achim Olpp
Rainer Pongs
Claus Stöckle
Hartmut Wellstein
Heiko Wontroba

bearbeitet von
Ilona Bernhard, Obermoschel
Volker Müller, Isenburg

Manfred Palte
Peter Rausche

Ernst Klett Verlag
Stuttgart · Leipzig

Schnittpunkt 10, Mathematik, Rheinland-Pfalz

Begleitmaterial:
Lösungsheft (ISBN 978-3-12-742603-8)
Arbeitsheft mit Lösungen (ISBN 978-3-12-742606-9)
Arbeitsheft mit Lösungen inklusive Lernsoftware (ISBN 978-3-12-742605-2)
Schnittpunkt Kompakt, Klasse 5/6 (ISBN 978-3-12-740358-9)
Schnittpunkt Kompakt, Klasse 7/8 (ISBN 978-3-12-740378-7)
Schnittpunkt Kompakt, Klasse 9/10 (ISBN 978-3-12-740398-5)
Kompetenztest 3, Klasse 9/10 (ISBN 978-3-12-740407-4)
Formelsammlung (ISBN 978-3-12-740322-0)

1. Auflage 1 7 6 5 4 3 | 14 13 12 11 10

Alle Drucke dieser Auflage sind unverändert und können im Unterricht nebeneinander verwendet werden.
Die letzte Zahl bezeichnet das Jahr des Druckes.

Autoren: Rainer Maroska, Geislingen; Achim Olpp, Täferrot; Rainer Pongs, Hürtgenwald; Claus Stöckle, Bietigheim-Bissingen; Hartmut Wellstein, Nürnberg; Heiko Wontroba, Herrenhof
Bearbeitet von: Ilona Bernhard, Obermoschel; Volker Müller, Isenburg; Manfred Palte, Garbsen; Peter Rausche, Goslar

Redaktion: Annette Thomas, Elke Linzmaier
Herstellung: Martina Mannhart

Illustrationen: Uwe Alfer, Waldbreitbach
Satz: media office gmbh, Kornwestheim
Reproduktion: Meyle + Müller, Medien-Management, Pforzheim
Druck: Stürtz GmbH, Würzburg

Printed in Germany
ISBN 978-3-12-742601-4

9 783127 426014

Liebe Schülerin, lieber Schüler,

der Schnittpunkt soll dich in diesem Schuljahr beim Lernen begleiten und unterstützen. Damit du dich jederzeit zurecht findest, wollen wir dir ein paar Hinweise geben.

Jedes neue Kapitel beginnt mit einer **Doppelseite**, auf der es viel zu entdecken und auszuprobieren gibt und auf der du nachlesen kannst, was du in diesem Kapitel lernen wirst. Innerhalb der Kapitel wirst du vor allem die **Aufgaben** bearbeiten – gemeinsam mit anderen oder allein.

Auf vielen Aufgabenseiten findest du immer wieder bunt hervorgehobene Kästen, die Verschiedenes bieten:

- Wichtige mathematische Methoden und Vorgehensweisen, die du immer wieder brauchen wirst.
- Informationen, Daten und Diagramme zu einem interessanten Thema sowie einige Fragestellungen, zu denen du Antworten und Fragen finden kannst.
- Den Anstoß zu einer ausführlichen Beschäftigung mit einem Thema, bei dem es einiges zu entdecken gibt.
- Schaufenster in die Mathematik mit Interessantem, mit Spielen, Gedankenexperimenten und echten Knobelnüssen.

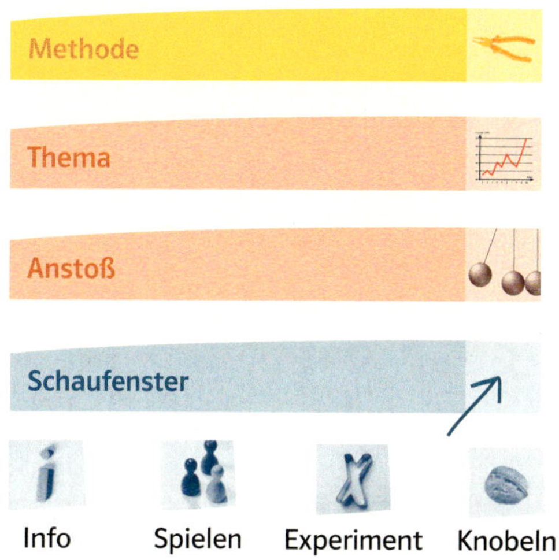

Am Ende jedes Kapitels findest du in der **Zusammenfassung** noch einmal alles, was du dazugelernt hast. Hier kannst du dich für die anstehenden Klassenarbeiten fit machen und jederzeit nachschlagen.

Unter **Üben • Anwenden • Nachdenken** sind Aufgaben zum Üben, Weiterdenken und Anknüpfen an früher Gelerntes zusammengestellt.

Die letzte Seite des Kapitels, der **Rückspiegel**, bietet dir eine Aufgabenauswahl, mit der du dein Wissen und Können testen kannst. Links findest du die leichteren, rechts die schwierigeren Aufgaben. Wenn du einen Aufgabentyp schon sehr gut beherrschst, kannst du nach rechts springen, wenn dir eine Art von Aufgaben noch Schwierigkeiten bereitet, wechselst du auf die linke Seite. Die Lösungen zu diesen Aufgaben findest du alle am Ende des Buches.

Manche Aufgaben haben eine blaue Aufgabenziffer. Bei diesen musst du ein bisschen länger überlegen oder brauchst eine gute Idee.

Im **Sammelpunkt** sind noch einmal Aufgaben zusammengestellt, die aufgreifen, was du bisher gelernt hast. Auch zu diesen Aufgaben findest du Lösungen am Ende des Buches.

Und jetzt wünschen wir dir viel Spaß und Erfolg!

Inhalt

• **Basiswissen** 6

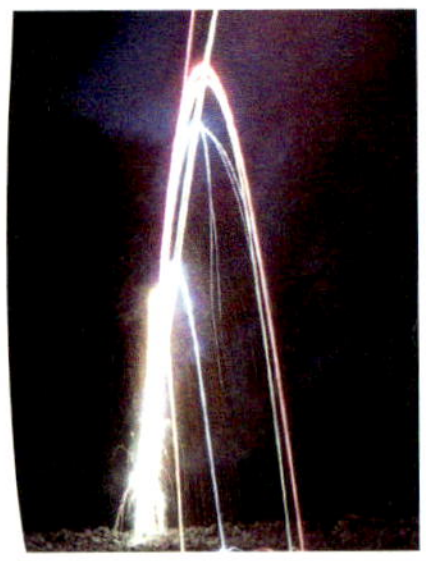

1 Quadratische Funktionen und Gleichungen 20
1 Die quadratische Funktion $y = x^2$ 22
2 Die rein quadratische Funktion $y = x^2 + c$ 24
3 Die rein quadratische Funktion $y = ax^2 + c$ 25
4 Die rein quadratische Gleichung. Grafische Lösung 28
5 Die rein quadratische Gleichung. Rechnerische Lösung 30
6 Die gemischt quadratische Funktion $y = ax^2 + bx + c$ 32
7 Die gemischt quadratische Gleichung. Grafische Lösung 35
8 Die gemischt quadratische Gleichung. Rechnerische Lösung 37
9 Modellieren 42
Zusammenfassung 45
Üben • Anwenden • Nachdenken 46
Rückspiegel 51

2 Potenzen 52
1 Potenzen 54
2 Potenzen mit gleicher Basis 56
3 Sehr groß – sehr klein 59
4 Potenzen mit gleichen Exponenten 62
5 Potenzen mit gebrochenen Exponenten 64
6 Potenzfunktionen 66
Zusammenfassung 69
Üben • Anwenden • Nachdenken 70
Rückspiegel 75

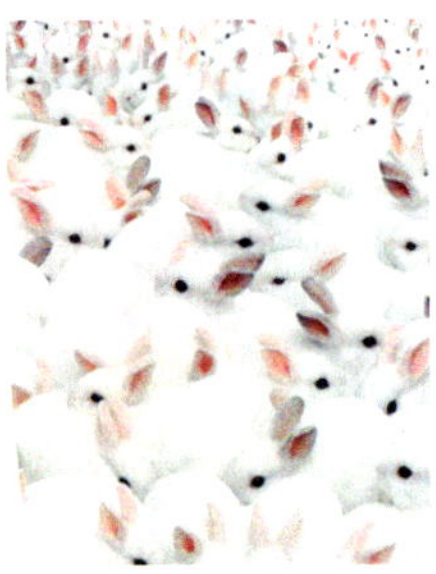

3 Wachstumsprozesse 76
1 Wachstum und Abnahme 78
2 Wachstumsfaktor und Wachstumsrate 80
3 Exponentielles Wachstum 82
4 Exponentielle Abnahme 84
5 Exponentialfunktion 86
6 Der Logarithmus 89
Zusammenfassung 92
Üben • Anwenden • Nachdenken 93
Rückspiegel 97

4 Sachrechnen 98
1 Zinsrechnen und Zinseszins 100
2 Zuwachssparen und Ratensparen 102
3 Darlehen 104
4 Diagramme 106
5 Daten auswerten 109
6 Daten beurteilen 112
Zusammenfassung 115
Üben • Anwenden • Nachdenken 116
Rückspiegel 119

5 Zufall 120
1 Ereignisse 122
2 Zusammengesetzte Ereignisse 124
3 Zweistufige Zufallsversuche 127
4 Vierfeldertafeln 132
Zusammenfassung 135
Üben • Anwenden • Nachdenken 136
Rückspiegel 141

6 Trigonometrie 142
1 Sinus. Kosinus. Tangens 144
2 Rechtwinklige Dreiecke berechnen 146
3 Besondere Werte 151
4 Allgemeine Dreiecke berechnen 153
5 Sinus- und Kosinussatz 155
6 Trigonometrie in Ebene und Raum 159
7 Sinus und Kosinus am Einheitskreis 165
8 Sinusfunktion und Kosinusfunktion 167
9 Eigenschaften der Winkelfunktionen 170
Zusammenfassung 173
Üben • Anwenden • Nachdenken 174
Rückspiegel 179

• **Treffpunkt**
Der Blick ins All 180

• **Sammelpunkt** 182

Lösungen des Basiswissens 204
Lösungen der Rückspiegel 210
Lösungen des Sammelpunkts 216
Mathematische Symbole / Maßeinheiten 227
Register 228

Basiswissen | Schriftliche Rechenverfahren

Beim schriftlichen **Addieren** und **Subtrahieren** müssen die Zahlen stellenwertgerecht untereinanderstehen, dabei steht Komma unter Komma.

```
   1,354        64,390
+ 44,580      - 21,822
+  2,679      -  6,656
   1 21          12  1
--------      --------
  48,613        35,912
```

1 Addiere schriftlich.
a) 2312,53 + 2519,89 + 1322,58
b) 585,02 + 57,7 + 0,056 + 32
c) 4,3 + 21 + 6,362 + 12,91 + 3,228 + 2,2

2 Subtrahiere schriftlich.
a) 67,49 − 33,34
b) 76,51 − 44,88
c) 587,7 − 138,64
d) 980 − 395,42
e) 7842,3 − 413,25 − 84,4 − 3354,23
f) 2581 − 45,8 − 129,26 − 145 − 0,05

3 Berechne. Achte auf die unterschiedlichen Maßeinheiten.
a) 735 g + 3,23 kg + 47 g + 2,3 kg
b) 13,5 cm + 27,68 dm + 230 mm
c) 3,5 m − 72,62 cm − 6,89 dm
d) 35 ha − 28,3 a − 761,5 m^2 − 1,2 ha
e) 125,3 cm^2 + 23 dm^2 − 52,36 mm^2
f) 2700 m^3 − 15,3 dm^3 − 1589,4 cm^3
g) 13,4 dm^3 + 4,8 l
h) 67 hl + 3215 l

Dezimalzahlen sind zunächst ohne Berücksichtigung des Kommas zu **multiplizieren**. Das Komma wird erst im Endergebnis gesetzt. Dabei hat das Ergebnis so viele Nachkommastellen, wie die einzelnen Faktoren zusammen haben.

```
6,28 · 5,7
 3140
  4396
--------
 35,796
```

4 Multipliziere durch Kommaverschiebung.
a) 3,25 · 10
b) 56,325 · 100
c) 42,673 · 1000
d) 42,673 · 10 000

5 Berechne im Kopf.
a) 0,07 · 0,3
b) 0,06 · 1,2
c) 0,017 · 0,3
d) 0,6 · 0,019

6 Multipliziere schriftlich.
a) 7,96 · 7
b) 1,8 · 3,625
c) 16,45 · 0,081
d) 69 · 1,35
e) 45,075 · 4,32
f) 6,7 · 2,8

7 Multipliziere 2,8 mit der Summe der Zahlen 7,8 und 9,4.

Beim **Dividieren** muss der Divisor eine natürliche Zahl sein. Gegebenenfalls müssen Dividend und Divisor entsprechend mit einer Zehnerpotenz erweitert werden. Das Komma ist also nach rechts zu verschieben.
Beim Überschreiten des Kommas schreibt man im Ergebnis ein Komma.

Komma um eine Stelle nach rechts

```
1,68 : 0,3 =
16,8 : 3 = 5,6
15
 18
 18
  0
```

8 Dividiere durch Kommaverschiebung.
a) 62,5 : 10
b) 0,078 : 10
c) 98,4 : 100
d) 62 : 1000

9 Berechne im Kopf.
a) 72 : 0,8
b) 6,5 : 0,5
c) 1,12 : 0,8
d) 10,8 : 0,12

10 Dividiere schriftlich.
a) 3570 : 6
b) 12 628 : 7
c) 2025,2 : 4
d) 729,54 : 0,9
e) 72,954 : 0,9
f) 3,42 : 0,019

11 Beachte die Rechenregeln.
3,5 + 18,4 : 4 − 72,9 : (3 · 3)

Basiswissen | Bruchrechnung

Bruchteile: Ganze lassen sich in Bruchteile zerlegen. Die Bruchteile beschreibt man durch Brüche.

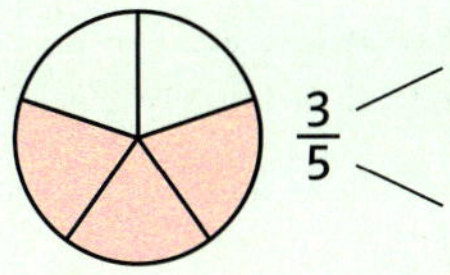

Der Zähler gibt die Anzahl der Bruchteile an.
Der Nenner gibt an, in wie viele gleiche Bruchteile das Ganze zerlegt wurde.

1 Welcher Bruchteil ist gefärbt? Kürze, wenn möglich.

a)
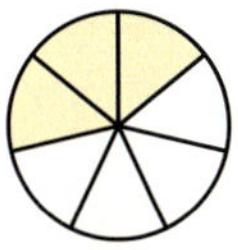

b)
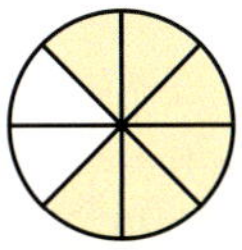

c)

d)

2 Welche Brüche sind dargestellt?

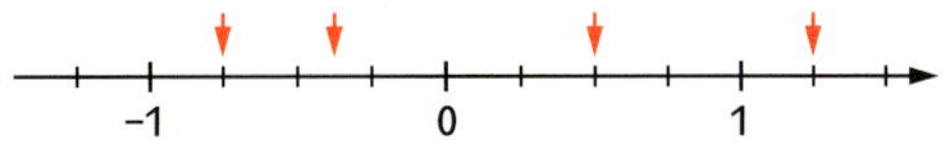

3 Zeichne eine Zahlengerade (1 Einheit = 2 cm) auf ein Blatt. Trage folgende Brüche ein:

[A] $\frac{3}{4}$ [B] $1\frac{1}{2}$ [C] $-1\frac{1}{4}$ [D] $-1\frac{5}{8}$

$\frac{3}{4} + \frac{2}{3} = \frac{9}{12} + \frac{8}{12} = \frac{17}{12} = 1\frac{5}{12}$

Addition: Zwei Brüche werden addiert, indem man beide Brüche gleichnamig macht und dann die Zähler addiert.

$\frac{3}{4} - \frac{2}{3} = \frac{9}{12} - \frac{8}{12} = \frac{1}{12}$

Subtraktion: Zwei Brüche werden subtrahiert, indem man beide Brüche gleichnamig macht und dann die Zähler subtrahiert.

$\frac{4}{5} \cdot \frac{2}{3} = \frac{4 \cdot 2}{5 \cdot 3} = \frac{8}{15}$

$\frac{27}{32} \cdot \frac{64}{45} = \frac{27 \cdot 64}{32 \cdot 45} = \frac{9 \cdot 3 \cdot 32 \cdot 2}{32 \cdot 9 \cdot 5} = \frac{6}{5} = 1\frac{1}{5}$

Multiplikation: Zwei Brüche werden multipliziert, indem man Zähler mit Zähler und Nenner mit Nenner multipliziert. Kürze, falls möglich, vor dem Ausrechnen.

$\frac{4}{5} : \frac{3}{7} = \frac{4 \cdot 7}{5 \cdot 3} = \frac{28}{15} = 1\frac{13}{15}$

$\frac{9}{32} : \frac{45}{64} = \frac{9}{32} \cdot \frac{64}{45} = \frac{9 \cdot 64}{32 \cdot 45} = \frac{9 \cdot 32 \cdot 2}{32 \cdot 9 \cdot 5} = \frac{2}{5}$

Division: Zwei Brüche werden dividiert, indem man den ersten Bruch mit dem Kehrbruch des zweiten Bruches multipliziert.
Der Kehrbruch zu $\frac{a}{b}$ ist $\frac{b}{a}$.

4 Gegeben sind die Brüche $\frac{2}{5}$ und $\frac{2}{3}$.
a) Addiere die beiden Brüche.
b) Multipliziere die beiden Brüche.
c) Welcher der beiden Brüche liegt näher an der 1? Begründe!

5 Die Schulstunde dauert 45 Minuten. Leider sind $\frac{2}{3}$ des Unterrichts schon vorbei. Wie viele Minuten verbleiben noch?

6 Wie viel sind
a) $\frac{1}{2}$ von 560,00 €? b) $\frac{3}{4}$ von 560,00 €?
c) $\frac{3}{8}$ von 560,00 €? d) $\frac{5}{7}$ von 560,00 €?

7 Berechne.
a) $\frac{3}{5} + \frac{7}{30}$ b) $\frac{4}{5} - \frac{3}{13}$
c) $\frac{8}{9} - \frac{5}{12}$ d) $\frac{34}{45} \cdot \frac{15}{68}$
e) $\frac{11}{13} \cdot \frac{3}{7} \cdot \frac{39}{33} \cdot \frac{14}{3}$ f) $\frac{17}{6} : \frac{7}{4}$
g) $\frac{27}{32} : \frac{45}{64}$ h) $\frac{5}{7} : 20$

8 Die Abbildung rechts zeigt, wie die 24 Mitglieder der Schülervertretung über den Antrag, eine Schuldisco durchzuführen, abgestimmt haben.
Notiere die Stimmzahlen.

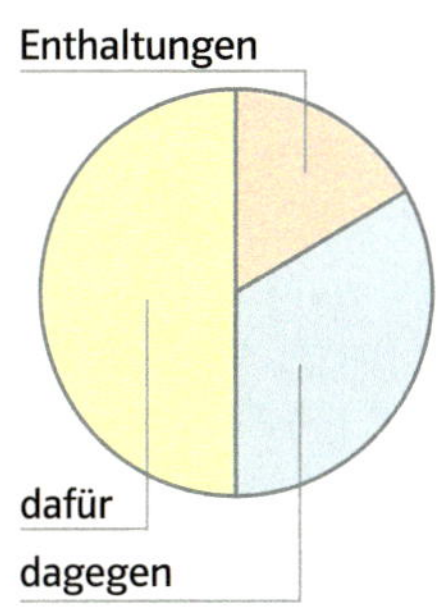

Basiswissen | Zuordnungen, Dreisatz

Bei einer **Zuordnung** wird einer Ausgangsgröße eine bestimmte andere Größe zugeordnet.
Zuordnungen können durch Tabellen, Schaubilder oder Rechenvorschriften beschrieben werden.

Inka hatte Grippe. Morgens und abends wurde die Temperatur gemessen.

Fr	8:10	38,2°	Sa	8:05	37,8°
	18:00	38,6°		18:15	38,2°

1 Die Tabelle zeigt die Pegelstände der Elbe in Hitzacker während des Elbhochwassers 2006.
Veranschauliche die Zahlen durch ein Schaubild.

03.04.	5,32 m	10.04.	7,56 m	17.04.	6,14 m
04.04.	5,86 m	11.04.	7,42 m	18.04.	5,95 m
05.04.	6,63 m	12.04.	7,20 m	19.04.	5,79 m
06.04.	7,16 m	13.04.	6,96 m	20.04.	5,63 m
07.04.	7,52 m	14.04.	6,71 m	21.04.	5,48 m
08.04.	7,58 m	15.04.	6,50 m	22.04.	5,39 m
09.04.	7,62 m	16.04.	6,48 m		

2 Im Schaubild wird das Gewicht eines Briefes dem Inlandsporto zugeordnet.
a) Wie teuer ist ein Brief, der 45 g (80 g; 250 g; 800 g) schwer ist?
b) Auf einem Brief klebt eine Marke zu 1,45 €. Wie schwer könnte der Brief sein?
c) Erstelle eine tabellarische Übersicht.

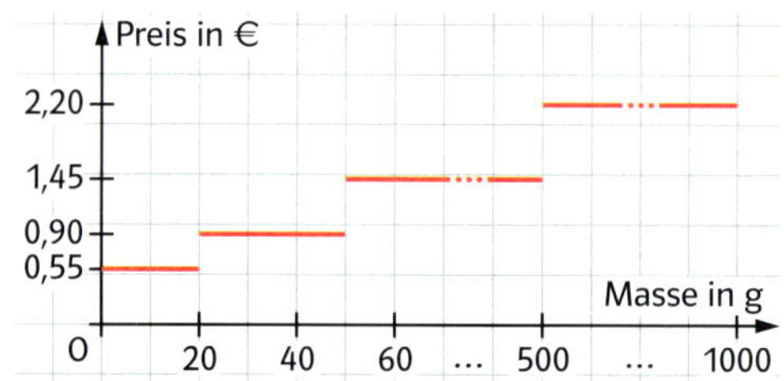

Für **proportionale Zuordnungen** gilt: Zum Doppelten (Dreifachen, Vierfachen usw.) einer Größe gehört das Doppelte (Dreifache, Vierfache usw.) der zugeordneten Größe.
Zur Hälfte (zum dritten Teil, zum vierten Teil usw.) einer Größe gehört die Hälfte (der dritte Teil, der vierte Teil usw.) der zugeordneten Größe.
Oft ist es günstig, erst die Einheit einer Größe auszurechnen. Dividiert man die einander zugeordneten Größen, so ergibt sich immer der gleiche Quotient (**Quotientengleichheit**).

Für Hefepfannkuchen benötigt man für vier Personen 200 g Weizenvollkornmehl.

	Personenzahl	Weizenvollkornmehl in g	
	4	200	
:4	1	50	:4
· 6	6	300	· 6

3 Fülle die Tabellen aus. Die Zuordnungen sollen proportional sein.

Gewicht in kg	Preis in €
4	2,8
20	
5	
40	

Länge in km	Zeit in min
5	60
1	
3	
15	

4 Für die Hefepfannkuchen werden für vier Personen außer Mehl noch 250 ml Milch, 10 g Hefe, 2 Eier, 2 Eigelb, 1 Esslöffel Honig und 40 g Fett zum Braten benötigt. Berechne die Mengen für sechs Personen.

5 In einem Restaurant werden in fünf Tagen 150 kg Kartoffeln geschält.
a) Wie viel kg Kartoffeln werden in 12 Tagen bei gleichem Verbrauch geschält?
b) Wie lange reichen 270 kg Kartoffeln?

6 Zum Streichen einer 10 m^2 großen Wandfläche werden 4 kg Farbe benötigt.
a) Wie viel Kilogramm Farbe benötigt man für eine 35 m^2 große Wandfläche?
b) Für eine andere Wandfläche werden 3 Eimer zu je 4 kg Farbe gekauft.

7 In ein Becken werden in 5 min 180 l Wasser gepumpt. Die Pumpe läuft zwei 2 h.

Basiswissen | Zuordnungen, Dreisatz

Für **antiproportionale (umgekehrt proportionale) Zuordnungen** gilt: Zum Doppelten (Dreifachen, Vierfachen usw.) einer Größe gehört die Hälfte (der dritte Teil, der vierte Teil usw.) der zugeordneten Größe.
Zur Hälfte (zum dritten Teil, zum vierten Teil usw.) einer Größe gehört das Doppelte (Dreifache, Vierfache usw.) der zugeordneten Größe.
Oft ist es günstig, zunächst die Einheit einer Größe auszurechnen.
Multipliziert man die einander zugeordneten Größen, so ist das Produkt immer gleich groß **(Produktgleichheit)**.

Die Lebensmittelvorräte in dem Basislager einer Expedition reichen bei 8 Mitgliedern 12 Tage.

	Personenzahl	Zeit in Tagen	
	8	12	
:8	1	96	·8
·6	6	16	:6

$8 \cdot 12 = 96;\ 1 \cdot 96 = 96;\ 6 \cdot 16 = 96$

1 Fülle die Tabellen aus. Die Zuordnungen sollen antiproportional sein.

Anzahl Pumpen	Volumen in l
4	140
1	
8	
5	

Länge in cm	Breite in cm
45	4
1	
20	
25	

2 Ein Lottogewinn von 240 000 € soll gleichmäßig aufgeteilt werden.
a) Notiere in einer Tabelle, wie viel € jeder bei zwei, drei, …, zehn Gewinnern erhält.
b) Stelle die Zuordnung grafisch dar.

3 Der Kartoffelvorrat eines Restaurants reicht für 20 Tage, wenn täglich 30 kg verbraucht werden.
Der Inhaber verändert die Speisekarte und bietet vermehrt Reis als Beilage an. Dadurch sinkt der durchschnittliche Kartoffelverbrauch auf 12 kg je Tag.

4 Eine Schulklasse mit 27 Schülerinnen und Schülern benötigt für die Inventur eines Ladengeschäfts 4 Stunden. Am Inventurtag sind 3 Schüler krank. Um wie viele Minuten verlängert sich die Zeit?

5 Wie viele Arbeiter müssen eingesetzt werden, wenn ein Auftrag, für den 8 Arbeiter 10 Tage benötigen, bereits in 4 Tagen erledigt sein soll und alle Arbeiter die gleiche Tagesleistung haben?

6 Stellt der Graph eine proportionale, antiproportionale oder sonstige Zuordnung dar?

a) b) c) d)

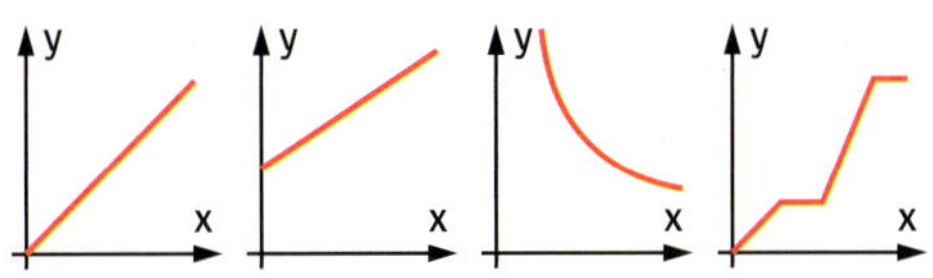

7 Proportional, antiproportional oder eine sonstige Zuordnung?
a) Drei LKW fahren jeweils 24-mal, um die Zuckerrüben des Bauern Kaiser von Mutterstadt nach Offstein zu bringen. Das Fuhrunternehmen lieh sich einen vierten LKW. Wie oft war jeder LKW unterwegs?
b) Jessica legt in 15 Minuten 3,5 km mit ihrem Fahrrad zurück. Wie viele Kilometer radelt sie in 2,5 Stunden, wenn sie ihre Geschwindigkeit während des gesamten Zeitraumes konstant beibehalten kann?
c) Das Porto für einen Maxibrief, der 1000 g schwer ist, kostet 2,20 €. Jan überlegt, auf einen Großbrief, der 500 g wiegt, 1,10 € aufzukleben.
d) 3 Arbeiter sind bei einer täglichen Arbeitszeit von 8 Stunden 4 Tage beschäftigt. Wie lange benötigen 4 Arbeiter, wenn sie täglich nur 6 Stunden arbeiten?

8 Die Figur auf dem Rand ist einer Nana der französischen Künstlerin Niki de Saint-Phalle nachgebildet.
Wie groß ist sie ungefähr?

Basiswissen | Prozente und prozentuale Veränderungen

Wohin soll unser Jahresausflug gehen?

Landesgartenschau Bingen	*2*
Holidaypark	*15*
Luisenpark	*8*

Bei der Umfrage in der Klasse ist die Summe der Stimmen der Grundwert.
15 von 25 stimmten für den Holidaypark, das sind
$\frac{15}{25} = \frac{60}{100} = 60\,\%$.
Hier ist 15 der Prozentwert W und $\frac{60}{100}$ oder 60 % der Prozentsatz.

Beim Prozentrechnen unterscheidet man **Grundwert G**, **Prozentwert W** und den **Prozentsatz p %**.
Der Prozentwert entspricht der **absoluten Häufigkeit**. Der Prozentsatz entspricht der **relativen Häufigkeit** in Prozent.

$\mathbf{G \mathrel{\hat{=}} 100\,\%}$

$\mathbf{W \mathrel{\hat{=}} p\,\%}$

$W = 156\,€$
$p\,\% = 32\,\%$
$G = \square$

Die Formel wird nach G aufgelöst:

$W = G \cdot \frac{p}{100} \quad | \cdot \frac{100}{p}$

$G = W \cdot \frac{100}{p} = 156\,€ \cdot \frac{100}{32}$

$G = 487{,}50\,€$

Mit der **Grundformel der Prozentrechnung** $\mathbf{W = G \cdot p\,\%}$ oder $\mathbf{W = G \cdot \frac{p}{100}}$ lassen sich P, G und p % berechnen, wenn zwei der drei Größen gegeben sind.

1 Kurt spart beim Kauf einer Jacke im Winterschlussverkauf 20 %, das sind 37 €. Wie teuer war die Jacke vorher?

2 Franziska bestellt einen Drucker per Internet. Der Nettopreis beträgt 39 €. Sie muss jedoch noch 19 % Mehrwertsteuer und 3,95 € Porto zahlen. Wie hoch wird der Rechnungsbetrag?

3 Bei welchem Angebot ist der Rabatt prozentual höher?

alter Preis	399 €	299 €
neuer Preis	299 €	199 €

4 Was kostet die Jacke nach Abzug von 15 % Rabatt, wenn sie mit 195 € ausgezeichnet ist? Wie hoch ist der Rabatt in Euro?

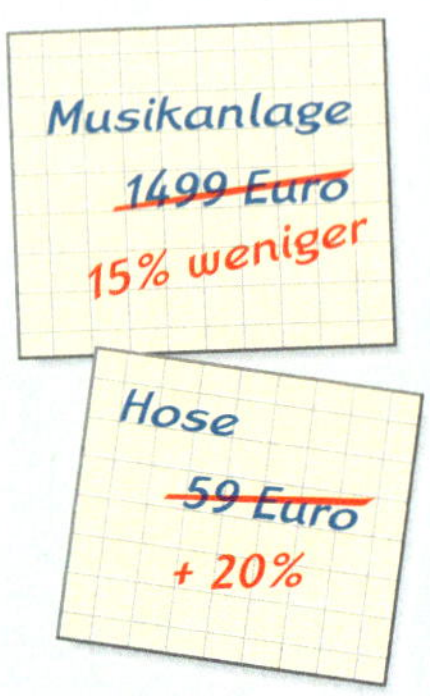

Wie teuer sind Musikanlage und Hose nach der Preissenkung bzw. Preissteigerung?

$q = 1 - \frac{15}{100} = 1 - 0{,}15 = 0{,}85$

$W = G \cdot q = 1499\,€ \cdot 0{,}85$

$W = 1274{,}15\,€$

$q = 1 + \frac{20}{100} = 1 + 0{,}2 = 1{,}2$

$W = G \cdot q = 59\,€ \cdot 1{,}2$

$W = 70{,}80\,€$

Prozentuale Veränderungen lassen sich mit dem **Prozentfaktor q** ausdrücken und berechnen:

$\mathbf{q = 1 + \frac{p}{100}}$ **Vermehrung**

oder $\mathbf{q = 1 - \frac{p}{100}}$ **Verminderung**

5 a) Frau Kunz erhält auf ihren monatlichen Verdienst von 2854,35 € eine Gehaltserhöhung von 2,6 %. Wie viel verdient sie jetzt?
b) Ein Kollege von Frau Kunz verdient nach der Gehaltserhöhung um 2,6 % jetzt 3058,85 €.
c) Bei Herrn Peters macht die Gehaltserhöhung von 2,6 % genau 66,43 € aus.

6 Nach einem Aufschlag von 5 % kostet ein MP3-Player 94,50 €.
a) Wie teuer war er vorher?
b) Um wie viel Prozent müsste man den Preis senken, um wieder auf den alten Preis zu kommen?
c) Um wie viel Prozent verteuert sich eine Ware insgesamt, wenn zweimal hintereinander um 10 % erhöht wird?

Basiswissen | Funktionen

Funktionen sind **eindeutige Zuordnungen**, bei denen zu jeder Größe aus dem ersten Bereich **(Definitionsmenge $\mathbb{D}$) genau eine** Größe aus dem zweiten Bereich **(Wertemenge $\mathbb{W}$ gehört)**.

Der Graph zeigt eine **eindeutige Zuordnung**, also eine **Funktion**, da zu jedem x-Wert genau ein y-Wert gehört.

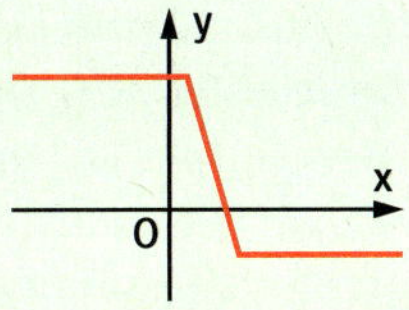

1 Funktion oder keine Funktion? Warum?

a)

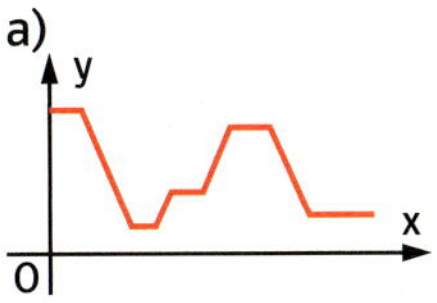

b)

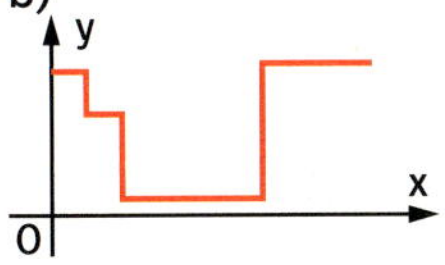

2 Welche Zuordnungen sind Funktionen?

a) Alter des Kindes → Körperlänge
b) Anzahl Arbeitsstunden → Lohn in Euro
c) Umfang eines Quadrates → Flächeninhalt des Quadrates
d) Umfang eines Rechtecks → Flächeninhalt des Rechtecks

Eine Funktion mit der Gleichung **$f(x) = m \cdot x + b$** heißt **lineare Funktion**. Das Schaubild ist eine Gerade mit der **Steigung m**. Diese Gerade schneidet die y-Achse im Punkt $p(0 | b)$.
Der **Wert b** bezeichnet den **y-Achsenabschnitt** der Geraden.
Ist $b = 0$, dann ist die Funktion $f(x) = m \cdot x$ eine **proportionale Funktion**.

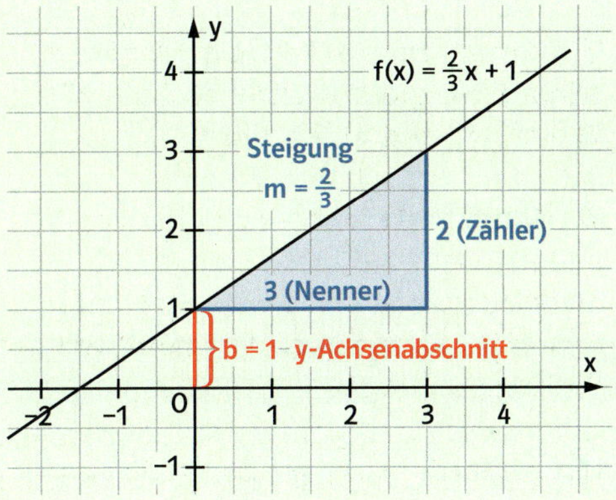

3 Ist die Funktion proportional, linear oder keines von beiden?

a) $y = 3x + 2{,}45$
b) $y = 4{,}8$
c) $y = 3x - x^2$
d) $y = x \cdot 4{,}8$

4 Erstelle eine Wertetabelle und zeichne den Graphen.

a) $f(x) = -x + 3$
b) $f(x) = 0{,}5x^2 - 3$
c) $f(x) = -2x$
d) $f(x) = -2$

5 Zeichne ohne Wertetabelle.

a) $y = -\frac{2}{3}x + 4$
b) $y = 2x - 4$
c) $y = \frac{4}{3}x - 1$
d) $y = -3x + 0{,}5$

6 Nenne dazu die Funktionsgleichung.

x	−3	−2	−1	0	1	2	3
f(x)	−7	−5	−3	−1	1	3	5

7 Bestimme die Funktionsgleichungen und berechne die Nullstellen.

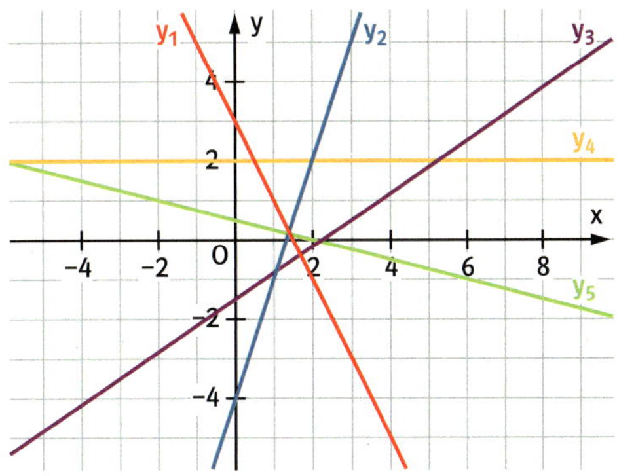

8 Im Urlaub kannst du Strandkörbe leihen. Tarif A kostet 10 € Grundgebühr zuzüglich 5 € täglich. Tarif B kostet 7,50 € am Tag. Vergleiche die beiden Tarife.

Basiswissen | Gleichungen und Gleichungssysteme

Um eine **Gleichung mit einer Variablen** zu lösen, führt man **Termumformungen** und **Äquivalenzumformungen** aus.
Termumformungen sind z. B. das Zusammenfassen gleichartiger Terme auf einer Seite einer Gleichung.
Äquivalenzumformungen werden auf beiden Seiten der Gleichung ausgeführt:

- Addition oder Subtraktion desselben Terms
- Multiplikation mit derselben Zahl
- Division durch dieselbe Zahl (nicht 0!)

Mit der **Probe**, also dem Einsetzen der errechneten Lösung in die Ausgangsgleichung, kann die Lösung kontrolliert werden.

$$\begin{aligned} (2x-1)^2+40 &= 4x^2+5 & \\ 4x^2-4x+1+40 &= 4x^2+5 & \mid -4x^2 \\ -4x+41 &= 5 & \mid -41 \\ -4x &= -36 & \mid :(-4) \\ x &= 9 & \end{aligned}$$

Probe:

Linker Term	Rechter Term
$(2\cdot 9-1)^2+40$	$4\cdot 9^2+5$
$= 17^2+40$	$= 4\cdot 81+5$
$= 329$	$= 329$

1 Löse die Gleichungen.
a) $(2x+3)+(5x+4)=(3x+6)+2x+9$
b) $3(4x+1)+8x=(9x+21)-(-8x-12)$
c) $19x-(-23-11x)=(23x+32)+26$
d) $21y-(7y-2)=16y-2(4y-13)$
e) $(x+5)^2=(x+3)(x-3)+4$
f) $(x-2)^2=(x+1)(x-1)+1$
g) $(2y+3)^2=4y^2+21$

2 Überprüfe mit der Probe, ob die angegebene Lösung stimmt.
a) $(x-16)(x+16)=x^2-4x$
$x=64$?
b) $4x+5(2-3x)=8(5-4x)+2x$
$x=2$?
c) $(2x+5)^2+5=2(2x^2+5)$
$x=-1$?

Zwei lineare Gleichungen mit je zwei Variablen bilden zusammen ein **lineares Gleichungssystem**.
Beim Lösen eines Gleichungssystems muss man Zahlenpaare finden, die beide Gleichungen erfüllen. Ziel ist immer, eine neue Gleichung zu gewinnen, die nur noch eine Variable enthält. Diese wird durch Äquivalenzumformungen berechnet. Durch Einsetzen in eine der Ausgangsgleichungen wird die zweite Variable berechnet. Dazu gibt es verschiedene Verfahren. Die Probe muss immer mit beiden Gleichungen gemacht werden!

Gleichsetzungsverfahren

(1) $3x=2y+3$ (2) $3x=y+6$

(1) = (2) $2y+3=y+6 \quad \mid -y-3$
$y=3$
y = 3 in (1) $3x=2\cdot 3+3$
$3x=9 \quad \mid :3$
$x=3$
Die Lösung lautet (3 ; 3).

Additionsverfahren

(1) $x+2y=4$ (2) $2x-2y=2$

(1) + (2) $3x=6 \quad \mid :3$
$x=2$
x = 2 in (1) $2+2y=4 \quad \mid -2$
$2y=2 \quad \mid :2$
$y=1$
Die Lösung lautet (2 ; 1).

3 Löse zeichnerisch und rechnerisch.
a) (1) $y=3x+7$
(2) $y=-1{,}5x-2$
b) (1) $y=3x-7$
(2) $y=-3x+5$
c) (1) $2y=x$
(2) $y=2x+3$

4 Löse das Gleichungssystem rechnerisch.
a) (1) $3x+10y=46$
(2) $3x-5y=31$
b) (1) $5x+4y=264$
(2) $-x+2y=48$
c) (1) $6x-12y-6=0$
(2) $5x+4y+23=0$
d) (1) $6x-4y-2=0$
(2) $10x+5y+20=0$

Basiswissen | Ungleichungen und Ungleichungssysteme

Ungleichungen werden wie Gleichungen mit **Term-** und **Äquivalenzumformungen** gelöst.
Die **Probe** kann nur an Beispielen erfolgen, da es mehrere Lösungen gibt.
Je nach **Grundmenge** ergeben sich verschiedene **Lösungsmengen.**
Ausnahme: Wird bei einer Ungleichung mit einer **negativen** Zahl **multipliziert oder dividiert**, so muss das **Relationszeichen umgekehrt** werden.

$3x + 7 \leqq 12 \quad | -7$
$3x \leqq 5 \quad | :3$
$x \leqq 1\frac{2}{3}$
$x = 1 \quad 3 \cdot 1 + 7 \leqq 12$
$10 \leqq 12$ wahr

$\mathbb{G} = \mathbb{N} \quad \mathbb{L} = \{0, 1\}$
$\mathbb{G} = \mathbb{Z} \quad \mathbb{L} = \{\ldots, -3, -2, -1, 0, 1\}$
$\mathbb{G} = \mathbb{Q} \quad \mathbb{L} = \left\{x \mid x \leqq 1\frac{2}{3}\right\}$

$-3x + 12 > 36 \quad | -12$
$-3x > 24 \quad | :(-3)$
$x < -8$

Darstellung am Zahlenstrahl:

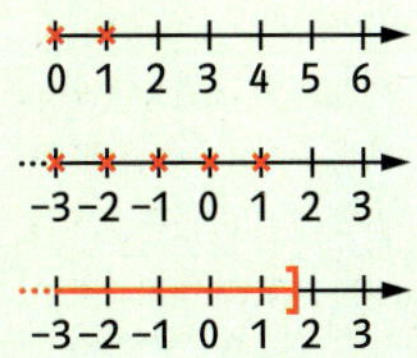

1 Löse die Ungleichung und gib die Lösungsmenge an.
a) $-19 + x > 33$
b) $2x - 12 < -17$
c) $3 - 2x \geqq 7x - 1$
d) $-4x - 3 < 5x - 3$
e) $-2x(-4 - 5x) \leqq (5x - 1)(2x + 3)$

2 Gib die Lösungsmenge an und kennzeichne sie auf der Zahlengeraden.
a) $2x - 12 < 11x + 15 \quad \mathbb{G} = \mathbb{N}$
b) $-1 \geqq 1 - 4x \quad \mathbb{G} = \mathbb{Z}$

3 Das 4-Fache einer um 3 vermehrten Zahl ist kleiner als die mit 5 multiplizierte Summe aus der Zahl und 2.

4 Ein Zeitungshändler rechnet mit 50 € festen Kosten pro Tag. Am Verkauf einer Zeitung verdient er 25 ct. Wie viele Zeitungen muss er mindestens verkaufen, wenn er mehr als 120 € Gewinn erzielen möchte?

Ungleichungen der Form $ax + by < c$ oder $ax + by \leqq c$ heißen **lineare Ungleichungen mit zwei Variablen.** Ihre Lösungen sind Zahlenpaare (x; y), die im Koordinatensystem in einer **Halbebene** liegen.

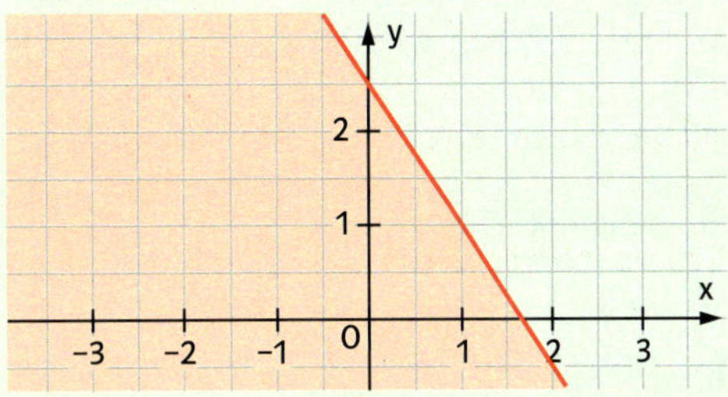

$y \leqq -\frac{3}{2}x + 2{,}5$

Systeme linearer Ungleichungen mit zwei Variablen löst man **grafisch.** Das Lösungsvieleck nennt man **Planungsgebiet.**

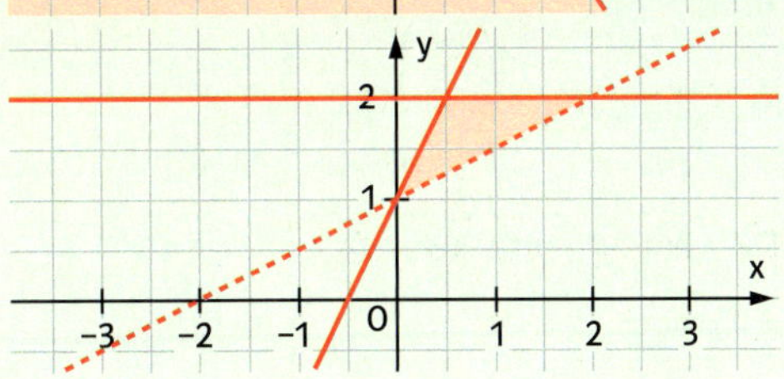

$y \leqq 2$
$y \leqq 2x + 1$
$y > 0{,}5x + 1$

5 Zeichne das Planungsgebiet im Koordinatensystem (Einheit 1 cm) und berechne die Koordinaten der Eckpunkte.
(1) $y \geqq -1$
(2) $2x - y \leqq 3$
(3) $12 \geqq 6y + 3x$
(4) $-2x + y \leqq 5$

6 Beschreibe das nebenstehende Planungsgebiet durch ein Ungleichungssystem.

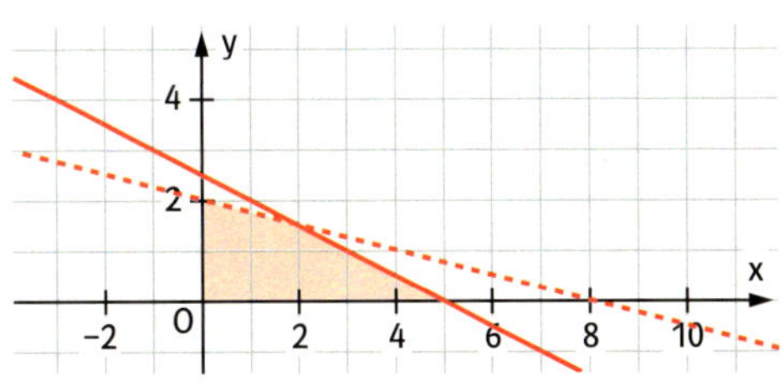

Basiswissen | Wurzeln

$\sqrt{a} \cdot \sqrt{b} = \sqrt{a \cdot b}$ $a, b \geqq 0$

$\frac{\sqrt{a}}{\sqrt{b}} = \sqrt{\frac{a}{b}}$ $a \geqq 0;\ b > 0$

Quadratwurzeln kann man multiplizieren bzw. dividieren, indem man die Radikanden miteinander multipliziert bzw. dividiert und dann die Wurzel zieht.

$3\sqrt{2} + 4\sqrt{2} = (3+4)\sqrt{2} = 7\sqrt{2}$

$13\sqrt{17} - 10\sqrt{17} = 3\sqrt{17}$

Summen bzw. Differenzen, in denen Quadratwurzeln mit gleichen Radikanden vorkommen, können durch **Ausklammern** zusammengefasst werden.

$\sqrt{108x^3} = \sqrt{36x^2 \cdot 3x} = \sqrt{36x^2} \cdot \sqrt{3x}$
$= 6x \cdot \sqrt{3x}$

Beim **teilweisen Wurzelziehen** wird der Radikand so in ein Produkt zerlegt, dass einer der Faktoren eine Quadratzahl ist.

? Im Jahr x wird Petra $\sqrt{x}$ Jahre alt. Wann ist sie geboren?

1 Bestimme die Wurzel.
a) $\sqrt{144}$ b) $\sqrt{3{,}24}$ c) $\sqrt{0{,}09}$
d) $\sqrt{49x^2}$ e) $\sqrt{121y^4}$ f) $\sqrt{4a^2b^4}$
g) $\sqrt{\frac{16}{49}}$ h) $\sqrt{\frac{169x^2}{225}}$ i) $\sqrt{\frac{1}{1024y^4}}$

2 Berechne.
a) $\sqrt{2x} \cdot \sqrt{18x}$ b) $\sqrt{3a} \cdot \sqrt{27a}$
c) $\sqrt{1{,}44 \cdot 0{,}25}$ d) $\sqrt{400x^2 \cdot 324y^2}$
e) $\sqrt{3a} \cdot \sqrt{5b} \cdot \sqrt{60ab}$ f) $\frac{\sqrt{252x^2}}{\sqrt{7y^2}}$
g) $\sqrt{12x} \cdot \sqrt{16xy \cdot 3y}$ h) $\sqrt{\frac{1024x^2}{144y^2}}$

3 Fülle die Lücken.
a) $\sqrt{\square} \cdot \sqrt{289} = 34$ b) $\sqrt{14\square} \cdot \sqrt{3} = 21$
c) $\sqrt{117} \cdot \sqrt{\square} = 39$ d) $\sqrt{675} : \sqrt{\square} = 15$
e) $\sqrt{\square 80} : \sqrt{5} = 14$ f) $\sqrt{50\square} : \sqrt{3} = 13$

4 Ziehe die Wurzel teilweise.
a) $\sqrt{20}$ b) $\sqrt{75}$ c) $\sqrt{288}$
d) $\sqrt{48a^2b}$ e) $\sqrt{363x^3y}$ f) $\sqrt{252x^5y^3}$
g) $\sqrt{\frac{98x^2}{256x}}$ h) $\sqrt{\frac{147x^3}{484xy^2}}$ i) $\sqrt{\frac{96x^3y^2z}{363xy^2}}$

5 Ziehe die Wurzel so weit wie möglich.
a) $\sqrt{9x}$ b) $\sqrt{5a^2}$ c) $\sqrt{81z}$
d) $\sqrt{15y^2}$ e) $\sqrt{18x^2}$ f) $\sqrt{27s^2t^3}$
g) $\sqrt{\frac{3a^2}{b^2}}$ h) $\sqrt{\frac{x^3}{9y}}$ i) $\sqrt{\frac{32xy^2}{25}}$

6 Rechne auch mit mehr als zwei Faktoren
a) $\sqrt{196} \cdot \sqrt{p^4q^8}$
b) $\sqrt{64} \cdot \sqrt{36y^2}$
c) $\sqrt{49} \cdot \sqrt{16x^3} \cdot \sqrt{9y^{11}}$
d) $\sqrt{324} \cdot \sqrt{a^9b^3} \cdot \sqrt{4x^3y^7}$
e) $\sqrt{25 \cdot 64 \cdot 4a^2b^6}$
f) $\sqrt{128 \cdot 49 \cdot 16x^6y^8}$
g) $\sqrt{289 \cdot 144 \cdot 450c^8d^{10}}$

7 Zerlege den Radikanden in geeignete Faktoren und ziehe teilweise die Wurzel. Kürze eventuell vor dem Vereinfachen.
a) $\sqrt{\frac{32x^7y^9}{18u^2v^3}}$ b) $\sqrt{\frac{50a^8b^5}{72x^3y^7}}$
c) $\sqrt{\frac{50x^7y^{11}}{75a^3b^5}}$ d) $\sqrt{\frac{2 \cdot b^6 \cdot 128}{27 \cdot 25a^{12}}}$

8 Fasse zusammen.
a) $\sqrt{2} + 2\sqrt{2} + 3\sqrt{2} + 4\sqrt{2}$
b) $2\sqrt{7} + 3\sqrt{11} - \sqrt{7} - 2\sqrt{11}$
c) $\sqrt{5} + 6\sqrt{3} + 3\sqrt{5} - 5\sqrt{3}$
d) $4\sqrt{5a} - 2\sqrt{3a} + \sqrt{3a} - 3\sqrt{5a}$
e) $x\sqrt{y} - 2y\sqrt{x} + 2x\sqrt{y} - y\sqrt{x}$

9 Ziehe teilweise die Wurzel und fasse zusammen.
a) $\sqrt{32} + \sqrt{8} - \sqrt{50} + \sqrt{2}$
b) $\sqrt{147} + \sqrt{108} - \sqrt{75} - \sqrt{192}$

Basiswissen | Ähnlichkeit. Maßstab

Wird eine Figur F mit einem Faktor k gestreckt, so entsteht eine zu F **ähnliche** Figur F'. Alle Seitenlängen ändern sich mit dem Faktor |k|. Die Winkel bleiben gleich groß.

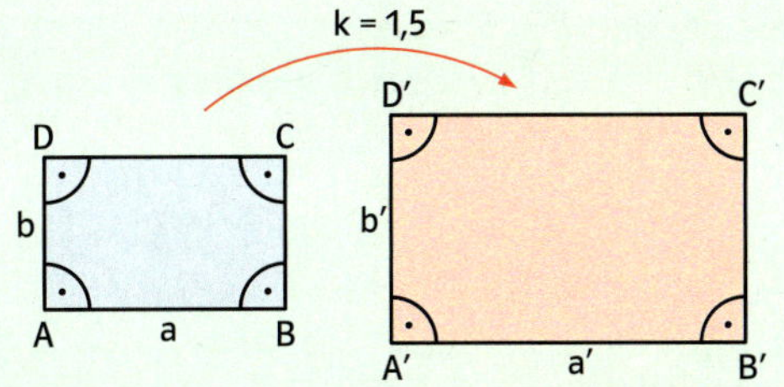

$a' = 1{,}5 \cdot a$
$b' = 1{,}5 \cdot b$

$\frac{a}{b} = \frac{a'}{b'}$

$\frac{a'}{a} = \frac{b'}{b} = k$

Zwei ähnliche Figuren stimmen in den Verhältnissen entsprechender Seiten überein, sie haben also dieselbe Form. Auf die Größe und Lage kommt es nicht an.

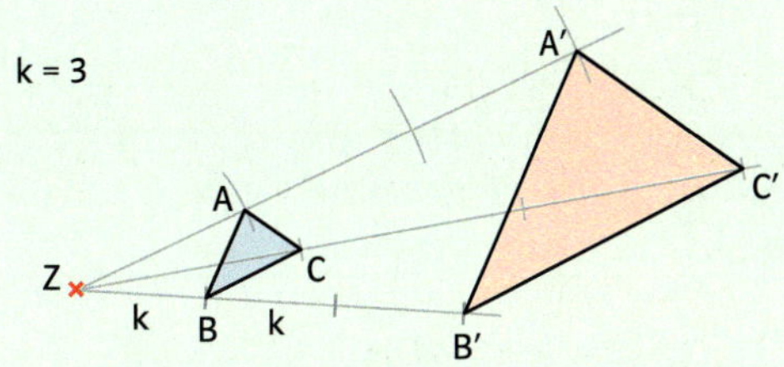

Eine Figur kann mithilfe einer **zentrischen Streckung** vergrößert oder verkleinert werden. Dazu benötigt man zusätzlich zu k ein **Streckzentrum Z**.

1 Gegeben sind drei Rechtecke:
R_1 mit $a_1 = 7{,}0\,cm$; $b_1 = 4{,}0\,cm$
R_2 mit $a_2 = 19{,}0\,cm$; $b_2 = 11{,}0\,cm$
R_3 mit $a_3 = 11{,}2\,cm$; $b_3 = 6{,}4\,cm$
Welche Rechtecke sind zueinander ähnlich?

2 Bei einer zentrischen Streckung werden alle Streckenlängen mit dem Faktor $k = 3$ gestreckt.
a) Um welchen Faktor verändert sich damit der Umfang eines Rechtecks?
b) Um welchen Faktor vergrößert sich dann der Flächeninhalt eines Dreiecks?
c) Wie vergrößern sich Umfang und Flächeninhalt eines Quadrates, wenn die Seitenlängen jeweils um 40 % verlängert werden?
Wie groß ist dieser Streckfaktor?

3 Begründe, weshalb das Streckbild eines Trapezes auch wieder ein Trapez sein muss.

4 a) Woran erkennst du, dass die Skizze von Martinas Zimmer (siehe Randspalte) nicht maßstabsgerecht gezeichnet ist?
b) Fertige eine maßstabsgerechte Zeichnung des Zimmers an.
c) Welchen Flächeninhalt hat das Zimmer in deiner Skizze und in Wirklichkeit?

5 Zeichne das Dreieck mit A(1,5 | 3); B(6 | 4,5); C(3 | 7,5) und das Streckzentrum Z(0 | 0). Strecke das Dreieck ABC
a) mit $k = -2$. b) mit $k = \frac{1}{2}$.

6 Bestimme die Luftlinienentfernungen:
a) Trier – Koblenz
b) Speyer – Bitburg
c) Kaiserslautern – Mainz
d) Pirmasens – Neuwied

7 a) Tina misst auf einer Karte mit dem Maßstab 1 : 30 000 die Entfernung von zwei Städten mit 5,4 cm. Welcher Entfernung entspricht dies in der Wirklichkeit? Gib das Ergebnis in Kilometer an.
b) Die Luftlinienentfernung von zwei Orten beträgt 12 km. Welcher Strecke entspricht dies auf einer Karte im Maßstab 1 : 80 000?

zu Aufgabe 4:

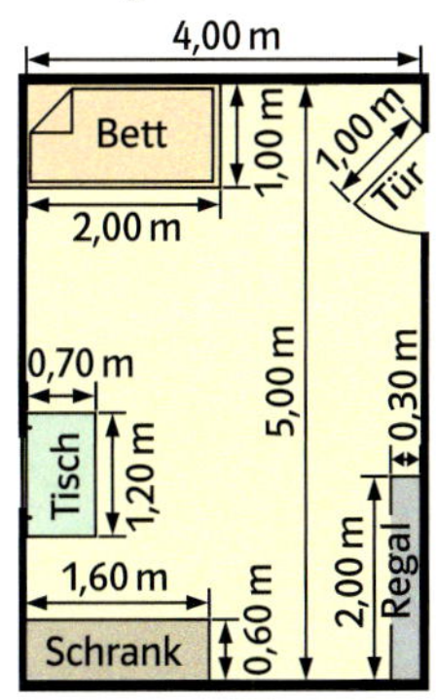

Basiswissen | Strahlensätze

Schneiden zwei parallele Geraden die Schenkel eines Winkels, so gelten zwei **Strahlensätze**.

Erster Strahlensatz

$$\frac{\overline{SB'}}{\overline{SB}} = \frac{\overline{SA'}}{\overline{SA}}$$

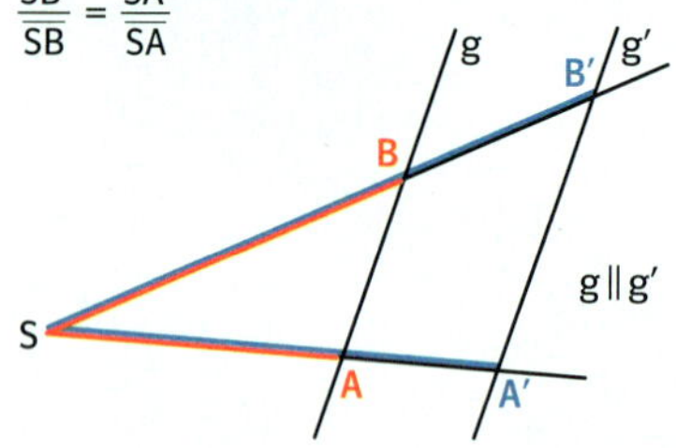

Zweiter Strahlensatz

$$\frac{\overline{A'B'}}{\overline{AB}} = \frac{\overline{SA'}}{\overline{SA}} = \frac{\overline{SB'}}{\overline{SB}}$$

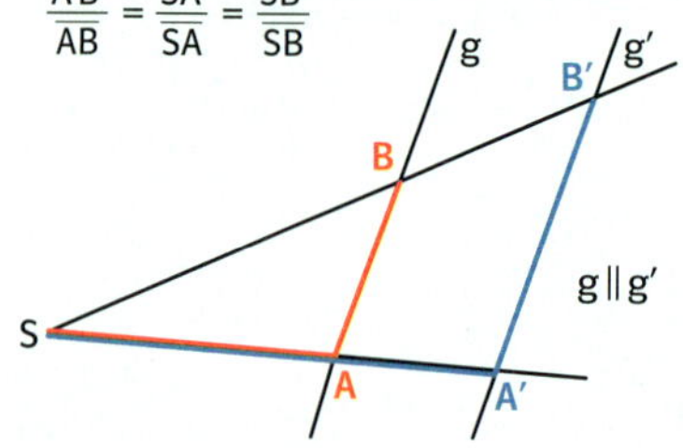

Die Strahlensätze gelten auch, wenn S zwischen den beiden Parallelen liegt.

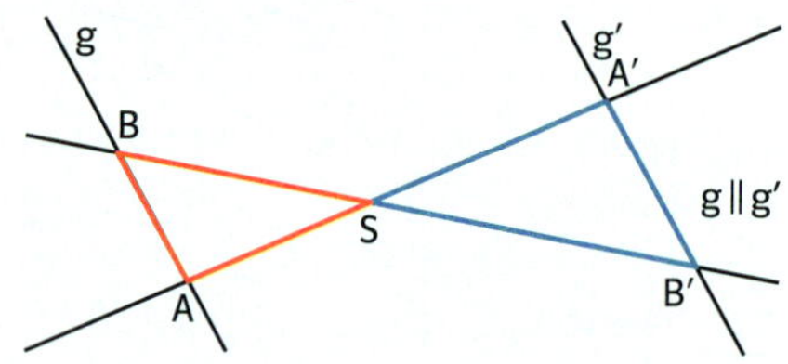

1 Berechne die gesuchte Länge x:

a)

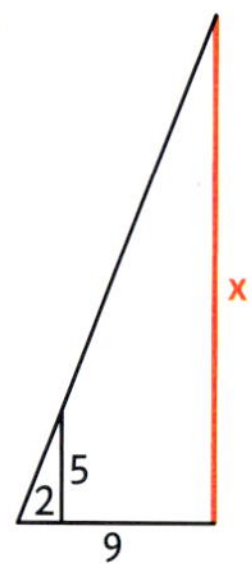

b)

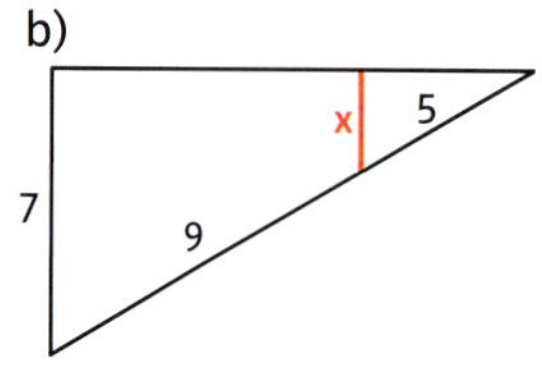

c)

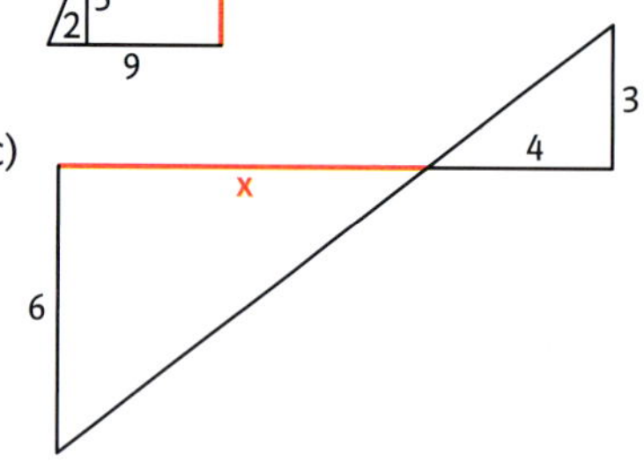

d)

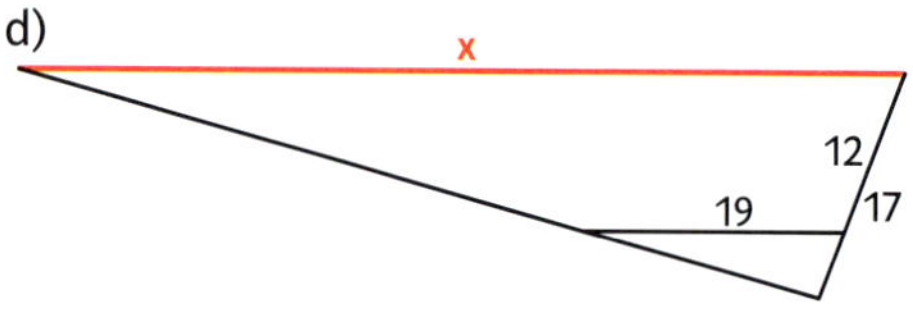

2 Fertige zu jeder Teilaufgabe eine Skizze an und berechne die fehlenden Längen.

a) a = 6 cm; b = 9 cm; c = 2 cm; f = 6 cm
b) b = 9 cm; c = 3 cm; d = 5 cm; e = 6 cm
c) b = 6 m; c = 3 m; e = 1,8 m; f = 4,5 m
d) a = 3 cm; d = 9 cm; e = 6 cm; f = 16 cm

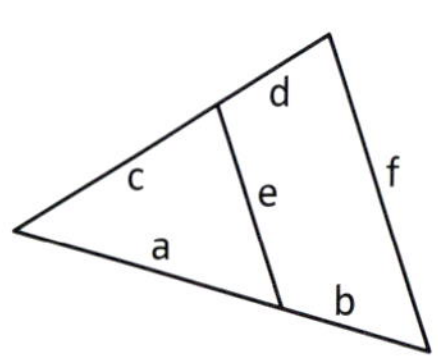

3 Wie lang sind die beiden Seen? Die Zeichnung ist nicht maßstabsgerecht.

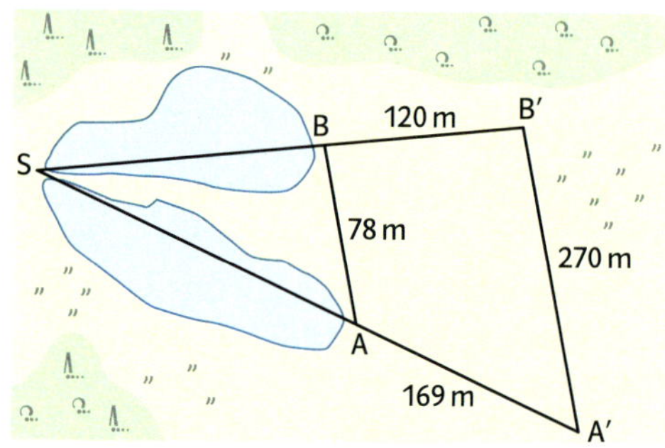

4 Berechne die Länge x.
Eine Hilfslinie hilft dir. (Maße in cm)

a)

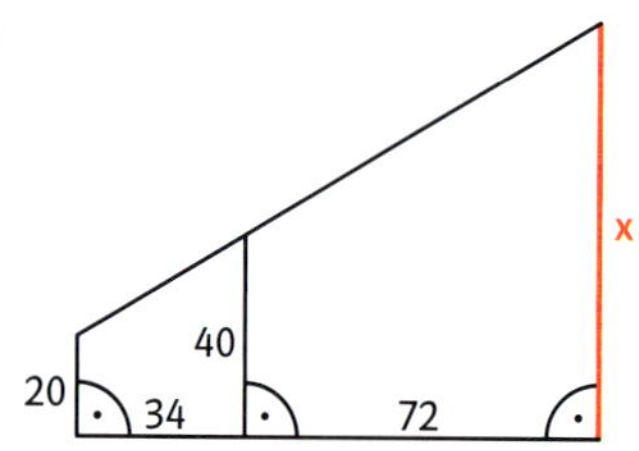

b)

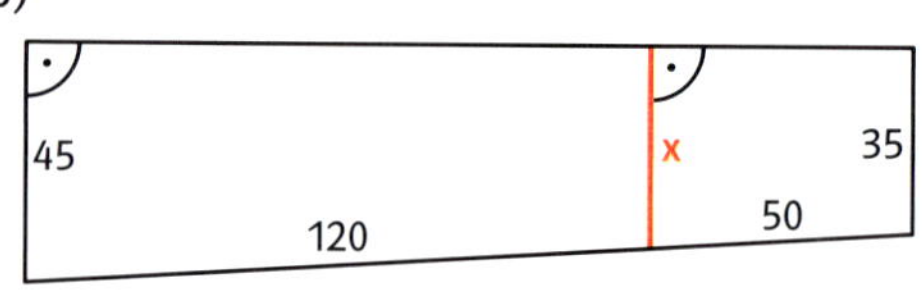

c)

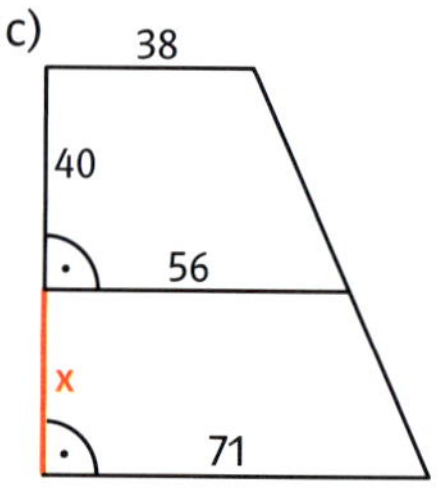

d)

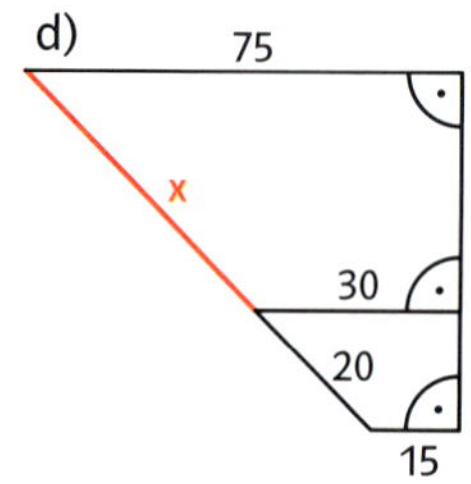

Basiswissen | Satzgruppe des Pythagoras

Satzgruppe des Pythagoras
Ist das Dreieck ABC rechtwinklig, gelten folgende Sätze:

Satz des Pythagoras: $a^2 + b^2 = c^2$
$h^2 + q^2 = b^2$
$h^2 + p^2 = a^2$

Höhensatz: $h^2 = p \cdot q$

Kathetensatz: $a^2 = p \cdot c$
$b^2 = q \cdot c$

Zur Berechnung fehlender Stücke können alle drei Sätze verwendet werden.

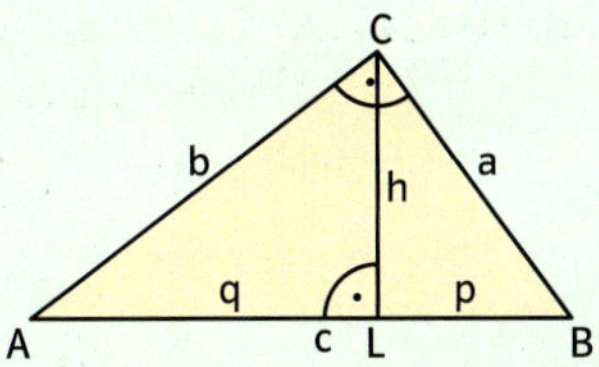

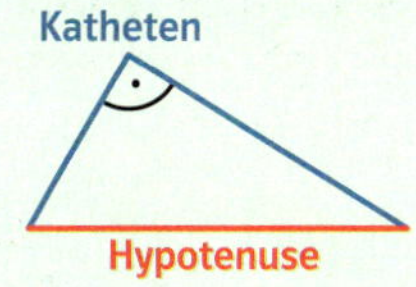

$a = 5\,\text{cm}$
$p = 3\,\text{cm}$

$h = \sqrt{a^2 - p^2} = 4\,\text{cm}$
$q = \frac{h^2}{p} \approx 5{,}3\,\text{cm}$
$c = p + q \approx 8{,}3\,\text{cm}$
$b = \sqrt{q \cdot c} \approx 6{,}6\,\text{cm}$

Zur Berechnung der Raumdiagonalen d eines Quaders berechnet man zuerst mit dem Satz des Pythagoras die Flächendiagonale $\overline{EG}$ des Mantelflächenrechtecks. Dann lässt sich d im rechtwinkligen Dreieck ECG als Hypotenuse $\overline{EC}$ berechnen.

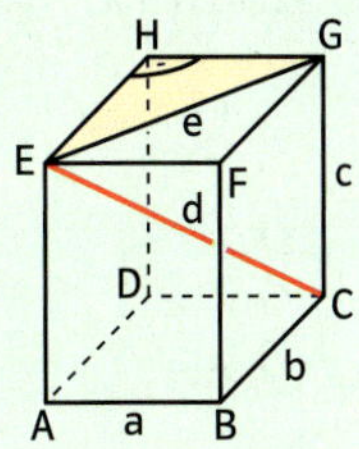

$a = 4\,\text{cm}$
$b = 5\,\text{cm}$
$c = 3\,\text{cm}$

Berechnung von e:
$e = \sqrt{4^2 + 5^2}\,\text{cm}$
$e = \sqrt{41}\,\text{cm}$
$e \approx 6{,}4\,\text{cm}$
Berechnung von d:
$d = \sqrt{e^2 + c^2}$
$d = \sqrt{50}\,\text{cm}$
$d \approx 7{,}1\,\text{cm}$

1 Berechne die fehlenden Stücke.
a) $s = 5\,\text{cm}$
$t = 7\,\text{cm}$
b) $a = 7\,\text{cm}$
$b = 5\,\text{cm}$

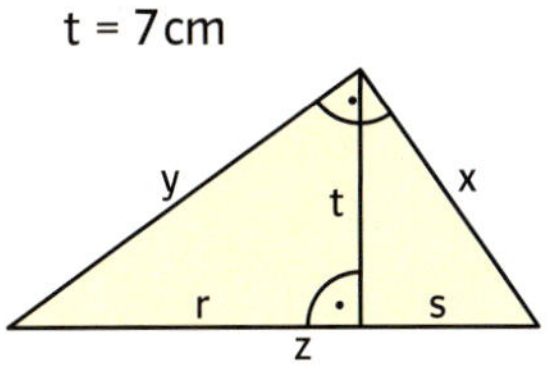

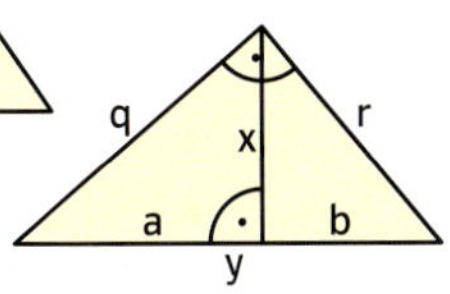

2 Berechne den Umfang und den Flächeninhalt des gleichschenkligen Dreiecks mit $a = b = 17{,}5\,\text{cm}$ und $c = 8{,}4\,\text{cm}$.

3 Auf der Mantelfläche eines Würfels mit der Kantenlänge $a = 12{,}0\,\text{cm}$ verläuft ein Streckenzug.

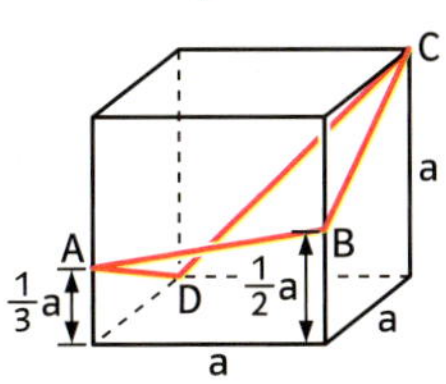

Berechne die Länge des Streckenzugs $\overline{ABCDA}$.

4 Gegeben ist eine Quadratpyramide, bei der Körperhöhe h und Grundkante a mit 6,0 cm gleich lang sind. Berechne die Seitenkantenlänge s und die Seitenflächenhöhe h_s.

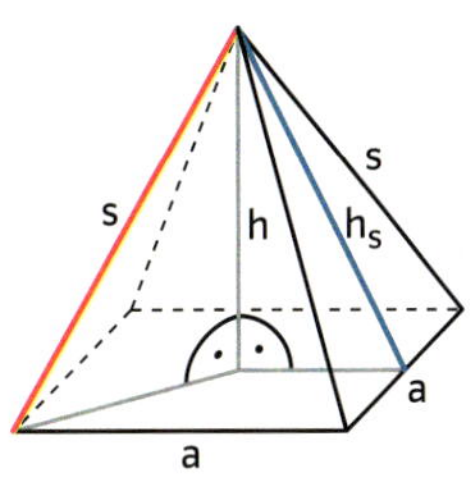

5 Berechne die Balkenlänge in diesem Fachwerk.
Die Dicke der Balken soll unberücksichtigt bleiben.

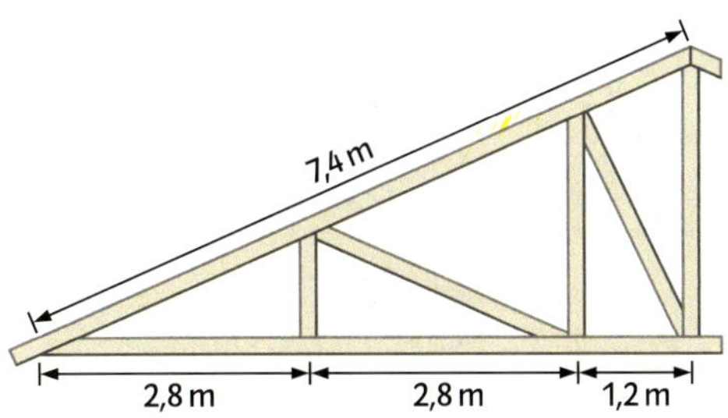

! *Diagonale im Quadrat*
$e = a\sqrt{2}$

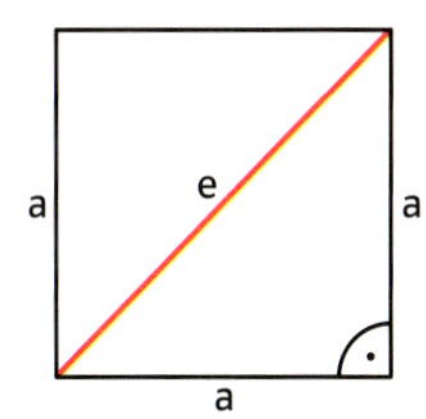

Höhe im gleichseitigen Dreieck:
$h = \frac{a}{2}\sqrt{3}$

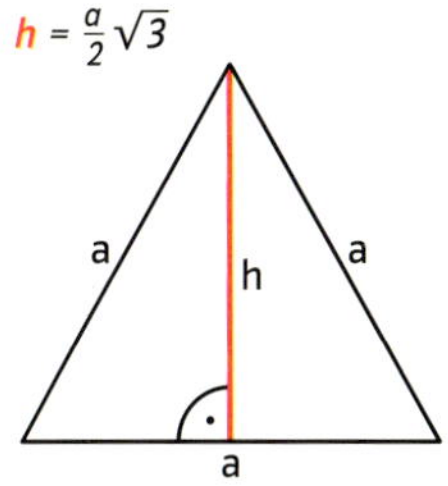

Basiswissen | Flächenberechnungen

Für Berechnungen an ebenen Figuren gelten die folgenden Formeln:

Dreieck
$u = a + b + c$
$A = \frac{1}{2} c \cdot h_c$

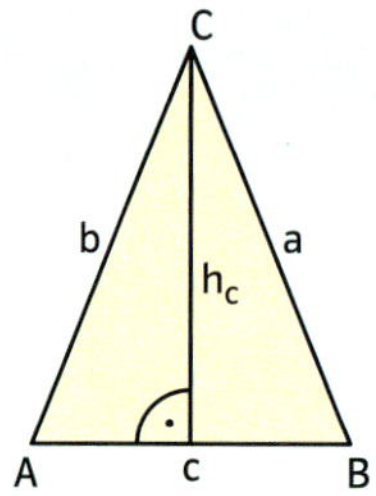

Dreieck: $c = 4{,}0\,cm$; $h_c = 7{,}0\,cm$; $a = b$
gesucht: u; A

$a = \sqrt{\left(\frac{c}{2}\right)^2 + h_c^2}$ $\qquad A = \frac{1}{2} c \cdot h_c$

$a \approx 7{,}3\,cm$ $\qquad A = 14{,}0\,cm^2$

$u = 2a + c$
$u \approx 18{,}6\,cm$

Trapez
$u = a + b + c + d$
$A = \frac{1}{2} \cdot (a + c) \cdot h$

Vieleck
allgemein
$u = a_1 + a_2 + \ldots$
$A = A_1 + A_2 + \ldots$
regelmäßig
$u = n \cdot a$
$A = n \cdot A_\Delta$

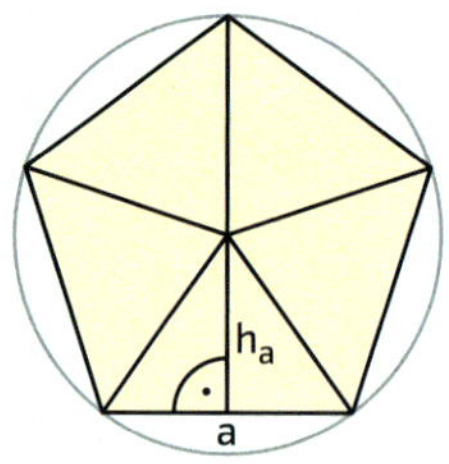

Fünfeck: $a = 6{,}0\,cm$; $h_a = 4{,}1\,cm$
gesucht: u; A

$u = 5a$ $\qquad A_\Delta = \frac{1}{2} a \cdot h_a$

$u = 30{,}0\,cm$ $\qquad A = \frac{5}{2} a \cdot h_a$

$A = 61{,}5\,cm^2$

Kreis
$u = 2\pi r$
$A = \pi r^2$

Kreisausschnitt
$b = 2\pi r \frac{\alpha}{360°}$
$A_S = \pi r^2 \frac{\alpha}{360°}$

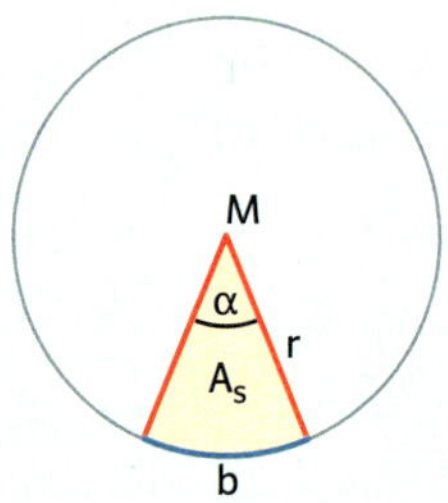

Kreisausschnitt: $r = 6{,}0\,cm$; $\alpha = 45°$
gesucht: b; A_S

$b = \left(2\pi \cdot 6 \cdot \frac{45°}{360°}\right) cm$ $\qquad A_S = \left(\pi \cdot 6^2 \cdot \frac{45°}{360°}\right) cm^2$

$b \approx 4{,}7\,cm$ $\qquad A_S \approx 14{,}1\,cm^2$

1 Von einem rechtwinkligen Dreieck mit $\gamma = 90°$ sind $c = 10\,cm$; $b = 8\,cm$ und der Flächeninhalt $A = 24\,cm^2$ bekannt. Berechne a; h_c und den Umfang u.

2 Berechne Flächeninhalt und Umfang des symmetrischen Trapezes.

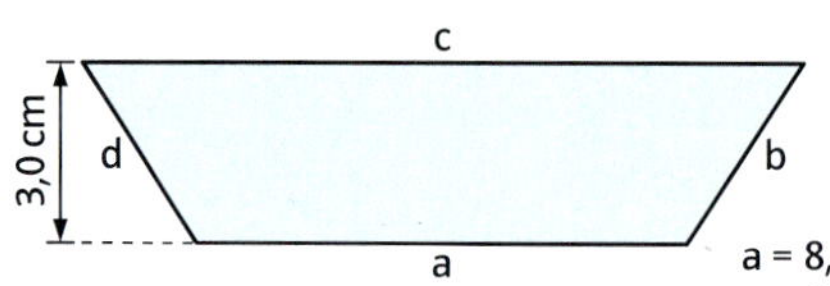

$a = 8{,}4\,cm$
$c = 12{,}4\,cm$

3 Berechne den Flächeninhalt der Figur.

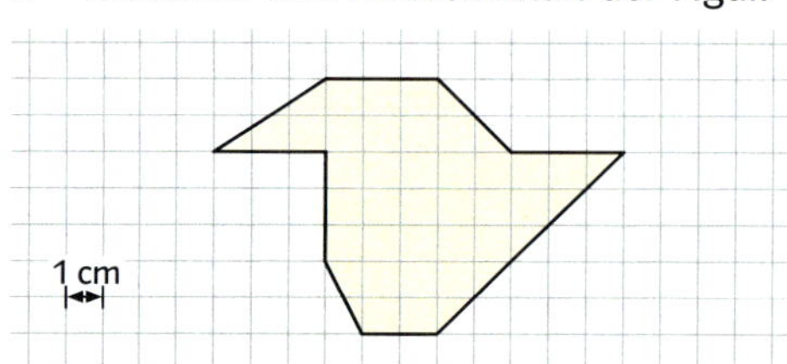

4 Ein gleichseitiges Dreieck hat einen Flächeninhalt von $24{,}4\,cm^2$. Berechne seinen Umfang.

5 Der Umfang eines gleichschenkligen Dreiecks beträgt 25 cm, die Grundseite ist 9 cm lang.
Berechne die Länge der Schenkel, die Höhe h auf der Basis und den Flächeninhalt des Dreiecks.

6 Berechne die fehlenden Stücke des Kreisausschnitts.

	r	α	b	A_S
a)		38°	4,5 cm	
b)		200°		$75{,}3\,cm^2$

7 Ein halbkreisförmiger Grillplatz mit 15 m Durchmesser soll gepflastert werden. Wie viele Steine werden benötigt, wenn pro m^2 mit 35 Stück gerechnet wird?

Basiswissen | Körperberechnungen

Für die Berechnungen an Körpern gelten die folgenden Formeln:

Prisma: $O = 2 \cdot G + M$; $M = u \cdot h$; $V = G \cdot h$

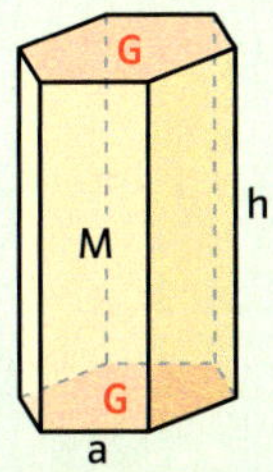

Prisma: $a = 5\,cm$; $h = 18\,cm$

$O = 2 \cdot G + u \cdot h$

$= \left(2 \cdot 6 \cdot \frac{5^2}{4} \cdot \sqrt{3} + 6 \cdot 5 \cdot 18\right) cm^2$

$\approx 669{,}9\,cm^2$

$V = G \cdot h = \left(6 \cdot \frac{5^2}{4} \cdot \sqrt{3} \cdot 18\right) cm^3$

$\approx 1169{,}11\,cm^3$

Zylinder: $O = 2\pi r^2 + 2\pi r h$; $V = \pi r^2 h$

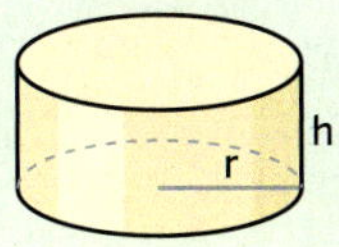

Pyramide: $O = a^2 + 2 a h_s$; $V = \frac{1}{3} a^2 \cdot h$

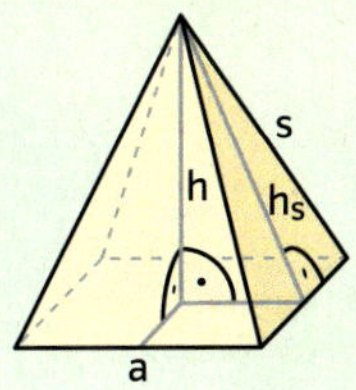

Pyramide: $a = 5\,cm$; $h = 7\,cm$

$h_s = \sqrt{\left(\frac{a}{2}\right)^2 + h^2} = \sqrt{2{,}5^2 + 7^2}\,cm \approx 7{,}4\,cm$

$O = a^2 + 2 a h_s \approx (5^2 + 2 \cdot 5 \cdot 7{,}4)\,cm^2$

$\approx 99\,cm^2$

$V = \frac{1}{3} a^2 \cdot h = \left(\frac{1}{3} \cdot 5^2 \cdot 7\right) cm^3 \approx 58{,}3\,cm^3$

Kegel: $O = \pi r^2 + \pi r s$; $V = \frac{1}{3}\pi r^2 \cdot h$

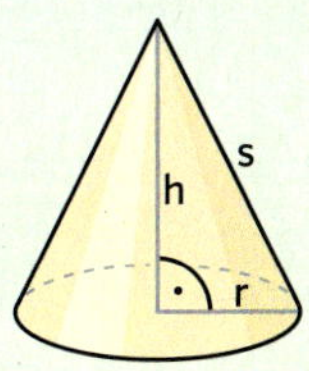

Kegel: $r = 7\,cm$; $h = 15\,cm$

$s = \sqrt{r^2 + h^2} = \sqrt{7^2 + 15^2} \approx 16{,}6\,cm$

$O = \pi r^2 + \pi r s \approx (\pi \cdot 7^2 + \pi \cdot 7 \cdot 16{,}6)\,cm^2$

$\approx 519\,cm^2$

$V = \frac{1}{3}\pi r^2 \cdot h = \left(\frac{1}{3}\pi \cdot 7^2 \cdot 15\right) cm^3 \approx 51{,}3\,cm^3$

Kugel: $O = 4\pi r^2$; $V = \frac{4}{3}\pi r^3$

1 Wie viel Kubikmeter beträgt das Volumen des umbauten Raums, wenn das Haus 9 m lang ist? (Maße in m)

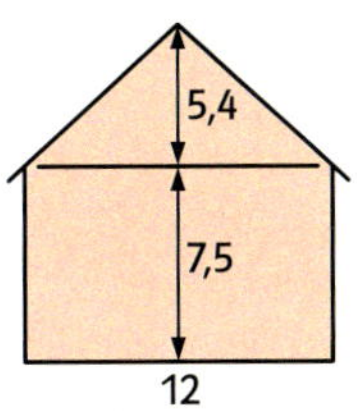

2 Das Volumen einer Halbkugel beträgt $4090{,}6\,cm^3$. Berechne die Größe ihrer Oberfläche.

3 Wie hoch ist ein Öltank mit folgender Grundfläche, wenn er 22 000 Liter fasst?

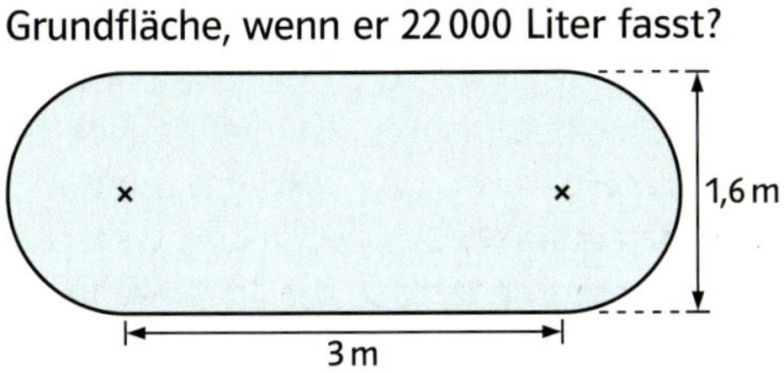

4 Berechne die Größe der Oberfläche und das Volumen folgender Körper.

a)

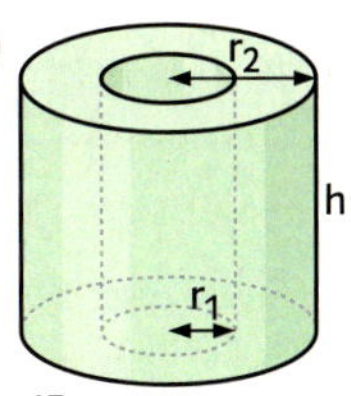

$h = 15\,cm$
$r_1 = 4\,cm$; $r_2 = 9\,cm$

b)

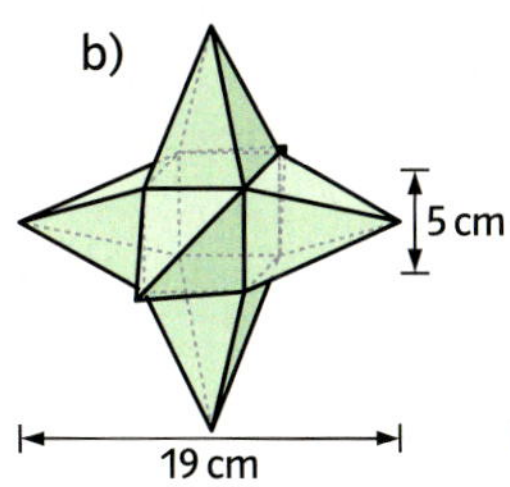

c)

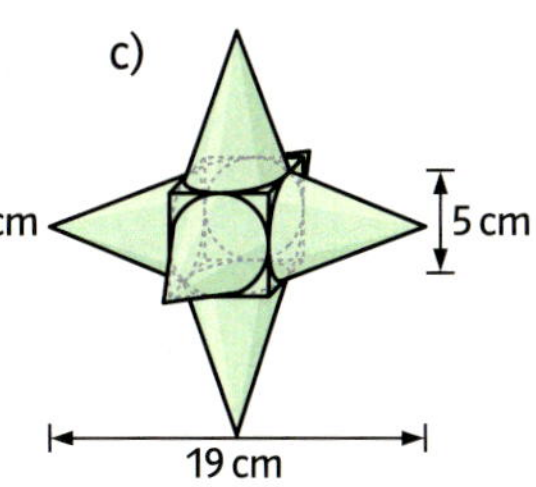

5 Durch ein Förderband wurde ein 9 m hoher kegelförmiger Sandhaufen mit einem Durchmesser von 12 m aufgeschüttet. Sand hat eine Dichte von $0{,}55\,g/cm^3$.

6 Von einer Pyramide ist bekannt $a = 7e$ und $h = 9e$. Gib für eine Pyramide mit doppelter Höhe und gleichem Volumen die Seitenkante a in Abhängigkeit von e an.

? *Kannst du a berechnen?*

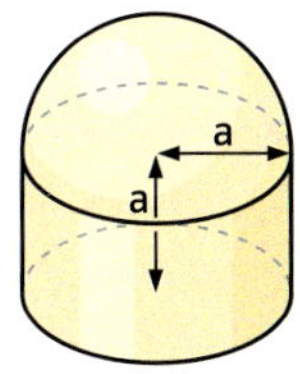

V = 654,5 cm³

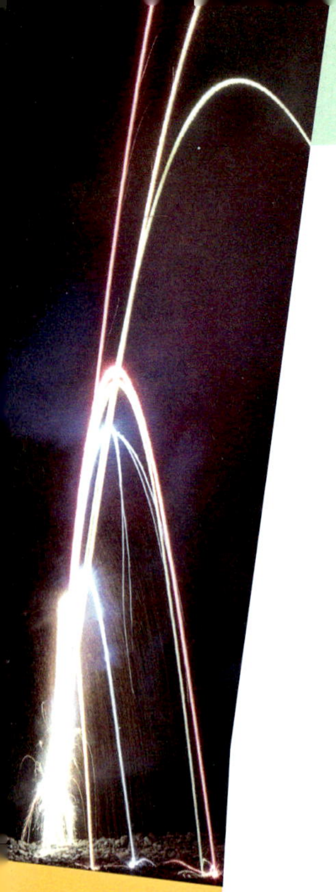

Immer geradeaus?

Im Schulhof könnt ihr euch zu „lebenden Graphen“ aufstellen. Oben seht ihr eine „Gerade“ mit der Steigung $m = 1$.
- Bildet auch Geraden mit anderen Steigungen.

Stellt euch auch so auf, dass die Gerade die y-Achse in jeweils einem anderen Punkt schneidet.
- Wie heißen die zugehörigen Funktionsgleichungen?

Versucht nun einen weiteren Graphen nach folgender Vorschrift aufzustellen:

Geht vom Startpunkt aus einen Schritt (zwei Schritte, drei Schritte ...) in x-Richtung nach rechts (bzw. nach links). Von dort bewegt ihr euch dann um die Quadratzahl eurer Schritte in y-Richtung. Ihr dürft auch halbe Schrittweiten verwenden.

- Beschreibe die Form des neu gebildeten Graphen.
- Skizziere im Heft.
- Versuche den Verlauf des Graphen mit einer Funktionsgleichung zu beschreiben.

Rechtecke mit gleich großen Quadraten ausfüllen

- Lassen sich in das rechts abgebildete blaue Rechteck sechs gleich große Quadrate so hineinlegen, dass nur 15 cm² des Rechtecks frei bleiben? Wenn du eine rechnerische Lösung gefunden hast, lege das Rechteck mit Quadraten aus.
- Versuche es einmal mit zehn gleich großen Quadraten. Nun sollen 5 cm² des Rechtecks frei bleiben. Überprüfe auch hier dein Ergebnis durch Auslegen des Rechtecks mit den entsprechenden Quadraten.
- Erfinde selbst ähnliche Aufgaben für das blaue Rechteck.
- Du kannst auch Aufgaben für Rechtecke mit anderen ganzzahligen Seitenlängen n erfinden. Was musst du bei der Wahl der Rechteckseiten beachten?

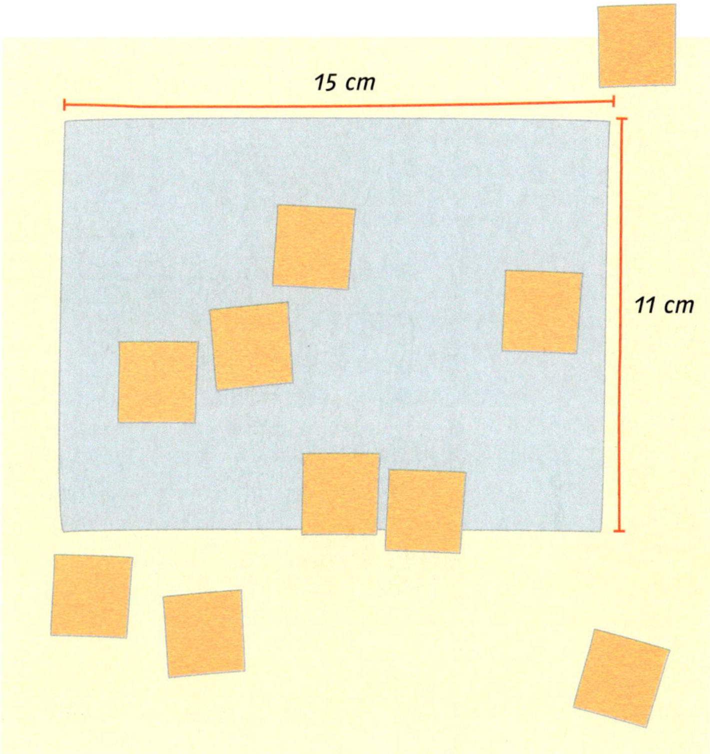

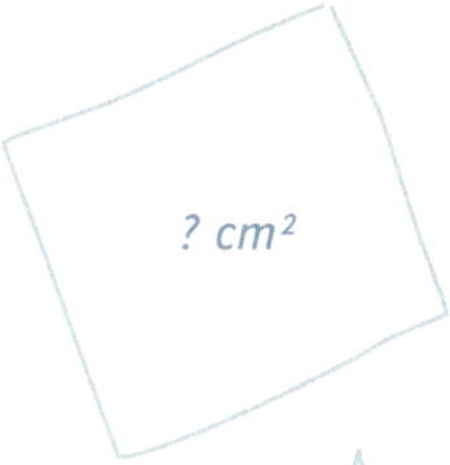

- Ein anderes Rechteck hat einen Flächeninhalt von 247 cm². Kannst du sechs gleich große Quadrate so hineinlegen, dass eine 31 cm² große Restfläche frei bleibt?
- Geht es bei diesem Rechteck auch mit 15 Quadraten und 7 cm² freier Fläche?

In diesem Kapitel lernst du,

- was man unter einer quadratischen Funktion und einer quadratischen Gleichung versteht,
- dass es Parabeln mit verschiedener Form und Lage gibt,
- was Nullstellen sind und wie sie bestimmt werden,
- was eine quadratische Ergänzung ist,
- wie man quadratische Gleichungen mit einer Formel lösen kann,
- wie man mit quadratischen Funktionen und Gleichungen modelliert.

1 Die quadratische Funktion $y = x^2$

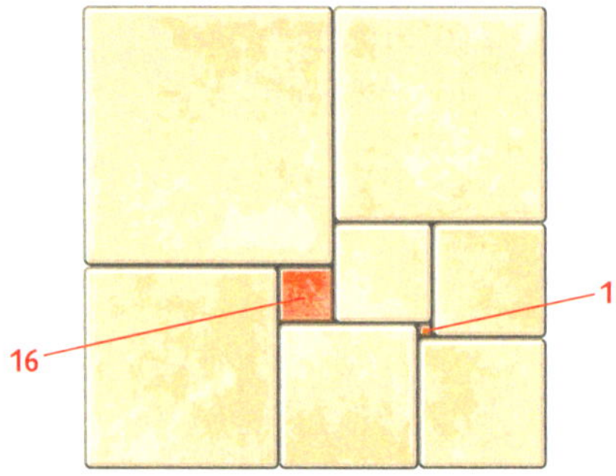

Unterschiedlich große quadratische Fliesen werden zu einem Mosaik verarbeitet.
➔ Bestimme Umfang und Flächeninhalt der Fliesen für die Seitenlängen 1 cm, 2 cm, 3 cm … 10 cm und notiere sie in einer Übersichtstabelle.
➔ Stelle die Werte jeweils in einem geeigneten Koordinatensystem dar.
➔ Vergleiche die Graphen zu Umfang und Flächeninhalt und beschreibe ihre Form.

Zahlreiche Vorgänge und Formen in Natur, Technik und Sport lassen sich nicht mit linearen Funktionen beschreiben. So haben Brückenbögen, Satellitenanlagen oder der Weg des Sportlers beim Sprung gekrümmte Formen. Hier liegen Funktionen zugrunde, bei denen die Variable quadriert vorkommt. Sie werden daher **quadratische Funktionen** genannt. Ihre Graphen verlaufen an keiner Stelle geradlinig. Sie heißen **Parabeln**.

Eine Funktion mit der Variablen in quadratischer Form heißt **quadratische Funktion**. Die einfachste quadratische Funktion, die **Quadratfunktion**, hat die Funktionsgleichung $y = x^2$. Ihr Graph heißt **Normalparabel**.

Zum Zeichnen der Parabel von $y = x^2$ wird eine Wertetabelle für $-3 \leqq x \leqq 3$ erstellt:

x	−3	−2	−1	0	1	2	3
y	9	4	1	0	1	4	9

Um den Kurvenverlauf genauer zeichnen zu können, sind Zwischenwerte hilfreich.

x	−2,5	−1,5	−0,5	0,5	1,5	2,5
y	6,25	2,25	0,25	0,25	2,25	6,25

Den tiefsten Punkt der Normalparabel S(0 | 0) bezeichnet man als **Scheitelpunkt** bzw. Scheitel.
Da das Quadrat einer Zahl stets positiv ist, sind alle y-Werte außer null positiv. Da die Beziehung $(-x)^2 = x^2$ gilt, liegen die Punkte $P_1(x \mid y)$ und $P_2(-x \mid y)$ symmetrisch zur y-Achse.

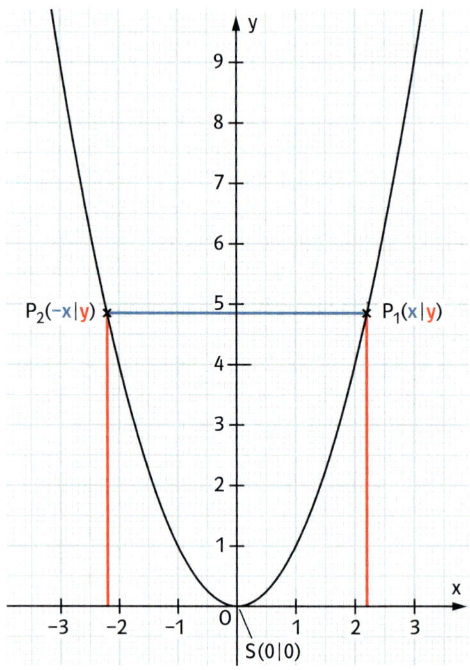

Die Normalparabel ist nach oben geöffnet. **Scheitelpunkt** ist der Ursprung (0 | 0). Sie ist **achsensymmetrisch** zur y-Achse.

Die Normalparabel unter der Lupe

Um den Verlauf der Normalparabel in der Nähe des Scheitels zu untersuchen, wird sie im Intervall $-1 \leqq x \leqq 1$ vergrößert dargestellt.

■ Zeichne die Normalparabel mit der Einheit 5 cm und der Schrittweite 0,1.

Wegen der Achsensymmetrie erhält man für positive und negative x-Werte mit gleichem Betrag dieselben y-Werte.
Die Koordinaten von Punkten der Normalparabel können näherungsweise abgelesen werden.

■ Bestimme die fehlenden Koordinaten:
$P_1(0{,}15 \mid □)$; $P_2(□ \mid 0{,}7)$; $P_3(-0{,}14 \mid □)$

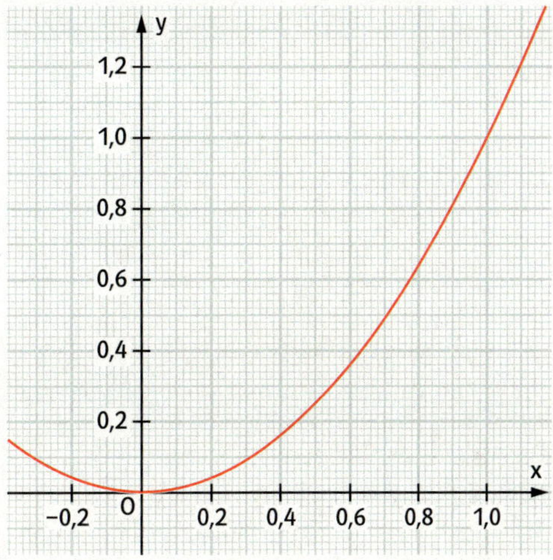

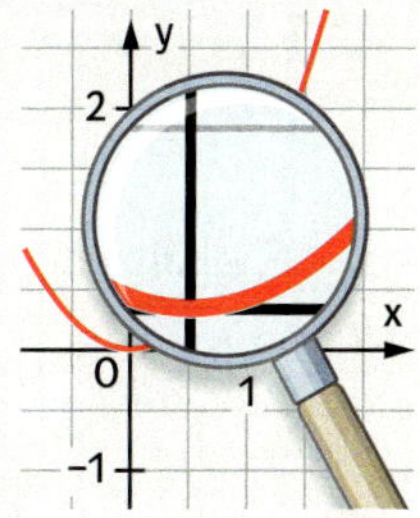

Aufgaben

1 Stelle eine Parabelschablone her. Zeichne dazu die Normalparabel möglichst genau auf Millimeterpapier. Wähle das Intervall $-3 \leqq x \leqq 3$ und die Schrittweite 0,2 (1 Einheit ≙ 1 cm). Klebe das Schaubild auf Karton und schneide die Parabel aus.

2 Zeichne den Graphen der Funktion $y = x^2$ mit der Einheit
a) 2 cm. b) 0,5 cm. c) 10 cm.
Wähle geeignete Schrittweiten.

3 Die Punkte P_1 bis P_6 sind Punkte der Normalparabel.
Ergänze den fehlenden y-Wert durch Ablesen aus der Zeichnung auf der linken Seite so genau wie möglich.

a) $P_1(2 \mid □)$ b) $P_2(-1 \mid □)$
c) $P_3(-1{,}9 \mid □)$ d) $P_4(1{,}4 \mid □)$
e) $P_5(0{,}3 \mid □)$ f) $P_6(-2{,}6 \mid □)$

4 Die Punkte P_1 bis P_6 sind Punkte der Normalparabel. Ermittle den x-Wert auf eine Dezimale genau durch Ablesen aus der Zeichnung auf der linken Seite.

a) $P_1(+□ \mid 1{,}5)$ b) $P_2(-□ \mid 5)$
c) $P_3(+□ \mid 0{,}6)$ d) $P_4(+□ \mid 4{,}5)$
e) $P_5(-□ \mid 5{,}1)$ f) $P_6(-□ \mid 7)$

5 Liegt der Punkt P auf der Normalparabel, oberhalb der Kurve oder unterhalb? Löse zunächst, ohne zu zeichnen, und überprüfe dann dein Ergebnis mit einer Zeichnung.

a) $P(2{,}5 \mid 6{,}25)$ b) $P(-2{,}4 \mid 5{,}76)$
c) $P(1{,}4 \mid 2{,}1)$ d) $P(0{,}9 \mid 1{,}0)$
e) $P(-0{,}4 \mid 0{,}4)$ f) $P(-1{,}8 \mid 3{,}1)$

6 Stelle ohne Zeichnung fest, ob der Punkt auf der Normalparabel liegt. Benutze dazu die Taschenrechnertasten x^2 oder $\sqrt{x}$.

a) $A(17 \mid 289)$ b) $B(-4 \mid -16)$
c) $C(4{,}5 \mid 20)$ d) $D(-3{,}5 \mid 12{,}25)$
e) $E(1{,}1 \mid 1{,}2)$ f) $F(0{,}8 \mid 0{,}6)$
g) $G(-0{,}5 \mid 0{,}25)$ h) $H(24 \mid 580)$

7 Ergänze die Wertetabelle für die quadratische Funktion $y = x^2$ in deinem Heft (Genauigkeit: 1 Dezimale).

x	1,5	+□	4,6	−□	0,7	+□	−□
y	□	5,2	□	3,9	□	11,2	13,5

8 Erstelle eine Wertetabelle für die Funktion $y = -x^2$ und zeichne den Graphen. Vergleiche mit der Normalparabel.

! Mit fünf Punkten kannst du die Normalparabel schnell skizzieren.

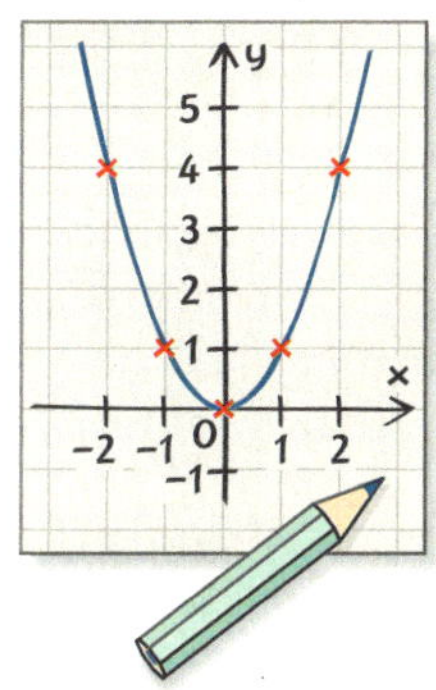

! Vorsicht beim Minuszeichen.
$-x^2 = -(x \cdot x)$
$-3^2 = -(3 \cdot 3) = -9$
$(-x)^2 = (-x) \cdot (-x)$
$(-3)^2 = (-3) \cdot (-3) = 9$

2 Die rein quadratische Funktion $y = x^2 + c$

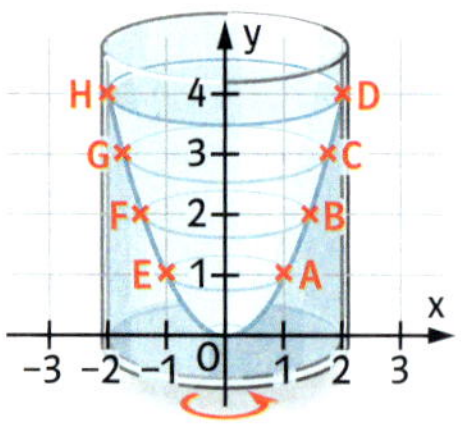

Ein Becherglas wird um seine Achse gedreht. Das Wasser bildet eine rotierende Fläche. Ihre Schnittfigur mit der x-y-Ebene ist eine charakteristische Kurve.
→ Lies die Koordinaten der Punkte A, B, C, D, E, F, G und H in dem hinterlegten Koordinatensystem ab.

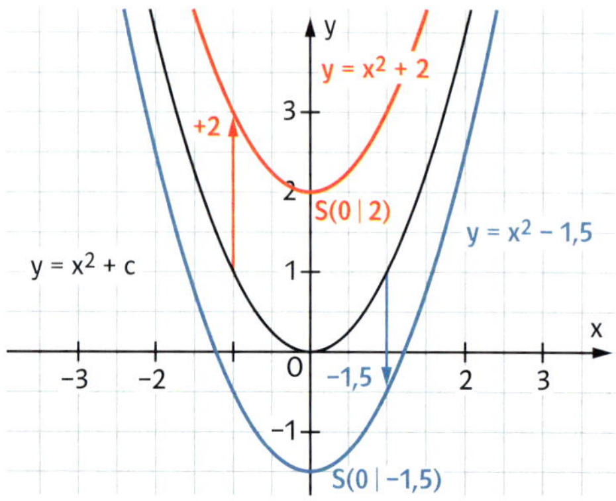

Addiert man zu den y-Werten der Normalparabel einen festen Summanden c, so verschiebt sich der Graph in y-Richtung. Die Form bleibt erhalten.
So entstehen die Graphen der Funktionen $\mathbf{y = x^2 + c}$ aus der Normalparabel durch Verschiebung in y-Richtung. Der Summand **c** gibt dabei die Länge und die Richtung der Verschiebung an:
$c > 0$ Verschiebung nach oben, $c < 0$ Verschiebung nach unten. Der Scheitel hat dann die Koordinaten **S(0|c)**.

Der Graph der Funktion $\mathbf{y = x^2 + c}$ entsteht aus der Normalparabel durch Verschiebung um c in y-Richtung. Der Scheitel hat die Koordinaten **S(0|c)**.

Schülerparabeln

- Stellt euch im Schulhof so auf, dass eine Normalparabel entsteht.
- Bewegt euch nun alle in gleich großen Schritten und mit vereinbarter Anzahl von Schritten in Richtung der y-Achse.
- Habt ihr eure neue Parabel gebildet, dann findet die Parabelgleichung.

Aufgaben

1 Zeichne das Schaubild.
a) $y = x^2 + 2$ b) $y = x^2 - 3$
c) $y = x^2 + 1{,}6$ d) $y = -5 + x^2$

2 Notiere die Funktionsgleichungen.

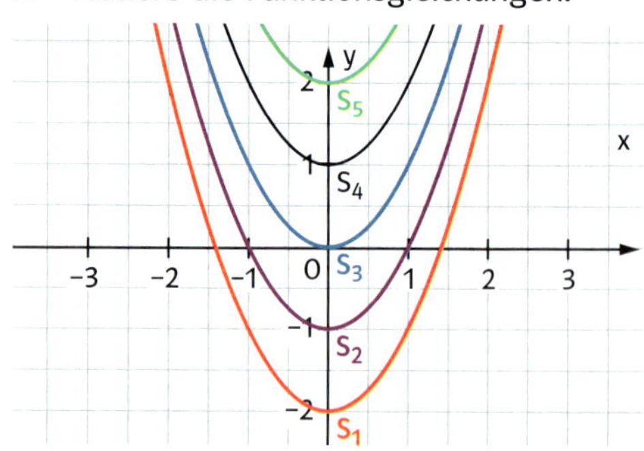

3 Wie heißt die Funktionsgleichung der verschobenen Normalparabel?
a) S(0|5) b) S(0|−7) c) S(0|−1,5)
d) S(0|8) e) S(0|−0,5) f) S(0|3,5)

3 Die rein quadratische Funktion $y = ax^2 + c$

Wertetabellen und Funktionsgleichungen sind durcheinandergeraten.
→ Welche Wertetabelle gehört zu welcher Gleichung?
→ Zwei Gleichungen beschreiben eine veränderte Lage der Normalparabel.
→ Drei Gleichungen beschreiben eine veränderte Form gegenüber der Normalparabel. Versuche sie zu skizzieren.

x	−2	−1	0	1	2	3
y	5	2	1	2	5	10

x	−2	−1	0	1	2	3
y	7	1	−1	1	7	17

x	−2	−1	0	1	2	3
y	8	2	0	2	8	18

x	−2	−1	0	1	2	3
y	−4	−1	0	−1	−4	−9

x	−2	−1	0	1	2	3
y	1	0,25	0	0,25	1	2,25

$y = -x^2$

$y = \frac{1}{4} \cdot x^2$

$y = 2 \cdot x^2$

$y = 2 \cdot x^2 - 1$

$y = x^2 + 1$

Multipliziert man die y-Werte der Funktion $y = x^2$ mit einem konstanten Faktor a, erhält man die Funktionsgleichung $\mathbf{y = a \cdot x^2}$. An a lässt sich die Form und Öffnung der Parabel erkennen.
Ist Faktor **a positiv** (a > 0), ist die Parabel nach **oben** geöffnet.
Ist Faktor **a negativ** (a < 0), ist die Parabel nach **unten** geöffnet.

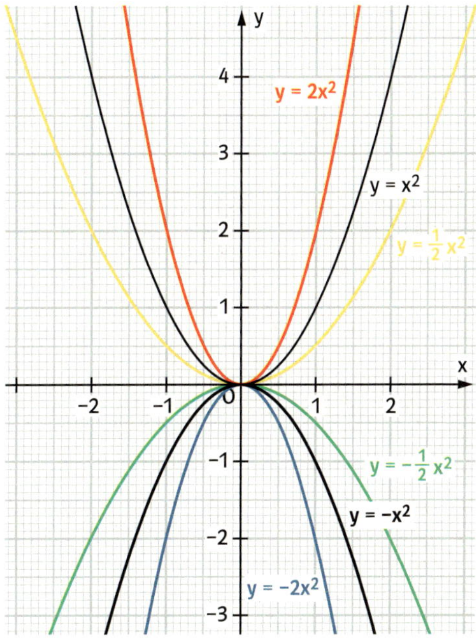

Die Parabeln haben im Vergleich zur Normalparabel folgende Form:

	|a| < 1	|a| > 1
a < 0	Öffnung unten breiter	Öffnung unten schmaler
a > 0	Öffnung oben breiter	Öffnung oben schmaler

Der Graph der Funktion $\mathbf{y = ax^2 + c\ (a \neq 0)}$ ist eine Parabel.
Der Faktor a bestimmt die Form und Öffnung der Parabel, der Summand c die Lage. Der Scheitel hat die Koordinaten $S(0|c)$.

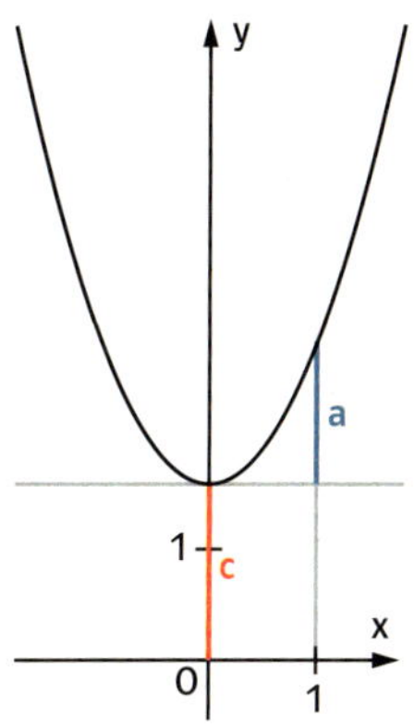

Beispiel

Der Graph der Funktion $y = \frac{1}{8}x^2 - 2,5$ ist eine nach oben geöffnete Parabel. Sie ist breiter als die Normalparabel und der Scheitel hat die Koordinaten $S(0|-2,5)$.

x	−6	−4	−2	0	2	4	6
y	2	−0,5	−2	−2,5	−2	−0,5	2

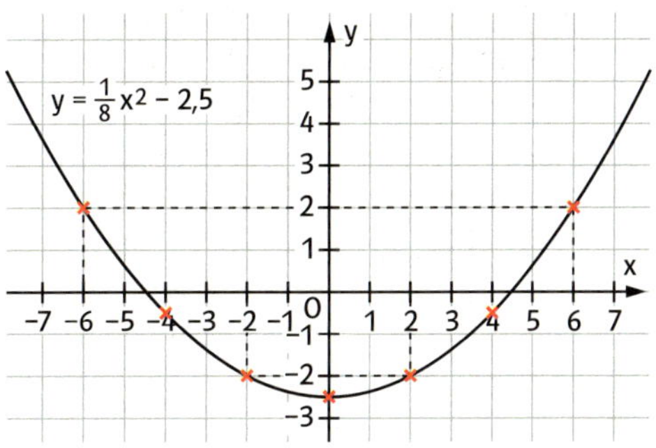

Aufgaben

1 Zeichne den Graphen der Funktion. Erstelle dazu eine Wertetabelle. Wenn du Werte geschickt wählst, kannst du dir Arbeit sparen.

a) $y = 2x^2$ b) $y = \frac{1}{2}x^2$
c) $y = 3x^2$ d) $y = -\frac{1}{4}x^2$
e) $y = \frac{5}{2}x^2$ f) $y = -2x^2$

2 Beschreibe Form und Öffnung der Parabel. Skizziere dazu die Parabel im Koordinatensystem.

a) $y = 5x^2$ b) $y = \frac{1}{5}x^2$
c) $y = -4x^2$ d) $y = -\frac{1}{4}x^2$
e) $y = 0{,}3x^2$ f) $y = \frac{6}{5}x^2$

3 Zeichne die Schaubilder der quadratischen Funktion $y = ax^2 - a$ für
$a = 0{,}5$, $a = 1$, $a = 1{,}5$,
$a = 2$, $a = 2{,}5$, $a = 3$.

4 Es sind Funktionsgleichungen und Schaubilder quadratischer Funktionen gegeben. Welches Schaubild gehört zu welcher Funktionsgleichung?

a) $y = 3x^2$ b) $y = 2x^2 - 3$
c) $y = \frac{1}{2}x^2 - 3$ d) $y = \frac{1}{3}x^2$
e) $y = -x^2 + 2$ f) $y = x^2 + 2$
g) $y = -2x^2 + 3$ h) $y = -\frac{1}{3}x^2 + 3$

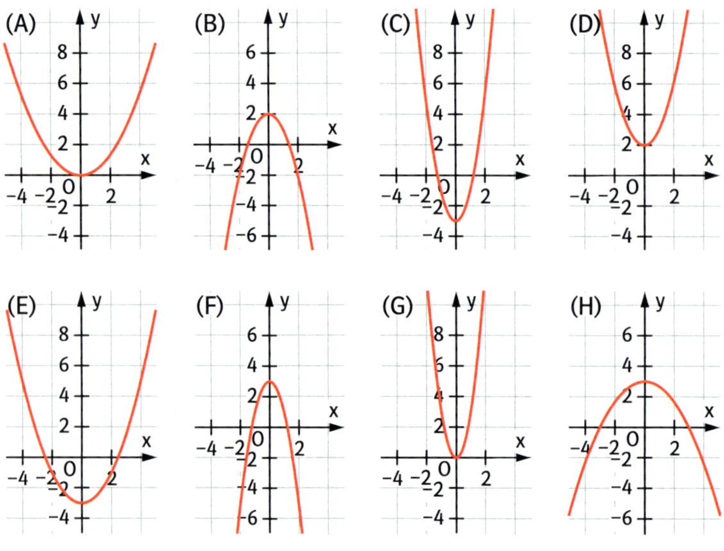

5 Zeichne den Graphen der Funktion.

a) $y = 2x^2 + 1$ b) $y = \frac{1}{2}x^2 - 4$
c) $y = 3x^2 - 2$ d) $y = \frac{1}{3}x^2 + 2$
e) $y = \frac{5}{2}x^2 - 1$ f) $y = 1{,}5x^2 - 3$

6 Vergleiche die drei Parabeln und stelle ihre Unterschiede fest. Wenn du nicht sicher bist, zeichne die drei Graphen.

a) $y = x^2 + 3$; $y = x^2 - 3$; $y = x^2$
b) $y = x^2$; $y = 2x^2$; $y = x^2 + 2$
c) $y = x^2 + 2$; $y = 2x^2 + 2$; $y = \frac{1}{2}x^2 + 2$
d) $y = \frac{1}{2}x^2 + 3$; $y = \frac{1}{3}x^2 + 3$; $y = \frac{1}{4}x^2 + 4$

7 Beschreibe Lage und Form der Parabel im Vergleich zur Normalparabel, ohne den Graphen zu zeichnen.

a) $y = 10x^2$ b) $y = x^2 - 100$
c) $y = \frac{1}{10}x^2 + 10$ d) $y = 100x^2 - 100$
e) $y = -x^2 + 100$ f) $y = -0{,}01x^2 + 10$

DGS I

Mit dem Computer lassen sich Funktionen der Form $\mathbf{y = a \cdot x^2 + c}$ grafisch darstellen. Die Variablen **a** und **c** kann man über Schieberegler verändern.

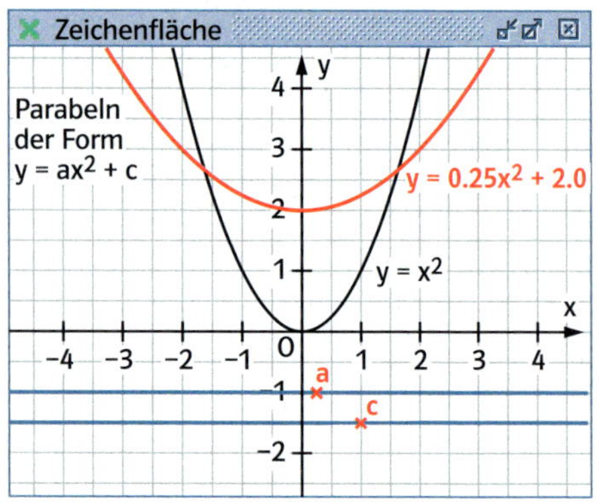

- Entdecke die Wirkung der beiden Variablen a und c experimentell.
- Beschreibe die Graphen $y = ax^2 - c$ für $a = c$. Skizziere einige ins Heft. Was fällt dir auf?

8 Stellt euch gegenseitig die Aufgabe, an einer Funktionsgleichung die Besonderheiten der zugehörigen Parabel zu erkennen, ohne zu zeichnen.
Beispiel: $y = -2{,}5x^2 + 1$
„Die Parabel ist nach unten geöffnet und ist schmaler als die Normalparabel. Ihr Scheitel ist $S(0|1)$."

9 Gib die Funktionsgleichung der Parabel in der Form $y = ax^2 + c$ an.
a) $a = 1$; $S(0|-2)$ b) $a = -0{,}5$; $S(0|4)$
c) $a = -3$; $S(0|3)$ d) $a = \frac{5}{6}$; $S(0|-5)$

10 Eine Parabel mit der Funktionsgleichung $y = ax^2$ verläuft durch den Punkt P. Bestimme die Parabelgleichung.
a) $P(1|3)$ b) $P(-1|-3)$
c) $P(4|5)$ d) $P(2|0)$
e) $P(-2|6)$ f) $P(0|-2{,}5)$

11 Lies den Öffnungsfaktor a ab und gib die Funktionsgleichung an.

Beispiel:
Für A: $P(2|1)$ eingesetzt in $y = ax^2$:
$1 = a \cdot 4$; $a = \frac{1}{4}$ Lösung: $y = \frac{1}{4}x^2$

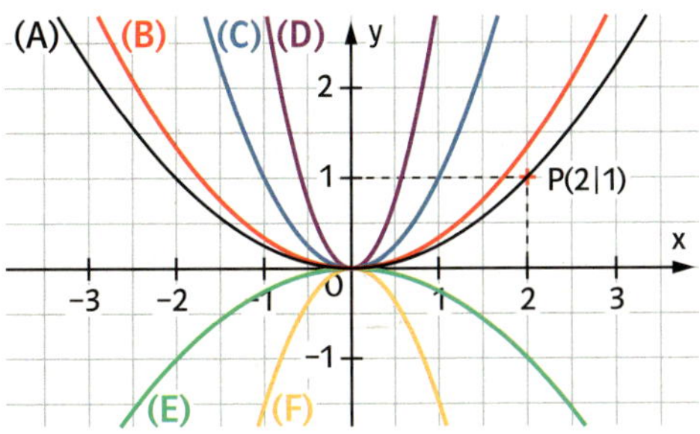

12 Bestimme die Funktionsgleichung der Form $y = ax^2 + c$. Gegeben sind c und der Punkt P.
a) $c = 1$; $P(2|2)$ b) $c = -2$; $P(1|3)$
c) $c = 3$; $P(-2|-4)$ d) $c = -4$; $P(-4|-5)$

13 Welcher Punkt gehört zu welchem Graphen?

$A(1|2)$	$y = \frac{1}{2}x^2 + 4$
$B(2|6)$	$y = x^2 - 2$
$C(-2|2)$	$y = 2x^2 - 4$
$D(1|-2)$	$y = -2x^2 + 4$

14 Die Wertetabelle gehört zu einer quadratischen Funktion. Bestimme ihre Funktionsgleichung.
a)

x	−2	−1	0	1	2
y	9	3	1	3	9

b)

x	−2	−1	0	1	2
y	−4	−2,5	−2	−2,5	−4

15 Die Parabel wird an der x-Achse gespiegelt. Gib die neue Funktionsgleichung an.
a) $y = -x^2$ b) $y = 3x^2$
c) $y = x^2 - 1$ d) $y = \frac{1}{2}x^2 + 2$

16 Bestimme die fehlenden Koordinaten der Parabelpunkte. Es können mehrere Lösungen möglich sein.
a) $y = 2x^2 - 1$ $P(0|\square)$ $Q(2|\square)$
b) $y = -x^2 + 1$ $P(0|\square)$ $Q(\square|0)$
c) $y = x^2 - 2$ $P(\square|14)$ $Q(3{,}5|\square)$
d) $y = -3x^2 + 2$ $P(0{,}5|\square)$ $Q(-\square|0)$

17 Bestimme die Funktionsgleichungen.

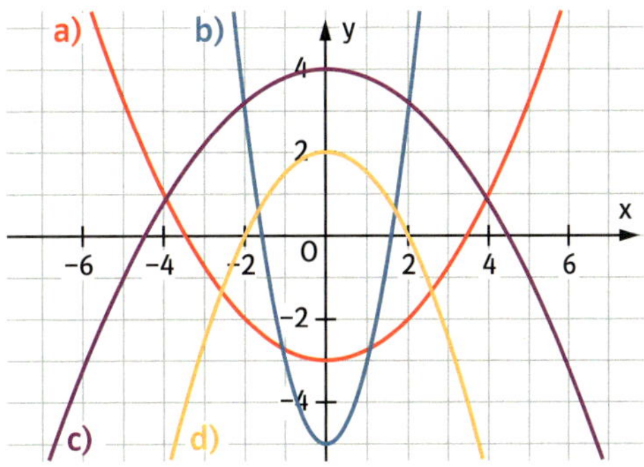

18 a) Wie groß muss a sein, damit der Punkt $P(3|-6)$ zur Parabel $y = ax^2$ gehört?
b) Wie muss c gewählt werden, damit der Punkt $P(-1|-1)$ zur Parabel $y = 9x^2 + c$ gehört? Wo liegt dann der Scheitel S?
c) Wie groß muss a sein, damit der Punkt $P(-1|5)$ zur Parabel $y = ax^2 + 3$ gehört?
d) Eine Parabel hat die Gleichung $y = -x^2 + c$. Sie schneidet die x-Achse in den Punkten $P_1(3|0)$ und $P_2(-3|0)$. Wo liegt der Scheitel S der Parabel?

Zum raschen Skizzieren von Parabeln multipliziert man die y-Werte der Normalparabel mit dem angegebenen Faktor.

Für $y = \frac{1}{2}x^2$ erhält man:

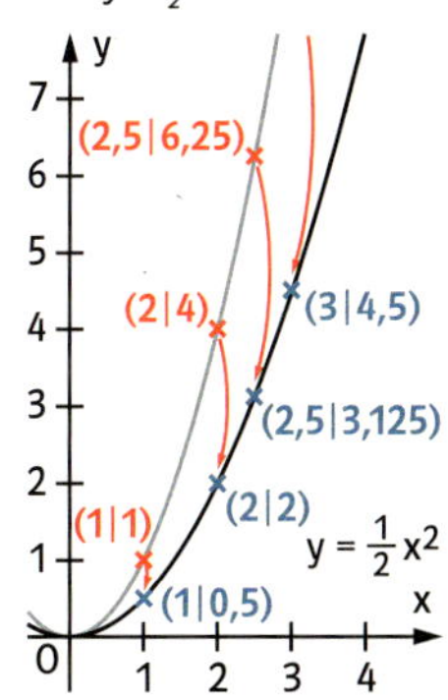

4 Die rein quadratische Gleichung. Grafische Lösung

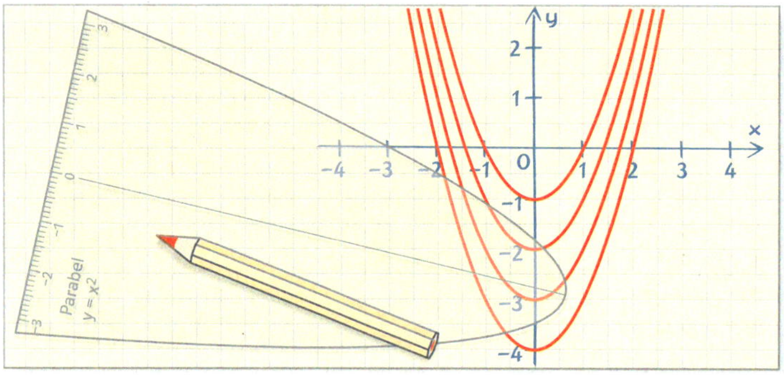

Zeichne die verschobenen Normalparabeln $y = x^2 - 1$, $y = x^2 - 2$, $y = x^2 - 3$, $y = x^2 - 4$ und $y = x^2 - 5$.

→ Lies aus der Zeichnung die Koordinaten der Schnittpunkte der Parabel mit der x-Achse ab. Erkennst du eine Regel?

Gleichungen wie $x^2 - 4 = 0$, $2x^2 - 4{,}5 = 0$ oder $x^2 + 4 = 13$, in denen die Gleichungsvariable nur im Quadrat vorkommt, nennt man rein quadratische Gleichungen.

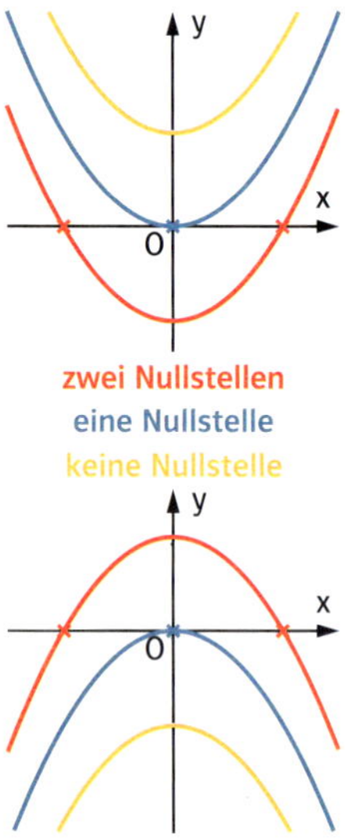

Für die Gleichung $x^2 - 4 = 0$ können die Lösungen durch Probieren ermittelt werden. Da $(+2)^2 = 4$ und $(-2)^2 = 4$ ist, hat diese Gleichung zwei Lösungen: $x_1 = -2$ und $x_2 = 2$.
Der Graph der Funktion $y = x^2 - 4$ schneidet die x-Achse dort, wo y den Wert null hat. Also stellen die Schnittpunkte dieser Funktion mit der x-Achse die Lösungen der Gleichung $x^2 - 4 = 0$ dar.

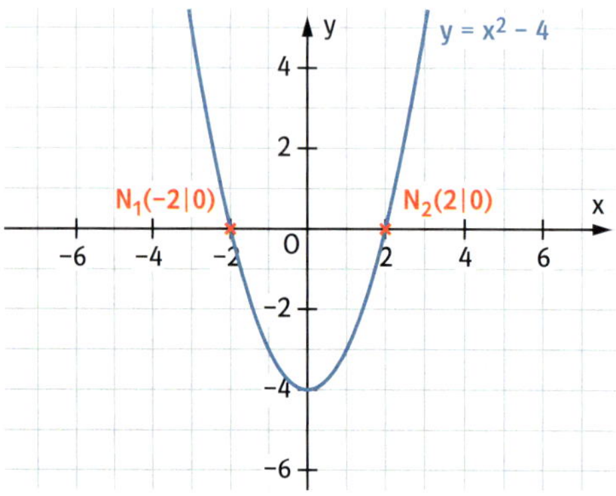

Für die Gleichung $2x^2 - 4{,}5 = 0$ sind die Lösungen nicht unmittelbar erkennbar. Aus dem Graphen der Funktion $y = 2x^2 - 4{,}5$ kann man die x-Werte der Schnittpunkte mit der x-Achse ablesen:
$x_1 = -1{,}5$ und $x_2 = 1{,}5$. Diese beiden Werte erfüllen die Gleichung $2x^2 - 4{,}5 = 0$. Sie sind also Lösungen der Gleichung. Setzt man die Werte in die Funktionsgleichung ein, erhält man für y jeweils den Wert null.

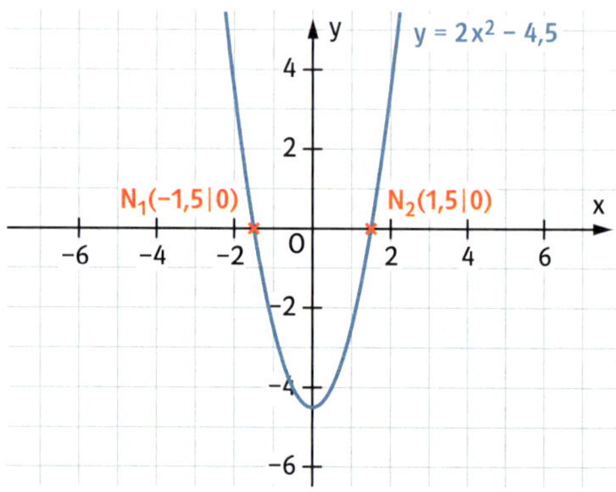

Rein quadratische Gleichungen der Form $\mathbf{ax^2 + c = 0}$ lassen sich grafisch lösen, indem man die Schnittpunkte der Parabel $x = ax^2 + c$ mit der x-Achse ermittelt. Da die y-Werte dieser Schnittpunkte null sind, heißen die x-Werte auch **Nullstellen**. Die Nullstellen sind die Lösung der Gleichung.

Bemerkung

Je nach Lage der Parabel ist die Anzahl der Nullstellen zwei, eins oder null. Entsprechend viele Lösungen hat die zugehörige Gleichung.

Beispiele

a) Die Lösungen der Gleichung $x^2 - 3 = 0$ ergeben sich näherungsweise aus den Schnittpunkten der verschobenen Normalparabel $y = x^2 - 3$ mit der x-Achse.

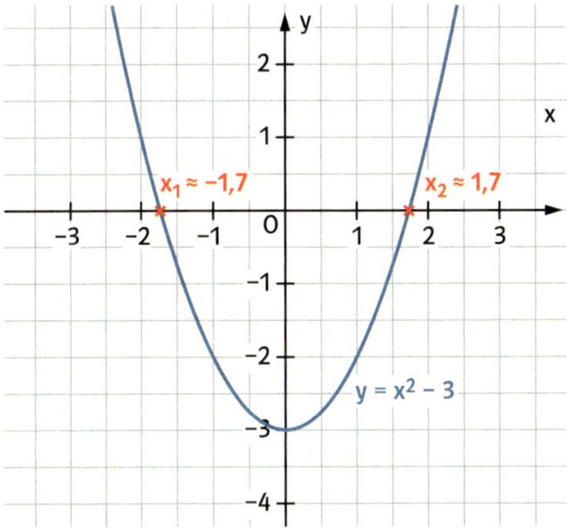

b) Um die Gleichung $\frac{1}{2}x^2 - 2 = 0$ mit der Normalparabel zu lösen, wird umgeformt:

$$\frac{1}{2}x^2 - 2 = 0 \quad | \cdot 2$$
$$x^2 - 4 = 0$$

Das führt zur Funktionsgleichung $y = x^2 - 4$.

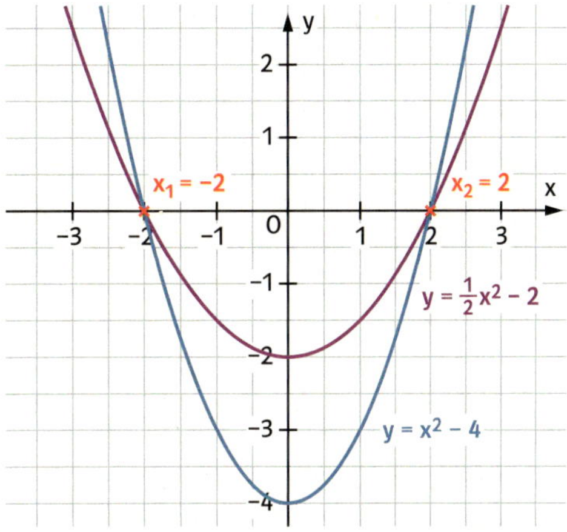

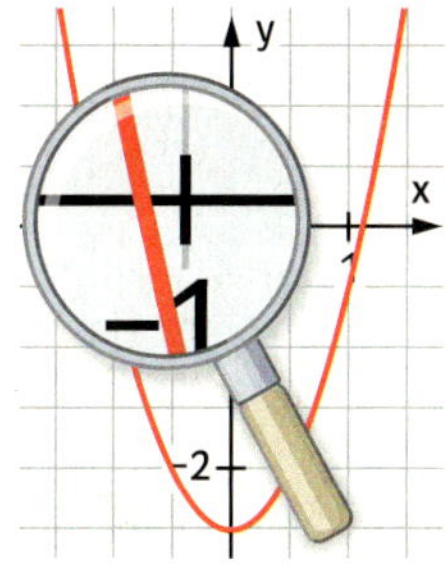

Die x-Werte lassen sich ungefähr auf Millimeter genau ablesen. Bei einer Einheit von 1 cm bedeutet dies eine Genauigkeit von einer Nachkommaziffer.

Aufgaben

1 Zeichne den Graphen der Funktion, bestimme die Schnittpunkte mit der x-Achse und gib die Nullstellen an.

a) $y = x^2 - 1$ b) $y = x^2 - 2{,}25$
c) $y = x^2 - 6$ d) $y = x^2 - 3{,}5$
e) $y = \frac{1}{2}x^2 - 3$ f) $y = \frac{1}{2}x^2 - 4$
g) $y = 2x^2 - 5$ h) $y = 3x^2 - 2$

2 Bestimme die Lösungen der Gleichung zeichnerisch.

a) $x^2 - 9 = 0$ b) $x^2 - 6{,}25 = 0$
c) $x^2 - 2 = 0$ d) $x^2 - 5 = 0$
e) $2x^2 - 8 = 0$ f) $\frac{1}{2}x^2 - 4{,}5 = 0$
g) $3x^2 - 6 = 0$ h) $\frac{1}{3}x^2 - 2 = 0$
i) $-1{,}5x^2 + 4 = 0$ j) $-\frac{1}{4}x^2 + 1 = 0$

3 Forme die Gleichung vor dem grafischen Lösen um.

a) $x^2 = 4$ b) $x^2 = 2{,}25$
c) $2x^2 = 18$ d) $3x^2 = 15$
e) $\frac{1}{2}x^2 = 3{,}5$ f) $\frac{1}{3}x^2 = 1$
g) $4x^2 = 10$ h) $\frac{1}{4}x^2 = 0{,}8$
i) $-3x^2 = -27$ j) $-\frac{1}{8}x^2 = -72$

4 Hier sind die zeichnerischen Lösungen von einigen quadratischen Gleichungen abgebildet. Bestimme die Nullstellen und gib die zugehörige Funktionsgleichung an.

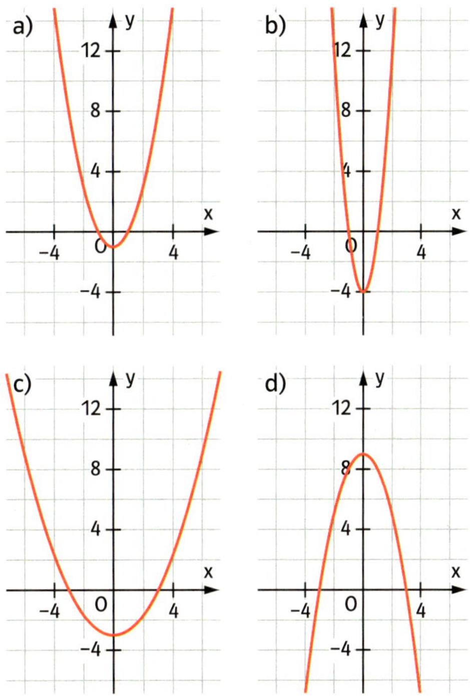

5 Die rein quadratische Gleichung. Rechnerische Lösung

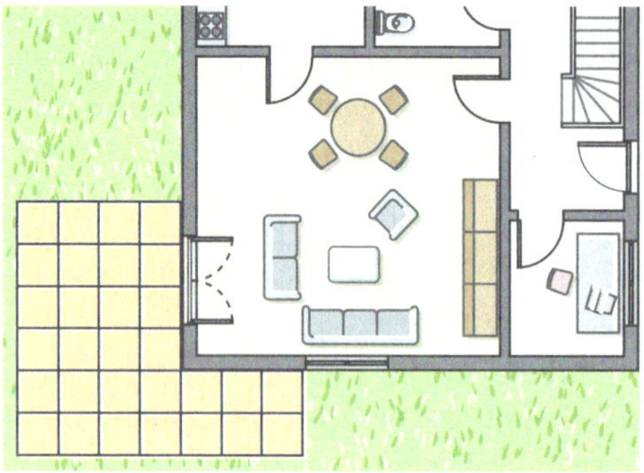

Die Terrasse eines Hauses ist mit gleich großen quadratischen Platten ausgelegt. Der gesamte Flächeninhalt beträgt $10{,}8\,m^2$.
→ Bestimme die Seitenlänge einer Platte, wenn es 30 Platten sind.
→ Wie groß ist die Seitenlänge bei einem Flächeninhalt von $8\,m^2$ und 50 Platten?

Satz vom Nullprodukt
Ein Produkt ist gleich null, wenn ein Faktor null ist.

Zeichnerische Lösungen sind oft aufwendig und nicht immer genau ablesbar. Mit rechnerischen Lösungen kommt man dann schneller und genauer zum Ziel.

$$\begin{aligned} 5x^2 - 180 &= 0 && \mid :5 \\ x^2 - 36 &= 0 && \mid \text{3. bin. Formel} \\ (x + \sqrt{36})(x - \sqrt{36}) &= 0 \end{aligned}$$

1. Fall: $x_1 + \sqrt{36} = 0$ 2. Fall: $x_2 - \sqrt{36} = 0$
$x_1 = -6$ $x_2 = 6$
$\mathbb{L} = \{-6; 6\}$

$$\begin{aligned} 3x^2 &= -27 && \mid :3 \\ x^2 &= -9 && \mid +9 \\ x^2 + 9 &= 0 && \mid \text{3. bin. Formel} \\ \mathbb{L} &= \{\,\} && \text{nicht anwendbar} \end{aligned}$$

Bereits in der zweiten Zeile ist erkennbar, dass das Quadrat von x negativ sein müsste. Dies ist aber nicht möglich.
Die Gleichung hat keine Lösung.

Rein quadratische Gleichungen der Form $ax^2 + c = 0$ kann man immer so umformen, dass vor der Gleichungsvariable kein Faktor steht. Ist $\frac{c}{a} < 0$, lässt sich mit der 3. binomischen Formel die Differenz in ein Produkt umformen. Die Variable liegt nun nicht mehr quadratisch, sondern linear als Faktor vor. Diese Form nennt man daher **Linearfaktorzerlegung**.

Rein quadratische Gleichungen löst man rechnerisch durch **Zerlegen in Linearfaktoren** mit der 3. binomischen Formel. Falls vor x^2 ein Faktor steht, muss zuvor durch diesen dividiert werden.

Bemerkung

Für die Lösungen $x_1 = -\sqrt{d}$ und $x_2 = \sqrt{d}$ schreibt man kurz $x_{1/2} = \pm\sqrt{d}$.

Beispiele

a) Lösung der quadratischen Gleichung:

$$\begin{aligned} 3x^2 + 4 &= 19 && \mid -19 \\ 3x^2 - 15 &= 0 && \mid :3 \\ x^2 - 5 &= 0 && \mid \text{3. bin. Formel} \\ (x + \sqrt{5})(x - \sqrt{5}) &= 0 \end{aligned}$$

$x_1 = -\sqrt{5}$ und $x_2 = \sqrt{5}$
Auf zwei Nachkommastellen gerundet:
$\mathbb{L} = \{-2{,}24; 2{,}24\}$

b) Lösung einer quadratischen Gleichung in **Kurzschreibweise**:

$$\begin{aligned} 5x^2 - 7 &= 73 && \mid +7 \\ 5x^2 &= 80 && \mid :5 \\ x^2 &= 16 \end{aligned}$$

$x_{1/2} = \pm\sqrt{16}$ ist die Kurzschreibweise für $x_1 = -4$ und $x_2 = 4$
$\mathbb{L} = \{-4; 4\}$

Aufgaben

1 Diese Aufgaben sind im Kopf lösbar. Gibt es immer Lösungen? Begründe.
a) $x^2 = 25$ b) $x^2 = 196$
c) $x^2 = 1{,}44$ d) $x^2 = -1{,}21$
e) $x^2 - 16 = 0$ f) $x^2 + 64 = 0$
g) $x^2 - 0{,}04 = 0$ h) $x^2 - 6{,}25 = 0$
i) $x^2 = \frac{4}{9}$ j) $x^2 = \frac{16}{25}$

2 Gib die Lösungen auf zwei Stellen nach dem Komma an.
a) $x^2 = 10$ b) $x^2 = 112$ c) $x^2 = 1{,}8$
d) $x^2 = 0{,}9$ e) $x^2 = \frac{1}{3}$ f) $x^2 = \frac{16}{7}$
g) $x^2 - 7 = 0$ h) $x^2 - 4{,}5 = 0$

3 Löse rechnerisch und mache die Probe wie auf dem Rand dargestellt.
a) $5x^2 = 200$ b) $7x^2 = 91$
c) $\frac{1}{2}x^2 = 45$ d) $\frac{2}{3}x^2 = 21$
e) $2x^2 - 48 = 0$ f) $3x^2 - 100 = 0$
g) $6x^2 - 17 = 28$ h) $1{,}5x^2 - 0{,}16 = 0{,}09$

4 Stelle zunächst um, vereinfache falls notwendig.
a) $15x^2 - 2 = 6x^2 - 1$
b) $39x^2 + 3 = 3x^2 + 4$
c) $5(x^2 - 4) = 6x^2 + 1$
d) $4x^2 - 13 + x^2 = 4(3 - x^2)$
e) $(4x + 1)(2x + 2) = 10(x + 2)$

5 Du sparst Arbeit durch Anwenden der binomischen Formeln.
a) $(10x + 6)^2 = 40(3x + 1)$
b) $(5x + 1)^2 = 5(2x + 1)$
c) $(4x - 6)^2 = 45 - 48x$
d) $(7x - 2)^2 = 4(-7x + 2)$

6 Beseitige zunächst den Nenner.
a) $\frac{x^2}{3} = 12$ b) $\frac{1}{4}x^2 = 25$ c) $\frac{2x^2}{5} = 10$
d) $\frac{2x^2}{3} = 6$ e) $\frac{x^2}{5} + 3 = 8$ f) $\frac{x^2}{4} - 3 = 1$

7 Nutze die binomischen Formeln.
a) $(3x + 1)(3x - 1) = 15$
b) $(5x + 3)(5x - 3) = 391$
c) $(x - 1)(x + 1) = 199 - 287x^2$
d) $(4x - 5)(4x + 5) = -184x^2 + 47$

8 a) Wenn man vom Quadrat einer Zahl 17 subtrahiert, erhält man 127. Wie heißt die Zahl?
b) Multipliziert man das Quadrat einer Zahl mit 5, so erhält man 45. Welche natürliche Zahl ist das?
c) Addiert man zum Quadrat einer Zahl 32, so erhält man dasselbe Ergebnis, als wenn man das Quadrat der Zahl mit 3 multipliziert.
d) Das Siebenfache einer Quadratzahl ist um 0,72 größer als das Fünffache der Quadratzahl. Welche Zahl wurde quadriert?
e) Dividiert man eine Quadratzahl durch 7 und addiert 5 hinzu, so erhält man den Wert $14\frac{1}{7}$. Wie hieß die ursprüngliche Zahl?

! *$4x^2 - 76 = 24$*
$L = \{-5; 5\}$
***Probe** durch Einsetzen in die Gleichung:*
$4 \cdot (-5)^2 - 76 = 24$
$100 - 76 = 24$ (w)
$4 \cdot 5^2 - 76 = 24$
$100 - 76 = 24$ (w)

9 Ein quadratisches Grundstück wird auf einer Seite um 8 m verlängert und auf der anderen Seite um 8 m verkürzt. Das neue rechteckige Grundstück hat einen Flächeninhalt von $512\,m^2$. Welche Seitenlänge hatte das quadratische Grundstück?

10 Für zwei gleich große quadratische Zimmer und einen dritten Raum mit dem Flächeninhalt $12\,m^2$ wurden zusammen $57{,}5\,m^2$ Teppichboden benötigt. Bestimme die Seitenlänge der beiden Zimmer.

11 a) Breite und Länge eines Rechtecks stehen im Verhältnis 4 : 5. Der Flächeninhalt beträgt $180\,cm^2$. Bestimme die Länge und Breite des Rechtecks.
b) Der Flächeninhalt eines Quadrats ist um $8\,cm^2$ kleiner als der Flächeninhalt eines Rechtecks, dessen Länge dreimal so groß wie die Quadratseite und dessen Breite halb so groß wie die Quadratseite ist. Berechne die Seitenlängen.

6 Die gemischt quadratische Funktion $y = ax^2 + bx + c$

Corinna möchte an einer Gartenmauer ein geräumiges Zaungehege für ihre Kaninchen abgrenzen. Sie hat noch ein Stück Maschendraht von 7m Länge.
→ Gibt es mehrere Möglichkeiten?
→ Stelle mögliche Lösungen grafisch dar.
→ Wie lang muss sie die Seiten des Geheges wählen, damit es möglichst groß wird?
→ Gibt es für die Wahl der Maße noch weitere Gesichtspunkte?

Quadratische Funktionen der Form $y = ax^2 + bx + c$ kann man mithilfe einer binomischen Formel so umformen, dass die Koordinaten des Scheitelpunktes direkt abgelesen werden können. Dafür muss häufig noch ein Summand ergänzt werden. So kann nach der 1. binomischen Formel der Term $x^2 + 6x + 9$ direkt in $(x + 3)^2$ umgeformt werden.
Bei dem Term $x^2 + 6x + 17$ ist dies nicht möglich, weil 17 nicht die Quadratzahl von $\frac{6}{2}$, also von 3, ist. Hier wird der passende Summand 9 addiert und direkt wieder subtrahiert, damit der Wert des Terms gleich bleibt. Nun kann faktorisiert werden.

$$y = x^2 + 6 \quad + 17$$
$$y = x^2 + 6 + \mathbf{9} + 17 - \mathbf{9}$$
$$y = (x + 3)^2 + 8$$

Der Summand, mit dem man einen Term oder eine Gleichung ergänzt, um dann mithilfe einer binomischen Formel faktorisieren zu können, heißt **quadratische Ergänzung**.

Mithilfe dieser Umformung kann nun bei allgemeinen quadratischen Gleichungen die Lage des Scheitelpunktes der zugehörigen Funktion bestimmt werden:

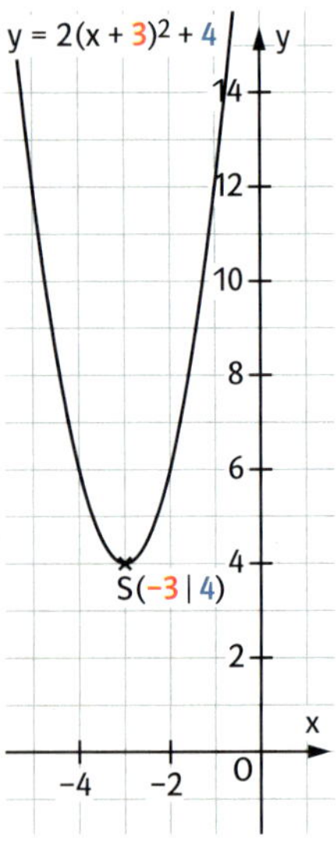

$y = 2x^2 + 12x + 22$	Faktor vor x^2 ausklammern	$y = ax^2 + bx + c$
$y = 2(x^2 + 6x + 11)$	Quadratische Ergänzung	$y = a\left(x^2 + \frac{b}{a}x + \frac{c}{a}\right)$
$y = 2(x^2 + 6x + 9 + 11 - 9)$	1. binomische Formel	$y = a\left(x^2 + \frac{b}{a}x + \left(\frac{b}{2a}\right)^2 + \frac{c}{a} - \left(\frac{b}{2a}\right)^2\right)$
$y = 2((x + 3)^2 + 2)$	Distributivgesetz	$y = a\left(\left(x + \frac{b}{2a}\right)^2 + \left(\frac{c}{a} - \left(\frac{b}{2a}\right)^2\right)\right)$
$y = 2(x + 3)^2 + 4$		$y = a(x + d)^2 + e$

Der Scheitel hat die Koordinaten $(-3 \mid 4)$ bzw. $(-d \mid e)$. In der allgemeinen Form wurden die unübersichtlichen Terme durch die neuen Variablen d und e ersetzt. Die Parabel $y = 2x^2 + 12x + 22$ ist gegenüber der Normalparabel um den Faktor 2 gestreckt und um 3 nach links sowie um 4 nach oben verschoben. Die zuletzt erhaltene Form lässt den Scheitel direkt ablesen und heißt daher Scheitelform der Gleichung.

Gemischt quadratische Funktionen mit $y = ax^2 + bx + c$ lassen sich durch quadratisches Ergänzen in die **Scheitelform** $\mathbf{y = a(x + d)^2 + e}$ bringen.
An ihr kann man die Koordinaten des Scheitelpunktes $\mathbf{S(-d \mid e)}$ ablesen.

Beispiele

a) Bestimmung des Scheitelpunkts der quadratischen Funktion $y = x^2 - 2x + 4$.

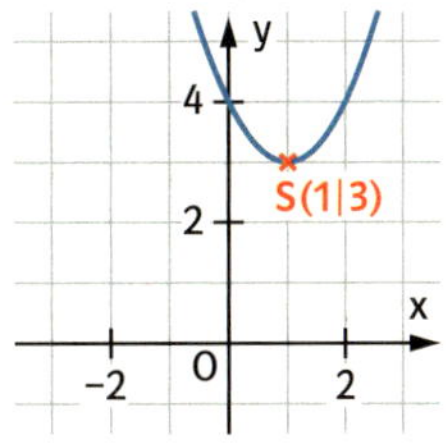

$y = x^2 + 2x + 4$ | quadratische Ergänzung
$y = x^2 - 2x + 1 + 4 - 1$ | 2. binomische Formel
$y = (x - 1)^2 + 3$
Die Normalparabel ist nach oben geöffnet und hat den Scheitelpunkt $S(1|3)$.

b) Bestimmung des Scheitelpunkts der quadratischen Funktion $y = -2x^2 - 8x - 7$.

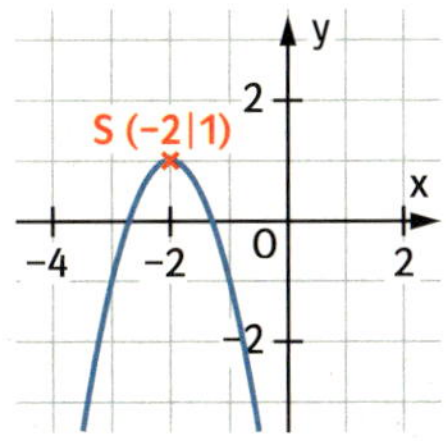

$y = -2x^2 - 8x - 7$ | ausklammern
$y = -2(x^2 + 4x + 3{,}5)$ | quadratische Ergänzung
$y = -2(x^2 + 4x + 4 + 3{,}5 - 4)$ | 1. binomische Formel
$y = -2((x + 2)^2 - 0{,}5)$ | Distributivgesetz
$y = -2(x + 2)^2 + 1$
Die Parabel ist nach unten geöffnet, mit dem Faktor 2 gestreckt und hat den Scheitelpunkt $S(-2|1)$.

c) Bestimmung des Scheitelpunkts der quadratischen Funktion $y = 0{,}5x^2 - 3x + 3{,}5$.

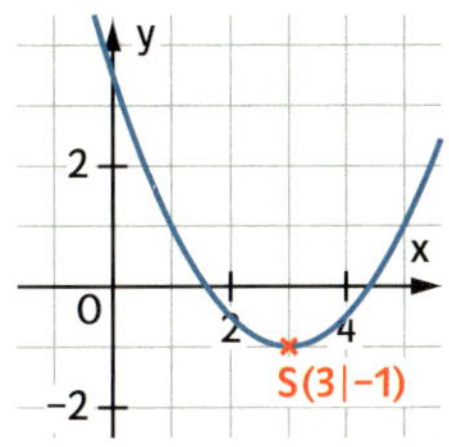

$y = 0{,}5x^2 - 3x + 3{,}5$ | ausklammern
$y = 0{,}5(x^2 - 6x + 7)$ | quadratische Ergänzung
$y = 0{,}5(x^2 - 6x + 9 + 7 - 9)$ | 2. binomische Formel
$y = 0{,}5((x - 3)^2 - 2)$ | Distributivgesetz
$y = 0{,}5(x - 3)^2 - 1$
Die Parabel ist nach oben geöffnet, mit dem Faktor 0,5 gestreckt und hat den Scheitelpunkt $S(3|-1)$.

d) Kennt man den Scheitelpunkt und einen Parabelpunkt, so kann man die Funktionsgleichung finden, indem man die Koordinaten in die Scheitelform einsetzt.
Aus $S(2|9)$ und $P(0|3)$ lässt sich ablesen: $d = -2$; $e = 9$; $x = 0$; $y = 3$
Einsetzen in die Scheitelform: $3 = a(0 - 2)^2 + 9$ | ausmultiplizieren, zusammenfassen
$a = -1{,}5$
Die Funktionsgleichung lautet $y = -1{,}5(x - 2)^2 + 9$ oder umgeformt $y = -1{,}5x^2 + 6x + 3$.

Bemerkung

Für $e < 0$ ist die Parabel um $|e|$ nach **unten**, für $e > 0$ nach **oben** verschoben.
Für $d < 0$ ist die Parabel um $|d|$ nach **rechts**, für $d > 0$ nach **links** verschoben.

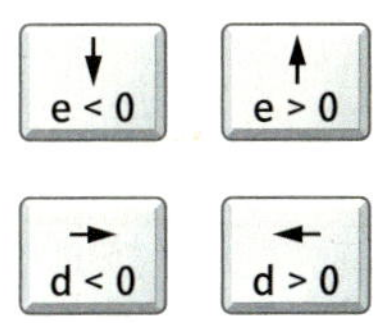

Aufgaben

1 Faktorisiere mithilfe einer geeigneten binomischen Formel.

a) $x^2 + 14x + 49$
b) $a^2 - 16a + 64$
c) $c^2 + 3c + 2{,}25$
d) $4y^2 + 12yz + 9z^2$
e) $m^2 - 7m + \frac{49}{4}$
f) $b^2 + 0{,}2b + 0{,}01$
g) $z^2 - 1{,}2z + 0{,}36$
h) $\square^2 + 2\square\bigcirc + \bigcirc^2$

2 Ergänze quadratisch und faktorisiere mit einer binomischen Formel.

a) $x^2 + 6x$
b) $a^2 - 14a$
c) $m^2 + 9a$
d) $b^2 + b$
e) $z^2 - 3{,}2z$
f) $k^2 + \frac{1}{2}k$
g) $s^2 + 0{,}4s$
h) $9x^2 + 24x$

$y = x^2 - 10x + 32$

$S(-3|-10)$

$y = x^2 + 16x + 57$

$S(9|-6)$

$y = x^2 - 18x + 75$

$S(5|7)$

$y = x^2 + 6x - 1$

$S(-8|-7)$

3 Führe eine quadratische Ergänzung durch und faktorisiere.
a) $x^2 + 6x + \square = 72 + \square$
b) $b^2 + 4b + \square = 21 + \square$
c) $m^2 + 7m + \square = 23{,}75 + \square$
d) $a^2 + 0{,}2a + \square = 3{,}99 + \square$

4 Gib den Scheitelpunkt an und mache eine Aussage über Form und Verlauf der Parabel.
a) $y = (x + 2)^2 + 1$ b) $y = (x - 3)^2 + 3$
c) $y = (x + 3)^2 - 2$ d) $y = (x - 1)^2 - 2$
e) $y = 2(x - 1)^2 - 1$ f) $y = 0{,}5(x + 1{,}5)^2 - 4$

5 Der Temperaturverlauf eines Tages von 6.00 bis 18.00 Uhr kann annähernd einer Parabel entsprechen. Es wurden einige Werte gemessen.

Zeit	11 h	12 h	13 h	14 h	15 h	16 h
Temperatur	4,7 °C	5,6 °C	5,9 °C	5,9 °C	5,6 °C	4,7 °C

a) Übertrage die Punkte in ein Koordinatensystem und lege eine Parabel durch sie.
b) Wann war es am wärmsten?
c) Welche Höchsttemperatur wurde erreicht?
d) Schätze: Wann wurde der Gefrierpunkt erreicht?
e) Wie könnte die Funktionsgleichung lauten?

6 Ordne die Graphen den Funktionsgleichungen zu.
a) $y = x^2 + 4x + 7$ b) $y = x^2 + 6x + 4$
c) $y = x^2 - 2x - 1$ d) $y = x^2 - 8x + 17$
e) $y = x^2 - 3x + 4{,}25$ f) $y = x^2 + x - 3{,}75$

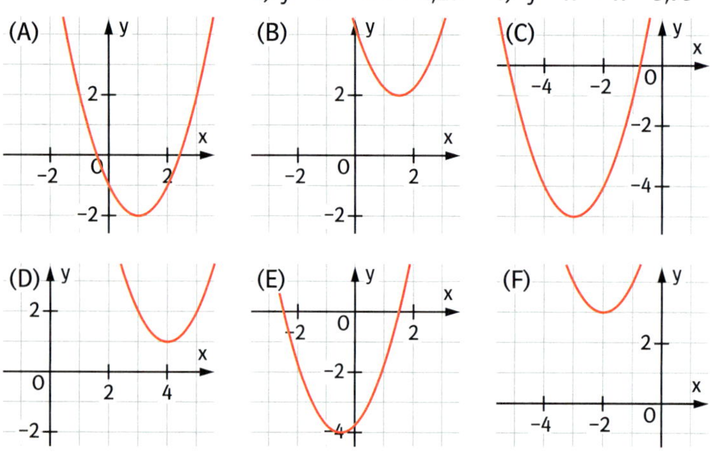

7 Die Kärtchen am linken Seitenrand sind durcheinandergeraten. Sortiere.

8 Die Parabel verläuft durch den Scheitelpunkt S und einen zweiten Punkt P. Bestimme die Funktionsgleichung in Scheitelform und in allgemeiner Form.
a) $S(2|-5)$; $P(4|-1)$ b) $S(7|17)$; $P(5|15)$
c) $S(1|4)$; $P(3|0)$ d) $S(10|-1)$; $P(9|2)$
e) $S(-1|-5)$; $P(3|11)$ f) $S(-2|1)$; $P(-1|-1)$

9 Gegeben sind die Koordinaten zweier Punkte P und Q. Bestimme die Funktionsgleichung der zugehörigen Normalparabel in der Scheitelform und in allgemeiner Form. Gibt es mehrere Lösungen?
a) $P(-2|6)$; $Q(5|27)$
b) $P(0|8)$; $Q(4|0)$
c) $P(-5|-6)$; $Q(-1|2)$
d) $P(-1|3)$; $Q(5|-3)$
e) $P(-4|7)$; $Q(1|-3)$

10 Wie viele Schnittpunkte gibt es?
a) $y_1 = x^2$; $y_2 = -x^2 + 2$
b) $y_1 = (x - 3)^2$; $y_2 = (x + 4)^2 - 7$
c) $y_1 = 0{,}5x^2 + 2x - 2$; $y_2 = -(x + 2)^2 + 2$
d) $y_1 = -x^2 + 4x + 3$; $y_2 = x^2 + 8x + 11$

11 Nach dem Abstoß einer Kugel durch den Kugelstoßer beschreibt die Flugbahn eine Parabel.
a) Wie lautet die Funktionsgleichung dieser Parabel, wenn die Kugel im Punkt $P(0|2)$ (1 Einheit für 1 m Länge bzw. Höhe) abgestoßen wird und im Punkt $S(4|3)$ ihren Höhepunkt erreicht?
b) Zeichne die Parabel und lies in der Zeichnung ab, wie weit die Kugel fliegt.
c) Beim zweiten Stoß liegt der Scheitel der Parabel im Punkt $Z(4|3{,}5)$ bei gleicher Abstoßhöhe. Vergleiche die beiden Flugbahnen miteinander.

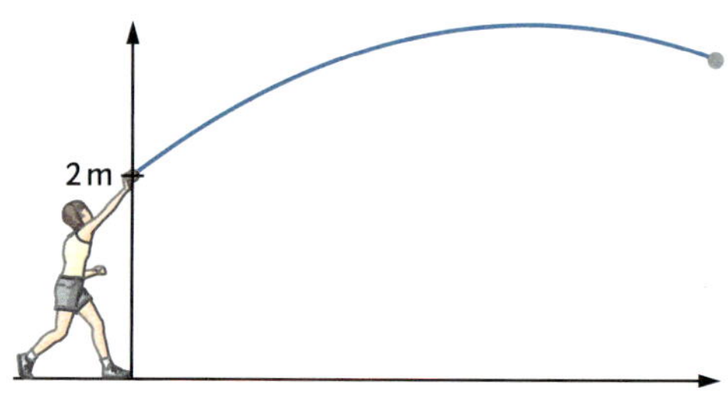

7 Die gemischt quadratische Gleichung. Grafische Lösung

Zu den rein quadratischen Gleichungen auf der Tafel werden Graphen gezeigt.
→ Welche der Gleichungen werden grafisch gelöst?
→ An welcher Stelle des Graphen sind die Lösungen ablesbar?
→ Kannst du zu den zusätzlichen Graphen Gleichungen angeben? Sogar mehrere?

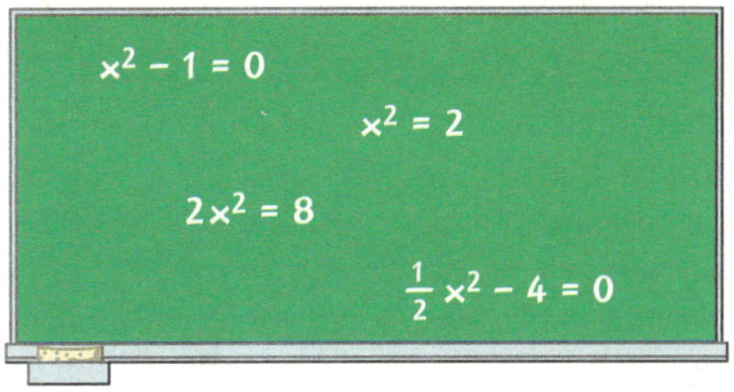

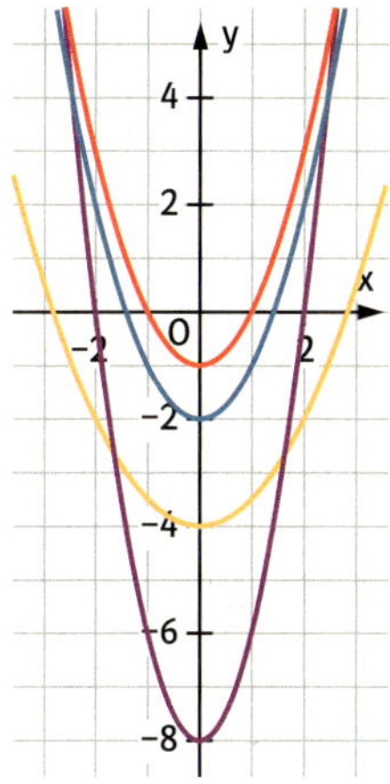

Neben rein quadratischen Gleichungen gibt es auch Gleichungen wie $x^2 - 4x = 3$ oder $3x^2 - 15x = 0$, in denen die Variable x sowohl quadratisch als auch linear auftritt. Sie heißen **gemischt quadratische Gleichungen** und haben die Form $\mathbf{ax^2 + bx + c = 0}$ ($a \neq 0$). Zur Vereinfachung der Gleichung dividiert man durch den Faktor a und erhält die neue Gleichung $x^2 + \frac{b}{a}x + \frac{c}{a} = 0$, bei der man dann die Brüche durch die Variablen p und q ersetzt. Die vereinfachte Form $x^2 + px + q = 0$ heißt Normalform der quadratischen Gleichung und ist Ausgangsform für die wichtigsten Lösungsverfahren.

Gleichungen, die man in die Form $ax^2 + bx + c = 0$ (mit $a \neq 0$) bringen kann, heißen gemischt quadratische Gleichungen. Die Darstellung $\mathbf{x^2 + px + q = 0}$ einer quadratischen Gleichung heißt **Normalform**.

Normalform

$x^2 + px + q = 0$

Die gemischt quadratische Gleichung $3x^2 - 6x - 9 = 0$ überführt man zunächst in die Normalform $x^2 - 2x - 3 = 0$.
Zu dieser Gleichung erstellt man die Funktionsgleichung $y = x^2 - 2x - 3$. Nach Überführen in die Scheitelform $y = (x - 1)^2 - 4$ wird der Graph gezeichnet.
Die Nullstellen $x_1 = -1$ und $x_2 = 3$ sind Lösungen der Gleichung.

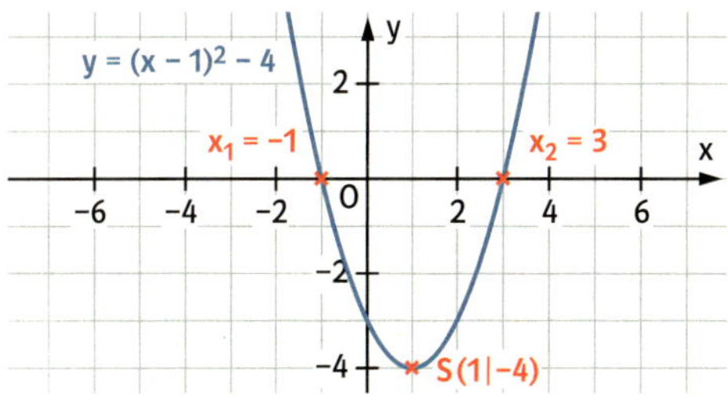

Gemischt quadratische Gleichungen lassen sich grafisch lösen, indem man sie zunächst in die Normalform überführt und dazu eine Funktionsgleichung aufstellt. Nach Überführen in die **Scheitelform** wird der Graph gezeichnet. Die Nullstellen sind die Lösungen der Gleichung.

Scheitelform

$y = a(x + d)^2 + e$

Beispiele

a) Grafische Lösung der Gleichung $2x^2 + 12x + 16 = 0$

$2x^2 + 12x + 16 = 0$	| : 2
$x^2 + 6x + 8 = 0$	| Funktionsgleichung bilden
$y = x^2 + 6x + 8$	| quadratische Ergänzung
$y = x^2 + 6x + 9 + 8 - 9$	| Scheitelform
$y = (x + 3)^2 - 1$	

Die Normalparabel hat den Scheitel $S(-3 \mid -1)$.
Die Nullstellen und damit die Lösungen der Gleichung sind $x_1 = -4$ und $x_2 = -2$.

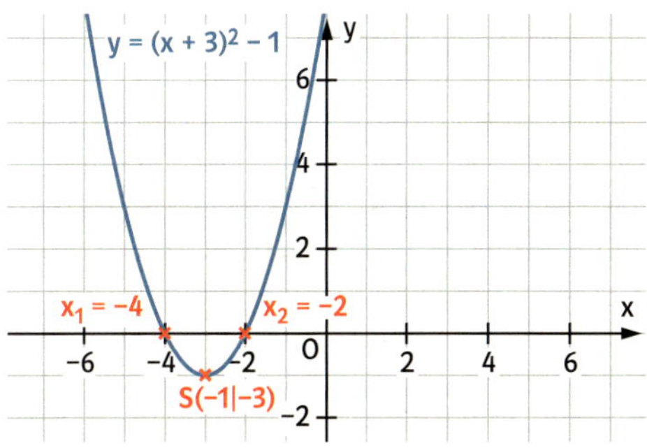

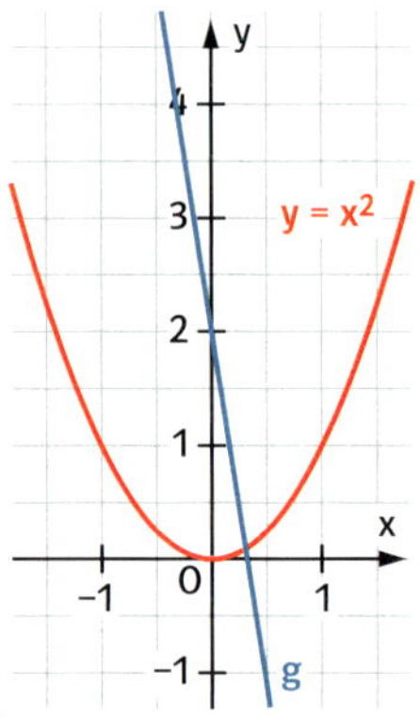

? *Eine Lösung oder zwei Lösungen?*

b) Bei manchen Gleichungen ist das Lösen mit Normalparabel und Gerade vorteilhafter. Die gemischt quadratische Gleichung $x^2 - \frac{1}{2}x - 3 = 0$ lässt sich in $x^2 = \frac{1}{2}x + 3$ umformen, woraus sich die Funktionsgleichungen $y = x^2$ und $y = \frac{1}{2}x + 3$ ergeben. Die Graphen von Normalparabel und Gerade haben zwei Schnittpunkte, deren x-Werte die Lösungen der gemischt quadratischen Gleichung sind.

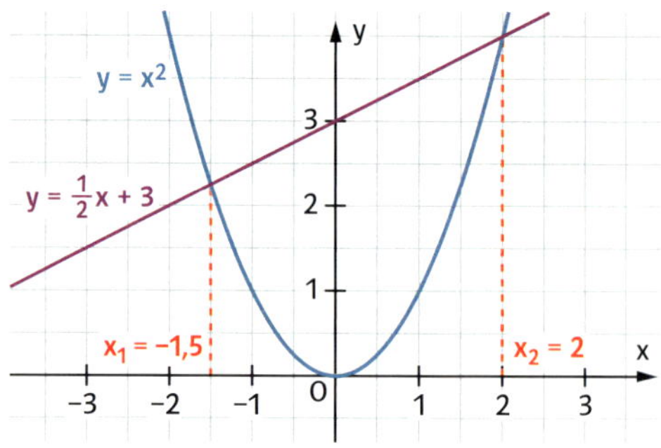

Aufgaben

1 Zeichne den Graphen der Funktion und bestimme die Schnittpunkte mit der x-Achse.

a) $y = (x - 3)^2 - 1$ b) $y = (x + 2{,}5)^2 - 4$
c) $y = (x - 1{,}5)^2 - 9$ d) $y = (x + 3{,}5)^2 - 1$
e) $y = x^2 - 2{,}25$ f) $y = (x - 0{,}5)^2 - 6{,}25$

2 Bestimme die Lösungen zeichnerisch.

a) $(x + 2)^2 - 9 = 0$ b) $(x - 4)^2 = 0$
c) $(x + 1{,}5)^2 = 4$ d) $(x - 4{,}5)^2 = 6{,}25$
e) $(x + 2{,}5)^2 = 0$ f) $(x - 5)^2 = 0$

DGS II

Mit dem Computer lassen sich die Schnittpunkte von Parabeln und Geraden bestimmen.

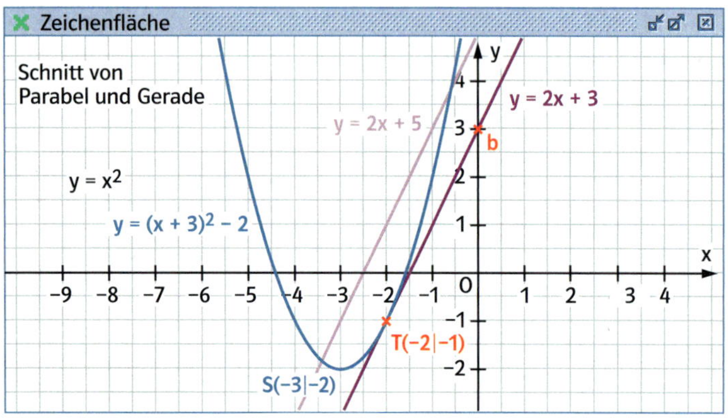

- Durch Ziehen am Schnittpunkt der Geraden mit der y-Achse lässt sich die Gerade parallel verschieben.
- Experimentiere mit der Geraden so, dass es zwei Schnittpunkte, keinen oder genau einen Schnittpunkt gibt. Prüfe deine Ergebnisse rechnerisch nach.

3 Bringe die Gleichung zunächst in die Scheitelform und löse sie grafisch.

a) $x^2 + 2x + 3 = 0$ b) $x^2 + 2x - 8 = 0$
c) $6x - 1 = 4 + x^2$ d) $4x + 1 = x^2 + 1$
e) $x^2 - 3x + 1{,}25 = 0$ f) $x^2 = 2 - x$

4 Löse grafisch. Bringe die Gleichung zunächst in die Normalform.

a) $2x^2 + 12x + 16 = 0$ b) $3x^2 + 18x + 15 = 0$
c) $4x^2 + 5 = 12x$ d) $7x^2 + 7x = 14$
e) $\frac{1}{2}x^2 - \frac{7}{2}x + 3 = 0$ f) $x = \frac{7}{12} - \frac{1}{3}x^2$

5 Löse mit Normalparabel und Gerade.

a) $x^2 = x + 2$ b) $x^2 = 3x - 2$
c) $x^2 + 1{,}5x - 1 = 0$ d) $3 - x^2 = 2x$
e) $x^2 + \frac{1}{2}x - \frac{1}{2} = 0$ f) $-\frac{1}{4}x = \frac{3}{4} - x^2$

6 Bestimme die Lösungen zeichnerisch so genau wie möglich. Setze zur Kontrolle die ermittelten Werte in die Gleichungen ein.

a) $x^2 - 5{,}2x + 4{,}8 = 0$ b) $x^2 + 1{,}7x + 0{,}3 = 0$
c) $x^2 + \frac{1}{4}x - \frac{3}{8} = 0$ d) $x^2 = \frac{1}{2} - \frac{7}{4}x$

7 Entnimm der Zeichnung die Lösungen der zugehörigen Gleichungen. Ermittle die Gleichung und mache für die Lösungen die Probe.

a)
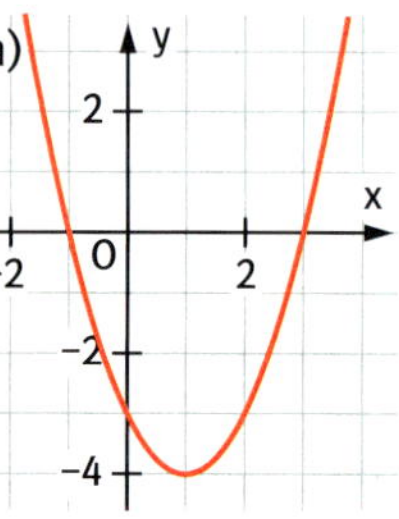

b)
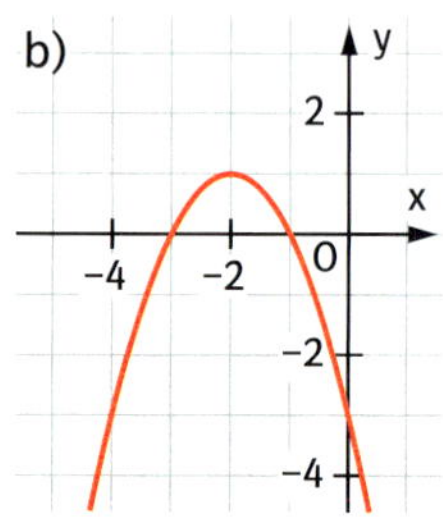

8 Die gemischt quadratische Gleichung. Rechnerische Lösung

Von einem 60 m langen und 45 m breiten rechteckigen Platz soll außen ein gleichmäßig breiter Pflanzstreifen so abgegrenzt werden, dass der verbleibende Platz einen Flächeninhalt von 2200 m² hat.
→ Wie breit muss der umlaufende Streifen sein?

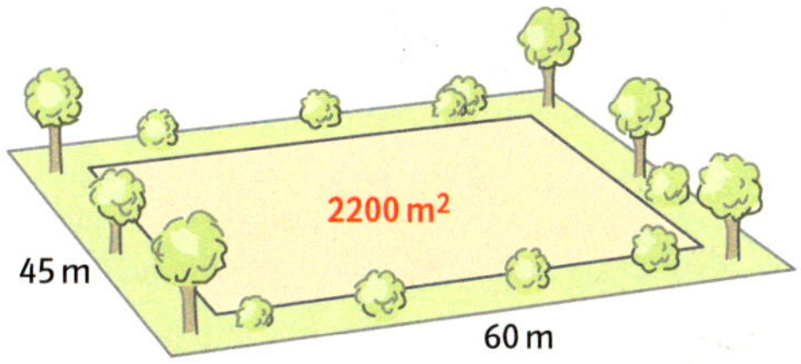

Gemischt quadratische Gleichungen der Form $x^2 + px = 0$ – also ohne konstantes Glied – lassen sich durch Faktorisieren lösen. Bei der Gleichung $x^2 + 7x = 0$ wird x ausgeklammert und man erhält die Gleichung $x(x + 7) = 0$. Durch Betrachten der Linearfaktoren erhält man die beiden Lösungen $x_1 = 0$ und $x_2 = -7$.
Um Gleichungen wie $x^2 + 14x + 24 = 0$ rechnerisch lösen zu können, ergänzt man quadratisch und löst die Gleichung schrittweise. Ersetzt man die Koeffizienten 14 und 24 durch die Variablen p und q, erhält man die Gleichung $x^2 + px + q = 0$.

! Normalform
$x^2 + px + q = 0$

$x^2 + 14x + 24 = 0 \quad \vert -24$		$x^2 + px + q = 0 \quad \vert -q$
$x^2 + 14x = -24 \quad \vert +\left(\frac{14}{2}\right)^2$	quadratische Ergänzung	$x^2 + px = -q \quad \vert +\left(\frac{p}{2}\right)^2$
$x^2 + 14x + \left(\frac{14}{2}\right)^2 = \left(\frac{14}{2}\right)^2 - 24$	binomische Formel anwenden	$x^2 + px + \left(\frac{p}{2}\right)^2 = \left(\frac{p}{2}\right)^2 - q$
$(x + 7)^2 = 7^2 - 24$	Wurzel ziehen	$\left(x + \frac{p}{2}\right)^2 = \left(\frac{p}{2}\right)^2 - q$
$x + 7 = \pm\sqrt{7^2 - 24}$		$x + \frac{p}{2} = \pm\sqrt{\left(\frac{p}{2}\right)^2 - q}$
$x_1 = -7 + \sqrt{25}$		$x_1 = -\frac{p}{2} + \sqrt{\left(\frac{p}{2}\right)^2 - q}$
$x_2 = -7 - \sqrt{25}$		$x_2 = -\frac{p}{2} - \sqrt{\left(\frac{p}{2}\right)^2 - q}$

$x_1 = -7 + 5$
$x_2 = -7 - 5$
$x_1 = -2$
$x_2 = -12$
Damit gilt: $\mathbb{L} = \{-12; -2\}$

Um die Lösungen x_1 und x_2 zu erhalten, können p und q direkt in die **Lösungsformel** $x_{1,2} = -\frac{p}{2} \pm \sqrt{\left(\frac{p}{2}\right)^2 - q}$ eingesetzt werden.
Mit $p = 14$ und $q = 24$ erhält man:

$x_{1,2} = -\frac{14}{2} \pm \sqrt{\left(\frac{14}{2}\right)^2 - 24}$
$x_{1,2} = -7 \pm \sqrt{25}$
$x_{1,2} = -7 \pm 5$
$x_1 = -12$ und $x_2 = -2$

p-q-Formel
$x_{1,2} = -\frac{p}{2} \pm \sqrt{\left(\frac{p}{2}\right)^2 - q}$

Zur Lösung einer gemischt quadratischen Gleichung $\mathbf{x^2 + px + q = 0}$ setzt man die Koeffizienten p und q in die Lösungsformel
$\mathbf{x_{1,2} = -\frac{p}{2} \pm \sqrt{\left(\frac{p}{2}\right)^2 - q}}$ ein.

Bemerkung
Auch die gemischt quadratischen Gleichungen ohne konstantes Glied (also mit $q = 0$) können mit der Lösungsformel gelöst werden, das Faktorisieren ist aber einfacher.

Beispiele

a) Die Gleichung $x^2 - 18x + 17 = 0$ besitzt die Koeffizienten $p = -18$ und $q = 17$. Sie werden in die Lösungsformel eingesetzt:

$x_{1,2} = -\frac{(-18)}{2} \pm \sqrt{\left(\frac{-18}{2}\right)^2 - 17}$

$x_{1,2} = 9 \pm \sqrt{81 - 17}$

$x_1 = 9 - \sqrt{64} = 1$

$x_2 = 9 + \sqrt{64} = 17$

$\mathbb{L} = \{1; 17\}$

Probe nicht vergessen!

b) Die Gleichung $x^2 - 4x - 1 = 0$ hat Lösungen mit irrationalen Werten.

$x_{1,2} = \frac{(-4)}{2} \pm \sqrt{\left(\frac{-4}{2}\right)^2 + 1}$

$x_{1,2} = 2 \pm \sqrt{4 + 1}$

$x_1 = 2 - \sqrt{5}$

$x_2 = 2 + \sqrt{5}$

$\mathbb{L} = \{2 - \sqrt{5}; 2 + \sqrt{5}\}$

Wird auf zwei Nachkommastellen gerundet, ergeben sich $x_1 \approx -0{,}24$ und $x_2 \approx 4{,}24$.

c) Die Gleichung $3x^2 = -42 - 12x$ wird in die Normalform $x^2 + 4x + 14 = 0$ gebracht. Einsetzen von $p = 4$ und $q = 14$ ergibt

$x_{1,2} = -\frac{4}{2} \pm \sqrt{\left(\frac{4}{2}\right)^2 - 14}$

$= -2 \pm \sqrt{4 - 14}$

$= -2 \pm \sqrt{-10}$

Der Radikand ist negativ, die Lösungsmenge ist also leer.

$\mathbb{L} = \{\ \}$

d) Die Gleichung $5x^2 - 15x = 0$ wird in die Normalform $x^2 - 3x = 0$ überführt. Sie ist eine Gleichung ohne konstantes Glied und kann sofort durch Faktorisieren gelöst werden: $x(x - 3) = 0$

$x_1 = 0$ oder $x_2 = 3$

$\mathbb{L} = \{0; 3\}$

Das Lösen durch Einsetzen der Koeffizienten $p = -3$ oder $q = 0$ in die Lösungsformel ist hier wesentlich aufwändiger.

Bemerkung

„Discriminare" (lat.) heißt unterscheiden bzw. den Unterschied verdeutlichen.

Der Radikand $\left(\frac{p}{2}\right)^2 - q$ aus der Lösungsformel kann positiv, null oder negativ sein. Dementsprechend hat die zugehörige Gleichung zwei Lösungen, eine oder keine Lösung. Man bezeichnet den Radikanden als **Diskriminante D**.

Für **D > 0** gilt:
$x_1 = -\frac{p}{2} - \sqrt{D}$; $x_2 = -\frac{p}{2} + \sqrt{D}$
$\mathbb{L} = \left\{-\frac{p}{2} - \sqrt{D}; -\frac{p}{2} + \sqrt{D}\right\}$

Für **D = 0** gilt:
$x = -\frac{p}{2} \pm 0$
$\mathbb{L} = \left\{-\frac{p}{2}\right\}$

Für **D < 0** gilt:
Der Radikand ist negativ.
$\mathbb{L} = \{\ \}$

Aufgaben

1 Löse die Gleichung.
a) $(x - 3)^2 = 16$ b) $(x + 4)^2 = 9$
c) $(x - 0{,}5)^2 = 2{,}25$ d) $(x + 1{,}8)^2 = 0{,}64$
e) $\left(x + \frac{1}{4}\right)^2 = \frac{1}{16}$ f) $\left(x - \frac{3}{8}\right)^2 = \frac{25}{64}$

2 Forme eine Seite der Gleichung in ein Binom um und bestimme die Lösungen.
a) $x^2 + 4x + 4 = 25$ b) $x^2 + 10x + 25 = 4$
c) $x^2 - 18x + 81 = 64$ d) $x^2 - 20x + 100 = 1$
e) $x^2 + 2x + 1 = 0{,}04$ f) $x^2 - 0{,}2x + 0{,}01 = 1$
g) $x^2 + 7x + \frac{49}{4} = \frac{9}{4}$ h) $\frac{121}{16} = x^2 - \frac{3}{4}x + \frac{9}{64}$

3 Bestimme nur die Koeffizienten p und q.
a) $x^2 + 6x + 10 = 0$ b) $x^2 - 5x + 7 = 0$
c) $x^2 + 3x - 8 = 0$ d) $x^2 - 2x - 10 = 0$

4 Rechne mit der Lösungsformel. Achte auf die Vorzeichen von p und q.
a) $x^2 + 8x + 7 = 0$ b) $x^2 + 7x + 10 = 0$
c) $x^2 + 2x - 3 = 0$ d) $x^2 - 5x - 24 = 0$
e) $x^2 - 10x - 11 = 0$ f) $x^2 - 22x + 72 = 0$

5 a) $x^2 + 11x + 30 = 0$
b) $x^2 - 17x - 18 = 0$
c) $x^2 + 2{,}5x + 1 = 0$
d) $x^2 - 5{,}2x + 1 = 0$
e) $x^2 + x + 0{,}24 = 0$
f) $x^2 - 0{,}1x - 0{,}02 = 0$

6 Bringe zunächst auf Normalform.
a) $2x^2 + 12x + 10 = 0$ b) $3x^2 + 9x - 84 = 0$
c) $5x^2 - 25x - 120 = 0$ d) $0{,}5x^2 - x - 4 = 0$

7 Vereinfache zuerst.
a) $7x^2 - 14x - 23 = 6x^2 - 23x + 29$
b) $5x^2 + 14 + 4x = 6x^2 + 3x - 6$
c) $9 - 2x - 2x^2 = 8x - 3x^2 - 12$
d) $\frac{1}{2}x^2 - x - 19 = \frac{1}{2}x - 14$

8 Das Lösungswort steht auf dem Rand.
a) $5(2x - 3) = x(8 - x)$
b) $(x - 3)(x - 1) - 48 = 0$
c) $(x + 2)(x - 3) = 3x - 1$
d) $1 - 4(2x + 1) = x^2 + 4$
e) $2x(x + 3) = (x + 1)(x - 2) - 10$

9 Sina hat ein Computerprogramm, das bei Eingabe von p und q quadratische Gleichungen löst. Manchmal erscheint eine Fehlermeldung. Finde heraus, bei welchen Aufgaben ihr Computer „streikt“:
a) $p = 12;\ q = 25$ b) $p = -8;\ q = 16$
c) $p = 22;\ q = 125$ d) $p = 5;\ q = 7$
e) $p = -0{,}6;\ q = -0{,}6$ f) $p = 0{,}5;\ q = -1$
g) $p = 11{,}25;\ q = 40$ h) $p = 9{,}5;\ q = 18$

10 a) $x^2 + 6{,}4x - 3{,}7 = 0$
b) $x^2 - 18{,}9x + 71{,}3 = 0$
c) $\frac{2}{3}x^2 + \frac{3}{4}x + \frac{1}{5} = 0$
d) $2x^2 - 13{,}5x - 8{,}35 = 0$

11 Gib die Lösungen ohne Runden an.
a) $x^2 - 2x - 1 = 0$
b) $(1 - 3x)(5x + 2) = 0$
c) $9x(2x - 1) = -1$
d) $x^2 - \sqrt{12}\,x - 9 = 0$

12 Welches Lösungspaar gehört zu welcher Gleichung?
a) $(x - 5)(x + 3) = 0$ | $x_1 = 7;\ x_2 = 1$
b) $(x - 5)(x - 3) = 8$ | $x_1 = 1;\ x_2 = -9$
c) $(x + 5)(x - 3) = -7$ | $x_1 = 6;\ x_2 = -4$
d) $(x + 5)(x + 3) = 24$ | $x_1 = 2;\ x_2 = -4$

13 Achte auf die Minusklammern.
a) $2x(x - 3) = 5 - (x^2 - 4)$
b) $3x(x - 1) - (x^2 - 5x + 9) = x^2 + 6$
c) $\frac{x + 3}{2} - x(x + 1) = -3x$
d) $(x - 9)(2x + 2) - 2(1 - x^2) = 0$

14 Kompliziert oder einfach?
$\left(x - \frac{1}{2}\right)^2 - \frac{1}{2}\left(x - \frac{3}{4}\right)^2 + \left(x + \frac{3}{2}\right)\left(\frac{1}{2}x - \frac{1}{2}\right) = \frac{7}{32}$

15 Löse durch Faktorisieren.
Beispiel: $x^2 + 8x = 0$
$x(x + 8) = 0$
Dies gilt für $x = 0$ oder $x + 8 = 0$.
Die Lösungen lauten $x_1 = 0;\ x_2 = -8$.

a) $x^2 - 3x = 0$ b) $2x^2 - 6x = 0$
c) $5x^2 + x = 4x^2 + 6x$ d) $3x - 2x^2 = 2x$
e) $(4x - 2)(x + 4) = -8$ f) $x^3 - 4x = 0$

16 Ein Dreieck besitzt einen Flächeninhalt von 30 cm². Die Grundseite ist um 1 cm länger als die zugehörige Höhe. Berechne die Höhe.

17 Eine Seite eines Rechtecks ist um 6 cm länger als eine andere. Das Rechteck besitzt einen Flächeninhalt von 1216 cm². Wie lang sind die Rechtecksseiten?

18 Berechne die Teilstrecken der Strahlensatzfiguren auf dem Rand (Maße in cm).

19 Der Umfang eines Rechtecks beträgt 134 cm, der Flächeninhalt 1050 cm². Wie lang sind die Rechtecksseiten?

20 Die Summe aus einer natürlichen Zahl und ihrer Quadratzahl beträgt 650. Wie heißt die Zahl?

21 Das Produkt zweier aufeinanderfolgender ganzer Zahlen ist 240.

22 Verringert man eine Zahl um 5 und multipliziert das Ergebnis mit der um 2 vergrößerten Zahl, erhält man 408.

23 Die Summe der Quadrate zweier Zahlen, von denen eine um 12 größer als die andere ist, beträgt 794.

24 Berechne a.

a)
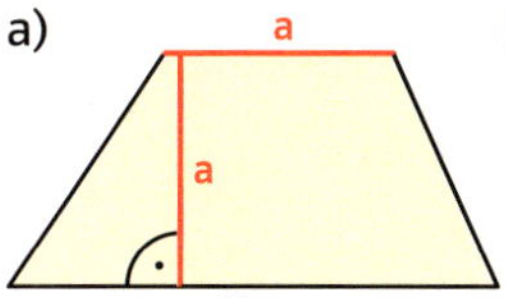

A = 77 cm²

b)
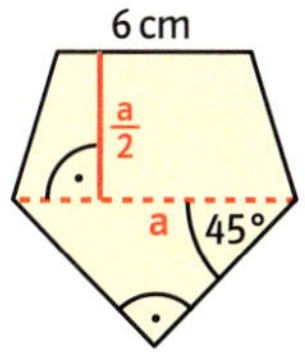

A = 65 cm²

(−1; −7) M
(9; −5) R
(3; −5) P
(5; −1) I
(−3; −4) A

? ***Strahlensatz mit x***

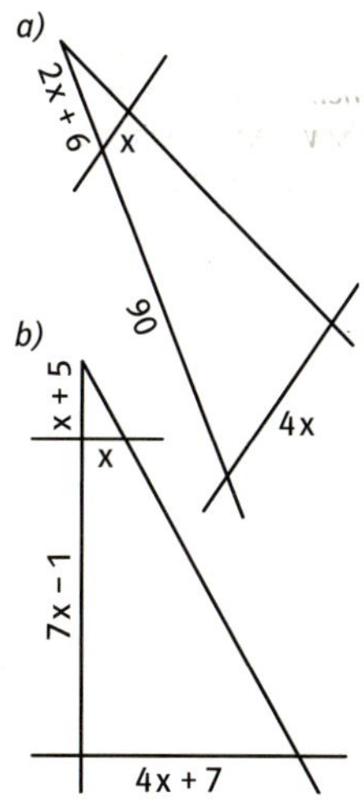

? *$x^2 - 2\,000\,000x - 1 = 0$*
$x^2 - 2\,000\,000x + 1 = 0$
Diese Gleichungen sind auch mit dem Taschenrechner nicht exakt lösbar. Versuche selbst!

Gleichung	p	q	x_1	x_2
$x^2 + 10x + 24 = 0$	10	24	−6	−4
$x^2 - 7x + 10 = 0$	−7	10	2	5
$x^2 - x - 72 = 0$	−1	−72	−8	9
$x^2 - 8x + 16 = 0$	−8	16	4	

Auf der Tafel stehen quadratische Gleichungen in der Normalform, ihre Koeffizienten und ihre Lösungen. Beim Vergleichen fällt auf, dass die Koeffizienten – abgesehen vom Vorzeichen – Summe bzw. Produkt der Lösungen sind.

Aus den Lösungen x_1 und x_2 ergibt sich unmittelbar die Produktform der zugehörigen quadratischen Gleichung $(x - x_1)(x - x_2) = 0$. So gehören die Lösungen $x_1 = 4$ und $x_2 = 5$ zur Gleichung $(x - 4)(x - 5)$, denn durch das Einsetzen einer der Lösungen für x wird der Wert des Produktes null. Aus der Produktform gewinnt man die Normalform.

$\mathbb{L} = \{4; 5\}$		$\mathbb{L} = \{x_1; x_2\}$
$(x - 4)(x - 5) = 0$	ausmultiplizieren	$(x - x_1)(x - x_2) = 0$
$x^2 - 4x - 5x + 4 \cdot 5 = 0$	ausklammern	$x^2 - x_1 x - x_2 x + x_1 \cdot x_2 = 0$
$x^2 - (4 + 5)x + 20 = 0$		$x^2 - (x_1 + x_2)x + x_1 \cdot x_2 = 0$
$x^2 - 9x + 20 = 0$		$p = -(x_1 + x_2)$
$p = -9;\ q = 20$		$q = x_1 \cdot x_2$

Einer der bedeutendsten Mathematiker war der Franzose Viète. Er rechnete als einer der ersten mit Variablen und begründete so die moderne Algebra.

Der **Satz des Vieta** besagt: Sind x_1 und x_2 die Lösungen einer quadratischen Gleichung $x^2 + px + q$, so gilt: $\mathbf{-(x_1 + x_2) = p}$ und $\mathbf{x_1 \cdot x_2 = q}$.
Mit dem Satz des Vieta kann man bei einfachen quadratischen Gleichungen die Lösungen im Kopf bestimmen sowie auf einfache Weise Proben durchführen.

Bestimmen der Lösungen von $x^2 - 7x + 10 = 0$ durch Probieren:

$p = -7 \qquad\qquad q = 10$
$= -(x_1 + x_2) \qquad = x_1 \cdot x_2$
$= -(2 + 5) \qquad = 2 \cdot 5$

Durch die Werte 2 und 5 kann sowohl p als auch q ausgedrückt werden. Die Lösungen lauten also: $x_1 = 2$ und $x_2 = 5$.

Mithilfe des Satzes von Vieta kann man prüfen, ob die Gleichung $x^2 - x + 12 = 0$ die Lösungen $x_1 = -3$ und $x_2 = 4$ hat.
$p = -1;\ q = 12$
$-(x_1 + x_2) = -(-3 + 4) = -1 = \mathbf{p}$
$x_1 \cdot x_2 = (-3) \cdot 4 = -12 \neq \mathbf{q}$
Die Gleichung hat nicht die angegebenen Lösungen.

■ Bestimme die Lösungen durch Probieren mithilfe des Satzes von Vieta.
a) $x^2 - 4x + 3 = 0$ b) $x^2 + 4x + 3 = 0$
c) $x^2 + 10x + 16 = 0$ d) $x^2 - 21x + 20 = 0$
e) $x^2 - 20x + 100 = 0$ f) $x^2 + 7x - 120 = 0$

■ Welche quadratische Gleichung hat die angegebenen Lösungen? Schreibe erst in Produktform, dann in Normalform.
a) $x_1 = 7;\ x_2 = -9$ b) $x_1 = -2;\ x_2 = 7$
c) $x_1 = -3;\ x_2 = -5$ d) $x_1 = 8;\ x_2 = -9$
e) $x_1 = 0;\ x_2 = -3$ f) $x_1 = 7;\ x_2 = 0$

■ Mache die Probe mithilfe des Satzes von Vieta.
a) $x^2 - 2x - 35 = 0$ $x_1 = 7;\ x_2 = -5$
b) $x^2 - 36 = 0$ $x_1 = 6;\ x_2 = -6$
c) $x^2 + 2x - 80 = 0$ $x_1 = 8;\ x_2 = 10$

■ Überprüfe mithilfe des Satzes von Vieta, ob die Lösungen richtig sind.
a) $x^2 + 7x + 12 = 0$ $\mathbb{L} = \{3; 4\}$
b) $x^2 - 5x - 24 = 0$ $\mathbb{L} = \{3; 8\}$
c) $3x^2 - 27 = 0$ $\mathbb{L} = \{3; -3\}$
d) $x^2 - ax - 2a = 0$ $\mathbb{L} = \{-a; 3a\}$

Verschiedene Lösungsverfahren – gleiche Ergebnisse

Eine quadratische Gleichung kann zwei Lösungen, eine oder auch keine Lösung haben.
Dies zeigen grafische und rechnerische Lösungsverfahren.

Grafische Lösung durch die verschobene Normalparabel in Scheitelform:

$x^2 - x - 2 = 0$
$y = (x - 0{,}5)^2 - 2{,}25$

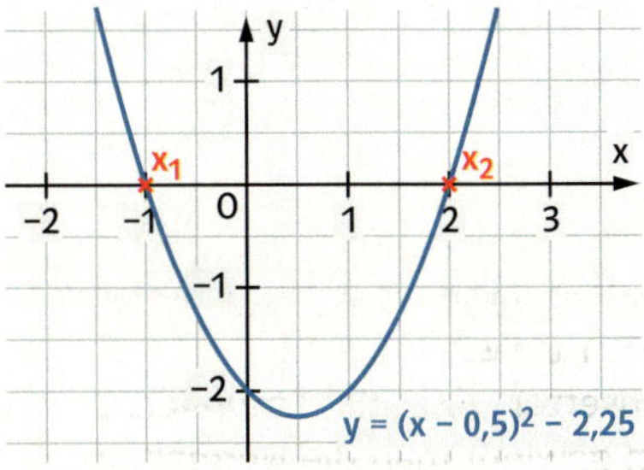

Die verschobene Normalparabel schneidet die x-Achse bei $x_1 = -1$ und $x_2 = 2$.
$\mathbb{L} = \{-1; 2\}$

$x^2 - 2x + 1 = 0$
$y = (x - 1)^2$

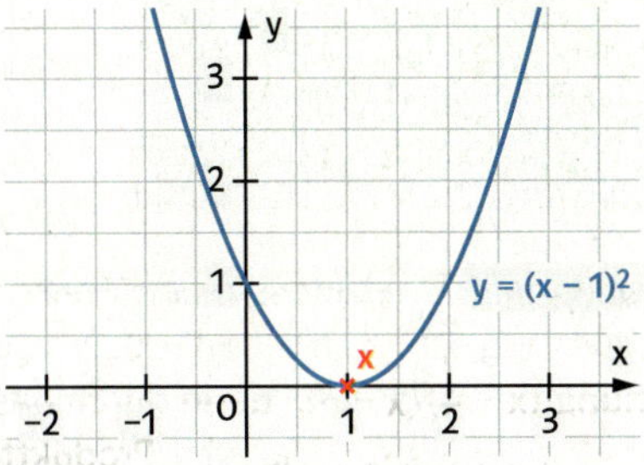

Die verschobene Normalparabel berührt die x-Achse an der Stelle $x = 1$.
$\mathbb{L} = \{1\}$

$x^2 - 2x + 2 = 0$
$y = (x - 1)^2 + 1$

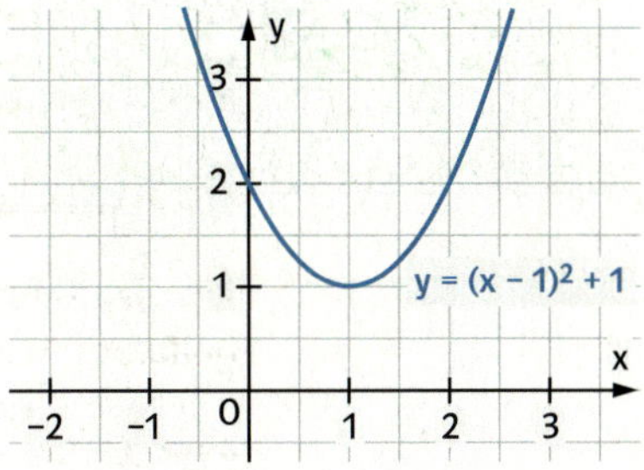

Die verschobene Normalparabel hat keinen Punkt mit der x-Achse gemeinsam.
$\mathbb{L} = \{\,\}$

Rechnerische Lösung und Betrachtung der Diskriminante:

$x^2 - x - 2 = 0;$
$p = -1,\ q = -2$
$x_{1,2} = 0{,}5 \pm \sqrt{0{,}5^2 + 2}$
$x_1 = -1;\ x_2 = 2$
$\mathbb{L} = \{-1; 2\}$

$x^2 - 2x + 1 = 0$
$p = -2,\ q = 1$
$x_{1,2} = 1 \pm \sqrt{1^2 - 1}$
$x = 1$
$\mathbb{L} = \{1\}$

$x^2 - 2x + 2 = 0;$
$p = -2,\ q = 2$
$x_{1,2} = 1 \pm \sqrt{1^2 - 2}$
Die Diskriminante ist negativ.
$\mathbb{L} = \{\,\}$

25 Die Seiten eines Rechtecks unterscheiden sich um 18 cm. Der Flächeninhalt des Rechtecks ist ebenso groß wie der eines Quadrats mit $a = 12\,\text{cm}$.
Berechne den Umfang des Rechtecks.

26 Christian wirft im Sportunterricht seinen Ball aus 1,3 m Höhe senkrecht nach oben. Mit der Gleichung $h = -5t^2 + 9t + 1{,}3$ kann er näherungsweise die Maßzahl der Höhe berechnen, die der Ball nach einer bestimmten Zeit (in Sekunden) erreicht hat.
a) Wie hoch fliegt Christians Ball?
b) Wie viel Zeit bleibt ihm, um den Ball in 1 m Höhe wieder aufzufangen?
c) Sein Freund Alexander wirft seinen Ball in 1,5 m Höhe ab. Für ihn gilt die Gleichung $h = -5t^2 + 10t + 1{,}5$. Wann trifft Alexanders Ball auf dem Boden auf?

27 Lässt man einen Gegenstand senkrecht fallen, gilt für die Maßzahl der zurückgelegten Strecke annähernd das Weg-Zeit-Gesetz $s = 5t^2$ (s in m, t in sek). Wird er mit der Anfangsgeschwindigkeit v_0 nach unten geworfen, gilt $s = 5t^2 + v_0 t$.
Berechne die Fallzeit, wenn jeweils von der Spitze der abgebildeten Gebäude ein Fallversuch einmal mit $v_0 = 0\,\frac{m}{s}$ und einmal mit $v_0 = 8\,\frac{m}{s}$ durchgeführt wird.

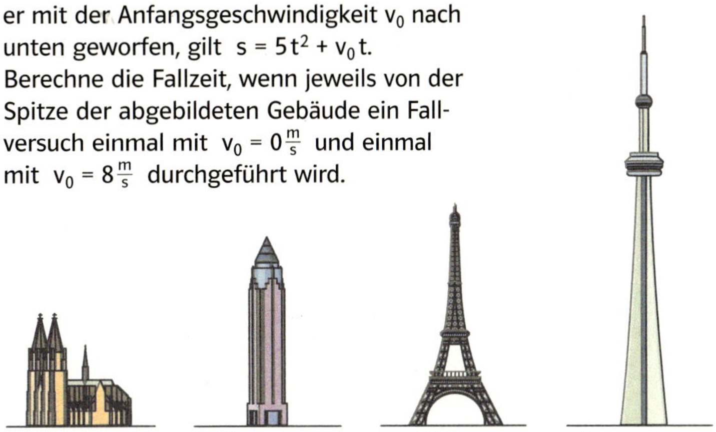

Kölner Dom Höhe 155 m | Messeturm Frankfurt/Main Höhe 256 m | Eiffelturm Paris Höhe 300 m | Fernsehturm Toronto Höhe 553 m

9 Modellieren

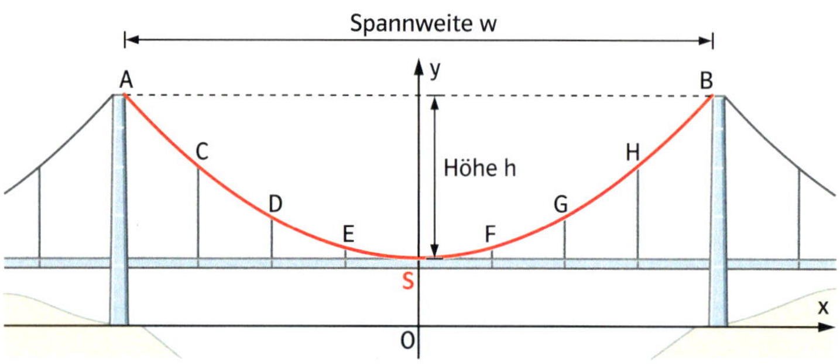

An Brücken findet man oft Bögen, die die Form von Parabeln haben. Eine solche Hängebrücke soll gebaut werden.
Die Stützpfeiler A und B sollen 100 m hoch werden, die Spannweite der Brücke soll 1200 m betragen.
Sechs Halteseile werden in gleichmäßigen Abständen befestigt.
→ Wie lange müssen die einzelnen Halteseile sein?

Mithilfe von quadratischen Funktionen kann man den Verlauf eines Brückenbogens oder einer Wurfparabel recht genau beschreiben und auch berechnen. Dazu braucht man Daten wie z. B. die Spannweite des Bogens oder die Höhe des Bogens vom Scheitel aus gemessen.
Es wird geprüft, ob ein Schwertransporter mit einer Überbreite von 10 m und einer Höhe von 4,80 m unter einer Brücke mit den gegebenen Maßen durchfahren kann.

Übersetzen (Reale Welt → Mathematik)

Reale Welt

Realsituation

Der Brückenbogen hat eine Spannweite von 24 m und eine Höhe von 6 m. Passt der Schwertransport unter der Brücke durch?

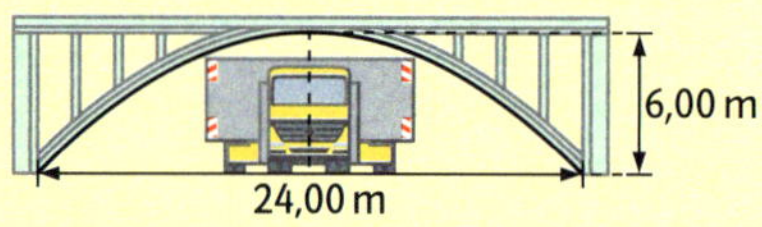

Mathematik

Mathematisches Modell

Mithilfe der Parabelgleichung $y = ax^2 + c$ wird für $x = 12$; $y = 0$ und $c = 6$ der Faktor a berechnet: $0 = a \cdot 12^2 + 6$

$a = \frac{-6}{144} = \frac{-1}{24}$

Die Parabelgleichung für den Brückenbogen lautet: $y = -\frac{1}{24}x^2 + 6$

Lösen

Mathematische Ergebnisse

Der Schwertransporter braucht von der Straßenmitte aus 5 m Breite nach beiden Seiten. Durch Einsetzen von $x = 5$ in die Parabelgleichung erhält man die Höhe des Brückenbogens.

$y = -\frac{1}{24} \cdot 5^2 + 6 = 4{,}96$

Interpretieren

Reale Ergebnisse

Die Höhe des Brückenbogens über dem Rand der Ladung ist 4,96 m. Zwischen Ladung und Brückenbogen verbleibt also ein Abstand von 0,16 m.

Bewerten

Für eine **Bewertung** muss der Fahrer des Transporters weitere Überlegungen anstellen:
- Lässt sich die Fahrbahnmitte exakt einhalten?
- Welche Rolle spielt der Reifendruck bzw. die Federung?
- Gibt es Befestigungen am Brückenbogen? …

Das **mathematische Modellieren** läuft in Stufen ab.
1. **Übersetzen** der Realsituation in ein mathematisches Modell
2. **Lösen:** Ermitteln der mathematischen Ergebnisse
3. **Interpretieren** der Lösung in der Realsituation
4. **Bewerten** des realen Ergebnisses.

Beispiel

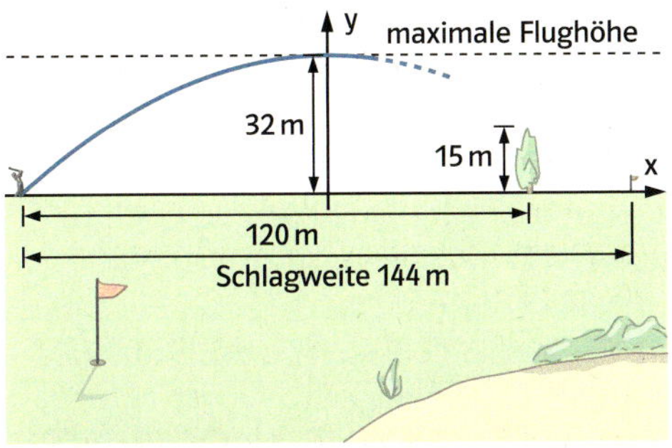

1. Realsituation:
Gelingt es der Golferin, das Hindernis „Baum“ in 120 m Entfernung zu überspielen?

2. Mathematisches Modell
Die Flugkurve eines Golfballs lässt sich mit einer Parabel modellieren. Hier ist es günstig, den Ursprung des Koordinatensystems auf Höhe 0 m senkrecht unterhalb des Scheitels zu legen.
Allgemeine Parabelgleichung: $y = -a \cdot x^2 + c$
Durch Einsetzen der Zahlenwerte erhält man:

$0 = -a \cdot 72^2 + 32$

$a = \frac{32}{72^2} = \frac{1}{162}$

$y = -\frac{1}{162}x^2 + 32$

3. Mathematisches Ergebnis

$y_B = -\frac{1}{162} \cdot 48^2 + 32 = 17{,}8$

4. Reales Ergebnis
Im Idealfall fliegt der Ball etwa 2,8 m über den Baumwipfel hinweg.

Aufgaben

1 Die Hauptkabel von Hängebrücken beschreiben einen annähernd parabelförmigen Bogen.
Mit w ist die Spannweite, mit h die Bogenhöhe bezeichnet.

Bestimme die Funktionsgleichung $y = a x^2$ für die Brooklyn Bridge in New York:
$w = 486\,m$; $h = 88\,m$

2 Überprüfe anhand der Daten, ob der rechts abgebildete Brückenbogen die Form einer Parabel hat.
Wie lautet dann die Funktionsgleichung?

3 Der Bogen der Müngstener Brücke lässt sich durch eine Parabel mit der Gleichung $y = -\frac{1}{90}x^2$ beschreiben. Die Spannweite beträgt 158 m, die Bogenhöhe 69 m. Passen diese Daten zusammen?

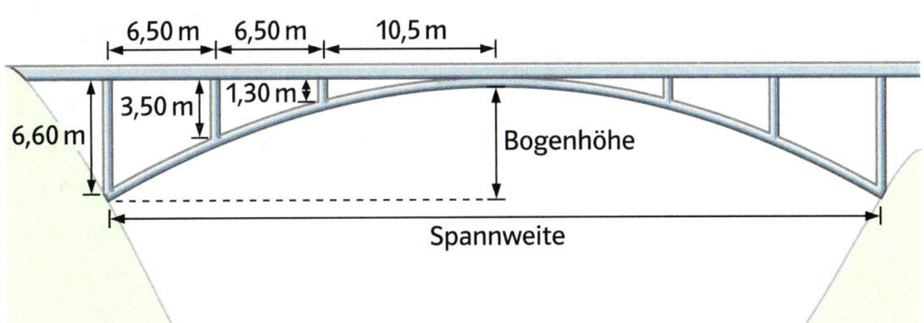

DGS III

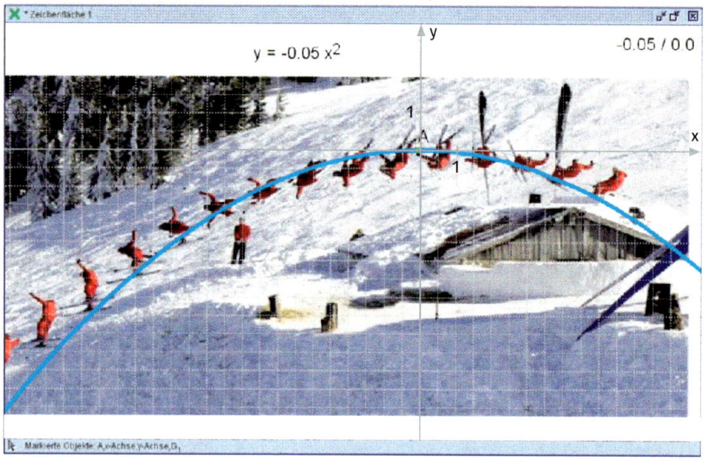

Mit dem Computer lassen sich Flugkurven von Skifahrern mit einer Parabel modellieren. Den Ursprung des Koordinatensystems legt man in den Scheitel der Kurve.

- Vergleiche die Flugbahn des Skifahrers mit dem Parabelbogen.
- Kannst du Abweichungen der Parabelkurve erklären?
- Suche ähnliche Sportbilder und hinterlege sie mit einer Parabel.

Erkläre deine Ergebnisse.

! *Der Körperschwerpunkt eines Menschen liegt etwa auf Hüfthöhe.*

4 Der Körperschwerpunkt eines Hochspringers beschreibt annähernd eine parabelförmige Flugbahn mit der Gleichung $y = -0{,}18x^2 + 2{,}4$ (x und y in m).
a) Welche Sprunghöhe kann der Hochspringer erreichen?
b) In welcher Entfernung zur Sprunglatte sollte der Hochspringer abspringen?

5 Bob Beamons Weitsprungweltrekord von 8,90 m, den er bei der Olympiade 1968 in Mexiko-City aufstellte, ging als „Sprung ins nächste Jahrhundert" in die Sportgeschichte ein.
Die Flugbahn seines Körperschwerpunktes lässt sich annähernd durch eine Parabel beschreiben mit der Gleichung
$y = -0{,}05(x - 3)^2 + 1{,}8$ (x und y in m).
a) Bei welcher horizontal gemessenen Entfernung lag der Körperschwerpunkt 1,50 m hoch?
b) Welche maximale Höhe erreichte sein Körperschwerpunkt?
c) Wäre beim Rekordsprung ein Pkw übersprungen worden?
d) Vergleiche die Flugbahn des Rekordsprungs mit der Flugbahn eines Flohs $y = -5x^2 + 0{,}3$.
e) Versuche aus der Funktionsgleichung auf die Sprungweite zu kommen.

6 Bei einem Freistoß fliegt ein Fußball – horizontal gemessen – 50 m weit. Der höchste Punkt seiner parabelförmigen Flugbahn liegt 5 m hoch.
a) Skizziere die Flugbahn in einem Koordinatensystem.
b) Wähle den Ursprung des Koordinatensystems geschickt. Bestimme die Scheitelkoordinaten und die Parabelgleichung.

7 Die Flugbahn des Fußballs bei einem Schuss lässt sich beschreiben mit
$y = -\frac{1}{160}x^2 + 4$ (x und y in m).
a) Wie hoch ist der Ball nach einem Meter Flug horizontal gerechnet?
b) Für welchen x-Wert hat der Ball die Höhe von 2 m?
c) Für welchen x-Wert erreicht der Ball seine größte Höhe?
d) Ein 1,90 m großer Gegenspieler steht 10 m entfernt.
Kann er den Ball abwehren?

8 Die Flugkurve eines Golfballs gleicht einer Parabel mit der Gleichung
$y = -\frac{1}{400}x^2 + 25$ (x und y in m).
a) Wie weit kann der Ball, horizontal gemessen, höchstens fliegen?
b) Für welchen x-Wert erreicht der Ball den höchsten Punkt der Flugbahn?

Zusammenfassung

Normalparabel

Der Graph der einfachsten quadratischen Funktion, der Quadratfunktion $y = x^2$, ist die **Normalparabel**. Sie ist achsensymmetrisch zur y-Achse und ihr **Scheitel** ist der Ursprung.

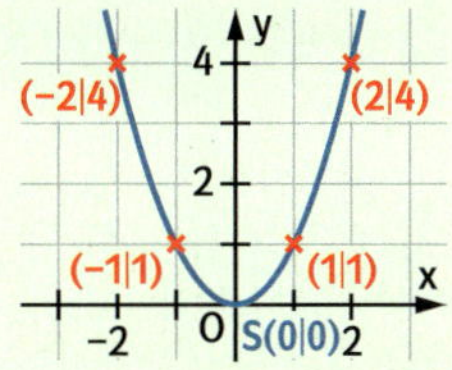

Rein quadratische Funktion $y = ax^2 + c$

Der Graph der Funktion $y = ax^2 + c$ ist eine nach oben oder unten geöffnete Parabel, die schmaler oder breiter als die Normalparabel sein kann. Sie ist um c in y-Richtung verschoben, mit Scheitel $S(0|c)$.

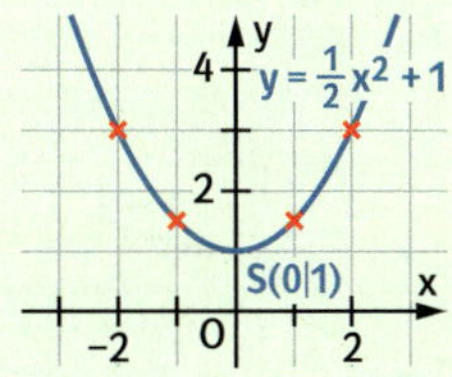

$0 < a < 1$: breiter
$a > 1$: schmaler als die Normalparabel

Gemischt quadratische Funktion in der Scheitelform $y = (x + d)^2 + e$

Der Graph der Funktion $y = (x + d)^2 + e$ ist eine um $-d$ in x-Richtung und um e in y-Richtung **verschobene Normalparabel**. Ihr **Scheitel** ist $\mathbf{S(-d|e)}$. Durch **quadratisches Ergänzen** kann die Parabelgleichung in die Scheitelform umgeformt werden.

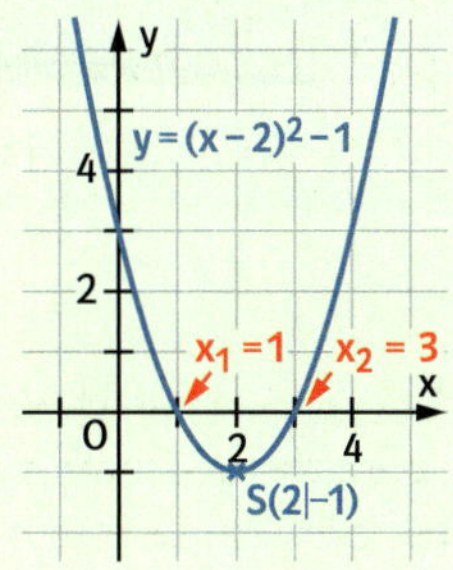

$y = x^2 - 4x + 3$

$y = x^2 - 4x + \left(\frac{4}{2}\right)^2 + 3 - \left(\frac{4}{2}\right)^2$

$y = (x - 2)^2 - 1$

$S(2|-1)$

Nullstellen einer quadratischen Funktion

An den Schnittstellen des Graphen mit der x-Achse ist der Funktionswert y gleich null. Den x-Wert des Schnittpunktes mit der x-Achse nennt man **Nullstelle**.

Rein quadratische Gleichungen

Rein quadratische Gleichungen bringt man in die Form $x^2 - a = 0$ und zerlegt sie mit der 3. binomischen Formel in Linearfaktoren. Ist $a = 0$, so ist auch die Lösung 0. Ist $a > 0$, sind die Lösungen $-\sqrt{a}$ und $\sqrt{a}$. Ist $a < 0$, so gibt es keine Lösung.

$7x^2 - 13 = 15 \quad | -15$

$7x^2 - 28 = 0 \quad | :7$

$x^2 - 4 = 0$

$(x + 2)(x - 2) = 0$

$x_1 = -2;\ x_2 = 2$

$L = \{-2; 2\}$

Gemischt quadratische Gleichungen

Gemischt quadratische Gleichungen der Form $x^2 + px + q = 0$ löst man, indem man den Term $x^2 + px$ **quadratisch ergänzt**.

$x^2 + 6x = -5 \quad | +3^2 = 9$

$x^2 + 6x + 9 = 4$

$(x + 3)^2 = 4 \quad | \pm\sqrt{\ }$

$x_1 = -2 - 3 = -5;\ x_2 = +2 - 3 = -1$

Lösungsformel

Die Lösung der Gleichung $x^2 + px + q = 0$ kann auch mit der Lösungsformel bestimmt werden:

$$x_{1,2} = -\frac{p}{2} \pm \sqrt{\left(\frac{p}{2}\right)^2 - q}$$

$x^2 + 4x - 21 = 0$ hat $p = 4$ und $q = -21$

$x_{1,2} = -\frac{4}{2} \pm \sqrt{\left(\frac{4}{2}\right)^2 + 21}$

$x_{1,2} = -2 \pm \sqrt{4 + 21}$

$x_{1,2} = -2 \pm 5$, also $x_1 = 3;\ x_2 = -7$

Modellieren mit quadratischen Funktionen

Mithilfe von quadratischen Funktionsgleichungen lassen sich Brückenbögen, Flugbahnen usw. beschreiben und Werte berechnen.
Es ist notwendig, die errechneten Werte in der wirklichen Situation zu interpretieren und das Ergebnis zu bewerten.

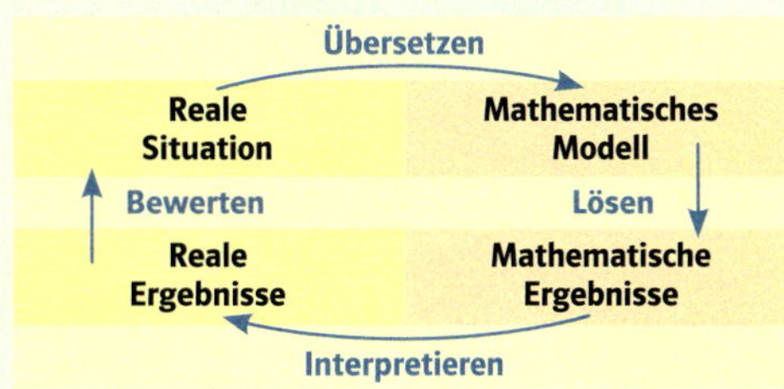

Üben • Anwenden • Nachdenken

1 Stelle fest, ob der Punkt auf, unterhalb oder oberhalb der Normalparabel liegt.

a) A(17|289) b) B(−4|−16)
c) C(4,5|20) d) D(−3,5|12,25)
e) E(1,1|1,2) f) F(0,2|0,4)

2 Ergänze die Wertetabelle der Funktion $y = x^2$ durch gerundete Werte. Zeichne oder rechne.

x	1,5	+□	4,6	−□	0,7	+□	−□
y	□	5,2	□	3,9	□	11,2	13,5

3 Dieselben Parabeln, aber unterschiedliche Gleichungen. Beachte die Wahl der Einheiten.

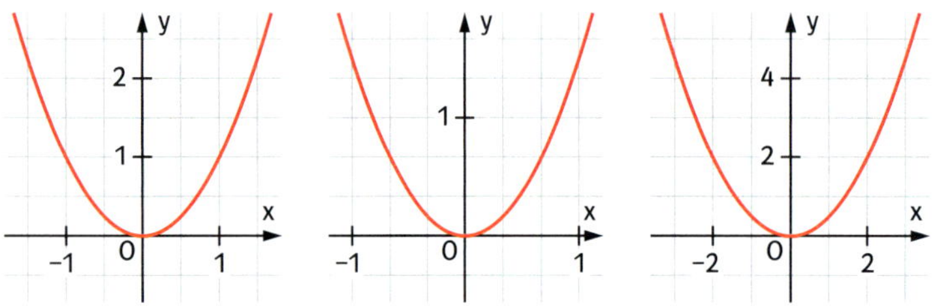

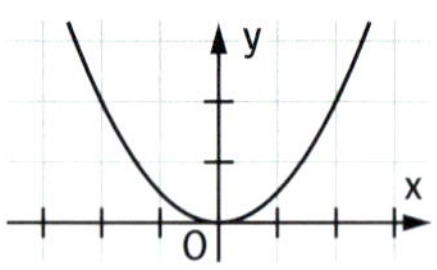

4 Wähle die Einheiten auf den Koordinatenachsen so, dass die Parabel zur Funktionsgleichung gehört.

a) $y = x^2$ b) $y = \frac{1}{2}x^2$ c) $y = 4x^2$

5 Berechne die fehlenden Koordinaten.

a) $y = x^2 + 3$ P(0|□) $Q_{1,2}$(□|7)
b) $y = 0,5x^2$ P(0|□) $Q_{1,2}$(□|4,5)
c) $y = 2x^2 - 4$ P(0|□) $Q_{1,2}$(□|14)
d) $y = -3x^2 + 2$ P(0|□) $Q_{1,2}$(□|−9)

6 Beschreibe Form und Lage der Parabel. Schneidet sie die x-Achse?

a) $y = (x + 2)^2 + 1$ b) $y = (x - 3)^2 + 3$
c) $y = -x^2 - 2,5$ d) $y = (x + 2,5)^2$

7 Wandle in die Scheitelform um und zeichne.

a) $y = x^2 + 2x - 5$
b) $y = x^2 - 4x + 7$
c) $y = x^2 - 5x + 2,25$
d) $y = x^2 + 5x + 4,75$
e) $y = x^2 - x + 5,75$
f) $y = (x + 1,5)(x - 4)$

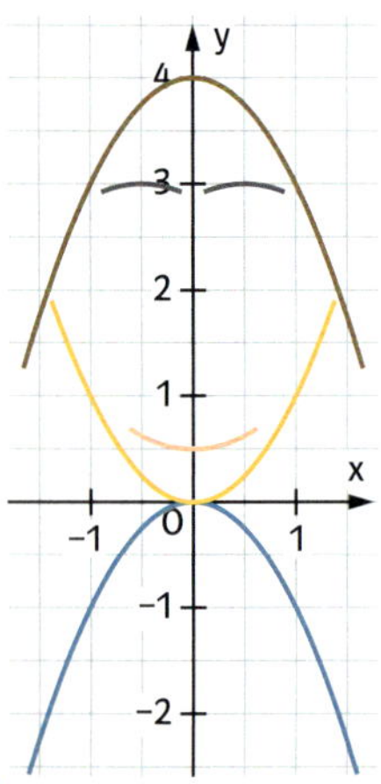

? *Wie heißen die Funktionsgleichungen des Parabelmännchens?*

8 Beschreibe Form und Lage der Parabel. Spiegele die Parabel dann an der x-Achse bzw. der y-Achse und gib die veränderte Parabelgleichung an.

a) $y = x^2 - 2,5$
b) $y = 0,5x^2 - 1,5$
c) $y = (x + 2,5)^2$
d) $y = (x + 2)^2 + 1$
e) $y = (x - 3)^2 + 3$
f) $y = (x - 4,5)^2$

9 Lies die Nullstellen der Parabeln ab und stelle die Funktionsgleichung auf.

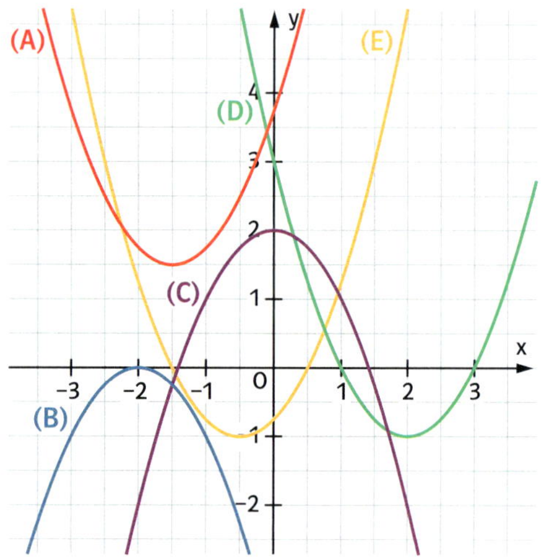

10 Berechne die Schnittpunkte der zugehörigen Parabel mit der x-Achse und der y-Achse.

a) $y = x^2 - 1$ b) $y = -x^2 + 4$
c) $y = (x - 2)^2$ d) $y = 0,5x^2 - 2$
e) $y = x^2 - 8x + 16$ f) $y = x^2 + 5x + 6,25$

11 a) Die Funktion mit der Gleichung $y = x^2 + 2x + q$ hat je nach Wahl des Wertes von q genau eine Nullstelle, zwei Nullstellen oder keine Nullstelle.
Bestimme für jeden Fall passende Werte von q.
b) Die Funktion mit der Gleichung $y = x^2 + px + 4$ hat je nach Wahl des Wertes von p genau eine Nullstelle, zwei Nullstellen oder keine Nullstelle.
Bestimme passende Werte von p.

12 Gegeben sind die Nullstellen einer verschobenen Normalparabel.
Bestimme ihre Funktionsgleichung in der Scheitelform.

Beispiel: $x_1 = 2$; $x_2 = 5$
Wegen der Symmetrie der Normalparabel ist die x-Koordinate des Scheitels 3,5.
Aus $(x_1 - 3{,}5)^2 + c = 0$ erhält man dann c.

a) $x_1 = 0$, $x_2 = 3$ b) $x_1 = -6$, $x_2 = -2$ c) $x_1 = -3$, $x_2 = 2$

13 Gegeben sind ein Punkt auf der Parabel und die unvollständige Parabelgleichung.
(1) $P(-1|7{,}5)$ $y = x^2 + px + 2{,}5$
(2) $P(-5|33)$ $y = x^2 + px - 2$
(3) $P(-2|2)$ $y = x^2 + 3x + q$
(4) $P(4|-10{,}25)$ $y = x^2 - 5x + q$
a) Bestimme jeweils den Scheitelpunkt der Parabel.
b) Berechne die Entfernung zwischen dem Punkt P und dem Scheitel S.
c) Gib die Gleichung der Geraden durch S und P an.

14 Gib drei verschiedene Funktionsgleichungen von Parabeln an, die
a) bei $x = 2$ ihre einzige Nullstelle haben.
b) die beiden Nullstellen $x_1 = -5$ und $x_2 = 1$ haben.

15 Ein Springbrunnen besitzt zwei entgegengesetzt gerichtete Wasserdüsen. Die Flugbahnen des Wassers stellen Parabeln dar. Die Wasserdüsen sind 50 cm über dem Wasser angebracht. Der Höhepunkt der Wasserflugbahn liegt 1,40 m hoch und 60 cm von der Brunnenmitte entfernt.
a) Stelle die Funktionsgleichungen auf.
b) Erstelle eine Wertetabelle und zeichne den Graphen.

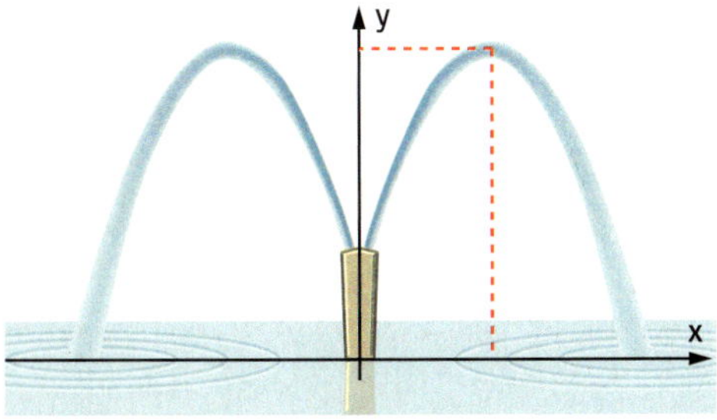

16 Bestimme die Gleichungen der Parabeln. Berechne alle Schnittpunkte der vier Parabeln.

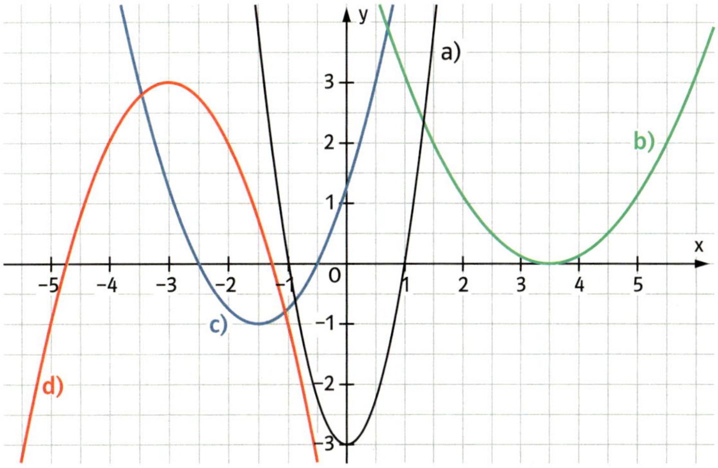

17 Eine verschobene Normalparabel wird von einer Geraden in den Punkten $P_1(1|3)$ und $P_2(6|8)$ geschnitten.
a) Wie heißen Geraden- und Parabelgleichung?
b) Berechne den Umfang und den Flächeninhalt des Dreiecks OP_1P_2.

18 Die Punkte $P(7|6)$ und $Q(-2|24)$ liegen auf einer nach oben geöffneten verschobenen Normalparabel.
a) Berechne die Koordinaten des Scheitels.
b) Welche Steigung besitzt die Gerade durch den Ursprung und den Scheitel?

19 Eine Feuerwerksrakete bewegt sich auf einer annähernd parabelförmigen Flugkurve. Dabei fliegt sie 52 m hoch und – horizontal gemessen – 30 m weit.
a) Mit welcher Funktionsgleichung lässt sich die Flugkurve beschreiben?
b) Nach welcher horizontal zurückgelegten Strecke erreicht die Rakete eine Höhe von 30 m?

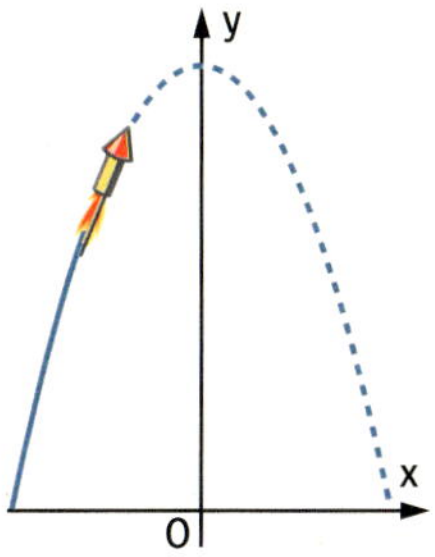

20 Ein Speerflug kann näherungsweise mit der Parabelgleichung
$y = -0{,}013x^2 + 15{,}93$ (x und y in m)
beschrieben werden.
Was kannst du daraus über die Höhe und die horizontale Flugstrecke schließen?

Bremsen und Bremsweg

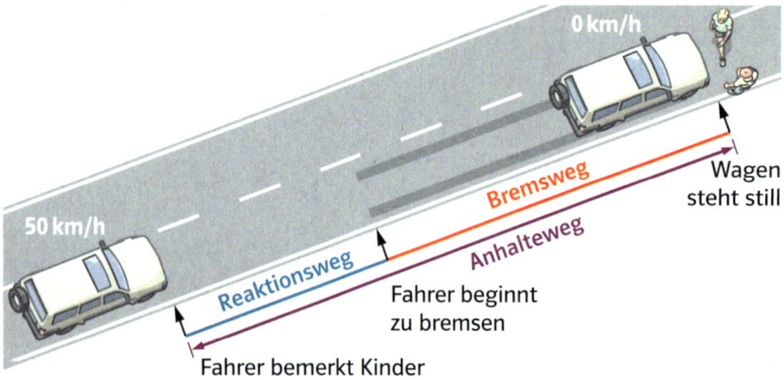

Nach einer wichtigen Grundregel der Straßenverkehrsordnung darf man mit einem Fahrzeug nur so schnell fahren, dass man innerhalb des überschaubaren Weges anhalten kann. Viele Verkehrsunfälle passieren, weil diese Grundregel nicht ernst genommen wird. Vielfach wird unterschätzt, welchen Weg man braucht, um ein Fahrzeug mit der Geschwindigkeit v zum Stillstand zu bringen. Man nennt ihn **Anhalteweg**.

Reaktion	Reaktionszeit in Sekunden
schnell	1,3
normal	1,5
langsam	2,0
unter Alkohol	3,0
normal nach der Rechtsprechung	1,0

Während der Reaktionszeit t_R des Fahrers fährt das Fahrzeug noch ungebremst weiter:
Reaktionsweg: $s_R = v \cdot t_R$

Anhalteweg = Reaktionsweg + Bremsweg

Der **Bremsweg** s_B lässt sich berechnen mit der Formel

$$s_B = \frac{v^2}{2 \cdot a}$$

(v in $\frac{m}{s}$; a Bremsverzögerung in $\frac{m}{s^2}$).
In der Fahrschule lernt man eine **Faustformel**, mit der leichter zu rechnen ist:

$$s_B = \left(\frac{v}{10}\right)^2 \quad \text{(v in km/h; s in m).}$$

- Vergleiche die Ergebnisse der beiden Formeln für eine Fahrt auf trockenem und auf nassem Asphalt mit 50; 60; 100 und 120 $\frac{km}{h}$.
- Überlege, wie sich der Bremsweg bei verdoppelter Geschwindigkeit verändert. Kannst du das Ergebnis begründen?

Den **Anhalteweg** s_A berechnet man nach der Formel

$$s_A = v \cdot t_R + \frac{v^2}{2 \cdot a}$$

(v in $\frac{m}{s}$; t_R in s; a in $\frac{m}{s^2}$).
In der Fahrschule lernt man zum schnellen Überschlagen die **Faustformel**:

$$s_A = 3 \cdot \frac{v}{10} + \left(\frac{v}{10}\right)^2 \quad (v \text{ in } \frac{km}{h};\ s_A \text{ in m}).$$

- Berechne nach der ersten Formel den Anhalteweg eines Pkw mit 120 $\frac{km}{h}$ bei schneller Reaktion auf nassem Asphalt. Vergleiche mit dem Ergebnis der Faustformel.
- Vergleiche die errechneten Werte mit den Ergebnissen, die bei langsamer Reaktion und nassem Pflasterbelag zustande kommen.

Bremsverzögerungen a in $\frac{m}{s^2}$

Pkw	
trockener Asphalt	7,0
nasser Asphalt	5,5
Pflaster trocken	6,0
Pflaster nass	5,0
Neuschnee und Sommerreifen	2,3
Neuschnee und Winterreifen	2,8
Glatteis	1,3
Motorrad	
trockener Asphalt	4,0
Fahrrad	
trockener Asphalt	3,0
Lkw, beladen	
trockener Asphalt	3,5

Zum Umrechnen
$1\frac{km}{h} = 0{,}28\frac{m}{s}$
$1\frac{m}{s} = 3{,}6\frac{km}{h}$

Verkehrssachverständige können mithilfe der Bremswegformel aus der Länge des Bremsweges auf die gefahrene Geschwindigkeit schließen.

- Ein Pkw ist auf trockenem Asphalt nach 80 m zum Stehen gekommen. Ein anderer Pkw brauchte ebenfalls 80 m bis zum Stillstand, allerdings bei nasser Fahrbahn.
- Wie groß ist die Bremsverzögerung eines beladenen Lkw, der bei 80 $\frac{km}{h}$ nach 70 m zum Stehen kommt?

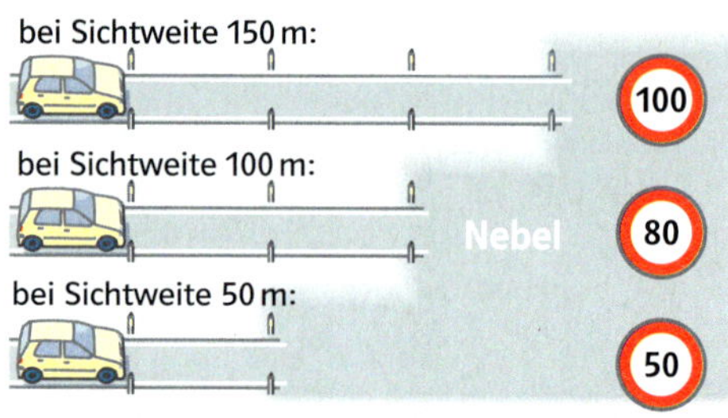

- Sind die angegebenen Höchstgeschwindigkeiten nach der Faustformel vertretbar?
- Erstelle eine Warntafel für Lkw-Fahrer.

21 Löse die Gleichung. Runde bei Bedarf auf zwei Nachkommastellen.

a) $x^2 = \frac{4}{9}$
b) $x^2 = \frac{25}{16}$
c) $x^2 - 7 = 0$
d) $x^2 - 4{,}5 = 0$
e) $2x^2 - 50 = 0$
f) $8x^2 - 8 = 0$
g) $\frac{1}{2}x^2 = 45$
h) $3x^2 - 100 = 0$

22 Gib die Lösungen als Bruch an.

a) $15x^2 - 2 = 6x^2 - 1$
b) $39x^2 + 3 = 3x^2 + 4$
c) $10x^2 - 8 = -6x^2 + 1$
d) $8x^2 - 21 = -x^2 - 5$

23 Forme um und löse.

a) $2(2x^2 - 5) + 12 = 3x^2 + 6$
b) $(8x - 8)(5x + 5) = 40 - 85x^2$
c) $(3x + 1)(3x - 1) = 15$

24 Prüfe, welche der Gleichungen nur eine oder keine Lösung hat.

a) $x^2 + 2 = 0$
b) $3x^2 + 3 = 3$
c) $\frac{1}{2}x^2 - \frac{1}{2} = 0$
d) $x^2 + 2 = 3x^2 + 4$
e) $x(x + 2) = 2x$
f) $2x(x - 2) = 1 - 4x$

25 Aus China (2. Jahrhundert v. Chr.) stammt diese Aufgabe:
In der Mitte jeder Seite einer Stadt mit quadratischem Grundriss ist ein Tor. In einer Entfernung von 20 bu nach Norden vom nördlichen Tor steht ein Mast. Geht man vom südlichen Tor um 14 bu nach Süden und dann um 1775 bu nach Westen, so wird der Mast gerade sichtbar.
Wie groß ist die Länge der Quadratseite? (1 bu ≈ 1,67 m)

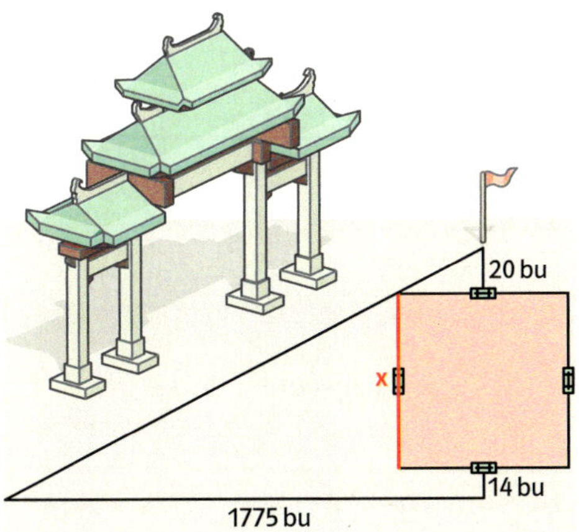

26 a) Wenn man vom Quadrat einer Zahl 17 subtrahiert, erhält man 127. Um welche positive Zahl handelt es sich?
b) Addiert man zum Quadrat einer Zahl 32, so erhält man dasselbe, wie wenn man das Quadrat der Zahl mit 3 multipliziert.

27 a) Erkläre, ohne zu rechnen, warum die Gleichung $x^2 + 10 = 0$ keine Lösung hat.
b) Warum hat die Gleichung $x^2 + 10 = 10$ nur eine Lösung?

28 a) Welche Zahlen kann man für a in die Gleichung $x^2 - a = 0$ einsetzen, damit die Gleichung zwei Lösungen hat?
b) Für welche Werte von a hat die Gleichung $3x^2 + 3a = 0$ keine Lösung?
c) Welche Zahlen muss man für a einsetzen, um als Lösungen der Gleichung $ax^2 + a = 0$ nur ganze Zahlen zu bekommen?
d) Warum kann man in die Gleichung $2x^2 = a^2 + 1$ für a jede beliebige Zahl einsetzen und erhält immer zwei Lösungen?

DGS IV

Mit dem Computer lassen sich die Nullstellen der Funktion **$y = x^2 + px + q$** grafisch ermitteln. Die Variablen p und q kann man mit Schiebereglern verändern.

- Betrachte die verschiedenen Fälle für zwei Nullstellen, keine oder genau eine Nullstelle.
- Notiere Nullstellen und Scheitelkoordinaten. Beschreibe, was dir auffällt.

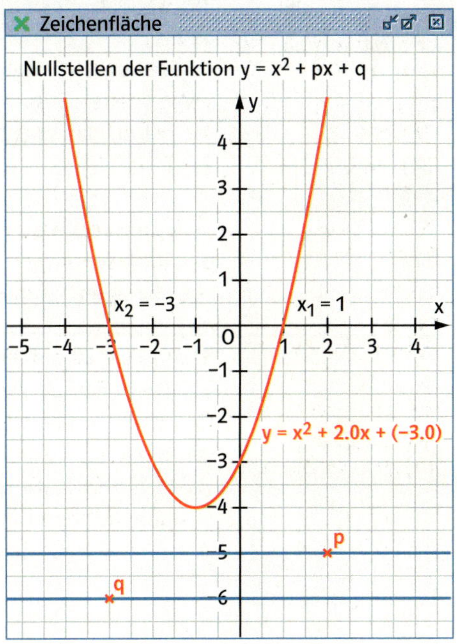

29 Löse die Gleichung.

a) $3x^2 - 1 = x^2 + 17$
b) $2(2x^2 - 5) + 12 = 3x^2 + 5$
c) $7x^2 + 18x - 99 = 6x^2 - 4x + 5$
d) $3x(x - 4) + 8 = 2(x^2 - 6x) + 57$

30 Bestimme die Lösung.

a) $3(x^2 + 2x - 9) = 33 - x(x + 2)$
b) $(x + 10)(2x + 3) - 3(3x + 1) = (x + 8)^2 - 2$
c) $(4x + 3)^2 - (5x + 4)^2 + (3x + 2)^2 = 1$
d) $-3(2x + 5)^2 - (3x - 4)^2 - 2(3x - 77) = 0$

Zu Aufgabe 38:

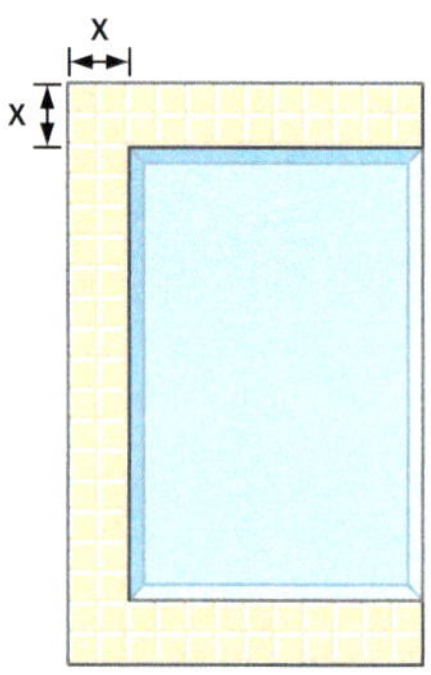

31 Eine Lösung der Gleichung $(2x - 1)^2 = 2(x - 1)^2 + 1$ heißt $x_1 = 1$. Ergänze die Gleichungen so, dass $x_1 = 1$ eine Lösung ist und suche die 2. Lösung.

$(3x - 2)^2 = 3(x - 2)^2 - \square$
$(4x - 3)^2 = 4(x - 3)^2 - \square$
$(5x - 4)^2 = 5(x - 4)^2 - \square$
$(6x - 5)^2 = 6(x - 5)^2 - \square$

32 Die Lösungen findest du unter den Zahlen −4; −3; −2; −1; 0; 1; 2; 3; 4.

a) $2(x^2 - 7x + 4) = 2x(x + 1) - 8$
b) $(2x + 2)(x - 1) - (x + 1)^2 = -(x + 1)$
c) $8x - (2x - 1)^2 + (x - 3)^2 = 4x - 2x^2$

33 Hat die Gleichung eine, zwei oder keine Lösung? Gib die Lösungen an.

a) $2x(x + 3) - (x + 1)(x - 2) + 11 = 1$
b) $7 - x(x - 16) = x^2 - 2(x - 4)^2$
c) $3x^2 - (x + 2)^2 = (2x - 4)^2$
d) $2(x - 3)^2 - 3(x + 1)^2 = 3(5 - 6x)$

34 Der Flächeninhalt des weißen Kreuzes der dänischen Flagge beträgt ein Viertel der Gesamtfläche.
Wie breit wird der weiße Streifen bei einer Flaggengröße von 3 m mal 5 m?

35 Das Quadrat und das Rechteck haben zusammen einen Flächeninhalt von 200 m².

a)

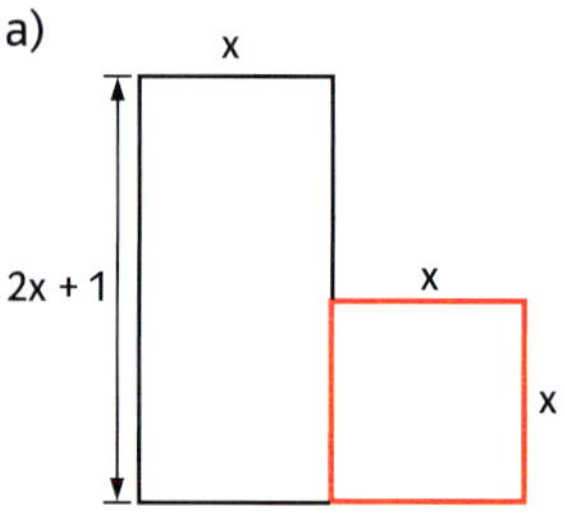

b)

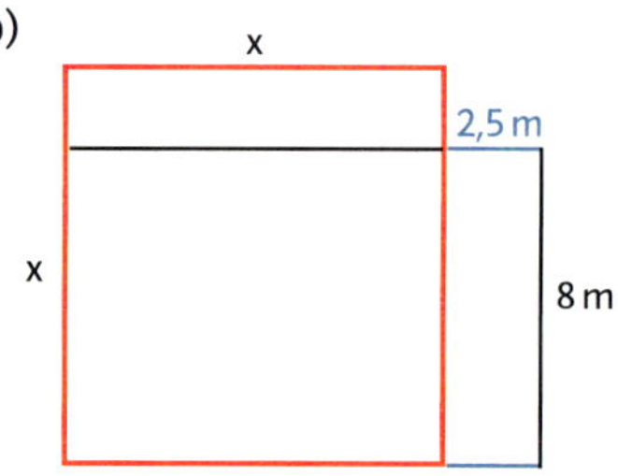

36 Eine natürliche Zahl ist um 11 größer als eine andere. Die Summe der Quadrate beider Zahlen ergibt 745.

37 Subtrahiert man vom Produkt zweier aufeinander folgender natürlicher Zahlen die Zahl 239, so erhält man die Summe der beiden Zahlen.

38 Ein Schwimmbecken soll an drei Seiten eine gepflasterte Umrandung erhalten. Das Schwimmbecken ist 15 m lang und 10 m breit (siehe Randspalte).
a) Die Umrandung hat durchgehend die gleiche Breite von x m. Berechne den Flächeninhalt der Umrandung in Abhängigkeit von x.
b) Das Geld reicht für 123 m² Pflastersteine.

39 Eine Seite eines Rechtecks ist um 18 cm kürzer als die andere. Der Flächeninhalt des Rechtecks ist so groß wie der eines Quadrates mit der Seitenlänge 12 cm. Wie groß ist der Umfang des Rechtecks?

40 Der Flächeninhalt eines Dreiecks beträgt 36 cm². Die Grundseite ist um 1 cm länger als die Höhe.

41 Ein Quader hat eine Oberfläche von 286 cm². Die zweitlängste Kante ist 7 cm lang. Ihre Länge unterscheidet sich von der längsten Kante gleich viel wie von der kürzesten. Berechne das Volumen.

42 Für $x = -2$ gilt die Gleichung ebenfalls. Setze ein und überprüfe.
Wo geht die Lösung $x = -2$ verloren?

$$\frac{x+2}{x-2} = x^2 - 4 \qquad | :(x+2)$$

$$\frac{1}{x-2} = x - 2 \qquad | \cdot (x-2)$$

$$x^2 - 4x + 3 = 0$$

$$x_{1/2} = 2 \pm \sqrt{4 - 3}$$

$$x_1 = 3;\ x_2 = 1$$

Rückspiegel

1 Gib die Koordinaten des Scheitels an.

a) $y = x^2 - 5$ b) $y = -x^2$

c) $y = (x - 3)^2$ d) $y = (x + 1)^2 - 4$

e) $y = x^2 + 4x + 5$ f) $y = x^2 - 6x + 7$

g) $y = x^2 - 5x + 7{,}5$ h) $y = x^2 + 9x$

2 Löse durch quadratische Ergänzung.

a) $x^2 + 8x + \square = 33 + \square$

b) $x^2 - 14x + \square = 15 + \square$

c) $x^2 - 10x + \square = 231 + \square$

3 Löse die quadratische Gleichung.

a) $x^2 - 5x - 24 = 0$

b) $2x^2 + 8x + 10 = 100$

c) $5x^2 + 6x - 44 = 4x^2 + 4x - 36$

4 Berechne die Lösungen.

a) $4x(x + 2) - 8 = 3(x^2 + 4)$

b) $6(2x - 1) - x(1 - 2x) = 0$

c) $(x - 6)(x - 4) + (x + 2)^2 = 2(x + 11)$

d) $(2x - 5)^2 - 2(x - 1)(x + 1) = -5$

5 Multipliziert man eine natürliche Zahl mit der um 7 größeren Zahl, so erhält man die Zahl 144.

6 Bestimme die Funktionsgleichungen.

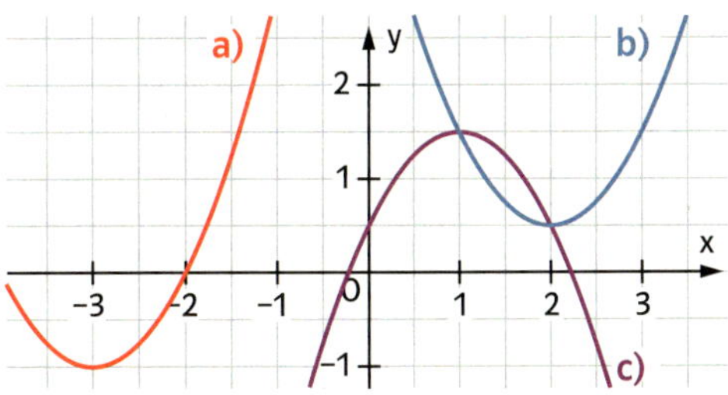

7 Das Halteseil einer Hängebrücke hat näherungsweise die Form einer Parabel. Die Spannweite w beträgt 800 m, die Höhe h der Stützpfeiler 72 m.
Bestimme die Gleichung der Parabel.

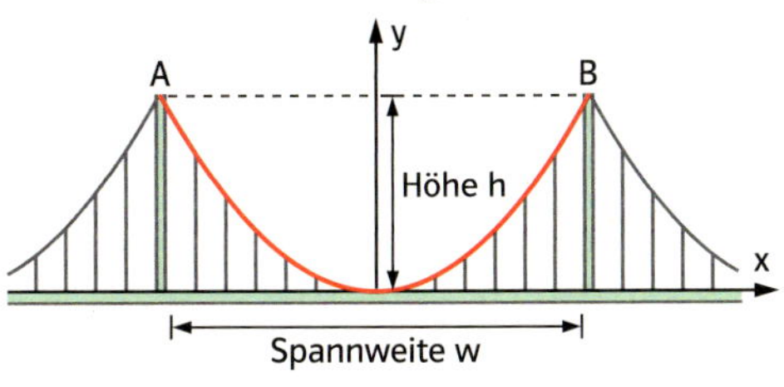

1 Welcher Punkt liegt auf welcher Parabel?

p_1: $y = x^2 + 6x + 10$ $P_1(3|-1)$

p_2: $y = x^2 - 2x - 4$ $P_2(-2{,}5|2)$

p_3: $y = (x - 2)^2 + 2$ $P_3(1|17)$

p_4: $y = x^2 + 9x + 18{,}25$ $P_4(2|2)$

2 Die Punkte A und B liegen auf der Parabel mit der Gleichung $y = x^2 + px + q$. Berechne die Koordinaten des Scheitels.

a) $A(-1|2{,}5)$; $B(-6|7{,}5)$

b) $A(3|-4)$; $B(-1|4)$

3 Berechne die Lösungen.

a) $2x^2 + 12 = 11x$

b) $5x^2 + 8x - 15 = 20x + 30 - 7x^2$

c) $\frac{1}{4}x^2 + 8 = 3x$

4 Löse die quadratische Gleichung.

a) $(x - 2)^2 - 4x = 25 - (x + 1)^2$

b) $(3x - 2)(x + 4) - (2x + 5)^2 = 2x(8 - x) - 6$

5 Vermindert man eine natürliche Zahl um 1 und multipliziert das Ergebnis mit der um 2 vermehrten Zahl, so erhält man 28.

6 Bestimme die Funktionsgleichungen.

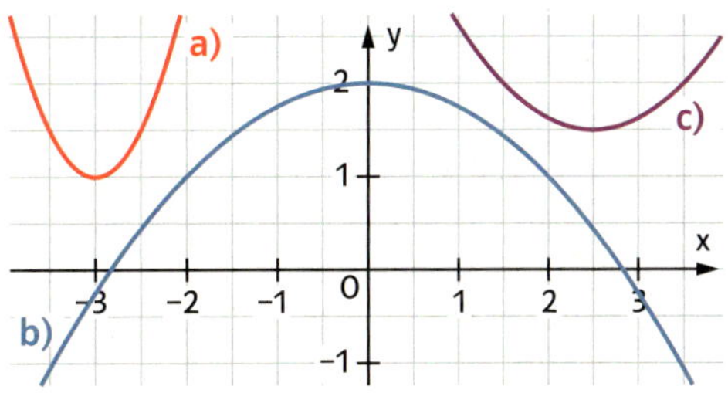

7 Die Klippenspringer von Acapulco (Mexiko) legen eine parabelförmige Flugbahn zurück, die sich mit der Gleichung $y = -x^2 + 28$ (x und y in Metern) beschreiben lässt.

a) Wie weit entfernt vom Fuß des Felsens taucht der Springer ins Wasser?

b) Der Fels ist 27 m hoch. Erkläre die Parabelgleichung.

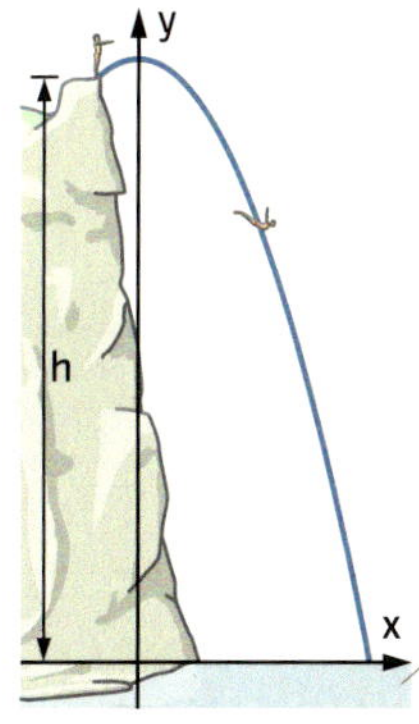

Kann es sein, dass ...

Kann es sein, dass ...
du den Bogen einer Tageszeitung nicht mehr als achtmal auf die Hälfte falten kannst?
Notiere, wie viele Lagen Papier bei jeder Faltung übereinanderliegen.
Nach wie vielen Faltvorgängen wäre theoretisch die Dicke eines etwa 1000-seitigen Buches erreicht?

Kann es sein, dass ...
du ein Blatt Papier (0,1 mm stark) nicht mehr als 42-mal falten müsstest, um mit den übereinanderliegenden Papierlagen die mittlere Entfernung von der Erde zum Mond (386 000 km) zu überbrücken?
Prüfe mit dem Taschenrechner nach.

Kann es sein, dass …
du eine Eins mit 30 Nullen nicht in 10 Sekunden schreiben kannst?

Für große Zahlen aus einer Eins und angehängten Nullen gibt es die Potenzschreibweise. Sie spart Zeit und Platz.

- Wie viel Zeit sparst du, wenn du die Eins mit 30 Nullen als Zehnerpotenz schreibst?
- Wievielmal länger dauert es,
  - eine Eins mit 90 Nullen zu schreiben als eine Eins mit 30 Nullen?
  - 10^{90} zu schreiben als 10^{30}?

1 000 000 000 000 000 000 000 000 000 000

$\underbrace{100}_{2} = 10 \cdot 10 = 10^{2}$

$\underbrace{1000}_{3} = 10 \cdot 10 \cdot 10 = 10^{3}$

Kann es sein, dass …
du eine Zahl schreiben kannst, die mehr als einmal um die Erde reicht? Das sind immerhin 40 000 km.

Die Zahl 10^{10} ist ausgeschrieben eine Eins mit 10 Nullen.
Wie viele Nullen hat dann $10^{(10^{10})}$?
Sind es 100 000, 1 Million, 10 Millionen oder noch mehr?
Ins Heft geschrieben passt eine Null gerade in ein Kästchen.

In diesem Kapitel lernst du,

- wie man mit Potenzen rechnet, wenn sie die gleiche Basis oder den gleichen Exponenten haben,
- dass auch Potenzen mit negativen oder rationalen Exponenten sinnvoll sind,
- wie man sehr große und sehr kleine Zahlen übersichtlich darstellt,
- dass die Potenzschreibweise für sehr große und sehr kleine Zahlen nützlich ist,
- welche Eigenschaften Potenzfunktionen haben,
- welche besonderen Punkte Funktionsgraphen haben.

1 Potenzen

Eine Legende erzählt, dass der indische Erfinder des Schachspiels dieses Spiel einem Maharadscha zum Geschenk machte. Dieser gestattete dem Erfinder einen Wunsch.
Der Erfinder erbat sich für das erste Feld des Schachbretts ein Reiskorn und für jedes weitere jeweils doppelt so viele Körner wie auf dem vorherigen. Der Maharadscha, erfreut über solche Bescheidenheit, ließ ein Feld nach dem anderen mit der gewünschten Anzahl Körner belegen. Bald war sein Erstaunen groß.

→ Wie groß ist die Anzahl der Körner auf dem 5.; 10.; 20. Feld?

→ Schätze das Gewicht der Reiskörner auf dem 64. Feld.
Nimm an, dass 40 Reiskörner zusammen etwa 1 g wiegen.
Vergleiche mit der Weltjahresernte 2004 von 560 Mio. t.

? Probiere mit deinem Taschenrechner:
$7^3 = ?$
$7^9 = ?$

Ein Produkt aus lauter gleichen Faktoren lässt sich vereinfacht als Potenz schreiben:

$2 \cdot 2 \cdot 2 = 2^3$ $\qquad (-3) \cdot (-3) \cdot (-3) \cdot (-3) = (-3)^4$

Dabei benutzt man folgende Bezeichnungen:

Basis, Exponent

$5 \cdot 5 \cdot 5 \cdot 5 = 5^4 = 625$

Potenz, Potenzwert

Die **Potenz** a^n ist ein Produkt aus n gleichen Faktoren a.

$a^n = \underbrace{a \cdot a \cdot a \cdot a \cdot \ldots \cdot a}_{n \text{ Faktoren}}$

Dabei ist a eine reelle Zahl und n eine positive natürliche Zahl.

Beispiele

a) $3^4 = 3 \cdot 3 \cdot 3 \cdot 3 = 81$
b) $0{,}5^3 = 0{,}5 \cdot 0{,}5 \cdot 0{,}5 = 0{,}125$
c) $(-2)^1 = -2$

d) Das Produkt aus einer **geraden** Anzahl **negativer** Zahlen ist **positiv**.
$(-2)^4 = (-2) \cdot (-2) \cdot (-2) \cdot (-2) = 16$
Beachte: $(-3)^2 = (-3) \cdot (-3) = 9$

e) Das Produkt aus einer **ungeraden** Anzahl **negativer** Zahlen ist **negativ**.
$(-2)^5 = (-2) \cdot (-2) \cdot (-2) \cdot (-2) \cdot (-2) = -32$
$-3^2 = -(3^2) = -(3 \cdot 3) = -9$

! Quadratzahlen, die du auswendig wissen solltest:
$11^2 = 121$
$12^2 = 144$
$13^2 = 169$
$14^2 = 196$
$15^2 = 225$
$16^2 = 256$
$17^2 = 289$
$18^2 = 324$
$19^2 = 361$
$20^2 = 400$
$21^2 = 441$
$22^2 = 484$
$23^2 = 529$
$24^2 = 576$
$25^2 = 625$
$35^2 = 1225$
$45^2 = 2025$

Bemerkung

Potenzen mit dem Exponenten 1 haben denselben Wert wie ihre Basis: $a^1 = a$.
Potenzen mit dem Exponenten 2 nennt man **Quadratzahlen**, Potenzen mit dem Exponenten 3 heißen **Kubikzahlen**.

Aufgaben

1 Wofür steht 4^3?

$3 + 3 + 3 + 3$ $\qquad 4 + 4 + 4$
$3 \cdot 3 \cdot 3 \cdot 3$ $\qquad 4 \cdot 4 \cdot 4$

2 Schreibe als Produkt und berechne.

a) 2^3 b) 2^5 c) 2^7 d) 2^9
e) 3^4 f) 4^3 g) 5^3 h) 6^3

3 Rechne im Kopf.

a) $1{,}1^2$ b) $1{,}6^2$ c) $2{,}5^2$ d) $4{,}5^2$
e) 140^2 f) 200^2 g) $0{,}1^2$ h) $0{,}01^2$

4 Berechne ohne Taschenrechner.

a) $0{,}5^2$ b) $0{,}2^2$ c) $0{,}2^3$ d) $0{,}3^3$
e) $\left(\frac{1}{2}\right)^3$ f) $\left(\frac{1}{2}\right)^4$ g) $\left(\frac{2}{3}\right)^3$ h) $\left(\frac{3}{4}\right)^3$

5 a) Schreibe die Zehnerpotenzen ausführlich und notiere das Zahlwort.
10^1; 10^2; 10^3; … ; 10^{12}
b) Schreibe als Zehnerpotenz:
1 Milliarde; 10 Millionen; 10 Billionen; 100 Milliarden; 100 Trillionen

6 Gib den Potenzwert ohne Taschenrechner an.

a) $(-1)^5$	b) $(-2)^6$	c) $(-3)^4$
d) $(-0{,}2)^3$	e) $(-0{,}1)^6$	f) $(-5)^3$
g) $(-0{,}01)^2$	h) $\left(-\frac{1}{2}\right)^7$	i) $\left(-\frac{3}{4}\right)^2$
j) $\left(-\frac{3}{4}\right)^3$	k) $\left(-\frac{2}{5}\right)^4$	l) $\left(-\frac{3}{10}\right)^5$

7 Schreibe als Potenz. Es gibt mehrere Möglichkeiten.

a) 64	b) 81	c) 512
d) 625	e) $\frac{1}{16}$	f) $\frac{1}{81}$
g) $\frac{16}{625}$	h) $\frac{1}{10\,000}$	i) $\frac{81}{256}$

8 Berechne die Potenzwerte. Vergleiche.
a) -2^4 und 2^4
b) $(-3)^3$ und -3^3
c) -4^2 und $(-4)^2$
d) $-(-5)^3$ und $-(-5^3)$

9 Was muss eingesetzt werden?

a) $4^{\square} = 64$	b) $\square^4 = 625$
c) $\square^4 = 81$	d) $\square^5 = -32$
e) $\square^{\square} = 128$	f) $\square^{\square} = \frac{8}{125}$

10 Bestimme durch Probieren mit dem Taschenrechner den größt- bzw. kleinstmöglichen ganzzahligen Exponenten für n.

a) $2^n < 1000$	b) $3^n < 10\,000$
c) $1{,}5^n < 200\,000$	d) $0{,}4^n > 0{,}0005$

11 Probiere mit dem Taschenrechner.
a) Welche Potenz mit der Basis 3 liegt erstmals über dem Potenzwert von 1 000 000?
b) Welche Zweierpotenz liegt am dichtesten bei 10 000 000?
c) Welches Produkt braucht weniger Faktoren, um 1 000 000 000 zu übertreffen:
$1 \cdot 2 \cdot 3 \cdot 4 \cdot 5 \cdot \ldots$
oder $5 \cdot 5 \cdot 5 \cdot 5 \cdot \ldots$?

12 a) Wie viele Nachkommaziffern haben die folgenden Potenzen?

$0{,}123^5$	$0{,}12^5$
$0{,}123^6$	$0{,}123^5$
$0{,}123^7$	$0{,}1234^5$

b) Wie heißt die letzte Ziffer des genauen Potenzwertes?

$1{,}23^5$	$1{,}23^6$
$2{,}34^5$	$1{,}23^7$
$3{,}45^5$	$1{,}23^8$

13 Überlege
a) wie viele Urgroßeltern du hast.
b) wie viele Ur-Ur-Urgroßeltern du hast.
c) wie viele Vorfahren du vor sechs Generationen hattest.
d) wie viele Vorfahren du im Jahre 1650 gehabt haben musst, wenn man für den Abstand von zwei Generationen 25 Jahre annimmt.

14 Untersuchungen haben ergeben, dass sich die Anzahl der Keime in frisch gemolkener Kuhmilch etwa jede halbe Stunde verdoppelt.
Zu Beginn wurden 700 Keime gezählt.
a) Wie viele Keime sind nach sechs Stunden vorhanden?
b) Wie lange dauert es, bis sich eine Milliarde Keime gebildet haben?

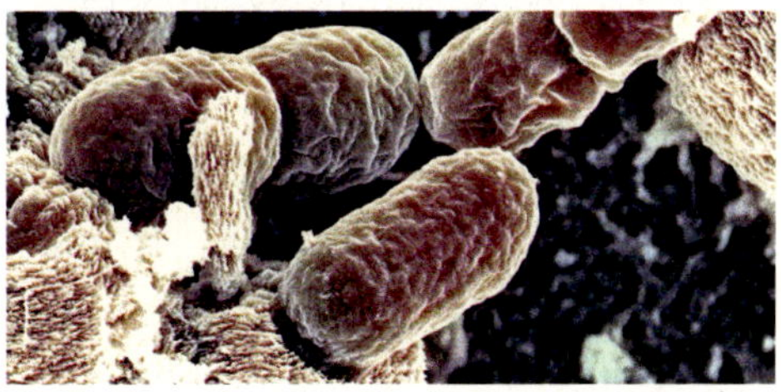

15 Die Erdbevölkerung wird bei gleich bleibendem Wachstum bis 2015 auf schätzungsweise 8,5 Mrd. Menschen anwachsen.
Zu diesem Zeitpunkt wird jemand diese Zahl als Information per E-Mail an zwei Personen weitergeben und diese am folgenden Tag wiederum an jeweils zwei Personen usw. Wie lange würde es dauern, bis diese Information jeden Erdbewohner erreicht? Schätze zuerst.

! *Potenzen, die du auswendig wissen solltest:*
$2^1 = 2$
$2^2 = 4$
$2^3 = 8$
$2^4 = 16$
$2^5 = 32$
$2^6 = 64$
$2^7 = 128$
$2^8 = 256$
$2^9 = 512$
$2^{10} = 1024$

$3^2 = 9$
$3^3 = 27$
$3^4 = 81$
$3^5 = 243$

$5^2 = 25$
$5^3 = 125$
$5^4 = 625$

$6^2 = 36$
$6^3 = 216$

$7^2 = 49$
$7^3 = 343$

$9^2 = 81$
$9^3 = 729$

? *Warum fehlen hier wohl die Potenzen von 4 und 8?*

? *Aus dem Papyrus Rhind (ca. 1700 v. Chr.): 7 Personen besitzen je 7 Katzen, jede Katze frisst 7 Mäuse, jede Maus frisst 7 Ähren Gerste, aus jeder Ähre können 7 Maß Körner wachsen. Wie viel Maß sind das?*

2 Potenzen mit gleicher Basis

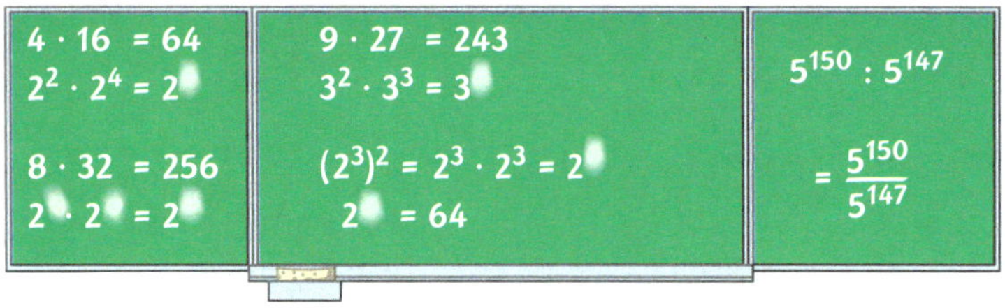

→ Ergänze die Lücken auf dem linken und auf dem mittleren Tafelbild.
Dein Taschenrechner kann die Divisionsaufgabe auf der rechten Tafelseite nicht lösen.
→ Hast du eine Idee?
→ Überprüfe deine Vermutung mit kleineren Exponenten.

Bei der **Multiplikation** bzw. **Division** von Potenzen mit gleicher Basis lassen sich die einzelnen Potenzen zunächst wieder als Produkte darstellen.

$$a^6 \cdot a^4 = \underbrace{(a \cdot a \cdot a \cdot a \cdot a \cdot a)}_{\text{6 Faktoren}} \cdot \underbrace{(a \cdot a \cdot a \cdot a)}_{\text{4 Faktoren}} = \underbrace{a \cdot a \cdot a \cdot a \cdot a \cdot a \cdot a \cdot a \cdot a \cdot a}_{6 + 4 = 10 \text{ Faktoren}} = a^{10}$$

$$\frac{a^6}{a^4} = \frac{a \cdot a \cdot a \cdot a \cdot a \cdot a}{a \cdot a \cdot a \cdot a} \quad \begin{matrix}\text{6 Faktoren}\\ \text{4 Faktoren}\end{matrix}$$
$$= a \cdot a \quad 6 - 4 = 2 \text{ Faktoren}$$
$$= a^2$$

Für das Multiplizieren ergibt sich also folgender Zusammenhang:
$a^6 \cdot a^4 = a^{6+4} = a^{10}$ bzw. $a^m \cdot a^n = a^{m+n}$ $(m, n \in \mathbb{N})$
Ebenso gilt für die Division:
$\frac{a^6}{a^4} = a^{6-4} = a^2$ bzw. $\frac{a^m}{a^n} = a^{m-n}$ $(m, n \in \mathbb{N}; m > n)$

Nicht $(2^3)^4$, sondern $(2^3)^4$

Das **Potenzieren** von Potenzen lässt sich als Multiplikation von Potenzen mit gleicher Basis darstellen.

$$(a^3)^2 = a^3 \cdot a^3 = \underbrace{(a \cdot a \cdot a)}_{3} \cdot \underbrace{(a \cdot a \cdot a)}_{3} \quad 3 + 3 = 2 \cdot 3 = 6 \text{ Faktoren}$$
$$= a^6$$

Für Exponenten m und n gilt:
$(a^m)^n = a^{m \cdot n}$ $(m, n \in \mathbb{N})$

Multiplikation: Exponenten addieren!

Division: Exponenten subtrahieren!

Potenzgesetze für Potenzen mit gleicher Basis

Potenzen mit gleicher Basis können **multipliziert** werden, indem man die Exponenten **addiert** und die Basis beibehält:
$a^m \cdot a^n = a^{m+n}$

Potenzen mit gleicher Basis können **dividiert** werden, indem man die Exponenten **subtrahiert** und die Basis beibehält: $\frac{a^m}{a^n} = a^{m-n}$
Für $a = 0$ gibt es keine Division.

Potenzen können potenziert werden, indem man ihre Exponenten multipliziert:
$(a^m)^n = a^{m \cdot n} = a^{mn}$

Beispiele

a) $2^5 \cdot 2^4 = 2^{5+4} = 2^9$

b) $x^6 \cdot x^3 = x^{6+3} = x^9$

c) $\frac{0{,}7^{11}}{0{,}7^5} = 0{,}7^{11-5} = 0{,}7^6$

d) $\frac{2^{12}}{2^8} = 2^{12-8} = 2^4$

e) $(3^2)^4 = 3^{2 \cdot 4} = 3^8$

f) $(3^4)^2 = 3^{4 \cdot 2} = 3^8$

g) $\frac{3 \cdot 10^9}{2 \cdot 10^7} = 1{,}5 \cdot 10^{9-7} = 1{,}5 \cdot 10^2$

h) $(2^5)^2 = 2^{5 \cdot 2} = 2^{10} = 1024$

Aufgaben

1 Schreibe als Produkt von Potenzen. Es gibt mehrere Möglichkeiten.

a) $3 \cdot 3 \cdot 3 \cdot 3 \cdot 3$ b) $5 \cdot 5 \cdot 5 \cdot 5 \cdot 5 \cdot 5$
c) $6 \cdot 6 \cdot 6 \cdot 6$
d) $2 \cdot 2 \cdot 2 \cdot 2 \cdot 2 \cdot 2 \cdot 2 \cdot 2 \cdot 2$
e) $10 \cdot 10 \cdot 10 \cdot 10 \cdot 10$
f) $1 \cdot 1 \cdot 1 \cdot 1 \cdot 1 \cdot 1 \cdot 1 \cdot 1$

2 Stell dir vor, jede Benutzung der Potenztaste kostet 100 €. Rechne sparsam und doch schnell.

a) $5^4 \cdot 5^3$ b) $6^3 \cdot 6^8$ c) $2^{10} \cdot 2^{10}$
d) $5^7 : 5^3$ e) $6^8 : 6^2$ f) $2^{15} : 2^8$

3 Achte auf den Unterschied.

Beispiel: $3^2 + 3^3 = 9 + 27 = 36$
$3^2 \cdot 3^3 = 3^{2+3} = 3^5 = 243$

a) $2^2 + 2^4$
$2^2 \cdot 2^4$
b) $2^3 + 2^3$
$2^3 \cdot 2^3$
c) $3^4 - 3^2$
$3^4 : 3^2$
d) $5^5 - 5^2$
$5^5 : 5^2$

4 Schreibe als eine Potenz.

a) $2^3 \cdot 2^5$ b) $7^9 \cdot 7^3$ c) $5 \cdot 5^4 \cdot 5^5$
d) $a^1 \cdot a^2 \cdot a^3 \cdot a^4$ e) $b^k \cdot b^m \cdot b^n$

5 Schreibe als eine Potenz.

a) $8^7 : 8^3$ b) $9^{12} : 9^6$ c) $\frac{a^{13}}{a^{11}}$
d) $m^{10} : m^9$ e) $(3^9 : 3^4) : 3^3$

6 Zerlege die Potenz auf verschiedene Arten in ein Produkt von Potenzen.

a) 3^8 b) 5^7 c) 11^4 d) 10^{10}

7 Dein Taschenrechner kann $5^{200} : 5^{197}$ nicht berechnen. Kannst du ihm helfen? Überfordere deinen Taschenrechner mit ähnlichen Aufgaben und löse sie selbst.

8 Berechne im Kopf.

a) $5^{13} : 5^{11}$ b) $2^{100} : 2^{90}$ c) $3^{333} : 3^{330}$
d) $4^{32} : 4^{28}$ e) $10^{259} : 10^{247}$ f) $\frac{6^{37}}{6^{34}}$

Potenzen mit negativen Exponenten

Die Divisionsregel erklärt, was a^0 bedeutet.

$a^0 = a^{n-n} = \frac{a^n}{a^n} = 1$

Im Term $\frac{a^m}{n^n}$ kann n auch größer sein als m.

$a^{3-5} = \frac{a \cdot a \cdot a}{a \cdot a \cdot a \cdot a \cdot a} = \frac{1}{a \cdot a} = a^{-2}$

$2^{-4} = 2^{0-4} = \frac{2^0}{2^4} = \frac{1}{16} = 0{,}0625$

$0{,}3^{-2} = \frac{1}{0{,}3^2} = \frac{1}{0{,}09}$

Potenzen mit negativen ganzen Zahlen im Exponenten lassen sich anders schreiben:

$a^{-n} = \frac{1}{a^n}$

9 Schreibe die Potenz als Bruch.

a) 2^{-3} b) 2^{-4} c) 5^{-2}
d) 1^{-8} e) $1{,}5^{-2}$ f) $0{,}05^{-4}$
g) $(-5)^{-2}$ h) $(-6)^0$ i) $(-10)^{-10}$

10 Berechne.

a) 2^{-6} b) 3^{-4} c) 4^0 d) $0{,}2^{-3}$
e) 1^{-7} f) 11^{-2} g) 2^{-10} h) $0{,}5^{-2}$

11 Lies genau. $(-3)^2 = (-3) \cdot (-3) = 9$;
aber $-3^2 = -3 \cdot 3 = -9$.
Ordne die Potenzen der Größe nach.

a) 3^{-3}; 2^{-3}; 3^2; 2^3; $(-2)^3$; $(-3)^2$; -2^3; -3^2
b) 3^{-4}; $(-4)^3$; $(-4)^{-3}$; -3^4; $(-3)^{-4}$

12 Für die folgenden Rechnungen brauchst du keinen Taschenrechner.

Beispiel: $2 \cdot 10^3 \cdot 4 \cdot 10^4 = 2 \cdot 4 \cdot 10^3 \cdot 10^4$
$= 8 \cdot 10^7$
$= 80\,000\,000$

a) $5 \cdot 10^5 \cdot 7 \cdot 10^4$ b) $(-2) \cdot 10^6 \cdot 9 \cdot 10^7$
c) $1{,}2 \cdot 10^7 \cdot 1{,}2 \cdot 10^5$
d) $0{,}5 \cdot 10^3 \cdot (-1{,}6) \cdot 10^8$
e) $\frac{20 \cdot 10^5}{4 \cdot 10^3}$ f) $\frac{42 \cdot 8^5}{14 \cdot 8^3}$
g) $\frac{(-2)^5 \cdot 4^{11}}{(-2)^2 \cdot 4^9}$ h) $\frac{(-4)^7 \cdot (-7)^5}{(-7)^4 \cdot (-4)^4}$

13 Überprüfe die Rechnungen.

$2^2 + 2^2 = 2^3$
$3^3 + 3^3 + 3^3 = 3^4$
$4^4 + 4^4 + 4^4 + 4^4 = 4^5$
…

Kannst du die begonnene Reihe fortsetzen und die Regel erklären?

14 Vereinfache.

a) $a^2 \cdot a^3 \cdot a^4$ b) $x^3 \cdot x^3 \cdot x^5$

c) $5^a \cdot 5^b \cdot 2^c \cdot 2^d$

d) $x^n \cdot y^p \cdot z^q \cdot x^r \cdot z$

15 Was musst du einsetzen?

a) $3^{\square} \cdot 3^4 = 3^7$ b) $\square^2 \cdot 4^3 = 4^5$

c) $0{,}5^4 \cdot \square^7 = 0{,}5^{11}$ d) $12^{\square} : 12^9 = 12^3$

e) $2^{\square} : 2^{\square} = 1024$ f) $3^4 \cdot 243 = 3^{\square}$

g) Stellt euch gegenseitig solche Aufgaben.

Unterscheide:
$(a^3)^4 = a^{12}$
$a^{(3^4)} = a^{81}$
$a^{3^4} = a^{81}$

16 Vereinfache.

a) $6a^5 \cdot 3a^3$ b) $6a^5 : 3a^3$

c) $x^4 \cdot 5x^2$ d) $x^4 : 5x^2$

e) $a^1 \cdot 2a^2 \cdot 3a^3 \cdot 4a^4$ f) $10x^{10} \cdot 10x^{10}$

17 Vereinfache.

a) $2 \cdot a^2 + 6 \cdot a^2$ b) $7 \cdot 2^5 - 3 \cdot 2^5$

c) $8 \cdot 3^2 - 2 \cdot 3^2$ d) $12 \cdot 5^3 + 8 \cdot 5^3$

e) $6 \cdot 7^3 - 5 \cdot 7^3$ f) $3 \cdot 5^6 + 7 \cdot 5^6$

18 Multipliziere die Klammern.

a) $(x^2 + 1)(x^3 + 1)$ b) $(x - 1)(x^2 - x - 1)$

c) $(x^3 - x^2 + x - 1)(x + 1)$

19 Forme um.

a) $2a^{2n} \cdot 3a^{3n}$ b) $a^{n+3} \cdot a^{2n+1}$

c) $2x^{4m+4} \cdot x^m$ d) $\frac{1}{3}x \cdot 3x^{1+n}$

e) $2y^{2n+2} \cdot 3y^{3n+3}$ f) $y^{2n-5} \cdot y^{6-n}$

Potenzen würfeln

Würfelt in Gruppen mit zwei verschiedenfarbigen Würfeln. Die Augenzahl des ersten gibt die Zeile an, die des zweiten die Spalte. Wer gewürfelt hat, löst die Aufgabe im Kreuzungsfeld. Gewonnen hat, wer zuerst eine ganze Spalte oder Zeile ausgefüllt hat. Beim Joker darf man ausruhen.

$(a^m)^n$	$(b^2a)^3$	$(3a^2b^3)^2$	$x^{2n}x^{3n}$	☺	$(2x^2)^3$
☺	$(x^2 \cdot x^3) : x^2$	$(4^3)^2$	$2(x^2)^3$	$((x^2)^3)^2$	$(a^2bc^3)^4$
$a^{2x} : a$	$(xy^2z^3)^n$	☺	$\left(\left(\frac{2}{3}\right)^2\right)^{-3}$	$(2x^4 \cdot 3y^5)^3$	$(-x^2)^3$
$(2a^2b^4)^3$	$(2^{x+1})^{x+1}$	$(2^{x+1})^{x-1}$	☺	$(x^2 \cdot x^3)^n$	$((-3)^m)^n$
$a^x : (a^2)^x$	☺	$-x^{2^3}$	$((x^x)^x)^x$	$(10^x : 5^x)^{2x}$	$(0{,}2x^2y^3)^2$
$(2a^2)(a^3)^2$	$-x^{(2^3)}$	$(a^{2n+1})^3$	$(a^{m+2})^{m+1}$	$(2^x)^{x-1}$	☺

20 Vereinfache und achte auf die Unterschiede.

a) $3 \cdot (2x)^3$ b) $3 \cdot 2^3 \cdot x$

c) $3 \cdot 2x^3$ d) $(3 \cdot 2)^3 x$

e) $3^3 \cdot 2x^3$ f) $(-3)^2 \cdot 2x$

g) $-3 \cdot (2x)^2$ h) $(-3 \cdot 2x)^2$

i) $(-3 \cdot 2)^2 \cdot x$ j) $(-3)^2(2x)^2$

21 Forme um und berechne.

a) $(2^2)^3$ b) $(2^2)^2$ c) $(2^3)^3$

d) $(3^2)^2$ e) $(3^2)^3$ f) $(5^2)^3$

g) $(10^2)^3$ h) $(10^3)^3$ i) $(10^3)^4$

22 Fülle im Heft die Lücken.

a) $(5^2)^3 = 5^{\square}$ b) $(4^3)^5 = 4^{\square}$

c) $(3^{\square})^5 = 3^{10}$ d) $(9^3)^{\square} = 9^{27}$

e) $(-2^3)^{\square} = -2^{15}$ f) $((-3)^2)^{\square} = 3^8$

23 Berechne und vergleiche.

a) $(a^2)^3$ und $a^{(2^3)}$

b) $(x^5)^4$ und $x^{(5^4)}$

c) $((2y)^3)^4$ und $(2y^3)^4$

d) $(-a^3)^2$ und $-a^{(3^2)}$

e) $(-2x^2)^2$ und $(-(2x)^2)^2$

24 Welche Terme sind gleichwertig?

$(y^2)^3$ $-y^{(2^3)}$ $-y^{(3^2)}$ $(y^3)^2$

y^{2^3} $y^{(2^3)}$ $((-y)^3)^2$

$((-y)^2)^3$ $(-y^2)^3$ $y^{(3^2)}$

25 Unterscheide genau.

a) $((-2)^2)^3$ b) $((-2)^3)^2$ c) $(-2^2)^3$

d) $(-2^3)^2$ e) $-(2^3)^2$ f) $-(2^2)^3$

g) $-2^{(3^2)}$ h) $-2^{(2^3)}$ i) -2^{2^3}

j) Ordne die Potenzwerte von a) bis i) nach Größe.

26 a) Könntest du die Ziffernfolge der Zahl $(10^{10})^{10}$ auf einer Heftseite unterbringen?

b) Könntest du den Potenzwert von $10^{(10^{10})}$ auf einer Heftseite unterbringen?

3 Sehr groß – sehr klein

→ Berechne die Quadrierketten. Wie viele Schritte hält dein Taschenrechner durch?
→ Nach wie vielen Schritten überschreitet die Zweierkette 1 Million, 1 Milliarde, 1 Billion, 1 Billiarde?
→ Suche eine Startzahl, mit der dein Taschenrechner nach genau zehn Quadrierschritten das Weiterrechnen verweigert.

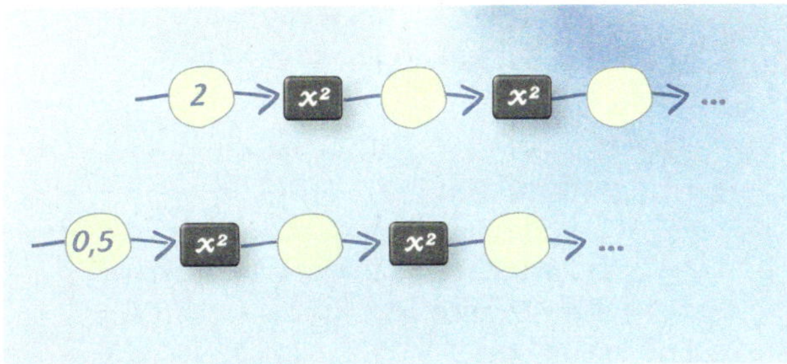

Um große oder kleine Zahlen übersichtlich zu schreiben, trennt man Zehnerpotenzen ab. Das kann man auch dann noch fortsetzen, wenn alle Endnullen verbraucht sind.

6 789 000 000
$= 678\,900\,000 \cdot 10^1$
$= 67\,890\,000 \cdot 10^2$
$= 6\,789\,000 \cdot 10^3$
$= \ldots$
$= \mathbf{6789 \cdot 10^6}$
$= 678{,}9 \cdot 10^7$
$= 67{,}89 \cdot 10^8$
$= 6{,}789 \cdot 10^9$

0,000 012 3
$= 0{,}000\,123 \cdot 10^{-1}$
$= 0{,}001\,23 \cdot 10^{-2}$
$= 0{,}0123 \cdot 10^{-3}$
$= 0{,}123 \cdot 10^{-4}$
$= 1{,}23 \cdot 10^{-5}$

Erhöht man den Exponenten um 1; 2; 3;…, muss man zum Ausgleich das Komma um 1; 2; 3;… Stellen nach links verschieben, denn: Erhöhen des Exponenten um 1 bedeutet Multiplikation mit 10, und Kommaverschiebung um 1 Stelle nach links bedeutet Division durch 10.
Hat die abgetrennte Zehnerpotenz den Exponenten −n, verschiebt sich das Komma um n Stellen nach rechts.

In dieser **Zehnerpotenzschreibweise** erkennt man die Größe einer Zahl besonders gut, wenn vor dem Komma nur eine einzige Ziffer steht, die aber nicht die Null ist. Man sieht dann auch sofort, zwischen welchen Zehnerpotenzen die Zahl liegt.

Ganze Zahlen und Dezimalzahlen kann man umwandeln in Produkte aus
einer Dezimalzahl mit genau einer Ziffer vor dem Komma, die nicht Null ist,
und
einer Zehnerpotenz.
Diese Darstellung heißt **wissenschaftliche Schreibweise**. Sie ist besonders nützlich, um sehr große und sehr kleine Zahlen übersichtlich und vergleichbar zu machen.

Bemerkungen
- Auch die Zahl 1 lässt sich in wissenschaftlicher Notation schreiben: $1 = 1 \cdot 10^0$
- Im Englischen heißt die wissenschaftliche Schreibweise „scientific notation".
- Techniker benutzen gerne die **technische Notation**, bei ihr ist der Exponent durch 3 teilbar. Das erleichtert Umrechnungen in andere Maßeinheiten wie „milli", „Kilo" usw.

Beispiele
a) $98\,765{,}4 = 9{,}876\,54 \cdot 10^4$
4 Stellen nach links

b) $0{,}000\,012\,3 = 1{,}23 \cdot 10^{-5}$
5 Stellen nach rechts

c) $6759{,}2 \cdot 10^{-7} = 6{,}7592 \cdot 10^{3} \cdot 10^{-7}$

3 Stellen nach **links**

also $6759{,}2 \cdot 10^{-7} = 6{,}7592 \cdot 10^{-4}$

d) $0{,}000158 \cdot 10^{6} = 1{,}58 \cdot 10^{-4} \cdot 10^{6}$

4 Stellen nach **rechts**

also $0{,}000158 \cdot 10^{6} = 1{,}58 \cdot 10^{2}$

Aufgaben

Gehirne von Rechenkünstlern

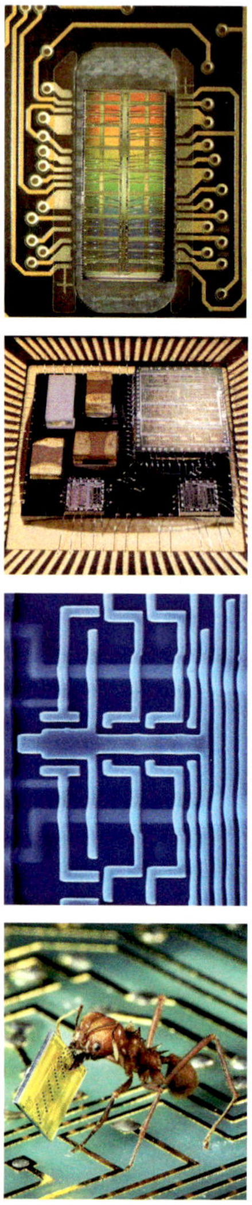

1 Milliarde Bit und mehr passen auf eine briefmarkengroße Fläche.

1 Wandle in die wissenschaftliche Schreibweise um.

a) 789,461 b) 88 236,124
c) 765 000 000 d) 6000,0234
e) 0,000 068 f) 0,000 100 01
g) 0,010 020 03 h) 900 800 700 600

2 Schreibe ohne Zehnerpotenz.

a) $9{,}8 \cdot 10^{3}$ b) $7{,}58 \cdot 10^{5}$
c) $19{,}67 \cdot 10^{6}$ d) $19{,}67 \cdot 10^{-6}$
e) $6{,}75 \cdot 10^{-3}$ f) $81{,}8181 \cdot 10^{-5}$
g) $0{,}00051 \cdot 10^{4}$ h) $0{,}00051 \cdot 10^{-4}$

3 a) Schreibe die Zehnerpotenzen aus.
10^{6}; 10^{10}; 10^{-8}; 10^{-12}; 10^{-1}; 10^{1}
b) Wandle die ausgeschriebenen Zahlen in Zehnerpotenzen um.
100 000; 0,01; 0,000 0001; 10 000 000

4 Wandle in die wissenschaftliche und in die technische Schreibweise um.

a) $76{,}09 \cdot 10^{3}$ b) $551{,}879 \cdot 10^{5}$
c) $12345{,}6789 \cdot 10^{5}$ d) $0{,}06878 \cdot 10^{3}$
e) $4456{,}98 \cdot 10^{-4}$ f) $0{,}06878 \cdot 10^{6}$
g) $12345{,}6789 \cdot 10^{8}$ h) $0{,}06878 \cdot 10^{9}$
i) $0{,}125 \cdot 10^{-2}$ j) $56{,}04 \cdot 10^{-3}$
k) $94767{,}886 \cdot 10^{-5}$ l) $0{,}0008761 \cdot 10^{-2}$

Nullen zählen

- Welche Zahl ist größer 10^{100} oder 100^{10}; 10^{1000} oder 1000^{10}; 100^{1000} oder 1000^{100}?

- Du hast vier Einsen und vier Nullen. Schreibe damit eine Riesenzahl.

- Schreibe eine möglichst kleine Zahl aus drei Nullen, zwei Einsen und einem Komma.

5 Ordne die sechs Zahlen nach Größe.

a) $0{,}0000001 \cdot 10^{6}$
$90 \cdot 10^{-2}$
$70000000 \cdot 10^{-8}$
$110000 \cdot 10^{-5}$
$120000000 \cdot 10^{-8}$
$0{,}000008 \cdot 10^{5}$

b) $1{,}234 \cdot 10^{2}$
$123{,}4 \cdot 10^{1}$
$0{,}1234 \cdot 10^{2}$
$0{,}0001234 \cdot 10^{9}$
$1234000 \cdot 10^{-8}$
$1{,}234 \cdot 10^{0}$

6 a) Der Taschenrechner zeigt für $2{,}5^{12}$ das Ergebnis 59 604,644 78.
Warum kann dieses Ergebnis nicht exakt sein?
b) Wie viele Stellen nach dem Komma hat $1{,}2^{2}$; $1{,}2^{3}$; … ; $1{,}2^{10}$; … $1{,}2^{n}$?

7 Der Taschenrechner gibt für 13^{12} das gerundete Ergebnis $2{,}329808512 \cdot 10^{13}$ aus. Man schreibt gelegentlich trotzdem das Gleichheitszeichen
$13^{12} = 2{,}329808512 \cdot 10^{13}$.
Berechne ebenso.

a) 13^{20} b) 21^{9} c) $0{,}089^{6}$
d) $0{,}0000006^{7}$ e) $0{,}0157^{5}$
f) $0{,}0078^{4}$ g) $\left(\frac{2}{7}\right)^{8}$ h) $\left(\frac{11}{111}\right)^{11}$

8 Auch solche Produkte kannst du mit dem Taschenrechner berechnen.

a) $0{,}00000000075 \cdot 0{,}00034567$
b) $123456789000000000 \cdot 987654321000$
c) $0{,}000000000724 \cdot 169875557000$
d) $0{,}000000000765 \cdot 995200000000$

Welche der Ergebnisse sind genau, welche nur gerundet richtig?

9 Berechne mit dem Taschenrechner. Bestätige die Ergebnisse, indem du umformst und ein Rechengesetz anwendest.

a) $3{,}5 \cdot 10^{7} + 6{,}5 \cdot 10^{7}$
b) $8{,}7 \cdot 10^{4} - 10^{3} + 1{,}3 \cdot 10^{4}$
c) $0{,}45 \cdot 10^{5} + 55 \cdot 10^{3}$
d) $2{,}7 \cdot 10^{-4} + 7{,}3 \cdot 10^{-4}$
e) $6{,}9 \cdot 10^{-3} - 1{,}9 \cdot 10^{-3} + 5 \cdot 10^{-3}$

Maßeinheiten für Riesen und Zwerge

Große natürliche Zahlen werden in Tausenderschritten gestuft und benannt. In Zehnerpotenzen geschrieben haben sie Vielfache von 3 als Exponenten. Nach diesem Muster bildet man auch sehr große und sehr kleine Maßeinheiten.
Dadurch erreicht man, dass die Maßzahlen nicht unnötig lang werden. Die Stufen der Maßeinheiten haben besondere Namen. Die Liste zeigt als Beispiel die Längeneinheiten.

Grundeinheit 1 m	
große Längeneinheiten	kleine Längeneinheiten
1 Kilometer = 1 km = 10^3 m	1 Millimeter = 1 mm = 10^{-3} m
1 Megameter = 1 Mm = 10^6 m	1 Mikrometer = 1 µm = 10^{-6} m
1 Gigameter = 1 Gm = 10^9 m	1 Nanometer = 1 nm = 10^{-9} m
1 Terameter = 1 Tm = 10^{12} m	1 Picometer = 1 pm = 10^{-12} m
1 Petameter = 1 Pm = 10^{15} m	1 Femtometer = 1 fm = 10^{-15} m
1 Exameter = 1 Em = 10^{18} m	1 Attometer = 1 am = 10^{-18} m

• altgriechisch: gigas Riese nanos Zwerg

• µ ist der griechische Buchstabe für m, gelesen „mü“.

Auch andere Grundeinheiten werden auf diese Art gestuft:

1 Megahertz = 1 MHz = 10^6 Hz
1 Terawatt ≙ 1 TW = 10^{12} W
1 Nanosekunde = 1 ns = 10^{-9} s
1 Femtogramm = 1 fg = 10^{-15} g

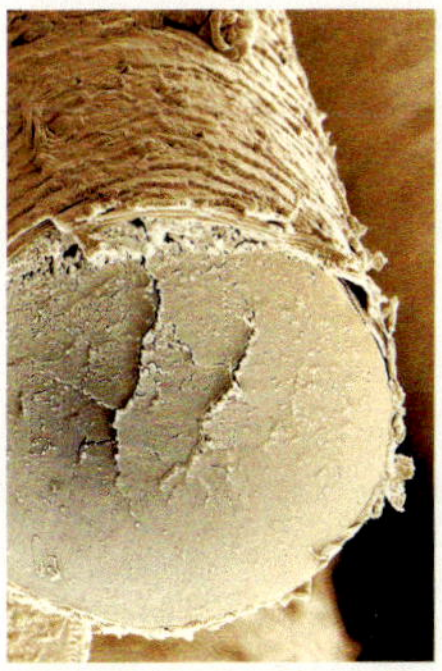

■ Schreibe mit einer günstigen Einheit:
0,001 234 mg; 0,0538 ms; 0,000 007 mm; 1 500 000 kW; 0,000 000 012 s

■ Das Mobilfunknetz D arbeitet mit der Frequenz 900 000 000 Hz.
Wie viele MHz sind das?

■ Violettes Licht hat eine Wellenlänge von etwa 400 nm. Schreibe diese Länge in m. Rotes Licht hat die Wellenlänge 700 nm.
Welche Wellenlängen haben die anderen Farben?

■ Ein Haar ist etwa $\frac{1}{10}$ mm dick. Wie oft müsste man es der Länge nach halbieren, um Fasern von 1 nm Dicke zu bekommen?

■ Die Erde ist von der Sonne etwa 150 Millionen km entfernt. Rechne diese gigantische Entfernung in m um und schreibe sie in einer günstigen Einheit. Wirklich große astronomische Entfernungen misst man aber in Lichtjahren. Informiere dich darüber.

■ Die Bohrplattform Statfjord ist 271 m hoch und 840 kt schwer.
Ein Eisenatom hat einen Radius von 140 pm und eine Masse von $1{,}7 \cdot 10^{-6}$ ag.
In welchem Verhältnis stehen die Längenmaße?
Was bedeutet das Verhältnis zwischen der riesigen und der winzigen Masse?

Eisenatome im Gitter

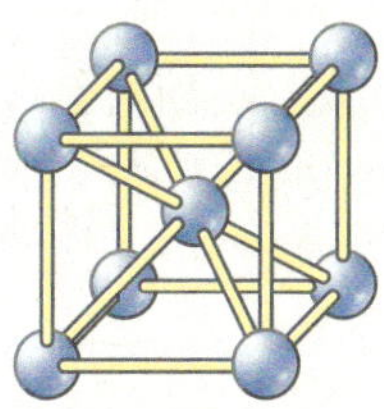

4 Potenzen mit gleichen Exponenten

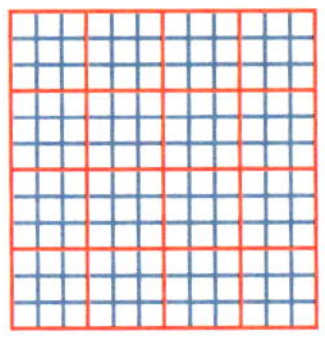

$(3 \cdot 3) \cdot (4 \cdot 4)$ Quadrate
$\square^2 \cdot \square^2 = \square$
$(\square)^2 = \square$

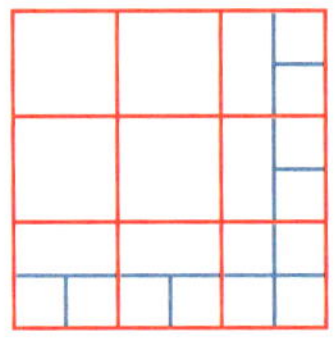

$3^2 \cdot 2^2$ Quadrate
$(\square \cdot \square)^2 = \square$
$\square^2 = \square$

Quadrate über Quadrate!
→ Wie viele Möglichkeiten findest du, die Gesamtzahl der kleinen Teilquadrate zu ermitteln?
→ Drücke deine Lösungswege in Potenzschreibweise aus.

Beim **Multiplizieren** bzw. **Dividieren** von Potenzen mit **gleichen Exponenten** lassen sich die einzelnen Potenzen in Produkte verwandeln und neu zusammenfassen.

$a^3 \cdot b^3 = \underbrace{(a \cdot a \cdot a) \cdot (b \cdot b \cdot b)}_{\text{jeweils 3 Faktoren}}$

$= \underbrace{(a \cdot b) \cdot (a \cdot b) \cdot (a \cdot b)}_{\text{3 gleiche Produkte als Faktoren}}$

$= (a \cdot b)^3$

$\frac{a^4}{b^4} = \underbrace{\frac{a \cdot a \cdot a \cdot a}{b \cdot b \cdot b \cdot b}}_{\text{jeweils 4 Faktoren}}$

$= \underbrace{\left(\frac{a}{b}\right) \cdot \left(\frac{a}{b}\right) \cdot \left(\frac{a}{b}\right) \cdot \left(\frac{a}{b}\right)}_{\text{4 Quotienten als Faktoren}}$

$= \left(\frac{a}{b}\right)^4$

Für das Multiplizieren ergibt sich folgender Zusammenhang:
$a^3 \cdot b^3 = (a\,b)^3$ $\qquad a^m \cdot b^m = (a\,b)^m \qquad (m \in \mathbb{Z})$

Ebenso gilt für die Division:
$\frac{a^4}{b^4} = \left(\frac{a}{b}\right)^4$ $\qquad \frac{a^m}{b^m} = \left(\frac{a}{b}\right)^m \qquad (m \in \mathbb{Z})$

Multiplikation:
Basen multiplizieren!

Division:
Basen dividieren!

Potenzgesetze für Potenzen mit gleichen Exponenten

Potenzen mit gleichen Exponenten können **multipliziert** werden, indem man ihre Basen multipliziert und den Exponenten beibehält:

$a^n \cdot b^n = (a \cdot b)^n \qquad (n \in \mathbb{Z})$

Potenzen mit gleichen Exponenten können **dividiert** werden, indem man ihre Basen dividiert und den Exponenten beibehält:

$\frac{a^n}{b^n} = \left(\frac{a}{b}\right)^n; \; b \neq 0 \qquad (n \in \mathbb{Z})$

!
$0^4 = 0 \qquad 4^0 = 1$
$0^3 = 0 \qquad 3^0 = 1$
$0^2 = 0 \qquad 2^0 = 1$
$0^1 = 0 \qquad 1^0 = 1$
$0^0 = ?$
Der Term 0^0 hat kein Ergebnis!

Beispiele

a) $2{,}5^5 \cdot 4^5 = (2{,}5 \cdot 4)^5$
$= 10^5$

b) $\frac{45^3}{9^3} = \left(\frac{45}{9}\right)^3$
$= 5^3$

c) $\left(\frac{2}{3}\right)^4 = \frac{2^4}{3^4}$
$= \frac{16}{81}$

d) $\left(\frac{3}{4}\right)^5 \cdot \left(\frac{4}{3}\right)^5 = \left(\frac{3}{4} \cdot \frac{4}{3}\right)^5$
$= 1^5 = 1$

e) $2^n \cdot 3^n = (2 \cdot 3)^n$
$= 6^n$

f) $\frac{56^y}{14^y} = \left(\frac{56}{14}\right)^y$
$= 4^y$

g) Eine Potenz lässt sich als Produkt von Potenzen schreiben:
$12^3 = (2 \cdot 6)^3 = 2^3 \cdot 6^3$
$12^3 = (3 \cdot 4)^3 = 3^3 \cdot 4^3$

h) Eine Potenz lässt sich als Quotient von Potenzen schreiben:
$2^4 = \left(\frac{6}{3}\right)^4 = \frac{6^4}{3^4}$
$2^4 = \left(\frac{10}{5}\right)^4 = \frac{10^4}{5^4}$

Aufgaben

1 Rechne im Kopf.

a) $2^3 \cdot 5^3$ b) $5^4 \cdot 20^4$
c) $1{,}5^2 \cdot 4^2$ d) $1{,}25^3 \cdot 8^3$
e) $(-2)^5 \cdot 50^5$ f) $2{,}5^4 : 0{,}5^4$
g) $22^6 : 11^6$ h) $36^4 : 12^4$

2 Der Taschenrechner braucht deine Hilfe.

a) $\frac{16\,384^{25}}{8192^{25}}$ b) $\frac{370\,368^{20}}{123\,456^{20}}$
c) $\frac{28\,572^{30}}{9524^{30}}$ d) $\frac{55\,555^{55}}{11\,111^{55}}$

3 Unterscheide.

Beispiel: $2^3 + 5^3 = 8 + 125 = 133$
$2^3 \cdot 5^3 = (2 \cdot 5)^3 = 10^3 = 1000$

a) $3^2 + 4^2$, $3^2 \cdot 4^2$ b) $2^4 + 5^4$, $2^4 \cdot 5^4$ c) $3^2 + 10^2$, $3^2 \cdot 10^2$

4 Für das Produkt $2^3 \cdot 5^4$ gilt kein Potenzgesetz. Rechne dennoch im Kopf.

Beispiel:
$2^3 \cdot 5^3 \cdot 5 = (2 \cdot 5)^3 \cdot 5 = 10^3 \cdot 5 = 5000$

a) $2^4 \cdot 5^3$ b) $2^3 \cdot 5^2$ c) $3^3 \cdot 2^5$
d) $4^4 \cdot 5^3$ e) $5^4 \cdot 2^5$ f) $6^2 \cdot 5^4$

5 Berechne im Kopf.

a) $\frac{60^5}{30^5}$ b) $\frac{36^3}{12^3}$
c) $\frac{44^6}{(-22)^6}$ d) $\frac{(-85)^3}{17^3}$
e) $\frac{72^4}{6^2 \cdot 6^2}$ f) $\frac{16^3 \cdot 16^4}{(-64)^7}$

6 Berechne ohne Taschenrechner.

a) $12{,}5^3 \cdot 8^3$ b) $0{,}25^9 \cdot 4^9$
c) $2^4 \cdot \left(\frac{1}{2}\right)^4$ d) $(0{,}75)^2 \cdot 4^2$
e) $(-0{,}2)^6 \cdot 10^6$ f) $\left(\frac{1}{3}\right)^4 \cdot 9^4$

7 Die Aufgabe in der Multiplikationsmauer hat mehrere Lösungen.

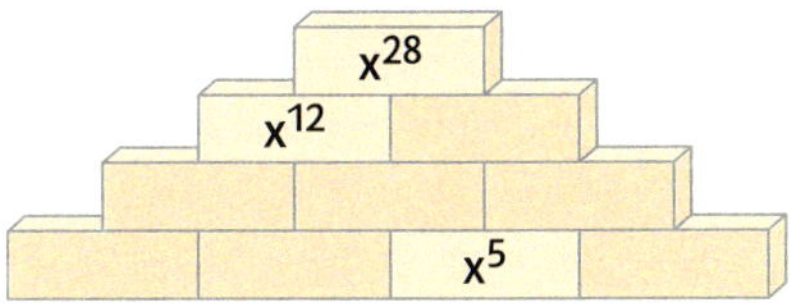

8 Schätze ab, wie lange diese Kerzen Licht geben, wenn sie nacheinander angezündet werden.

9 Miss die Seitenlängen eines DIN-A4-Blattes und eines DIN-A5-Blattes sorgfältig aus oder schlage die Maße nach. Überlege, wie groß die Seitenlängen eines DIN-A9-Blattes wären. Welche Bezeichnung hätte ein Blatt, das auf einen Daumennagel passt?

10 Zerlege alle roten Teilwürfel.

a) Wie viele kleine Würfel sind es dann insgesamt?
b) Ist das Produkt zweier Kubikzahlen wieder eine Kubikzahl? Überprüfe dies an Beispielen und weise es allgemein nach.

11 Zerlege den Quader.
a) In wie viele kleine Würfel lässt sich der Quader aufteilen? Schreibe in Potenzschreibweise.

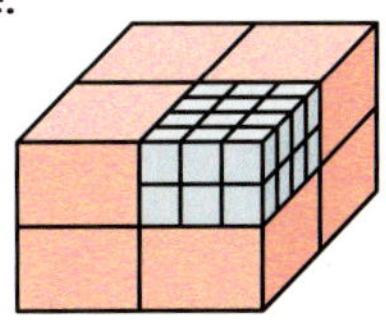

b) Lege einen Quader mit eigener Würfelaufteilung fest. Lass deine Partnerin oder deinen Partner das Ergebnis überprüfen.

? Potenzen mit der Basis 20 lassen sich leicht im Kopf rechnen:
$20^4 = (2 \cdot 10)^4$
$= 2^4 \cdot 10^4$
$= 16 \cdot 10\,000$
$= 160\,000$
Berechne ebenso:
20^5
20^6
20^7
20^8
20^9
20^{10}

5 Potenzen mit gebrochenen Exponenten

$\square^4 = 1296$ $\quad \square^5 = 32$ $\quad \square^7 = 2187$ $\quad \square^2 = 400$

$\square^9 = 262144$ $\quad \square^3 = 343$ $\quad \square^5 = 3125$

→ Finde für die dargestellten Potenzen jeweils die richtige Basis.
→ Beschreibe, welche Überlegungen dir dabei geholfen haben.

Wenn die Basis einer Potenz bestimmt wird, kehrt man den Vorgang des Potenzierens um. Für die Gleichung $b^2 = 25$ ist $b = \sqrt{25}$ eine Lösung, denn $b^2 = \sqrt{25} \cdot \sqrt{25} = 5 \cdot 5 = 25$. Entsprechend schreibt man für die Lösung der Gleichung $b^4 = 625$ den Wurzelausdruck $b = \sqrt[4]{625}$ und bestätigt durch Einsetzen $\sqrt[4]{625} = 5$.
$b^4 = \sqrt[4]{625} \cdot \sqrt[4]{625} \cdot \sqrt[4]{625} \cdot \sqrt[4]{625} = 5 \cdot 5 \cdot 5 \cdot 5 = 625$. Für $\sqrt[4]{625}$ spricht man „vierte Wurzel aus 625".
Es ist noch eine andere Schreibweise möglich.
Weil die Potenzgesetze auch für Bruchzahlen gelten, ist $\left(625^{\frac{1}{4}}\right)^4 = 625^{\frac{1}{4} \cdot 4} = 625$.
Also ist $b = 625^{\frac{1}{4}}$. Man vereinbart allgemein: $a^{\frac{1}{n}} = \sqrt[n]{a}$.

Die **n-te Wurzel** aus einer Zahl a schreibt man $\sqrt[n]{a}$. Darunter versteht man die Zahl b, die mit n potenziert a ergibt: $\sqrt[n]{a} = b$.
n muss eine natürliche Zahl größer als Null sein. a und b sind positive Zahlen.
Man erweitert die Potenzgesetze und vereinbart $\mathbf{a^{\frac{1}{n}} = \sqrt[n]{a}}$.
Entsprechend gilt: $a^{\frac{m}{n}} = (a^m)^{\frac{1}{n}} = \sqrt[n]{a^m}$

! $27^{\frac{1}{3}}$
Taschenrechner-eingabe:
27 [xʸ] [(] 1 [:] 3 [)]
oder
27 [xʸ] 1 [ab/c] 3

Beispiele

a) $\sqrt[4]{81} = 3$ denn $3^4 = 81$

b) $\sqrt[5]{2{,}48832} = 1{,}2$ denn $1{,}2^5 = 2{,}48832$

c) $\sqrt[6]{\frac{1}{64}} = \frac{1}{2}$ denn $\left(\frac{1}{2}\right)^6 = \frac{1}{64}$

d) $\sqrt[3]{0{,}001} = 0{,}1$ denn $0{,}1^3 = 0{,}001$

e) $125^{\frac{1}{3}} = 5$ denn $5^3 = 125$

f) $256^{0{,}25} = 256^{\frac{1}{4}} = 4$ denn $4^4 = 256$

Aufgaben

$4^8 = 65536$

$4^4 = 256$

$4^2 = 16$

$4^{\square} = \square$

$4^{\square} = \square$

1 Setze die Folge der Viererpotenzen auf dem Rand fort. Beschreibe, wie sich eine Zeile aus der darüber liegenden entwickelt.

2 Schreibe als Wurzel und berechne.
a) $81^{\frac{1}{4}}$ b) $135^{\frac{1}{9}}$ c) $68^{\frac{2}{3}}$
d) $97^{\frac{3}{2}}$ e) $112^{\frac{3}{8}}$ f) $100^{\frac{4}{2}}$
g) $625^{0{,}5}$ h) $150^{0{,}3}$ i) $64^{1{,}5}$

3 Schreibe als Potenz.
a) $\sqrt{7}$ b) $\sqrt[4]{10}$ c) $\sqrt{38^3}$
d) $\sqrt[5]{12^{10}}$ e) $\left(\sqrt[3]{15}\right)^5$ f) $\left(\sqrt{135}^{\,3}\right)$
g) $\left(\sqrt[8]{78}\right)^4$ h) $\sqrt[4]{256^{\frac{1}{2}}}$ i) $\sqrt{216^{\frac{2}{3}}}$

4 Schreibe als Wurzel und berechne ohne Taschenrechner.
a) $125^{\frac{1}{3}}$ b) $81^{\frac{1}{4}}$ c) $216000^{\frac{1}{3}}$
d) $32^{-\frac{1}{5}}$ e) $0^{\frac{1}{8}}$ f) $1^{-\frac{1}{7}}$

5 Forme um und berechne ohne Taschenrechner.
a) $\sqrt[3]{13^6}$ b) $\sqrt[5]{10^{15}}$ c) $\sqrt[6]{0{,}000001}$

6 Berechne mit dem Taschenrechner.
a) $\sqrt[10]{59049}$ b) $\sqrt[10]{5{,}9049 \cdot 10^{14}}$
c) $\sqrt[6]{0{,}004096}$ d) $\sqrt[9]{6{,}978 \cdot 10^{11}}$
e) $\sqrt[15]{2{,}571841}$ f) $\sqrt[12]{3{,}379 \cdot 10^{-18}}$

7 Berechne mit dem Taschenrechner.

a) $700^{\frac{1}{2}}$ b) $1728^{\frac{1}{3}}$ c) $1024^{0,1}$
d) $1{,}5625^{\frac{1}{2}}$ e) $0{,}0081^{\frac{1}{2}}$ f) $0{,}04^{-\frac{1}{2}}$
g) $342^{\frac{1}{4}}$ h) $695^{\frac{5}{4}}$

8 Forme mithilfe der Potenzgesetze um.

a) $8^{\frac{1}{3}} \cdot 8^{\frac{2}{3}}$ b) $15^{\frac{1}{2}} \cdot 15^{\frac{1}{4}}$ c) $10^{\frac{2}{5}} : 10^{\frac{1}{5}}$
d) $6^{\frac{2}{3}} : 6^{\frac{1}{6}}$ e) $5^{\frac{1}{7}} \cdot 3^{\frac{1}{7}}$ f) $28^{\frac{1}{2}} : 7^{\frac{1}{2}}$

9 Eine biotechnische Assistentin legt eine Pilzkultur mit einem Flächeninhalt von $1\,cm^3$ an und beobachtet deren Vermehrung. Fünf Tage später bedecken die Pilze eine Fläche von $243\,cm^3$. Um welchen Faktor hat sich der Flächeninhalt täglich vergrößert?

10 Ein Waldbrand, der auf $200\,m^2$ entstand, hat nach fünf Stunden ein Gebiet von $50\,000\,m^2$ erfasst. Bestimme die Größe der brennenden Fläche nach zwei, drei und vier Stunden.

11 Schätze die Größe der folgenden Zahlen und sortiere sie der Größe nach. Rechne im Kopf, prüfe erst zum Schluss mit dem Taschenrechner.

$0{,}9^{19}$; 2^4; $\sqrt[3]{90}$; 1^{10}; $1{,}5^9$; $\sqrt[19]{0{,}9}$

12 Berechne die ersten zehn Glieder der Zahlenfolge. Hast du eine Vermutung, wie groß das tausendste Glied der Folge ungefähr sein wird? Erläutere.

a) $\sqrt[2]{100}$, $\sqrt[3]{100}$, $\sqrt[4]{100}$, $\sqrt[5]{100}$, $\sqrt[6]{100}$, ...
b) $\sqrt[2]{\frac{1}{100}}$, $\sqrt[3]{\frac{1}{100}}$, $\sqrt[4]{\frac{1}{100}}$, $\sqrt[5]{\frac{1}{100}}$, $\sqrt[6]{\frac{1}{100}}$, ...

13 Wann entstehen ganzzahlige Ergebnisse?

$x = 8$

$\sqrt[3]{x^2} = \sqrt[3]{8^2} = \sqrt[3]{64} = 4$
$\sqrt[2]{x^3} =$
$\sqrt[3]{x^3} =$
$\sqrt[4]{x^3} =$
$\sqrt[3]{x^4} =$

$x = 8$ $x = 4$ $x = 16$

Wo kommen solche Zahlen vor? i

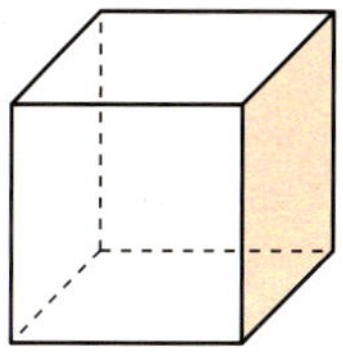

Körperberechnung
$V = 10\,cm^3$
Wie groß ist die Oberfläche des Würfels?
Lösung:
Kantenlänge $a = \sqrt[3]{10}$
Seitenfläche $A = a^2 = \left(\sqrt[3]{10}\right)^2 = 10^{\frac{2}{3}}$ $10^{\frac{2}{3}}$
Oberfläche $O = 6 \cdot A = 6 \cdot 10^{\frac{2}{3}} = 27{,}850$
Die Oberfläche ist $27{,}850\,cm^3$ groß.

Zinsrechnung
Ein Bankguthaben von 500 € wächst in zwei Jahren auf 561,80 €. Wie hoch ist das Guthaben nach 5 Jahren?
Lösung:
Ein Kapital k wächst bei dem Zinssatz p % in einem Jahr auf $k \cdot (1 + p\,\%)$ oder kurz $k \cdot q$. In zwei Jahren wächst es auf $(k \cdot q) \cdot q = k \cdot q^2$. $(1 + p) = q$
Daher gilt: $\frac{561{,}8}{500} = q^2 = 1{,}1236$ bzw. $q = 1{,}06$.
Der Jahreszinssatz beträgt demnach 6 %.
In n Jahren wächst ein Kapital auf $k \cdot q^n$.
500 € wachsen dementsprechend auf
$500 \cdot 1{,}06^5\,€ = 500 \cdot 1{,}1236^{\frac{5}{2}} = 669{,}11\,€$. $1{,}1236^{\frac{5}{2}}$

- Ein Würfel hat einen Oberflächeninhalt von $453\,cm^2$. Bestimme sein Volumen.
- Eine Geldanlage ist in drei Jahren von 800 € auf 926,10 € angewachsen. Wie hoch ist das Guthaben nach 7 Jahren?

14 Schreibe beide Potenzen als Wurzeln und rechne aus. Beachte sorgfältig die Rechenregeln für Potenzen und Wurzeln!
$(-8)^{\frac{1}{3}}$ und $(-8)^{\frac{2}{6}}$.
Vergleiche die Ergebnisse mit Klassenkameraden. Worin liegt die Gefahr, Fehler zu machen?

15 Welche dieser Aussagen sind nicht wahr?

a) $(4^3)^2 = 4^5$ b) $2 \cdot 2^{-\frac{1}{2}} = \sqrt{2}$
c) $(3^2)^{-2} = 3^0 = 1$ d) $0^{-3} = \sqrt[3]{0} = 0$
e) $\sqrt{5}^{\,1{,}5} = 5^{\frac{3}{4}}$ f) $4^2 = 2^4$

6 Potenzfunktionen

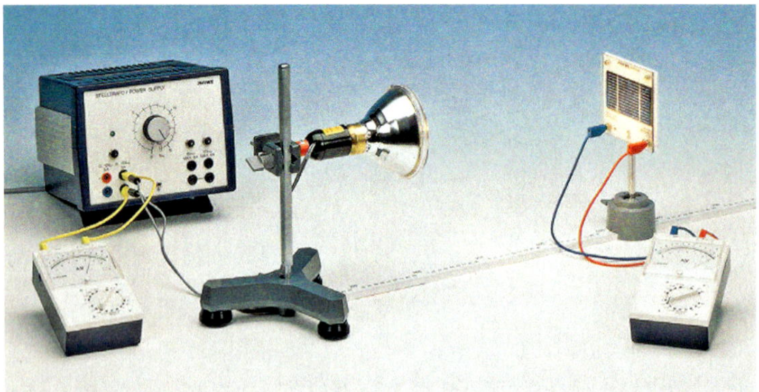

Solarzellen wandeln Lichtenergie in elektrische Energie um. Ein Versuch zur Auswirkung des Abstandes a der Lichtquelle auf die Stromstärke I ergibt folgende Werte:

a (m)	0,25	0,50	1,00	2,00	4,00	10,0
I (mA)	160	40,0	10,0	2,50	0,63	0,10

→ Zeichne den Funktionsgraphen zu $I = f(a)$ und beschreibe ihn.
→ Kannst du die zugehörige Funktionsgleichung aufstellen?

Funktionen mit Gleichungen der Form $y = a x^b$ $(b \in \mathbb{Z})$ heißen **Potenzfunktionen**. Ihre Eigenschaften werden vom **Koeffizienten a** und dem **Exponenten b** bestimmt.

Gerade positive Exponenten, $a > 0$
Für $x < 0$ nehmen mit wachsendem x die Funktionswerte ab, für $x > 0$ zu.

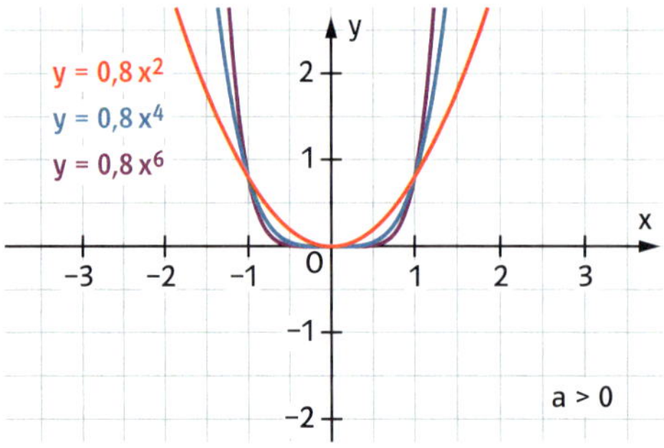

Ungerade positive Exponenten, $a > 0$
Für alle $x \in \mathbb{R}$ nehmen mit wachsenden x-Werten die Funktionswerte zu.

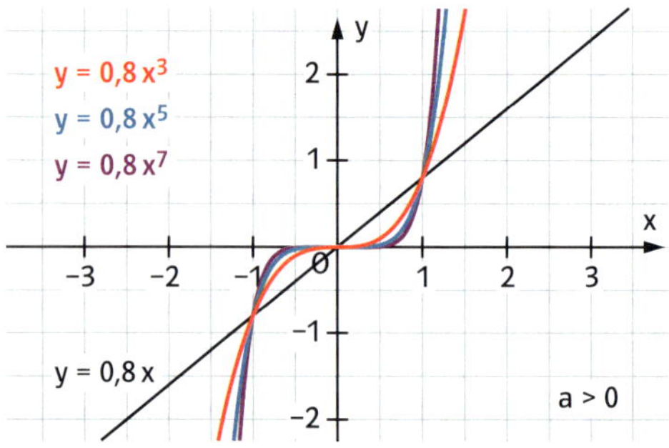

Gerade positive Exponenten, $a < 0$
Für $x < 0$ nehmen mit wachsendem x die Funktionswerte zu, für $x > 0$ ab.

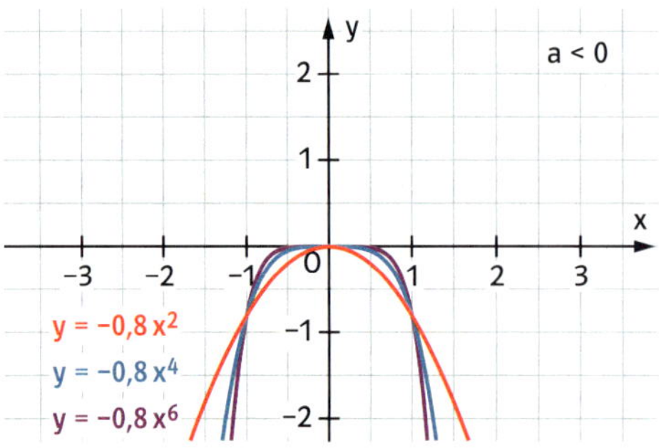

Alle Graphen sind **Parabeln**. Sie sind **achsensymmetrisch** zur y-Achse.

Ungerade positive Exponenten, $a < 0$
Für alle $x \in \mathbb{R}$ nehmen mit wachsenden x-Werten die Funktionswerte ab.

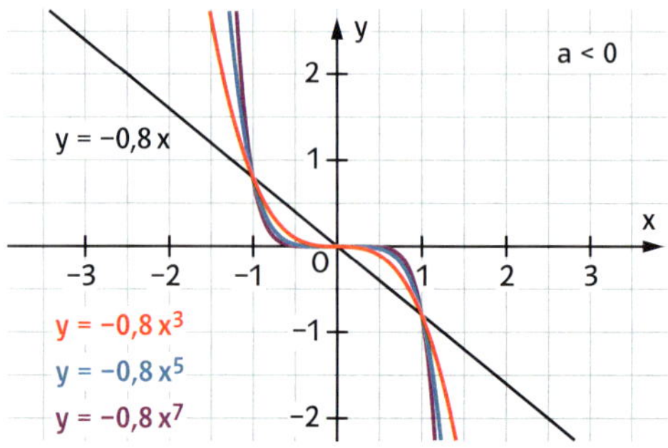

Die Graphen sind für $x \neq 1$ **Wendeparabeln**, für $x = 1$ Geraden. Sie sind **punktsymmetrisch** zum Koordinatenursprung (0 | 0).

Auch für Potenzfunktionen mit **negativen Exponenten** unterscheidet man zwei Fälle:

Gerade negative Exponenten, a > 0

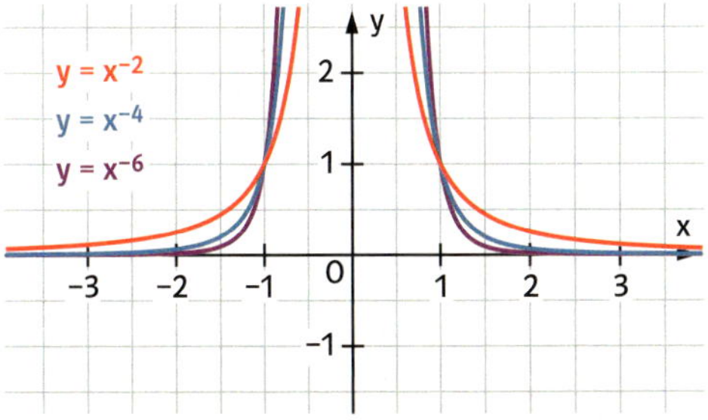

Die Graphen sind **Hyperbeln**. Sie bestehen aus zwei Ästen, die **achsensymmetrisch** zur y-Achse liegen.
Bei Koeffizienten **a < 0** liegen die Äste im **3. und 4. Quadranten.**

Ungerade negative Exponenten, a > 0

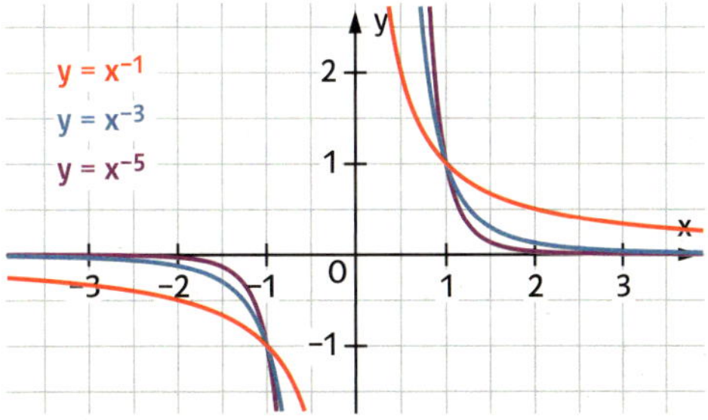

Die Graphen sind **Hyperbeln**. Sie bestehen aus zwei Ästen, die **punktsymmetrisch** zum Ursprung (0 | 0) liegen.
Bei Koeffizienten **a < 0** liegen die Äste im **2. und 4. Quadranten.**

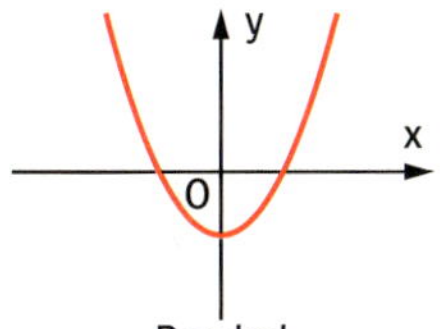
Parabel

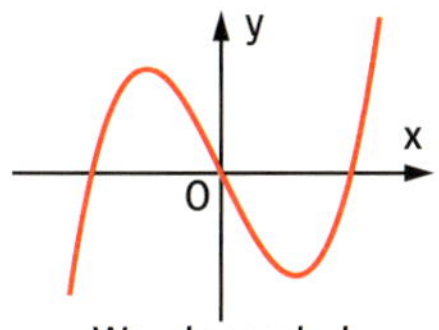
Wendeparabel

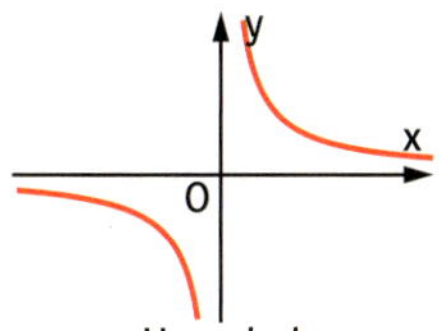
Hyperbel

Was passiert eigentlich an der Stelle $x = 0$?

Funktionen mit Gleichungen der Form $y = a x^b$ ($b \in \mathbb{Z}$) heißen **Potenzfunktionen.**
Je nach **Exponent** ist der Graph eine **Parabel, Wendeparabel** oder **Hyperbel.**
Graphen mit $a < 0$ liegen in entgegengesetzten Quadranten wie Graphen mit $a > 0$.

Aufgaben

1 Zeichne die Graphen der Funktionen und beschreibe, wie sie sich vom Graphen der Funktion $y = x^4$ unterscheiden.
a) $y = -x^4$ b) $y = (-x)^4$
c) $y = 0{,}25x^4$ d) $y = -4x^4$

2 Zeichne den Graphen und beschreibe seine Symmetrie-Eigenschaften.
a) $y = x^{-1}$ b) $y = 2x^{-1}$
c) $y = -x^{-4}$ d) $y = (-x)^{-4}$

3 Ordne jedem Graphen eine der angegebenen Funktionsgleichungen zu:
$y = -x^{-3}$; $y = 3x^{-3}$; $y = 8x^{-5}$; $y = 2x^{-6}$

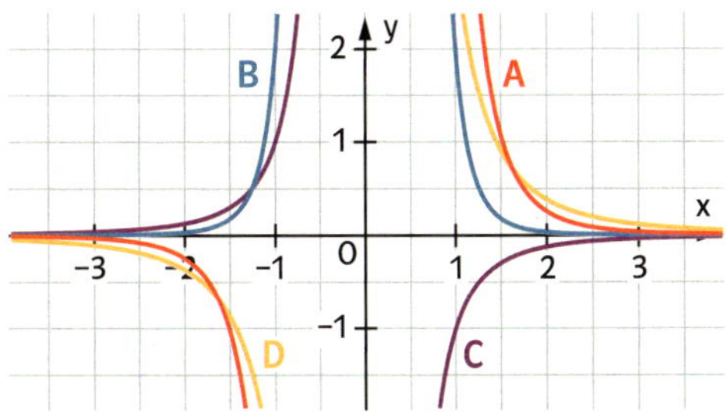

4 Die Leistung P (in kW), die zur Überwindung des Luftwiderstandes notwendig ist, hängt bei Autos nach der Formel $P = 10^{-5} \cdot v^3$ von der Geschwindigkeit v $\left(\text{in } \frac{km}{h}\right)$ ab.
Bestimme diese Leistung, wenn ein PKW 30, 60, 90, 120 und 150 $\frac{km}{h}$ fährt.

5 Ein Rasenmäher erzeugt eine Schallstärke, die in 10 m Entfernung mit $10^{-6}\,W \cdot m^{-2}$ gemessen wird. Die Schallstärke nimmt mit dem Quadrat der Entfernung ab.
Beschreibe die Abhängigkeit der Schallstärke von der Entfernung durch eine Funktionsgleichung und zeichne den Graphen.
Wie groß ist die Schallstärke in 20, 30 und 40 m Entfernung?
In welchem Abstand sinkt sie auf $10^{-9}\frac{W}{m^2}$?

6 Carina behauptet: „$y = -x^3$ hat den gleichen Graphen wie $y = (-x)^3$."
Was meinst du dazu?

Besondere Punkte

Bei übergewichtigen Menschen ist die Lebenserwartung geringer als bei normalgewichtigen. Zur Beschreibung dieses Zusammenhangs gibt man zweckmäßigerweise das Unter- bzw. Übergewicht in Prozent des Normalgewichts an. Setzt man die Lebenserwartung bei Normalgewicht mit 100 % und bei x % Übergewicht mit y % an, so gilt nach einer Untersuchung von Männern zwischen 20 und 30 Jahren $y = 105 - 0{,}05(x + 10)^2$.
Die Grafik zeigt, dass bei Untergewicht von ca. 10 % die Lebenserwartung einen **Hochpunkt** (Maximum) erreicht.

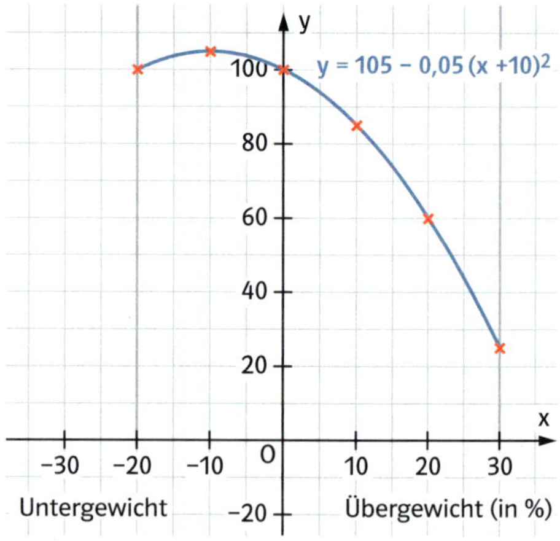

Bei zahlreichen Problemen aus Natur und Technik wird in einem bestimmten Bereich nach dem größten oder kleinsten Funktionswert gefragt und damit der höchste oder tiefste Punkt eines Funktionsgraphen gesucht. Auch Änderungen im Funktionsverlauf sind oft von Interesse.

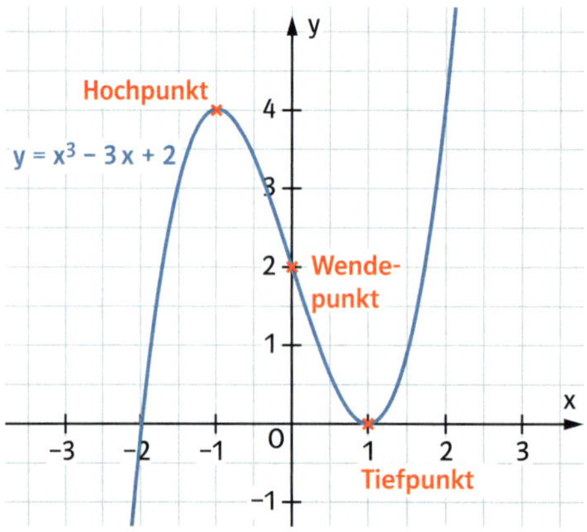

Bei manchen Funktionen wechseln die Graphen mehrfach die Richtung. Die Abbildung zeigt den Graphen der Funktion mit $y = x^3 - 3x + 2$.
Der Graph steigt zunächst bis zu einem **Hochpunkt** bei $(-1{,}4 \mid 4)$. Danach fällt er zu einem **Tiefpunkt** bei $(1{,}5 \mid 0)$. Dann steigt er wieder mit immer zunehmenden Funktionswerten. Bei Hochpunkten und Tiefpunkten nehmen die Funktionswerte innerhalb einer gewissen Umgebung **Extremwerte** an.

Bei näherer Betrachtung fällt auf, dass sich die Krümmung des Graphen ändert. Zuerst entspricht der Verlauf einer Rechtskurve. Genau im Punkt $(0 \mid 2)$ wendet sich der Graph und geht in eine Linkskurve über. Diese Punkte nennt man **Wendepunkte**.

■ Zeichne die Funktionsgraphen mit den nachfolgenden Gleichungen und suche ihre Hochpunkte, Tiefpunkte und Wendepunkte: $y = (x - 2)^2 + 1{,}5$; $y = x^3 - 3x + 1$; $y = -2x^4 + 4x^2 + 2$

■ Kannst du Funktionen benennen, die keine
a) Hochpunkte, b) Tiefpunkte und c) Wendepunkte besitzen?

■ Wenn du einen Funktionsplotter auf deinem PC besitzt, kannst du meist die besonderen Punkte einer Funktion anzeigen lassen. Untersuche auf diese Weise einige Potenzfunktionen. In der Oberstufe des Gymnasiums werden rechnerische Verfahren erarbeitet, mit denen man besondere Punkte elegant berechnen kann.

Zusammenfassung

Potenzen

Ein Produkt aus n gleichen Faktoren schreibt man kürzer als Potenz.
$a \cdot a \cdot a \cdot \ldots \cdot a = a^n$
a heißt Basis, n Exponent.
Es gilt: $a^1 = a$

Basis, Exponent: $5^4 = 625$
Potenz Potenzwert

Potenzgesetze für Potenzen mit gleicher Basis

Potenzen mit gleicher Basis werden multipliziert bzw. dividiert, indem man ihre Exponenten addiert bzw. subtrahiert und ihre Basis beibehält:
$a^m \cdot a^n = a^{m+n}$
$a^m : a^n = a^{m-n}$; $a \neq 0$ $(m, n \in \mathbb{Z})$

$2^5 \cdot 2^4 = 2^{5+4} = 2^9 = 512$

$10^7 : 10^3 = 10^{7-3} = 10^4 = 10\,000$

Potenzen werden potenziert, indem man ihre Exponenten multipliziert:
$(a^m)^n = a^{m \cdot n}$ $(m, n \in \mathbb{Z})$

$(3^2)^3 = 3^{2 \cdot 3} = 3^6 = 729$

Potenzgesetze für Potenzen mit gleichen Exponenten

Potenzen mit gleichen Exponenten werden multipliziert bzw. dividiert, indem man ihre Basen multipliziert bzw. dividiert und den Exponenten beibehält:
$a^m \cdot b^m = (a\,b)^m$
$\frac{a^m}{b^m} = \left(\frac{a}{b}\right)^m$; $b \neq 0$ $(m \in \mathbb{Z})$

$4^3 \cdot 5^3 = (4 \cdot 5)^3 = 20^3 = 8000$

$8^5 : 4^5 = (8 : 4)^5 = 2^5 = 32$

Potenzgesetze für Potenzen mit negativen Exponenten

Potenzen mit einer negativen ganzen Zahl im Exponenten sind erklärt durch
$a^{-n} = \frac{1}{a^n}$; $a \neq 0$.

$2^{-5} = \frac{1}{2^5} = \frac{1}{32}$

$0{,}4^{-5} = \frac{1}{0{,}4^5} = \frac{1}{0{,}010\,24}$

Es gilt: $a^0 = 1$; $a \neq 0$

$5^0 = 1$ $\quad 2^0 = 1$

Zahlen in wissenschaftlicher Schreibweise

Ganze Zahlen und rationale Dezimalzahlen kann man in Produkte der Form
$a \cdot 10^n$ oder $a \cdot 10^{-n}$ $(n \in \mathbb{N})$
umwandeln. Hierbei ist a eine Dezimalzahl mit genau einer Ziffer vor dem Komma, die nicht die Null ist.

$9182{,}73 = 9{,}182\,73 \cdot 10^3$
$0{,}000\,034 = 3{,}4 \cdot 10^{-5}$
$9182{,}73 \cdot 10^{-4} = 9{,}182\,73 \cdot 10^{-1}$
$0{,}000\,034 \cdot 10^7 = 3{,}4 \cdot 10^2$

Potenzen mit gebrochenen Exponenten

Potenzen mit einem positiven Bruch im Exponenten können als Wurzelausdruck geschrieben werden.
$a^{\frac{1}{n}} = \sqrt[n]{a}$ sowie $a^{\frac{m}{n}} = \sqrt[n]{a^m}$ $(m, n \in \mathbb{N})$

$64^{\frac{1}{3}} = \sqrt[3]{64} = 4$
$1000^{\frac{2}{3}} = \left(\sqrt[3]{1000}\right)^2 = 100$

Potenzfunktionen

Eine Funktion der Form $y = a \cdot x^b$ nennt man **Potenzfunktion**. Je nach dem Wert von b hat sie die Form einer Parabel, Wendeparabel oder Hyperbel. Besondere Punkte sind **Tief-**, **Hoch-** und **Wendepunkte**.

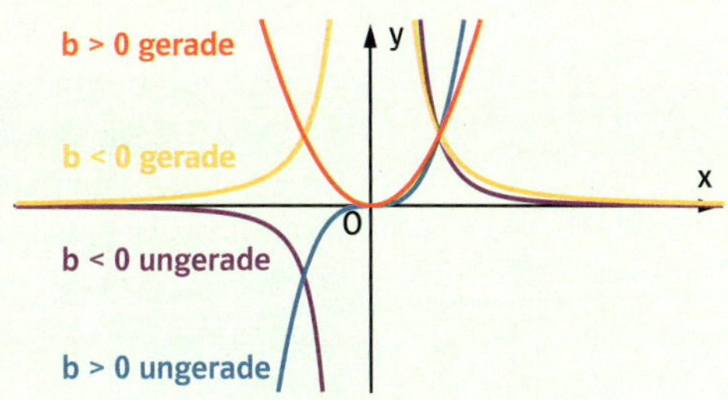

Üben • Anwenden • Nachdenken

1 Berechne ohne Taschenrechner.

a) 4^3 b) -4^4 c) $(-3)^1$
d) $(-3)^4$ e) $(-6)^3$ f) $(-2\cdot 6)^3$

2 Vereinfache die Terme.

a) $a^2\cdot a^3$ b) $x^4\cdot x$ c) $b\cdot b^1\cdot b^2$
d) $2x\cdot 3x^2$ e) $5c\cdot 2c^3$ f) $x^3\cdot(-x^2)$
g) $-2x^2\cdot 14x^6$ h) $25b^3\cdot 4b\cdot b^2$

3 Gegeben sind drei Potenzen:
$4{,}3^4$; $1{,}23^6$; $3{,}456^5$
a) Wie viele Nachkommaziffern hat jeder Potenzwert? Erkläre.
b) Bestimme die letzte Ziffer ohne Taschenrechner.

4 Wladimir behauptet:
a) Die letzte Ziffer bei Potenzen mit dem Exponenten 10 lautet wie die Endziffer der Quadratzahl mit gleicher Basis.
$2^{10} = 1024$; $2^2 = 4$
Überprüfe an weiteren Beispielen.
b) Beim Vergleich der fünften Potenz gibt es auch einen erstaunlichen Zusammenhang mit der zugehörigen Basis.

5 Vereinfache die Terme.

Beispiel: $2\cdot 10^3\cdot 4\cdot 10^4 = 2\cdot 4\cdot 10^3\cdot 10^4$
$= 8\cdot 10^7$
$= 80\,000\,000$

a) $5\cdot 10^5\cdot 7\cdot 10^4$
b) $(-2)\cdot 10^6\cdot 9\cdot 10^7$
c) $1{,}2\cdot 10^7\cdot 1{,}2\cdot 10^5$
d) $0{,}5\cdot 10^3\cdot(-1{,}6)\cdot 10^8$
e) $\frac{20\cdot 10^5}{4\cdot 10^3}$ f) $\frac{42\cdot 8^5}{14\cdot 8^3}$
g) $\frac{(-2)^5\cdot 4^{11}}{(-2)^2\cdot 4^9}$ h) $\frac{(-4)^7\cdot(-7)^5}{(-7)^4\cdot(-4)^4}$

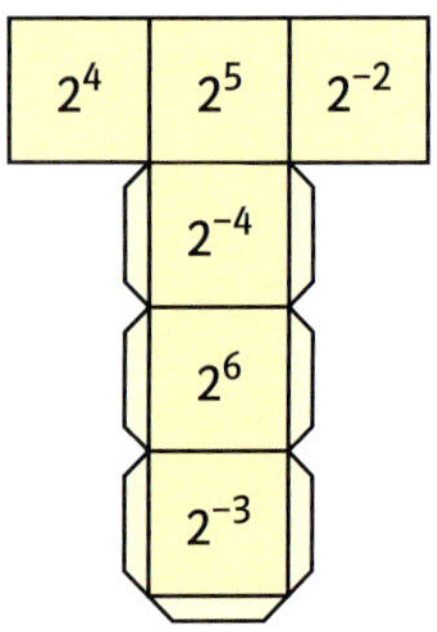

6 Stellt mit eurem Partner zwei gleiche Würfel her.
Würfelt mit beiden Würfeln und multipliziert die Werte. Wer den höheren Potenzwert hat, erhält einen Punkt.
Ihr könnt das Spiel durch zusätzliche Würfel mit schwierigeren Potenzen oder auch durch Division der gewürfelten Werte variieren.

7 Ergänze.

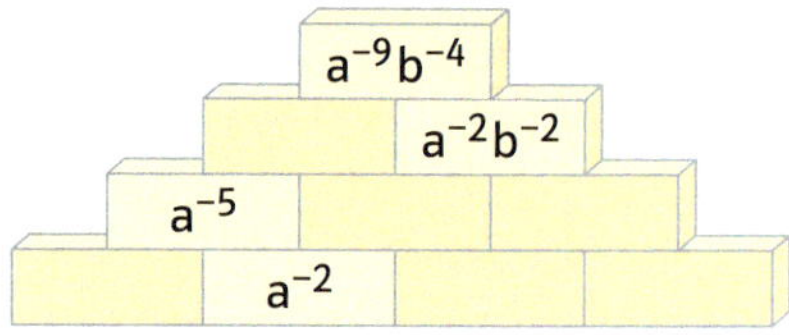

8 Ergänze die Exponenten.

a) $(2^2)^{\square} = 2^8$ b) $(2^{\square})^4 = 256$
c) $(4^2)^2 = 4\cdot 4^{\square}$ d) $2^{\square}\cdot 2^8 = 32$
e) $(x^{2r})^{\square} = x^{8r}$ f) $a^{\square}\cdot b^3 = \frac{b^3}{a^{-5}}$

9 Welche Terme gehören zusammen?
Welche Terme haben keinen Partner?

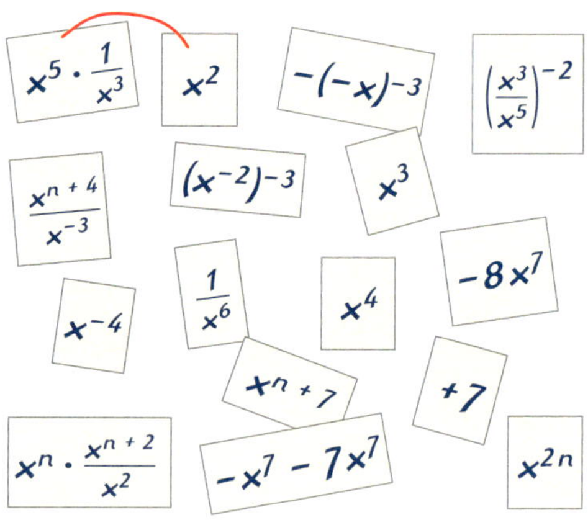

10 Probiere mit dem Taschenrechner. Wie heißt die größte Potenz, die du mit dem Taschenrechner berechnen kannst
a) mit der Basis 5?
b) mit der Basis 3?
c) mit der Basis 2?
d) mit der Basis 10?

11 a) Welche Zahl liegt genau in der Mitte zwischen den beiden Zahlen
0 und 10^3;
0 und 10^{-3};
10^1 und 10^3?
b) Welcher Abschnitt des Zahlenstrahls ist länger?
Von 10^{-3} bis 10^3 oder von 10^{-9} bis 10^3;
von 10^1 bis 10^5 oder von 10^{-1} bis 10^{-5}?

12 Die folgende Zahl gibt an, wie viele verschiedene Möglichkeiten bestehen, die ersten 10 Züge beim Schach zu spielen:
169 518 829 100 544 000 000 000 000 000 000
a) Schreibe die Zahl in Zehnerpotenzschreibweise.
b) Ein Schachcomputer benötigt pro Zug eine millionstel Sekunde. Wie lange würde er brauchen, um alle diese Züge zu spielen? Vergleiche mit dem Alter der Erde von ca. 4,5 Milliarden Jahren.

13 Eine sehr kleine positive Zahl, die man in einen 10-stelligen Taschenrechner eingeben kann, lautet $1 \cdot 10^{-99}$.
a) Mit welcher Zahl muss man $1 \cdot 10^{-99}$ multiplizieren, um 1 zu erhalten?
b) Wie heißt die kleinste positive Zahl, die sich eingeben lässt?
Welches ist die zweitkleinste positive Zahl? Kann der Taschenrechner die Differenz der beiden Zahlen ermitteln?

14 Stelle die Durchmesser in Zehnerpotenzschreibweise in der Einheit m dar.

Herpesvirus	180 nm
Rotes Blutkörperchen	7,5 µm
Maul- und Klauenseuchevirus	14 nm
Tuberkelbazillus	1 µm
Zuckermolekül	700 pm
Atomkern	10 fm

15 Die Wasserhyazinthe in Ostafrika wächst so schnell, dass sich die von ihr bedeckte Fläche in zwölf Tagen verdoppelt. Sie kommt vor allem auch im Viktoriasee vor, dem mit 68 000 km² größten See Afrikas.
Wie lange braucht eine 1 m² große Wasserhyazinthe, bis sie den See vollständig bedeckt? Schätze zuerst.

16 Berechne das Produkt. Wandle das Ergebnis in die wissenschaftliche und in die technische Schreibweise um.
a) $450{,}8 \cdot 800{,}4$ b) $2{,}896 \cdot 9997{,}4$
c) $0{,}0089 \cdot 0{,}068$ d) $0{,}000\,04 \cdot 0{,}0012$
e) $0{,}000\,67 \cdot 123{,}9$ f) $8888{,}1 \cdot 0{,}075$

Zahlen vor dem Rechnen in den Speicher eingeben!

17 Bringe das Ergebnis in wissenschaftliche Darstellung. Versuche es im Kopf.
a) $4 \cdot 10^2 \cdot 2 \cdot 10^5$ b) $3 \cdot 10^3 \cdot 3 \cdot 10^8$
c) $6 \cdot 10^5 \cdot 3 \cdot 10^2$ d) $8 \cdot 10^5 : (2 \cdot 10^3)$
e) $12 \cdot 10^2 \cdot 5 \cdot 10^{-4}$ f) $24 \cdot 10^{-6} : (2 \cdot 10^5)$

18 Berechne $x \cdot y$ und $x : y$ und wandle das Ergebnis in wissenschaftliche Schreibweise um.

	a)	b)	c)
x	$3{,}5 \cdot 10^6$	$0{,}09 \cdot 10^7$	$1{,}502 \cdot 10^{-5}$
y	$7{,}33 \cdot 10^4$	$0{,}008 \cdot 10^3$	$12{,}5 \cdot 10^4$

	d)	e)	f)
x	$0{,}57 \cdot 10^4$	$12{,}5 \cdot 10^{-8}$	$81{,}32 \cdot 10^5$
y	$0{,}013 \cdot 10^{-9}$	$0{,}002 \cdot 10^5$	$0{,}0026 \cdot 10^6$

19 Welche der Zahlen liegen zwischen 1 und 10?
a) $5634{,}99 \cdot 10^{-3}$
b) $13\,456 \cdot 10^{-6}$
c) $0{,}000\,05 \cdot 10^7$
d) $0{,}000\,0015 \cdot 10^6$
e) $1200{,}007 \cdot 10^{-4}$
f) $0{,}000\,000\,0011 \cdot 10^9$

20 Nach der 3. binomischen Formel gilt

$$\frac{a^2 - b^2}{a - b} = a + b.$$

a) Setze $a = 1{,}000\,000\,01$ und $b = 1$ und vergleiche die zwei Werte.
Was beobachtest du? Welches Ergebnis ist das richtige?
b) Probiere die Formel für ähnliche Zahlen aus und versuche den Fehler zu erklären.

21 Zeichne den Graphen der Funktion und lies Hochpunkte, Tiefpunkte und Wendepunkte ab.
a) $y = 0{,}5x^3 - 1{,}5x + 1$
b) $y = -0{,}5x^3 + 1{,}5x - 1$

Mega und Nano

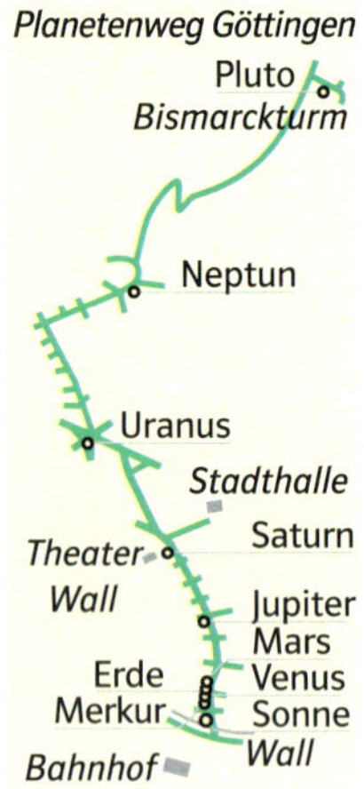

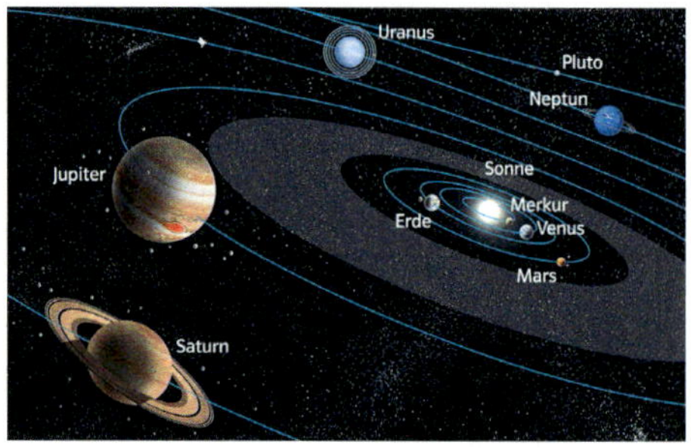

Das mittlere Bild zeigt den Rand der Sonne und die zum Größenvergleich daneben gesetzten Planeten. Das rechte Bild zeigt die Sonne und die Planetenbahnen. Vielerorts gibt es Planetenwege (Bild links). Sie sollen die Maße unseres Sonnensystems erfahrbar machen. Dazu muss man die realen Maße verkleinern.

Die Planetenbahnen sind nicht genau Kreise und die Planeten sind nicht genau Kugeln. Die Maße sind daher Mittelwerte.

Planet	Merkur	Venus	Erde	Mars
Entfernung zur Sonne in km	57 909 175	108 208 930	149 597 890	227 936 640
Durchmesser in km	4879	12 103	12 756	6794

Jupiter	Saturn	Uranus	Neptun	Pluto
778 412 010	1 426 725 400	2 870 972 200	4 498 252 900	5 906 376 200
142 985	120 534	51 115	49 533	2296

Für die folgenden Rechnungen solltest du die Zahlen runden und in wissenschaftliche oder technische Schreibweise umwandeln.
Von einem Planetenweg könnte man verlangen:
Er soll die größte Entfernung auf 1 km
und den größten Durchmesser auf 2 m verkleinern,
und die kleinste Entfernung und der kleinste Durchmesser sollen noch erkennbar sein.

- Lassen sich alle diese Forderungen erfüllen oder nur einige? Sind Kompromisse nötig?
- Vor dem Bau eines Planetenwegs braucht man eine maßstäbliche Planskizze.

Das Licht legt in einem Jahr $9{,}46 \cdot 10^{12}$ km zurück. Diese Entfernung heißt 1 Lichtjahr, abgekürzt 1 Lj.

Gegenüber den kosmischen Entfernungen ist unser Sonnensystem mit zwölf Milliarden km Durchmesser sehr klein. Es gehört zur Milchstraße mit 100 000 Lj Durchmesser. Der unserer Sonne nächste Stern heißt Alpha-Centauri. Er ist 4,28 Lj entfernt.

*Seit 2006 zählt Pluto nicht mehr zu den Planeten. Der Merkspruch: „**M**ein **V**ater **e**rklärt **m**ir **j**eden **S**amstag **u**nsere **n**eun **P**laneten." gilt also nicht mehr. Fällt dir ein Merkspruch für unsere acht Planeten ein?*

Der Andromeda-Nebel ist das am weitesten entfernte Himmelsobjekt, das mit bloßem Auge sichtbar ist. Sein Durchmesser ist 150 Milliarden Lichtjahre, seine Entfernung vom Sonnensystem 2,7 Millionen Lj.

- Stelle die Entfernungen in wissenschaftlicher Schreibweise in der Einheit km dar.
- Wie oft passt das Sonnensystem in die Milchstraße, wie oft in den Andromeda-Nebel?

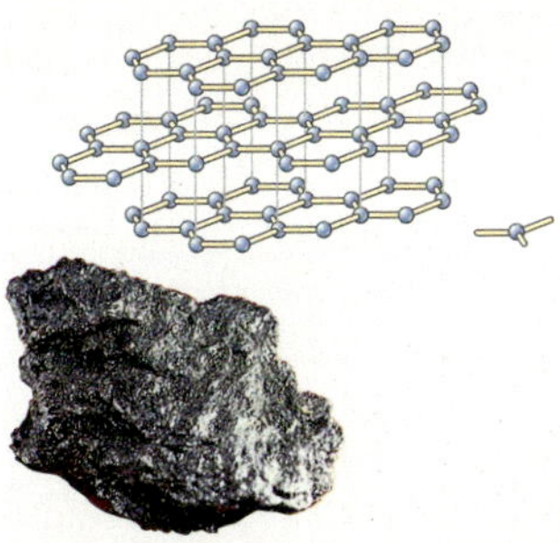

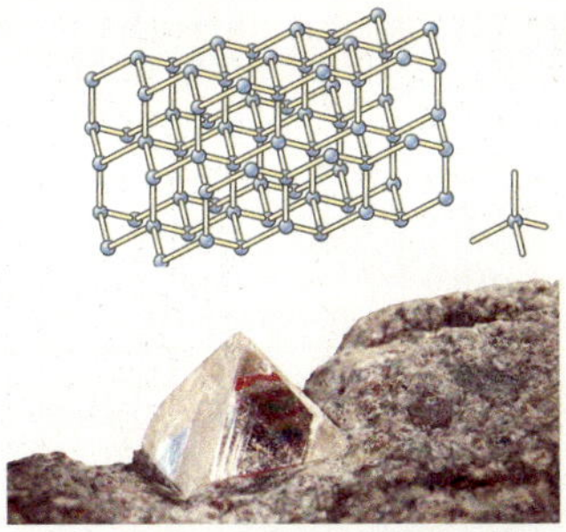

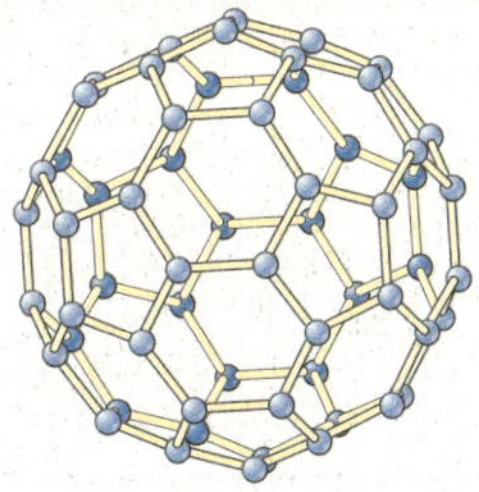

Kohlenstoff ist ein Grundbaustein des Lebens. In reiner Form kommt er als Graphit und als Diamant vor. Diese zwei Stoffe unterscheiden sich nur in der Anordnung der Atome. Erst 1985 entdeckte man, dass sich Kohlenstoffatome auch kugelförmig verbinden können. Die Entdecker nannten diese Kugeln Buckyballs oder Fullerene. Sie wollten damit den Architekten Richard Buckminster Fuller ehren, der für die Weltausstellung (Expo) 1967 in Montreal (Kanada) ein kugelförmiges Gebäude konstruiert hatte.
Der kleinste Buckyball besteht aus 60 Atomen und ist etwa 1 nm dick. Man nennt ihn und verwandte Moleküle deshalb **Nano-Teilchen**. Es gibt auch Nano-Rohre aus Kohlenstoff. Sie sind etwa 1,5 nm dick und wenige Millimeter lang.

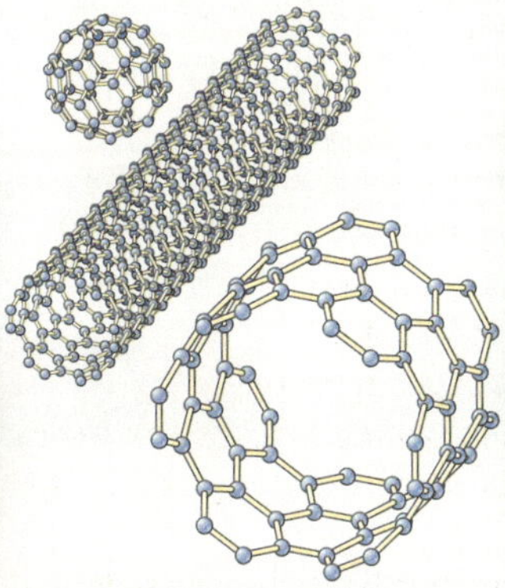

- Ein Fußball hat etwa 22 cm Durchmesser. Wie viele Buckyball-Moleküle passen hinein, wenn man die Zwischenräume vernachlässigt?
- Denke dir statt des Buckyballs und des Fußballs Würfel mit den entsprechenden Kantenlängen. Wie viele kleine Würfel passen in einen großen?
- Die Expo-Kugel hat etwa 63 m Durchmesser. Vergleiche sie mit dem Fußball und dem Buckyball.
- Rohre für Öl-Pipelines haben etwa 0,85 m Durchmesser und sind 25 m lang. Denke dir ein Nano-Rohr so vergrößert, dass es gleich dick bzw. gleich lang wie ein Pipeline-Rohr ist. Wie viel länger bzw. wie viel dicker wäre es dann?

Von Nanomaterialien versprechen sich die Forscher sehr viel. Bereits jetzt gibt es Nano-Beschichtungen, von denen der Schmutz abperlt wie vom Blatt der Lotuspflanze. In einigen Jahren wird man extrem dünne hochfeste Drähte, energiesparende Stromleiter, winzige Zahnräder herstellen können. Arzneimittel können vielleicht in Buckyballs gefüllt und so durch die Blutbahn zu erkrankten Organen transportiert werden.

Dualzahlen

Ein Kilobyte sind nicht 1000 Bytes? Stimmt, es sind 1024 Bytes. Computer arbeiten intern mit Dualzahlen, die aus nur zwei Ziffern bestehen: „0“ und „I“.

dual		dezimal
… 2^{10} 2^9 2^8 2^7 2^6 2^5 2^4 2^3 2^2 2^1 2^0		
0	$0 \cdot 1 =$	0
I	$1 \cdot 1 =$	1
I0	$1 \cdot 2 + 0 \cdot 1 =$	2
II	$1 \cdot 2 + 1 \cdot 1 =$	3
…		…
…		…
I000	$1 \cdot 8 =$	8
I00I	$1 \cdot 8 + 1 \cdot 1 =$	9
I0I0	$1 \cdot 8 + 1 \cdot 2 =$	10
…		…
I000000000		512
I0000000000		1024
I00000000000		2048

Die Dezimalzahl 10 kann man wie folgt ins Dualsystem umwandeln: I0I0 $= 1 \cdot 2^3 + 0 \cdot 2^2 + 1 \cdot 2^1 + 0 \cdot 2^0 = 8 + 0 + 2 + 0 = 10$. Entsprechend ist IIIII0I000 = 1000. Die nächstliegende leicht zu merkende Dualzahl ist I0000000000 $= 2^{10} = 1024$. Vereinfacht spricht man in der Computerwelt von 1 Kilobyte, wenn man 1024 Byte meint. Ganz entsprechend übernimmt man die weiteren Bezeichnungen. 1 Megabyte sind $1024 \cdot 1024 = 1\,048\,576$ Bytes.

- Schreibe als Dezimalzahl.
III; I0I0I; I0IIII; III0000
- Schreibe als Dualzahl.
13; 26; 52; 64; 65; 100
- Große Speichersysteme zählen in Terabytes. Wie viele Bytes sind ein Terabyte als Dezimalzahl geschrieben? Was ist die nächstgrößere Einheit?

Mit Dualzahlen kann man rechnen wie in allen Stellenwertsystemen. Man muss nur die Überträge beachten. Bei der Addition I+I = I0 schreibt man die Ziffer 0 und merkt die Ziffer I für die nächste Stelle.

- Berechne I00I0 + I00I.
- Berechne im Dezimalsystem und im Dualsystem, vergleiche die Ergebnisse.
$9 + 5$; $12 + 19$; $4 + 17 + 6$; $5 \cdot 3$; $16 \cdot 4$; $11 \cdot 7$
III + IIII; II0I + II0 + I00I; II0I · I0I; I0I0I · I00

22 Im Jahr 2005 kam der schnellste deutsche Großrechner auf eine Rechenleistung von 12,7 Teraflops (FLOPS: Anzahl der Rechenoperationen pro Sekunde).
a) Wie lange bräuchte der Computer, um eine Einmaleins-Tabelle für die Zahlen von 1 bis 1 Million zu berechnen?
b) Umfangreiche Rechnungen können auch auf dem Super-Rechner 24 Stunden lang dauern. Wie viele Rechenoperationen führt die Maschine dann aus?

23 Die Lunge eines Erwachsenen hat etwa $4 \cdot 10^8$ kugelförmige Lungenbläschen. Ihr Durchmesser beträgt 0,2 mm. Wie groß ist die Gesamtfläche, an der sich der Gasaustausch zwischen Sauerstoff und Kohlendioxid vollzieht?
Vergleiche dein Ergebnis mit der Größe eines Fußballfeldes.

24 Der Mensch hat 25 Billionen rote Blutkörperchen. Sie nehmen durch ihre Oberfläche Sauerstoff auf und transportieren ihn zu den Organen.
Welchen Flächeninhalt haben sie insgesamt, wenn du die Dicke nicht berücksichtigst?

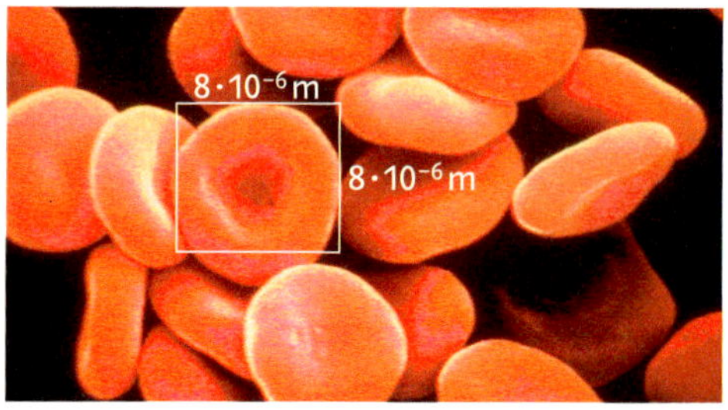

25 Schwebeteilchen mit einer Korngröße bis zu 10 µm nennt man Feinstaub. Dieser ist gesundheitsschädlich. Durch Filter und Belastungsgrenzwerte versucht man die Gefahr zu beschränken.
a) Welche Vergrößerung muss ein Mikroskop haben, damit man ein solches Korn sehen kann?
b) Stell dir die Körner als Würfel vor. Wie viele Körner müsste man zusammenpacken, um einen Würfel mit 1 cm Kantenlänge zu bekommen?

Rückspiegel

1 Berechne mit den Potenzgesetzen.
a) $2^4 \cdot 2$ b) $4^2 \cdot 4$ c) $3^{-2} \cdot 3^3$
d) $10^2 \cdot 0{,}5^2$ e) $(3^2)^2$ f) $((-2)^2)^2$

2 Berechne mit den Potenzgesetzen.
a) $\frac{2^6}{2^4}$ b) $\frac{10^3}{5^3}$ c) $\frac{(-4)^4}{(-4)^2}$ d) $\frac{3^{-2}}{3^{-4}}$

3 Bestimme mit dem Taschenrechner die größt- bzw. kleinstmögliche Zahl n.
a) $2^n < 10\,000$ b) $20^n < 500\,000$
c) $0{,}2^n < 0{,}0001$ d) $0{,}9^n < 0{,}1$

4 Ergänze durch Multiplizieren.
a = 2

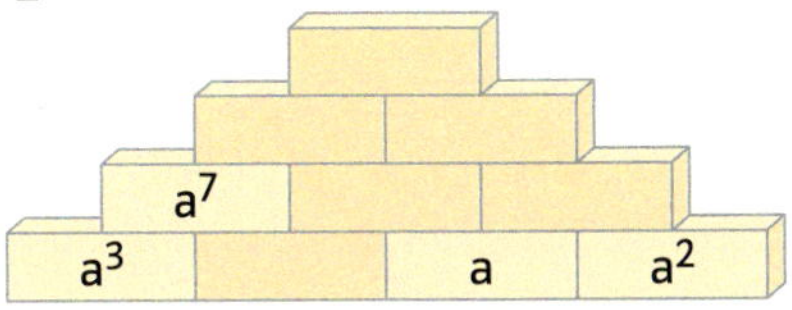

5 Klammere aus und berechne.
Runde auf fünf Stellen nach dem Komma.
a) $2^{-5} \cdot 3^{-4} + 2^{-5} \cdot 5^{-2}$
b) $2{,}5^{-4} \cdot 5^{-3} + 2{,}5^{-4} \cdot 3^{-5}$

6 Schreibe in wissenschaftlicher und technischer Schreibweise.
a) 198 766 987 b) 10 000 000 001
c) 0,000 67 d) 0,000 000 100 002

7 Berechne.
a) $5^{\frac{1}{2}}$ b) $\sqrt[3]{125}$ c) $8100^{\frac{1}{2}}$
d) $8^{\frac{2}{3}}$ e) $\sqrt[5]{0{,}000\,01}$ f) $49^{\frac{2}{4}}$

8 Die Wellenlänge der Röntgenstrahlen liegt zwischen 0,000 000 000 006 m und 0,000 000 01 m. Schreibe übersichtlich.

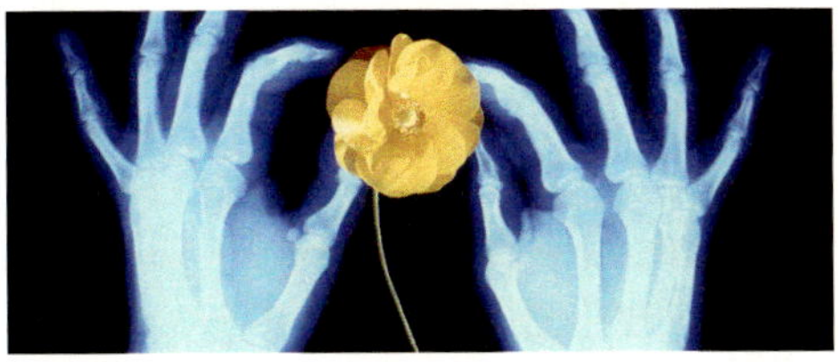

9 Bestimme besondere Punkte zu
a) $y = 4x^4$. b) $y = \frac{1}{2}x^3$.

1 Berechne mit den Potenzgesetzen.
a) $2^3 \cdot 2^5$ b) $(-3)^2 \cdot (-3)^3$ c) $3^{-4} \cdot 3^7$
d) $20^{-4} \cdot 0{,}5^{-4}$ e) $(2^5)^2$ f) $((-3)^2)^2$

2 Berechne mit den Potenzgesetzen.
a) $\frac{(-3)^8}{(-3)^5}$ b) $\frac{20^{-4}}{5^{-4}}$ c) $\frac{4^{-3}}{4^{-6}}$ d) $\frac{0{,}2^{-4}}{0{,}1^{-4}}$

3 Gib die Anzahl der Nachkommaziffern ohne Taschenrechner an. Wie heißt die letzte Ziffer?
$0{,}4^2$ $0{,}45^3$ $0{,}2^3$
$0{,}4^3$ $0{,}456^3$ $0{,}02^4$
$0{,}4^4$ $0{,}4567^3$ $0{,}002^5$

4 Ergänze. Es gibt mehrere Lösungen.

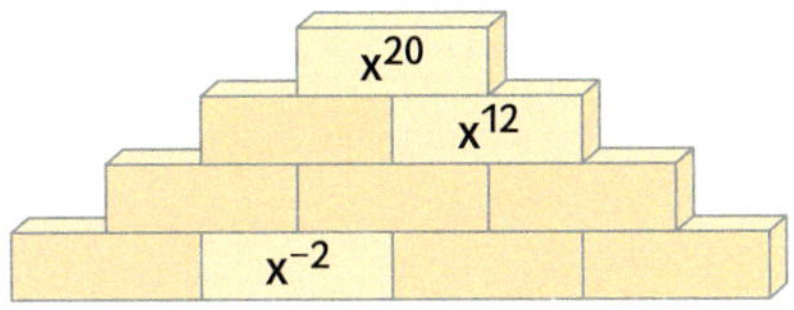

5 Bestimme die kleinste natürliche Zahl n, für die $1{,}7^{-n} < 0{,}01$ gilt.

6 Berechne. Gib in wissenschaftlicher Schreibweise an.
a) $6{,}89 \cdot 0{,}075 \cdot 10^8$
b) $0{,}0087 \cdot 10^{-5} \cdot 9{,}01 \cdot 10^{-12}$

7 Berechne.
a) $16^{\frac{1}{4}}$ b) $\sqrt[3]{1\,000\,000}$ c) $0{,}04^{\frac{1}{2}}$
d) $\frac{50^{\frac{1}{2}}}{2^{\frac{1}{2}}}$ e) $0{,}001^{-\frac{1}{3}}$ f) $0^{\frac{3}{5}}$

8 Blaues Licht hat die Wellenlänge $4{,}8 \cdot 10^{-7}$ m. Wie viele Wellen passen in eine Strecke von 1 m?

9 Bestimme besondere Punkte zu $y = 0{,}25x^3 - 3x$.

Bis ins Unendliche?

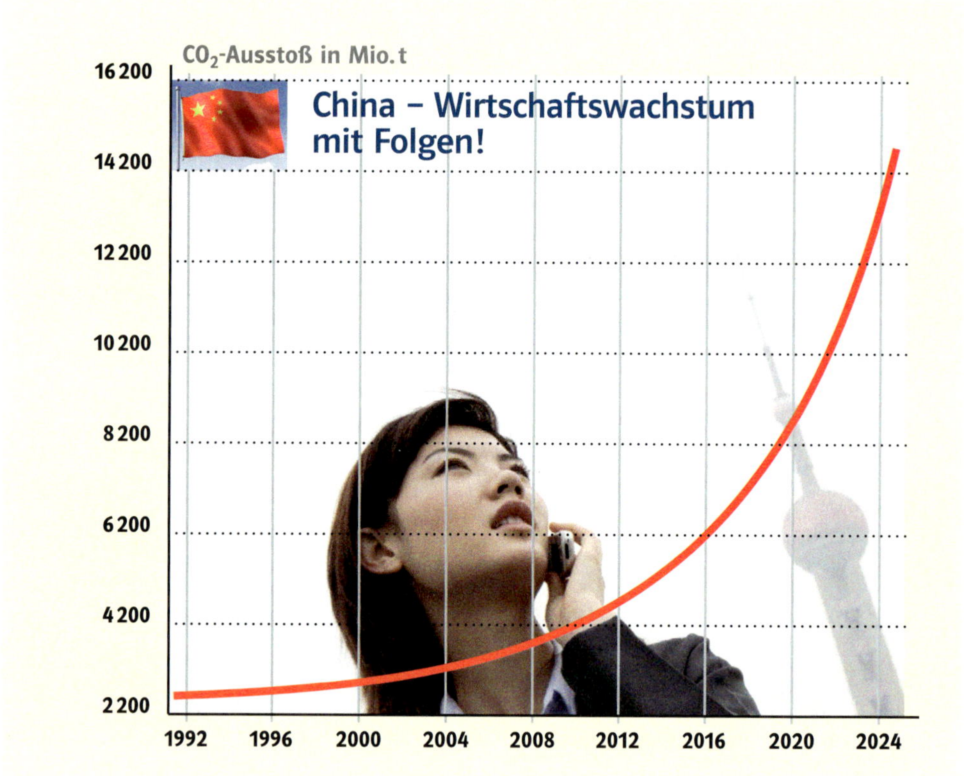

- Kann das immer so weitergehen?
- Informiert euch, wie man zu solchen Prognosen gelangt.
- Wie sieht die Entwicklung in anderen Ländern aus? Lässt sich daraus eine Prognose für den weltweiten Ausstoß erstellen?

Weltenergiebedarf bis 2030 um die Hälfte höher!

Die Weltbevölkerung wächst pro Sekunde um 2,6 Menschen an!

Die Inflationsrate lag im Februar bei 2,8 %.

- Wozu dienen solche Aussagen?
- Sucht ähnliche Schlagzeilen.
- Was haben alle diese Aussagen gemeinsam?
- Wie kommt man zu solchen Aussagen?
- Versuche, mit deinen Schlagzeilen eigene Prognosen aufzustellen.

Das „Aus-Eins-mach-Zwei-Spiel“

Besorgt euch je eine Schachtel Heftzwecken (ca. 150 Stück). Entnehmt zwei Heftzwecken als Startgröße und tragt diese Anfangszahl in eine Tabelle ein. Nach folgenden Regeln läuft das Wachstum der Heftzwecken ab:

- Werft die Heftzwecken auf den Tisch.
- Eine Heftzwecke, die auf dem Kopf landet, bleibt zunächst einfach liegen.
- Bleibt eine Heftzwecke jedoch schräg auf der Spitze liegen, so darf sie sich verdoppeln. Alle diese „schräg liegenden“ Heftzwecken werden also gezählt und die gleiche Anzahl aus dem Vorrat dazugelegt.
- Ermittelt die neue Gesamtzahl aller Heftzwecken und notiert sie in der Tabelle.
- Werft nun mit allen Heftzwecken erneut. Der Vorgang wiederholt sich.

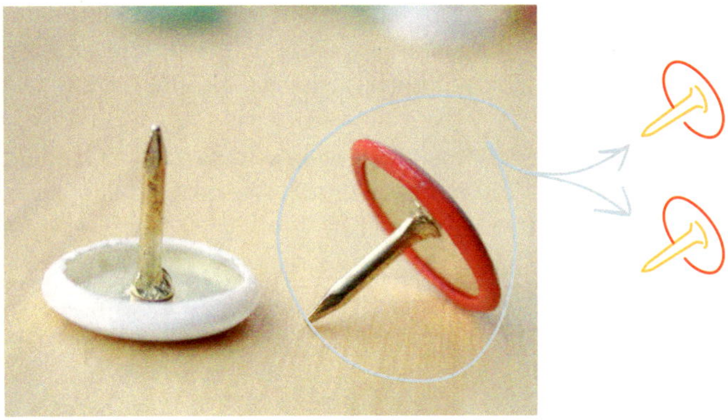

Nach jedem Schritt notiert ihr die Gesamtzahl der Heftzwecken in der Tabelle.

- Wie könnte der Graph aussehen?
- Skizziere im Heft.
- Beschreibe den Verlauf des Graphen.
- Was fällt euch auf?

Wurf	0	1	2	3	…
Gesamtzahl der Heftzwecken	2	?			

Was geschieht, wenn man den Versuch in umgekehrter Reihenfolge durchführt? Das heißt, 150 Heftzwecken bilden den Anfangswert und die schräg liegenden Heftzwecken werden aussortiert.

- Wie sieht jetzt der Graph aus?
- Was fällt euch auf?

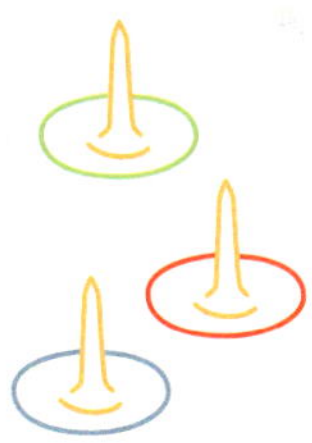

In diesem Kapitel lernst du,

- was Wachstum und was Abnahme ist,
- was eine Wachstumsrate und ein Wachstumsfaktor ist,
- was man unter linearem, exponentiellem und quadratischem Wachstum versteht,
- was man unter einer Exponentialfunktion versteht,
- wie man Prozesse, bei denen die Ausgangsgröße ab- oder zunimmt, modelliert.

1 Wachstum und Abnahme

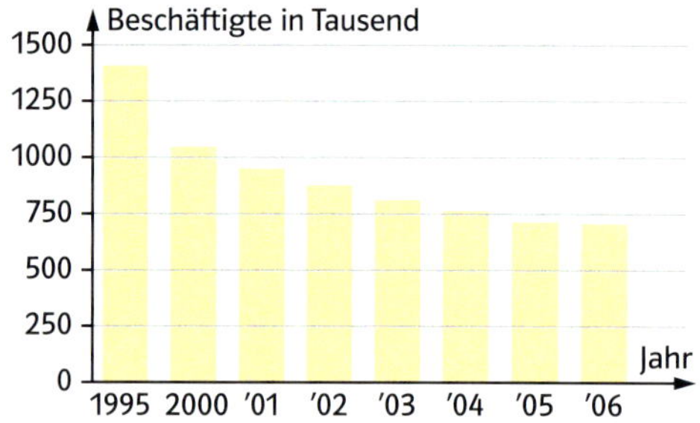

Lies aus der Grafik den jeweiligen absoluten Zuwachs bzw. die absolute Abnahme der Arbeitsplätze im vorbereitenden Baugewerbe ab.

→ Um welche Anzahl haben die Arbeitsplätze von 2000 bis 2006 durchschnittlich abgenommen?

→ Gibt es Abschnitte mit gleichmäßiger Abnahme?

Viele Größen in Wirtschaft, Natur und Technik wachsen bzw. fallen in Abhängigkeit einer zweiten Größe, z.B. der Zeit. Ist der neue Wert größer als der alte, so liegt **Wachstum** vor. Ist der neue Wert kleiner, so liegt eine **Abnahme**, auch negatives Wachstum genannt, vor. Einen Sonderfall stellt das **lineare Wachstum** bzw. die **lineare Abnahme** dar. Dies liegt immer dann vor, wenn in **gleich großen Abschnitten** die Zu- bzw. Abnahme immer den gleichen Betrag oder die gleiche Größe hat.

! *Häufig liegt nur über wenige Abschnitte hinweg exaktes lineares Wachstum bzw. lineare Abnahme vor. Es ist jedoch oft möglich, solche Wachstumsvorgänge näherungsweise als linear zu beschreiben.*

Im Braunkohletagebau fördert ein Schaufelradbagger vom Typ 293 ein Volumen von 10 000 m^3 pro Stunde. Wie groß ist ein Tagebau nach drei Stunden, der zu Beginn 800 000 m^3 maß?

Stunden	Tagebau in m^3	Zunahme
0	800 000	
1	810 000	+10 000
2	820 000	+10 000
3	830 000	+10 000

Bei einem linearen Wachstum bzw. einer linearen Abnahme wird von Abschnitt zu Abschnitt immer der gleiche Betrag d addiert bzw. subtrahiert. Deshalb kann der Wert y_n nach n Abschnitten aus dem Ausgangswert y_0 mit der Gleichung $y_n = y_0 + n \cdot d$ berechnet werden. Dabei ist d positiv oder negativ, je nachdem, ob Wachstum oder Abnahme vorliegt.

Nimmt eine Größe in gleich großen Abschnitten immer um den gleichen Betrag d zu bzw. ab, so liegt lineares Wachstum bzw. lineare Abnahme vor. Der Wert des n-ten Abschnitts y_n berechnet sich aus dem Anfangswert y_0 durch die Gleichung
$\mathbf{y_n = y_0 + n \cdot d}$.

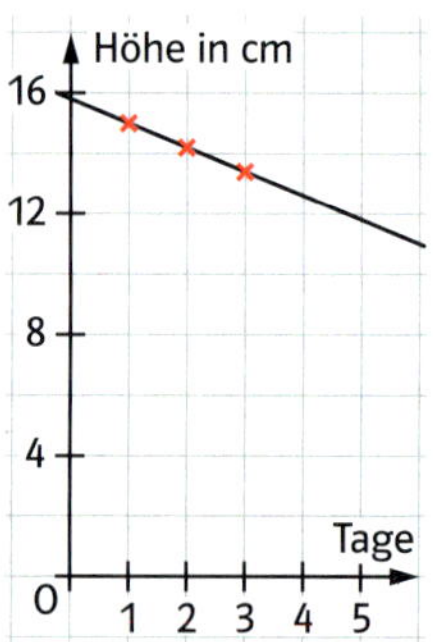

Beispiele

a) Ein Aquarium ist 15 cm hoch mit Wasser gefüllt. Die Wasserhöhe nimmt durch Verdunstung täglich um 0,8 cm ab.

Tage	Höhe in cm	Abnahme in cm
1	15,0	0,8
2	14,2	0,8
3	13,4	0,8

b) Die Firma Schmölenberg & Co. hat in den Jahren 1999 bis 2009 die rechts aufgeführten Umsatzzahlen in Millionen € erzielt. In den Jahren 1999 bis 2003 und 2007 bis 2009 liegt ein exakt lineares Wachstum mit d = 0,4 Mio. € vor.
Über die zehn Jahre hinweg liegt näherungsweise ein lineares Wachstum vor.
$d = \frac{(4,4 - 1,3)}{10}$ Mio. € = 0,31 Mio. €

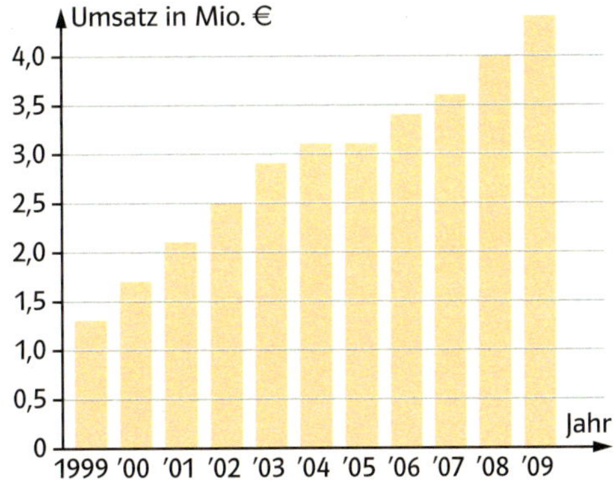

Jahr	Umsatz (Mio. €)
1999	1,3
2000	1,7
2001	2,1
2002	2,5
2003	2,9
2004	3,1
2005	3,1
2006	3,4
2007	3,6
2008	4,0
2009	4,4

Aufgaben

1 Im August 2002 gab es ein Jahrhunderthochwasser an der Elbe.

In der Zeit vom 12.8. morgens bis 16.8. nachmittags stieg der Pegel der Elbe bei Dresden von 5,27 m auf 9,14 m. Am 17.8. erreichte er um 4.00 Uhr mit 9,38 m seinen Höchststand.
a) Wie viel Zentimeter betrug jeweils der durchschnittliche Anstieg pro Tag?
b) Am 19.8. um 7.00 Uhr hatte die Elbe bei Dresden immer noch einen Pegelstand von 6,39 m. Es wurde gemeldet, dass er von nun an um 2 cm pro Stunde sinken würde. Nach wie vielen Stunden (Tagen) wäre er dann wieder auf den normalen Stand von 2,20 m zurückgegangen?

2 Suche eigene Beispiele für lineares Wachstum oder lineare Abnahme.

3 Die Konzentrations- und Reaktionsfähigkeit des Menschen wird durch Alkoholeinnahme stark beeinträchtigt. Kraftfahrer, die mit mehr als 0,5 ‰ Alkoholgehalt im Blut fahren, erhalten eine gerichtliche Strafe. Für Fahranfänger in der Probezeit gilt sogar ein vollständiges Alkoholverbot. Aber auch bei weniger als 0,5 ‰ kann man bestraft werden, wenn der Verkehr gefährdet wird. Das gilt auch für Radfahrer!
Der Alkohol wird in der Leber abgebaut, pro Stunde ungefähr 0,1 ‰-Punkt.
a) Stelle die Abnahme für die Ausgangswerte 0,9 ‰ und 1,2 ‰ grafisch dar. Lies ab, nach wie vielen Stunden der Alkoholgehalt auf 0,5 ‰ gesunken ist.
b) Nach einer Geburtstagsfeier legt sich Herr Gerz mit 1,5 ‰ um 1.00 Uhr ins Bett. Morgens um 7.30 Uhr möchte er mit dem Auto zur Arbeit fahren. Wie hoch ist sein Blutalkoholwert um diese Zeit? Wann könnte Herr Gerz mit ruhigem Gewissen wieder fahren?

4 In der Tabelle ist die Zahl der Ärzte in der Bundesrepublik Deutschland angegeben.
a) Berechne die Anzahl der Einwohner je Arzt. (Einwohner: 82 516 000)
b) Berechne das durchschnittliche jährliche Wachstum der Anzahl der Ärzte.
c) Zeichne ein Säulendiagramm und trage darin die Gerade des durchschnittlichen Wachstums ein.

Jahr	Anzahl in Tsd.
2000	295
2001	298
2002	301
2003	304
2004	306
2005	308
2006	311

2 Wachstumsfaktor und Wachstumsrate

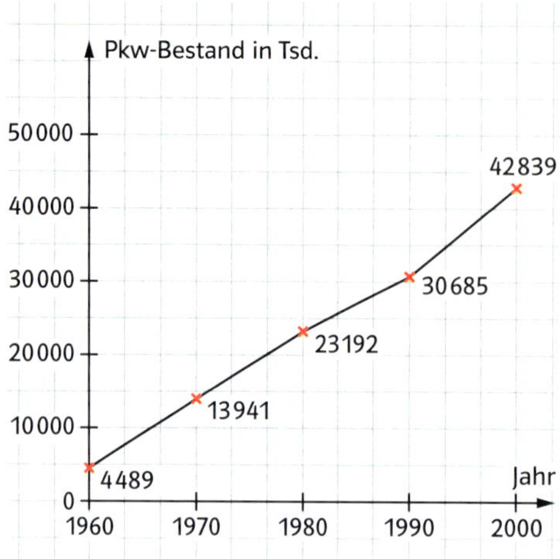

Der Graph zeigt den Pkw-Bestand in der Bundesrepublik Deutschland für die Jahre 1960, 1970, 1980, 1990 und 2000.

→ Berechne das absolute Wachstum des Pkw-Bestandes von Jahrzehnt zu Jahrzehnt. Berechne auch das prozentuale Wachstum und vergleiche diese Werte mit dem absoluten Wachstum.

→ Um wie viel Prozent hat der Pkw-Bestand von 1960 bis 2000 zugenommen? Vergleiche dieses Ergebnis mit der Summe der prozentualen Zunahmen pro Jahrzehnt. Was fällt dir auf? Kannst du den Unterschied begründen?

! $107\% = \frac{107}{100} = 1{,}07$

$86\% = \frac{86}{100} = 0{,}86$

Wird Wachstum durch einen Prozentsatz beschrieben, so bezeichnet man diesen Prozentsatz als **Wachstumsrate**.
Beträgt z.B. die Wachstumsrate 7%, so wächst der alte Wert von 100% auf 107%, also auf das 1,07-Fache. Bei einer Abnahme von 14% fällt der Wert von 100% auf 86%, also auf das 0,86-Fache. Der neue Wert kann somit auch durch Multiplikation des alten Wertes mit dem Faktor 1,07 bzw. 0,86 berechnet werden.
Der Faktor, mit dem der alte Wert multipliziert werden muss, um den neuen Wert zu erhalten, heißt **Wachstumsfaktor**.

Wachstumsrate und Wachstumsfaktor ändern sich durch Vergrößern oder Verkleinern der betrachteten Abschnittsgröße.

Wachstumsrate: $p\% = \frac{\text{neue Größe} - \text{alte Größe}}{\text{alte Größe}}$

Wachstumsfaktor: $q = 1 + p\% = 1 + \frac{p}{100}$

Bei einer Abnahme ist die Wachstumsrate negativ, der Wachstumsfaktor ist dann kleiner als 1.

Beispiele

a) Der Holzbestand eines Waldes im Jahr 2005 betrug $80\,000\,\text{m}^3$. Der jährliche Zuwachs beläuft sich auf etwa 1,8%.
Es handelt sich hier um eine Zunahme,
also: $q = 1 + \frac{p}{100} = 1 + 0{,}018 = 1{,}018$

Bestand ein Jahr später:
$80\,000\,\text{m}^3 \cdot 1{,}018 = 81\,440\,\text{m}^3$

Im Jahr 2006 hatte der Wald einen Holzbestand von etwa $81\,440\,\text{m}^3$.

b) Die Zahl der Arbeitslosen sank in der Bundesrepublik Deutschland in den Jahren 2005 bis 2007 von 4,531 Mio. auf 3,378 Mio.

Die Wachstumsrate beträgt:
$p\% = \frac{3{,}378 - 4{,}531}{4{,}531} \approx -0{,}25 = -25\%$
$q \approx 1 - 0{,}25 = 0{,}75$

Der Wachstumsfaktor beträgt etwa 0,75.

Aufgaben

1 Berechne jeweils die Wachstumsrate und den Wachstumsfaktor.
a) Die Einwohnerzahl nahm in einem Jahr von 65 358 auf 68 217 zu.
b) Die Zahl der Verkehrsunfälle nahm im letzten Jahr von 9817 auf 8925 ab.
c) Das Einkommen stieg in den letzten 3 Jahren von 3665 € auf 4012 €.
d) Tanja war vor 5 Jahren 1,64 m groß, heute ist sie 1,80 m.

2 Berechne die alte bzw. die neue Größe.
a) Die Belegschaft soll von 3280 um 5 % abnehmen.
b) Der Umsatz von 3,6 Millionen soll um 5 % zunehmen.
c) Die Produktion hat sich um 8,2 % auf 454 440 Stück erhöht.
d) Das Kapital ist um das 1,09-Fache auf 272 500 € gestiegen.
e) Die Aktie ist von 240 € auf den 0,83-fachen Wert gefallen.
f) Die Mitarbeiterzahl eines Betriebes erhöhte sich auf das 1,035-Fache auf 207.

3 Der Energieverbrauch eines Landes wird in SKE (Steinkohleeinheiten) angegeben. Zwischen 1950 und 2003 stieg er in den USA von 1074,6 Mio. t SKE um 290,7 % an. Im selben Zeitraum stieg er in den Entwicklungsländern von 134,3 Mio. t SKE um 2375,5 %.
a) Erkläre, welcher Eindruck entsteht, wenn nur die Prozentsätze angegeben werden.
b) Berechne den Energieverbrauch von 2003 für die USA und die Entwicklungsländer. Wer hatte absolut den größeren Zuwachs an Energieverbrauch?
c) Die Bevölkerungszahlen der USA nahmen von 1950 bis 2003 von 170 Mio. auf 298 Mio. zu. Die der Entwicklungsländer stiegen von 1100 Mio. auf 5091 Mio. Berechne das prozentuale Wachstum der Bevölkerungszahlen.
d) Berechne das prozentuale Wachstum des Energieverbrauchs pro Kopf in den Entwicklungsländern und in den USA.

4 Der Bundesschatzbrief Typ B läuft 7 Jahre.

Bundesrepublik Deutschland
Finanzagentur GmbH

Wertpapierhandel

Konditionen Bundesschatzbrief Typ B

Laufzeit	Zinssatz	Rendite
1. Jahr	2,50 %	2,50 %
2. Jahr	3,00 %	2,75 %
3. Jahr	3,25 %	2,92 %
4. Jahr	3,75 %	3,12 %
5. Jahr	4,25 %	3,35 %
6. Jahr	4,75 %	3,58 %
7. Jahr	4,75 %	3,75 %

Rückzahlwert für € 100,–
Typ B: € 129,37 Stand 2008

a) Wie groß ist jeweils von Jahr zu Jahr der Wachstumsfaktor?
b) Auf wie viel € wächst ein Kapital von 3500 € in den 7 Jahren?
c) Berechne den Mittelwert der 7-jährigen Wachstumsfaktoren. Hätte man dasselbe Endkapital, wenn man 3500 € für 7 Jahre zu diesem Zinssatz angelegt hätte?
d) Welche Bedeutung hat die Spalte „Rendite"? Wähle als Beispiel ein Kapital von 100 €.
e) Gib die Wachstumsfaktoren für Laufzeiten von einem bis sieben Jahren an.

5 Die Tabelle zeigt die Entwicklung des durchschnittlichen Stundenlohns für Arbeiterinnen im produzierenden Gewerbe von 1997 bis 2006 in Deutschland.

1997	1998	1999	2000	2001
10,14 €	10,38 €	10,71 €	10,95 €	11,13 €

2002	2003	2004	2005	2006
11,37 €	11,65 €	11,90 €	12,03 €	12,11 €

a) Zeichne ein Diagramm der Lohnentwicklung der Arbeiterinnen.
b) Bestimme für jedes Jahr, für alle zwei Jahre, für alle drei Jahre die jeweiligen Wachstumsraten und vergleiche sie.

3 Exponentielles Wachstum

Weltweit beobachtet man besorgt die Zunahme resistenter Schädlingsarten. Kurz nach dem ersten Einsatz von DDT im Jahr 1945 zählte man 7 resistente Arten. Seither wächst ihre Anzahl jährlich um rund 15 %.

→ Stelle die Entwicklung für den Zeitraum 1945 bis 1960 tabellarisch dar.

→ Erstelle eine entsprechende Grafik.

→ Kannst du eine allgemeingültige Formel herleiten? Welche Tendenz zeigt sich daraus für die weitere Entwicklung?

Es ist mühsam, bei einer Hochrechnung jeden Zwischenwert einzeln zu errechnen. Wenn die Werte **in gleichen Zeitabschnitten** um den gleichen Prozentsatz – also **mit gleicher Wachstumsrate** – wachsen, kann man eine Formel aufstellen, mit der man für jeden beliebigen Zeitabstand die Werte unmittelbar berechnen kann.
So beträgt die erwartete Bevölkerung einer Stadt mit 10 000 Einwohnern bei einer jährlichen Wachstumsrate von 3 %

… nach einem Jahr $10\,000 \cdot 1{,}03 = 10\,300$ Einwohner.
… nach 2 Jahren $10\,000 \cdot 1{,}03 \cdot 1{,}03 = 10\,000 \cdot 1{,}03^2 = 10\,609$ Einwohner.
… nach n Jahren $10\,000 \cdot 1{,}03^n$ Einwohner.

! *Das Wachstum heißt **exponentiell**, weil die Variable, die bei gegebener Ausgangsgröße das Wachstum bestimmt, im **Exponenten** steht.*

Wenn eine Größe in gleich großen Abschnitten um den gleichen Prozentsatz p % wächst, also immer mit dem gleichen Faktor vervielfacht wird, liegt ein **exponentielles Wachstum** vor. Die Größe wächst dann in n Abschnitten auf das q^n-Fache des Anfangswertes G_0. Dabei ist q der Wachstumsfaktor mit $q = 1 + p\,\%$.

$$G_n = G_0 \cdot \left(1 + \frac{p}{100}\right)^n = G_0 \cdot q^n$$

Die Zeit, in der sich bei einem exponentiellen Wachstum die Ausgangsgröße verdoppelt, heißt **Generationszeit T_2** mit $\mathbf{q = 1 + 100\,\% = 2}$.

Beispiele

a) Ein Vermögen von 200 € wird für 4 Jahre zu 4,6 % angelegt. Wie groß ist es nach 4 Jahren?

! *Wird Geld länger als ein Jahr angelegt, dann werden die Zinsen mitverzinst. Die zusätzlich entstandenen Zinsen bezeichnet man als Zinseszinsen.*
$K_n = k_0 \cdot q^n$

Zeit (Jahre)	Kapital (€)	
0	200	= 200
1	$200 \cdot 1{,}046$	= 209,20
2	$200 \cdot 1{,}046^2$	≈ 218,82
3	$200 \cdot 1{,}046^3$	≈ 228,89
4	$200 \cdot 1{,}046^4$	≈ 239,42

Nach vier Jahren beträgt das Vermögen 239,42 €.

b) Eine Bakterienkultur hat eine Generationszeit von 2 Stunden. Zu Beginn der Beobachtung sind 250 Bakterien vorhanden. Wie viele sind es nach 8 Stunden?

Zeit (h)	Rechnung	Bakterienzahl
0	$250 \cdot 2^0$	250
2	$250 \cdot 2^1$	500
4	$250 \cdot 2^2$	1000
6	$250 \cdot 2^3$	2000
8	$250 \cdot 2^4$	4000

Nach acht Stunden sind es 4000 Bakterien.

Aufgaben

1 Ein Anfangskapital beträgt 2000 €. Bestimme jeweils den jährlichen Wachstumsfaktor und berechne den Endwert.

	jährliche Wachstumsrate	Zahl der Jahre
a)	19 %	4
b)	19 %	8
c)	10,4 %	12
d)	10,4 %	21

2 Ein Kapital von 7200 € wird zu 4,25 % für 10 Jahre festgelegt.
a) Bestimme Wachstumsrate und Wachstumsfaktor und berechne das Endkapital.
b) Zeichne den Graphen der Kapitalentwicklung für die gesamte Laufzeit.
c) Nach wie vielen Jahren hat sich das Kapital etwa verdoppelt? Probiere.
d) Nach einer Näherungsformel gilt, dass sich ein Kapital, das man zu p % verzinst, nach $\frac{72}{p}$ Jahren verdoppelt. Probiere. Prüfe dies mit 3 %; 8 %; 7 % und 10 % nach.

3 Eine Algenkultur wächst pro Tag um 30 %. Zu Beginn der Beobachtung waren 200 g Algen vorhanden.
a) Bestimme die Algenmasse für die nächsten fünf Tage und für die vier Tage, bevor 200 g erreicht wurden.
b) Zeichne den zugehörigen Graphen.
c) In der Versuchsanordnung ist nur für 1200 g Algen Platz. Nach wie vielen Tagen ist das exponentielle Wachstum beendet?

4 Welche Wertetabelle stellt ein lineares, welche ein exponentielles Wachstum dar?

x	−1	0	1	2	3
y_1	−2	1	4	7	10
y_2	0,1	1	10	100	1000
y_3	3	2	1	0	−1
y_4	0,4	1	2,5	6,25	15,625
y_5	3	5	6	4	2
y_6	5	1	0,2	0,04	0,008

5 Die Deutsche Stiftung Weltbevölkerung (DSW) veröffentlichte Ende 2007 folgende Daten zur Entwicklung der Weltbevölkerung.

Warum Europa hier nicht aufgelistet ist, erfährst du in Aufgabe 1 auf Seite 85.

Gebiet	Bevölkerung (2007 in Mio.)	jährlicher Zuwachs in %
Welt	6625	1,2
Afrika	944	2,4
Asien	4010	1,2
Ozeanien	35	1,0
Südamerika	569	1,5
Nordamerika	335	0,6

a) Berechne nach dieser Tabelle die Bevölkerungszahlen für das Jahr 2050.
b) Bestimme den prozentualen Anteil der einzelnen Gebiete an der Weltbevölkerung für 2007 und 2050. Zeichne dazu jeweils ein Kreisdiagramm.

6 Herrn Hubers Wald hat einen Holzbestand von 45 000 m^3. Ohne störende Umwelteinflüsse, wie z. B. Schädlingsbefall, nimmt der Holzbestand pro Jahr um 3,7 % annähernd exponentiell zu.
a) Auf wie viel m^3 wächst der Holzbestand nach 4 Jahren (nach 8; 12; 16; 20 Jahren)?
b) Durch einen Schädlingsbefall sinkt das Wachstum auf 2,8 % jährlich. Auf wie viel m^3 wächst der Holzbestand nun nach vier Jahren (nach 8; 12; 16; 20 Jahren)?
c) Nach 8 Jahren hat sich der Wald vom Schädlingsbefall weitgehend erholt. Wie viel m^3 Holzbestand hat der Wald nach weiteren vier (nach acht; zwölf) Jahren?

4 Exponentielle Abnahme

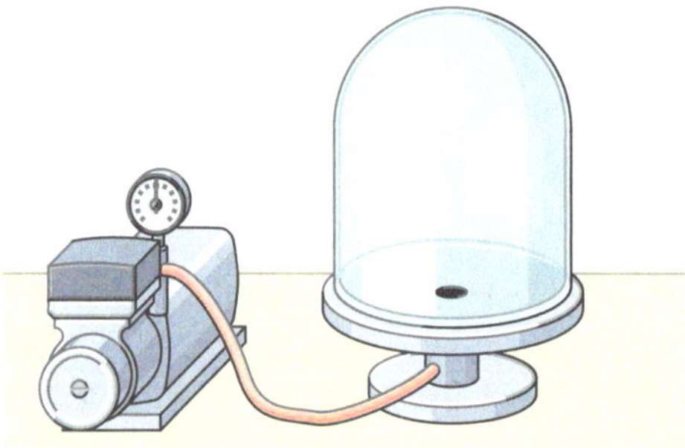

Aus einem Behälter werden mit einer Vakuumpumpe pro Sekunde 5 % der vorhandenen Luft abgepumpt.

→ Wie viel Prozent Luft sind nach einer Sekunde noch im Behälter enthalten?

→ Wie viel Prozent Luft sind es nach 2; 3; 4 oder 10 Sekunden?

→ Warum hat man nach 20 Sekunden immer noch kein Vakuum im Behälter erreicht?

Zahlreiche Vorgänge, wie z. B. radioaktiver Zerfall, verlaufen derart, dass ein Anfangswert in gleichen Zeitabschnitten um einen gleich bleibenden Prozentsatz, die Wachstumsrate, abnimmt.

Wenn eine Größe in gleich großen Abschnitten um den gleichen Prozentsatz p % abnimmt, d. h. immer mit dem gleichen Faktor $(0 < q < 1)$ vervielfacht wird, liegt eine **exponentielle Abnahme** vor. Die Größe nimmt dann in n Abschnitten auf das q^n-Fache des Anfangswertes G_0 ab. Dabei ist q der Wachstumsfaktor mit $q = 1 - p\%$.

$$\mathbf{G_n = G_0 \cdot \left(1 - \frac{p}{100}\right)^n = G_0 \cdot q^n}$$

Die Zeit, in der sich bei exponentieller Abnahme die Ausgangsgröße halbiert, nennt man **Halbwertzeit $T_{\frac{1}{2}}$**.

Der Wachstumsfaktor für diese Zeitspanne ist $\mathbf{q = 1 - 50\,\% = 0{,}5}$.

Beispiel

Bei radioaktiven Stoffen zerfällt pro Zeiteinheit immer derselbe Prozentsatz der noch vorhandenen radioaktiven Kerne. So zerfallen bei radioaktivem Jod 135 zum Beispiel pro Stunde 10 % der noch vorhandenen radioaktiven Kerne. Zu Beginn sind 500 mg radioaktives Jod 135 vorhanden. Wie viel mg sind es nach 11 Stunden?

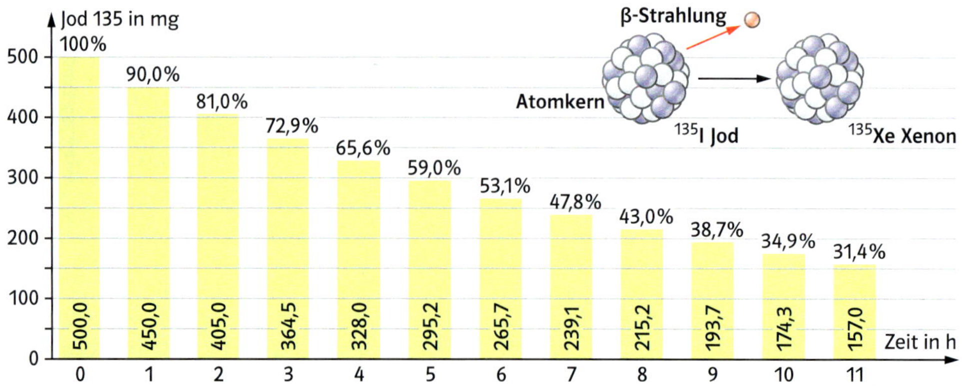

$G_{11} = 500 \cdot \left(1 - \frac{10}{100}\right)^{11} = 500 \cdot 0{,}9^{11} \approx 156{,}9$

Nach 11 Stunden sind noch ca. 157 mg radioaktives Jod 135 vorhanden.

Aufgaben

1 Seit dem Jahr 2000 sind die Geburtenzahlen in Europa zurückgegangen, so dass 2007 die Bevölkerung Europas auf 733 Mio. sank. Die jährliche Wachstumsrate beträgt 2007 erstmals −0,1%. Berechne die zu erwartenden Bevölkerungszahlen für die Jahre 2010, 2020 und 2050.

2 Radioaktives Wismut 210 (Halbwertszeit: fünf Tage) wandelt sich unter Abgabe radioaktiver Strahlung allmählich in Polonium 210 um.
a) Stelle eine Wertetabelle mit der Schrittweite von fünf Tagen bis zu 30 Tagen auf und zeichne den zugehörigen Graphen.
b) Wie viel Wismut ist von 10 g nach zwölf Tagen noch vorhanden?

3 Auch bei Preisen für Elektronik gibt es Halbwertszeiten: So halbiert sich der Preis bzw. der Wert eines MP3-Players durch technischen Fortschritt in ca. 18 Monaten.
a) Die Tabelle zeigt die Preise einer 1 GB SD-Speicherkarte in Euro:

Jahr	2005	2006	2007	2008	2009
Preis (€)	230	90	36	15	5

Welche Halbwertszeit liegt ungefähr vor?
b) Kannst du den Preis für 2020 angeben?

4 Die Lichtintensität nimmt in klarem Wasser um ca. 11% pro Meter ab. Die Farben werden abhängig von ihrer Wellenlänge mit zunehmender Tiefe ausgefiltert: erst langwelliges Rot. Kurzwelliges Grün und Blau sind länger sichtbar.
a) Bei wie viel Prozent des Ausgangswertes liegt die Lichtintensität in 10 m Tiefe?
b) Zeichne den Graphen und lies ab, in welcher Tiefe nur noch die Hälfte (ein Viertel) der Lichtintensität vorhanden ist.

5 Maschinen verlieren durch Abnutzung jedes Jahr an Wert. Dazu gibt es verschiedene Abschreibungsmodelle.
a) Die Anschaffungskosten einer Maschine betragen 35 000 €. Sie wird nach Modell A mit 10% der Anschaffungskosten abgeschrieben. Berechne den Wert der Maschine nach 1; 2; 3; 5; 10 und 15 Jahren.
b) Die gleiche Maschine wird degressiv abgeschrieben und verliert jährlich 30% ihres Vorjahreswertes. Berechne den Wert der Maschine nach 1; 2; 3; 5; 10 und 15 Jahren.
c) Nach wie vielen Jahren ist der Restwert bei beiden Modellen auf 0 € gesunken?
d) Welches der beiden Modelle kommt der tatsächlichen Abnutzung wohl näher?

Modell A
Lineare Abschreibung: *Die Maschine verliert immer den gleichen Betrag an Wert.*

Modell B
Degressive Abschreibung: *Die Maschine verliert jedes Jahr den gleichen Prozentsatz des Vorjahreswertes an Wert.*

6 Auf der Erdoberfläche lastet die gesamte Luftschicht und verursacht den atmosphärischen Druck. Dieser wird in Hektopascal (hPa) angegeben und beträgt in Meereshöhe etwa 1013 hPa.
Je höher man steigt, desto „dünner" wird die Luft. Der Luftdruck nimmt um 1,23% pro 100 m Höhenunterschied ab.
a) Auf wie viel Prozent ist der Luftdruck in 1 km Höhe ungefähr gesunken?
b) Wie ändert sich der Luftdruck, wenn man aus einer Höhe von 500 m bei beständigem Wetter auf die Zugspitze (2962 m) steigt?

c) Berechne den Luftdruck auf dem Kilimandscharo (5895 m) und dem Mount Everest (8850 m) bezogen auf 1013 hPa.
d) Der Luftdruckmesser (Barometer) zeigt auf der Spitze eines Berges, dass hier nur 78% des Luftdrucks auf Meereshöhe vorhanden sind. Wie hoch ist der Berg etwa?
e) Zeichne einen Graphen für den Luftdruck in Abhängigkeit von der Höhe.

5 Exponentialfunktion

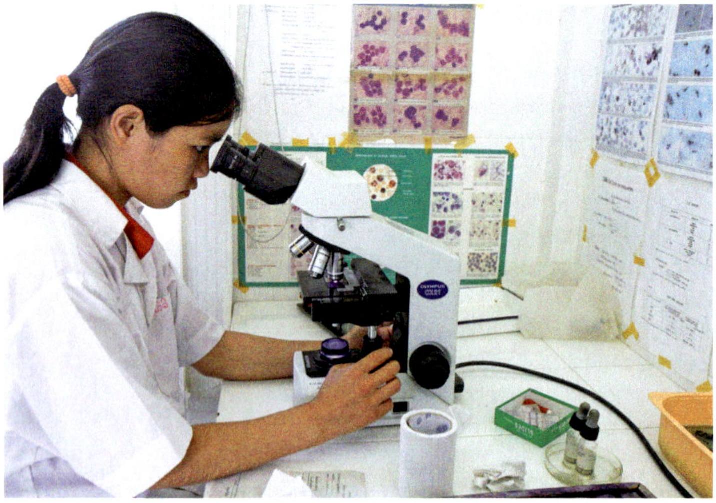

In einem Labor wird die Entwicklung von Bakterien bei unterschiedlichen Temperaturen beobachtet. Zu Beginn der Beobachtung haben alle Proben 320 Bakterien.
Probe I verdoppelt sich jede Stunde.
Probe II verdreifacht sich jede Stunde.
Probe III nimmt um die Hälfte pro Stunde zu.
Probe IV halbiert sich jede Stunde.

→ Erstelle für alle Proben eine Wertetabelle und zeichne den Graphen.
→ Erweitere die Tabelle und die Graphen bis zu drei Stunden vor Beobachtungsbeginn (bei gleichen Bedingungen).
→ Beschreibe die Eigenschaften der vier Graphen.

Wächst ein Ausgangswert G_0 in gleich großen Abschnitten immer um den gleichen Wachstumsfaktor q, so erhält man nach x Abschnitten den Endwert $y = G_0 \cdot q^x$.
Jedes prozentuale Wachstum lässt sich als Funktion mit der allgemeinen Form $y = c \cdot a^x$ mit $c \neq 0$ und $a \in \mathbb{R}^+, a \neq 1$ darstellen, zum Beispiel $y = 320 \cdot 2^x$.

Die Funktion $\mathbf{y = a^x}$ mit $a \in \mathbb{R}^+, a \neq 1$ und $x \in \mathbb{R}$ heißt **Exponentialfunktion**.
Der Graph der Exponentialfunktion verläuft immer oberhalb der x-Achse.
Ist $a > 1$, so steigt er, ist $0 < a < 1$, so fällt er.
Wird die Exponentialfunktion mit einem Faktor $c \neq 0$ multipliziert, hat also die Funktionsgleichung die allgemeine Form $\mathbf{y = c \cdot a^x}$, so heißt sie **erweiterte Exponentialfunktion**. Dann ist c der Funktionswert an der Stelle $x = 0$.

Beispiele

a) $y_1 = 2^x$ $\quad$ $y_2 = \left(\frac{1}{2}\right)^x$

x	−6	−4	−2	0	2	4	6
y_1	$\frac{1}{64}$	$\frac{1}{16}$	$\frac{1}{4}$	1	4	16	64
y_2	64	16	4	1	$\frac{1}{4}$	$\frac{1}{16}$	$\frac{1}{64}$

b) $y_3 = 4 \cdot 1{,}2^x$ $\quad$ $y_4 = 2 \cdot 0{,}65^x$

x	−7	−5	−3	0	3	5	7
y_3	1,12	1,61	2,31	4	6,91	9,95	14,3
y_4	40,8	17,2	7,28	2	0,55	0,23	0,10

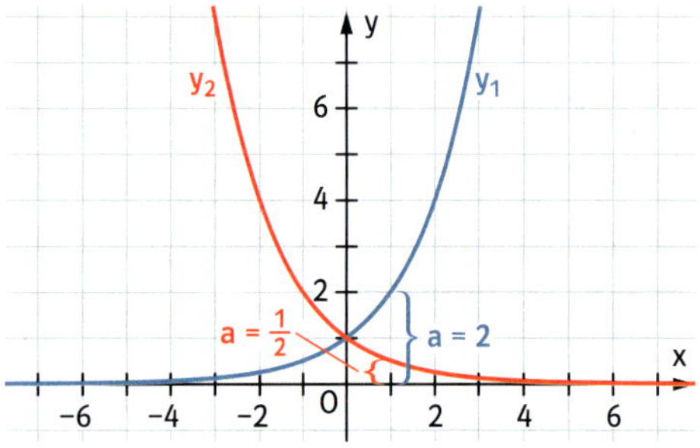

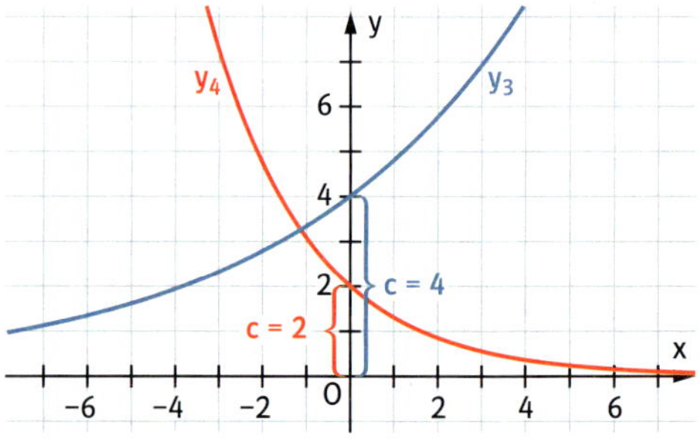

Aufgaben

1 Stelle zu den Funktionen $y_1 = 3^x$ und $y_2 = 0{,}5^x$ jeweils eine Wertetabelle für das Intervall $[-5; 5]$ auf. Zeichne die Graphen in unterschiedlichen Farben in ein Koordinatensystem.

2 Zeichne die Graphen der Funktionen $y_1 = 1{,}5^x$ und $y_2 = 0{,}4^x$. Bestimme anhand der Graphen näherungsweise folgende Werte:
$1{,}5^{3,2}$; $1{,}5^{4,5}$; $1{,}5^{-1,7}$; $0{,}4^{-1,7}$; $0{,}4^{-0,3}$; $0{,}4^{1,5}$

3 Zeichne die Graphen der Funktionen $y_1 = \left(\frac{8}{5}\right)^x$ und $y_2 = \left(\frac{5}{8}\right)^x$,

$y_3 = 4^x$ und $y_4 = 0{,}25^x$.
Was stellst du fest?
Kannst du eine allgemein gültige Regel formulieren?

4 Gegeben sind folgende Funktionen:
$y_1 = 2x$; $y_2 = x^2$; $y_3 = 2^x$.
a) Stelle zu jeder Funktion eine Wertetabelle für das Intervall $[-7; 7]$ auf.
b) Zeichne die drei zugehörigen Graphen für diesen Bereich in ein Koordinatensystem.
c) Vergleiche die drei Graphen miteinander. In welchem Intervall ist der Graph zu der Funktion y_1 steiler als die anderen Graphen?
Wo ist y_2 am steilsten, wo y_3?

5 Gegeben sind $f(x) = 1{,}4^x$ und $g(x) = 0{,}75^x$.
a) Welcher der zugehörigen Graphen steigt, welcher fällt?
b) Zeichne die Graphen der Funktionen im Intervall $[-5; 5]$.
c) Lies die x-Werte zu $f(x) = 1{,}5$; $f(x) = 3{,}7$; $g(x) = 2{,}5$ und $g(x) = 3{,}8$ am Graphen ab.

Exponentialfunktion und DGS

Mithilfe einer dynamischen Geometriesoftware (DGS) kannst du ausprobieren, welche Auswirkung auf den Graphen der Funktion $y = c \cdot a^x$ eine Veränderung der Variablen a oder c hat. Du kannst einen Gleiter erzeugen, mit dem du die Werte der Basis a kontinuierlich veränderst. Mit einem zweiten Gleiter kannst du auch den Faktor c verändern.

- Setze c auf 1. Bewege a zwischen 0,5 und 2,5. Beschreibe die Eigenschaften der Graphen und formuliere einen Merksatz.
- Setze a auf 2. Bewege nun c zwischen 0,5 und 1,5. Welche Veränderung stellst du fest? Formuliere eine allgemeingültige Regel.
- Lass von folgenden Funktionen die Graphen zeichnen: $y_1 = 2^x$; $y_2 = 2^x + 3$; $y_3 = 2^x - 3$. Was bewirken die Summanden 3 bzw. −3? Formuliere eine allgemeingültige Regel.
- Lass von folgenden Funktionen die Graphen zeichnen: $f(x) = 0{,}8^x$; $f(x) = 0{,}8^{-x}$. Was stellst du fest?
- Was passiert mit dem Graphen $y = c \cdot a^x$, wenn $c < 0$ ist?

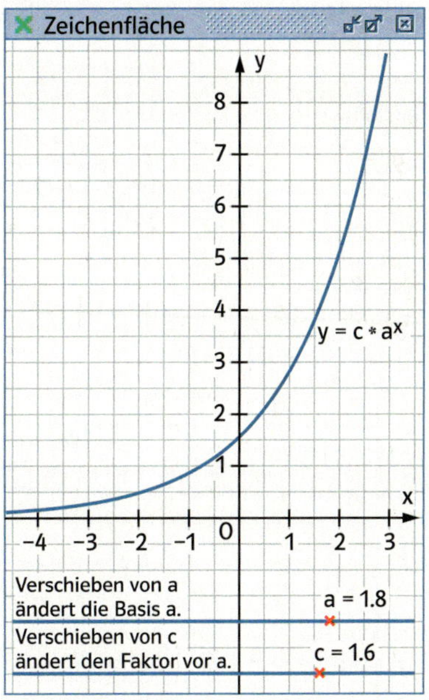

6 Unten siehst du die Graphen von sechs Exponentialfunktionen der Form $y = c \cdot a^x$. Ordne die Funktionsgleichungen den richtigen Graphen zu.

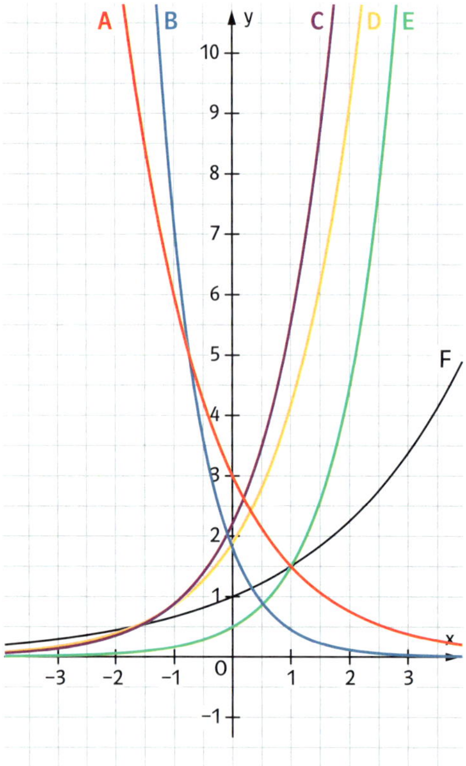

$y_1 = 0{,}5 \cdot 3^x$ $\quad y_5 = \left(\frac{4}{5}\right)^x$

$y_2 = 3 \cdot 0{,}5^x$ $\quad y_6 = 1{,}9 \cdot 2{,}2^x$

$y_3 = 1{,}8 \cdot \left(\frac{1}{4}\right)^x$ $\quad y_7 = \left(\frac{5}{4}\right)^x$

$y_4 = 2{,}2 \cdot 2{,}5^x$ $\quad y_8 = 1{,}5^x$

7 Bestimme die Funktionsgleichung der Exponentialfunktion, die durch die Punkte P_1 und P_2 verläuft.

! Setze die Funktionswerte in die allgemeine Form $y = c \cdot a^x$ ein.

Beispiel: $P_1(0\,|\,1{,}5)$ und $P_2(1{,}5\,|\,7{,}5)$
P_1: $1{,}5 = c \cdot a^0$ also $c = 1{,}5$
P_2: $7{,}5 = 1{,}5 \cdot a^{1{,}5}$ also $a \approx 2{,}92$
Die Funktionsgleichung lautet
$y = 1{,}5 \cdot 2{,}92^x$

a) $P_1(0\,|\,4)$ und $P_2(1\,|\,5)$
b) $P_1(0\,|\,2)$ und $P_2(2\,|\,0{,}5)$
c) $P_1(1\,|\,18)$ und $P_2(4\,|\,31{,}104)$
d) $P_1(2\,|\,16)$ und $P_2(4\,|\,0{,}4096)$
e) Warum ist eine Exponentialfunktion durch zwei Punkte eindeutig bestimmt?

8 In einer Petrischale stellt die Funktion $y = 2 \cdot 1{,}25^x$ das Wachstum einer Bakterienkultur dar (x: Dauer in Stunden, y: Fläche in cm^2).
a) Zeichne den Graphen der Funktion.
b) Wie groß war die Fläche der Kultur zu Beginn der Messung?
c) Welcher Zeitpunkt ist gemeint, wenn $x = -0{,}5$ ist?

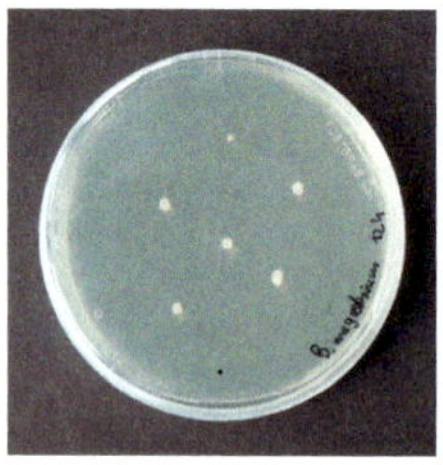

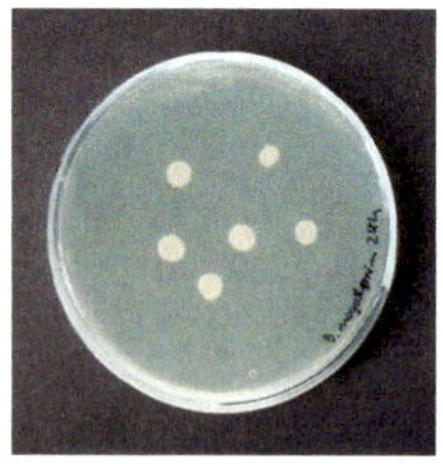

9 Bei radioaktiven Stoffen zerfällt pro Zeiteinheit immer derselbe Prozentsatz der noch vorhandenen radioaktiven Kerne. Bei Jod 123 zerfallen 5 % pro Stunde.
a) Stelle eine Funktionsgleichung für den radioaktiven Zerfall von Jod 123 auf und zeichne den Graphen.
b) Wie müsste die Gleichung lauten, wenn 50 g Jod 123 zerfallen?

10 Stelle eine Wertetabelle für die Funktionen $y_1 = 2^x$, $y_2 = 2^{x+1}$, $y_3 = 2^{x+2}$ und $y_4 = 2^{x-1}$ auf. Zeichne die vier Graphen in ein Koordinatensystem. Was fällt dir auf?

11 Bei einem Laborversuch wird das Wachstum von zwei Pilzkulturen beobachtet und dokumentiert. Nach x Stunden sind y cm^2 bedeckt.
a) Welche Funktion beschreibt das Wachstum von Kultur A, welche das von Kultur B?
b) Erkläre die ersten beiden Tabellenspalten.

Kultur A

x	−2	−1	0	0,5	1	2
y	0,16	0,40	1	1,58	2,5	6,25

Kultur B

x	−2	−1	0	0,5	1	2
y	0,06	0,25	1	2	4	16

6 Der Logarithmus

Die Weltbevölkerung umfasste zu Beginn des Jahres 2009 rund 6,7 Milliarden Menschen. Die Wachstumsrate beträgt derzeit weltweit durchschnittlich 1,2 % jährlich.

→ Wann wird die Marke von 7 Milliarden erreicht sein? Schätze zuerst, prüfe dann.

→ Wann dürften 8 Milliarden erreicht sein? Schätze zuerst, prüfe dann.

→ Wird noch in diesem Jahrhundert die Marke von 10 Milliarden erreicht, wenn die Wachstumsrate unverändert bleibt?

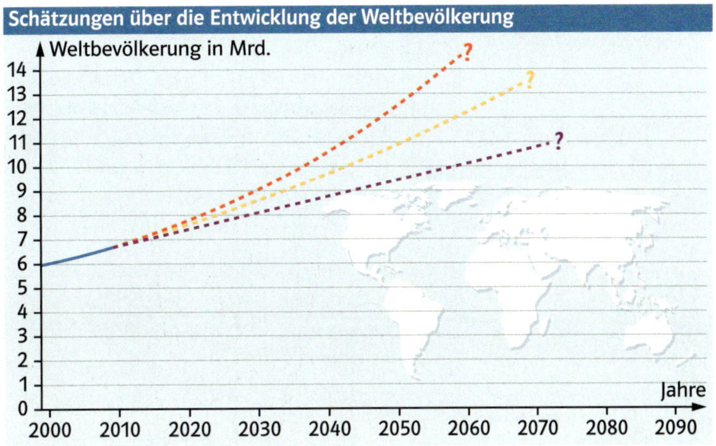

Bei Exponentialfunktionen der Form $y = a^x$ wird häufig bei gegebener Basis a und bekanntem Funktionswert y der Wert des Exponenten x gesucht.
Bisher konnten solche Aufgaben nur durch Probieren oder grafisch gelöst werden. Mithilfe des Logarithmus ist eine schnelle und genaue Berechnung möglich. Dabei heißt der gesuchte Exponent x **Logarithmus zur Basis a**.
Der Logarithmus von 8 zur Basis 2 hat den Wert 3, denn $2^3 = 8$.

> Der **Logarithmus von y zur Basis a** (mit $a > 0$; $a \neq 1$; $y > 0$), kurz $\mathbf{log_a\, y}$, ist diejenige Zahl, mit der man a potenzieren muss, um y zu erhalten.
> Die Gleichung $x = \log_a y$ ist also gleichbedeutend mit $a^x = y$.

Beispiele

Bestimmung des Logarithmus durch Probieren:

a) In der Aufgabe $2^x = 16$ ist die Zahl gesucht, mit der man 2 potenzieren muss, um 16 zu erhalten.
$x = \log_2 16 = 4$
denn $2^4 = 16$

b) $10^x = 10\,000$
$x = \log_{10} 10\,000$
$x = 4$
denn $10^4 = 10\,000$

c) $2^x = 0{,}125$
$x = \log_2 0{,}125$
$x = -3$
denn $2^{-3} = 0{,}125$

d) Auf den meisten Taschenrechnern findet sich eine Taste **„log"**. Damit lässt sich der Logarithmus zur Basis 10 berechnen. Der Logarithmus zur Basis 10 heißt auch **Zehnerlogarithmus** oder dekadischer Logarithmus und wird mit **lg** abgekürzt:
$\log_{10} 1000 = \lg 1000 = 3$

e) Bestimmung mit dem Taschenrechner [log] [5] [2] [6] [=] 2,7209 …,
also $\lg 526 \approx 2{,}721$.

Zehnerlogarithmus	**Logarithmus zu beliebiger Basis**	**allgemein**
$10^x = 5$	$a^x = 5$	$a^x = y$
$x = \log_{10} 5 = \lg 5$	$x = \log_a 5$	$x = \log_a y$
[log] [5] [=] 0.698970	keine Taste	
$x \approx 0{,}699$	$x = ?$	$x = ?$

Auf den üblichen Taschenrechnern gibt es keine Taste, mit der sich der Logarithmus zu einer beliebigen Basis direkt abrufen lässt. Daher muss ein Rechenverfahren gesucht werden, das deren Berechnung mithilfe von Zehnerlogarithmen ermöglicht.

In den Beispielen b) und e) wurden die Zehnerlogarithmen von 10 000 und 526 berechnet. Ohne den Zahlenwert des Logarithmus zu kennen, kann man die Gleichung

$10\,000 = 10^x$ schreiben als $10\,000 = 10^{\lg 10\,000}$

und $526 = 10^x$ als $526 = 10^{\lg 526}$.

Allgemein gilt daher $z = 10^{\lg z}$ für $z > 0$.

Diese allgemeine Gleichung zeigt, dass jede beliebige positive Zahl z als Zehnerpotenz mit dem Exponenten lg z darstellbar ist. Dies wendet man auf die Gleichung $a^x = y$ an:

$a^x = y$	| a ersetzen durch $10^{\lg a}$, y ersetzen durch $10^{\lg y}$
$(10^{\lg a})^x = 10^{\lg y}$	| Potenzgesetz anwenden
$10^{x \cdot \lg a} = 10^{\lg y}$	| Die Gleichung ist erfüllt, wenn beide Exponenten gleich sind
$x \cdot \lg a = \lg y$	| : lg a
$x = \frac{\lg y}{\lg a}$	
$\log_a y = \frac{\lg y}{\lg a}$	

Der Logarithmus von y zu einer beliebigen Basis a kann mithilfe der **Zehnerlogarithmen** berechnet werden: $\mathbf{\log_a y = \frac{\lg y}{\lg a}}$

Beispiele

f) $7^x = 2401$

$\log_7 2401 = \frac{\lg 2401}{\lg 7} = 4$ Probe: $7^4 = 2401$

g) Ein Kapital von 10 000 € wird zu 6 % fest angelegt.
Nach wie vielen Jahren ist es auf ca. 15 000 € angewachsen?

$10\,000 \cdot 1{,}06^t = 15\,000$

$1{,}06^t = \frac{15\,000}{10\,000} = 1{,}5$

$t = \log_{1,06} 1{,}5 = \frac{\lg 1{,}5}{\lg 1{,}06} \approx 6{,}96$

Nach 7 Jahren beträgt das Kapital 15 000 €.

h) Ein Badesee wurde durch Chemikalien mit 200 ppm verseucht. Die Verunreinigung nimmt alle 5 Tage um 15 % ab.
Nach wie vielen Tagen hat die Verunreinigung den unbedenklichen Wert von 10 ppm?

$200 \cdot 0{,}85^x = 10$ x: Anzahl der Schritte

$0{,}85^x = \frac{10}{200} = 0{,}05$

$x = \log_{0,85} 0{,}05 = \frac{\lg 0{,}05}{\lg 0{,}85} \approx 18{,}4$

Nach $18{,}4 \cdot 5$ Tagen = 92 Tagen kann wieder gebadet werden.

Aufgaben

1 Bestimme den Logarithmus im Kopf.

a) $\log_2 32$ b) $\log_2 \frac{1}{4}$ c) $\log_9 81$
d) $\log_3 1$ e) $\log_5 25$ f) $\log_7 7^5$
g) $\log_4 \frac{1}{64}$ h) lg 1000 i) lg 0,0001

2 Zeichne den Graphen der Funktion $y = \log_2 x$ im Intervall [0,25; 3] mit der Schrittweite 0,25. Erstelle eine Wertetabelle.

3 Bestimme den Logarithmus mit dem Taschenrechner.

a) lg 3285; lg 0,0357; lg 625
b) $\log_3 95$; $\log_6 832$; $\log_4 0{,}085$; $\log_4 9$

4 Bestimme die Zahl x, deren Logarithmus gegeben ist.

a) $\log_2 x = 7$ b) $\log_5 x = 3$
c) $\log_1 x = 3$ d) $\lg x = 4$

5 Zeichne die beiden Funktionen $y = 1{,}5^x$ und $y = \log_{1,5} x$ im Intervall [0,5; 5] in ein Koordinatensystem. Fertige zunächst für beide Funktionen eine Wertetabelle mit der Schrittweite 0,5 an. Vergleiche die Graphen.

6 Schreibe als Potenzgleichung.

Beispiel: $\log_2 8 = 3$ ist gleichwertig mit $2^3 = 8$

a) $\log_5 625 = 4$ b) $\log_6 7776 = 5$
c) $\log_8 64 = 2$ d) $\log_4 2 = \frac{1}{2}$
e) $\log_2 0{,}125 = -3$ f) $\log_{3,5} 12{,}25 = 2$

7 Von welchen Zahlen ist der Zehnerlogarithmus ganzzahlig?

8 Die Halbwertszeit von Calcium 49 beträgt ungefähr 8,7 Minuten. Um wie viel Prozent zerfällt Calcium 49 pro Minute?

9 In der Gleichung $a^x = y$ kann der Potenzwert $y = a^x$, die Basis $a = \sqrt[x]{y}$ oder der Exponent $x = \log_a y$ gesucht sein. Übertrage die Tabelle in dein Heft und ergänze entsprechend.

Potenzgleichung	Wurzelgleichung	Logarithmusgleichung
$3^6 = 729$		
	$\sqrt[8]{256} = 2$	
		$\log_4 1024 = 5$
		$\lg 10\,000 = 4$
$2^{-4} = 0{,}0625$		
	$\sqrt[4]{1296} = 6$	

10 Gib die Lösung folgender Gleichung an.

Beispiel: $5^{3x-2} = 9$

Lösung:
$$3x - 2 = \log_5 9$$
$$3x - 2 = \frac{\lg 9}{\lg 5}$$
$$3x = \frac{\lg 9}{\lg 5} + 2$$
$$x = \frac{1}{3}\left(\frac{\lg 9}{\lg 5} + 2\right) \approx 1{,}12174$$

Probe: $5^{3 \cdot 1{,}12174 - 2} = 5^{1{,}36522} = 9$

a) $12^x = 18$ b) $28^{x-4} = 270$
c) $5 \cdot 6^{2x+1} = 70$ d) $3^{2x} = 3^{x-1}$
e) $5 \cdot 2^x = 2 \cdot 5^x$ f) $3 \cdot 4^x = 6 \cdot 10^x$

11 Bestimme den Logarithmus.

a) $\log_3 3^x$ b) $\log_b \sqrt{b}$
c) $\log_5 \sqrt{5^k}$ d) $\log_a \sqrt[n]{a^m}$
e) $\log_c c^{x+y}$ f) $\log_a (a^x)^y$
g) $\lg 10^{x+3}$ h) $\lg 1000^2$

12 Ein Kapital von 3500 € wurde zu 6,5 % angelegt.
a) Nach wie vielen Jahren ist das Kapital auf 4000 € (auf 6000 €) angewachsen?
b) Wie viele Jahre dauert es, bis es sich verdoppelt bzw. verdreifacht hat?

13 Ein Labor soll nach einem Störfall mit einem Mittel desinfiziert werden, dessen Konzentration im Raum jede halbe Stunde um 10 % abnimmt.
a) Nach welcher Zeit ist nur noch die Hälfte der Anfangskonzentration vorhanden?
b) Fällt die Konzentration unter 0,1 % der Anfangskonzentration, darf das Labor gefahrlos betreten werden. Nach wie vielen Stunden ist das möglich?

14 Eine Tasse Kaffee hat eine Temperatur von 90 °C bei einer Raumtemperatur von 20 °C. Der Kaffee kühlt pro Minute um etwa 6 % der Differenz zwischen Kaffeetemperatur und Raumtemperatur ab.
Der Kaffee kühlt also pro Minute um $(90 - 20) \cdot 0{,}06\,°C = 70 \cdot 0{,}06\,°C$ ab.
Seine Temperatur beträgt dann $T = (20 + 70 \cdot 0{,}94)\,°C$. Nach t Minuten hat er die Temperatur $T = (20 + 70 \cdot 0{,}94^t)\,°C$.
Dabei wird vorausgesetzt, dass die Raumtemperatur sich nicht ändert.
a) Nach wie viel Minuten hat der Kaffee eine Trinktemperatur von 60 °C?
b) Frau Berndt kann erst in 5 Minuten den Kaffee trinken. Die kalte Milch würde ihn sofort um 10 °C abkühlen. Sie möchte ihn möglichst heiß trinken. Soll sie die Milch sofort eingießen oder erst in 5 Minuten?

! *Bei alten Taschenrechnern erfolgt die Eingabe nicht wie man schreibt. In diesem Fall ist zuerst die Zahl einzugeben und dann die* [log]*-Taste zu drücken:*

[526] [log] [=]

Zusammenfassung

Wachstum/ Abnahme

Viele Größen verändern sich in Abhängigkeit einer zweiten Größe. Ist der neue Wert größer bzw. kleiner als der alte, so liegt **Wachstum** bzw. **Abnahme** vor.

Lineare Vorgänge

Bei **linearem Wachstum** oder **linearer Abnahme** gehört zu gleich langen Zeitspannen stets eine Zunahme oder Abnahme um die **gleiche** Größe.

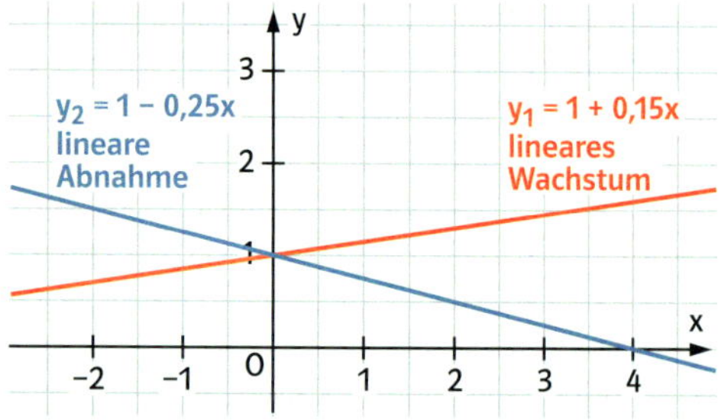

Wachstumsrate Wachstumsfaktor

Die Wachstumsrate p % gibt die Veränderung einer Ausgangsgröße in einem bekannten Abschnitt in Prozent an. Der Faktor, mit dem der alte Wert multipliziert wird, um den neuen zu erhalten, heißt **Wachstumsfaktor q**. Bei Zunahme ist die Wachstumsrate positiv, bei Abnahme negativ.

Wachstumsrate:

$$p\,\% = \frac{\text{neue Größe} - \text{alte Größe}}{\text{alte Größe}}$$

Wachstumsfaktor:

$$q = 1 + p\,\% = 1 + \frac{p}{100}$$

Exponentielles Wachstum/exponentielle Abnahme

Wächst eine Größe in gleichen Abschnitten um denselben Prozentsatz p %, wird also stets mit demselben Faktor $q > 1$ multipliziert, liegt **exponentielles Wachstum** vor. Bei entsprechender Verminderung, also Multiplikation mit gleich bleibendem Faktor $0 < q < 1$, liegt **exponentielle Abnahme** vor.

$$\mathbf{G_n = G_0 \cdot q^n = G_0 \cdot \left(1 \pm \frac{p}{100}\right)^n}$$

Die Bevölkerung eines Ballungsraumes (60 Mio.) wächst jährlich mit 1,6 %. Wie groß ist sie nach 3 Jahren?

$G_3 = 60 \cdot 1{,}016^3 \approx 62{,}93$

Es sind dann etwa 62,3 Mio. Einwohner.

Exponentialfunktion

Exponentielles Wachstum wird durch eine Funktionsgleichung der Form $\mathbf{y = c \cdot a^x}$ mit $c \neq 0$, $a > 0$ und $a \neq 1$ beschrieben.
Ist $c \neq 1$, so spricht man von einer **erweiterten Exponentialfunktion**.

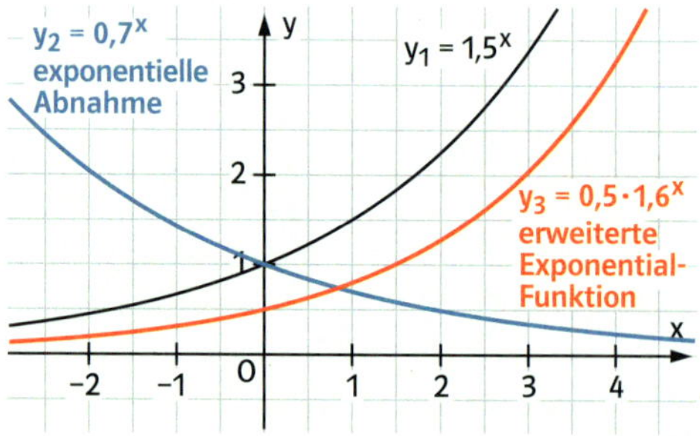

Halbwertszeit/ Generationszeit

Die Zeit, in der sich bei exponentieller Abnahme der Ausgangswert halbiert, heißt **Halbwertszeit $T_{\frac{1}{2}}$**. Der zugehörige Wachstumsfaktor ist 0,5.
Die Zeit, in der er sich bei Zunahme verdoppelt, heißt **Generationszeit T_2** (Wachstumsfaktor 2).

Halbwertszeit: $q = 1 - 50\,\% = 0{,}5$
Generationszeit: $q = 1 + 100\,\% = 2$

Logarithmus Zehnerlogarithmus

Der **Logarithmus von y zur Basis a**, kurz $\mathbf{\log_a y}$ ist die Zahl, mit der man a potenzieren muss, um y zu erhalten. Der Logarithmus zur Basis 10 heißt **Zehnerlogarithmus**, kurz **lg**.
Logarithmen zu beliebigen Basen berechnet man durch $\mathbf{\log_a y = \frac{\lg y}{\lg a}}$.

$\log_2 1024 = 10$
denn $2^{10} = 1024$

$\log_5 625 = 4$
denn $5^4 = 625$

$\lg 100\,000 = 6$
denn $10^6 = 100\,000$

$\lg 200 \approx 2{,}301$
denn $10^{2,301} \approx 200$

$$\log_4 256 = \frac{\lg 256}{\lg 4} = 4$$

Üben • Anwenden • Nachdenken

1 Die Tabelle zeigt die durchschnittliche Höhe von Tanne, Fichte und Eiche (in m).

Jahre	20	40	60	80	100	120
Eiche	9,3	18,3	22,2	26,1	29,5	31,6
Fichte	6,1	15,7	23,3	28,3	31,5	33,7
Tanne	2,5	13,3	22,9	28,4	32,5	34,7

a) Was wird für die einzelnen Zeitabschnitte vereinfachend vorausgesetzt?
b) Die Eiche gilt als langsam wachsender Baum, die Tanne als schnell wachsend. Erkläre diese Aussagen.

2 Gib die zugehörigen Wachstumsraten bzw. Wachstumsfaktoren an.
a) 2 %; 58 %; −10 %; 150 %; −3 %
b) 1,0; 1,3; 0,6; 2; 0,995

3 Berechne die fehlenden Werte.

	G_0	p	q	G_5	G_8	G_{10}
a)	1000		1,4			
b)	1	200 %				
c)	500		0,7			
d)		25 %				33,528

4 Durch Aushubarbeiten wird ein Kiessee von 2200 m² Größe jede Woche um 600 m² größer. Etwa 1 m² der Wasseroberfläche ist zu Beginn der Aushubarbeiten mit einem Algenfilm bedeckt. Dieser vergrößert sich jede Woche um das Dreifache.
a) Lege für die Kiesseefläche und das Wachstum der Algen eine Wertetabelle an. Beschreibe die Art des Wachstums.
b) Zeichne beide Graphen in ein Koordinatensystem. Gib die Funktionsvorschrift an.
c) Nach wie vielen Wochen ist der Kiessee komplett mit dem Algenfilm bedeckt?

5 Entscheide, ob lineares, quadratisches oder exponentielles Wachstum vorliegt.

	x	0	1	2	3	5
a)	y_1	1	2	3	4	6
b)	y_2	5	4,6	4,2	3,8	3
c)	y_3	2	3,6	6,48	11,66	37,79
d)	y_4	0	1	4	9	25
e)	y_5	10	7,5	5,625	4,22	2,37
f)	y_6	0	0,5	2	4,5	12,5

Zeichne jeweils den Graphen und gib die zugehörige Funktionsvorschrift an.

6 Welche Wachstumsart liegt vor? Lineares oder exponentielles Wachstum? Ergänze die Tabelle.

Zeit (h)	0	1	2	3	4	5	6
Wasserstand Pool (cm)	0	27	54		108	135	
Größe einer Bakterienkultur (cm²)	2	6		54		486	
Aushub bei Erdarbeiten (m³)	8,5	17		34	42,5		
Ausbreitung eines Gerüchts (Anzahl der Personen)	1	5		125		3125	

7 a) Ein Kapital verdoppelt sich je nach Zinssatz unterschiedlich schnell. Bei 6 % beträgt die Verdopplungszeit etwa zwölf Jahre, da $1{,}06^{12} \approx 2{,}012$ ist.
Bestimme die ungefähre Verdopplungszeit für die Zinssätze 3,5 %, 8 % und 9 %.
b) Ein Kapital wächst in fünf Jahren von 2800 € auf 3500 €. Mit wie viel Prozent wurde es angelegt?
c) Frau Schulze legt bei der Geburt ihrer Enkelin Alina 10 000 € in einem Aktienfonds zu 8 % an. Ist Alina, wenn sie mit 67 Jahren in Rente geht, eine Millionärin?
d) Herr Arslan legt 7500 € zu 4,5 % fest an. Auf welche Höhe ist der Betrag nach 36 Jahren gewachsen?

! *Wächst eine Größe jährlich um p %, dauert es rund $\frac{70}{p}$ Jahre bis zur Verdopplung.*

*Diese **Faustformel** ist brauchbar für Prozentsätze bis etwa 12 %.*

Bevölkerungswachstum – Deutschland

Zwischen 1886 und 1896 wuchs die deutsche Bevölkerung jährlich um durchschnittlich 1,1%. 1886 betrug sie 46,856 Mio. Berechne unter Annahme dieses Wachstums die Bevölkerung Deutschlands 1906, 1921, 1956, 1976, 1996 und 2006.

- Trage die Ergebnisse in eine Wertetabelle ein und zeichne den Graphen.
- Unten findest du die realen Bevölkerungszahlen von 1886 bis 2006. Trage sie ebenfalls in das Koordinatensystem ein.

Was fällt dir auf? Erkläre die Abweichungen.

? Die Einwohnerzahl Utopias würde sich bei gleich bleibendem Wachstum in 25 Jahren verdoppeln. Wie hoch ist die Wachstumsrate?

Reale Bevölkerungsentwicklung 1886–2006:

Jahr	Bevölkerung (in Mio.)
1886	46,856
1896	52,280
1906	60,641
1921	59,320
1939	58,834
1946	49,989
1956	50,340
1966	60,153
1976	63,682
1986	60,982
1996	81,376
2006	82,314

Künftige Bevölkerungsdynamik
Veränderung der Bevölkerungszahl 2002 bis 2020

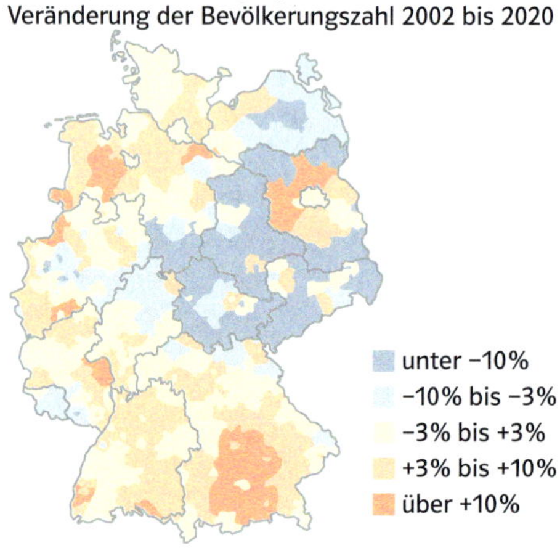

8 2007 betrug die Einwohnerzahl Indiens 1129 Mio. und Chinas 1321 Mio. Während Indien einen jährlichen Bevölkerungszuwachs von 1,6% hatte, betrug er in China nur 0,6%.
Wann leben unter diesen Voraussetzungen in Indien genauso viele Menschen wie in China?

9 São Paulo in Brasilien ist der drittgrößte Ballungsraum der Erde. Zwischen 1980 und 1990 stieg die Einwohnerzahl von São Paulo von 8 500 000 auf 9 600 000.
a) Berechne den durchschnittlichen jährlichen Wachstumsfaktor und die durchschnittliche jährliche Wachstumsrate.
b) Wie viele Einwohner müsste São Paulo nach diesen Voraussetzungen 1996, 2000, 2006 haben?
Erstelle eine Prognose für die Jahre 2015 und 2020.

10 Unter günstigen Bedingungen haben Wanderratten eine Generationszeit von 45 Tagen.
a) Wie groß wäre eine Population von 10 Wanderratten nach 3 (12) Monaten?
b) Wie viele Monate dauert es, bis eine Population von 80 000 000 (Einwohnerzahl von Deutschland) erreicht würde? Probiere.

11 Salmonellen haben bei 37 °C eine Generationszeit von etwa 30 Minuten. In einer Eierspeise befinden sich um 8 Uhr 120 Salmonellen.
a) Wie viele Salmonellen enthält die Speise um 13 Uhr?
b) Kühl gelagert beträgt die Generationszeit $2\frac{1}{2}$ Stunden. Wie hoch ist die Anzahl der Salmonellen dann um 13 Uhr?
c) Wann hat die gekühlte Speise eine ebenso hohe Salmonellenzahl wie die ungekühlte Speise um 13 Uhr?

Die C_{14}-Methode

In der Lufthülle der Erde findet man in geringen Mengen das radioaktive Kohlenstoffisotop C_{14}. Obwohl es mit einer Halbwertszeit von 5730 Jahren zerfällt, ist sein Gehalt in der Atmosphäre immer gleich, da es sich durch kosmische Strahlung ständig neu bildet. In allen lebenden Organismen lässt sich C_{14} nachweisen. Denn beim Atmen nehmen Pflanzen CO_2 und damit auch C_{14} auf, durch die Nahrungskette gelangt es in Menschen und Tiere.
Stirbt der Organismus, atmet und ernährt er sich nicht mehr. Damit wird kein C_{14} mehr nachgeliefert. Das vorhandene C_{14} zerfällt im abgestorbenen Gewebe. Wenn man den C_{14}-Anteil von lebender und toter Substanz vergleicht, lässt sich daraus der Zeitpunkt bestimmen, von dem an keine Nahrung mehr aufgenommen wurde.

12 Die Lasceaux-Höhle in Frankreich ist berühmt für ihre Höhlenmalereien. Die C_{14}-Atome in der dort gefundenen Holzkohle hatte im Jahr 1950 noch eine Aktivität von ca. 13 %.

13 Im Jahr 1922 wurde das Grab von Tutanchamun entdeckt. Man fand mehr als 5000 wertvolle Grabbeigaben: Goldene Statuen, Vasen, wertvolle Gläser und Wagenräder. In einem vergoldeten Holzschrein fand man die Mumie des Tutanchamun. Welches „Material" war für die Altersbestimmung interessant?
Der C_{14}-Anteil betrug 1922 noch 67,40 %. Wann starb Tutanchamun etwa?

14 Im September 1991 entdeckten deutsche Bergwanderer in dem italienischen Teil der Ötztaler Alpen eine mumifizierte Leiche. Als diese nach ihrer Bergung genauer untersucht wurde, entpuppte sich der Fund als wissenschaftliche Sensation: Die Gletscherleiche, die nach dem Fundort Ötzi genannt wurde, war viel älter, als zunächst angenommen. Da sie im Eis eingeschlossen war, wurde der Körper jedoch in sehr gutem Zustand erhalten. Es handelte sich um einen Hirten, der wahrscheinlich von einem Witterungsumschwung überrascht worden war. In seinen Knochen wurden 53,35 % des ursprünglichen C_{14}-Gehalts festgestellt.

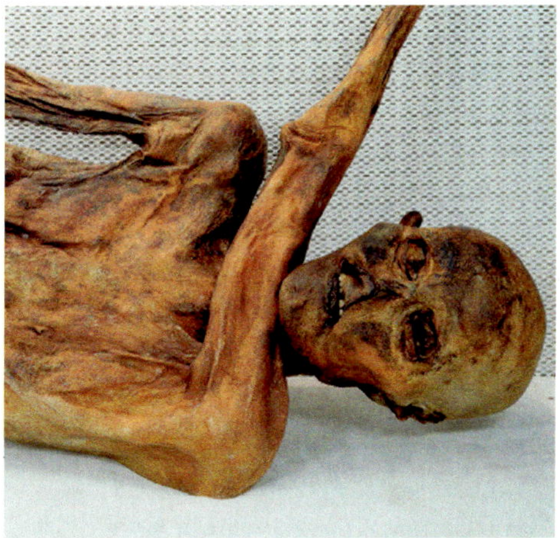

a) Schätze zunächst: In welchem Jahrtausend hat Ötzi gelebt?
b) Berechne: Vor wie vielen Jahren etwa hat er wohl gelebt?

15 Beim Reaktorunfall in Tschernobyl 1986 wurde eine Reihe unterschiedlicher radioaktiver Stoffe freigesetzt, unter anderem Cäsium 137 mit einer Halbwertszeit von 30,17 Jahren.
a) Nach wie viel Jahren ist die Cäsiumbelastung auf 25 % bzw. auf 12,5 % gesunken?
b) Zeichne einen geeigneten Graphen des radioaktiven Zerfalls von Cäsium und lies ab, nach welcher Zeit nur noch 20 %, 10 %, 5 % und 2 % der ursprünglichen Belastung vorhanden ist.
Gib die Jahreszahlen an.

16 Leonie findet beim Frühjahrsputz ein Sparbuch ihres Ururgroßvaters aus dem Jahr der Reichsgründung 1871 mit 50 Reichsmark. Wie viel Geld wäre im Jahr 2008 auf diesem Sparbuch, wenn die Zinsen bei 3,8 % mitverzinst worden wären?

17 Der Luftdruck der Erdatmosphäre nimmt mit zunehmender Höhe exponentiell ab, und zwar um rund 13 % pro 1000 Meter Höhe. In Meereshöhe (NN) beträgt der Luftdruck 1013 hPa (Hektopascal). Ein Bergsteigerteam, das den Eigergipfel über den Südgrat besteigen möchte, benötigt zwei Tage für den Aufstieg. Am ersten Tag steigen die Bergsteiger bis zur Mönchsjochhütte (3657 m) auf und am zweiten Tag dann auf den Gipfel.
a) Berechne den Luftdruck an der Mönchsjochhütte. Runde auf ganze hPa.
b) Auf dem Gipfel zeigt das Barometer etwa 582,8 hPa an. Berechne die Höhe des Eigers. Runde auf ganze Meter.

18 Erkläre, warum der Graph zu $y = 0{,}5 \cdot 2^x$ durch Verschiebung um 1 nach rechts aus dem Graphen $y = 2^x$ entsteht.

19 Begründe, warum alle Graphen der Exponentialfunktionen vom Typ $y = a^x$ den Punkt A(0 | 1) gemeinsam haben.
Begründe ebenfalls, warum A der einzige gemeinsame Punkt ist.

20 Wie lautet die Funktion des Graphen, den man durch Spiegelung des Graphen $y = 5^x$ $\left(y = \left(\frac{2}{3}\right)^x\right)$ an der y-Achse (x-Achse) erhält?

21 Zeichne die Graphen der Funktionen. Beschreibe jeweils die Veränderungen.
a) $y = 1{,}4^x$ und $y = 2 \cdot 1{,}4^x$
b) $y = 2{,}5^x$ und $y = 2{,}5^x + 2$

22 Bestimme den zugehörigen Funktionsgraphen.
$y_1 = 1{,}5^x$ $\quad$ $y_4 = 2^x$
$y_2 = 2 \cdot 1{,}5^x$ $\quad$ $y_5 = \left(\frac{3}{4}\right)^x$
$y_3 = 0{,}5 \cdot 0{,}5^x$

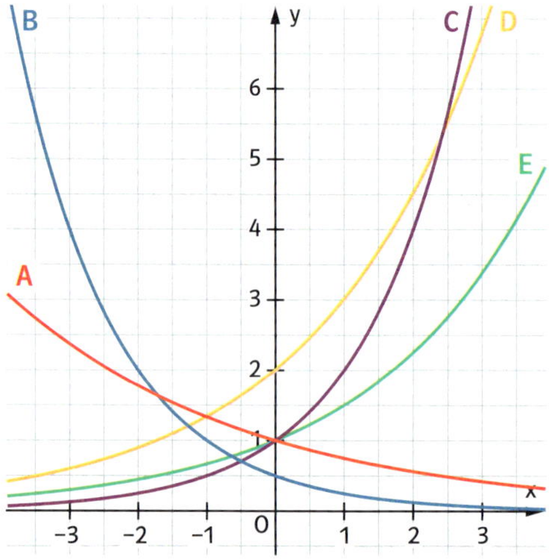

23 Die Industrienationen insgesamt haben sich auf der Weltklimakonferenz verpflichtet, ihren Ausstoß an Treibhausgasen bis zum Jahr 2012 gegenüber 1990 um 5,2 % zu senken. Würde dieses Ziel mit einer jährlichen prozentualen Abnahme von 0,25 % erreicht werden?

24 Bestimme den Logarithmus im Kopf.
a) $\log_4 128$ $\quad$ b) $\log_{\frac{1}{2}} 2$
c) $\log_6 \frac{1}{6}$ $\quad$ d) $\log_4 16^3$
e) $\lg 10\,000\,000$ $\quad$ f) $\lg 0{,}01$

25 Bestimme den Logarithmus mit dem Taschenrechner.
a) $\lg 157$ $\quad$ b) $\lg 25{,}7$
c) $\lg 0{,}038$ $\quad$ d) $\lg \frac{1}{2}$

26 Bestimme den Logarithmus.
a) $\log_5 5^7$ $\quad$ b) $\log_b (b^u)^v$
c) $\log_2 4^3$ $\quad$ d) $\log_3 \sqrt{81}$
e) $\log_7 50$ $\quad$ f) $\log_{11} 100$

27 a) Wann hat sich ein Kapital von 100 € bei einem Zinssatz von 5 % verdreifacht?
b) Im Wasser nimmt die Lichtintensität pro Meter um 12 % ab. In welcher Tiefe beträgt sie noch ein Zehntel (ein Hundertstel)?

Rückspiegel

1 Eine Maschine hat einen Wert von 120 000 €.
a) Welchen Wert hat sie nach zwei Jahren (7 Jahren), wenn sie pro Jahr 15 000 € (17 100 €) an Wert verliert?
b) Nach fünf Jahren hat sie nur noch einen Wert von 60 000 €. Berechne den durchschnittlichen Wertverlust.

2 a) Bestimme den Wachstumsfaktor zu $p\,\% = 35\,\%$ und $p\,\% = 12\,\%$.
b) Bestimme die Wachstumsrate zum Wachstumsfaktor $q = 2$ und $q = 8$.

3 Die Bevölkerung Südamerikas wuchs zwischen 2006 und 2007 von 560 Mio. auf 569 Mio.
a) Bestimme Wachstumsrate und Wachstumsfaktor.
b) Erstelle mit diesen Daten eine Prognose für 2015 und 2020.

4 Mit 60 Jahren will Herr Ley 75 000 € gespart haben. Dazu legt er an seinem 30. Geburtstag einen Betrag zu einem Zinssatz von 5,5 % auf einem Sparkonto an.
a) Wie viel muss er mindestens anlegen?
b) Nach welcher Zeitspanne hat sich der Betrag um 10 000 € erhöht (verdoppelt)?

5 Ein Wald hatte vor 20 Jahren einen Holzbestand von 93 000 m^3.
a) Wie groß ist der Holzbestand heute, wenn man mit einem jährlichen Zuwachs von 2,6 % rechnet?
b) Tatsächlich nahm der Holzbestand durch Umweltbelastung jährlich um 1,3 % ab. Wie groß ist der tatsächliche Holzbestand?

6 a) Gegeben ist die Funktion mit der Gleichung $y = 1{,}3^x$. Berechne die Funktionswerte an den Stellen $-2{,}5$; $-1{,}5$; $-0{,}5$; 0; 0,75; 1,5; 2,25.
b) Zeichne den Graphen der Funktion.
c) Stelle eine Funktionsgleichung vom Typ $y = a^x$ auf, deren Graph durch die Punkte $P(0\,|\,1)$ und $Q(1\,|\,2)$ verläuft.

1 Eine Talsperre muss bei einem Füllvolumen von 44 Mio. m^3 verstärkt Wasser ablassen. Der aktuelle Füllstand beträgt 42,8 Mio. m^3.
a) Nach wie vielen Tagen sind bei einem Zulauf von $0{,}4\,m^3/s$ die 44 Mio. m^3 erreicht?
b) Nach wie vielen Tagen muss bei Starkregen (Zulauf $6{,}5\,m^3/s$) Wasser abgelassen werden?

2 a) Bestimme den Wachstumsfaktor zu $p\,\% = 7\,\%$ und $p\,\% = -0{,}5\,\%$.
b) Bestimme die Wachstumsrate zum Wachstumsfaktor $q = 2{,}4$ und $q = \frac{1}{4}$.

3 Die Bevölkerung des Staates Absurdistan (46 Mio. Einwohner) nimmt jährlich um 2,5 % ab. Schlaraffia (20 Mio. Einwohner) wächst jährlich um 6,5 %. Nach wie vielen Jahren hat Schlaraffia ebenso viele Einwohner wie Absurdistan?

4 Ein Kapital von 2500 € wird für 6 Jahre angelegt. Dann werden 3398,39 € ausgezahlt.
a) Welchen Zinssatz gab es?
b) Wann hätte sich das Kapital mit diesem Zinssatz verdoppelt (vervierfacht)?

5 Zur Diagnose von Schilddrüsenerkrankungen wird radioaktives Technetium 99 (Halbwertszeit 6 Stunden) injiziert. Aus der in der Schilddrüse aufgenommenen Menge kann die Funktionstüchtigkeit des Organs beurteilt werden.
a) Wie viel Prozent der Anfangsmenge sind nach 0,5 (1,5) Tagen noch im Körper?
b) Wann hat sich die Strahlung auf 10 % reduziert?

6 a) Gegeben ist die Funktion $y = 1{,}5 \cdot 0{,}25^x$. Berechne die Funktionswerte für $x = -2{,}5$; $-1{,}5$; $-0{,}5$; 0; 0,75; 1,5; 2,25.
b) Zeichne den Graphen der Funktion.
c) Stelle eine Funktionsgleichung vom Typ $y = c \cdot a^x$ auf, deren Graph durch die Punkte $P\left(0\,\middle|\,\frac{1}{4}\right)$ und $Q\left(4\,\middle|\,20\frac{1}{4}\right)$ verläuft.

Abrechnen – Hochrechnen

Mathematik kommt im Alltag in unterschiedlichsten Situationen und Formen vor:
- in Rechnungen,
- in Diagrammen,
- in Statistiken,
- in Tabellen.

Frau Großmann tankt nach 626 km. Sie kauft noch eine Zeitschrift.
- Was kannst du aus den Zahlen auf dem Kassenbon berechnen?
- Formuliere selbst einige Aufgaben für deine Partnerin oder deinen Partner.

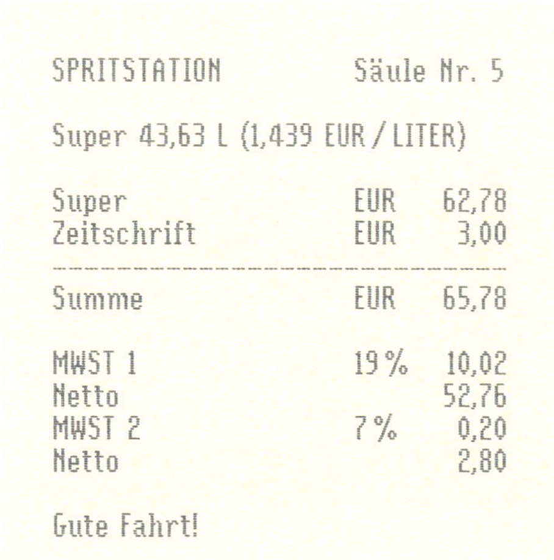
SPRITSTATION Säule Nr. 5

Super 43,63 L (1,439 EUR / LITER)

Super	EUR	62,78
Zeitschrift	EUR	3,00
Summe	EUR	65,78
MWST 1	19 %	10,02
Netto		52,76
MWST 2	7 %	0,20
Netto		2,80

Gute Fahrt!

Anstieg der Benzinpreise

durchschnittlicher Literpreis in Cent

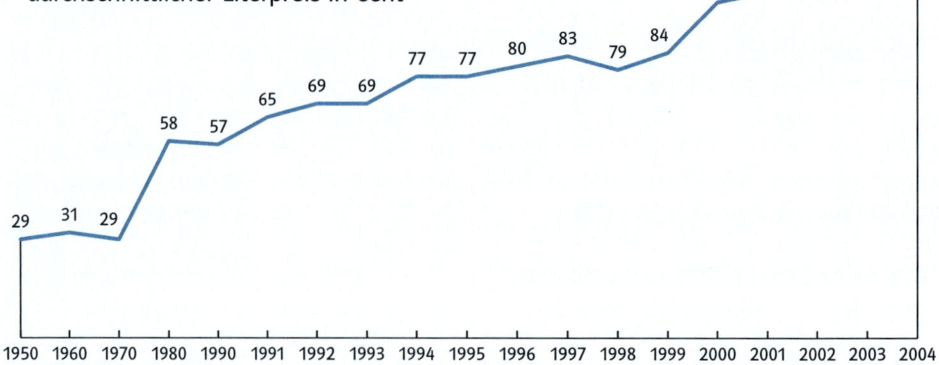

Aus der Zeitung

„Waren das noch Zeiten: Gerade mal 29 Cent kostete 1950 ein Liter Normalbenzin, heute liegt der Preis weit über einem Euro (allerdings sind auch die Einkommen gestiegen). Nach der Benzinpreisexplosion fährt jeder dritte Deutsche weniger Auto. Wo führt das noch hin?"

Umfragedaten werden oft in Fragebögen erfasst. Die Ergebnisse werden bewertet und sind häufig die Grundlage für wirtschaftliche und politische Entscheidungen.

Verfügst du über einen Internetanschluss zu Hause?
☐ *Ja* ☐ *Nein*

Wie häufig bist du im Internet?
☐ *täglich*
☐ *einmal im Monat*
☐ *einmal in der Woche*
☐ *Sonstiges*

Wozu nutzt du das Internet?
☐ *Recherche* ☐ *Info*

An der Carl-Friedrich-Gauß-Realschule wurden sämtliche Schülerinnen und Schüler der zehnten Klassen zu ihrem Medienverhalten befragt. Rechts siehst du einen Ausschnitt des Fragebogens.
- Entwickle selbst weitere Fragen. Denke dabei nicht nur an den PC und das Internet.
- Überlege dir auch, ob Mehrfachnennungen gewünscht sind oder ob nur eine der angebotenen Antworten angekreuzt werden soll.

Zur Darstellung der Umfrageergebnisse werden meistens Diagramme verwendet.

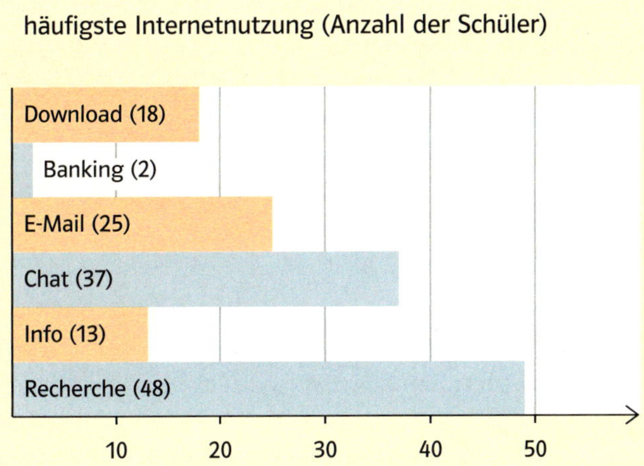

Im oben abgebildeten Diagramm wird die Nutzung des Internets durch die Zehntklässler dargestellt.
- Wie viele Schüler haben an der Umfrage teilgenommen? Mehrfachnennungen waren nicht möglich.

Der Carl-Friedrich-Gauß-Realschule gehören insgesamt 760 Schülerinnen und Schüler an.
- Übertrage die Erkenntnisse auf die gesamte Schule und erstelle sowohl eine Tabelle als auch ein Diagramm für die gesamte Schülerzahl.
- Welche Schwierigkeiten erwartest du?

In diesem Kapitel lernst du,

- wie man die Zinsrechnung anwendet,
- welche Diagrammformen wozu sinnvoll verwendet werden,
- wie man die Kennwerte einer statistischen Erhebung bestimmt,
- wie man das Ergebnis einer statistischen Erhebung beurteilt.

1 Zinsrechnen und Zinseszins

Martina hat 1500 € als Guthaben auf der Bank.
Sie erhält einen Zinssatz von 2,5 %.
Nach zwei Jahren und 6 Monaten löst sie ihr Konto auf.
Martina erwartet 93,75 € Zinsen.
Sie ist überrascht, dass ihr Guthaben auf 1595,64 € angewachsen ist.
→ Was meinst du dazu?

*Zinsrechnung – **Prozentrechnung***

Kapital – Grundwert

Zinssatz – Prozentsatz

Zinsen – Prozentwert

In der Zinsrechnung gibt es wie bei der Prozentrechnung drei Größen: das **Kapital K**, den **Zinssatz p %** und die **Zinsen Z**. Der Zinssatz bezieht sich auf 1 Jahr.
Bei der Berechnung von Zinsen für Zeiträume unter einem Jahr muss ein entsprechender Zeitfaktor berücksichtigt werden.
Man rechnet vereinfacht 1 Jahr = 12 Monate = 360 Tage und 1 Monat = 30 Tage.

! Diese Formel gilt nicht für Zeiträume länger als 1 Jahr!

Zinsen für Zeiträume unter einem Jahr werden berechnet, indem man die Jahreszinsen mit dem Zeitfaktor multipliziert.
Zinsen = Jahreszinsen · Zeitfaktor

$Z = K \cdot \frac{p}{100} \cdot \frac{t}{360}$ t Anzahl der Tage

Beispiel
Roman hat 21 Tage lang sein Konto um 980 € überzogen. Der Überziehungszinssatz beträgt 11 %. Mit der Zinsformel kann man die anfallenden Zinsen berechnen.

$Z = K \cdot \frac{p}{100} \cdot \frac{t}{360}$

$Z = 980 \cdot \frac{11}{100} \cdot \frac{21}{360}$ €

$Z \approx 6{,}29$ €

Legt man Geld für mehr als ein Jahr an, werden die Zinsen mitverzinst. Man spricht von **Zinseszinsen**. Bei einer Laufzeit von n ganzen Jahren lässt sich aus dem **Anfangskapital K_0** das **Endkapital K_n** mit der Zinseszinsformel berechnen. Ist die Laufzeit keine ganze Anzahl von Jahren, so werden die Zinsen für den Bruchteil des Jahres mit der Zinsformel berechnet.

Mit der **Zinseszinsformel** kann man aus dem Anfangskapital K_0 und dem Zinssatz p % das Endkapital K_n nach n Jahren berechnen:

$$K_n = K_0 \cdot q^n \quad \text{mit} \quad q = 1 + \frac{p}{100}$$

Beispiel
Aus dem Endkapital von 3073,14 € und dem Zinssatz 3,5 % kann man das vor sechs Jahren angelegte Anfangskapital berechnen, indem man die Zinseszinsformel umstellt.

$K_0 = \frac{K_n}{q^n}$

$K_0 = \frac{3073{,}14\text{ €}}{1{,}035^6}$

$K_0 \approx 2500{,}00$ €

Das Anfangskapital beträgt 2500,00 €.

Aufgaben

1 a) Herr Baum überzieht sein Konto 58 Tage lang bei einem Zinssatz von 10,5 % um 2350 €.
b) Frau Munz muss bei einem Zinssatz von 15,25 % für 45 Tage Zinsen in Höhe von 23,83 € bezahlen.
c) Bei welchem Zinssatz wächst ein Guthaben in 10 Monaten von 956,50 € auf 977,22 € an?

2 Vergleiche die beiden Angebote.

3000 € bringen in 4 Monaten **100 €** Zinsen	**4000 €** bringen in 3 Monaten **100 €** Zinsen

3 Herr Findeisen muss eine Rechnung in Höhe von 4356,50 € bezahlen.
Bei Barzahlung kann er 2 % Skonto abziehen. Er überlegt, ob es günstiger ist, sein Girokonto für 23 Tage um 1456,00 € zu überziehen.
Die Bank verlangt Überziehungszinsen in Höhe von 11,5 %.

4 a) Herr Amann legt einen Betrag von 5000 € mit einem Zinssatz von 4,5 % für 6 Jahre fest an. Wie viel Zinsen werden ihm am Ende gutgeschrieben?
b) Frau Bucher hat nach 5 Jahren bei einem Zinssatz von 4,2 % einen Betrag von 3685,19 € angespart.
Welchen Geldbetrag hat Frau Bucher ursprünglich angelegt?
c) Herr Carle hat vor 4 Jahren 8000 Euro bei seiner Bank fest angelegt. Heute hat er 9394,92 € als Guthaben.
Zu welchem gleich bleibenden Zinssatz hat er sein Geld angelegt?

5 a) Wie würdest du entscheiden?
Ein Kapital 5 Jahre zu 6 % oder 6 Jahre zu 5 % anlegen?
b) Welcher Zinssatz muss gewählt werden, damit ein Kapital in 10 Jahren auf das Doppelte anwächst?

6 Die Hansa-Bank hat zwei aktuelle Angebote, bei denen Zinsen mitverzinst werden.

1. Angebot: 4,75 %	2. Angebot: 4,2 %
· Sparbrief · Laufzeit 4 Jahre · Anlagebetrag ab 5000 Euro	· Festzinssparbuch · Laufzeit 2 Jahre · Anlagebetrag ab 10 000 Euro

a) Das Ehepaar Seitz legt 7500 € laut 1. Angebot an. Wie viel Euro Zinsen werden am Ende ausbezahlt?
b) Der Anlagebetrag von Frau Bolz wächst nach dem 2. Angebot auf 13 029,17 € an. Wie hoch war der angelegte Betrag?

7 a) Miriam zahlt bei einem Zinssatz von 2,75 % auf einen Sparvertrag 500 € ein. Nach einem Jahr und weiteren 7 Monaten löst sie den Vertrag auf.
b) Alexander zahlt einen Geldbetrag zu Beginn des Jahres auf seinen Sparvertrag ein. Der Zinssatz beträgt 2,5 %. Nach einem Jahr und 8 Monaten ist der eingezahlte Betrag auf 1250,50 € angewachsen. Wie hoch war das Anfangskapital?

8 Ein Kapital von 10 000 € wird mit 4 % verzinst. Erstelle eine Tabelle und lies ab, nach welcher Zeit sich das Kapital verdoppelt hat.
Wie ändert sich die Verdopplungszeit, wenn der Zinssatz 5 % oder sogar 6 % beträgt? Mit einem Rechenblatt einer Tabellenkalkulation kannst du dir die Arbeit erleichtern. Stelle die Entwicklung der Zinsen in einem Diagramm dar.

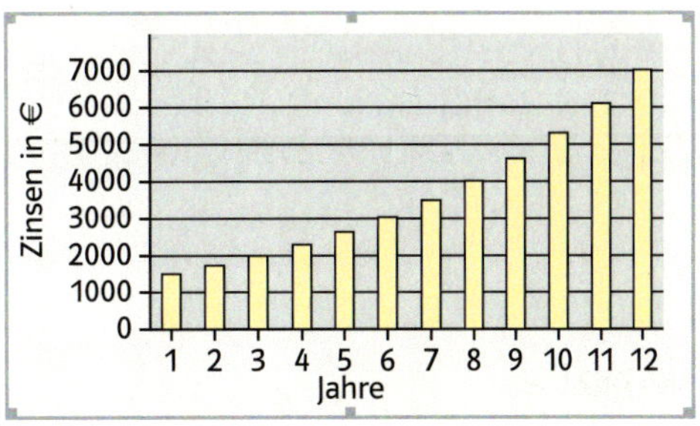

Mit welchem Zinssatz wurde im Diagramm für das Kapital von 10 000 € gerechnet? Was erkennst du für diesen und ähnlich hohe andere Zinssätze?

2 Zuwachssparen und Ratensparen

Am Ende noch eine dicke Prämie!
Zinssatz 3,8 %
Laufzeit 3 Jahre
Bei Auszahlung des angesparten Betrags noch 5 % Prämie auf den Einzahlungsbetrag!

Jedes Jahr mehr Zinsen!
1. Jahr: 3,5 %
2. Jahr: 4,0 %
3. Jahr: 4,5 %
Auszahlung nach 3 Jahren.

Die Bank hat zwei verschiedene Angebote in ihrem Schaufenster.
→ Anja und Thorsten überlegen, welches Angebot mehr Gewinn bringt.

Wenn man heute Geld bei einer Bank anlegt, gibt es eine Vielzahl verschiedener Angebote. In der Regel beträgt die Laufzeit mehrere Jahre, sodass die Zinsen mitverzinst werden. Beim **Zuwachssparen** werden von Jahr zu Jahr veränderliche Zinssätze angeboten, um eine längere Laufzeit durch höhere Zinssätze zu belohnen.

Zuwachssparen: Aus einem **Anfangskapital K_0** und den veränderlichen Zinssätzen kann das **Endkapital K_n** nach **n Jahren** mithilfe der Zinsfaktoren $q_1, q_2, \dots, q_n$ berechnet werden:

$$K_n = K_0 \cdot q_1 \cdot q_2 \cdot \ldots \cdot q_n$$

Beispiel

a) Ein Anfangskapital von 2500 € ist in drei Jahren mit wachsenden Zinssätzen auf 2761,05 € angewachsen. Die Zinssätze im zweiten und im dritten Jahr betrugen 3,3 % und 3,8 %.
Durch Umstellen der Formel für das Zuwachssparen kann der Zinssatz im ersten Jahr berechnet werden.

$K_3 = K_0 \cdot q_1 \cdot q_2 \cdot q_3 \quad | : (K_0 \cdot q_2 \cdot q_3)$

$q_1 = \frac{K_3}{K_0 \cdot q_2 \cdot q_3}$

$q_1 = \frac{2761{,}05\,€}{2500{,}00\,€ \cdot 1{,}033 \cdot 1{,}038}$

$q_1 \approx 1{,}03$

Im ersten Jahr betrug der Zinssatz 3 %.

Verzinsung der Raten:
1. Rate: $R \cdot q^n$
2. Rate: $R \cdot q^{n-1}$
3. Rate: $R \cdot q^{n-2}$
…
letzte Rate: $R \cdot q$

Wird in gleich bleibenden Zeitabständen stets derselbe Geldbetrag eingezahlt, so bezeichnet man diese Sparform als **Ratensparen**. In der Regel bleibt der Zinssatz während der gesamten Laufzeit unverändert.
Die erste Rate wird über n Jahre verzinst, also ist ihr Wert am Ende der Laufzeit $R \cdot q^n$.
Die zweite Rate wird ein Jahr weniger verzinst, wächst also auf $R \cdot q^{n-1}$. Die Berechnung der gesamten Sparsumme lässt sich so fortsetzen und in einer Formel zusammenfassen.

Ratensparen: Aus der **jährlichen Sparrate R** und dem **Zinsfaktor q** kann die Sparsumme K_n für eine Laufzeit von n Jahren durch die Formel
$K_n = R \cdot (q^n + q^{n-1} + q^{n-2} + \ldots + q)$ berechnet werden.

Beispiel

b) Bei einer jährlichen Sparrate von 500,00 € und einem Zinssatz von 4,2 % lassen sich die Sparsumme und die erzielten Zinsen nach 4 Jahren berechnen:
$K_4 = R \cdot (q^4 + q^3 + q^2 + q)$

$K_4 = 500{,}00 \cdot (1{,}042^4 + 1{,}042^3 + 1{,}042^2 + 1{,}042)\,€$

$K_4 \approx 2219{,}01\,€$

$Z = K_4 - 4 \cdot R$

$Z \approx 219{,}01\,€$

Aufgaben

1 Herr Fuchs legt 8000 € bei seiner Bank für 3 Jahre zu folgenden Bedingungen an.

1. Jahr:	2. Jahr:	3. Jahr:
3,2 %	3,4 %	3,8 %

Zinsen werden mitverzinst.

a) Auf welchen Betrag wächst das Kapital bis zum Ende des dritten Jahres an?
b) Wie viel Zinsen sind in den einzelnen Jahren angefallen?
c) Um wie viel Prozent hat sich das Kapital insgesamt erhöht?

2 Ein Kapital von 20 000 € ist nach 3 Jahren auf 22 713,87 € angewachsen.

Zinssatz im 1. Jahr: 3,9 %
Zinssatz im 2. Jahr: 4,3 %

a) Wie hoch war der Zinssatz im dritten Jahr?
b) Wie viel Euro Zinsen werden jeweils am Jahresende gutgeschrieben?
c) Mit welchem festen Zinssatz wäre das Kapital im selben Zeitraum auf denselben Endbetrag angewachsen?

3 Für einen Betrag von 15 000 € werden nach 3 Jahren insgesamt 1791,45 € Zinsen gutgeschrieben. Die Zinssätze des ersten und zweiten Jahres sind gleich, der Zinssatz im dritten Jahr beträgt 4,5 %.
a) Wie hoch ist der Zinssatz in den beiden ersten Jahren?
b) Angenommen, das Kapital wäre auf 17 000 € angewachsen, wie hoch wäre dann der Zinssatz im ersten und im zweiten Jahr gewesen?

4 Frau Sommer benötigt in zwei Jahren für Renovierungsarbeiten 15 000 €.
a) Welchen Geldbetrag muss Frau Sommer anlegen, wenn die Bank im ersten Jahr 4 % und im zweiten Jahr 4,5 % bietet? Zinsen werden mitverzinst.
b) Bei welchem gleich bleibenden Zinssatz wächst das in a) berechnete Kapital in zwei Jahren auf denselben Endbetrag?

5 Bundesschatzbriefe sind beliebte Wertpapiere, die mit jährlich wachsenden Zinssätzen verzinst werden. Bei Typ B beträgt die Laufzeit 7 Jahre, und die Zinsen werden dem Kapital zugeschlagen und mitverzinst.
Frau Bergen legt zu diesen Bedingungen 3000,00 € an.
a) Auf wie viel Euro ist das Kapital am Ende der Laufzeit angewachsen?
b) Mit welchem gleich bleibenden Zinssatz wird derselbe Gewinn erzielt?
c) Welchen Betrag müsste sie mindestens anlegen, wenn sie am Ende über 10 000,00 € verfügen will?

Zinssätze
1. Jahr: 4,7 %
2. Jahr: 5,0 %
3. Jahr: 5,3 %
4. Jahr: 5,7 %
5. Jahr: 6,1 %
6. Jahr: 6,5 %
7. Jahr: 7,0 %

6 Herrn Bauer liegen zwei Angebote der Bank zum Ratensparen mit einer Laufzeit von jeweils 4 Jahren vor.
Zinsen werden mitverzinst.
a) Wie hoch ist die Sparsumme nach Ende der Laufzeit?
b) Anfangs ist die Sparsumme nach Angebot A höher als nach Angebot B. Bleibt das immer so?
c) Wie hoch müsste die Jahresrate von Angebot A sein, damit nach 3 Jahren beide dieselbe Sparsumme erreichen?

Unsere Ratensparpläne

Plan A	Jahresrate: 1500 € Zinssatz: 4,2 %
Plan B	Jahresrate: 1200 € Zinssatz: 4,52 %

! *Rechne beide Angebote mit den entsprechenden Monatsraten durch. Beachte, dass der Zinssatz sich auf das Jahr bezieht. Ein Tabellenkalkulationsprogramm ist dafür eine große Hilfe.*

7 Frau Stahl hat 5 Jahre lang jährlich einen bestimmten Betrag auf ihr Sparkonto einbezahlt. Am Ende des fünften Jahres bekommt sie 13 842,65 € ausbezahlt. Der Zinssatz betrug 4,8 %. Zinsen wurden mitverzinst.
a) Wie hoch war ihre jährliche Sparrate?
b) Wie hoch waren die Zinserträge am Ende eines jeden Jahres?

3 Darlehen

Kalkulationsdatum		:	30.05.2002
Ende der Zinsbindung		:	30.05.2007
Zinsbindungsdauer		:	5,00
Nominalbetrag	€	:	100 000,00
Auszahlungsbetrag	€	:	95 000,00
Auszahlungskurs	%	:	95,00
Nominalzins	%	:	5,935
Anzahl Raten	p.a.	:	12
Anzahl Zinsbelastungen	p.a.	:	12
Tilgungsanrechnung sofort		:	ja
Tilgungsbeginn am		:	30.07.2002
Anfangstilgung p.a.	%	:	1,00
Ratenhöhe ab Tilgungsbeginn	€	:	577,90
bis zum Tilgungsbeginn		:	nur Zinsen
Ratenhöhe bis Tilgungsbeginn	€	:	494,56
(anfängl.) effektiver Jahreszins	%	:	7,40
Restschuld Ende Zinsbindung	€	:	94 307,06

Familie Hausmann möchte ein eigenes Haus bauen. Bei der Berechnung der entstehenden Kosten stellen sie fest, dass sie sich einen Betrag von 100 000 € leihen müssen.
→ Was muss Familie Hausmann bei der Beschaffung des Darlehens berücksichtigen?

Rückzahlungsrate = Zinsen + Tilgung

Zum Erwerb eines Hauses oder einer Wohnung bieten Kreditinstitute **Darlehen** in vielfältiger Form an. Für den zur Verfügung gestellten Darlehensbetrag verlangt die Bank Zinsen. Die Rückzahlungen erfolgen zu einem vereinbarten regelmäßigen Zeitpunkt. Diese **Rückzahlungsraten** setzen sich aus einem Zinsanteil und einem Tilgungsanteil zusammen. Der **Tilgungsbetrag** wird zu Beginn vom Darlehensbetrag und dann jeweils von der **Restschuld** abgezogen. Die **Restschuld** wird also von Jahr zu Jahr geringer.
Bei gleich bleibender Rückzahlungsrate verringert sich der Zinsbetrag, während sich gleichzeitig der Tilgungsbetrag erhöht.

Die jährliche Entwicklung eines Darlehens kann man übersichtlich tabellarisch darstellen. Für ein Darlehen in Höhe von 80 000 €, einem Zinssatz von 5,0 % und einer vereinbarten jährlichen Rate von 6000 € (Zins und Tilgung) ergibt sich ein **Tilgungsplan**:

Jahr	Restschuld zu Jahresanfang	Zinsen (5 % der Restschuld)	Tilgung (Raten – Zinsen)	Restschuld zu Jahresende
1	80 000,00 €	4000,00 €	2000,00 €	78 000,00 €
2	78 000,00 €	3900,00 €	2100,00 €	75 900,00 €
3	75 900,00 €	3795,00 €	2205,00 €	73 695,00 €
4	73 695,00 €	…	…	…

Die Tabelle kann so für jeden gewünschten Zeitraum fortgesetzt werden.

Die Berechnung der jeweiligen Restschuld kann auch so erfolgen:
Restschuld nach 1 Jahr: 80 000,00 € · 1,05 – 6000,00 € = 78 000,00 €
Restschuld nach 2 Jahren: 78 000,00 € · 1,05 – 6000,00 € = 75 900,00 €

! *Banküblich ist eine monatliche Abrechnung.*

Ein **Darlehen** wird im Regelfall mit einer **gleich bleibenden Rückzahlungsrate** getilgt. Die Zinsen beziehen sich dabei immer auf die noch bestehende **Restschuld** und werden mit der Tilgungsrate verrechnet. Dies nennt man **Annuitätentilgung**.

Aufgaben

1 Eine Bank gewährt ein Darlehen in Höhe von 120 000 Euro zu einem Zinssatz von 4,8 %. Es wird eine jährliche Rückzahlungsrate von 10 000,00 € vereinbart.
a) Erstelle einen Tilgungsplan für die ersten 5 Jahre.
b) Wie viel Euro Zinsen fallen für die ersten 5 Jahre an?

Tilgungsplan mit dem Computer

Darlehensberechnungen und Tilgungspläne werden von der Bank mit dem Computer erstellt. Mithilfe eines Tabellenkalkulationsprogramms lassen sich beliebig gewählte Daten und deren Auswirkungen auf die anderen Größen sehr schnell ablesen.

- Erstelle selbst ein Rechenblatt, mit dem du Tilgungspläne für unterschiedliche Darlehen, Raten und Zinssätze vergleichen kannst.
- Überprüfe mithilfe des Programms, nach welcher Zeit ein Darlehen von 150 000 € mit einer jährlichen Rate von 12 000 € und einem Zinssatz von 4,8 % vollständig zurückbezahlt ist.
  Wie viel Zinsen wurden dann insgesamt bezahlt? Ab wann ist die Tilgung erstmals höher als der Zinsbetrag?
- Als maximale Laufzeit geben die Banken 35 Jahre an.
  Wie hoch müsste bei dieser Laufzeit für ein Darlehen von 100 000 € und einem Zinssatz von 4,5 % die Rate sein?

E10 ▼ =B10-D10

	A	B	C	D	E
1	**Tilgungsplan eines Darlehens**				
2					
3	Darlehen		120.000,00 €		
4	Jährliche Rate		8.000,00 €		
5	Zinssatz		4,20 %		
6					
7	Jahr	Restschuld zu Jahresanfang	Zinsen	Tilgung	Restschuld zu Jahresende
8	1	120.000,00 €	5.040,00 €	2.960,00 €	117.040,00 €
9	2	117.040,00 €	4.915,68 €	3.084,32 €	113.955,68 €
10	3	113.955,68 €	4.786,14 €	3.213,86 €	110.741,82 €
11	4	110.741,82 €			

- Ändere in dem Programm den Zinssatz. Wie verändert sich die Anzahl der Jahre bis zur vollständigen Tilgung, wenn Darlehensbetrag und Rate gleich bleiben?
- Es ist häufig üblich, bei Tilgungsplänen monatlich zu zahlen und zu tilgen. Wie musst du dein Rechenblatt ändern, um diese Zahlungsweise bei der Berechnung zu berücksichtigen?

2 Familie Müller möchte eine Eigentumswohnung erwerben und benötigt dazu noch 120 000 €. Die Bank bietet einen Zinssatz von 5,2 %. Der Tilgungsanteil beträgt im 1. Jahr 2 % des anfänglichen Darlehensbetrags.
a) Berechne die jährlich gleich bleibende Rückzahlungsrate.
b) Wie hoch ist die Restschuld zu Beginn des 4. Jahres?

3 Bei einem Darlehen in Höhe von 80 000 € beträgt die Restschuld nach 1 Jahr noch 78 160,00 €. Der Zinssatz liegt bei 5,2 %.
a) Berechne die Restschuld nach 3 Jahren.
b) Zu Beginn des 4. Jahres leistet der Schuldner eine Sondertilgung in Höhe von 12 000 €. Wie hoch ist dann die Restschuld am Ende des 5. Jahres?

4 Frau Kämpf nimmt ein Darlehen in Höhe von 70 000 € auf.
Zinssatz: 5,5 %
Jährliche Rate: 6000,00 €
a) Stelle für die ersten 4 Jahre einen Tilgungsplan auf.
b) Um wie viel Euro hat sich die Restschuld am Ende des 4. Jahres verringert?
c) Stelle einen Tilgungsplan mit einem Tabellenkalkulationsprogramm auf und gib an, wie viel Jahre Frau Kämpf bis zur vollständigen Tilgung zurückzahlen muss.
d) Wie würde ein Tilgungsplan für eine Rückzahlung in monatlichen Raten in Höhe von 500,00 € aussehen? Vergleiche mit der jährlichen Rückzahlung.
e) Stelle mit einem Rechenblatt fest, wie sich die Anzahl der Jahre verändert, wenn der Zinssatz nur 5,0 % beträgt.
Wie ändert sich dann die gesamte Summe, die zurückgezahlt werden muss?

4 Diagramme

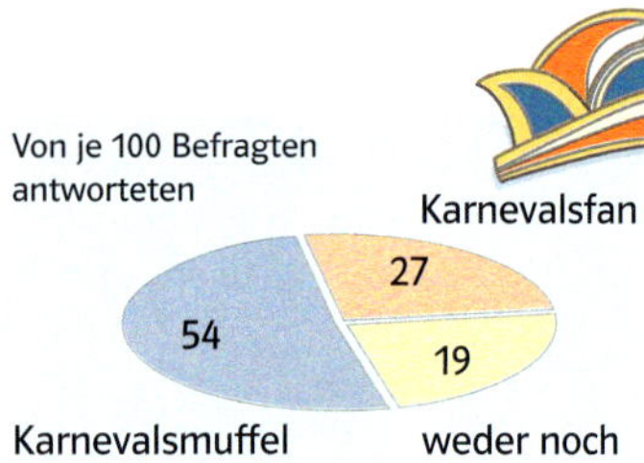

Karnevalsmuffel oder Karnevalsfan

Lieblingknabbereien

In den Diagrammen sind die Ergebnisse zweier Umfragen dargestellt.

→ Stelle die Daten mit anderen Diagrammen dar und vergleiche.

→ Weshalb wurden diese Diagrammtypen verwendet?

→ Kennst du Vor- oder Nachteile bestimmter Diagrammtypen?

Durch **statistische Erhebungen** wie z. B. Umfragen werden in unterschiedlichsten Bereichen große Datenmengen erfasst.
Zur besseren Übersicht kann man diese Daten in **Tabellen** festhalten.
Bestimmte Aspekte des Datenmaterials können allerdings noch besser mit **Diagrammen** veranschaulicht werden. Dabei werden unterschiedliche Diagrammtypen verwendet.

Kreisdiagramme und **Streifendiagramme** verdeutlichen die Verteilung von Anteilen.
Säulen- und Balkendiagramme veranschaulichen Unterschiede und Rangfolgen. Auch zeitliche Veränderungen können so dargestellt werden. Oft eignen sich dafür aber **Liniendiagramme** noch besser.

Beispiele

a) Das Liniendiagramm zeigt, dass die Zahl der Handybesitzer in Deutschland in den Jahren 1992 bis 2000 stark zugenommen hat. Zudem erkennt man, dass sich die Anzahl der Mobilfunkteilnehmer von 1999 bis 2000 annähernd verdoppelt hat.
Die Werte sind miteinander verbunden.
Das genaue Ablesen von Zwischenwerten ist hier jedoch nicht möglich.

b) Gegenüberliegende Balkendiagramme werden häufig zum Vergleichen verwendet. Auffallend ist, dass der Elektroschrott bei den Hausgeräten von 389 000 t auf 968 000 t zugenommen hat. Dies ist eine Steigerung um fast 150 %. Im Bereich der Kommunikationstechnik nahm die Schrottmenge hingegen um rund 28 % ab.
Bei der Labortechnik blieb die Elektroschrottmenge fast gleich.

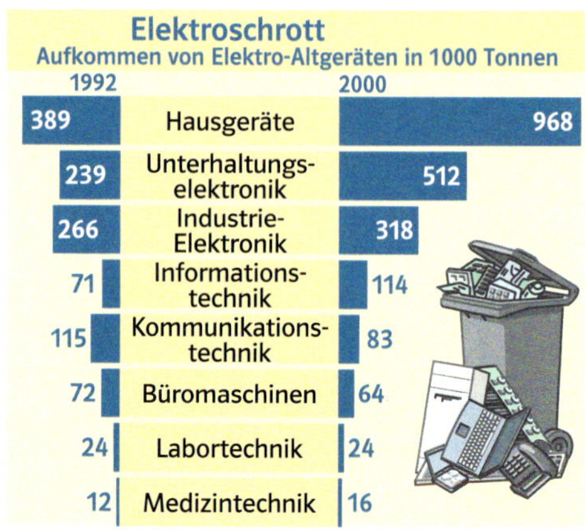

Aufgaben

1 Das Diagramm zeigt, wie viel Geld Mädchen monatlich zur Verfügung haben.

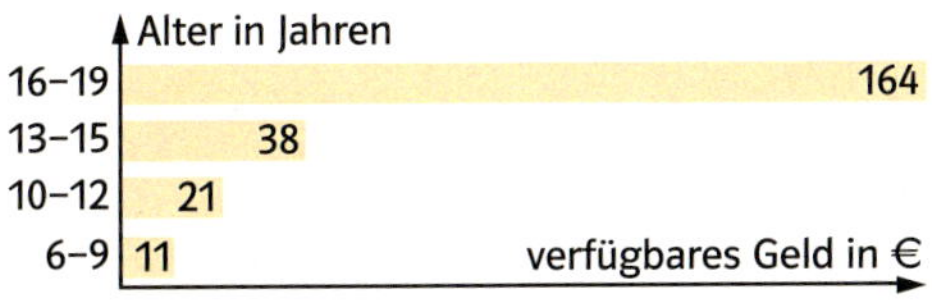

Weshalb wurde ein Balkendiagramm verwendet? Würde sich hier ein Kreisdiagramm eignen? Begründe.

2 Die Tabelle zeigt die durchschnittlichen monatlichen Ausbildungsvergütungen im Jahre 2005.

Ausbildungsberuf	West	Ost
Industriemechaniker/in	741 €	683 €
Einzelhandelskaufmann/-frau	669 €	602 €
Kfz-Mechatroniker/in	564 €	436 €
Bürokauffrau/-mann	562 €	455 €
Arzthelfer/in	522 €	448 €
Bäcker/in	457 €	351 €
Friseur/in	415 €	260 €

a) Zeichne ein Säulendiagramm, in dem alle Daten gemeinsam dargestellt werden.
b) Inwiefern eignet sich für die Darstellung ein Kreisdiagramm? Begründe.
c) In welchem Beruf tritt die größte Differenz auf, in welchem die kleinste? Vergleiche auch prozentual.

3 Beschreibe einen zum vorgegebenen Diagramm passenden Sachverhalt. Die Zeitachse ist bereits markiert.

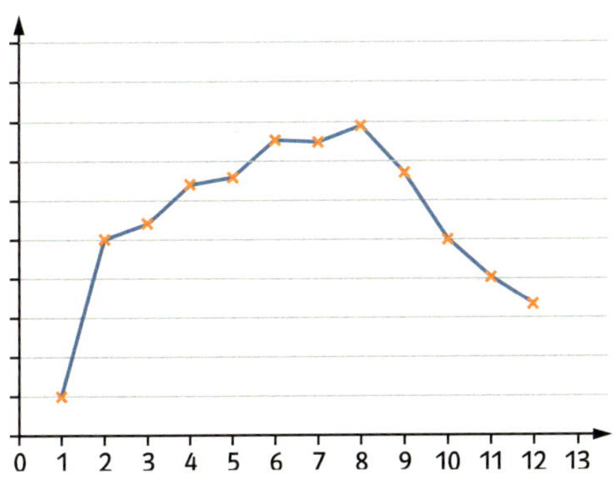

4 Die Tabelle zeigt die Energieträger Deutschlands im Jahr 2005.

Energieträger	Mrd. kWh
Braunkohle	155
Kernenergie	163
Steinkohle	134
Erdgas	70
Mineralölprodukte	11,5
Wasserkraft	28
Windkraft, übrige Energieträger	31

a) Stelle die Daten in einem Balkendiagramm und in einem Säulendiagramm dar.
b) Berechne die prozentualen Anteile.
c) Vergleiche die Daten aus dem Jahr 1990 mit den Daten des Jahres 2005.

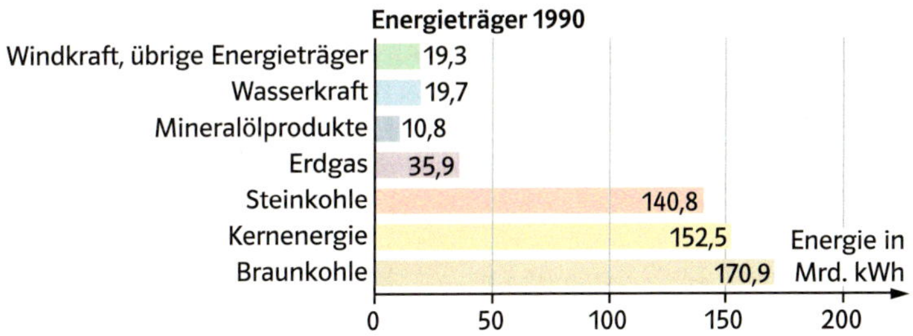

5 Das Diagramm zeigt die Anteile der einzelnen Energieträger am weltweiten Verbrauch von 116,8 Gigawattstunden im Jahr 2001.
a) Berechne die Anteile der Energieträger in Gigawattstunden.
b) Die erneuerbaren Energien haben einen Anteil von 13,5 %. Wandle das Säulendiagramm in ein Kreisdiagramm um.

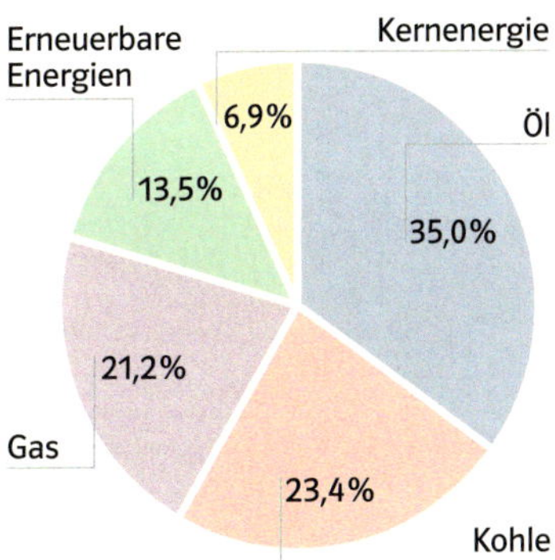

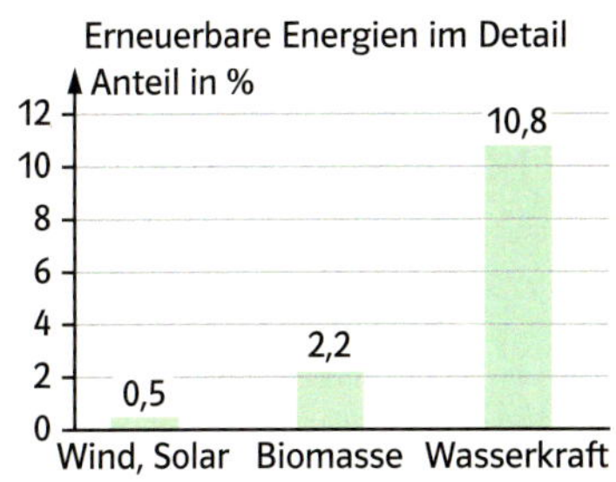

Durch die Auswahl des Diagrammtyps und die Skalierung der Achsen kann man das Augenmerk auf ganz bestimmte Sachverhalte lenken.
Die Jahresumsätze eines Unternehmens lassen sich mit zwei unterschiedlichen Liniendiagrammen darstellen.

Jahr	2002	2003	2004	2005	2006
Umsatz in Mio. €	58,5	55,8	56,2	62,3	67,4

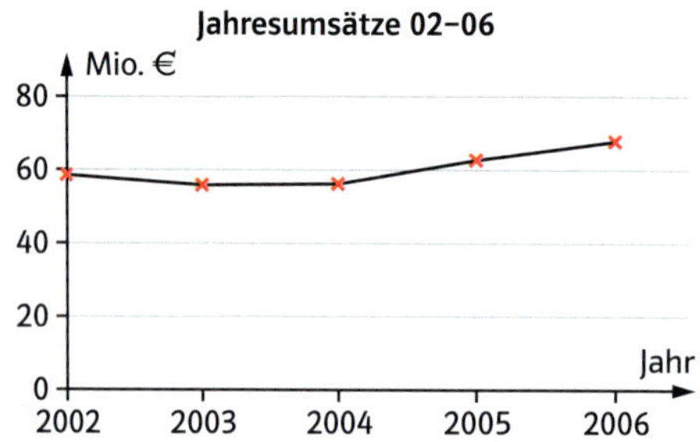

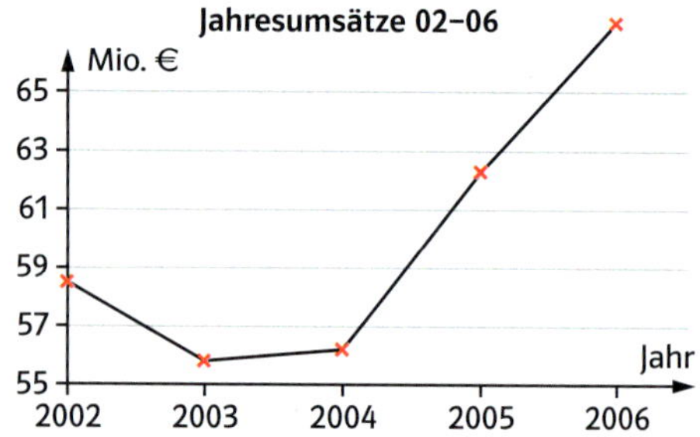

Im linken Diagramm entsteht der Eindruck, dass die Umsätze über die gesamte Zeitspanne nahezu konstant geblieben sind. In der rechten Grafik hingegen wird der Zuwachs ab dem Jahr 2004 deutlich in den Vordergrund gerückt. Die beiden Achsen wurden unterschiedlich skaliert. Auf der senkrechten Achse des rechten Diagramms wurde das Intervall von 0 bis 55 vollständig weggelassen.

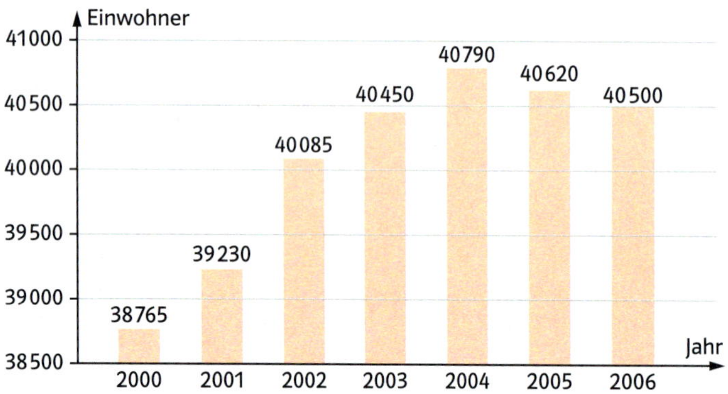

Das Diagramm zeigt die Entwicklung der Einwohnerzahlen einer Stadt.
- Zeichne das Diagramm so, dass die vollständigen Säulenhöhen zu sehen sind.
- Welchen Teil wird der Bürgermeister wohl hervorheben?
Welchen Ausschnitt werden die Kritiker des Bürgermeisters wohl verwenden?

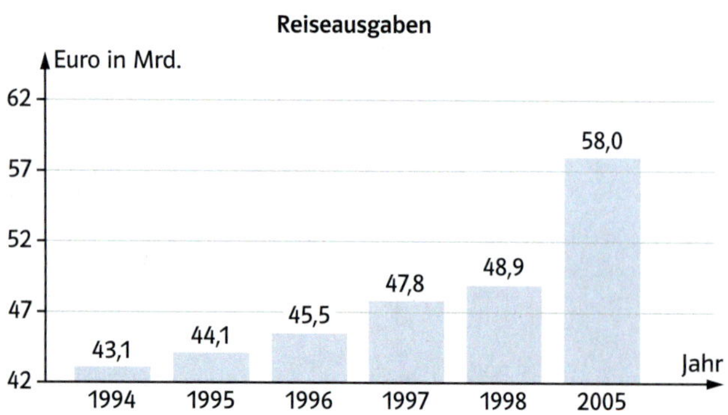

„Die jährlichen Reiseausgaben der Deutschen sind sprunghaft gestiegen."
So die Überschrift einer Grafik in der Tagespresse.
- Was meinst du?
- Zeichne selbst.
- Welche beiden Irrtümer können beim flüchtigen Betrachten des Diagramms entstehen?
- Verfasse einen Bericht für dein Diagramm.

5 Daten auswerten

Die Tabelle zeigt die Entwicklung der Mitgliederzahlen eines Sportvereins, der im Jahre 2002 ein Fitnesscenter eröffnet hat.

→ Bestimme für jeden Bereich die Kennwerte Maximum, Minimum, Spannweite, Zentralwert, Mittelwert, oberes und unteres Quartil.

→ Der Verein kalkuliert für die ersten Jahre mit einer Mitgliederzahl von etwa 250 Personen im Fitnessbereich.

Nachdem vor einigen Jahren der Fitnessbereich eröffnet wurde, legt nun der Vorstand des Sportvereins Zahlen zum Nutzungsverhalten vor.

Jahr	2000	2001	2002	2003	2004	2005	2006
Mitglieder	850	818	886	1025	1146	1063	1020
weiblich	357	340	399	533	585	530	479
Kinder/Jugendl.	340	328	334	389	412	402	382
Fitnessbereich	0	0	88	234	345	289	256

Statistische Erhebungen bzw. Stichproben lassen sich mithilfe von **Kennwerten** auswerten. Die Urliste zeigt Mirjams monatliche Handy-Gesprächsdauer (in min) an.

Jan	Feb	März	April	Mai	Juni	Juli	Aug	Sept	Okt	Nov	Dez
185	166	204	144	178	210	158	308	166	131	60	190

Aus der Urliste wird eine Rangliste erstellt, aus der sich die Kennwerte leichter entnehmen lassen.

Minimum ← Spannweite → Maximum

60 131 144 158 166 166 178 185 190 204 210 308

unteres Quartil q_u: 151 Zentralwert: 172 oberes Quartil q_o: 197

Quartilabstand q: 46

Zur Auswertung von Stichproben oder Listen verwenden wir folgende Kennwerte: **Maximum**, **Minimum**, **Mittelwert** und **Zentralwert.**
Sie kennzeichnen die Lage, die Kennwerte **Spannweite** und **Quartilabstand** erlauben Aussagen über die Verteilung der Daten.

! ***Bestimmung der Quartile***
In einer Rangliste belegen die Daten die Plätze 1 bis n. Multipliziere n mit $\frac{1}{4}$ ***(unteres Quartil q_u)****, $\frac{1}{2}$* ***(Zentralwert z)*** *und $\frac{3}{4}$* ***(oberes Quartil q_o)****. Ist das Ergebnis nicht ganzzahlig, so nimm den Wert auf dem nächsthöheren Rangplatz, andernfalls den Mittelwert aus dem Wert auf dem errechneten und dem Wert auf dem nächsthöheren Rangplatz. Die Differenz aus dem oberen und dem unteren Quartil heißt* ***Quartilabstand q****.*

Beispiele

a) In einer Umfrage werden 100 Jugendliche über die Höhe ihres monatlichen Taschengeldes befragt. Das Ergebnis ist in einer Häufigkeitsliste dargestellt.

Betrag (in Euro)	10	20	30	40	50	60	70	80	90	100	150
Anzahl	1	7	22	38	18	8	0	3	0	2	1

Um Rangplätze direkt ablesen zu können, berechnet man in einer weiteren Zeile die aufaddierten Anzahlen als „Zwischensumme".

Zwischensumme	1	8	30	68	86	94	94	97	97	99	100

Dies bedeutet für die Kennwerte:
Minimum: 10 €; Maximum: 150 €; Spannweite: 140 €

Mittelwert: $m = \frac{1 \cdot 10 + 7 \cdot 20 + 22 \cdot 30 + 38 \cdot 40 + 18 \cdot 50 + 8 \cdot 60 + 3 \cdot 80 + 2 \cdot 100 + 1 \cdot 150}{100}$ € = 43 €

Der Zentralwert liegt zwischen dem 50. und 51. Rangplatz: z = 40 €
Das untere Quartil q_u liegt zwischen dem 25. und 26. Rangplatz: q_u: 30 €.
Das obere Quartil q_o liegt zwischen dem 75. und 76. Rangplatz: q_o: 50 €.

b) Zur Darstellung von Daten kann man Boxplots verwenden. Die Abbildung zeigt die wöchentliche Zeit, die Schüler der Klasse 10 für ihre Hausaufgaben verwenden.

Der Boxplot gibt Aufschluss über die Verteilung der Daten.

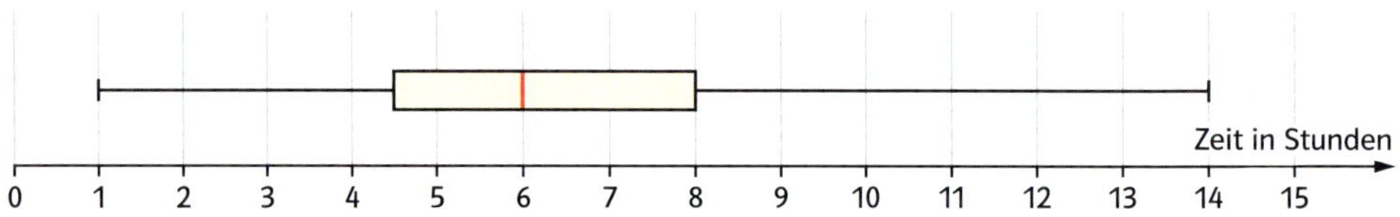

Folgende Kennwerte lassen sich direkt ablesen:
Minimum: 1 Stunde; Maximum: 14 Stunden; Zentralwert: 6 Stunden
unteres Quartil: 4,5 Stunden; oberes Quartil: 8 Stunden; Quartilabstand: 3,5 Stunden

Aufgaben

1 Bestimme für die Ranglisten die Kennwerte Max, Min, Zentralwert, Mittelwert, Spannweite, oberes und unteres Quartil.
a) 0; 3; 5; 5; 6; 7; 11; 11; 14; 15; 17; 19; 23; 26; 29; 30; 30; 34; 41; 45; 64; 71
b) 28; 39; 52; 55; 78; 81; 85; 96; 98; 108; 117; 132; 145; 155; 184; 201; 225; 263
c) 12; 14; 18; 20; 22; 23; 24; 25; 27; 29; 51; 53; 54; 68; 70; 72; 72; 73; 75; 78

2 Was haben die beiden Ranglisten gemeinsam, worin unterscheiden sie sich?
3; 4; 5; 7; 8; 12; 13; 14; 15
3; 3; 4; 6; 8; 8; 11; 12; 15; 15

3 Bestimme alle Kennwerte. Streiche anschließend die beiden kleinsten und größten Werte. Rechne erneut.
0; 34; 35; 36; 38; 40; 42; 43; 44; 48; 51; 57; 63; 69; 77; 78; 80; 80; 81; 82; 84; 158

Geschäftsführer
6200 €

Bürokauffrau
3100 €

6 Putzkräfte
zu je 2200 €

11 Minijobkräfte
zu je 500 €

4 Die Liste zeigt die monatlichen Brutto-Lohnaufwendungen einer Reinigungsfirma.
a) Bestimme den Mittelwert und den Zentralwert.
b) Wie viele Personen haben einen monatlichen Verdienst über dem Mittelwert bzw. über dem Zentralwert?
c) Erstelle ein Diagramm. Welche Diagrammart eignet sich gut, welche weniger?
d) Im Monat August werden noch 15 Ferienarbeiter mit einem Bruttoverdienst von je 750 € eingestellt. Wie verändert sich dadurch der Mittelwert, wie der Zentralwert?
e) Zeichne für den August ein Boxplot.

5 Die Tabelle zeigt die Einnahmen eines Supermarkts.

Tag	16.12.	17.12.	18.12.	19.12.	20.12.	21.12.
€	12 540	8625	9507	11 208	21 577	26 890

a) Vergleiche die durchschnittlichen Tageseinnahmen mit dem Zentralwert.
b) Mit den Einnahmen vom 23.12. und 24.12. sollen die Tageseinnahmen im Schnitt auf 20 000 € erhöht werden. Wie hoch müssten die Einnahmen an diesen beiden Tagen sein?

6 Frau Gertz notiert zwei Wochen lang die Zeit (in Minuten), die sie für den Weg zur Schule benötigt.

	Mo	Di	Mi	Do	Fr
1. Woche	25	39	22	28	45
2. Woche	24	28	36	25	28

a) Wie lange benötigt sie durchschnittlich? Vergleiche mit dem Zentralwert.
b) An zwei weiteren Tagen der darauf folgenden Woche braucht Frau Spatz 75 Minuten und 65 Minuten.

7 Gegeben ist eine Liste.
1 1 1,5 1,8 1,8 2 2,2 2,5 3,3
a) Wie groß ist der Zentralwert, wie groß der Mittelwert?
b) Verändere genau einen Datenwert so, dass der Mittelwert kleiner wird als der Zentralwert. Gib die geänderten Werte an.
c) Ändere genau einen Datenwert so, dass Zentralwert und Mittelwert gleich werden.

8 Die Tabelle zeigt die Einnahmen eines Kinobesitzers im Laufe einer Woche.

Mo	Di	Mi	Do	Fr	Sa	So
790 €	350 €	320 €	620 €	600 €	980 €	580 €

a) Wie hoch sind die durchschnittlichen Tageseinnahmen?
b) Schätze, wie viele Besucher über die Woche das Kino besucht haben könnten.
c) Damit das Kino rentabel betrieben werden kann, sind Jahreseinnahmen von mindestens 150 000 € notwendig. Das Kino ist vier Wochen im Jahr geschlossen.

9 Welche statistischen Kennwerte lassen sich für folgende Erhebungen sinnvoll bestimmen? Begründe. Bestimme gegebenenfalls die Kennwerte.
a) Schulweglänge in Minuten:
8; 13; 5; 12; 7; 8; 22; 15; 23; 10; 2; 9; 11; 3; 16; 13; 6; 25; 4; 36; 12; 10; 5; 7
b) Monatsumsätze eines Jahres in Euro:
72 350; 69 890; 81 340; 85 400; 76 860; 73 450; 88 370; 70 280; 73 410; 80 750; 65 430; 89 530
c) Anzahl der in einer Woche verkauften Wertmarken:
204; 189; 328; 0; 555; 470
d) Postleitzahlen aller Beschäftigten eines Betriebs:
71100; 74321; 69578; 72400; 70049; 73023; 74125; 71638; 79432; 10030.

10 Der SV Siegdorf hat 80 Prozent seiner Heimspiele absolviert. Vor Saisonbeginn wurde mit einem Schnitt von 3500 Zuschauern pro Begegnung kalkuliert.

Spiel 1	4250	Spiel 7	3200
Spiel 2	3050	Spiel 8	1850
Spiel 3	2700	Spiel 9	4650
Spiel 4	3800	Spiel 10	1700
Spiel 5	2450	Spiel 11	2600
Spiel 6	2900	Spiel 12	3400

Wird der Sportverein Siegdorf den angestrebten Zuschauerdurchschnitt erreichen? Gib notwendige Zuschauerzahlen für die letzten Saisonspiele an. Bestimme dann sämtliche Kennwerte.

11 Eine Umfrage in der Klasse 10 über die monatlichen Ausgaben für Discobesuche ergab folgendes Ergebnis:

Betrag (in Euro)	10	20	30	40	50
Anzahl Jungen	4	28	16	13	0
Anzahl Mädchen	0	7	18	21	6

a) Vergleiche die Mittelwerte von Mädchen und Jungen mit dem gesamten Jahrgang.
b) Bestimme den Zentralwert für die Mädchen, die Jungen, den gesamten Jahrgang.
c) Ermittle die Quartile und zeichne jeweils einen Boxplot.

12 Welche Notentabelle gehört zu welchem Boxplot? Erkläre.
1; 1; 1,5; 1,5; 2; 2; 2; 2,5; 2,5; 3; 3; 3; 3; 3,5; 3,5; 3,5; 3,5; 4; 4; 4,5; 4,5; 4,5; 5; 5; 6
1; 1,5; 1,5; 1,5; 2; 2; 2,5; 2,5; 2,5; 2,5; 2,5; 3; 3,5; 3,5; 3,5; 3,5; 3,5; 4; 4,5; 4,5; 4,5; 4,5; 5; 5; 6

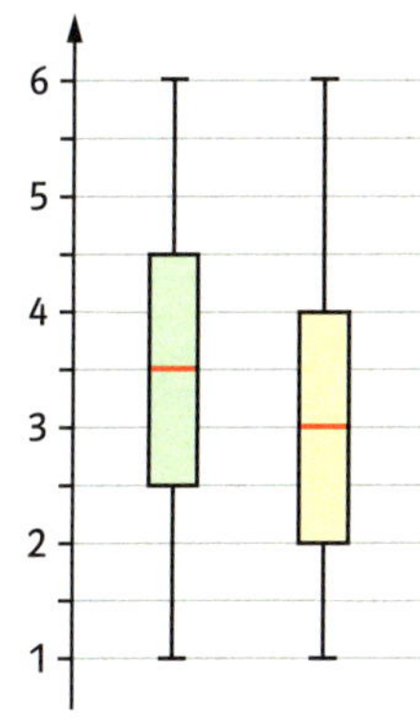

13 Zu einer Stichprobe mit 200 Werten kommt ein extrem großer Wert hinzu. Wie ändern sich Zentralwert, Mittelwert und Quartile?

14 Florian meint: „Wenn man bei den Werten einer Erhebung das Minimum und das Maximum weglässt, ändern sich die restlichen Kennwerte."
Stimmt diese Aussage? Begründe.

6 Daten beurteilen

Wöchentlich versandte SMS									
Klasse 10a					Klasse 10b				
0	10	12	14	15	11	12	12	13	13
15	16	17	17	17	14	14	16	16	17
18	19	21	21	22	19	20	21	24	27
22	23	24	24	26	27	27	28	29	30
28	28	29	30	31	32	32	33	34	35
34	35	39	53	240	36	36	37	38	47

Eine Umfrage über die zuletzt pro Woche versandten SMS in den Klassen 10a und 10b ergab das abgebildete Ergebnis.

→ Bestimme jeweils den Zentralwert und den Mittelwert.

→ Erkläre die Unterschiede zwischen 10a und 10b.

Inhaber	*20000 €*
Büroleiter	*4500 €*
Angestellte	*3200 €*
Arbeiter	*2400 €*
Arbeiter	*1700 €*
Arbeiter	*1600 €*
Arbeiter	*1600 €*
Azubi	*550 €*
Aushilfe	*330 €*
Aushilfe	*250 €*
Aushilfe	*200 €*
Aushilfe	*150 €*

Da man bei größeren Erhebungen unmöglich alle Werte vergleichen kann, betrachtet man die Kennwerte.
Um beispielsweise die Einkommensstruktur eines Betriebes bewerten zu können, bestimmt man die zugehörigen Kennwerte.
Die Tabelle zeigt die monatlichen Einkommen der Mitarbeiter. Man berechnet folgende Kennwerte:

Mittelwert:	3040 €	unteres Quartil:	290 €
Zentralwert:	1600 €	oberes Quartil:	2800 €

Die Bewertung kann nun in sehr unterschiedlicher Weise erfolgen. Der Firmeninhaber wird eher so argumentieren, dass in seinem Betrieb gut verdient wird. Das durchschnittliche monatliche Einkommen liegt über 3000 €. Die Arbeitnehmer werden aller Voraussicht nach anders argumentieren. Mindestens die Hälfte der Mitarbeiter verdient 1600 € oder weniger. Zudem ist das Einkommen von 75 % aller Mitarbeiter geringer als der Mittelwert. Lässt man etwa das Einkommen des Firmeninhabers außer Betracht, verändert sich der Zentralwert nicht, während der Mittelwert deutlich abnimmt, nämlich auf 1498,18 €. Das durchschnittliche Einkommen liegt dann um mehr als 1500 € niedriger.

Mithilfe von **Kennwerten** kann man Aussagen über **Datenmengen** treffen.
Ebenso lassen sich mit den Kennwerten Datenmengen vergleichen.

Beispiel

Eine Umfrage bei zwei Jugendgruppen über die wöchentliche Nutzungsdauer von Chatrooms brachte folgendes Ergebnis. Zeitangaben in Stunden.

Gruppe „Die Stimme“:
0 0 1 1 1 2 2 3 3 5 5 8 10 11 14 16 17 18 20 23

Gruppe „Always online“:
0 1 1 2 5 5 6 7 7 8 8 8 8 9 10 10 11 15 19 20

„Die Stimme“
m = 8
z = 5
$q_u = 1{,}5$
$q_o = 15$
q = 13,5

„Always online“
m = 8
z = 8
$q_u = 5$
$q_o = 10$
q = 5

Die Auswertung zeigt, dass beide Gruppen durchschnittlich 8 Stunden pro Woche im Chatroom sind. Allerdings liegt der Zentralwert der Gruppe „Die Stimme“ bei 5 Stunden pro Woche, während die Gruppe „Always online“ einen Zentralwert von 8 Stunden hat. Bei „Always online“ liegt zudem eine ausgeglichenere Verteilung als bei „Die Stimme“ vor, denn die Quartilabstände sind unterschiedlich groß.

Quartilabstand: „Die Stimme“ $q_o - q_u = 15 - 1{,}5 = 13{,}5$
„Always online“ $q_o - q_u = 10 - 5 = 5$

Mindestens die Hälfte der Gruppenmitglieder von „Always online“ unterscheidet sich um höchstens 5 Stunden in der Nutzungsdauer des Chatrooms.

Aufgaben

1 Die Aufstellung zeigt die Kennwerte einer Umfrage dreier Gruppen.

Gruppe	A	B	C
Minimum	0	20	50
Maximum	200	100	100
Mittelwert	70	50	65
Zentralwert	60	50	70
unteres Quartil	30	40	55
oberes Quartil	100	60	75

a) Bestimme jeweils die Spannweite und den Quartilabstand.
b) Vergleiche die drei Gruppen.
Welche Aussagen lassen sich über die Lage und die Verteilung der Daten machen?

2 Die Klassen 8 und 10 wurden über ihre Fernsehgewohnheiten befragt.
Die Auswertung brachte folgendes Ergebnis. Angegeben ist die Fernsehzeit pro Woche in Stunden.

Kennwert	Klasse 8	Klasse 10
Minimum	5	0
unteres Quartil	8	5
Zentralwert	9,5	12
Mittelwert	12,4	16,2
oberes Quartil	15	17
Maximum	50	100

a) Beschreibe die Unterschiede der beiden Klassenstufen.
b) Gibt es Gemeinsamkeiten?
c) Überprüfe:
• 50 % der Zehntklässler liegen in ihren Gewohnheiten näher beieinander als die Achtklässler.
• Die Daten der Zehntklässler sind weiter gestreut als die der Achtklässler.
• Ein Viertel der Achtklässler sieht durchschnittlich eine Stunde pro Tag fern.
d) Mache weitere Aussagen mithilfe der Kennwerte.

3 „Wenn Maximum und Zentralwert übereinstimmen, dann besteht die Datenmenge aus einem einzigen Eintrag." Richtig?

4 Geben Mädchen mehr Geld aus als Jungen? Eine Umfrage brachte folgendes Ergebnis (Angaben in Euro pro Monat).

Jenny	75	Moni	84	Sina	35	Mia	95
Carolin	65	Laura	56	Anna	55	Lena	70
Eronita	50	Albina	100	Meli	40	Katrin	80

Alex	90	Mike	42	Jan	30	Timo	78
Josip	45	Sven	15	Max	80	Antonio	62
David	52	Otto	125	Nino	48	Miro	55

a) Ermittle die Kennwerte zunächst getrennt nach Geschlechtern, dann für die gesamte Stichprobe.
b) Streiche sowohl bei den Mädchen als auch bei den Jungen den größten und den kleinsten Wert. Welche prozentuale Veränderung ergibt sich dann für den Zentralwert bzw. den Mittelwert?
c) Teile die Umfragewerte in folgende Bereiche ein und erstelle ein geeignetes Diagramm: 0 – 19 €; 20 € – 49 €; 50 € – 74 €; 75 € – 100 €; mehr als 100 €.

5 In den Klassen 10 a und 10 b wird die durchschnittliche Nutzung des Internets (in Stunden pro Woche) ermittelt.
10 a: 0; 1; 1; 2; 3; 3; 3; 3; 4; 4; 4; 5; 5; 5; 5; 6; 7; 8; 8; 8; 8; 9; 9; 10; 12; 15; 18; 49; 70
10 b: 0; 0; 1; 3; 3; 4; 4; 4; 5; 7; 7; 7; 7; 7; 7; 8; 8; 10; 10; 10; 14; 14; 14; 15; 17; 20; 28; 30; 42

a) Welche Gemeinsamkeiten gibt es zwischen den beiden Klassen? Worin unterscheiden sie sich?
b) Zeichne für jede Klasse einen Boxplot.
c) Überprüfe folgende Aussagen:
• Etwa 50 % der Jugendlichen nutzen das Internet mehr als eine Stunde pro Tag.
• Die Klasse 10 b nutzt das Internet durchschnittlich häufiger als die 10 a.

6 Die Tabellen am Rand zeigen die Ergebnisse einer Umfrage bei 72 Schülerinnen zu ihren monatlichen Handykosten in €.
a) Ermittle für beide Gruppen sämtliche Kennwerte. Was fällt dir auf?
b) Was kannst du über den Quartilabstand jeweils aussagen?
c) Charakterisiere die beiden Schülergruppen. Zeichne jeweils einen Boxplot.
d) Fasse alle Daten zusammen und bewerte erneut.

Gruppe A

25	85	56	33
78	18	24	36
30	21	15	195
19	29	77	27
12	88	61	29
22	17	75	59
23	84	11	99
25	76	25	23
66	33	14	10

Gruppe B

33	44	47	27
23	22	24	28
18	32	63	19
17	39	25	25
12	56	43	29
22	29	75	18
23	41	38	44
47	45	41	28
53	15	33	10

7 In den Häufigkeitslisten wurden die Ergebnisse von Befragungen notiert. Die erste Tabelle zeigt die befragte Gruppe, die zweite eine größere Vergleichsgruppe. Bestimme die Kennwerte und mache Aussagen über die Untersuchung.

a) Anzahl der Krankheitstage pro Jahr

Tage	0	5	7	10	12	14	18	21	25
Häufigkeit	1	6	12	15	3	35	12	10	6

Tage	0	5	7	10	12	14	18	21	25
Häufigkeit	13	37	51	43	21	19	10	4	2

b) Anzahl der gespeicherten MP3-Dateien

Dateien	20	50	100	200	500	1000	2000	5000
Häufigkeit	22	17	7	15	35	2	1	1

Dateien	20	50	100	200	500	1000	2000	5000
Häufigkeit	24	78	59	18	3	4	5	9

8 Die Ergebnisse einer Umfrage sind mit Boxplots dargestellt.

a) Lies die möglichen Kennwerte ab.

b) Welche Aussagen lassen sich über die einzelnen Untersuchungsgruppen machen?

c) Denke dir ein mögliches Befragungsthema aus und schreibe eine Pressenotiz über die Ergebnisse.

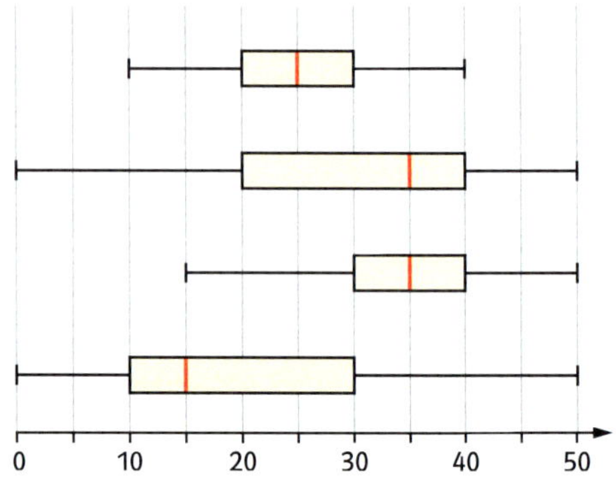

Diagramme und ihre Wirkung

„Ich glaube nur der Statistik, die ich selbst gefälscht habe …" Winston Churchill (1874–1965), britischer Staatsmann und Schriftsteller, 1953 Nobelpreis für Literatur

In Zeitschriften oder Infobroschüren findet man immer wieder Diagramme, die bestimmte Aspekte von Daten verzerrt darstellen.

Im Diagramm rechts wird der Eindruck erweckt, dass Erdöl mehr als doppelt so viel Emissionen freisetzt wie Erdgas.

- Betrachte die Form der Darstellung und die Skalierung. Was wurde damit beabsichtigt?
- Vergleiche die beiden Diagramme.

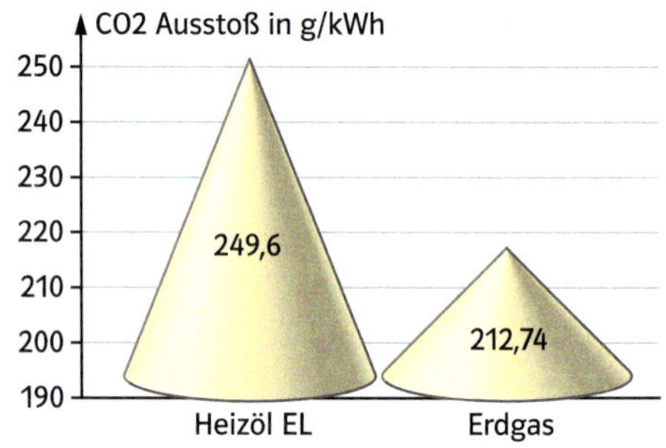

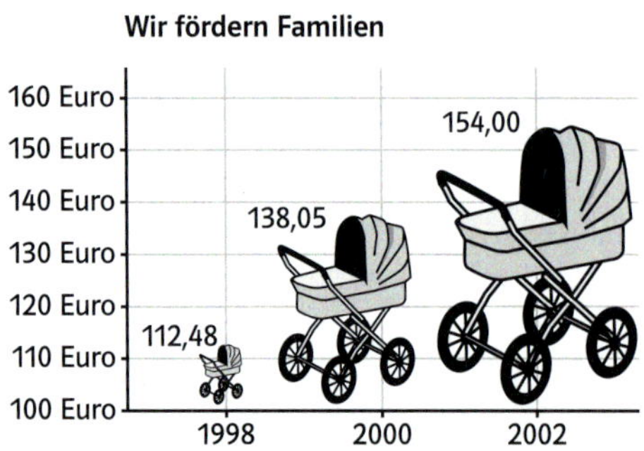

Entwicklung des Kindergeldes für das erste und zweite Kind

Quelle: Bundesministerium für Finanzen

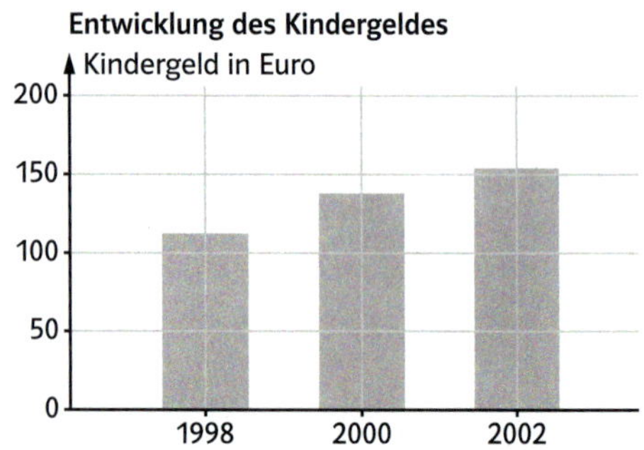

- Ein Betrieb wirbt um Auszubildende und will deshalb außertariflich die Ausbildungsvergütungen in den kommenden drei Jahren für das 1. Lehrjahr von 656 € über 689 € auf 745 € erhöhen. Erstelle eine Grafik, die dafür werben soll.

Zusammenfassung

Zinsrechnung für Teile eines Jahres

Die Zinsrechnung ist eine Anwendung der Prozentrechnung. **Zinsen** für Zeiträume unter einem Jahr werden berechnet, indem man die Jahreszinsen mit einem **Zeitfaktor** multipliziert.

$Z = K \cdot \frac{p}{100} \cdot \frac{t}{360}$

Formel für Tageszinsen; t Anzahl der Tage

1 Jahr = 360 Tage; 1 Monat = 30 Tage

Zinseszins

Wird ein **Anfangskapital** K_0 mehrere Jahre mit demselben **Zinssatz** verzinst, so werden die Zinsen mitverzinst.
Mit der **Zinseszinsformel** wird das **Endkapital** K_n nach n Jahren berechnet.

$K_n = K_0 \cdot q^n$ mit $q = 1 + \frac{p}{100}$

q Zinsfaktor

n Anzahl der Jahre (nur ganze Jahre)

Sparformen

Beim **Zuwachssparen** wird ein Kapital K_0 mit jährlich veränderlichen Zinssätzen verzinst.

$K_n = K_0 \cdot q_1 \cdot q_2 \cdot \ldots \cdot q_n$

K_n Endkapital q_n Zinsfaktoren

Beim **Ratensparen** wird eine jährlich gleich bleibende Rate mit einem gleich bleibenden Zinssatz verzinst.

$K_n = R \cdot (q^n + q^{n-1} + q^{n-2} + \ldots + q)$

K_n Sparsumme R Sparrate

Kreditformen

Darlehen werden für längere Zeiträume gewährt und in gleich bleibenden Raten zurückgezahlt. Die Zinsen beziehen sich auf die noch bestehende **Restschuld**, sie werden mit der Tilgungsrate verrechnet. Dies heißt **Annuitätentilgung**.

Tilgung = Rückzahlungsrate − Zins

$$\text{Rückzahlungsrate} = \frac{\text{Kreditbetrag + Zinsen + Bearbeitungsgebühr}}{\text{Laufzeit in Monaten}}$$

Diagramme

Kreis- bzw. **Streifendiagramme** verdeutlichen die Verteilung von Anteilen.
Säulen- und **Balkendiagramme** veranschaulichen Unterschiede und Rangfolgen. Auch zeitliche Veränderungen können so dargestellt werden. Oft eignen sich dafür aber **Liniendiagramme** noch besser.

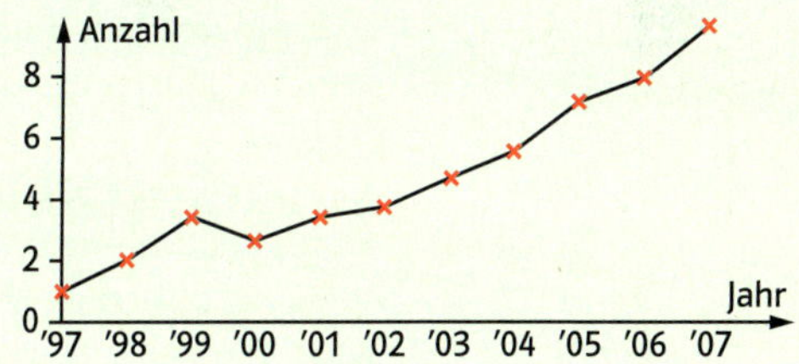

Daten auswerten

Zur Auswertung von Stichproben oder Listen verwenden wir Kennwerte. Sie erlauben Aussagen über die Lage und die Verteilung der Daten.

Die Kennwerte **Maximum**, **Minimum**, **Mittelwert** und **Zentralwert** kennzeichnen die Lage, die Kennwerte **Spannweite** und **Quartilabstand** die Verteilung.

Daten darstellen und beurteilen

Durch den Vergleich verschiedener Kennwerte kann man **Datenmengen** beurteilen. Boxplots sind dabei eine gute Hilfe zur Veranschaulichung.

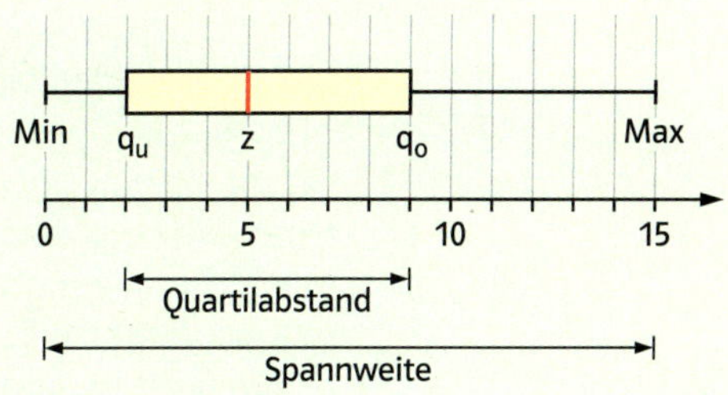

Üben • Anwenden • Nachdenken

Girokonto
Sollzinssatz bis 5000 €: 11,25 %
Überziehungszinssatz für mehr als 5000 €: 15,25 %

1 Um eine Rechnung bar zahlen zu können, überzieht Herr Scholz sein Girokonto 17 Tage um 8456,50 €. Durch die Barzahlung kann er 3 % Skonto bei einem Rechnungsbetrag von 11 500 € abziehen.

2 Eine Bank macht diese Angebote:

A – Zusatzprämie für lange Laufzeit
Zinssatz: 2,5 %
Prämie von 10 % auf den Einzahlungsbetrag nach 5 Jahren.
Zinsen werden mitverzinst.

B – Jährlich 0,5 % mehr Zinsen
Zinssatz im 1. Jahr: 2,5 %
Mindestbetrag: 3000 €
Laufzeit: 5 Jahre
Zinsen werden mitverzinst.

a) Vergleiche die beiden Angebote für einen Anlagebetrag von 5000 €.
b) Wie hoch müsste der Zinssatz beim Angebot A ohne Prämie sein, um denselben Zuwachs zu bekommen?

3 Jonas bekommt auf seinem Sparkonto 2,4 % Zinsen. Zinsen werden mitverzinst.
a) Nach 2 Jahren und 3 Monaten kann er über 527,43 € verfügen.
Welchen Betrag hatte er zu Beginn auf seinem Konto?
b) Über welchen Betrag kann er nach weiteren $1\frac{1}{2}$ Jahren verfügen?

4 Daniel legt 5000,00 € auf einem Sparkonto an, das einen Zinssatz von 2,8 % bietet. Zinsen werden mitverzinst.
Am Ende des ersten und des zweiten Jahres hebt er jeweils 300 € ab. Zu Beginn des vierten Jahres zahlt er 600 € wieder ein. Wie hoch ist der Kontostand am Ende des fünften Jahres? Welcher Kontostand würde sich ohne die Ein- und Auszahlungen ergeben?

5 Mia zahlt auf einem Ratensparvertrag zu Beginn des Jahres jeweils einen festen Betrag ein. Bei einer Laufzeit von 4 Jahren bietet die Bank einen Zinssatz von 4,2 %.
a) Welchen Betrag erhält Mia nach 4 Jahren, wenn sie jährlich 800 € einzahlt?
b) Wie hoch müsste die jährliche Sparrate sein, um am Ende 5000 € zu haben?

6 Zur Finanzierung einer Lagerhalle benötigt die Firma Plasto noch 80 000,00 €. Die Bank verlangt für ein Darlehen 4,8 % Zinsen (bezogen auf die jeweilige Restschuld zu Beginn des Jahres). Als Rückzahlungsrate werden 6000,00 € jährlich vereinbart.
a) Erstelle einen Tilgungsplan.
b) Am Ende des dritten Jahres wird eine Sondertilgung in Höhe von 20 000,00 € vereinbart. Wie hoch ist die Restschuld zu Beginn des fünften Jahres?
c) Ermittle mithilfe eines Tabellenkalkulationsprogramms die Summe der zu zahlenden Zinsen mit und ohne Sondertilgung und die jeweilige Laufzeit des Darlehens.

7 Schreibe zur Abbildung eine passende Pressenotiz.

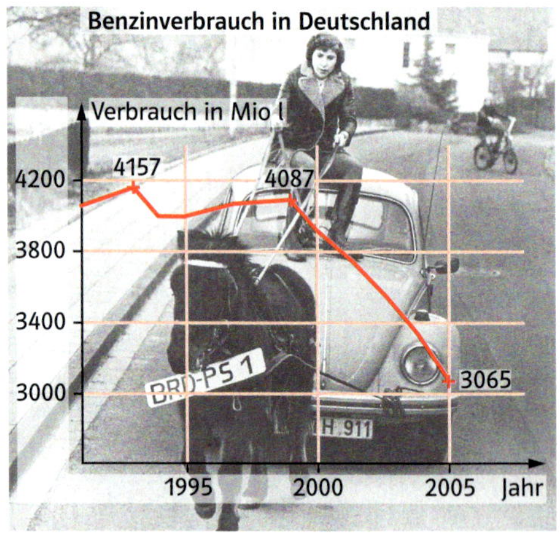

8 Erstelle ein zur Pressenotiz passendes Diagramm.

Immer weniger Jugendliche greifen zur Zigarette
Im Jahr 2001 rauchten noch 28 Prozent der 12- bis 17-Jährigen, 2005 waren es nurmehr 20 Prozent. Von der erwachsenen Bevölkerung raucht etwa ein Drittel.
Die Tabakindustrie verkauft immer weniger Zigaretten. Zwischen 1999 und 2001 lag der Absatz in Deutschland bei jährlich 140 Milliarden Zigaretten. 2004 lag die Zahl bei 112 Milliarden, für 2005 wurden weniger als 100 Milliarden erwartet.
Ulmer Südwestpresse, 03.03.2004

9 Herr und Frau Beckmann haben jeder 5000 Euro in Bundesschatzbriefen angelegt.

Typ A
1. Jahr: 2,5%
2. Jahr: 2,8%
3. Jahr: 3,1%
4. Jahr: 3,5%
5. Jahr: 4,0%
6. Jahr: 4,6%

Typ B
1. Jahr: 2,5%
2. Jahr: 2,7%
3. Jahr: 3,0%
4. Jahr: 3,4%
5. Jahr: 3,9%
6. Jahr: 4,5%
7. Jahr: 5,2%

Typ A hat eine Laufzeit von 6 Jahren und die Zinsen werden jährlich ausgezahlt.
Typ B hat eine Laufzeit von 7 Jahren und die Zinsen werden dem bestehenden Guthaben zugeschlagen.

Herr Beckmann hat sich für Typ A, Frau Beckmann für Typ B entschieden.
a) Wie hoch ist das Guthaben von Herrn Beckmann nach 7 Jahren, wenn er die ausgezahlten Zinsen und sein Guthaben auf einem extra Konto mit 3,5% verzinst hat?
b) Ist das Guthaben von Frau Beckmann nach 7 Jahren größer als das ihres Mannes?

10 Frau Mey hat einen Ratensparvertrag mit einer jährlichen Sparrate von 1800,00 €. Der Zinssatz im 1. Jahr beträgt 3,5%. In den darauf folgenden Jahren erhöht sich der Zinssatz jeweils um einen Prozentpunkt.
a) Wie hoch ist der insgesamt angesparte Betrag nach 3 Jahren?
b) Erhält Frau Barsch dasselbe Guthaben, wenn der Zinssatz über alle 3 Jahre hinweg jeweils 4,5% beträgt?

11 Auf einem Ratensparvertrag werden zu Beginn eines jeden Jahres 2500 € eingezahlt. Der Zinssatz beträgt 3,8%, Zinsen werden mitverzinst.
a) Wie viel Euro sind nach 4 Jahren angespart?
b) Welcher Betrag hätte jedes Jahr eingezahlt werden müssen, um bei gleichen Zinsbedingungen nach 3 Jahren 10 000 € anzusparen?

12 Anlage mit Zuwachssparen für 36 Monate mit halbjährlich steigenden Zinsen. Bereits ab 2500 € (max. 125 000 €).
a) Was kannst du in den drei Jahren ansparen, wenn du 5000 Euro anlegst?
b) Wie viel Euro musst du anlegen, um am Ende der Laufzeit 10 000 Euro angespart zu haben?

1. Halbjahr 2,00 %
2. Halbjahr 2,20 %
3. Halbjahr 2,50 %
4. Halbjahr 2,90 %
5. Halbjahr 3,40 %
6. Halbjahr 4,00 %

13 Familie Weinmann möchte ein kleines Häuschen bauen. Zur Finanzierung fehlen noch 100 000,00 €.
Von der Bank bekommen sie ein Darlehen zu einem Zinssatz von 5% pro Jahr. Als jährliche Rückzahlungsrate werden 6000,00 € vereinbart.
a) Stelle einen Tilgungsplan für die ersten 5 Jahre auf.
b) Ab welchem Jahr ist der Tilgungsanteil erstmals größer als die Zinsen? Bei dieser Frage hilft dir ein Tabellenkalkulationsprogramm.
c) Kannst du berechnen, wie viel Zinsen insgesamt bis zur vollständigen Rückzahlung des Darlehens anfallen?

14 Zwei Kliniken vergleichen die Anzahl der Rettungseinsätze. Das Diagramm zeigt die Anzahl der Einsätze pro Tag über eine Zeitdauer von 300 Tagen.

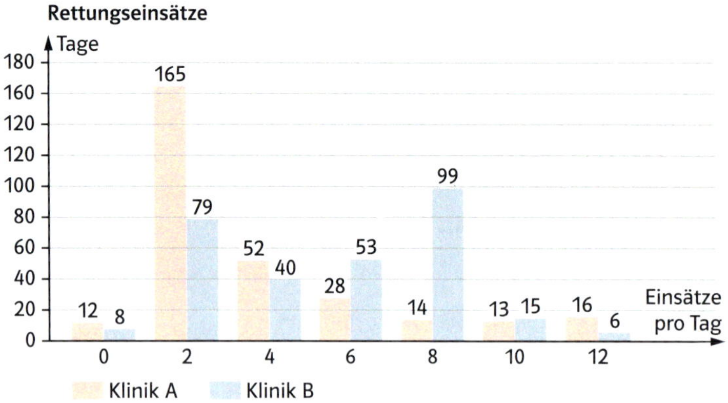

a) Bestimme die Kennwerte für beide Kliniken.
Tipp: Eine Häufigkeitsliste mit Zwischensummen hilft.
b) Zeichne für beide Kliniken Boxplots.
c) Überprüfe die Aussage: Für Klinik B liegen 50 % aller Einsätze im Bereich von 6 bis 8 Einsätzen pro Tag.

15 In einer 50 000-Einwohner-Stadt soll ein neues Einkaufszentrum gebaut werden. Bei einer Bürgerbefragung wurden 120 Personen befragt. 78 der Befragten waren gegen den Bau des Einkaufszentrums.

16

Pünktlich wie die Eisenbahn! Oder auch nicht?

Wie pünktlich ist die Bahn?
Zum Streitgespräch lädt ein:
Fahrgastverband „pro Bahn"

Auf das oben angekündigte Streitgespräch sollst du dich vorbereiten. Dazu liegt dir eine Statistik über die Pünktlichkeit der Züge des letzten Monats vom Kölner Hbf vor. In der Statistik wird zwischen Nah- und Fernzügen unterschieden.

Hbf Köln
Statistik der Zugverspätungen; Anzahl der Züge
Mai 2006

Min.	0	1–2	3–5	6–10	11–15
Nah	1639	4737	2541	988	348
Fern	1034	2651	1374	469	393

Min.	16–20	21–25	26–30	31–40	41–50
Nah	250	152	109	47	20
Fern	167	77	38	51	39

Min.	51–60	61–90	91–120	über 120	
Nah	14	10	1	2	
Fern	27	45	49	9	

a) Du sollst als Vertreter des Fahrgastverbandes „pro Bahn" am Streitgespräch teilnehmen. Du sollst darlegen, dass die Bahn sehr unpünktlich ist. Werte die Statistik so aus, dass deine Verärgerung über die Unpünktlichkeit nachvollziehbar ist. Fertige geeignete Schaubilder an.
Tipp: Wähle jeweils den Mittelwert der angegebenen Minuten, um mit der Häufigkeitsliste rechnen zu können.
Tipp: Vielleicht ist es günstig, mehrere Spalten der Häufigkeitsliste zusammenzufassen.
b) Du sollst als Vertreter der Bahn am Streitgespräch teilnehmen. Deshalb möchtest du darlegen, dass die Bahn doch relativ pünktlich ist. Werte die Statistik dahingehend aus und fertige geeignete Schaubilder an.
Tipp: Denke an die Ausreißer.

Rückspiegel

1 Zwanzig Personen nahmen an einem halbjährigen Training teil. Ihre Leistungswerte wurden vorher (obere Zeile) und nachher (untere Zeile) gemessen. Fünf Leistungsstufen wurden festgelegt: A: 0 bis 2,9; B: 3 bis 4,9; C: 5 bis 6,9; D: 7 bis 8,9; E: 9 und mehr.

7,5	6,8	2,9	6,7	5,0	2,8	10,6	7,4	6,7	5,9	8,6	9,2	7,4	6,8	10,1	4,8	3,6	8,5	9,1	6,7
7,3	6,2	5,8	12,0	7,2	3,1	11,0	1,2	10,5	9,1	8,6	8,1	11,3	6,9	16,2	5,1	4,0	9,9	11,2	8,1

a) Erstelle für beide Urlisten Ranglisten.
b) Stelle die in die Stufen einsortierten Daten auf zwei Arten in Diagrammen dar.
c) Wie viel Prozent erreichten bei der zweiten Messung die Stufe C?

2 Die Fahrgäste wurden nach der Anzahl der Busfahrten innerhalb eines Monats gefragt.

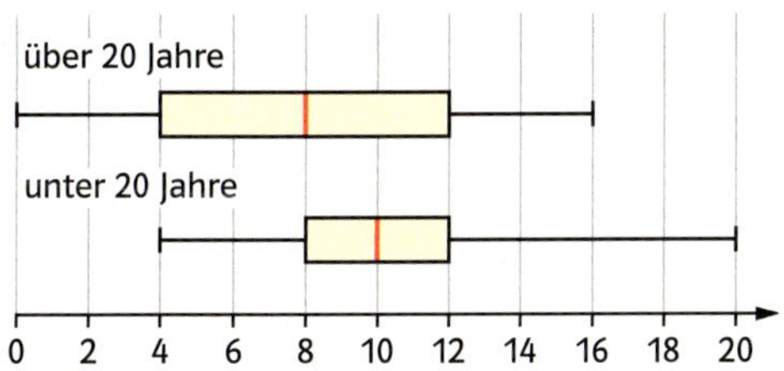

a) Lies die Kennwerte ab.
b) Vergleiche die beiden Boxplots.

3 In einem Angebot wird ein LCD-Monitor um 27% ermäßigt, später wegen neuer Steuersätze um 4% teurer angeboten. Zuletzt wurde er für 229,50 € angeboten. Um wie viel € und um wie viel Prozent unterscheiden sich alter und neuer Preis?

4 Manuel legt 2500 € für drei Jahre an. Im ersten Jahr erhält er 2,5%, im zweiten Jahr 2,8% Zinsen. Am Ende der drei Jahre hat er ein Guthaben von 2718,55 € auf seinem Konto. Wie hoch ist der Zinssatz im dritten Jahr?

5 Ein Darlehen in Höhe von 120 000 € soll mit einer jährlichen Rückzahlungsrate von 9600 € und einem Zinssatz von 4,5% finanziert werden. Erstelle den Tilgungsplan für die ersten drei Jahre. Wie viel Euro Zinsen sind bis dann bezahlt worden?

a) Berechne Zentralwerte, Mittelwerte sowie obere und untere Quartile.
b) Erstelle für beide Erhebungen Boxplots.
c) Wie haben sich die Mittelwerte, wie die Zentralwerte verändert?

2 Das Schaubild zeigt die Schwimmbadbesuche von 10 Personen.
a) Erstelle eine Rangliste.
b) Bestimme die Kennwerte.
c) Zeichne einen Boxplot.

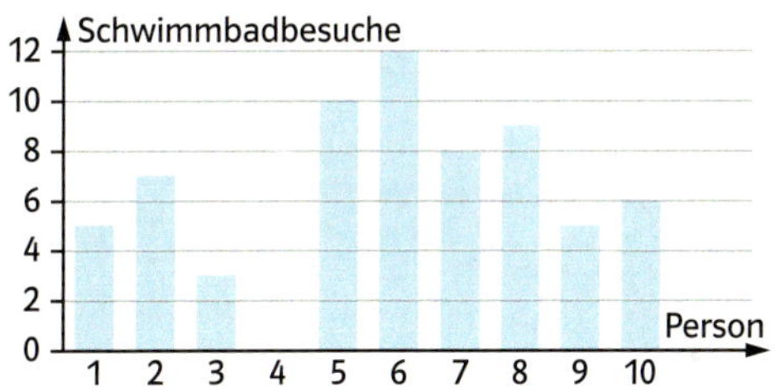

3 Sonja überzieht ihr Girokonto 95 Tage um 785 €. Sie muss 29,00 € Zinsen zahlen.
a) Welcher Zinssatz wurde angelegt?
b) Später hat sie ein Guthaben von 371 €. Wie lange muss sie es bei 3,6% Zinssatz anlegen, um 400 € zu erhalten?

4 Martina will mit einem Ratensparvertrag in 4 Jahren 3000 € ansparen. Die Bank zahlt 3,2% Zinsen. Zinsen werden mitverzinst. Am Ende gibt es noch eine Prämie von 8% auf den insgesamt angesparten Betrag. Was muss sie jährlich einzahlen?

5 Für die Anschaffung eines Kleinwagens benötigt Herr Schmidt ein Darlehen über 9000 €. Die Bank bietet einen Zinssatz von 6,1%. Im 1. Jahr beträgt die Tilgung 3% des Darlehensbetrags. Bestimme die konstante jährliche Rückzahlungsrate.

Stein – Schere – Papier

Das Spiel „Stein, Schere, Papier" kennst du bestimmt.

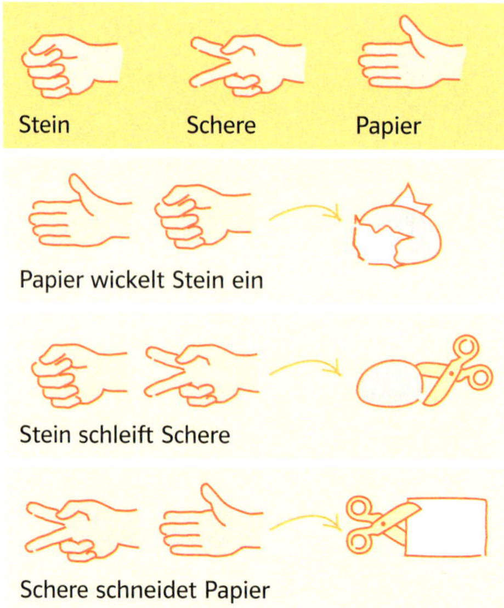

Spiele mit deinem Partner oder deiner Partnerin das Spiel dreißigmal und notiere die Anzahl deiner Siege, deiner Niederlagen und der unentschiedenen Ausgänge. Wie häufig erwartest du einen Sieg, wie häufig ein Unentschieden? Begründe deine Erwartung.

Fasst die Ergebnisse der ganzen Klasse zusammen. Welche relative Häufigkeit hat jedes der möglichen Ergebnisse Sieg, Niederlage oder Unentschieden? Stimmen die in der Klasse berechneten relativen Häufigkeiten mit eurer Erwartung überein?

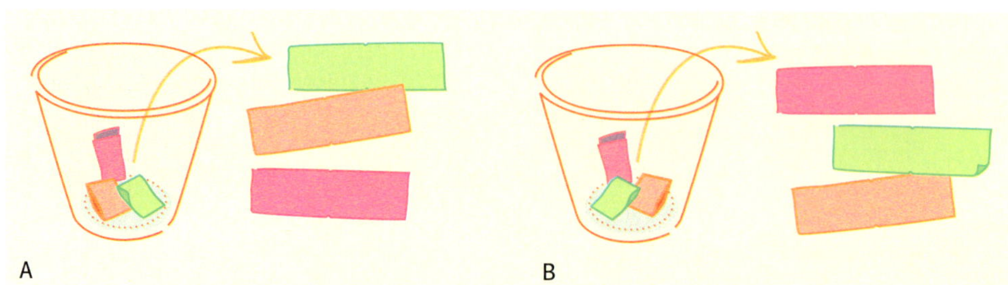

Die Ergebnisse des Spiels „Stein, Schere, Papier" können auch mit anderen Zufallsgeräten ermittelt werden.

Ersetzt der Zufallsversuch das Spiel „Stein, Schere, Papier" korrekt?

Ein Spieler zieht aus Behälter A einen Zettel, der andere Spieler aus Behälter B.

Die Zettel aus den beiden Behältern werden in einen Behälter C gelegt. Nun müssen die beiden Spieler nacheinander einen Zettel ziehen.
Muss der erste Spieler den Zettel wieder zurücklegen, bevor der zweite Spieler zieht, oder darf er ihn behalten?
Spielt in Partnerarbeit beide Möglichkeiten je zehnmal und notiert die Anzahl der unentschiedenen Ergebnisse.
Fasst die Ergebnisse der ganzen Klasse zusammen.
Welcher der beiden möglichen Zufallsversuche ersetzt das Spiel „Stein, Schere, Papier“ korrekt?

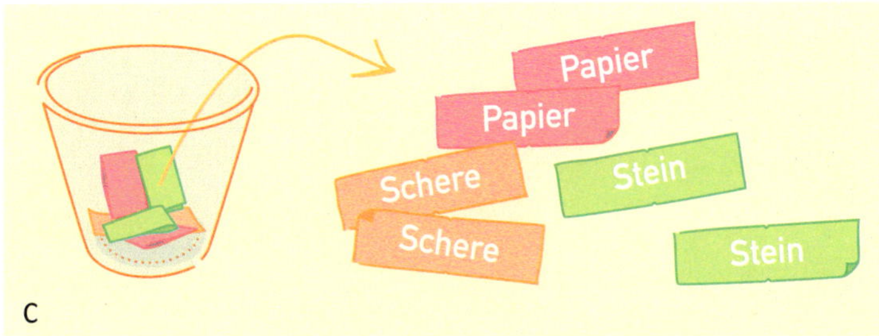

C

Lässt sich das Spiel „Stein, Schere, Papier“ auch nachahmen, wenn im Becher D nur die drei Zettel „Stein“, „Schere“ und „Papier“ liegen? Beschreibe, wie du vorgehen musst.

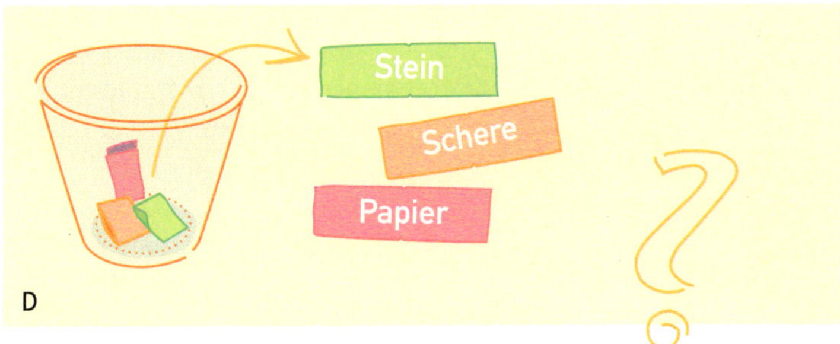

D

Eignen sich die abgebildeten Zufallsgeräte, um das Spiel „Stein, Schere, Papier“ korrekt zu ersetzen? Beschreibe für jedes Zufallsgerät genau, wie der Zufallsversuch durchgeführt werden muss.

In diesem Kapitel lernst du,

- wie man Wahrscheinlichkeiten bestimmt,
- dass man Ergebnisse eines Zufallsversuchs zusammenfassen kann,
- was ein zweistufiger Zufallsversuch ist,
- wie man die Wahrscheinlichkeit eines zweimal hintereinander ausgeführten Zufallsversuchs bestimmt,
- was der Erwartungswert ist und wie man ihn bestimmt,
- ob ein Spiel fair ist oder nicht.

1 Ereignisse

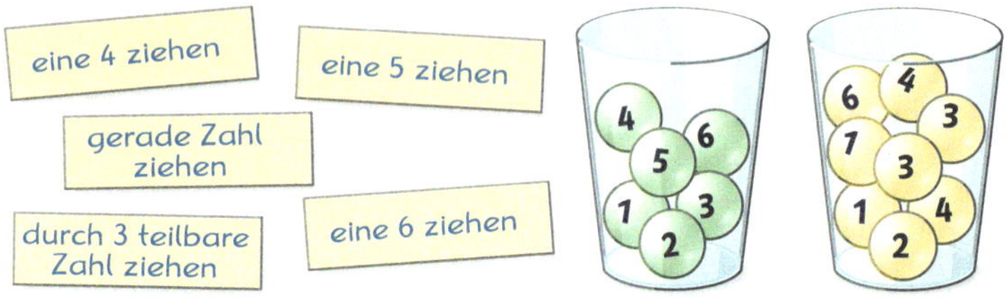

Bei dem Spiel „Zahlen ziehen" kann man sich einen Becher aussuchen, aus dem dann blind eine Kugel gezogen wird.
→ Gib für jede einzelne Ereigniskarte an, welchen Becher du wählen würdest, um die größere Gewinnchance zu haben. Begründe.

Beim Wurf eines Würfels gibt es die sechs **möglichen Ergebnisse** 1; 2; 3; 4; 5 und 6, von denen jedes mit der **gleichen Wahrscheinlichkeit** eintritt. Die Wahrscheinlichkeit für ein Ergebnis, z. B. die Augenzahl 2, beträgt deshalb $\frac{1}{6}$.
Stellt sich die Frage nach der Wahrscheinlichkeit, eine Zahl größer als 2 zu würfeln, so werden die **günstigen Ergebnisse** 3; 4; 5 und 6 zu einem **Ereignis** zusammengefasst. Die Wahrscheinlichkeit des Ereignisses „eine Zahl größer als 2 würfeln" ist dann die Summe der Wahrscheinlichkeiten der zugehörigen günstigen Ergebnisse:
$\frac{1}{6} + \frac{1}{6} + \frac{1}{6} + \frac{1}{6} = \frac{4}{6} = \frac{2}{3}$.

Alle Ergebnisse, die zu einem **Ereignis** gehören, heißen **günstige Ergebnisse**.
Sind alle Ergebnisse gleich wahrscheinlich, so gilt:

Wahrscheinlichkeit eines Ereignisses $= \frac{\text{Anzahl der günstigen Ergebnisse}}{\text{Anzahl der möglichen Ergebnisse}}$

Ist m die Anzahl der günstigen und n die Anzahl der möglichen Ergebnisse, so schreibt man kurz: $P(E) = \frac{m}{n}$.

***P**robability englisch: Wahrscheinlichkeit*

Bemerkungen

- Ein Ereignis kann auch aus allen möglichen Ergebnissen bestehen. Dieses Ereignis tritt in jedem Fall ein und heißt deshalb **sicheres Ereignis**. Seine Wahrscheinlichkeit ist $\frac{n}{n} = 1$.
- Hat ein Ereignis kein mögliches Ergebnis, so tritt dieses Ereignis nie ein und heißt deshalb **unmögliches Ereignis**. Seine Wahrscheinlichkeit ist $\frac{0}{n} = 0$.
- Die Wahrscheinlichkeit eines Ereignisses kann nie kleiner als 0 und nie größer als 1 sein.

Beispiel

Aus einem Elfer-raus-Spiel mit 80 Karten soll einer der vier Elfer gezogen werden.

Ereignis:	eine Elf ziehen
Anzahl der möglichen Ergebnisse:	$n = 80$
Anzahl der günstigen Ergebnisse:	$m = 4$
Wahrscheinlichkeit des Ereignisses:	$P(\text{eine Elf ziehen}) = \frac{m}{n} = \frac{4}{80} = \frac{1}{20} = 0{,}05 = 5\,\%$

Aufgaben

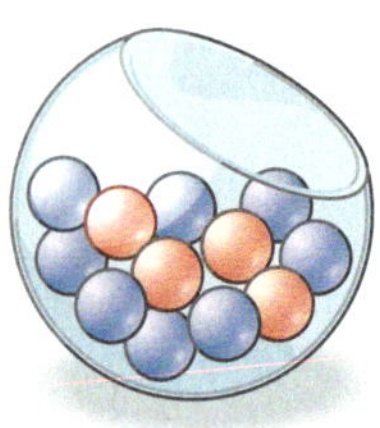

1 Wie groß ist die Wahrscheinlichkeit, aus dem nebenstehenden Behälter eine blaue Kugel zu ziehen? Wie sieht es für eine rote Kugel aus?

2 Ein Glücksrad hat 18 gleich große Felder. Davon sind zwei rot, fünf blau und der Rest weiß gefärbt. Mit welcher Wahrscheinlichkeit treten die Farben auf?

3 Bei einer Tombola soll ein Trostpreis mit 40 %, eine Taschenlampe mit 10 % und eine CD mit 5 % Wahrscheinlichkeit gewonnen werden. Färbe ein Glücksrad zur Auslosung der Gewinne.

4 In einem Becher liegen 17 Kugeln, die mit den Zahlen 1 bis 17 gekennzeichnet sind. Es wird eine Kugel gezogen.
Wie groß ist die Wahrscheinlichkeit für folgende Ereignisse?
a) eine gerade Zahl
b) eine Zahl mit der Ziffer 5
c) eine durch 4 teilbare Zahl
d) eine Zahl größer als 13
e) eine gerade und durch 3 teilbare Zahl
f) eine zweistellige Zahl

5 Anne besitzt ein Los mit der Nummer 3577261.
a) Wie groß ist die Wahrscheinlichkeit, dass die letzte Ziffer, die beiden letzten Ziffern, die drei letzten Ziffern richtig sind?
b) Was könnte die Wahrscheinlichkeit verändern?

6 Jedes vierte Los gewinnt.
a) Bestimme die Wahrscheinlichkeit für einen Gewinn.
b) Arno kauft vier Lose und sagt, er müsse genau einen Gewinn haben. Was meinst du?

7 In einer Schublade befinden sich unsortiert 5 Paar schwarze, 7 Paar blaue und 3 Paar beige Socken. Wie groß ist die Wahrscheinlichkeit, dass Peter im Dunkeln ein passendes Paar Socken zieht, wenn er
a) bereits eine einzelne schwarze Socke gezogen hat?
b) bereits eine beige Socke gezogen hat?
c) noch keine Socke gezogen hat?

8 Während der Fußballweltmeisterschaft 2006 gab es Sammelbilder zu kaufen.
Die 597 Bilder wurden in Tütchen mit fünf Bildern verkauft.
Mit welcher Wahrscheinlichkeit hatte man beim Kauf des ersten Tütchens den Fußballspieler Miroslav Klose dabei?

9 Wie groß ist die Wahrscheinlichkeit, dass die rote Spielfigur beim nächsten Wurf
- die andere Spielfigur schlägt?
- ins Haus gelangt?
- weder eine Spielfigur schlägt noch ins Haus gelangt?

Addiere die drei berechneten Wahrscheinlichkeiten. Was fällt dir auf? Erkläre das Ergebnis.

10 In welchen Fällen ist ein sicheres Ereignis beschrieben?
a) Es wird eine gerade Zahl oder eine Zahl größer 2 gewürfelt.
b) Es wird eine ungerade oder eine gerade Zahl gewürfelt.
c) Entweder gewinnt der 1. FC Kaiserslautern oder er verliert.

11 In welchen Fällen wird ein unmögliches Ereignis beschrieben?
a) Es wird eine durch 4 teilbare Zahl gewürfelt.
b) Es wird keine Zahl kleiner 7 gewürfelt.
c) Der FSV Mainz 05 gewinnt.

12 Nadine und Uli stehen mit ihren Spielsteinen kurz vor dem Ziel. Sie dürfen nur entlang der Wege ziehen, die nicht durch eine andere Figur verstellt sind. Die gewürfelte Augenzahl muss genau der Schrittzahl entsprechen.
a) Wer hätte beim nächsten Wurf die bessere Gewinnchance, wenn er als erster Spieler wirft?
b) Nadine wirft als erste Spielerin eine Vier. Verändert sich dadurch die Gewinnchance für Uli?

2 Zusammengesetzte Ereignisse

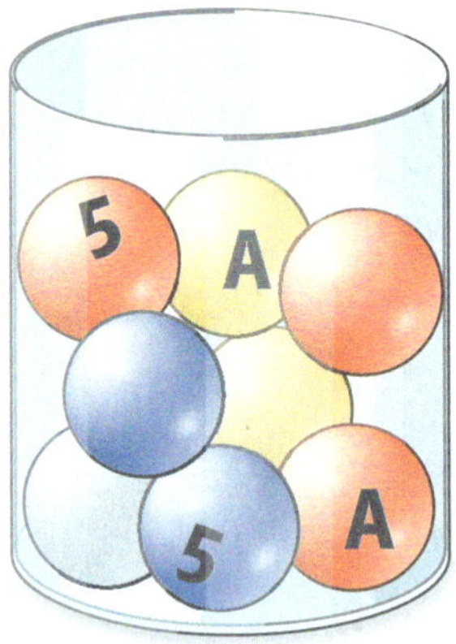

→ Welche Ergebnisse können beim Ziehen einer Kugel erzielt werden? Gib die Wahrscheinlichkeiten eines Ergebnisses an.
→ Nenne Ereignisse, die eintreten können.
→ Bestimme die Wahrscheinlichkeit des Ereignisses „gelbe Kugel oder blaue Kugel" und des Ereignisses „gelbe Kugel oder Nummernkugel".
→ Bestimme die Wahrscheinlichkeit des Ereignisses „unbeschriftete Kugel oder rote Kugel". Was musst du dabei beachten?
→ Bestimme P(gelbe Kugel) und P(nicht gelbe Kugel). Was stellst du fest?

Ein Ereignis kann sich aus mehreren voneinander verschiedenen Ereignissen zusammensetzen, die kein Ergebnis gemeinsam haben.
In einer Lotterie befinden sich unter 1000 Losen 100 Trostpreise und 20 Hauptgewinne. Das Ereignis „einen Gewinn ziehen" setzt sich aus den beiden Ereignissen „einen Trostpreis ziehen" oder „einen Hauptgewinn ziehen" mit den Wahrscheinlichkeiten $\frac{100}{1000}$ und $\frac{20}{1000}$ zusammen. Da es kein Los gibt, auf das man sowohl einen Trostpreis als auch einen Hauptgewinn erhält, haben die beiden Ereignisse kein Ergebnis gemeinsam.
Das Ereignis „einen Gewinn" ziehen hat also 100 + 20 = 120 günstige Ergebnisse.
Die Wahrscheinlichkeit dieses **zusammengesetzten Ereignisses** beträgt demnach $\frac{120}{1000} = \frac{100}{1000} + \frac{20}{1000}$. Das Ereignis „eine Niete ziehen" ist das zugehörige **Gegenereignis**. Einen Gewinn oder keinen Gewinn zu erzielen ist sicher. Die Wahrscheinlichkeit dafür beträgt 1.
Damit ist die Wahrscheinlichkeit für das Gegenereignis $1 - \frac{120}{1000} = \frac{880}{1000}$.

! *Es können auch mehr als zwei Ereignisse zu einem neuen Ereignis zusammengefasst werden. Auch in diesem Fall werden die Wahrscheinlichkeiten der Ereignisse addiert, falls sie jeweils voneinander verschiedene Ergebnisse haben.*

Summenregel
Zwei Ereignisse E_1 und E_2 können zu einem neuen Ereignis E zusammengefasst werden. Haben zwei Ereignisse E_1 und E_2 kein Ergebnis gemeinsam, so gilt:
$P(E) = P(E_1 \text{ oder } E_2) = P(E_1) + P(E_2)$

Alle ungünstigen Ergebnisse eines Ereignisses E bilden das **Gegenereignis** $\overline{E}$.
Wahrscheinlichkeit des Gegenereignisses: $P(\overline{E}) = 1 - P(E)$

Beispiel
Für ein Glücksrad sind folgende Ereignisse mit den zugehörigen Wahrscheinlichkeiten bekannt: $P(\text{Rot}) = \frac{1}{36}$; $P(\text{Blau}) = \frac{7}{36}$; $P(\text{Gelb}) = \frac{21}{36}$.
Die restlichen Felder des Glücksrades sind transparent.
Das Ereignis „eine Farbe" setzt sich aus den drei Ereignissen „Rot", „Blau" und „Gelb" zusammen und hat die Wahrscheinlichkeit: $\frac{1}{36} + \frac{7}{36} + \frac{21}{36} = \frac{29}{36}$.
Das Ereignis „transparent" ist das Gegenereignis von „eine Farbe". Die Wahrscheinlichkeit dafür beträgt $1 - \frac{29}{36} = \frac{7}{36}$.

Aufgaben

1 In einem Sack befinden sich 10 blaue, 8 rote, 12 gelbe, 15 weiße und 5 grüne Murmeln. Es wird eine Murmel gezogen. Gib die folgenden Wahrscheinlichkeiten P(E) in Prozent an.
a) P(rote oder blaue Murmel)
b) P(gelbe, grüne oder weiße Murmel)
c) P(keine blaue Murmel)
d) P(weder weiße noch gelbe Murmel)

2 Du würfelst mit einem Dodekaeder.

Gib die Wahrscheinlichkeit an.
a) Eine Zahl kleiner als 5 oder größer als 9 werfen.
b) Eine durch 4 teilbare oder eine Primzahl werfen.
c) Keine 12 werfen.
d) Keine ungerade Zahl werfen.

3 In einem Hut befinden sich 400 Lose. Zu gewinnen gibt es 100 Kugelschreiber, 30 CDs, 10 Discmen und einen Fernseher. Bestimme für folgende Ereignisse die Wahrscheinlichkeit:
- wenigstens etwas gewinnen,
- etwas gewinnen, ausgenommen einen Kugelschreiber,
- nichts gewinnen,
- den Fernseher oder nichts gewinnen.

4 In einem Loseimer mit 120 Losen sind 38 Gewinnlose. Es gibt drei Hauptgewinne, der Rest sind Trostpreise. Bestimme die Wahrscheinlichkeit, einen Trostpreis zu gewinnen.

5 Bei einer Tombola hat man eine Gewinnwahrscheinlichkeit von $\frac{24}{120}$. Die Wahrscheinlichkeit, eine freie Auswahl aus allen Preisen zu bekommen, beträgt $\frac{3}{120}$. Mit welcher Wahrscheinlichkeit hat man etwas gewonnen, jedoch nicht die freie Auswahl?

6 Bei einer Tombola gibt es Einkaufsgutscheine, MP3-Player und Fahrräder zu gewinnen. Darüber hinaus gibt es noch Trostpreise. Wie sind die 2000 Lose im Loseimer verteilt, wenn folgende Wahrscheinlichkeiten bekannt sind?
P(Gewinn) = 60 %
P(Trostpreis) = 35 %
P(Trostpreis oder Gutschein) = 50 %
P(Gutschein oder MP3-Player) = 20 %

7 Wie groß ist die Wahrscheinlichkeit, aus einem Skatspiel folgende Karten zu ziehen?
a) Herz- oder Kreuzkarte
b) Bube oder Dame
c) weder 7 noch 8
d) kein Bild

8 In einer Tasche befinden sich 15 schwarze und fünf gelbe Kugeln.
a) Bestimme P(gelbe Kugel) sowie P(schwarze Kugel).
b) Wie viele weiße Kugeln müssen hinzugefügt werden, damit P(schwarze Kugel) = 60 % gilt?
Könnte man statt der weißen auch gelbe Kugeln hinzufügen?
c) Wie viele schwarze Kugeln müssen herausgenommen werden, damit P(gelbe Kugel) = $\frac{1}{3}$ gilt?
d) Wie viele weiße Kugeln müssen hinzugefügt werden, damit P(schwarze oder gelbe Kugel) = 0,4 gilt?

9 In ein Glas sollen rote, gelbe und blaue Kugeln gefüllt werden. Die Verteilung der Kugeln soll so sein, dass P(rote oder gelbe Kugel) = 0,4 und P(gelbe oder blaue Kugel) = 0,85 beträgt.
Wie viele Kugeln jeder Farbe müssen in das Glas? Es gibt mehrere Lösungen.

10 Finde das Gegenereignis.
a) eine gerade Zahl würfeln
b) eine Zahl größer als 4 würfeln
c) eine durch 3 teilbare Zahl würfeln
d) keine 1 würfeln
e) eine 1 oder 6 würfeln
f) eine Zahl größer als 6 würfeln

? In einer Lostrommel befinden sich dreimal so viele Nieten wie Gewinne. Bestimme die Gewinnwahrscheinlichkeit.

Vorsicht bei zusammengesetzten Ereignissen!

Aus einem Skat-Spiel soll eine rote Karte oder eine Karte mit einem Zahlenwert gezogen werden.
Leo berechnet dafür die Wahrscheinlichkeit:

Eine der 16 roten Karten wird mit der Wahrscheinlichkeit $\frac{16}{32} = \frac{1}{2}$ gezogen.

Eine der 16 Zahlkarten wird mit der Wahrscheinlichkeit $\frac{16}{32} = \frac{1}{2}$ gezogen.

Leo: Also hat das Ereignis „rote Karte oder Karte mit Zahlenwert" die Wahrscheinlichkeit $\frac{1}{2} + \frac{1}{2} = 1$. Somit ist das Ereignis sicher.
Anne gibt zu bedenken, dass man doch z. B. eine schwarze Dame ziehen kann.
Leo hat etwas übersehen.

♣	7	8	9	10	B	D	K	A
♠	7	8	9	10	B	D	K	A
♥	7	8	9	10	B	D	K	A
♦	7	8	9	10	B	D	K	A

Er hat die Wahrscheinlichkeit für die roten Karten mit Zahlenwert doppelt gezählt. Deshalb muss die Wahrscheinlichkeit für das Ereignis „rote Karte mit Zahlenwert" einmal abgezogen werden.
Die Lösung lautet dann: $\frac{1}{2} + \frac{1}{2} - \frac{1}{4} = \frac{3}{4}$.

Werden zwei Ereignisse E_1 und E_2 zu einem neuen Ereignis E zusammengefasst, so ist darauf zu achten, ob die beiden Ereignisse einige Ergebnisse gemeinsam haben oder nicht.

1. Fall
E_1 und E_2 haben kein Ergebnis gemeinsam:
$P(E) = P(E_1) + P(E_2)$

2. Fall
E_1 und E_2 haben einige Ergebnisse gemeinsam, die zusammen das Ereignis E_g bilden:
$P(E) = P(E_1) + P(E_2) - P(E_g)$

■ Bestimme für das Glücksrad folgende Wahrscheinlichkeiten:
- P(Rot oder Gelb),
- P(gerade Zahl oder Primzahl),
- P(Lila oder gerade Zahl),
- P(Gelb oder Rot oder ungerade Zahl).

■ Es wird ein Würfel geworfen. Bestimme die Wahrscheinlichkeit für folgende Ereignisse:
- eine gerade Zahl oder eine Primzahl werfen,
- eine ungerade Zahl oder eine Zahl größer zwei werfen,
- eine durch zwei oder durch drei teilbare Zahl werfen.

3 Zweistufige Zufallsversuche

Aus der Urne wird eine Kugel gezogen, deren Farbe notiert und zurückgelegt. Dann wird noch eine Kugel gezogen und deren Farbe notiert.

→ Gib mögliche Ergebnisse an.

→ Worin unterscheiden sich die beiden Ergebnisse (Gelb, Rot) und (Rot, Gelb)? Was haben sie gemeinsam?

→ Timo behauptet, die Wahrscheinlichkeit für das Ergebnis (Gelb, Rot) sei $\frac{1}{25}$.
Wie kommt er darauf?

→ Sonja sagt, dann ist die Wahrscheinlichkeit für das Ereignis „(Gelb, Rot) oder (Rot, Gelb)" $\frac{2}{25}$.

Wird eine Münze zweimal hintereinander geworfen, so bezeichnet man diesen Zufallsversuch als **zweistufigen Zufallsversuch**. Sowohl beim 1. als auch beim 2. Wurf kann Wappen W oder Zahl Z geworfen werden. Die möglichen Ergebnisse dieses zweistufigen Zufallsversuchs sind deshalb die **geordneten Paare** (W,W), (W,Z), (Z,W), (Z,Z).
Mit einem **Baumdiagramm** können die möglichen Ergebnisse und die Wahrscheinlichkeit jedes Ergebnisses ermittelt werden.

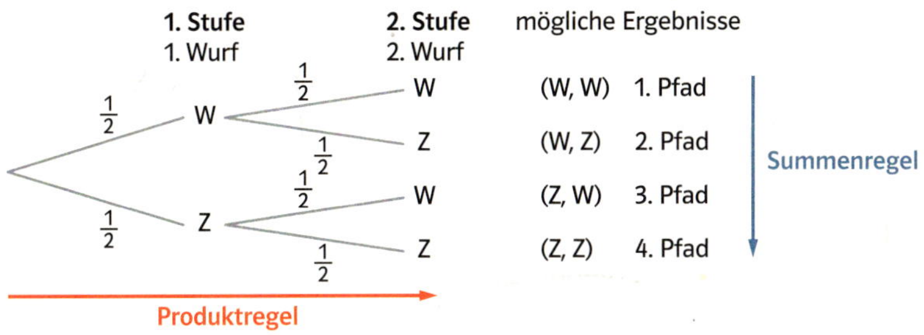

Jeder **Pfad** des Baumdiagramms führt auf ein mögliches Ergebnis des zweistufigen Zufallsversuchs. Die Wahrscheinlichkeit für „Zahl" bzw. „Wappen" beträgt bei jedem Wurf $\frac{1}{2}$ und ist an den Ästen des Pfades vermerkt. Es gibt vier mögliche, gleich wahrscheinliche Ergebnisse. Die Wahrscheinlichkeit jedes Ergebnisses ist somit $\frac{1}{4}$. Das Produkt $\frac{1}{2} \cdot \frac{1}{2}$ entlang des Pfades ist ebenfalls $\frac{1}{4}$.

Produktregel
Bei einem zweistufigen Zufallsversuch ist die Wahrscheinlichkeit eines Ergebnisses gleich dem Produkt der Wahrscheinlichkeiten entlang des zugehörigen Pfades.
P(Ergebnis) = P(Ergebnis 1. Stufe) · P(Ergebnis 2. Stufe)

Bemerkung
Die günstigen Ergebnisse eines Ereignisses können auch die Ergebnisse eines zweistufigen Zufallsversuchs sein. Auch in diesem Fall gilt die Summenregel.

Beispiel
Das Glücksrad wird zweimal gedreht.

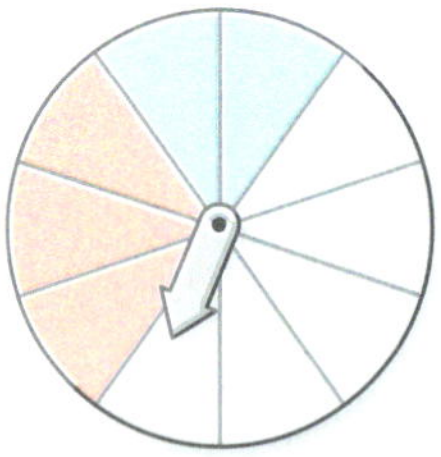

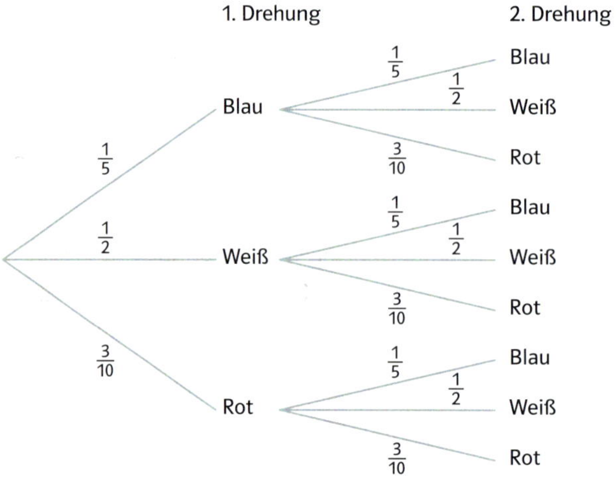

$P(\text{Blau, Blau}) = \frac{1}{5} \cdot \frac{1}{5} = \frac{1}{25} = 4\%$

$P(\text{Blau, Weiß}) = \frac{1}{5} \cdot \frac{1}{2} = \frac{1}{10} = 10\%$

$P(\text{Blau, Rot}) = \frac{1}{5} \cdot \frac{3}{10} = \frac{3}{50} = 6\%$

$P(\text{Weiß, Blau}) = \frac{1}{2} \cdot \frac{1}{5} = \frac{1}{10} = 10\%$

$P(\text{Weiß, Weiß}) = \frac{1}{2} \cdot \frac{1}{2} = \frac{1}{4} = 25\%$

$P(\text{Weiß, Rot}) = \frac{1}{2} \cdot \frac{3}{10} = \frac{3}{20} = 15\%$

$P(\text{Rot, Blau}) = \frac{3}{10} \cdot \frac{1}{5} = \frac{3}{50} = 6\%$

$P(\text{Rot, Weiß}) = \frac{3}{10} \cdot \frac{1}{2} = \frac{3}{20} = 15\%$

$P(\text{Rot, Rot}) = \frac{3}{10} \cdot \frac{3}{10} = \frac{9}{100} = 9\%$

Das Ereignis „zweimal die gleiche Farbe" setzt sich aus den Ergebnissen (Blau, Blau), (Weiß, Weiß) und (Rot, Rot) zusammen. Somit ist die Wahrscheinlichkeit
$P(\text{zweimal gleiche Farbe}) = \frac{1}{25} + \frac{1}{4} + \frac{9}{100} = \frac{38}{100} = 38\,\%$.

Aufgaben

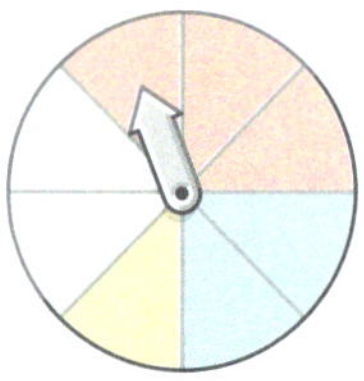

1 Das Glücksrad wird zweimal gedreht. Bestimme die Wahrscheinlichkeit.
a) zweimal hintereinander Rot
b) erst Rot, dann Blau
c) erst Rot, dann Gelb oder erst Gelb und dann Rot

Vokale

Konsonanten

2 Ein Würfel wird zweimal geworfen. Bestimme die Wahrscheinlichkeit.
a) zwei gleiche Zahlen werfen
b) im ersten Wurf eine Zahl kleiner als 3, im zweiten Wurf eine 6 werfen
c) die erste geworfene Zahl ist kleiner als die zweite geworfene Zahl

3 Der erste Buchstabe wird aus dem Topf der Vokale, der zweite aus dem Topf der Konsonanten gezogen. Mit welcher Wahrscheinlichkeit können folgende Wörter gebildet werden?

a) ah	b) oh
c) im	d) in
e) um	f) ab
f) au	g) if

4 In einem Topf befinden sich fünf blaue, drei gelbe, acht rote und vier grüne Kugeln. Es wird eine Kugel gezogen, die Farbe notiert und zurückgelegt. Dann wird wieder eine Kugel gezogen und deren Farbe notiert.
Bestimme die Wahrscheinlichkeit.
a) P(erst Rot, dann Blau)
b) P(erst Blau, dann Rot)
c) P(zweimal Rot)
d) P(Die erste Kugel ist rot.)
e) P(Die zweite Kugel ist rot.)
f) P(Keine Kugel ist rot.)

5 Gib für jedes der fünf möglichen Ergebnisse die Wahrscheinlichkeit an.

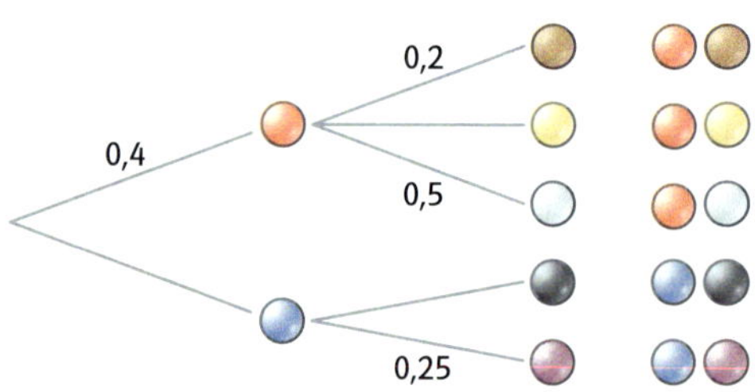

Ziehen mit und ohne Zurücklegen

In einem Behälter befinden sich zwei rote und drei blaue Kugeln. Nachdem eine Kugel gezogen wurde, kann sie behalten oder zurückgelegt werden, bevor die zweite Kugel gezogen wird. Dadurch ändert sich die Wahrscheinlichkeit, mit der ein Ereignis eintritt.

Die gezogene Kugel wird behalten:

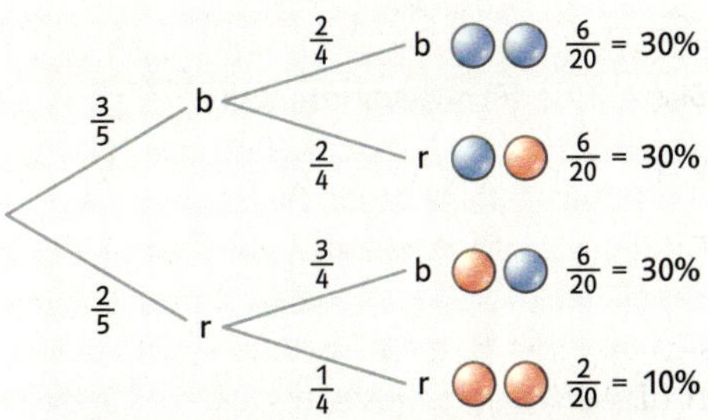

Die gezogene Kugel wird zurückgelegt:

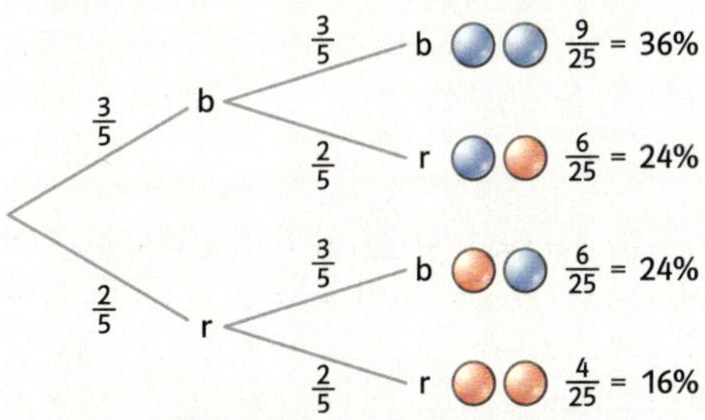

■ In einer Urne befinden sich drei blaue und sieben rote Kugeln. Es werden nacheinander zwei Kugeln gezogen. Gib die Wahrscheinlichkeit für alle möglichen Ergebnisse an. Die erste Kugel
- wird zurückgelegt.
- wird nicht zurückgelegt.

Löse diese Aufgabe auch, wenn sich in der Urne 30 bzw. 300 oder 3000 grüne und 70 bzw. 700 oder 7000 rote Kugeln befinden. Was fällt dir auf?
Formuliere eine allgemeine Regel.

■ Aus einem Strumpf mit acht weißen und vier roten Kugeln werden zwei Kugeln gezogen. Wer zwei weiße Kugeln zieht, gewinnt. Ist es besser, die erste gezogene Kugel zurückzulegen oder zu behalten?

6 Larissa und Erkan spielen beide Basketball. Larissa hat eine Trefferquote von 80 % und Erkan von 50 %. Sie werfen beide je einmal.
a) Wie groß ist die Wahrscheinlichkeit, dass sie zusammen 0; 1 oder 2 Treffer erzielen?
b) Wie ändert sich das Ergebnis, wenn jeder zwei Würfe hat?

7 In einer Lostrommel befinden sich Kugeln. Jede Kugel ist mit einer der Zahlen 0 bis 9 beschriftet. Jede Zahl kommt genau zweimal vor.
Es werden zwei Kugeln gezogen. Die erste gezogene Zahl bildet die Zehnerziffer und die zweite gezogene Zahl die Einerziffer der zu bildenden Zahl.
a) Wie groß ist die Wahrscheinlichkeit die Zahl 21 zu bilden, wenn die erste gezogene Zahl
- nicht zurückgelegt wird?
- wieder zurückgelegt wird?

b) Beantworte die Aufgaben aus a) auch für die Zahl 22. Was stellst du fest? Gib eine Begründung an.

8 Im Lande Kalibund erhalten die Bürger einmal im Jahr die Gelegenheit, von der Steuer befreit zu werden.
Dazu müssen sie zunächst mit verbundenen Augen einen Behälter wählen und anschließend aus dem gewählten Behälter eine Kugel ziehen.
Wer eine weiße Kugel zieht, wird von der Steuer befreit.
a) Berechne die Chance, von der Steuer befreit zu werden, wenn die Kugeln wie abgebildet verteilt sind.
b) Wie ändert sich die Chance, wenn die zwei schwarzen Kugeln aus dem ersten Behälter in den zweiten Behälter gelegt werden?
c) Ein Bürger bittet darum, vor dem Ziehen die Kugeln selbst auf die drei Behälter verteilen zu dürfen. Wie muss er die Kugeln verteilen, damit er eine möglichst große Chance hat, von der Steuer befreit zu werden? Gib für diesen Fall die Wahrscheinlichkeit an.

(1)

(2)

(3)

Tabelle statt Baum

Für einen zweistufigen Zufallsversuch können die Ergebnisse auch in einer Tabelle dargestellt werden.

Es werden zwei Würfel geworfen. Sind alle Ergebnisse gleich wahrscheinlich, lässt sich mithilfe der Tabelle die Wahrscheinlichkeit für ein Ereignis durch Auszählen schneller ermitteln als mit einem Baumdiagramm.

	1	2	3	4	5	6
1	(1; 1)	(1; 2)	(1; 3)	(1; 4)	(1; 5)	(1; 6)
2	(2; 1)	(2; 2)	(2; 3)	(2; 4)	(2; 5)	(2; 6)
3	(3; 1)	(3; 2)	(3; 3)	(3; 4)	(3; 5)	(3; 6)
4	(4; 1)	(4; 2)	(4; 3)	(4; 4)	(4; 5)	(4; 6)
5	(5; 1)	(5; 2)	(5; 3)	(5; 4)	(5; 5)	(5; 6)
6	(6; 1)	(6; 2)	(6; 3)	(6; 4)	(6; 5)	(6; 6)

Die Tabelle zeigt die 36 möglichen Ergebnisse. Das Ereignis „Pasch" besteht aus den Ergebnissen (1; 1); (2; 2); (3; 3); (4; 4); (5; 5) und (6; 6).

$P(\text{Pasch}) = \frac{6}{36} = \frac{1}{6}$

- Es werden zwei Würfel geworfen und die Augenzahlen miteinander multipliziert. Bestimme P(Produkt größer 20).
- Beim Teilerspiel hat man zwei Würfe. Der erste Wurf wird mit einem Dodekaeder, der zweite mit einem Würfel durchgeführt. Lässt sich die Augenzahl des ersten Wurfs durch die des zweiten Wurfs teilen, so erhält man einen Punkt. Wie groß ist die Wahrscheinlichkeit, einen Punkt zu bekommen?
- Auf einem Glücksrad mit acht gleich großen Feldern stehen die Zahlen 1 bis 8. Das Rad wird zweimal gedreht. Dann wird die kleinere von der größeren Zahl abgezogen. Sind beide Zahlen gleich groß, so ist das Ergebnis 0.
Stelle eine Tabelle auf und bestimme die Wahrscheinlichkeit, als Differenz den Wert null zu erhalten.

9 Aus der Schale werden zwei Kugeln gleichzeitig gezogen. Bestimme die Wahrscheinlichkeit mithilfe eines Baumdiagramms.

a) Beide Kugeln haben die gleiche Farbe.
b) Eine Kugel ist rot, eine blau.
c) Keine Kugel ist rot.

10 In einem Loseimer befinden sich 70 Nieten und fünf Gewinne. Kelly zieht mit einem Griff zwei Lose. Zeichne das Baumdiagramm. Wie groß ist die Wahrscheinlichkeit, mindestens einen Gewinn zu ziehen?

11 Zwei Münzen werden gleichzeitig geworfen. Dirk versucht sich als Hellseher. Welches Ergebnis sollte Dirk vorhersagen, damit er als Hellseher einen möglichst großen Erfolg hat?

12 Auf einem Wühltisch befinden sich rote und grüne Topflappen. Frau Heger zieht unbesehen zwei Topflappen. Mit welcher Wahrscheinlichkeit hat sie ein passendes Paar?
a) Von jeder Farbe befindet sich genau ein Paar auf dem Tisch.
b) Von jeder Farbe befinden sich zehn Paare auf dem Tisch.
c) Vergleiche die Ergebnisse der Aufgaben a) und b). Was stellst du fest? Formuliere eine Aussage über die Anzahl der Paare auf dem Tisch und die Wahrscheinlichkeit, ein passendes Paar zu ziehen.
d) Es befinden sich drei Paare rote und fünf Paare grüne Topflappen auf dem Tisch.
e) Es befinden sich drei Paare rote und 50 Paare grüne Topflappen auf dem Tisch.
f) Vergleiche die Ergebnisse der Teilaufgaben d) und e). Was stellst du fest? Formuliere eine Aussage über die Anzahl der Paare auf dem Tisch und die Wahrscheinlichkeit, ein passendes Paar zu ziehen.

Auto oder Ziege?

Eine Fernsehshow: Die Kandidatin hat die Endrunde erreicht und hat nun die Chance, ein Auto zu gewinnen. Das verbirgt sich hinter einer von drei Türen, hinter den anderen verbirgt sich, sozusagen als lebendige Niete, je eine Ziege. Die Kandidatin kann eine der drei Türen wählen, die Chance auf den Supergewinn beträgt also $\frac{1}{3}$. Sie entscheidet sich für eine der Türen und nennt die Nummer der Tür.

Jetzt öffnet der Showmaster eine der beiden anderen Türen. Hinter der geöffneten Tür meckert eine Ziege – klar, der Showmaster weiß ja, wo der Gewinn steckt. Nun bietet der Showmaster der Kandidatin an, die erste Entscheidung zu ändern und zur anderen noch geschlossenen Tür zu wechseln.

- Versetze dich in ihre Rolle: Was würdest du tun? Wechseln oder bei der alten Wahl bleiben?
Sind die Chancen beim Wechseln oder Nichtwechseln gleich?
- Macht eine Simulation zur Show!
Spielt die Situation zu zweit nach. Ihr braucht dazu drei Karten, von denen eine den Hauptgewinn und die anderen zwei die Nieten darstellen sollen. Verteilt die Rollen der Kandidatin und des Showmasters, nach 10 Spielen werden die Rollen getauscht. Der Showmaster legt die Karten verdeckt vor die Kandidatin und merkt sich, wo der Gewinn liegt. Die Kandidatin wählt eine der Karten aus. Jetzt deckt der Showmaster eine andere Karte auf, hinter der sich eine Niete verbirgt.
Teilt die Gruppen in zwei Hälften auf. Die eine Hälfte spielt Variante A, die andere Variante B.
- Tragt eure Ergebnisse in der Klasse zusammen und berechnet jeweils die relativen Häufigkeiten für Gewinn beim Wechseln und beim Nichtwechseln.
Was empfiehlst du nach der Simulation der Kandidatin?

Variante A
Die Kandidatin bleibt bei ihrer Erstwahl (wichtig: Wirklich immer dabei bleiben!).
Notiert die Anzahl der Gewinne und der Nieten.
Überlegt nach dem Spiel, welche Wahrscheinlichkeit ihr für Gewinn bei der Nicht-wechseln-Strategie vermutet.
Habt ihr eine logische Begründung?

Variante B
Die Kandidatin wechselt ihre Erstwahl (wichtig: Wirklich immer wechseln!).
Notiert die Anzahl der Gewinne und der Nieten.
Überlegt nach dem Spiel, welche Wahrscheinlichkeit ihr für Gewinn bei der Wechseln-Strategie vermutet.
Habt ihr eine logische Begründung?

4 Vierfeldertafeln

	w	m
blond	*70*	*42*
dunkel	*62*	*86*

→ Welche Chance haben „dunkle Haare"?
→ „Blond gewinnt!" wird vermutet. Wie wahrscheinlich ist dann ein weiblicher „Titelstar"?

Sport	Handball	Gymnastik	
m	18	9	27
w	12	21	33
	30	30	60

Zeilensummen

Spaltensummen

Sport	Handball	Gymnastik	
m	30 %	15 %	45 %
w	20 %	35 %	55 %
	50 %	50 %	100 %

Eine Klasse hat Sportkurse gewählt. Für die Auswertung sind zwei Merkmale wichtig: Geschlecht (m/w) und Sportart (Handball/Gymnastik).
Die Ergebnisse der Auszählung werden in eine Vierfeldertafel eingetragen. Am Rand werden Zeilensummen und Spaltensummen ergänzt, rechts unten die Gesamtanzahl. In den Zeilen ist abzulesen, wie viele Jungen und Mädchen beteiligt sind, und in den Spalten, wie viele Teilnehmer die Kurse gewählt haben.
Zum Vergleich mit den Wahlen anderer Klassen werden die absoluten Zahlen in relative Angaben umgerechnet. Alle Werte werden durch die Gesamtanzahl geteilt und als Prozentzahl geschrieben.

! *„Sportart" ist ein **Merkmal**, die **Ausprägungen** sind „Handball" und „Gymnastik".*

Wenn eine Menge nach zwei verschiedenen Merkmalen mit je zwei Ausprägungen sortiert wird, kann man die Anteile in einer **Vierfeldertafel** übersichtlich darstellen. Die Zeilen geben die Häufigkeiten des einen Merkmals wieder, die Spalten die Häufigkeiten des anderen Merkmals.

Beispiele

a) Ergänze die Vierfeldertafel.

Formen	blau	rot	
eckig	x	12	39
rund	8	y	z
	35	28	G

$x + 8 = 35$
$x = 35 - 8 = 27$
$12 + y = 28$
$y = 28 - 12 = 16$

$z = 8 + y$
$z = 8 + 16 = 24$
$G = 39 + z$
$G = 39 + 24 = 63$

b) Erstelle eine Vierfeldertafel.
Von vierzig Künstlern sind fünfundzwanzig Frauen. Zehn von ihnen wählten Töpfern. Neun Männer entschieden sich für Malerei.

Künstler	w	m	
Töpfern	10	6	16
Malerei	15	9	24
	25	15	40

Der Töpferkurs hat 16 Teilnehmer, im Malereikurs sind es vierundzwanzig.

Aufgaben

1 Vervollständige die Vierfeldertafel.

Kurswahl	Mädchen	Junge	
Kunst			15
Musik	8	6	
	13		

Umfrage	Kl. 10a	Kl. 10b	
positiv	24 %	30 %	
negativ			
		48 %	

2 Das Burgerrestaurant zählt am Vormittag 384 Besucher. Von den älteren haben 62 das Essen zum Mitnehmen einpacken lassen. Bei den jüngeren war es die dreifache Anzahl. Zum Essen im Restaurant geblieben sind gleich viele jüngere und ältere. Erstelle eine vollständige Vierfeldertafel.

3 Bei einem Leichtathletik-Wettbewerb werden Zahlen erhoben.
a) Ergänze die Randfelder. Schreibe die Tafeln mit Prozentangaben.
b) Untersuche, in welcher Sportart die Schulwertung besser ist. Gilt das auch für die Jahrgangsstufen in getrennter Wertung?

Hochsprung	7./8. Jg.	9./10. Jg.
qualifiziert	14	6
ausgeschieden	23	20

Laufen	7./8. Jg.	9./10. Jg.
qualifiziert	8	14
ausgeschieden	33	22

4 Zwei Maschinen füllen Kekse für den Verkauf ab. Maschine A schafft 600 Tüten pro Stunde, Maschine B nur 200. Maschine A füllt in 4 % der Tüten zu wenig Ware, bei Maschine B sind es sogar 10 %.
a) Erstelle eine Vierfeldertafel.
b) Mit welcher Wahrscheinlichkeit hat eine Tüte zu wenig Inhalt?
c) Wie könnte man den Sachverhalt als zweistufiges Zufallsexperiment darstellen?

5 An einer Fachhochschule (FH) beträgt der Frauenanteil durchschnittlich 35 %. Für das Fach Wirtschaftswissenschaften sind 20 % aller Studierenden eingeschrieben. Von allen Frauen an der FH haben sich allerdings nur 8 % für dieses Fach entschieden.
a) Beschreibe den Sachverhalt mit einer Vierfeldertafel.
b) Mit welcher Wahrscheinlichkeit studiert ein zufällig angesprochener männlicher Student Wirtschaftswissenschaften?
c) Bestimme und vergleiche die Anteile der Studentinnen im Fach Wirtschaftswissenschaften mit den Anteilen der anderen Fächer.

! 100 % steht rechts unten in der Tabelle.

6 Massentestverfahren (Screenings) für gefährliche, aber seltene Krankheiten werden in den Medien häufig kontrovers diskutiert.
Wenn ein HIV-Test mit 99,9 % Genauigkeit eine Erkrankung richtig erkennt, aber auch in 0,1 % der Fälle einen gesunden Menschen als krank kennzeichnet, ergibt sich daraus zum Beispiel folgende Vierfeldertafel:

HIV	positiv	negativ
Test positiv	39 960	80 000
Test negativ	40	ca. 80 Mio.

a) Mit welcher Wahrscheinlichkeit gibt der Test einem infizierten Menschen eine trügerische Entwarnung?
b) Der Test stuft eine Person als HIV-positiv ein. Bestimme die Wahrscheinlichkeit, dass tatsächlich eine Infektion vorliegt.
c) Stellt in einer Gruppenarbeit die Argumente für und gegen ein HIV-Screening zusammen.

7 „Fußball ist die gefährlichste Sportart! Mehr als 30 % aller Sportunfälle geschehen auf dem Fußballfeld." Dies schreibt eine Lokalzeitung.
Recherchiere oder schätze den Anteil des Fußballsports am gesamten Freizeitsport. Erläutere an einer Vierfeldertafel mit geschätzten Werten, ob du die Behauptung für richtig oder falsch hältst.

! Die vier zentralen Felder ergeben zusammen 100 %.

Eine Firma möchte den Titel „Umweltbewusstes Unternehmen" erringen und hat dafür 120 Mitarbeiter befragt, ob sie mit Bus oder Bahn zur Arbeit kommen oder mit dem eigenen Pkw. Die Daten werden in eine Vierfeldertafel eingetragen und im Betrieb ausgehängt.
In einer Mitarbeiterversammlung wird das Ergebnis diskutiert.

	Männer	Frauen	
Bus/Bahn	30	15	45
PKW	65	10	75
	95	25	120

Eine Angestellte präsentiert ein Baumdiagramm: „Wenn man nach Männern und Frauen getrennt beurteilt, zeigt sich deutlich, dass von den Männern wenige das umweltfreundliche Verkehrsmittel wählen. Nur 31,6 % fahren Bus oder Bahn."
Ein Mitarbeiter stellt sich dagegen: „Auch dieses zweite Baumdiagramm analysiert dieselben Daten. Wenn man die Bus-und-Bahn-Fahrer für sich betrachtet, ist zu erkennen, dass zwei Drittel der umweltfreundlichen Firmenangehörigen Männer sind."

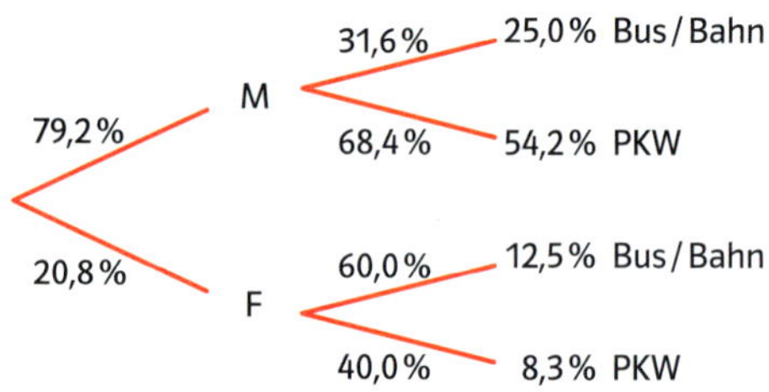

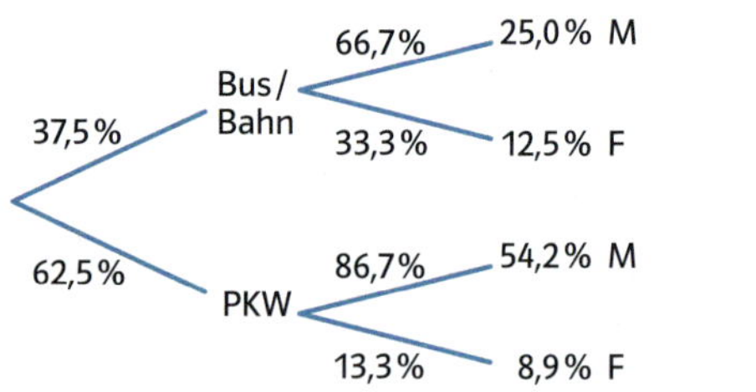

! Jede Vierfeldertafel lässt sich durch zwei verschiedene Baumdiagramme beschreiben. Sie unterscheiden sich darin, nach welchem Merkmal zuerst verzweigt wird.

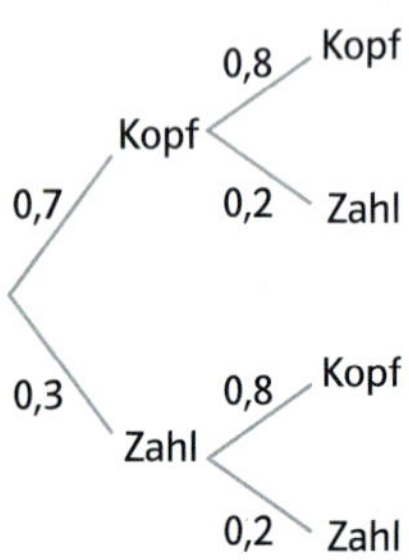

- Trage die Zahlen der Umfrage des Betriebs an den Knotenpunkten der beiden Baumdiagramme ein. Beginne an der Wurzel des Baumes mit 120.
Prüfe, ob alle Zahlen passen.
Ergeben sich Lücken? Musst du Zahlen ergänzen?

- Prüfe die Aussagen der beiden Beschäftigten aus mathematischer Sicht. Beurteile ihre Schlussfolgerungen aus der Sicht der Redaktion einer örtlichen Zeitung.

- Erstelle zu der unteren Vierfeldertafel die zugehörigen Baumdiagramme.

	Kaffee	Tee	
mit Milch	38	12	50
ohne Milch	11	51	62
	49	63	112

- Erstelle zum links stehenden Baumdiagramm die zugehörige Vierfeldertafel und daraus das zweite Baumdiagramm.

- Seit 2009 wird jedes neugeborene Kind auf mögliche Schwerhörigkeit getestet. Das Gerät warnt in 10 % aller Untersuchungen. Es werden alle Babys mit Hörschäden erkannt, aber auch irrtümlich sehr viele gesunde Kinder gemeldet.
Die Mediziner rechnen mit 70 000 Warnungen, von denen nur 800 auf tatsächlichen Erkrankungen beruhen.
Zeichne das Baumdiagramm, das zuerst nach dem Ergebnis des Tests verzweigt und dann nach dem tatsächlichen Gesundheitszustand.
Bestimme das Verhältnis von irrtümlich gewarnten Kindern zu tatsächlich kranken.

Zusammenfassung

mögliches Ergebnis

Jedes denkbare Ergebnis eines Zufallsversuchs heißt **mögliches Ergebnis**.

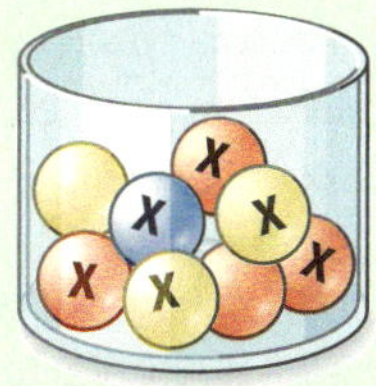

Es soll eine gelbe Kugel gezogen werden. Jede der acht Kugeln ist ein mögliches Ergebnis (n = 8).

Ereignis
günstiges Ergebnis

Alle Ergebnisse, die zu einem **Ereignis E** gehören, heißen **günstige Ergebnisse**.

Jede der drei gelben Kugeln ist ein günstiges Ergebnis (m = 3).

Wahrscheinlichkeit eines Ereignisses

Sind alle Ergebnisse gleich wahrscheinlich, so gilt für die Wahrscheinlichkeit P des Ereignisses E

$$P(E) = \frac{\text{Anzahl der günstigen Ergebnisse}}{\text{Anzahl der möglichen Ergebnisse}} = \frac{m}{n}$$

Das Ereignis „gelbe Kugel" hat die Wahrscheinlichkeit $\frac{m}{n} = \frac{3}{8}$.

Gegenereignis

Die ungünstigen Ergebnisse eines Ereignisses E bilden das **Gegenereignis** $\overline{E}$.
$P(\overline{E}) = 1 - P(E)$

Das Gegenereignis von „gelbe Kugel" ist „keine gelbe Kugel". P(keine gelbe Kugel) $= 1 - P(\text{gelbe Kugel}) = 1 - \frac{3}{8} = \frac{5}{8}$

zusammengesetztes Ereignis

Werden zwei Ereignisse E_1 und E_2 zu einem Ereignis E zusammengefasst, so heißt dieses Ereignis **zusammengesetztes Ereignis**. Haben die beiden Ereignisse E_1 und E_2 kein Ergebnis gemeinsam, so gilt:
$P(E) = P(E_1 \text{ oder } E_2) = P(E_1) + P(E_2)$

Das Ereignis „gelbe oder rote Kugel" setzt sich aus den Ereignissen „gelbe Kugel" und „rote Kugel" zusammen.
P(gelbe oder rote Kugel) = P(gelbe Kugel) + P(rote Kugel) $= \frac{3}{8} + \frac{4}{8} = \frac{7}{8}$

zweistufiger Zufallsversuch

Besteht ein Zufallsversuch aus zwei Versuchen, so heißt dieser Zufallsversuch **zweistufiger Zufallsversuch**.

Es werden zwei Kugeln nacheinander gezogen. Die erste gezogene Kugel wird nicht zurückgelegt.

Baumdiagramm

Ein **Baumdiagramm** zeigt die möglichen Ergebnisse eines zweistufigen Zufallsversuchs und deren Wahrscheinlichkeiten.

Produktregel

Bei einem Zufallsversuch ist die Wahrscheinlichkeit eines Ergebnisses gleich dem Produkt der Wahrscheinlichkeiten entlang des zugehörigen Pfades.

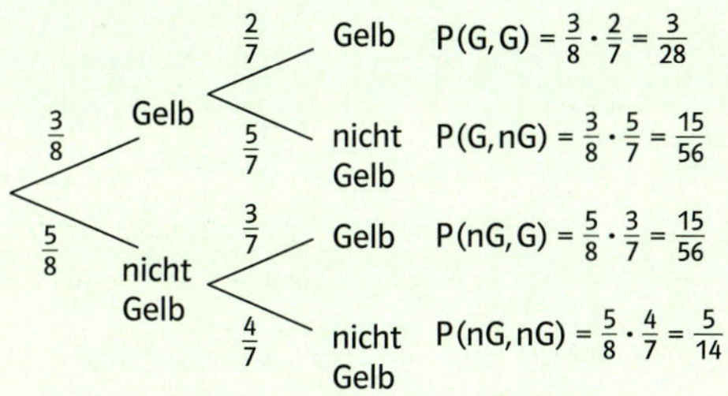

Summenregel

Die Wahrscheinlichkeit eines Ereignisses ist die Summe der Wahrscheinlichkeiten der zugehörigen Ergebnisse.

Das Ereignis „zwei gleiche Farben" setzt sich aus (G, G) und (R, R) zusammen.
P(zwei gleiche Farben) $= \frac{3}{28} + \frac{4}{8} \cdot \frac{3}{7} = \frac{9}{28}$
≈ 32 %

Vierfeldertafel

Wird eine Menge nach zwei Merkmalen mit je zwei Ausprägungen unterschieden, so kann man dies in einer **Vierfeldertafel** veranschaulichen. Vierfeldertafeln lassen sich in zweistufige Baumdiagramme mit je zwei Verzweigungen übersetzen und umgekehrt.

	x	kein x	Summe
Gelb	2	1	3
nicht Gelb	4	1	5
Summe	6	2	8

Üben • Anwenden • Nachdenken

1 Gib für das abgebildete Glücksrad zwei verschiedene Ereignisse, ein sicheres Ereignis und ein unmögliches Ereignis an.

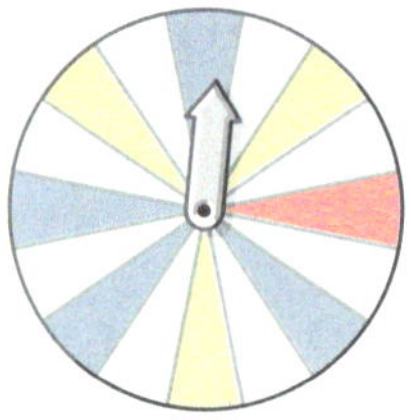

2 Bestimme die Wahrscheinlichkeit.
a) Unter acht Schlüsseln auf Anhieb den richtigen finden.
b) Bei einer Auswahlfrage unter fünf möglichen Antworten die richtige raten.
c) Aus einem Dominospiel mit 55 Steinen den Stein 6/6 ziehen.
d) Die richtige Telefonnummer wählen, wenn man die letzte Ziffer vergessen hat.

3 In einem Glas liegen 12 Kugeln, die von 1 bis 12 nummeriert sind. Die Kugeln mit den Nummern 1; 2; 10 und 12 sind rot, alle anderen sind weiß. Beschreibe drei verschiedene Ereignisse, zu denen genau vier Ergebnisse gehören.

4 In einem Strumpf sind sieben verschiedenfarbige Kugeln, darunter eine rote. Es werden zwei Kugeln gezogen und weggelegt. Darunter befindet sich die rote Kugel nicht.
Wie groß ist die Wahrscheinlichkeit, als nächste Kugel die rote zu ziehen?

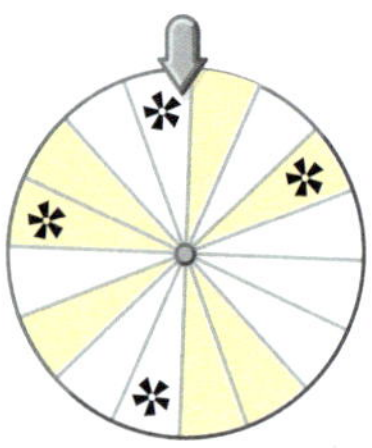

5 Das Autohaus „Fahrgut" veranstaltet zum 25-jährigen Jubiläum eine Tombola. Wer mit dem Glücksrad ein gelbes Feld trifft, erhält einen Trostpreis, wer auf einen Stern trifft, nimmt an einer Auslosung teil, bei der ein Auto gewonnen werden kann. Bestimme die Wahrscheinlichkeiten.
a) einen Trostpreis gewinnen
b) an der Autoverlosung teilnehmen
c) einen Trostpreis erhalten und zusätzlich an der Autoverlosung teilnehmen
d) an der Autoverlosung teilnehmen, obwohl man keinen Trostpreis erhält
e) weder einen Trostpreis erhalten noch an der Autoverlosung teilnehmen

6 Aus einem Behälter mit 16 blauen, 24 roten und 10 weißen Kugeln wird eine Kugel gezogen. Gib die Wahrscheinlichkeit in Prozent an.
a) eine weiße Kugel ziehen
b) eine rote oder eine blaue Kugel ziehen
c) keine rote Kugel ziehen
d) eine gelbe Kugel ziehen

7 In einem Eimer mit 50 Losen befinden sich sechs Gewinne.
a) Bestimme die Wahrscheinlichkeit, mit zwei Losen keinen Gewinn, einen Gewinn oder zwei Gewinne zu erzielen.
b) Addiere die Wahrscheinlichkeiten von Teilaufgabe a). Erkläre das Ergebnis.

8 Für eine Lotterie werden farbige Kugeln in eine Urne gefüllt. Die Gewinnwahrscheinlichkeit ist wie folgt verteilt.

Gelb:	Trostpreis	40 %
Blau:	kleiner Preis	20 %
Grün:	großer Preis	8 %
Rot:	Hauptgewinn	2 %
Schwarz:	Niete	

a) In der Urne sollen sich insgesamt 300 Kugeln befinden.
b) Wie viele Kugeln jeder Farbe müssen sich mindestens in der Urne befinden?
c) Es stehen höchstens sechs Hauptgewinne zur Verfügung. Wie können die Verteilungen der Kugeln in der Urne sein? Wie viele Lösungen gibt es?

9 Laura würfelt eine Sechs. Sandra schafft anschließend auch eine Sechs. Zur großen Verblüffung würfelt Kim auch eine Sechs. Wie groß ist die Wahrscheinlichkeit, dass Yvonne die vierte Sechs in dieser Serie schafft?

10 Wie lautet das Gegenereignis?
a) Beim nächsten Spiel des Tabellenführers werden mehr als drei Tore geschossen.
b) Bei der nächsten Ziehung der Lottozahlen werden nur gerade Zahlen gezogen.
c) Im Test wurden drei Fragen richtig geraten.

Verkürzte Baumdiagramme

Ein Baumdiagramm kann schnell sehr umfangreich werden. Um die Wahrscheinlichkeit eines bestimmten Ereignisses zu ermitteln, genügt ein **verkürztes Baumdiagramm**, bei dem nur die Pfade gezeichnet werden, die zu den Ergebnissen des betrachteten Ereignisses führen.

Wie groß ist die Wahrscheinlichkeit, bei einem zweifachen Wurf mit einem Würfel ein Augenprodukt größer als 20 zu werfen? Beim ersten Wurf muss eine Augenzahl größer als 3 geworfen werden, da sonst ein Augenprodukt größer als 20 nicht mehr möglich ist. Ähnliche Überlegungen zum zweiten Wurf führen zum abgebildeten verkürzten Baumdiagramm. In dem Baumdiagramm ist die Wahrscheinlichkeit für jeden Ast $\frac{1}{6}$ und somit für jeden Pfad $\frac{1}{36}$.

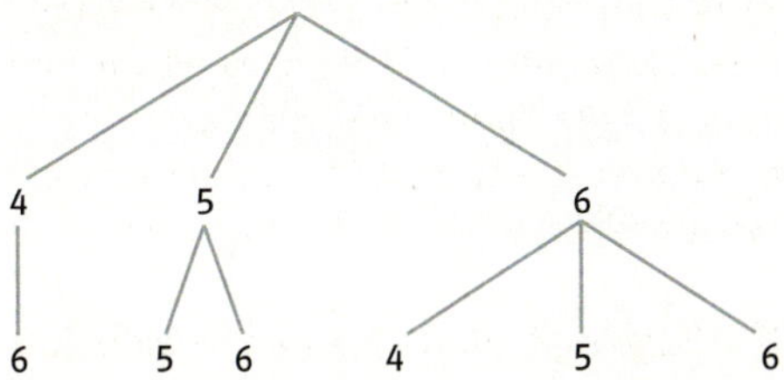

Alle Pfade führen zu Ergebnissen, die zum betrachteten Ereignis „Augenprodukt größer 20" führen.

P(Augenprodukt größer 20) = $\frac{6}{36} \approx 16{,}7\%$

Die Wahrscheinlichkeit, eine 6 zu würfeln, wenn man höchstens zwei Versuche hat, soll bestimmt werden. Die fünf Möglichkeiten, keine 6 zu würfeln, sind in nur einem Pfad dargestellt. Dieser Pfad beschreibt das Gegenereignis.

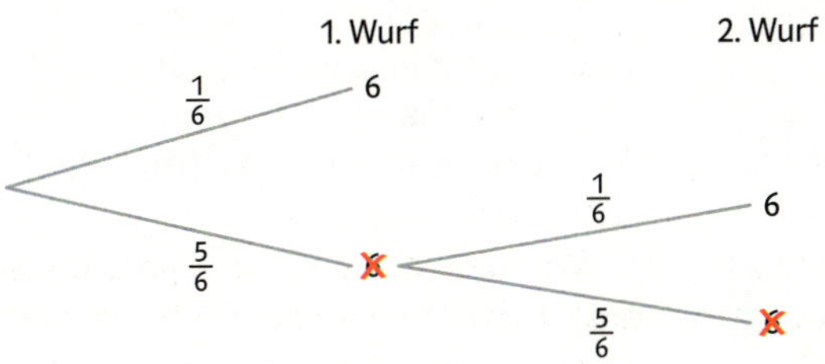

$P(6) = \frac{1}{6}$

$P(\not 6, 6) = \frac{5}{6} \cdot \frac{1}{6} = \frac{5}{36}$

$P(\not 6, \not 6) = \frac{5}{6} \cdot \frac{5}{6} = \frac{25}{36}$

P(6 im ersten oder zweiten Versuch) = $\frac{1}{6} + \frac{5}{36} = \frac{11}{36} \approx 30{,}6\%$

Das Dodekaeder wird zweimal geworfen.
Bestimme die Wahrscheinlichkeit
- eine Augensumme größer als 21 erzielen.
- bei höchstens zwei Versuchen einmal eine 1 oder 12 werfen.

Ein Glücksrad hat 30 gleich große Felder, die von 1 bis 30 beschriftet sind.
Wie groß ist die Wahrscheinlichkeit, bei zwei Drehungen
- jedes Mal eine durch 10 teilbare Zahl zu erhalten?
- eine Summe kleiner als 5 zu erzielen?

In einer Vase befinden sich 12 rote, 24 weiße, 15 grüne, 21 gelbe, 30 blaue und 18 schwarze Kugeln. Es werden zwei Kugeln nacheinander gezogen, wobei die erste gezogene Kugel wieder zurückgelegt wird.
Mit welcher Wahrscheinlichkeit hat man zwei Kugeln gleicher Farbe gezogen?

Wird ein Zufallsversuch mehrfach hintereinander ausgeführt, so spricht man von einem **mehrstufigen Zufallsversuch**. Wie beim zweistufigen Zufallsversuch hilft das Baumdiagramm, die möglichen Ergebnisse und deren Wahrscheinlichkeit zu ermitteln.

Ein Reißnagel wird dreimal geworfen. Die Wahrscheinlichkeit für die Kopflage ( ) beträgt $\frac{3}{5}$, für die Seitenlage ( ) $\frac{2}{5}$. Das Baumdiagramm zeigt die möglichen Ergebnisse und deren Wahrscheinlichkeiten.

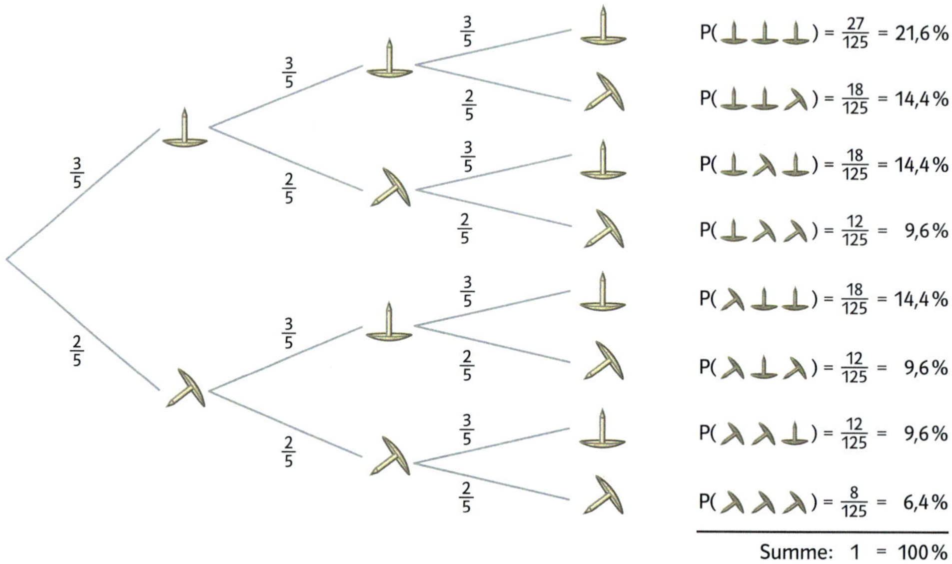

Das Ereignis „mindestens zweimal Kopflage“ setzt sich aus den Ergebnissen ( ), ( ), ( ) und ( ) zusammen.
P(mindestens zweimal Kopflage) = 21,6 % + 3 · 14,4 % = 64,8 %

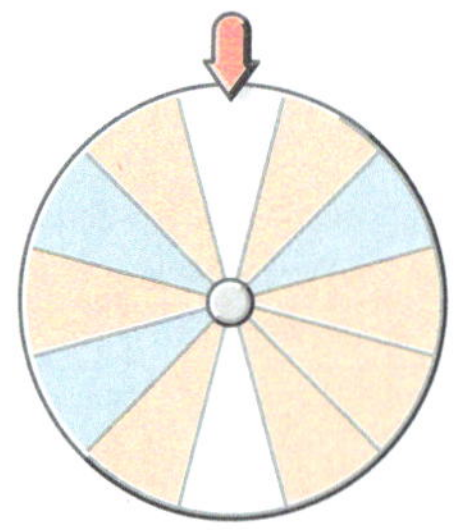

■ Das Glücksrad wird dreimal gedreht.
Gib die Wahrscheinlichkeit für folgende Ereignisse an:
- Weiß, Blau und Rot je einmal
- kein Weiß
- mindestens zweimal Blau
- dreimal Weiß
- die Farben Weiß, Blau und Rot in genau dieser Reihenfolge.

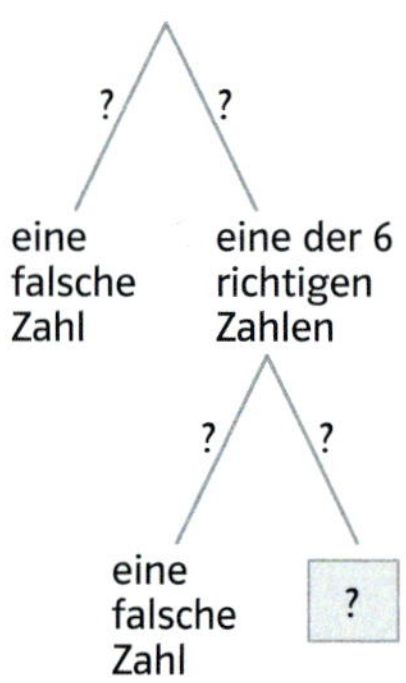

■ Wie hoch ist die Wahrscheinlichkeit, beim Lotto 6 Richtige zu tippen? Du kannst dir die Arbeit erleichtern, wenn du ein Baumdiagramm so wie links dargestellt anlegst.

■ Beim Kniffel würfelt man mit 5 Würfeln gleichzeitig. Man hat insgesamt 3 Würfe und darf jedes Mal die Würfel zur Seite legen, die für das gewünschte Ergebnis günstig sind. Fünfmal dieselbe Augenzahl sind ein „Kniffel“, der die meisten Punkte bringt.
- Wie wahrscheinlich ist ein 6er-Kniffel im ersten Wurf?

Tipp: Stell dir vor, du würdest die 5 Würfel nacheinander werfen.
- Wie wahrscheinlich ist es, irgendeinen Kniffel gleich beim ersten Wurf zu werfen?
- Du hast im ersten Wurf zwei Einsen gewürfelt. Wie wahrscheinlich ist es, im zweiten Wurf einen 1er-Kniffel zu erreichen?

11 a) Die Wahrscheinlichkeit für ein Ereignis beträgt 42%.
Bestimme die Wahrscheinlichkeit für das Gegenereignis.
b) Wie groß ist die Wahrscheinlichkeit, dass der Tag der Deutschen Einheit in den Oktober fällt?
c) Wie groß ist die Wahrscheinlichkeit, dass Ramadan fünfzig Tage dauert?
d) Wie groß ist die Wahrscheinlichkeit an einem beliebigen Tag, dass der Mond „zunimmt“?

12 Bei einer Lotterie werden 1000 Lose mit den Nummern 000 bis 999 verkauft. Berechne mit dem Gegenereignis die Wahrscheinlichkeit des Ereignisses
a) als erste Ziffer keine Null oder Neun.
b) nicht alle Ziffern gleich.
c) mindestens eine Null unter den drei Ziffern.

13 Laut einer Statistik wurde bei den letzten zehn Lottoziehungen die 13 keinmal gezogen, die 3 hingegen jedes Mal.
a) Welches dieser beiden Ereignisse ist wahrscheinlicher?
b) Sollte man bei der nächsten Runde eher auf die 3 oder auf die 13 tippen?

14 a) Das Rad wird einmal gedreht. Bestimme die Wahrscheinlichkeiten.
- P(Weiß)
- P(Weiß oder Rot)
- P(nicht Blau)

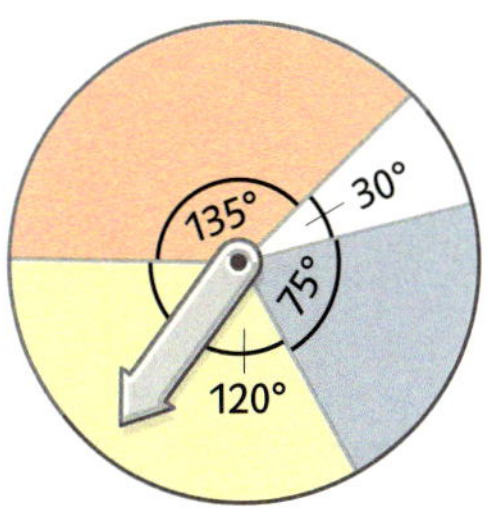

b) Das Rad wird zweimal gedreht. Bestimme die Wahrscheinlichkeiten.
- P(zweimal Blau),
- P(erst Blau, dann Gelb),
- P(einmal Blau, einmal Gelb),
- P(genau einmal Blau),
- P(höchstens einmal Blau),
- P(nicht Blau).

15 Aus der Urne werden nacheinander zwei Kugeln gezogen.

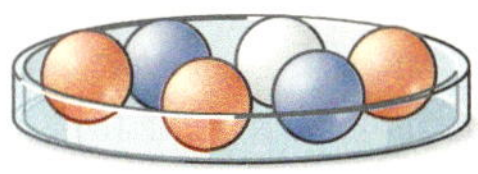

a) Bestimme die Wahrscheinlichkeit folgender Ereignisse, wenn die erste gezogene Kugel zurückgelegt wird.
- Es werden zwei rote Kugeln gezogen.
- Es werden zwei weiße Kugeln gezogen.
- Es werden zwei gleichfarbige Kugeln gezogen.
- Es wird eine rote, dann eine weiße Kugel gezogen.
- Erst wird eine weiße, dann eine rote Kugel gezogen.
- Es wird eine rote und eine weiße Kugel gezogen.
- Es werden zwei verschiedenfarbige Kugeln gezogen.
- Unter den gezogenen Kugeln ist mindestens eine weiße Kugel.

b) Bestimme die Wahrscheinlichkeit folgender Ereignisse, wenn die erste gezogene Kugel nicht zurückgelegt wird.
- Es werden zwei rote Kugeln gezogen.
- Es werden zwei weiße Kugeln gezogen.
- Es werden zwei gleichfarbige Kugeln gezogen.
- Es wird eine rote, dann eine weiße Kugel gezogen.
- Es wird eine weiße, dann eine rote Kugel gezogen.
- Es wird eine rote und eine weiße Kugel gezogen.
- Es werden zwei verschiedenfarbige Kugeln gezogen.
- Unter den gezogenen Kugeln ist mindestens eine weiße Kugel.

16 Die Wahrscheinlichkeit, mit der beim abgebildeten Körper eine der vier Flächen oben liegt, ist in der Tabelle angegeben.

Seite	1	2	3	4
Wahrscheinlichkeit	40%	10%	10%	40%

Der Körper wird zweimal geworfen. Mit welcher Wahrscheinlichkeit wird die Augensumme 5 erzielt?

17 Acht Familien machen gemeinsam Urlaub auf dem Bauernhof. Eine Familie hat fünf, eine hat drei Kinder. Zwei Familien haben 2 Kinder, die weiteren je ein Kind. Alle Väter und Mütter sind mitgefahren.
a) Ein Kind darf sich um das Pony des Hofes kümmern. Es wird ausgelost. Moritz ist Einzelkind. Wie groß ist die Wahrscheinlichkeit, dass er gewinnt? Elisa hat vier Brüder. Welche Chance hat sie, dass jemand aus ihrer Familie das Pony betreuen darf?
b) Zum Programm gehört ein Festessen für eine der Familien. Welche Chance hat Moritz, wenn unter den Familien gelost wird?
c) Ein Erwachsener und ein Kind dürfen einen Rundflug über den Ferienort machen. Elisa möchte mit ihrer Mutter zusammen fliegen. Bei welchem Losverfahren sind ihre Chancen besser?

- erst ein Erwachsener, dann ein Kind der Familie
- erst ein Kind, dann ein Elternteil

18 In Rheinland-Pfalz werden jedes Jahr Daten über die Schülerzahlen in Haupt- und Realschulen erhoben.

Rheinland-Pfalz	2007/08	2008/09	
Realschulen	11 336	11 184	22 520
Hauptschulen	7 803	6 980	14 783
	19 139	18 164	37 303

a) Untersuche vergleichend die Entwicklung der Schülerzahlen. Schreibe einen kurzen Bericht für die Schülerzeitung.
b) Recherchiere unter www.statistik.rlp.de und erstelle eine Vierfeldertafel, aus der die Entwicklung der gesamten Schülerzahlen aller Schulen in Rheinland-Pfalz im Vergleich zu den Realschulen hervorgeht. Vergleiche mit der Vierfeldertafel aus a).

19 Die Atemwegserkrankung COPD erleiden ca. 6 % der Bevölkerung. Die Wahrscheinlichkeit zu erkranken ist für einen Raucher 14-mal höher als für einen Nichtraucher. 35 % der Bevölkerung gelten als Raucher, da sie über einen längeren Zeitraum hinweg geraucht haben.
a) Stelle den Sachverhalt in einer Vierfeldertafel dar. Bestimme auch die Prozentsätze.
b) Stelle den Sachverhalt in zwei verschiedenen Baumdiagrammen dar.
c) Bestimme die Wahrscheinlichkeit, mit der ein Raucher bzw. ein Nichtraucher erkrankt.
d) Stelle dir weitere Fragen und beantworte sie mithilfe der Baumdiagramme oder der Vierfeldertafel.

20 a) Berechne die fehlenden Daten des Zeitungsartikels.

> 80,9 % der Gesamtbevölkerung Deutschlands leben in den alten Bundesländern. Während im Westen der Anteil der Ausländer 10,3 % beträgt, liegt er in ganz Deutschland bei 8,8 %.

b) „Im Westen leben rund 18-mal so viele Ausländer wie im Osten."
Kannst du die Aussage bestätigen?
c) Der Anteil der Ausländer ist im Westen nur rund 4-mal so hoch wie im Osten. Trotzdem trifft die Aussage in Teilaufgabe b) in etwa zu. Erläutere das.

21 Ein neues Produkt wird in zwei Vortests auf Akzeptanz geprüft. Zwei unterschiedliche Gutachten liegen dazu vor:
„Das Produkt ist im ersten Test durchgefallen mit 10 zu 30 Wertungen. Im zweiten Test ist die Anzahl der Ablehnungen noch einmal um 10 Stimmen gestiegen."
„Im zweiten Test lag die Zahl der Zustimmungen 50 % höher als die der Ablehnungen. Außerdem nahmen deutlich mehr Testpersonen teil als im ersten Test."
Wie schätzt du die Gutachten ein? Begründe anhand der Vierfeldertafel.

Rückspiegel

Rückspiegel

1 Aus der rechts abgebildeten Urne werden zwei Kugeln gezogen. Mit welcher Wahrscheinlichkeit werden zwei blaue Kugeln gezogen?
a) Die erste gezogene Kugel wird wieder zurückgelegt.
b) Die erste gezogene Kugel wird nicht zurückgelegt.

2 Es werden zwei Würfel nacheinander geworfen.
a) Stelle alle möglichen Ergebnisse in einer Tabelle dar.
b) Welche Wahrscheinlichkeit hat das Ereignis „Pasch"?

3 Das rechts abgebildete Glücksrad wird zweimal gedreht.
a) Mit welcher Wahrscheinlichkeit erhält man einmal Rot und einmal Blau?
b) Mit welcher Wahrscheinlichkeit bleibt das Glücksrad auf unterschiedlichen Farben stehen?

4 An einem Spielautomaten beträgt die Wahrscheinlichkeit etwas zu gewinnen 20 %. Doris spielt zweimal. Bestimme die Wahrscheinlichkeit.
a) P (mindestens ein Gewinn)
b) P (genau ein Gewinn)
c) P (kein Gewinn)
d) P (höchstens ein Gewinn)

5 Am Losstand sind ein Drittel aller Lose Gewinne. Bestimme die Wahrscheinlichkeit, dass bei zwei gezogenen Losen kein Gewinn darunter ist.

6 Bestimme die vollständige Vierfeldertafel mit prozentualen Angaben. Bestimme die Anteile für die Ausbildung im Handwerk bei Jungen und Mädchen.

Auszubildende Rheinland-Pfalz 2006	männlich	weiblich
Handel, Industrie	23 575	15 316
Handwerk	20 809	5 723

1 Aus der rechts abgebildeten Urne werden zwei Kugeln gezogen. Mit welcher Wahrscheinlichkeit ist mindestens eine der Kugeln rot, wenn die erste gezogene Kugel
a) wieder zurückgelegt wird.
b) nicht zurückgelegt wird.

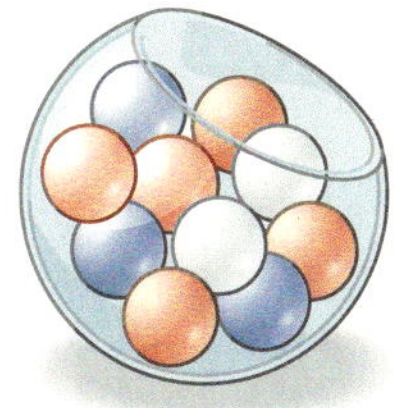

2 Es werden zwei Würfel nacheinander geworfen und die Augensumme gebildet.
a) Stelle alle möglichen Ergebnisse in einer Tabelle dar.
b) Welche Wahrscheinlichkeit hat das Ereignis „Augensumme größer als 9"?

3 Das rechts abgebildete Glücksrad wird zweimal gedreht. Bestimme die Wahrscheinlichkeit für folgende Ereignisse:
- genau zweimal Rot,
- mindestens einmal Rot,
- höchstens einmal Rot,
- kein Rot.

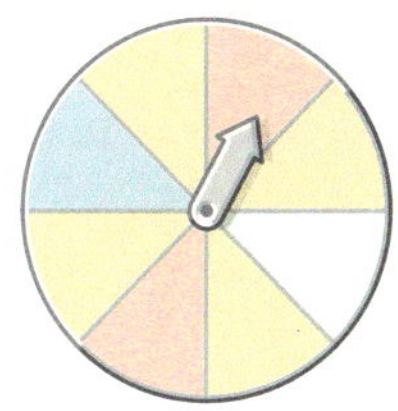

4 In einem Eimer mit 50 Losen befinden sich sechs Gewinne.
a) Bestimme die Wahrscheinlichkeit mit zwei Losen
- keinen Gewinn zu haben,
- zwei Gewinne zu haben,
- genau einen Gewinn zu haben.

b) Addiere die Wahrscheinlichkeiten von Teilaufgabe a). Erkläre das Ergebnis.

5 Nina kauft bei zwei Losbuden ein Los. Bei der ersten Losbude hat sie eine Gewinnwahrscheinlichkeit von 30 %. Bei der zweiten gibt es eine 25%ige Gewinnchance. Mit welcher Wahrscheinlichkeit erhält sie mindestens einen Gewinn?

6 Von den 125 abgegebenen Stimmen einer offenen Vorstandswahl zählen 79 für die neu aufgestellte Kandidatin. Dazu gehören auch 34 Stimmen der 71 an der Wahl teilnehmenden Männer.
Erstelle eine Vierfeldertafel. Wie viel Prozent der Männer haben sie unterstützt? Vergleiche mit den Frauen.

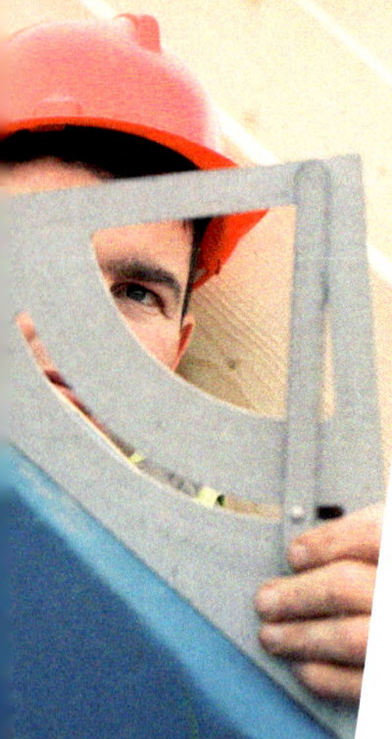

Treppen

Wichtige Maße von Treppen sind
- die Stufenhöhe s
- der Auftritt a.

Damit Treppen bequem und sicher begehbar sind, müssen s und a einige Bedingungen erfüllen:
- $26\,\text{cm} \leqq a \leqq 32\,\text{cm}$
- $14\,\text{cm} \leqq s \leqq 20\,\text{cm}$
- $60\,\text{cm} \leqq 2s + a \leqq 66\,\text{cm}$

Die dritte Regel heißt Schrittmaßregel. Das Schrittmaß einer durchschnittlichen großen Person beträgt gut 60 cm, und der Höhenanteil eines Schritts zählt doppelt.

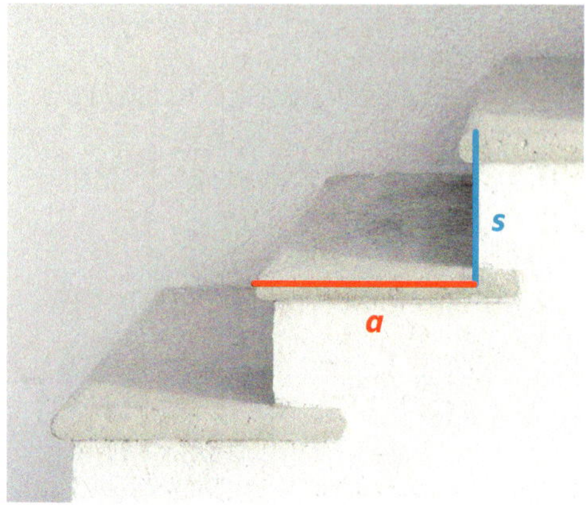

- Prüfe einige Treppen in der Schule oder zu Hause.
- Um die Steilheit einer Treppe anzugeben, gibt es mehrere Möglichkeiten. Welche kennst du?

- Nimm an, eine Treppe sollte durch eine gleichmäßig ansteigende Rampe ersetzt werden. Wie könnte man die Steilheit messen?

Die Niesenbahn ist eine Bergbahn in der Schweiz. Sie läuft auf Schienen und wird von einem Seil gezogen. Die Strecke ist 3500 m lang. Die Talstation liegt auf 693 m Höhe, die Bergstation auf 2336 m Höhe. Neben der Bahntrasse führt die längste Treppe Europas nach oben.
Sie hat 11 674 Stufen.

Eines der berühmtesten Bauwerke der Welt ist die Stufenpyramide des Kukulcan in Chichen Itza, Mexiko. Sie wurde vor etwa 1500 Jahren erbaut.
Die Pyramide ist 30 m hoch. Sie hat auf jeder Seite eine Treppe mit 91 Stufen.
Übrigens: Die Pyramide hat zusätzlich noch eine Stufe vor dem Tempel: $4 \cdot 91 + 1 = ?$

Bewegung dokumentieren

Um den 21. Juni herum bleibt im hohen Norden die Sonne 24 Stunden lang am Himmel. Das Bild zeigt eine Serie von Fotos, aufgenommen an der Nordspitze Norwegens, dem Nordkap.
Damit du das Bild nicht missverstehst: Die Kamera wurde der Sonne nachgeführt und hat sich dabei um 360° gedreht.

- Um wie viel Uhr etwa wurde das Teilbild ganz links aufgenommen?
- Welches Teilbild zeigt die Sonne um 6 Uhr, welches zeigt sie um 18 Uhr?
- In welchem Zusammenhang stehen zwei Uhrzeiten, an denen die Sonne gleich hoch steht?

Messen oder rechnen?

Ist der Winkel α_1 größer oder kleiner als der Winkel α_2? Wie steht es mit β_1 und β_2?

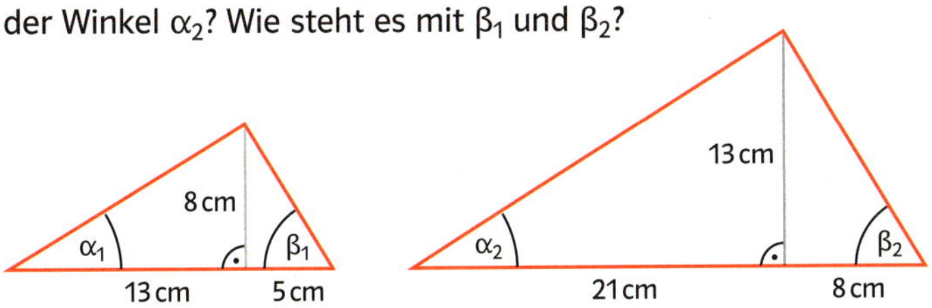

Tipp:

8 : 13 = □

In diesem Kapitel lernst du,

- was Sinus, Kosinus und Tangens sind und in welchen Situationen sie anwendbar sind
- dass man mit Sinus, Kosinus und Tangens Seiten und Winkel von Dreiecken berechnen kann,
- wie man durch Zerlegen oder Ergänzen Seiten, Winkel und Flächeninhalte von Vierecken und Vielecken berechnen kann,
- dass man den Sinus- und Kosinussatz auch in beliebigen Dreiecken anwenden kann.
- was die Sinus- und Kosinusfunktion ist.

1 Sinus. Kosinus. Tangens

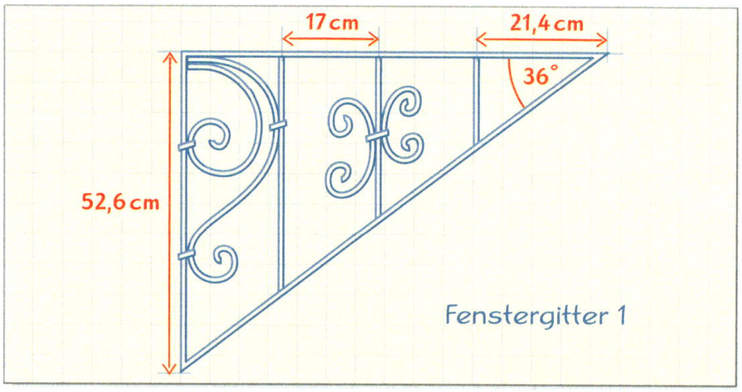

Vor zwei dreieckigen Außenfenstern an einem Treppenaufgang eines Fachwerkhauses sollen Gitter angebracht werden. Die Gitterstäbe sollen einen gleichmäßigen Abstand von 17 cm haben. Der Schlosser hat sich zu jedem Fenster eine Maßskizze angefertigt.

→ Wie lang muss er die einzelnen Gitterstäbe für das jeweilige Fenster machen?

→ Erkennst du Regelmäßigkeiten?

In den ähnlichen rechtwinkligen Dreiecken AB_1C_1 und AB_2C_2 gilt $\frac{a_1}{c_1} = \frac{a_2}{c_2}$. Das Seitenverhältnis hängt also nicht von der Größe der Dreiecke ab, sondern nur vom Winkel α. Dies gilt auch für andere Seitenverhältnisse. Die drei wichtigsten sind $\frac{a}{c}$; $\frac{b}{c}$ und $\frac{a}{b}$. Sie unterscheiden sich durch die Lage der Katheten in Bezug auf den Winkel α und haben besondere Namen.

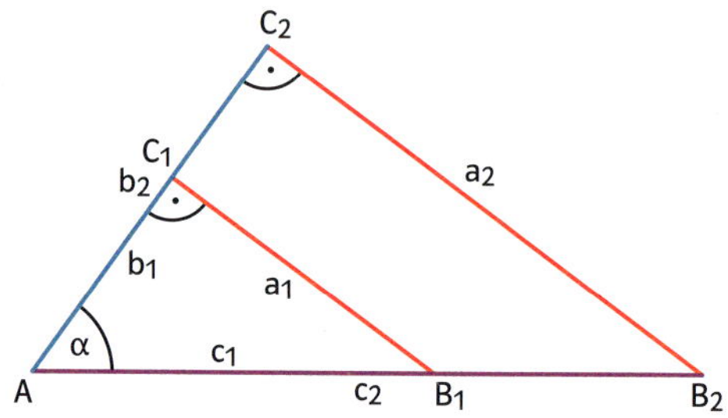

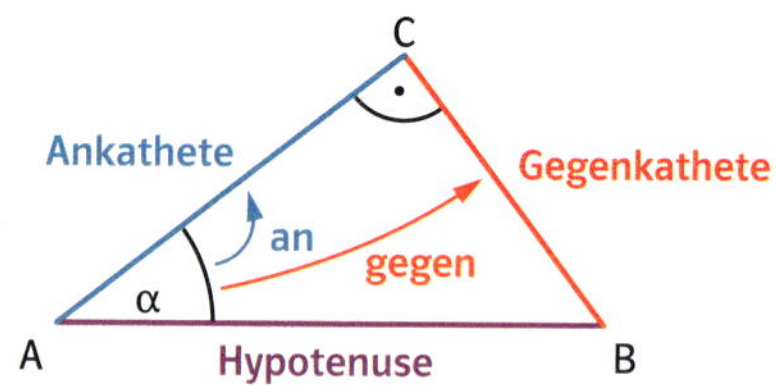

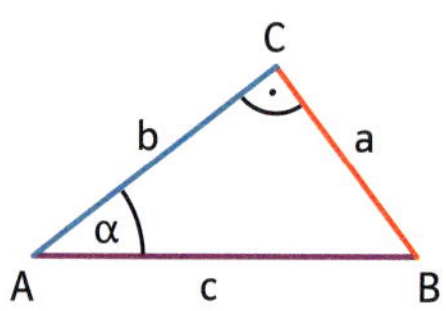

$\frac{a}{c} = \frac{\text{Gegenkathete von } \alpha}{\text{Hypotenuse}}$; $\frac{b}{c} = \frac{\text{Ankathete von } \alpha}{\text{Hypotenuse}}$; $\frac{a}{b} = \frac{\text{Gegenkathete von } \alpha}{\text{Ankathete von } \alpha}$

Die Seitenverhältnisse im rechtwinkligen Dreieck ABC mit $\gamma = 90°$ heißen

$\sin\alpha = \frac{\text{Gegenkathete von } \alpha}{\text{Hypotenuse}}$; $\cos\alpha = \frac{\text{Ankathete von } \alpha}{\text{Hypotenuse}}$; $\tan\alpha = \frac{\text{Gegenkathete von } \alpha}{\text{Ankathete von } \alpha}$

Man liest: **Sinus** von α; **Kosinus** von α; **Tangens** von α.

! *Trigonometrie:*
gr. trigonos ≙ Dreieck
gr. métron ≙ Maß

Beispiele

a) Um die Seitenverhältnisse zu ermitteln, konstruiert man das Dreieck z. B. mit $c = 10\,\text{cm}$ und misst die Längen von a und b. Man erhält $a \approx 6{,}2\,\text{cm}$ und $b \approx 7{,}9\,\text{cm}$.
Also ist $\sin\alpha = \frac{a}{c} \approx \frac{6{,}2}{10} = 0{,}62$; $\cos\alpha = \frac{b}{c} \approx \frac{7{,}9}{10} = 0{,}79$ und $\tan\alpha = \frac{a}{b} \approx \frac{6{,}2}{7{,}9} \approx 0{,}78$

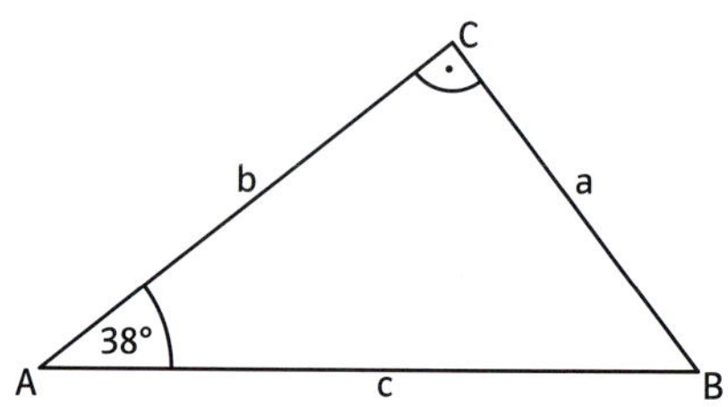

b) Oft müssen Sinus-, Kosinus- und Tangenswerte aus Dreiecken abgelesen werden, die anders liegen oder anders benannt sind als das Musterdreieck ABC.
In den rechtwinkligen Teildreiecken ADC und DBC gilt
$\sin\alpha = \frac{h}{b}$; $\tan\alpha = \frac{h}{q}$; $\cos\varepsilon = \frac{h}{b}$ und
$\sin\beta = \frac{h}{a}$; $\cos\beta = \frac{p}{a}$; $\tan\beta = \frac{h}{p}$.

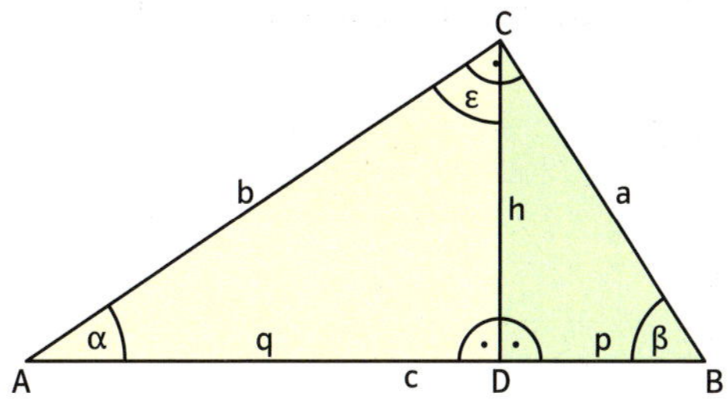

Aufgaben

1 Berechne die Seitenverhältnisse für $\sin\alpha$, $\cos\alpha$, $\tan\alpha$, $\sin\beta$, $\cos\beta$ und $\tan\beta$.
Was fällt auf?

(1)

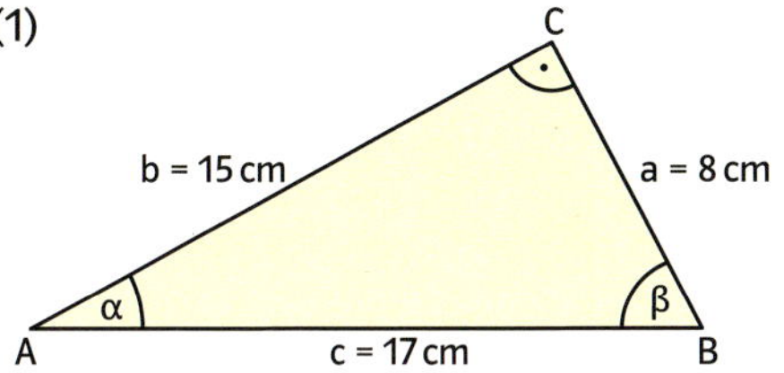

(2)

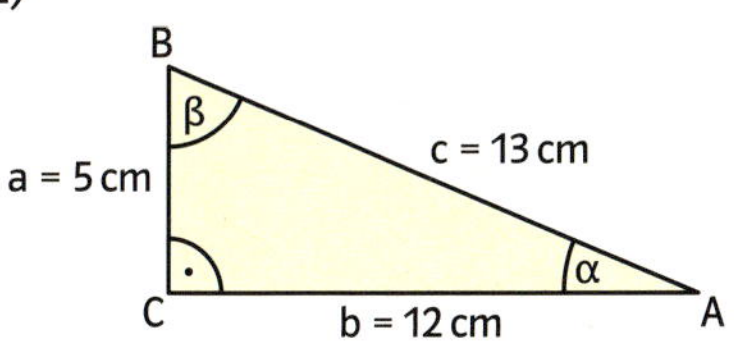

2 Konstruiere ein rechtwinkliges Dreieck ABC mit $\gamma = 90°$ und
a) $\alpha = 20°$ b) $\alpha = 45°$ c) $\alpha = 72°$
Ermittle aus der Zeichnung die Seitenlängen und gib die Seitenverhältnisse $\frac{a}{b}$, $\frac{b}{c}$ und $\frac{a}{c}$ an.

3 Zu einem gegebenen Winkel werden mit den Tasten SIN, COS und TAN die Sinus-, Kosinus- und Tangenswerte angezeigt.

α	10°	20°	30°	…	80°
sin α	□	□	□	□	□
cos α	□	□	□	□	□
tan α	□	□	□	□	□

Fülle die Tabelle aus. Was bemerkst du? Schreibe deine Beobachtungen auf.

4 Drücke durch ein Seitenverhältnis aus:
a) $\sin\alpha$; $\cos\alpha$; $\tan\alpha$; $\sin\beta$; $\cos\beta$; $\tan\beta$
b) $\sin\beta$; $\cos\beta$; $\tan\beta$; $\sin\gamma$; $\cos\gamma$; $\tan\gamma$

a)

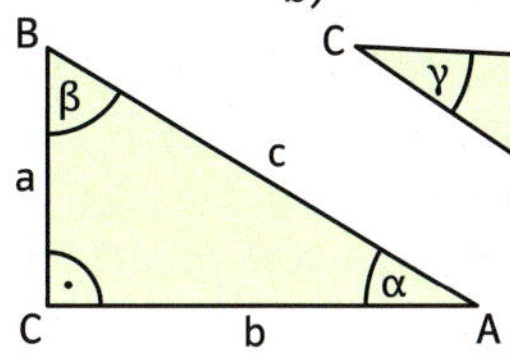

b)

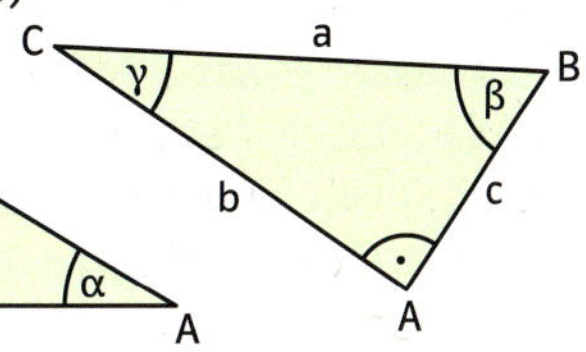

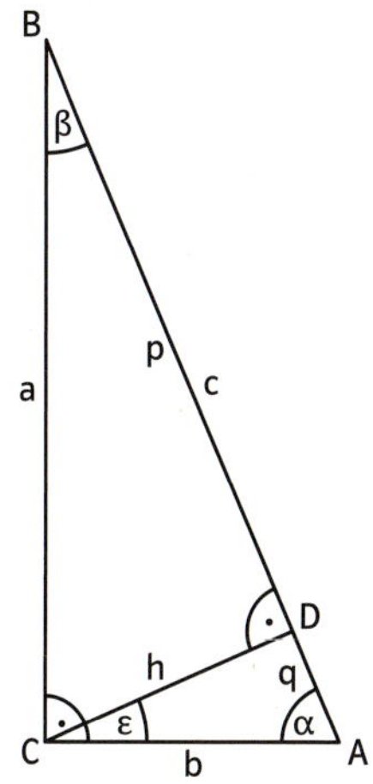

Warum gilt $\varepsilon = \beta$?

5 Drücke das angegebene Seitenverhältnis durch Sinus, Kosinus oder Tangens aus.

zu a)

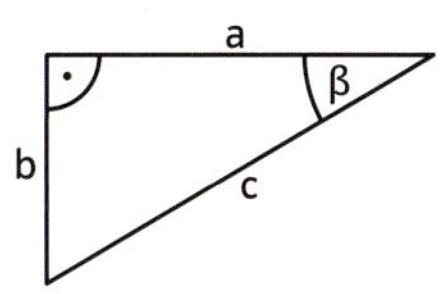

zu b)

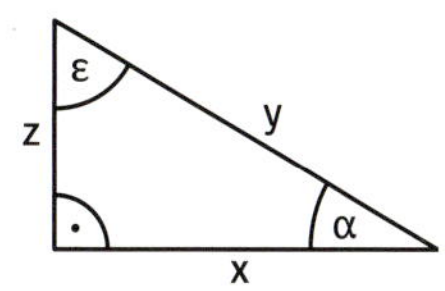

a) $\frac{a}{c} = □$ $\frac{b}{a} = □$ b) $\frac{x}{z} = □$ $\frac{x}{y} = □$

6 Drücke für die Figur auf dem Rand das angegebene Seitenverhältnis durch Sinus, Kosinus oder Tangens aus:
a) $\frac{h}{p}$ b) $\frac{p}{a}$ c) $\frac{h}{b}$ d) $\frac{q}{b}$ e) $\frac{a}{c}$

7 Drücke auf je drei Arten durch ein Seitenverhältnis aus:
a) $\sin\beta$ b) $\cos\beta$ c) $\cos\gamma$ d) $\tan\gamma$

Verwende die Einstellung DEG oder DRG auf deinem Taschenrechner.

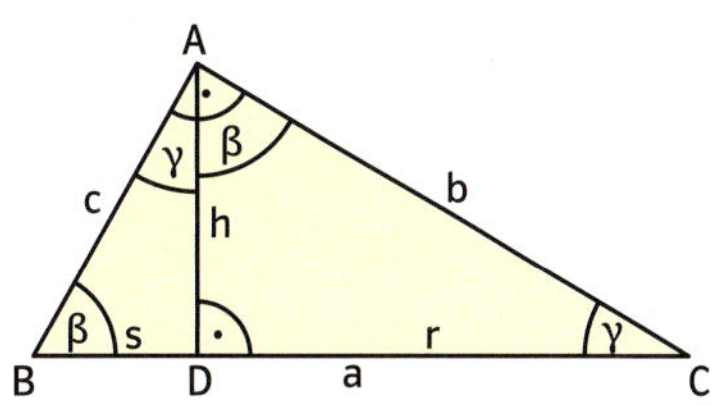

2 Rechtwinklige Dreiecke berechnen

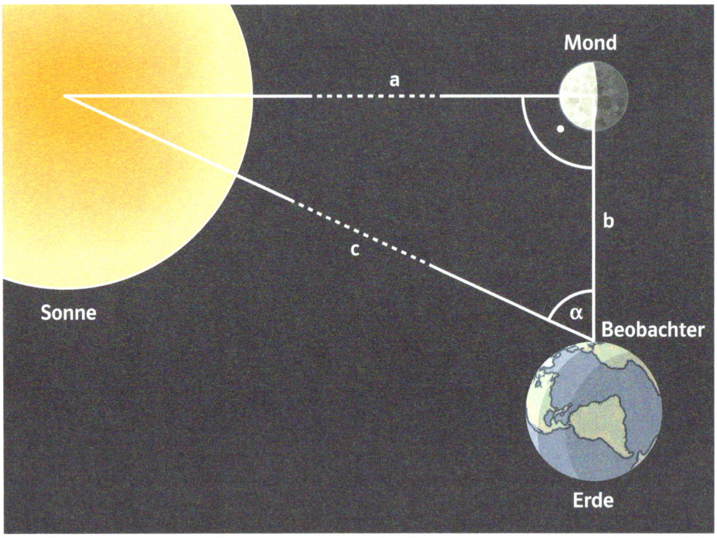

Vor etwa 2000 Jahren überlegte der griechische Astronom Aristarch: „Steht bei Sonnenuntergang der Halbmond am Himmel, bilden Erde, Mond und Sonne ein rechtwinkliges Dreieck. Wenn ich also den Winkel α und die Entfernung Erde-Mond kenne, kann ich die Entfernung Erde-Sonne berechnen."

→ Welcher Wert für den Winkel α ergibt sich aus den heute bekannten Entfernungen $c = 150$ Mio. km und $b = 384\,000$ km? Könntest du das Dreieck maßstäblich zeichnen?

→ Der Winkel α ist schwer zu messen. Aristarch erhielt 87°. Die Entfernung b kannte er recht genau. Welchen Wert errechnete er für c?

Im rechtwinkligen Dreieck gilt zum Beispiel $\sin\alpha = \frac{a}{c}$. Aus je zwei der Größen α, a und c lässt sich die dritte berechnen. Allgemein braucht man für Berechnungen am rechtwinkligen Dreieck Sinus, Kosinus und Tangens.

Im rechtwinkligen Dreieck lassen sich die fehlenden Seiten und Winkel berechnen, wenn folgende Seiten oder Winkel gegeben sind:
- die Hypotenuse und ein spitzer Winkel
- eine Kathete und ein spitzer Winkel
- die zwei Katheten
- die Hypotenuse und eine Kathete

Bemerkung

Viele Taschenrechner verfügen über verschiedene Winkelmaßeinheiten „Grad" (DEG, DRG), „Bogenmaß" (RAD) und Neugrad (GRAD). Bei den Berechnungen ist immer DEG bzw. DRG einzustellen.

Beispiele

a) Gegeben: Hypotenuse und ein Winkel
$c = 8{,}8\,\text{cm}$; $\alpha = 57{,}4°$
Gesucht: a; b; β

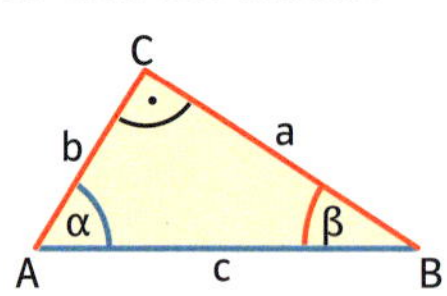

Rechnung:
$\sin\alpha = \frac{a}{c} \quad | \cdot c$
$a = c \cdot \sin\alpha \approx 7{,}4\,\text{cm}$
$b = c \cdot \cos\alpha \approx 4{,}7\,\text{cm}$
$\beta = 90° - 57{,}4° = 32{,}6°$
Ergebnis:
$a \approx 7{,}4\,\text{cm}$; $b \approx 4{,}7\,\text{cm}$; $\beta = 32{,}6°$

Man kann auch den Satz des Pythagoras zu Hilfe nehmen.

Rechnung:
$\sin\alpha = \frac{a}{c} \quad | \cdot c$
$a = c \cdot \sin\alpha \approx 7{,}4\,\text{cm}$
$b = \sqrt{c^2 - a^2} \approx \sqrt{8{,}8^2 - 7{,}4^2}\,\text{cm} \approx 4{,}8\,\text{cm}$
$\beta = 90° - 57{,}4° = 32{,}6°$
Ergebnis:
$a \approx 7{,}4\,\text{cm}$; $b \approx 4{,}8\,\text{cm}$; $\beta = 32{,}6°$

b) Gegeben: zwei Katheten
a = 7,2 cm; b = 5,1 cm
Gesucht: α; β; c

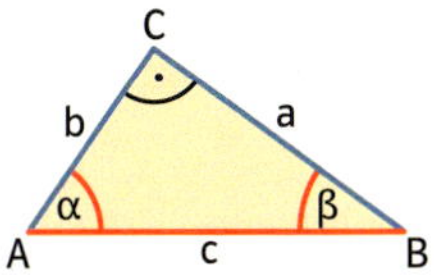

Rechnung:
$\tan\alpha = \frac{7{,}2}{5{,}1}$
$\alpha \approx 54{,}7°$
$\beta = 90° - 54{,}7° \approx 35{,}3°$
$\sin\alpha = \frac{a}{c};\quad c = \frac{a}{\sin\alpha} \approx 8{,}8\,\text{cm}$
Ergebnis:
$\alpha \approx 54{,}7°;\ \beta \approx 35{,}3°;\ c \approx 8{,}8\,\text{cm}$

c) Gegeben: Hypotenuse und Kathete
c = 9,0 cm; a = 4,4 cm
Gesucht: α; β; b

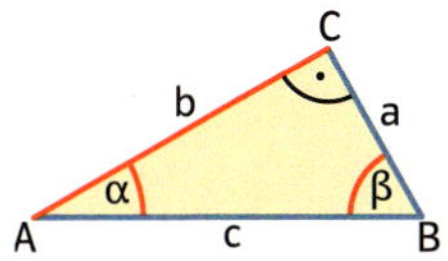

Rechnung:
$\sin\alpha = \frac{4{,}4}{9{,}0}$
$\alpha \approx 29{,}3°$
$\beta = 90° - 29{,}3° \approx 60{,}7°$
$\cos\alpha = \frac{b}{c};\quad b = c \cdot \cos\alpha \approx 7{,}8\,\text{cm}$
Ergebnis:
$\alpha \approx 29{,}3°;\ \beta \approx 60{,}7°;\ c \approx 7{,}8\,\text{cm}$

! Aus einem Sinus-, Kosinus- oder Tangenswert kann man auch den zugehörigen Winkel berechnen. Es gibt hierzu verschiedene Möglichkeiten auf dem Taschenrechner:
[INV] [SIN] *oder* [SIN^{-1}]

Aufgaben

1 Berechne die rot markierten Stücke.

a)

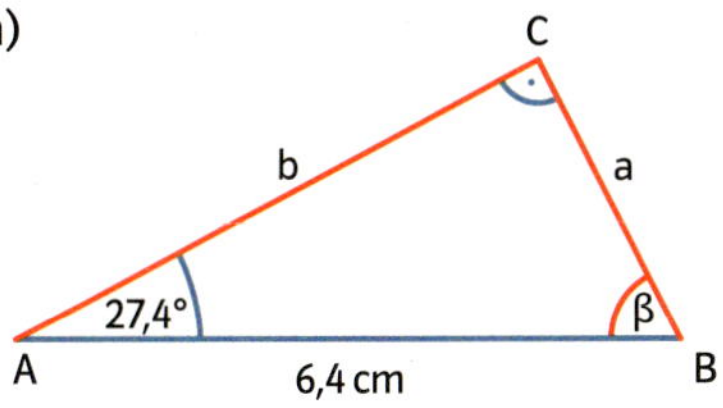

b)

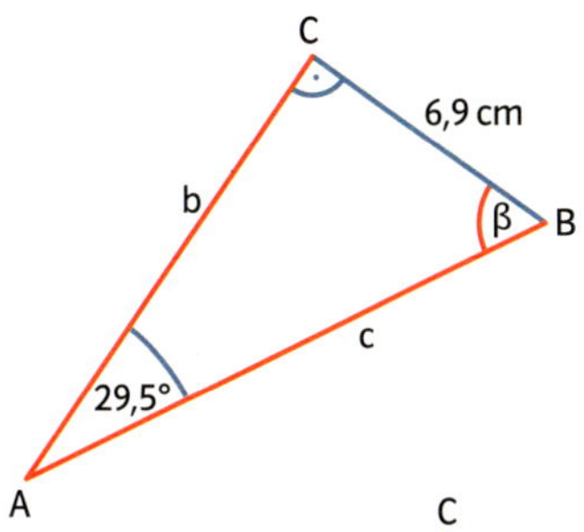

c)

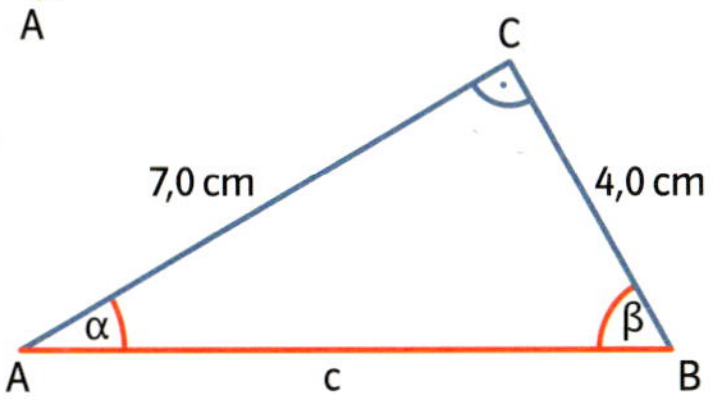

d)

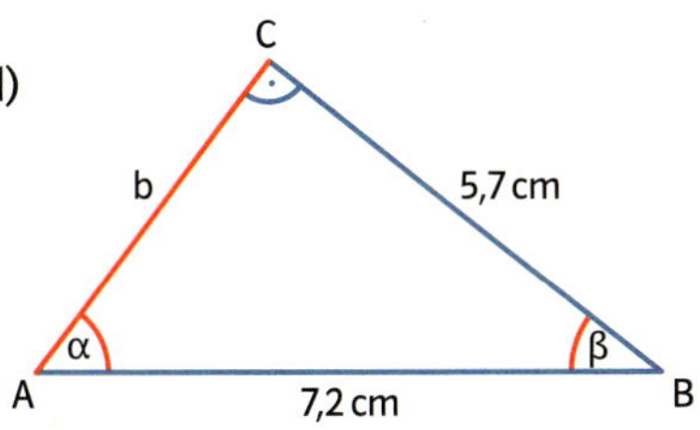

2 Berechne die rot markierten Stücke.

a)

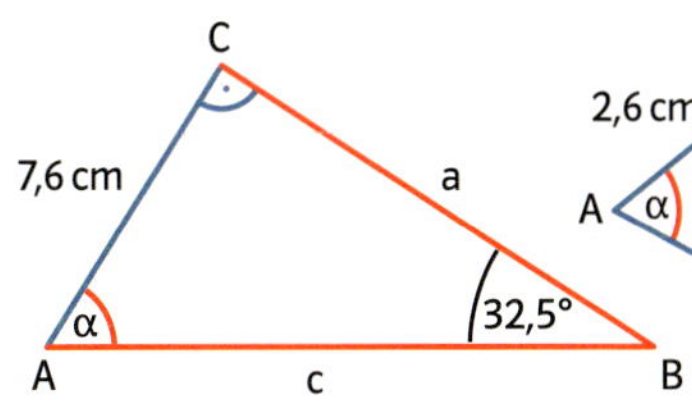

b)

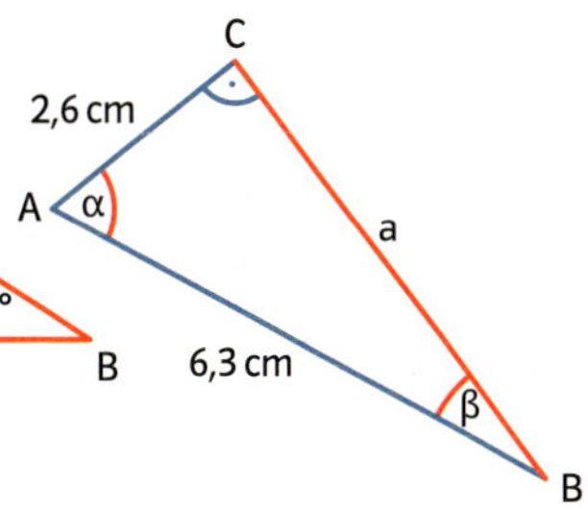

c)

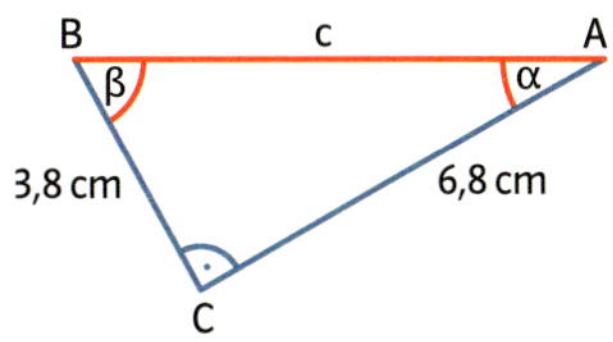

d)

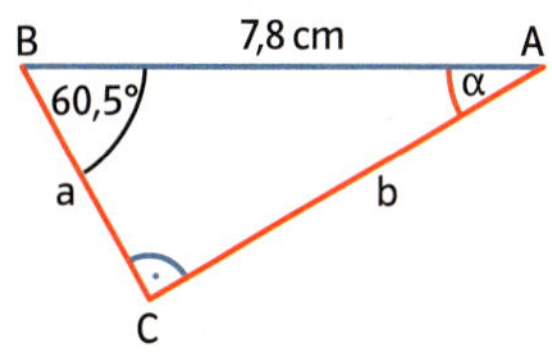

3 Berechne die fehlenden Stücke.
Beginne mit einer Planfigur.
(angegebene Seitenlängen in cm)

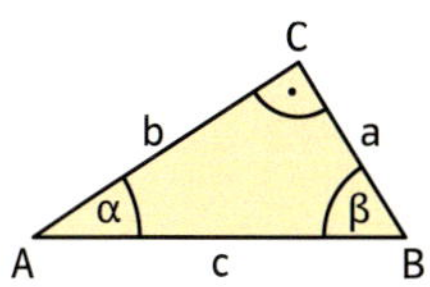

	a)	b)	c)	d)	e)	f)
a		7,8	6,5		1	
b		1,2				7,7
c	9,6		9,3	8,4		
α	34°				10°	
β				19,5°		76,5°

4 Berechne die fehlenden Stücke der pythagoreischen Dreiecke mit der Hypotenuse c. Geht es auch ohne den Satz des Pythagoras?

a) a = 12 cm; b = 5 cm
b) a = 15 cm; c = 17 cm
c) b = 24 cm; c = 25 cm
d) a = 1360 cm; c = 1378 cm
e) c = 15 641 cm; a = 15 609 cm

5 Wie lang ist die Strecke x?

a)

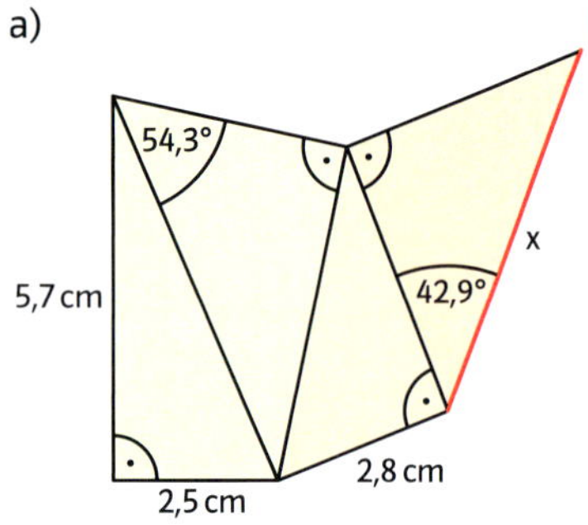

b)

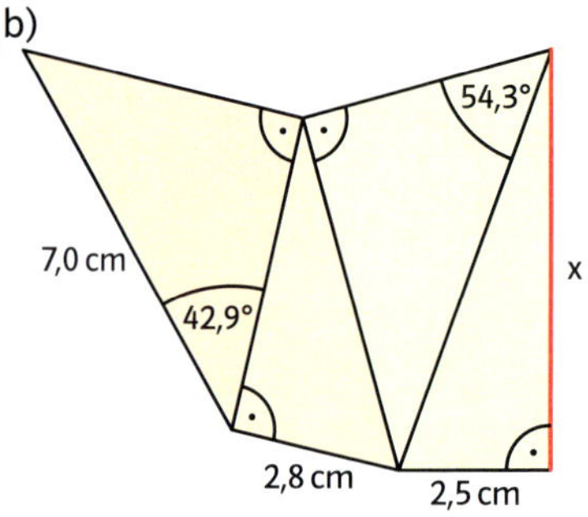

6 Berechne die fehlenden Stücke.

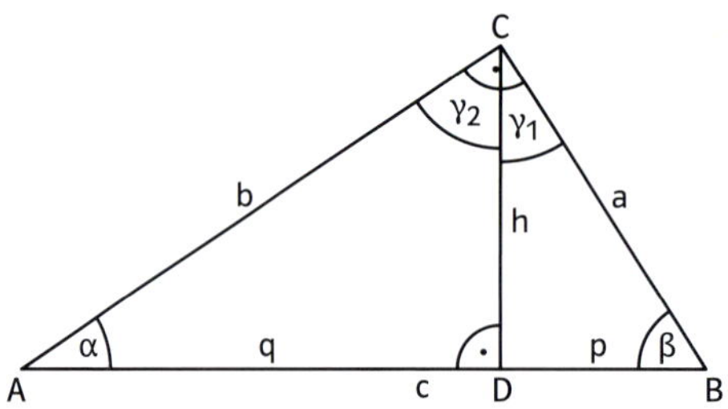

a) q = 2,5 cm; α = 35,0°
b) h = 6,2 cm; α = 75,0°
c) p = 5,8 cm; β = 31,2 °
d) p = 7,6 cm; α = 37,9°
e) h = 8,0 cm; p = 3,0 cm

7 Der Giebel des Fabrikdaches hat die Form eines rechtwinkligen Dreiecks. Berechne die Länge der Dachschrägen.

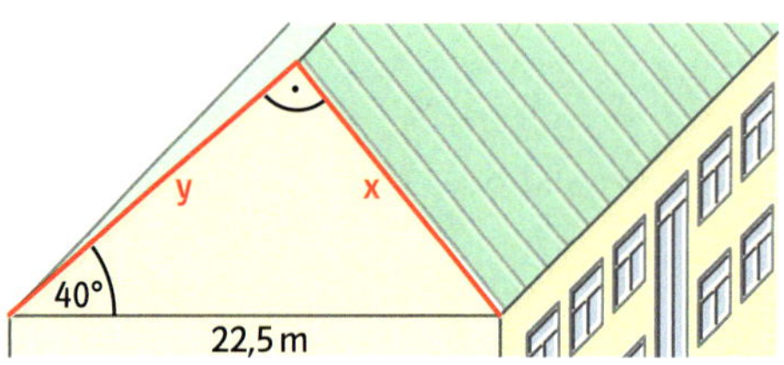

8 Berechne die bezeichneten Winkel und Strecken. Achte auf ähnliche Dreiecke.

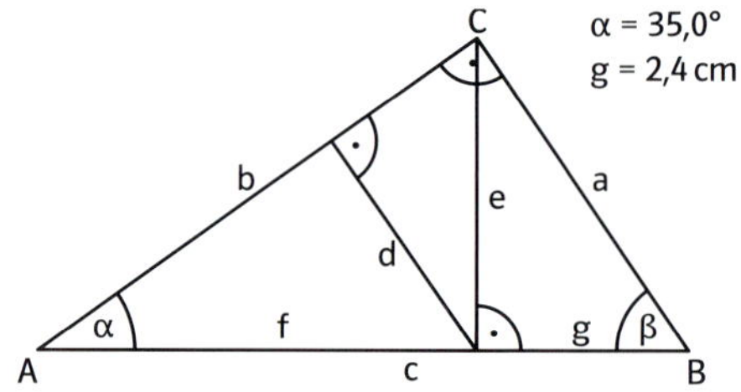

9 Berechne α, $\overline{BF}$ und $\overline{AE}$.

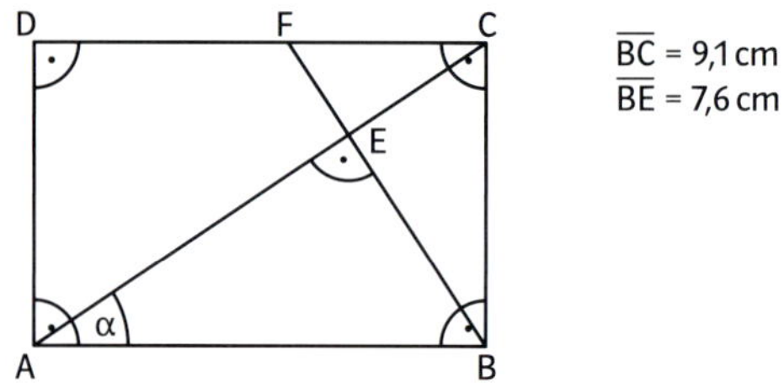

10 Bestimme die Länge x aus einer Gleichung. (alle Maße in cm)

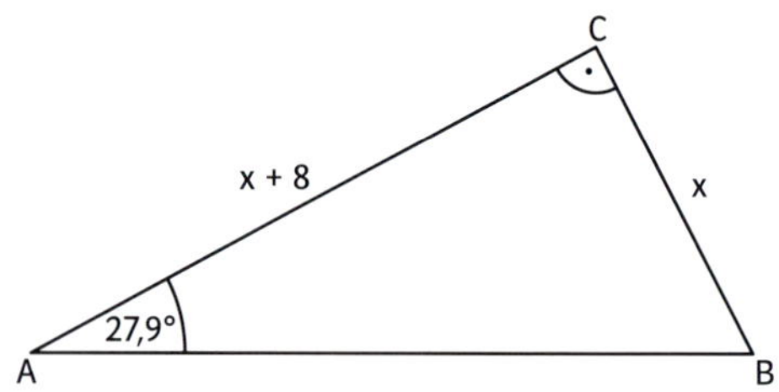

11 Berechne x und y. (alle Maße in cm)

a)

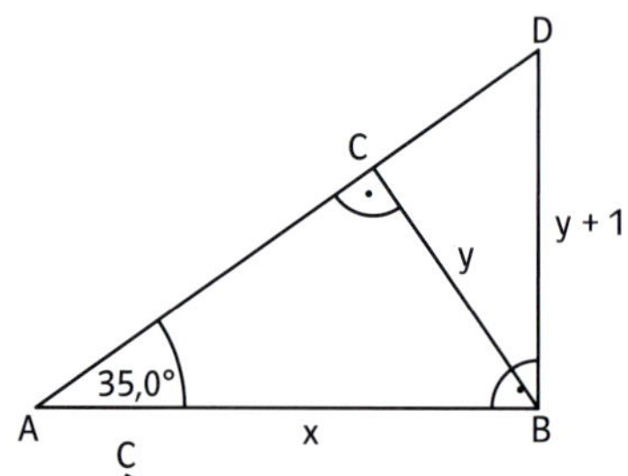

b)

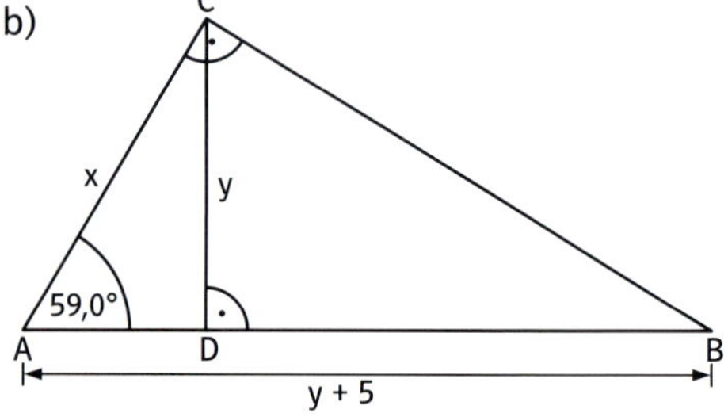

Vorsicht Steigung!

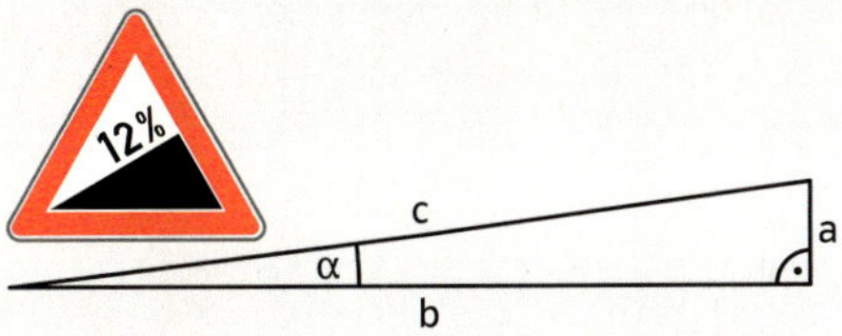

Die Steigung m einer Straße ist der Quotient aus dem Höhengewinn a und der horizontalen Strecke b.
Es gilt

$$m = \frac{a}{b}.$$

Der Zusammenhang zwischen der Steigung und dem Steigungswinkel α ist also

$$m = \tan\alpha.$$

Die Steigung wird auch oft in % oder als Quotient angegeben.
Der horizontal gemessene Weg b ist der Grundriss des wahren Wegs c.

- Vergleiche das Verkehrszeichen mit der Schemazeichnung.
- Ergänze.
  $\alpha = 5°$; $m \approx \square$; m in % $\approx \square$
  $m = 16\,\%$; $\alpha \approx \square$; $m = \frac{\square}{\square}$
  $m = 0{,}25$; $\alpha \approx \square$; $m = \frac{\square}{\square}$
  $m = \frac{1}{3}$; m in % $\approx \square$; $\alpha \approx \square$
- Berechne m für
  $\alpha = 10°; 20°; \ldots; 80°; 85°; 89°, 89{,}5°; 89{,}9°$.
- Ist die Zuordnung von α zu m eine Proportionalität?
- Der Kartenausschnitt steht im Maßstab 1:100 000. Ermittle für die Straße von A (350 m über NN) nach B (1060 m über NN) die durchschnittliche Steigung und den durchschnittlichen Steigungswinkel.

Der Ort C liegt 672 m über NN. Wie groß ist die durchschnittliche Steigung auf einer Rundfahrt von A über B und C nach A?

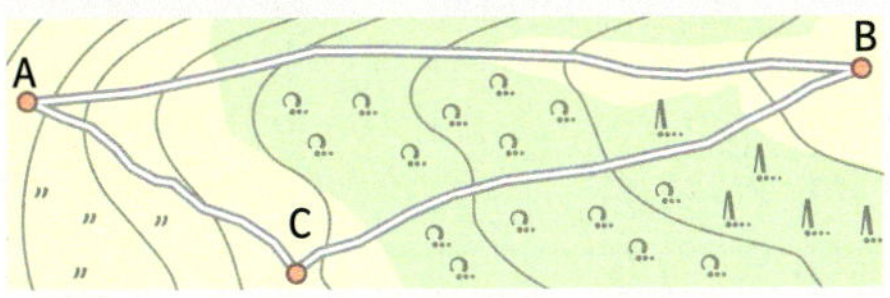

12 Berechne die Steigung m und den Steigungswinkel α der Geraden $g_1, \ldots, g_6$.

Suche Steigungsdreiecke mit ganzzahligen Seitenlängen.

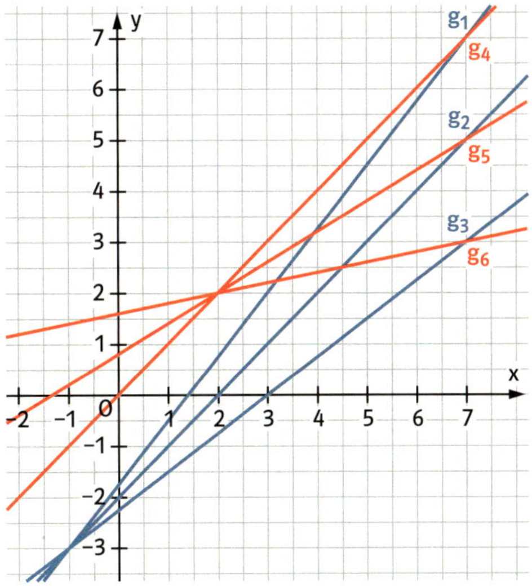

13 Geradensteigungen können auch negativ sein. Berechne m für $g_1, \ldots, g_6$.
Findest du auch die Steigungswinkel α?

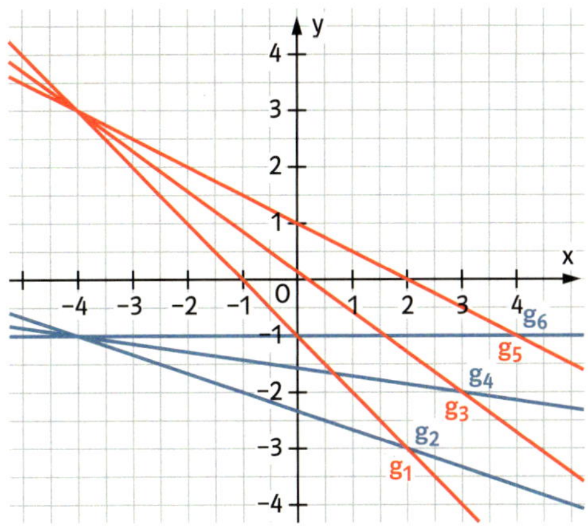

14 An der Pass-Straße stehen Tafeln mit Höhenangaben. Frau Kluge liest am km-Zähler ihres Autos ab, dass sie von der 1050-m-Tafel bis zur 1700-m-Tafel 4900 m weit gefahren ist.
a) Wie groß ist die Steigung, wie groß ist der Steigungswinkel der Straße im Durchschnitt?
b) Wie lang ist der horizontal gemessene Weg?
c) Spielt es eine Rolle, dass die Straße Kurven hat?

Vera sagt: „Die Böschung vor unserem Haus hat 100 % Steigung." Carsten fragt: „Wohnt ihr an der Klippe?"

15 Der Amazonas ist der längste Strom der Erde. Der Rhein ist dagegen recht kurz.
a) Ein Reisender möchte die Breite des Amazonas messen. Am Rhein hat er mit einem einfachen Verfahren Erfolg. Welche Breite hat er dort berechnet? Warum könnte diese Messung am etwa 5 km breiten Amazonas schwierig werden?
b) Der Amazonas hat auf dem 4800 km langen Weg vom Eintritt in die Tiefebene bis zur Mündung ein Gefälle von 106 m. Wie groß ist der Winkel des Gefälles? Würde ein Ball hinunterrollen?

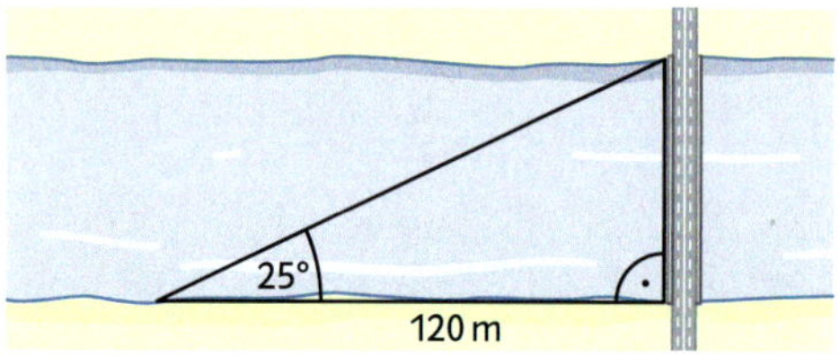

16 Die Bugwelle von Schiffen hat immer einen Öffnungswinkel von etwa 40°.

a) Ein Schiff fährt in der Mittellinie eines 160 m breiten Flusses. Um wie viel Meter, in Richtung des Flusses gerechnet, läuft der Auftreffpunkt der Bugwelle am Ufer dem Bug hinterher?
b) Der Auftreffpunkt der Bugwelle am linken Ufer liegt 50 m vor dem Auftreffpunkt am rechten Ufer. Wie weit ist die Fahrtlinie des Schiffs vom linken Ufer entfernt?
c) Bestätige deine Ergebnisse durch eine maßstäbliche Konstruktion.

17 Die Seilbahn hat zwei unterschiedlich steile Abschnitte.
Berechne die Steigungswinkel α und β.

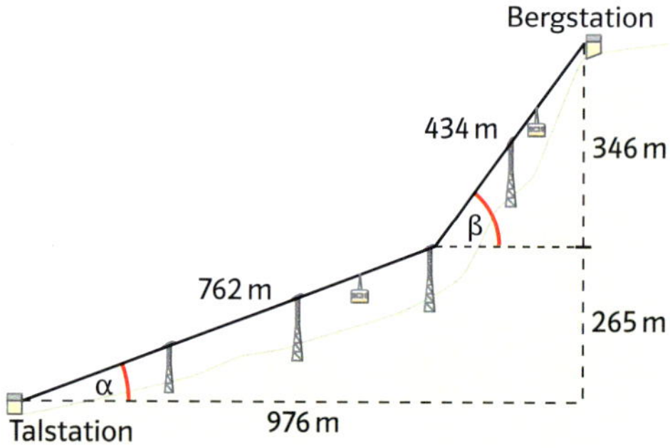

18 Hohe Sendemasten werden durch Abspannseile gehalten. Man kann die Höhe des Masts mithilfe zweier Größen finden, die sich vom Boden aus messen lassen.

a) Wie hoch ist der Mast bis zum Befestigungspunkt des Seils? Wie hoch ist er insgesamt?
b) Wie lang sind die am weitesten nach oben führenden Seile?
c) In den USA gibt es Sendemasten, die etwa 600 m hoch sind. Wie lang sind wohl ihre Seile?
d) Überlege, welcher Fehler entstehen kann, wenn man den Winkel und die Entfernung zwischen der Verankerung des Seils und dem Mastfuß aus einem Foto abliest.

3 Besondere Werte

Du hast deinen Taschenrechner vergessen.

→ Kannst du trotzdem im grünen und im gelben Dreieck $\sin\alpha$, $\cos\alpha$, $\sin\beta$ und $\cos\beta$ angeben?

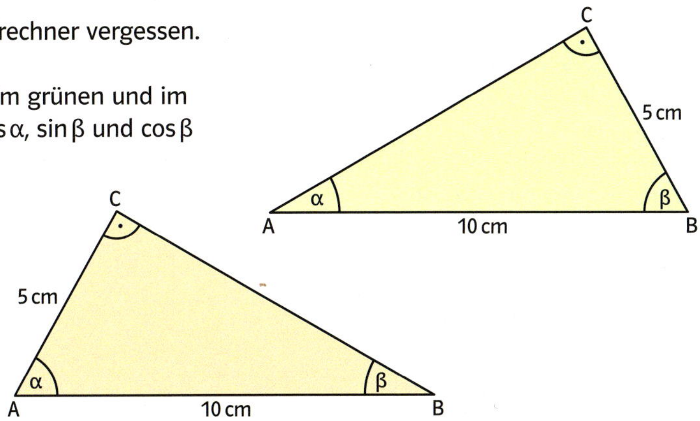

Nur zu wenigen ganzzahligen Winkelwerten gehören übersichtliche Sinus-, Kosinus- und Tangenswerte. Man findet sie an besonderen Dreiecken.

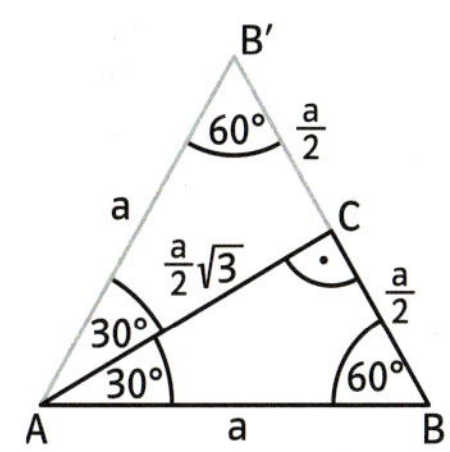

Das 30°-60°-90°-Dreieck ist die Hälfte eines gleichseitigen Dreiecks. Damit ergibt sich:

$\sin 30° = \frac{\frac{a}{2}}{a} = \frac{1}{2}$ $\quad\cos 30° = \frac{\frac{a}{2}\sqrt{3}}{a} = \frac{1}{2}\sqrt{3}$ $\quad\tan 30° = \frac{\frac{a}{2}}{\frac{a}{2}\sqrt{3}} = \frac{1}{3}\sqrt{3}$

$\sin 60° = \frac{\frac{a}{2}\sqrt{3}}{a} = \frac{1}{2}\sqrt{3}$ $\quad\cos 60° = \frac{\frac{a}{2}}{a} = \frac{1}{2}$ $\quad\tan 60° = \frac{\frac{a}{2}\sqrt{3}}{\frac{a}{2}} = \sqrt{3}$

! $\frac{1}{\sqrt{3}} = \frac{1}{3}\sqrt{3}$
Erweitere mit $\sqrt{3}$!

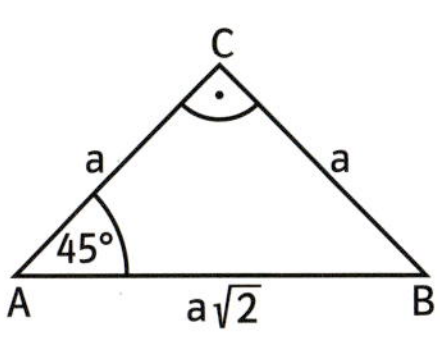

Am gleichschenklig-rechtwinkligen Dreieck ist abzulesen:

$\sin 45° = \frac{a}{a\sqrt{2}} = \frac{1}{2}\sqrt{2}$ $\quad\cos 45° = \frac{a}{a\sqrt{2}} = \frac{1}{2}\sqrt{2}$ $\quad\tan 45° = \frac{a}{a} = 1$

Besondere Sinus-, Kosinus- und Tangenswerte

Diese Werte sind besonders für Formeln wichtig. In Formeln werden die Wurzelterme nicht durch Dezimalzahlen ersetzt.

α	0°	30°	45°	60°
$\sin\alpha$	0	$\frac{1}{2}$	$\frac{1}{2}\sqrt{2}$	$\frac{1}{2}\sqrt{3}$
$\cos\alpha$	1	$\frac{1}{2}\sqrt{3}$	$\frac{1}{2}\sqrt{2}$	$\frac{1}{2}$
$\tan\alpha$	0	$\frac{1}{3}\sqrt{3}$	1	$\sqrt{3}$

! *Diese Abbildungen veranschaulichen die Berechnung der besonderen Werte:*

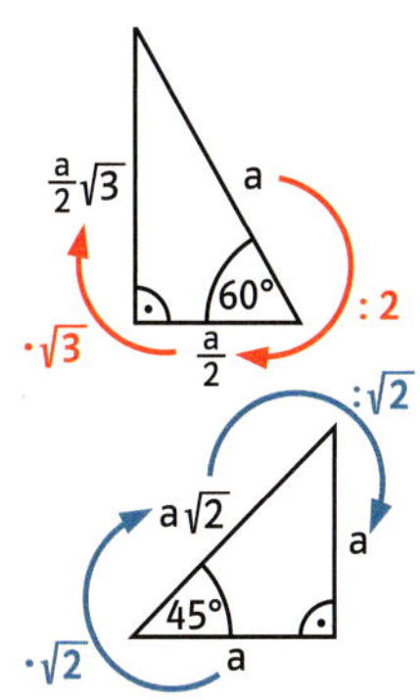

Beispiel

Der Umfang $u = a + b + c + d$ des Vierecks ABCD wird in Abhängigkeit von e ausgedrückt:

(1) $e = a \cdot \tan 45°$
$e = a \cdot 1$
$a = e$

(2) $e = b \cdot \sin 30°$
$e = b \cdot \frac{1}{2} \quad | \cdot 2$
$b = 2e$

(3) $e = c \cdot \tan 30°$
$e = c \cdot \frac{1}{3}\sqrt{3} \quad | \cdot \sqrt{3}$
$c = e \cdot \sqrt{3}$

(4) $e = d \cdot \sin 45°$
$e = d \cdot \frac{1}{2}\sqrt{2} \quad | \cdot \sqrt{2}$
$d = e \cdot \sqrt{2}$

Damit ergibt sich $u = e \cdot (3 + \sqrt{3} + \sqrt{2})$.

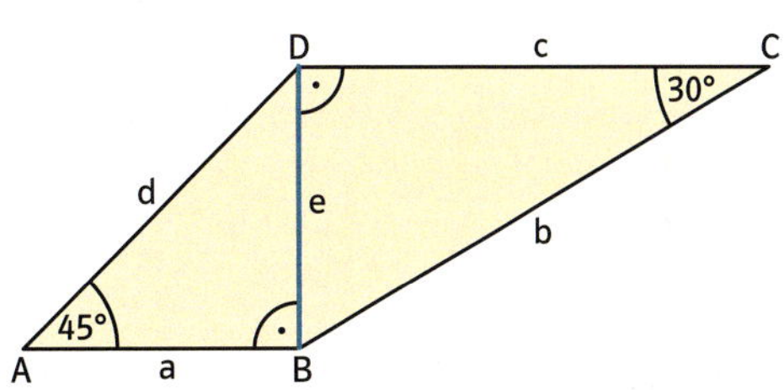

Aufgaben

1 Drücke die Seitenlängen a, b bzw. c in Abhängigkeit von e aus.

a)
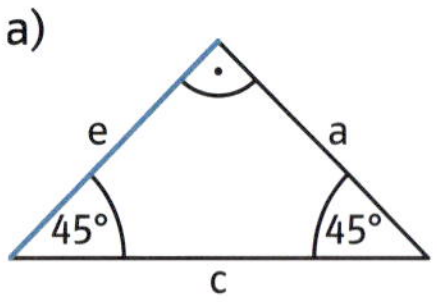

b)
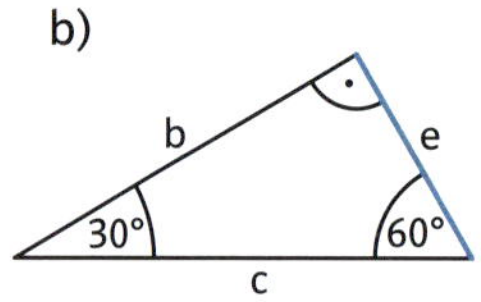

c)
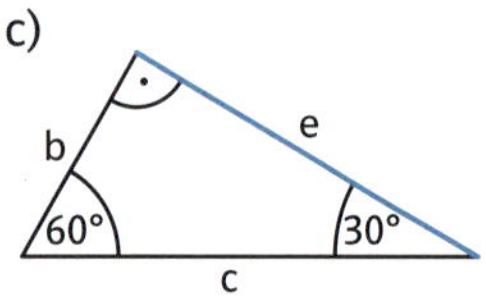

2 a) Drücke a, b bzw. c in Abhängigkeit von e aus.
b) Drücke den Umfang u und den Flächeninhalt A mithilfe von e aus.
c) Bestimme e so, dass $u = 20\,cm$ gilt.
d) Bestimme e so, dass $A = 100\,cm^2$ gilt.

(1)
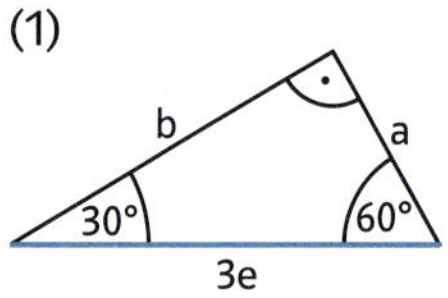

(2)
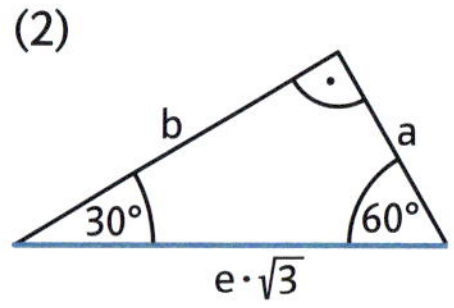

(3)
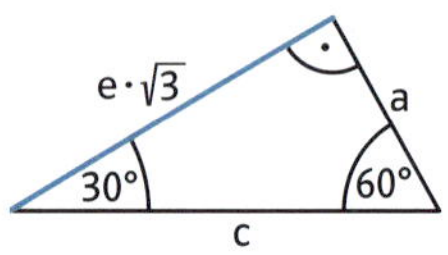

(4)
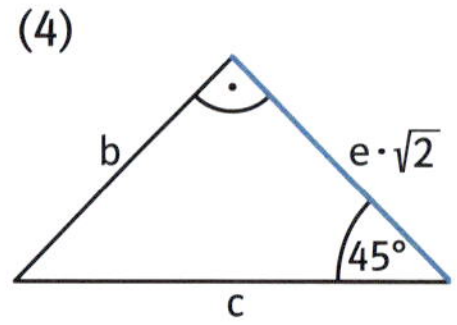

? *Ganz besondere Werte – benutze den Taschenrechner!*
$\tan\alpha = 2 - \sqrt{3}$
$\cos\beta = \frac{1}{4}(\sqrt{5} - 1)$
$\sin\gamma = \frac{1}{2}\sqrt{2 + \sqrt{3}}$
$\alpha = \square$
$\beta = \square$
$\gamma = \square$

3 Drücke alle Seitenlängen mithilfe von e aus.

a)
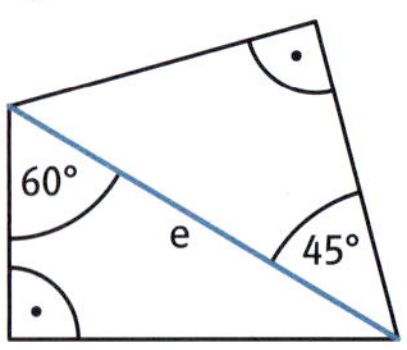

b)
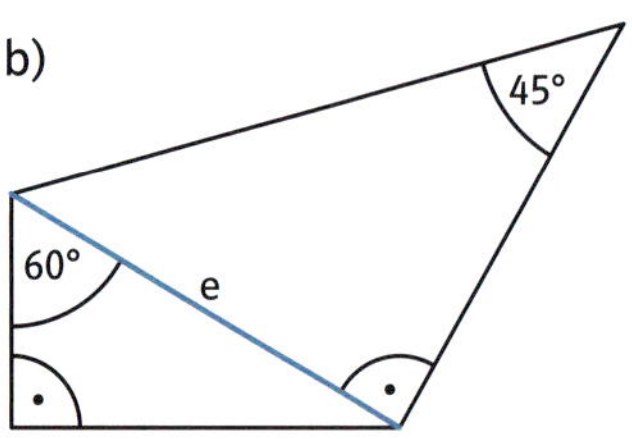

c)
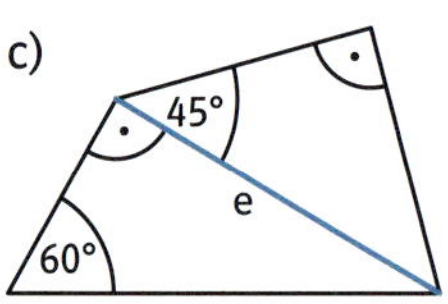

d)
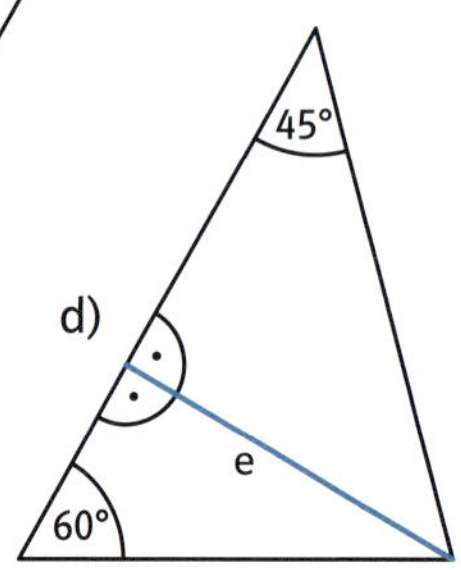

4 Drücke den Umfang u und den Flächeninhalt A in Abhängigkeit von der Diagonalenlänge e aus.

a)
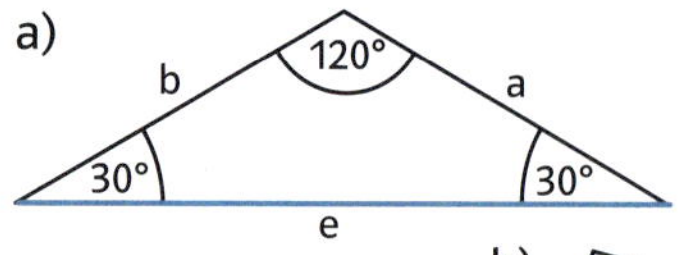

b)
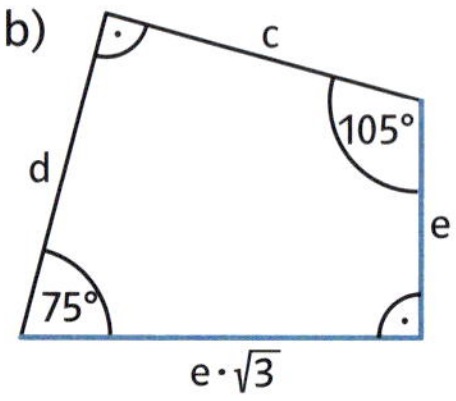

c)
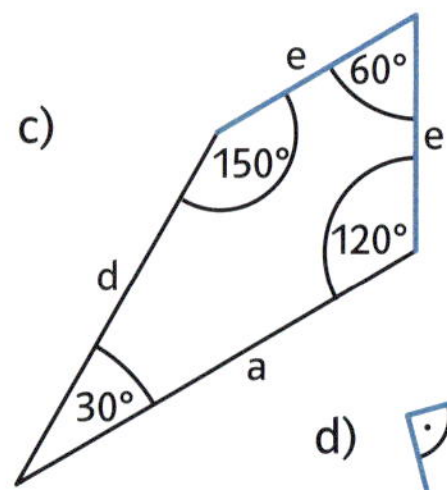

d)
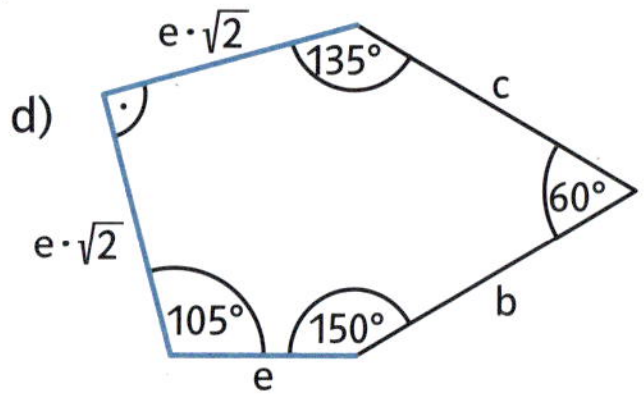

5 a) Berechne den Flächeninhalt A des Trapezes.
b) Wie groß muss e sein, damit sich $A = 97\,cm^2$ ergibt?

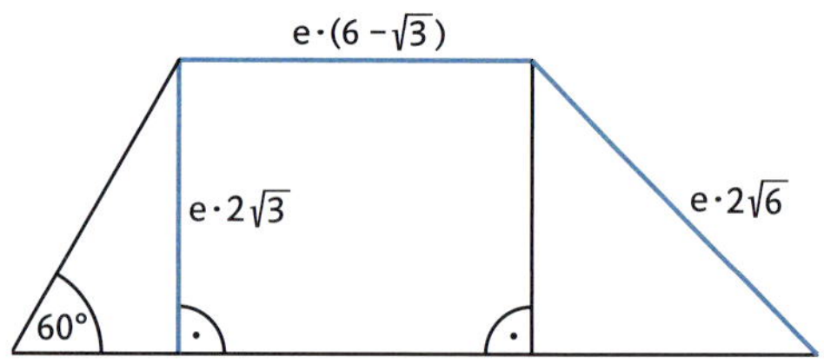

6 Drücke den Flächeninhalt des regelmäßigen Sechsecks aus
a) mithilfe der Seitenlänge s.
b) mithilfe des Radius r.

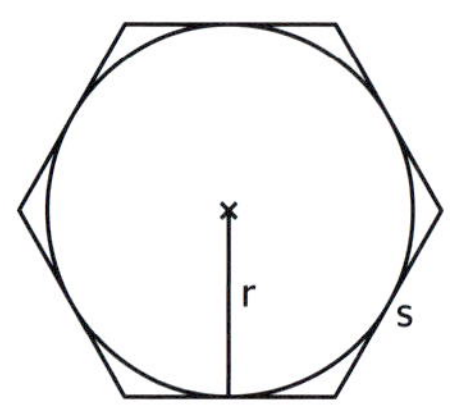

7 Welchen Anteil der Quadratfläche nimmt die Raute ein?

4 Allgemeine Dreiecke berechnen

Heike, Paola und Irina haben erfahren, dass das Schloss 146 m breit ist. Sie überlegen, ob sie aus dem Sehwinkel α den Abstand zwischen ihrem Standpunkt und dem Schloss berechnen können.

→ Heike und Paola wählen günstige Stellen.

→ Irina meint: Es muss doch von jeder Stelle aus gehen!

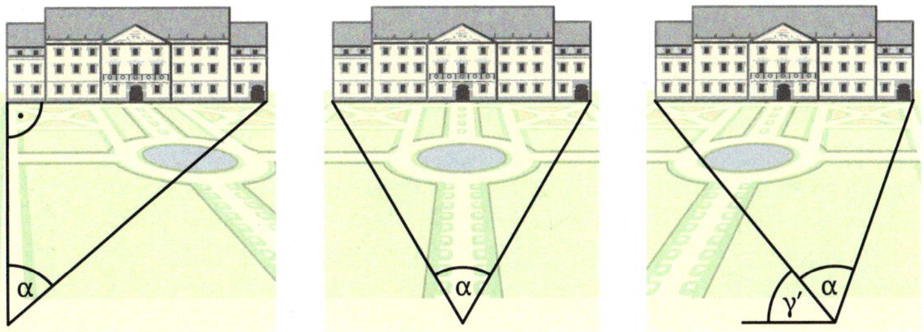

Heike: $\alpha = 50°$ Paola: $\alpha = 62°$ Irina: $\alpha = 60°$, $\gamma' = 50°$

In der Bilderfolge ist zu sehen, wie man aus einer Seite und den zwei anliegenden Winkeln schrittweise die fehlenden Größen eines allgemeinen Dreiecks berechnet. Die gegebenen und die berechneten Seiten und Winkel sind blau gefärbt, die noch unbekannten sind rot gefärbt. Der erste Schritt ist die Zerlegung des Dreiecks in zwei rechtwinklige Dreiecke.

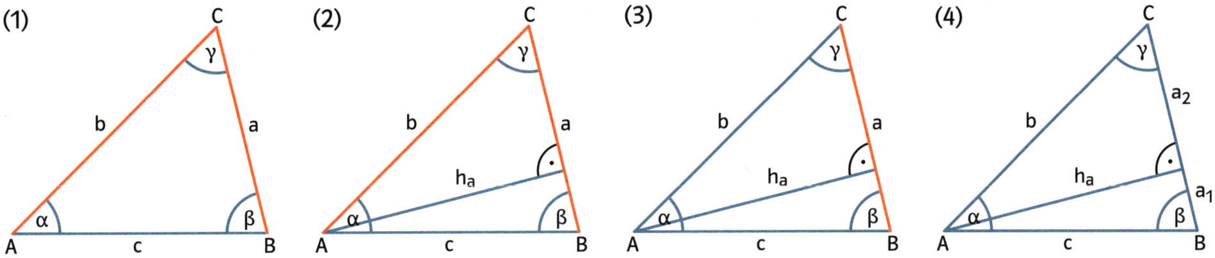

(1) $\gamma = 180° - \alpha - \beta$

(2) $\sin\beta = \frac{h_a}{c}$ $|\cdot c$

$h_a = c \cdot \sin\beta$

(3) $\sin\gamma = \frac{h_a}{b}$ $|\cdot b$ $|:\sin\gamma$

$b = \frac{h_a}{\sin\gamma}$

(4) $\cos\beta = \frac{a_1}{c}$ $|\cdot c$ $\cos\gamma = \frac{a_2}{b}$ $|\cdot b$

$a_1 = c \cdot \cos\beta$ $a_2 = b \cdot \cos\gamma$

$a = a_1 + a_2$

Mithilfe von Sinus, Kosinus und Tangens lassen sich aus geeigneten Teildreiecken die fehlenden Stücke eines **allgemeinen Dreiecks** berechnen. Der wichtigste Schritt ist die **Zerlegung** des Dreiecks **in zwei rechtwinklige Dreiecke**.

Beispiel

Das Dreieck ABC ist gegeben durch zwei Seiten und den eingeschlossenen Winkel:
Gesucht sind c, α und β. Das Dreieck wird durch h_a zerlegt.

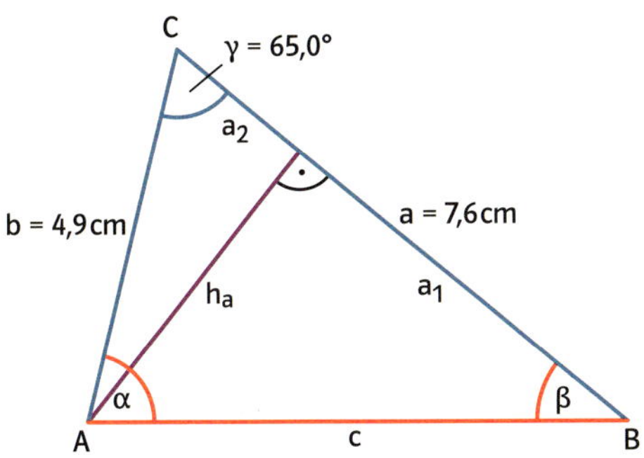

Schritt	Formel	Wert
1	$a_2 = b \cdot \cos\gamma$	$a_2 \approx 2{,}07\,cm$
2	$h_a = b \cdot \sin\gamma$	$h_a \approx 4{,}44\,cm$
3	$a_1 = a - a_2$	$a_1 \approx 5{,}53\,cm$
4	$c = \sqrt{h_a^2 + a_1^2}$	$c \approx 7{,}09\,cm$
5	$\sin\beta = \frac{h_a}{c}$	$\beta \approx 38{,}77°$
6	$\alpha = 180° - \beta - \gamma$	$\alpha \approx 76{,}23°$

Ergebnis: $c \approx 7{,}1\,cm$; $\alpha \approx 76{,}2°$; $\beta \approx 38{,}8°$

! *Je nachdem, wo und wie in der Rechnung gerundet wird, können kleine Unterschiede im Endergebnis entstehen.*

Aufgaben

! *für alle Berechnungen: Ist nur ein Winkel bekannt, so zerlege ihn **nicht**! Ist nur eine Seite bekannt, so zerlege sie **nicht**!*

1 Berechne die rot markierten Stücke.

a)

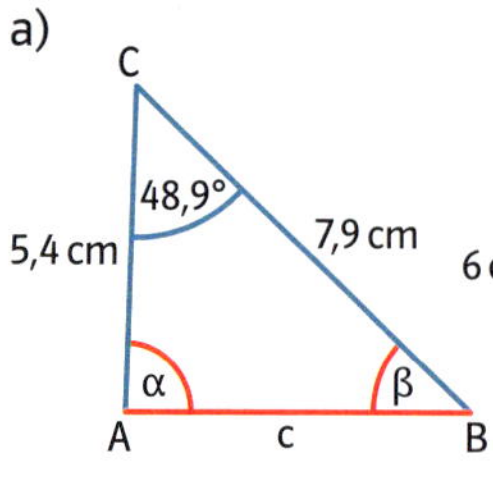

b)

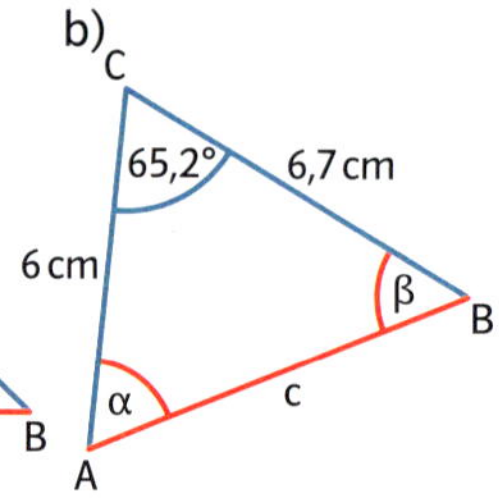

2 Berechne die rot markierten Stücke.

a)

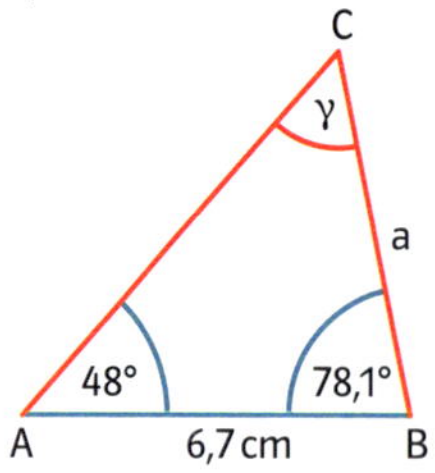

b)

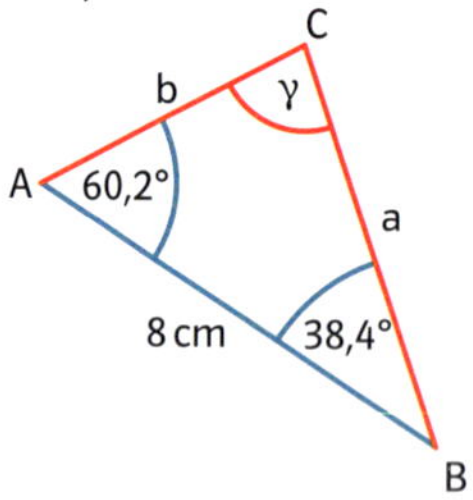

! *zu Aufgabe 3: Für den Flächeninhalt des Dreiecks gilt die Formel $A = \frac{1}{2} c \cdot h_c$. Wegen $h_c = b \cdot \sin\alpha$ ergibt sich daraus* $\boldsymbol{A = \frac{1}{2} c \cdot (b \cdot \sin\alpha)}$ *bzw.* $\boldsymbol{A = \frac{1}{2} b \cdot (a \cdot \sin\gamma)}$, $\boldsymbol{A = \frac{1}{2} a \cdot (c \cdot \sin\beta)}$. *Der Flächeninhalt ist also das halbe Produkt zweier Seiten und dem Sinus des eingeschlossenen Winkels.*

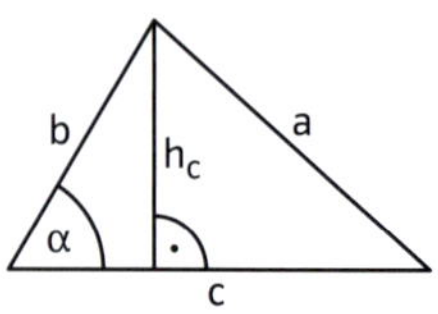

3 Die blau markierten Stücke sind gegeben, die rot markierten sind gesucht. Eine Höhe hilft. Zur Kontrolle kannst du das Dreieck konstruieren.

a)

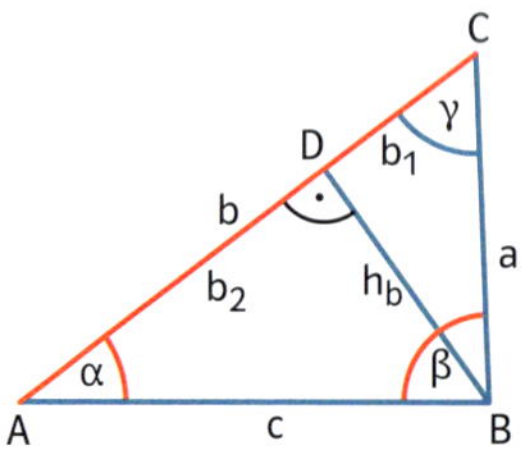

a = 5 cm
c = 6 cm
γ = 56°

b)

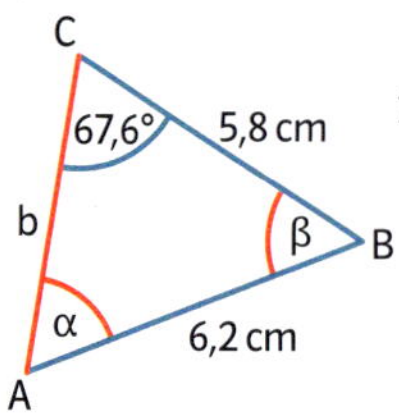

c)

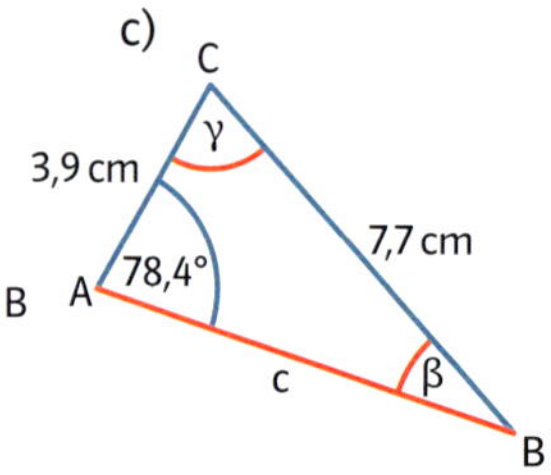

4 Welchen Flächeninhalt A hat △ABC?

a) a = 9,5 cm; b = 7,3 cm; γ = 55,7°
b) b = 6,7 cm; c = 5,6 cm; α = 70°
c) a = 8,2 cm; c = 4,9 cm; α = 42,5°; γ = 57,1°

5 Berechne die fehlenden Stücke. (Seitenlängen in cm; Planfigur!)

	a)	b)	c)	d)	e)
a	9,6	9,5		7,6	
b		7,2	3,6		7,5
c				5,5	6
α			67,5°		
β	25°			85°	65,7°
γ	75°	72°	42,4°		

6 Ein Punkt P wird aus den Endpunkten A und B einer Standlinie angepeilt.

a) Wie lang sind die Strecken $\overline{AP}$ und $\overline{BP}$?
b) Wie groß ist der Abstand von P zu $\overline{AB}$?

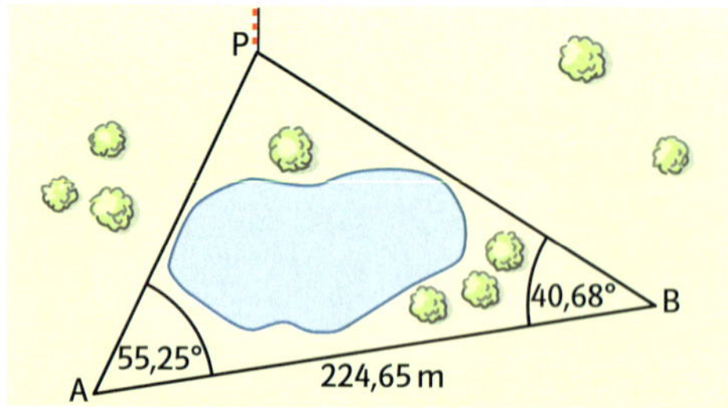

7 Der Turmhelm ist eine quadratische Pyramide. Wie viel Quadratmeter Dachfläche sind einzudecken?

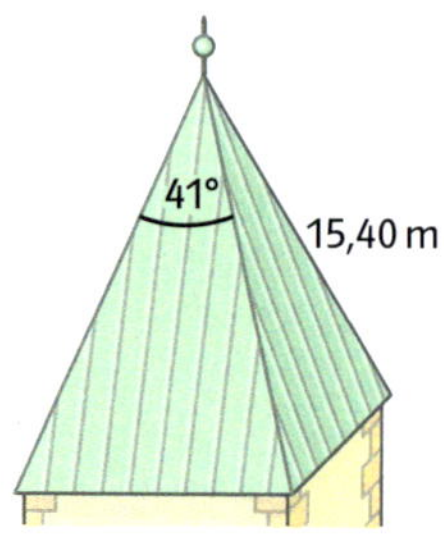

8 Die Giebelwand wird neu gestrichen. 1 l Farbe reicht für 5 m² und kostet 10,05 €.

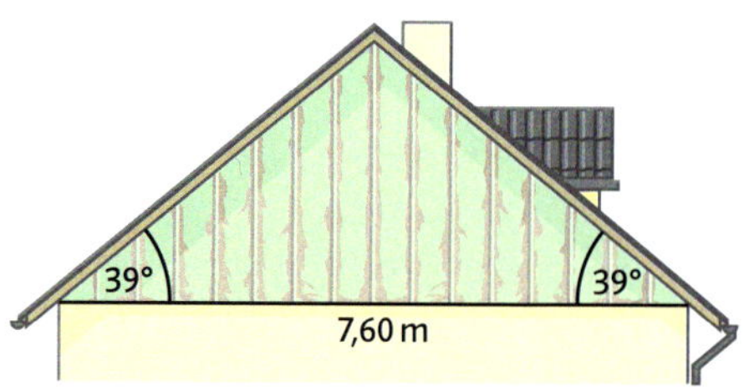

5 Sinus- und Kosinussatz*

Im Harz sieht man vom Achtermann aus den Brocken und den Wurmberg unter einem Winkel von 56°. Vom 3,4 km entfernten Wurmberg aus sieht man den Brocken und den Achtermann unter einem Winkel von 85°.

→ Wie weit ist der Achtermann vom Brocken entfernt (Luftlinie)?

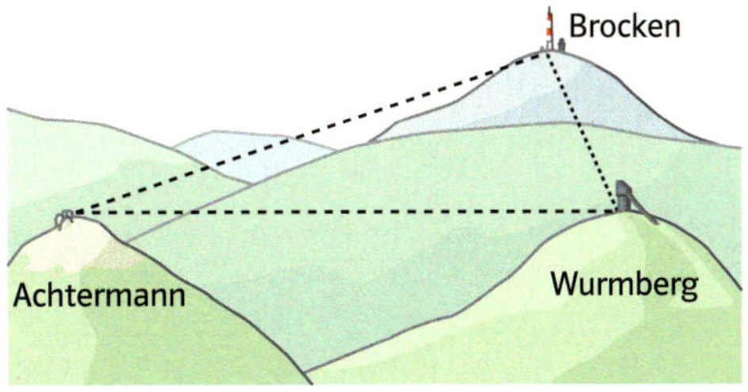

Aufgaben zur Dreiecksberechnung werden oft nach dem gleichen Muster gelöst. Man sucht eine geeignete Höhe, berechnet diese mithilfe eines der beiden Teildreiecke und wechselt dann ins andere Teildreieck. Man kann Zeit sparen, wenn man diese Berechnung einmal allgemein durchführt.

$\frac{h_c}{b} = \sin\alpha \quad | \cdot b$ $\qquad$ $\frac{h_c}{a} = \sin\beta \quad | \cdot a$

(I) $h_c = b \cdot \sin\alpha$ $\qquad$ (II) $h_c = a \cdot \sin\beta$

(II) = (I) $\Longrightarrow b \cdot \sin\alpha = a \cdot \sin\beta$

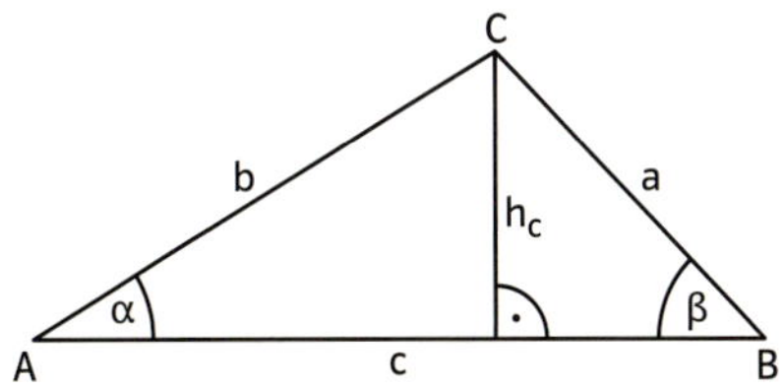

gegeben: b, α, β $\qquad$ gesucht: a

Entsprechend erhält man: $b \cdot \sin\gamma = c \cdot \sin\beta$; $c \cdot \sin\alpha = a \cdot \sin\gamma$.

In jedem Dreieck verhalten sich zwei Seitenlängen wie die Sinuswerte der Gegenwinkel.

$\frac{a}{b} = \frac{\sin\alpha}{\sin\beta}$ $\qquad$ $\frac{a}{c} = \frac{\sin\alpha}{\sin\gamma}$ $\qquad$ $\frac{b}{c} = \frac{\sin\beta}{\sin\gamma}$ $\qquad$ bzw. $\qquad$ $\mathbf{\frac{a}{\sin\alpha} = \frac{b}{\sin\beta} = \frac{c}{\sin\gamma}}$

Diese Beziehung bezeichnet man als den **Sinussatz**.

Es gibt auch noch eine weitere Möglichkeit zur Dreiecksberechnung.

(I) $\qquad a^2 = h_c^2 + (c - x)^2$

(II) $\qquad h_c^2 = b^2 - x^2$

(II) in (I) $\qquad a^2 = b^2 - x^2 + (c - x)^2$

$\qquad a^2 = b^2 - x^2 + c^2 - 2cx + x^2$

(III) $\qquad a^2 = b^2 + c^2 - 2cx$

Außerdem gilt

(IV) $\qquad \cos\alpha = \frac{x}{b} \quad | \cdot b$

$\qquad b \cdot \cos\alpha = x$

(IV) in (III) $\qquad a^2 = b^2 + c^2 - 2cb \cdot \cos\alpha$

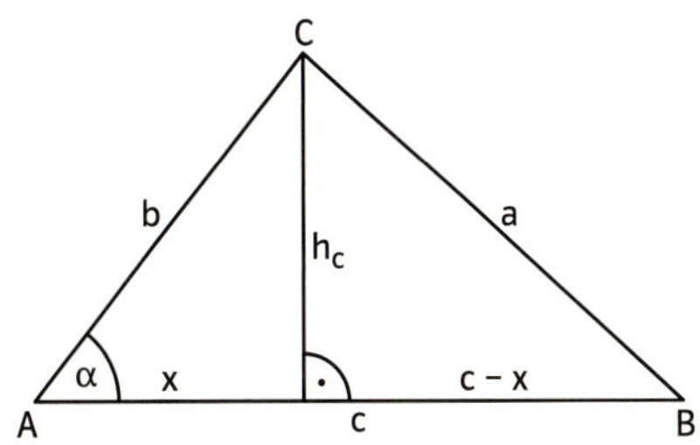

gegeben: b, c, α $\qquad$ gesucht: a

Entsprechend erhält man: $b^2 = a^2 + c^2 - 2ac \cdot \cos\beta$ und $c^2 = a^2 + b^2 - 2ab \cdot \cos\gamma$

In jedem Dreieck ABC gilt: $\mathbf{a^2 = b^2 + c^2 - 2cb \cdot \cos\alpha}$, $\mathbf{b^2 = a^2 + c^2 - 2ac \cdot \cos\beta}$ und $\mathbf{c^2 = a^2 + b^2 - 2ab \cdot \cos\gamma}$.

Diese Beziehungen bezeichnet man als **Kosinussatz**.

Beispiele

a) Rechnung mit dem Sinussatz:

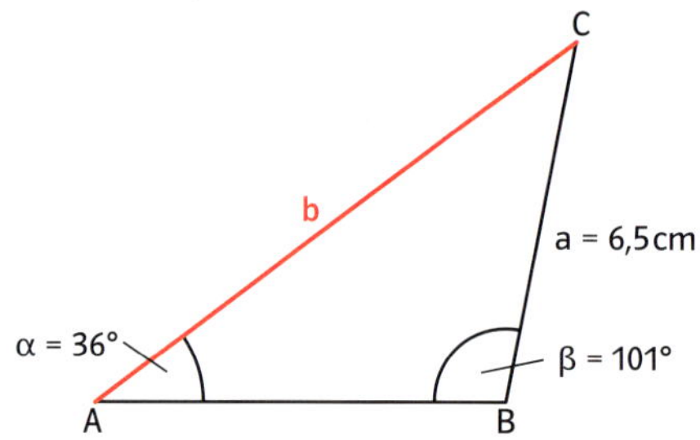

gegeben: a = 6,5 cm, α = 36°, β = 101°
gesucht: b

$\frac{a}{\sin\alpha} = \frac{b}{\sin\beta}$ oder $b = \frac{a \cdot \sin\beta}{\sin\alpha}$

$b = \frac{6{,}5 \cdot \sin 101°}{\sin 36°}\,\text{cm} \approx 10{,}9\,\text{cm}$

Die Seite b ist etwa 10,9 cm lang.

b) Rechnung mit dem Kosinussatz:

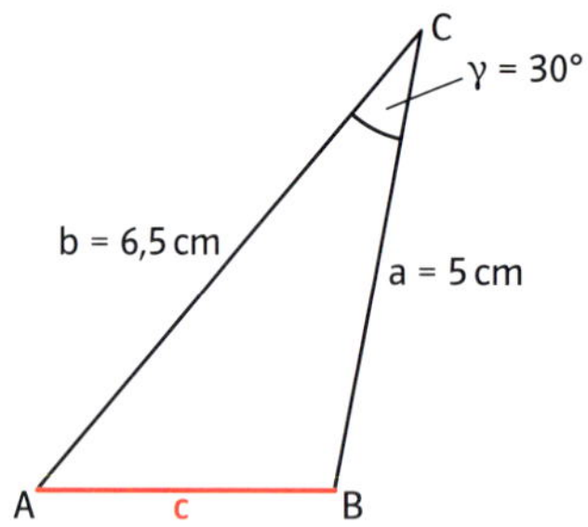

gegeben: γ = 30°, b = 6,5 cm, a = 5,0 cm
gesucht: c

$c^2 = a^2 + b^2 - 2ab \cdot \cos\gamma$

$c^2 = (5^2 + 6{,}5^2 - 2 \cdot 5 \cdot 6{,}5 \cdot \cos 30°)\,\text{cm}^2$

$c = \sqrt{5^2 + 6{,}5^2 - 2 \cdot 5 \cdot 6{,}5 \cdot \cos 30°}\,\text{cm}$

$c \approx 3{,}31\,\text{cm}$

Die Seite c ist etwa 3,31 cm lang.

! *Sind in einem allgemeinen Dreieck zwei Seiten und der eingeschlossene Winkel gegeben, kommt man mit dem Sinussatz nicht weiter.*

Aufgaben

1 Berechne die fehlenden Stücke.

a)

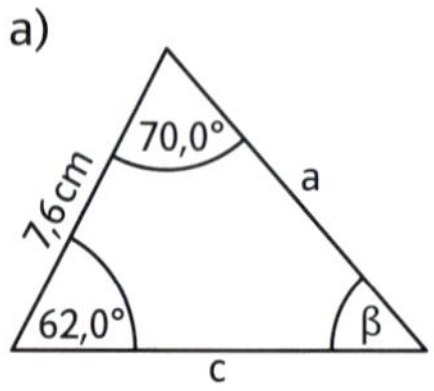

b)

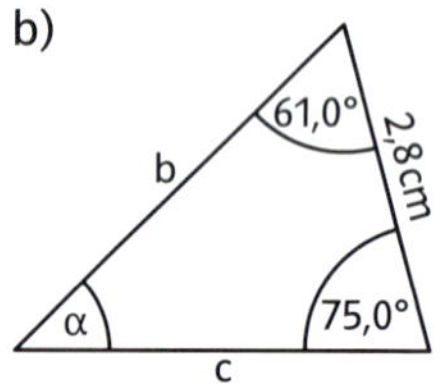

c)

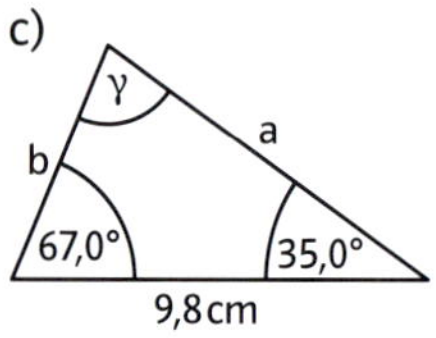

d)

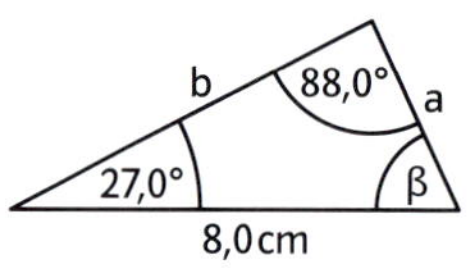

2 Berechne die in der Tabelle fehlenden Stücke.

	a)	b)	c)	d)	e)
a (in cm)		5,6	5,9	7	
b (in cm)	10		8,8		7,1
c (in cm)		6,5			9,9
α	120°				
β			105°	27,5°	
γ	25°	70°		32,5°	30°

3 Ein Segelschiff nimmt an einer Regatta teil. Dabei muss es alle drei Bojen umrunden. Wie lang ist der Regattakurs?

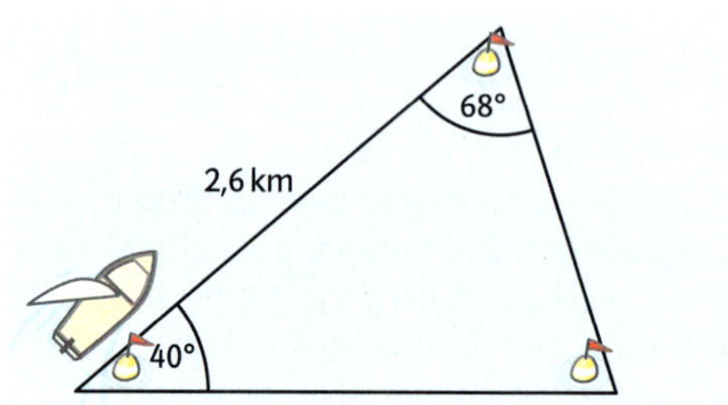

4 Der Ort C ist vom Ort A aus über B oder über D erreichbar.
a) Wie groß ist die Entfernung von A nach C in Luftlinie?
b) Wie lang ist der Weg über D?

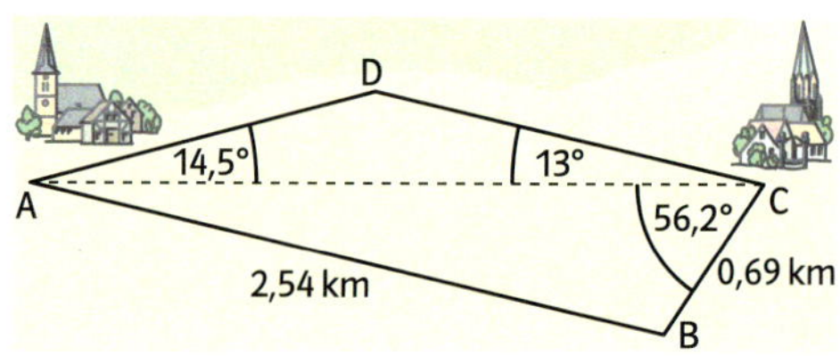

5 Berechne im Dreieck ABC die fehlenden Stücke (Längenangaben in cm).

	a)	b)	c)	d)	e)
a	3,5		8,2	0,75	5,7
b	5,7	22,7		2,4	3,4
c		31,6	5,9	2,15	5,7
α		45,2°			
β			95,7°		
γ	67,5°				

6 Der Dachraum soll ausgebaut werden. Raumteile unter 1,60 m Höhe werden durch Wandplatten abgetrennt.
Berechne
a) die Größe der Dachfläche.
b) die Giebelhöhe.
c) das Volumen des nutzbaren Raums.

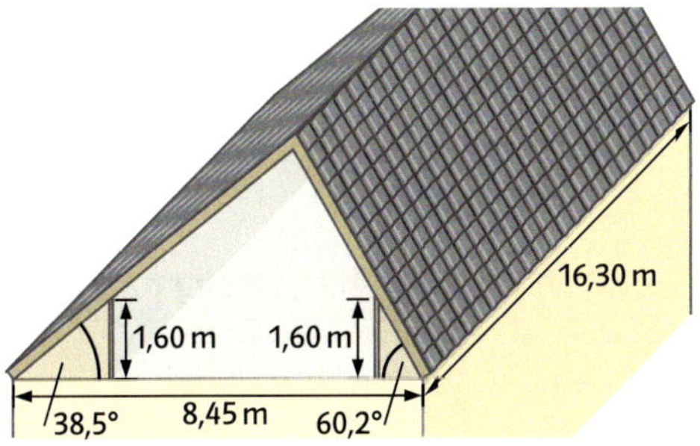

7 Die Autobahnen A 2 und A 391 kreuzen sich unter einem Winkel von 102°. 900 m entfernt von der Kreuzung gibt es ein Verbindungsstück, das unter einem Winkel von 87° von der A 2 auf die A 391 führt.
a) Wie lang ist dieses Stück a?
b) Unter welchem Winkel trifft es auf die A 2?
c) Wie weit ist der Kreuzungspunkt vom Einfädelpunkt entfernt?

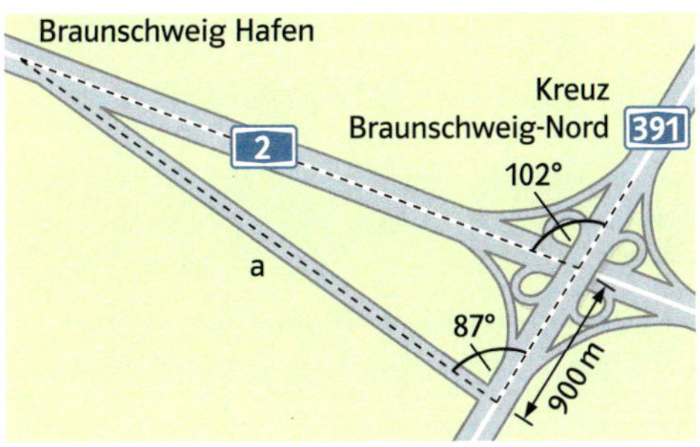

8 Für eine neue Eisenbahnverbindung wird ein Tunnel gebaut. Berechne seine Länge.
Runde auf ganze Meter.

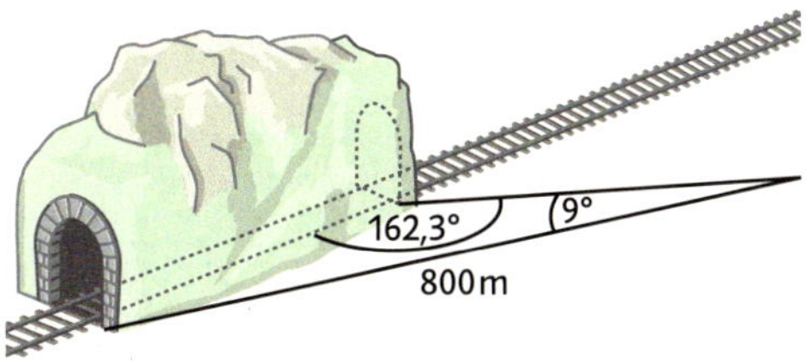

9 Berechne die Höhe des Turmes.

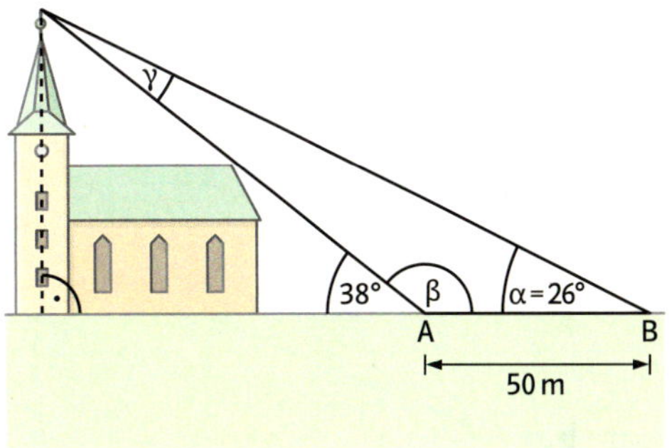

10 Die Flugstrecke von Wien nach Frankfurt am Main ist 608 km lang. Von Berlin nach Frankfurt sind es 416 km Flugstrecke. Der Winkel zwischen den Strecken Frankfurt–Wien und Berlin–Wien beträgt 42,5°.
a) Welchen Winkel bildet die Flugstrecke Wien–Berlin mit der Flugstrecke Frankfurt–Berlin?
b) Wie lang ist die Flugstrecke Wien–Berlin? Runde auf ganze Kilometer.

11 Ein Schiff peilt von den drei Punkten A, B und C aus einen Leuchtturm an.
a) Wie weit ist das Schiff in B vom Leuchtturm entfernt?
b) Wie lang ist der Teil $\overline{BC}$ seines Weges?

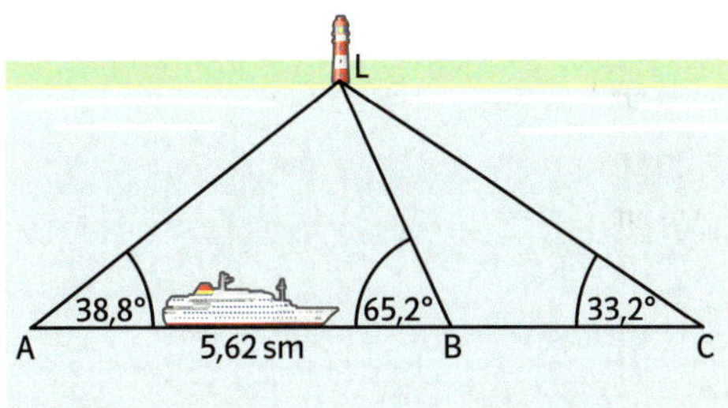

12 Das Gewächshaus wird verglast.

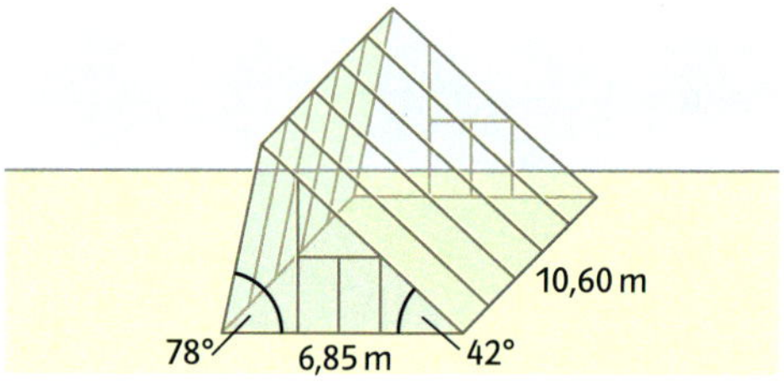

13 Ein Flugzeug fliegt mit 490 km/h nach Nordosten. Der Wind weht mit 72,3 km/h aus nördlicher Richtung.
a) Um welchen Winkel α wird das Flugzeug von seiner eigentlichen Flugrichtung abgetrieben?
b) Mit welcher Geschwindigkeit v fliegt das Flugzeug in diese Richtung?

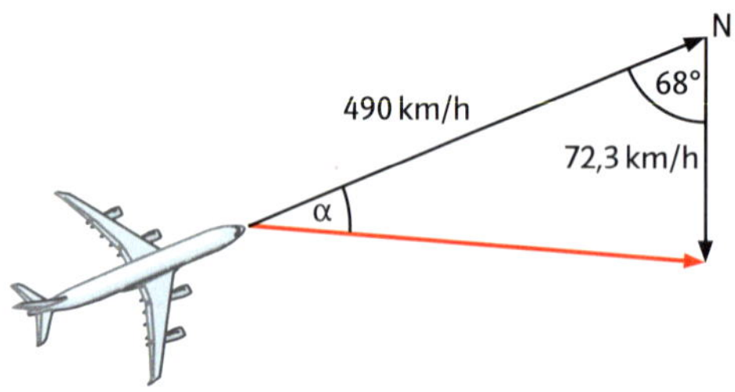

14 Berechne die Höhe des Berggipfels. Gegeben sind $\overline{AB} = 700\,\text{m}$, $\alpha_1 = 79°$, $\beta_1 = 53°$, $\beta_2 = 21°$.

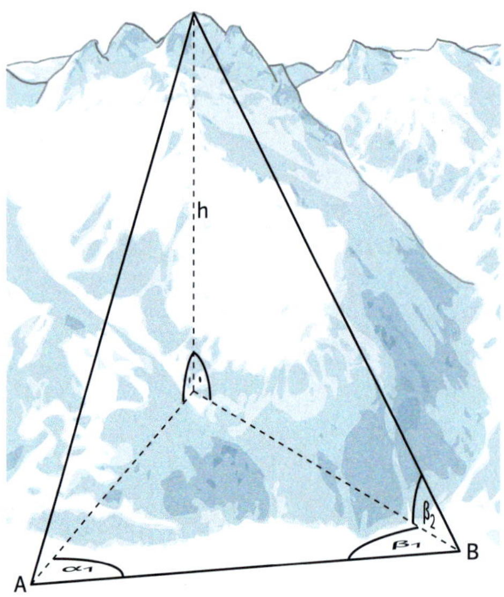

sin 147° = ???

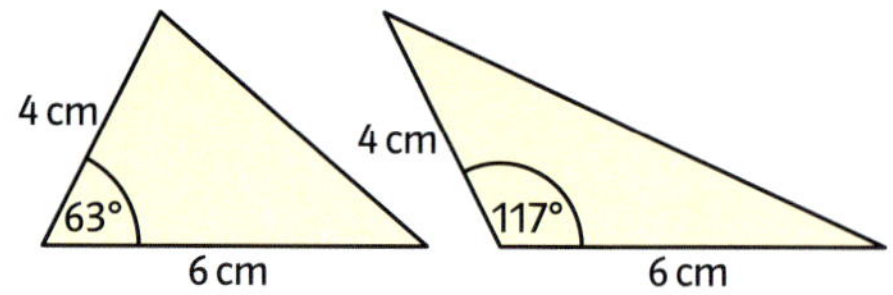

■ Berechne den Flächeninhalt der zwei Dreiecke.
Was stellst du fest? Probiere auch mit denselben Seitenlängen und $\alpha_1 = 55{,}7°$; $\alpha_2 = 124{,}3°$.

■ Wie hängen α_1 und α_2 zusammen?

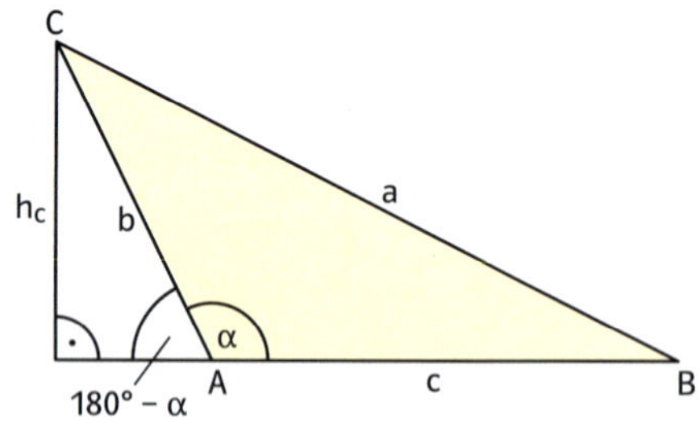

Das stumpfwinklige Dreieck ABC hat die Höhe $h_c = b \cdot \sin(180° - \alpha)$ und damit den Flächeninhalt
$A = \frac{1}{2} b c \cdot \sin(180° - \alpha)$.
Man kann A aber auch mit der Formel
$A = \frac{1}{2} b c \cdot \sin\alpha$
berechnen, denn für stumpfe Winkel α ist sinnvollerweise festgelegt:
$\sin\alpha = \sin(180° - \alpha)$.

■ Berechne den Flächeninhalt von $\triangle$ ABC:
$b = 9{,}0\,\text{cm}$; $c = 7{,}2\,\text{cm}$; $\alpha = 147{,}0°$
$b = 10{,}0\,\text{cm}$; $c = 5{,}0\,\text{cm}$; $\alpha = 120{,}0°$
$a = 4{,}2\,\text{cm}$; $b = 8{,}4\,\text{cm}$; $\gamma = 124{,}6°$

■ „Je näher α bei 90° liegt, desto näher liegt $\sin\alpha$ bei 1."
Wähle selbst Winkel α und prüfe diese Aussage nach. Erkläre sie an rechtwinkligen Dreiecken mit $\gamma = 90°$.
Daher ist festgesetzt: $\sin 90° = 1$.

■ Welche Formel entsteht, wenn man $\alpha = 90°$ in die Flächenformel einsetzt?

6 Trigonometrie in Ebene und Raum

→ Tanja zeichnet ein Viereck. Marco zerlegt es in rechtwinklige Dreiecke. Dann zeichnet Marco ein Viereck und Tanja zerlegt es.
→ Beim nächsten Durchgang legen beide am Viereck rechtwinklige Dreiecke so an, dass ein Rechteck entsteht.
→ Mit Fünfecken ist das Spiel abwechslungsreicher. Je weniger Dreiecke, desto besser!

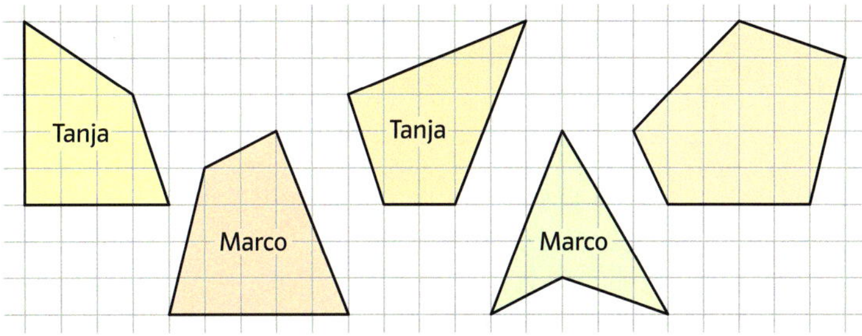

Jedes Viereck oder Vieleck lässt sich in rechtwinklige Dreiecke zerlegen oder durch rechtwinklige Dreiecke zu einem Rechteck ergänzen. Manchmal sind zum Zerlegen oder Ergänzen auch Rechtecke oder Trapeze günstig. Zerlegungs- und Ergänzungslinien können **Senkrechte zu einer Seite**, **Parallelen zu einer Seite** und **Diagonalen** sein.

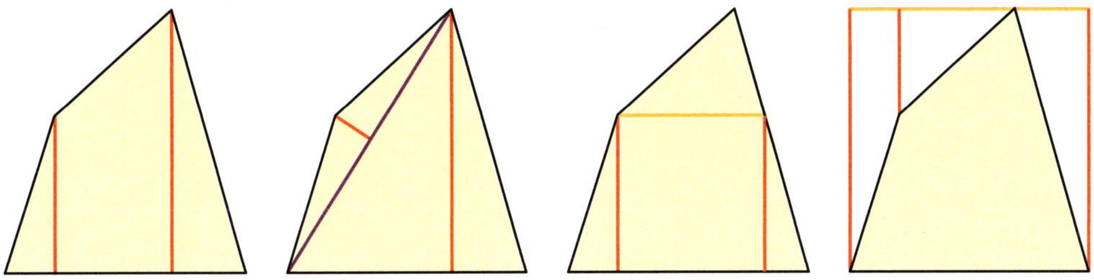

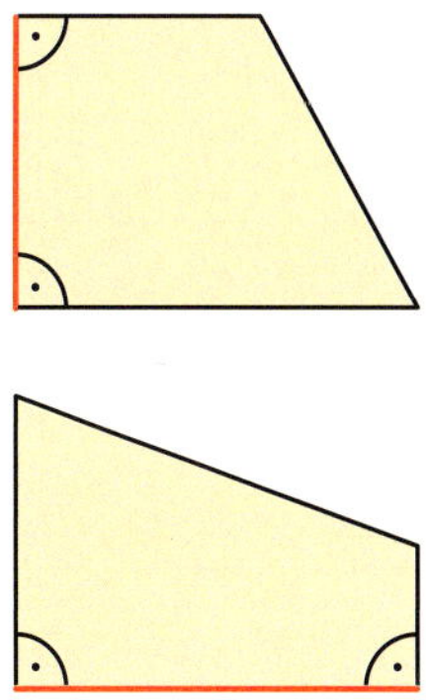

*Rechtwinklige Trapeze mit **Höhe***

Seitenlängen, Winkel und Flächeninhalte von Vierecken und Vielecken lassen sich durch **Zerlegen oder Ergänzen** berechnen. Geeignete Teil- oder Ergänzungsfiguren sind rechtwinklige Dreiecke, Quadrate, Rechtecke, allgemeine und rechtwinklige Trapeze.

Beispiele

a) Die Seiten a, b, d und die Winkel α und β des Vierecks ABCD sind gegeben.
Gesucht ist der Flächeninhalt A.
Das Viereck wird in ein rechtwinkliges Trapez und ein rechtwinkliges Dreieck zerlegt.

Schritt	Formel	Wert
1	$a_2 = b \cdot \cos\beta$	$a_2 \approx 3{,}07\,\text{cm}$
2	$e = b \cdot \sin\beta$	$e \approx 5{,}04\,\text{cm}$
3	$A_{EBC} = \frac{1}{2}a_2 \cdot e$	$A_{EBC} \approx 7{,}74\,\text{cm}^2$
4	$a_1 = a - a_2$	$a_1 \approx 4{,}93\,\text{cm}$
5	$A_{AECD} = \frac{1}{2}(d + e) \cdot a_1$	$A_{AECD} \approx 21{,}30\,\text{cm}^2$
6	$A = A_{EBC} + A_{AECD}$	$A \approx 29{,}04\,\text{cm}^2$

Ergebnis: $A \approx 29{,}0\,\text{cm}^2$

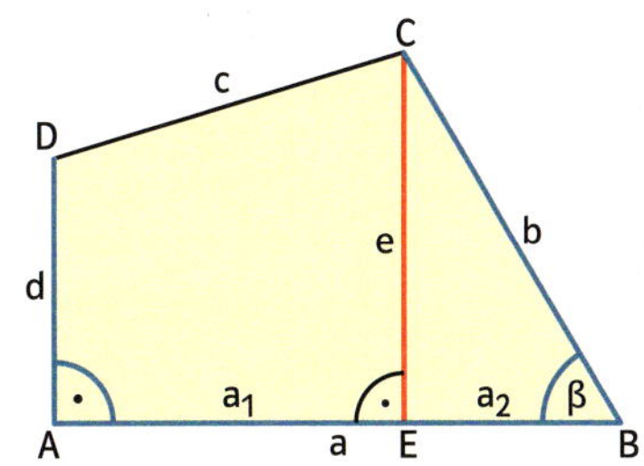

$a = 8{,}0\,\text{cm};\ b = 5{,}9\,\text{cm};\ d = 3{,}6\,\text{cm};$
$\alpha = 90°;\ \beta = 58{,}6°$

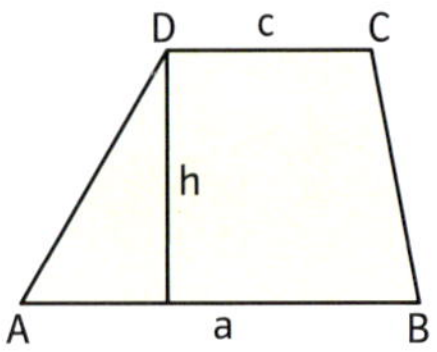

$A = \frac{a+c}{2} \cdot h$

b) Im Viereck ABCD sind gegeben: a; b; d; α; β. Gesucht ist sein Flächeninhalt A.
Das Viereck wird durch das rechtwinklige Dreieck ADE zu einem rechtwinkligen Trapez ergänzt.
Fünf Rechenschritte genügen:

(1) $e = d \cdot \sin(180° - \alpha)$

(2) $f = d \cdot \cos(180° - \alpha)$

(3) $A_{EAD} = \frac{1}{2} f \cdot e$

(4) $A_{EBCD} = \frac{e+b}{2} \cdot (a + f)$

(5) $A = A_{EBCD} - A_{EAD}$

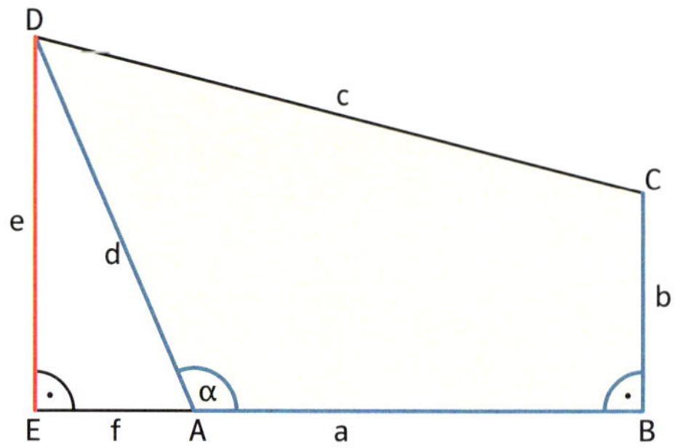

Um Strecken und Winkel in Körpern zu berechnen, muss man oft schräg liegende Dreiecke betrachten. Ihre Form kann von der wirklichen Form abweichen. Um sich ein genaues Bild zu machen, ist es sinnvoll, sie als **Stützdreiecke** separat zu zeichnen.

Im abgebildeten Quader ist △ADH rechtwinklig. Auch △ABH ist rechtwinklig, denn alle Strecken auf der linken Seitenfläche des Quaders stehen auf $\overline{AB}$ senkrecht.
Man kann daher den Winkel β in Abhängigkeit der Seitenlängen ausdrücken:

$$d = \sqrt{a^2 + \overline{AH}^2}$$
$$= \sqrt{a^2 + b^2 + c^2}$$
$$\cos\beta = \frac{a}{d}$$

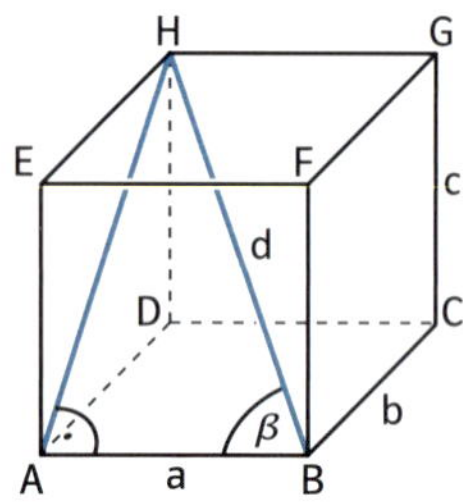

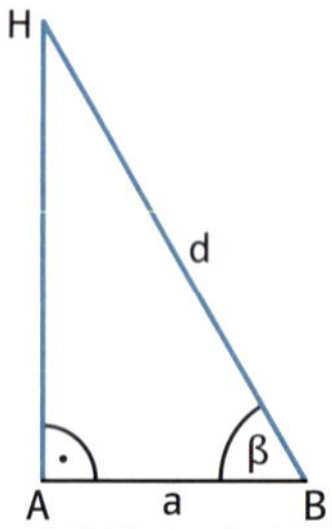

△ABH, in die Zeichenebene geklappt

Sind Strecken und Winkel in Körpern zu berechnen, sucht man geeignete rechtwinklige Dreiecke. In diesen **Stützdreiecken** wird dann gerechnet. Es ist oft günstig, sie einzeln herauszuzeichnen.

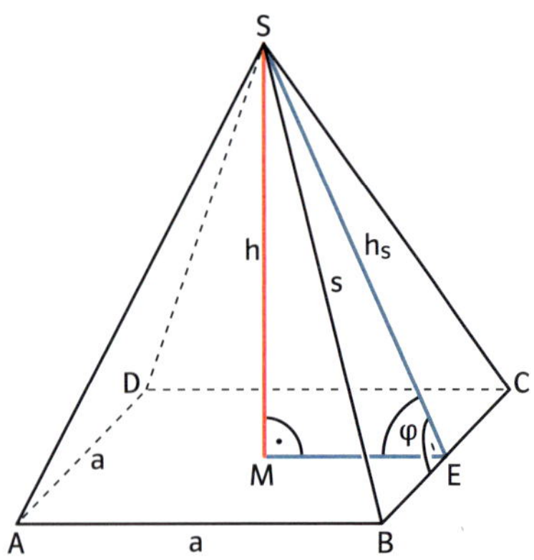

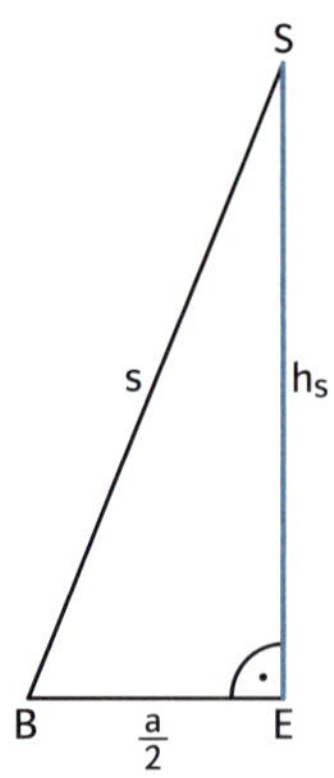

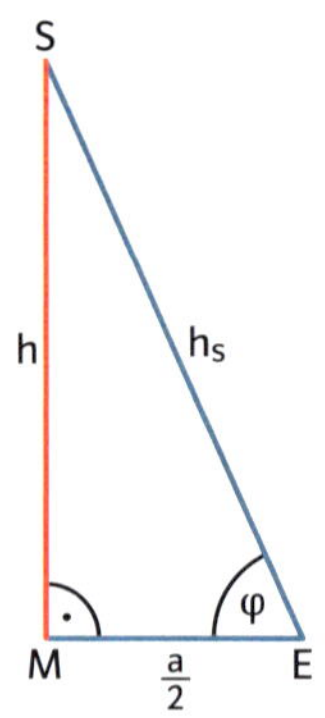

Grundkante $a = 10\,cm$
Seitenkante $s = 12\,cm$

Beispiel

c) Der Winkel φ zwischen der Grundfläche und einem Manteldreieck BCS der quadratischen Pyramide wird berechnet.
Aus dem Stützdreieck BES ergibt sich die Seitenflächenhöhe h_S:

$$h_S = \sqrt{s^2 - \left(\frac{a}{2}\right)^2} \approx 10{,}91\,cm$$

Aus dem Stützdreieck MES ergibt sich:

$$\cos\varphi = \frac{\frac{a}{2}}{h_S}$$

$\varphi \approx 62{,}7°$
Der gesuchte Winkel beträgt ca. 62,7°.

Aufgaben

1 Berechne den Flächeninhalt A des Vierecks ABCD.

a) a = 7,2 cm
b = 3,6 cm
d = 5,7 cm
α = 68,2°
β = 90°

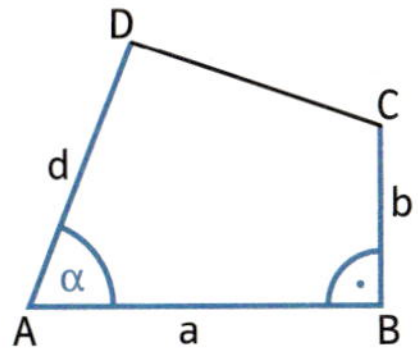

b) a = 6 cm
b = 4,7 cm
d = 7,5 cm
α = 90°
β = 108,4°

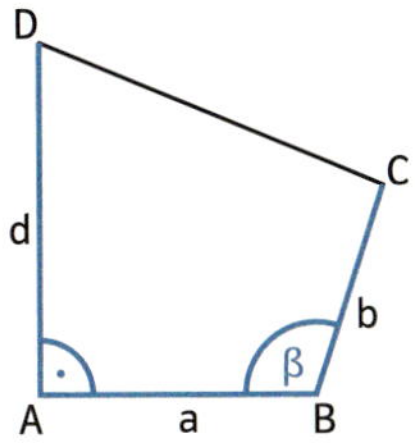

2 Berechne den Umfang u und den Flächeninhalt A des Trapezes ABCD. Die Seiten a und c sind parallel.

a)	b)
a = 9,5 cm	a = 8,7 cm
c = 6,5 cm	b = 4 cm
d = 7,8 cm	α = 55,6°
α = 70°	β = 76,2°

3 Berechne die fehlenden Seiten des Vierecks. Tipp: Ergänzen!

a)

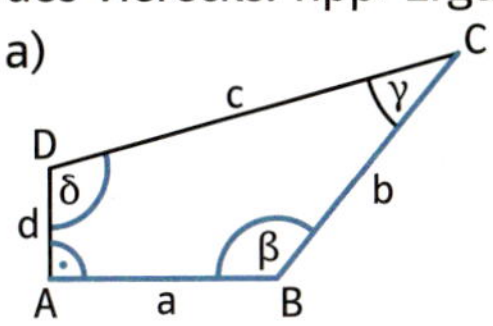

a = 5,6 cm
b = 7 cm
β = 130°
δ = 105°

b)

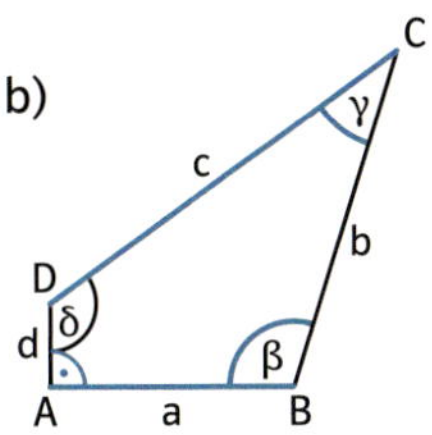

a = 6 cm
c = 10,5 cm
β = 108°
γ = 37°

4 Welchen Flächeninhalt hat das Fünfeck?

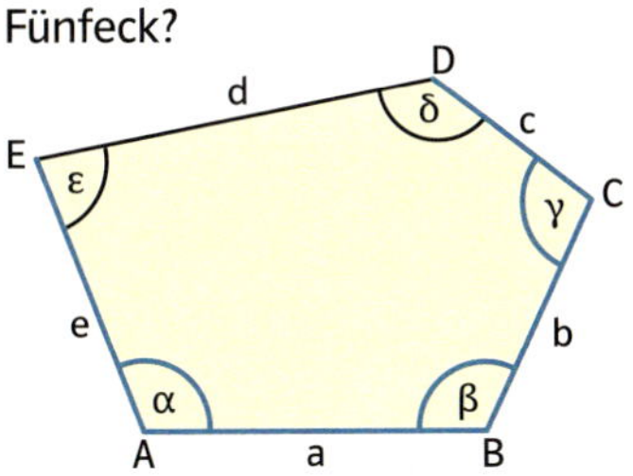

a = 7,2 cm
b = 5,2 cm
c = 4,1 cm
e = 6 cm
α = 112°
β = 115°
γ = 102°

5 Aus einer Ackerfläche wurde ein Erholungswald.

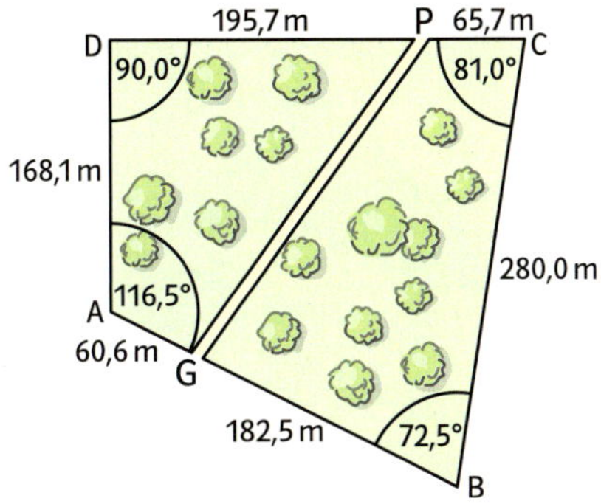

a) Welchen Flächeninhalt hat das Waldstück?
b) Wie lang ist der Weg vom Parkplatz P bis zum Grillplatz G?

6 Ein Baugrundstück wird geteilt.

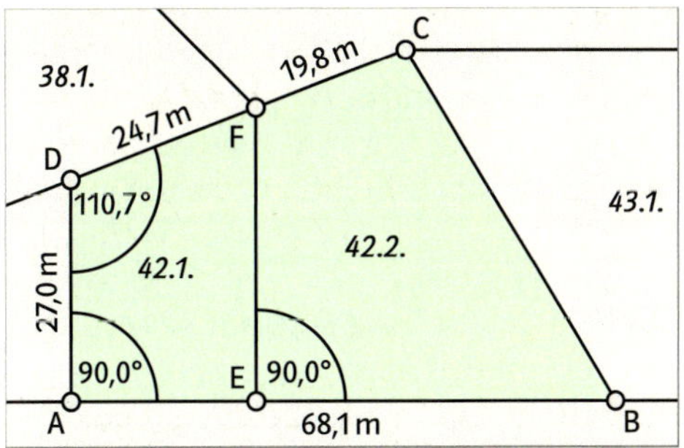

a) Wie lang ist die neue Grenze $\overline{EF}$?
b) Welchen Flächeninhalt haben die zwei Teile?

7 Berechne den Flächeninhalt des Eckgrundstücks. Benutze unterschiedliche Zerlegungen. Vergleiche die Ergebnisse.

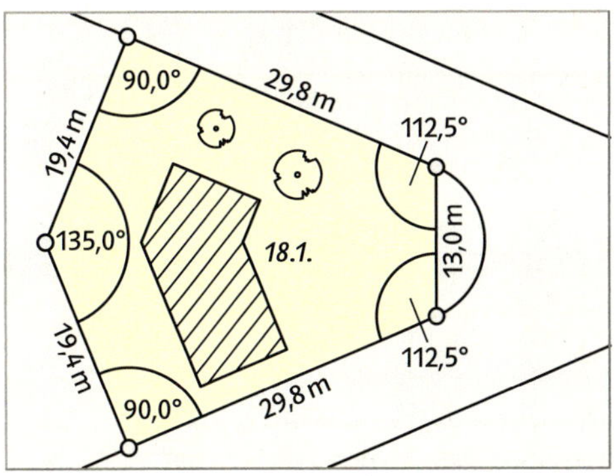

8 Berechne die Größe der Giebelfläche und der Dachfläche des Hauses.

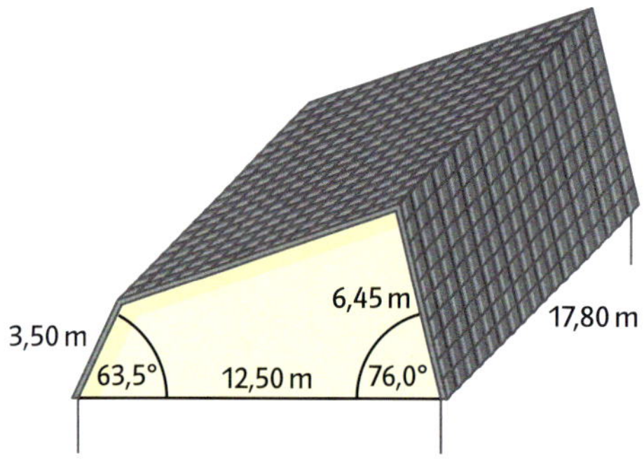

9 a) Wie lang ist der Steg?
b) Wie viel Prozent Steigung hat der Steg?

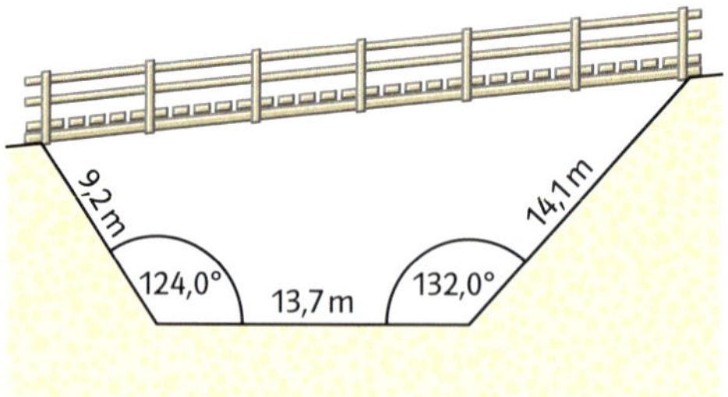

10 Eine Bahnstrecke liegt auf 320 m Länge in einem Einschnitt mit trapezförmigem Querschnitt. Sie wechselt dann auf einen 630 m langen Damm über.

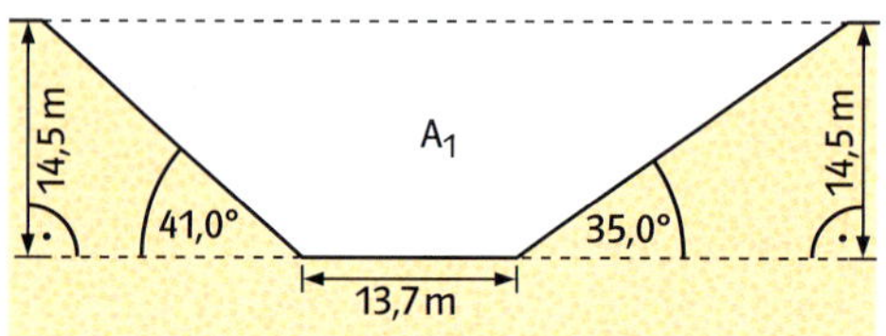

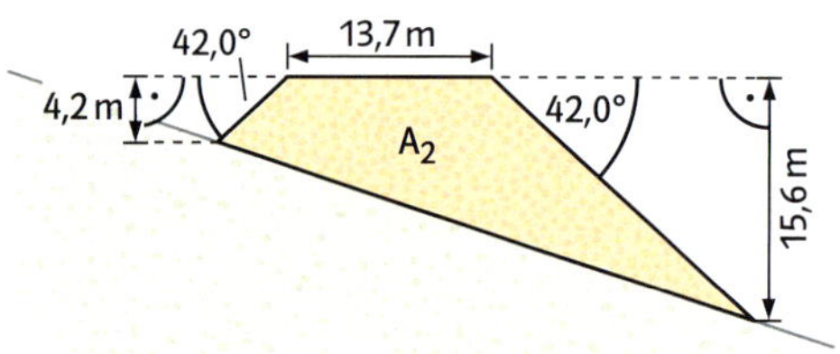

a) Berechne die Größe der Querschnittsflächen des Einschnitts und des Damms.
b) Kann der gesamte Erdaushub zum Aufschütten des Damms verwendet werden?

11 Zwischen welchen Strecken erkennst du rechte Winkel?
Die Punkte I, J und K sind Seitenmitten. Rechte Winkel zwischen zwei Quaderkanten brauchst du nicht zu nennen.

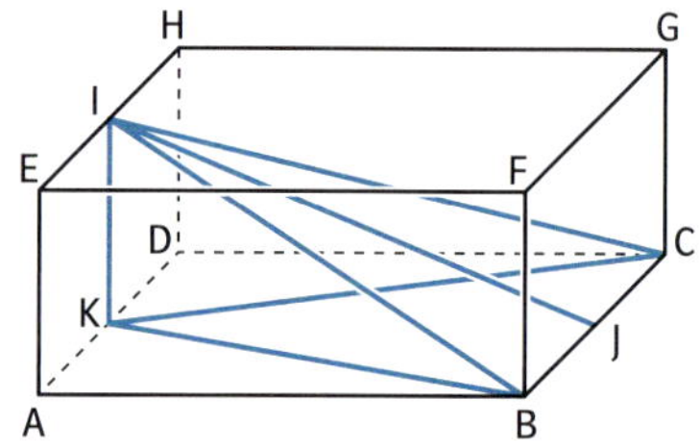

12 a) Gib die Seiten und Winkel des Dreiecks im Würfel an.
b) Der Wert von a wird geändert. Was bemerkst du?
c) Wie viele Dreiecke im Würfel gibt es, die zum eingezeichneten Dreieck kongruent sind? Zähle systematisch.

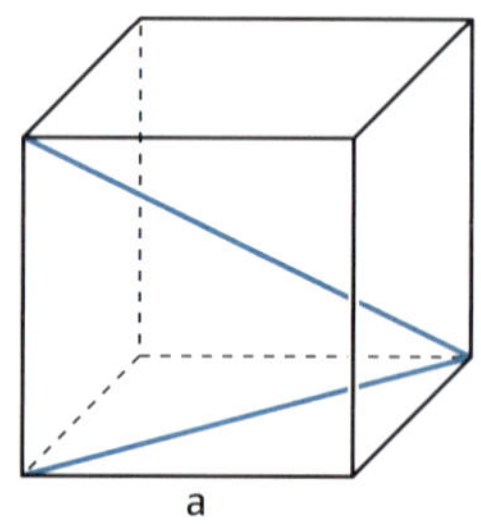

a = 6 cm

13 a) Gib die Seitenlängen und Winkel des Dreiecks im Quader an.
b) Wie viele Dreiecke im Quader gibt es, die zu dem gezeichneten Dreieck kongruent sind?
c) Zeichne den Quader und trage die Dreiecke BHE und ABH ein. Wie groß sind die Winkel dieser Dreiecke?

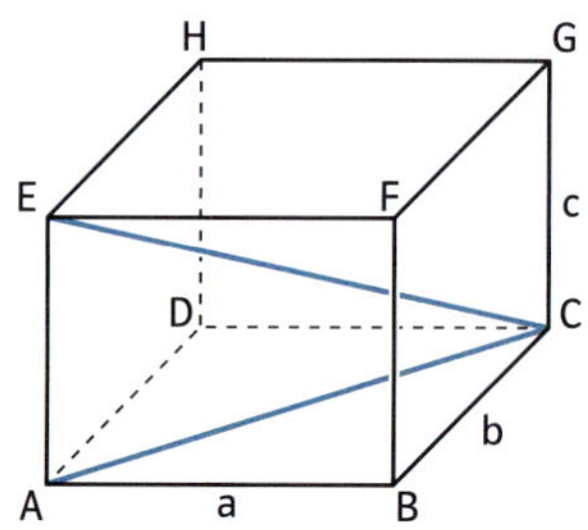

a = 8 cm b = 10 cm c = 6 cm

14 a) Berechne den Winkel φ zwischen der Grundfläche und dem Manteldreieck der quadratischen Pyramide.
b) Berechne Winkel, Seitenlängen und Flächeninhalt des Dreiecks DBS.

a = 6,5 cm
s = 6,5 cm

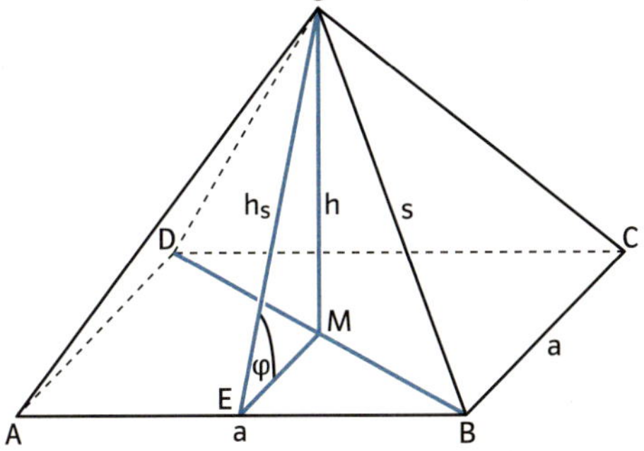

15 a) Berechne die Seitenlängen und den Winkel φ des Dreiecks BCJ im Würfel.
b) Wie lang ist die Höhe h_c des Dreiecks BCJ?

(1)

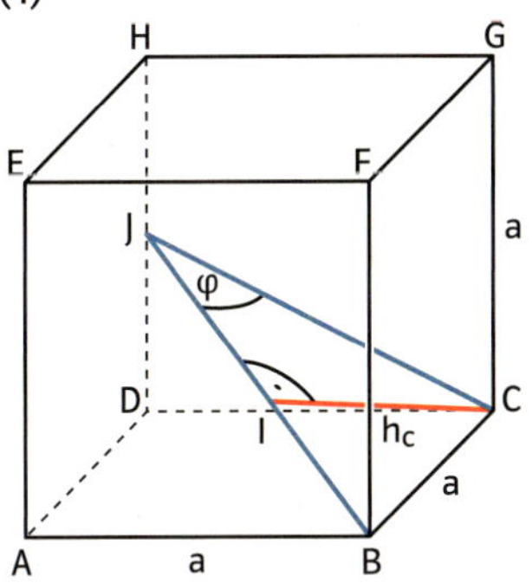

a = 10 cm
J: Mittelpunkt der Kante

(2)

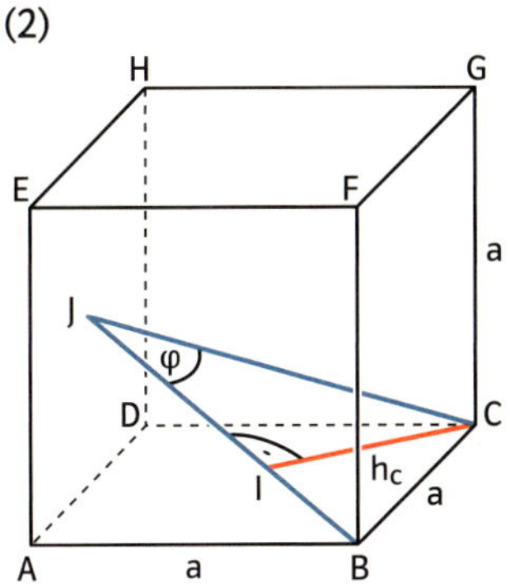

a = 10 cm
J: Mittelpunkt der Fläche

16 a) Berechne die Seitenlängen und Winkel des rot markierten Dreiecks im Quader.
b) Berechne die Höhe h.

(1)

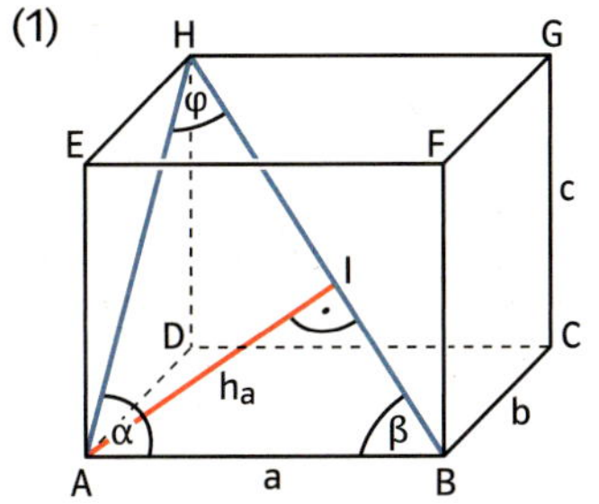

a = 9,0 cm; b = 7,6 cm; c = 7,2 cm

(2)

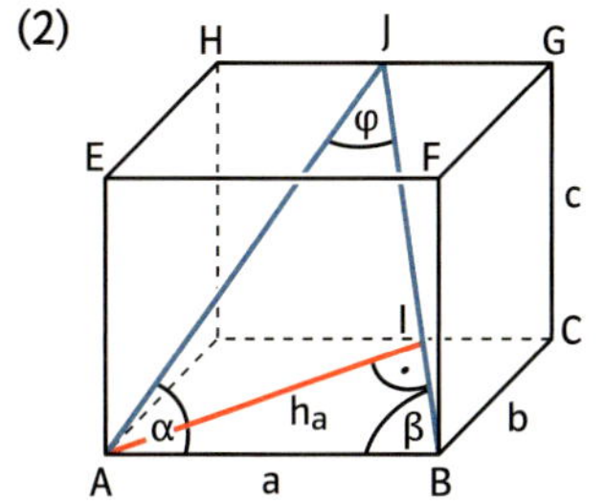

a = 8,0 cm; b = 7,6 cm; c = 6,4 cm
J: Mittelpunkt der Kante

17 Die Seitenlängen des Dreiecks ABC sind leichter zu berechnen als die Winkel.

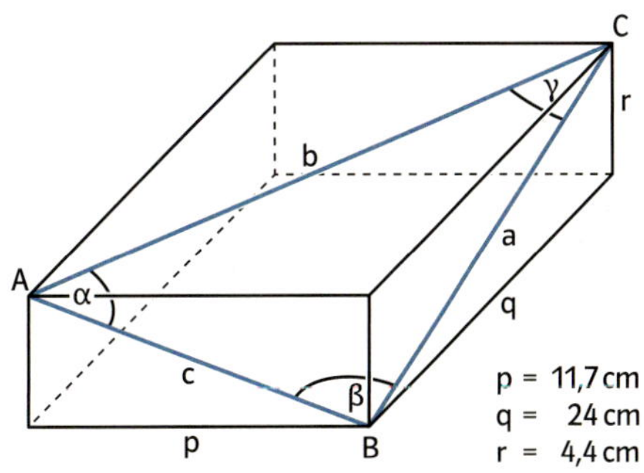

p = 11,7 cm
q = 24 cm
r = 4,4 cm

18 In einen Würfel mit Kantenlänge a ist das Viereck EICJ eingetragen. Die Punkte I und J sind Kantenmitten.

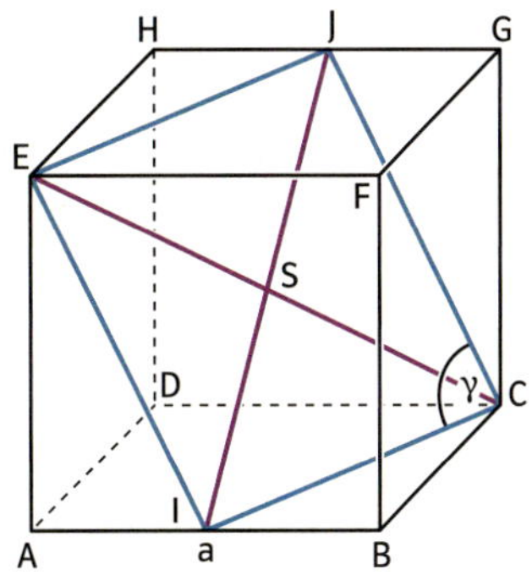

a) Maxi behauptet: Das Viereck EICJ ist eine Raute. Michi behauptet: Das Viereck EICJ ist sogar ein Quadrat.
b) Unter welchem Winkel schneiden sich die Diagonalen $\overline{EC}$ und $\overline{IJ}$?
c) Berechne den Winkel γ.
d) Drücke den Flächeninhalt des Vierecks in Abhängigkeit von a aus.

19 In einer quadratischen Pyramide lassen sich unterschiedliche Winkel finden.

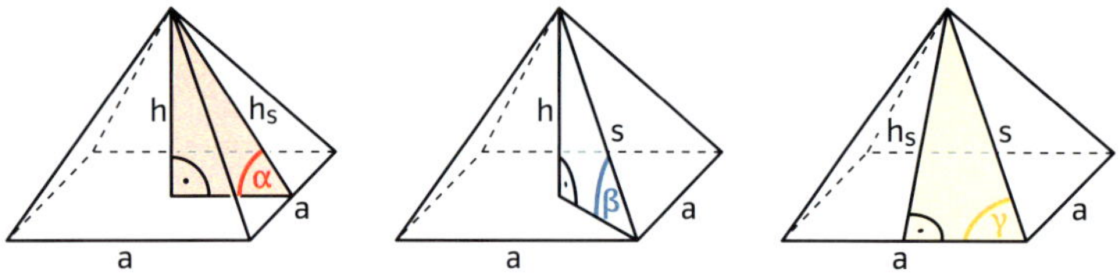

α... Winkel zwischen Seitenfläche und Grundfläche

β... Winkel zwischen Seitenkante und Grundfläche

γ... Winkel zwischen Seitenkante und Grundkante

a) Berechne die drei Winkel für $a = 6{,}0\,cm$ und $h = 8{,}0\,cm$.
b) Wie groß ist die Mantelfläche für $a = 25{,}0\,cm$ und $\alpha = 58{,}4°$?
c) Berechne die Größe der Oberfläche für $s = 27{,}5\,cm$ und $\beta = 78{,}3°$.

20 Berechne Volumen und Oberflächeninhalt der quadratischen Pyramide und den Winkel α bzw. β.

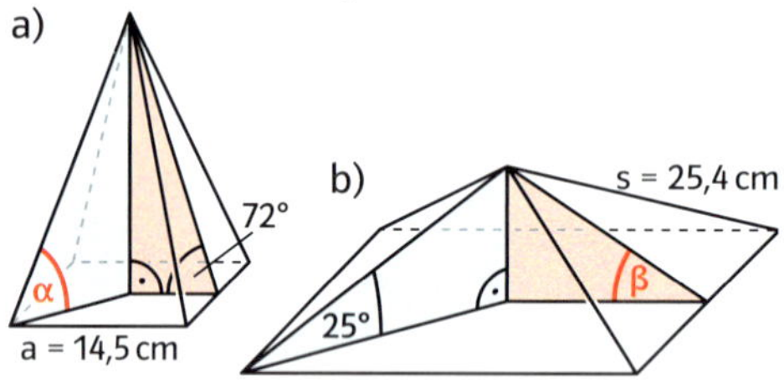

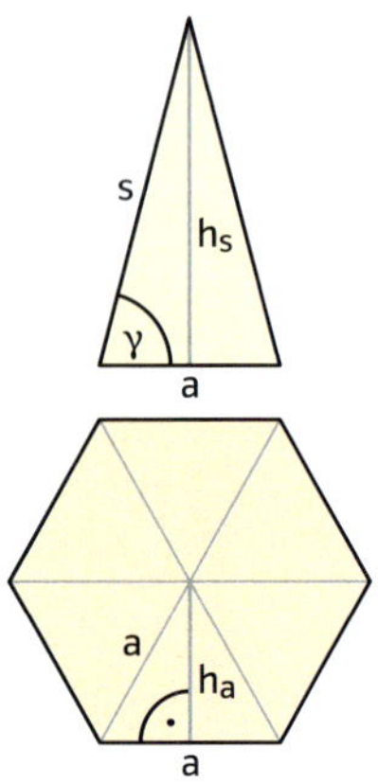

21 Berechne den Oberflächeninhalt der regelmäßigen Sechseckspyramide mit $a = 7\,m$ und $\gamma = 75°$.

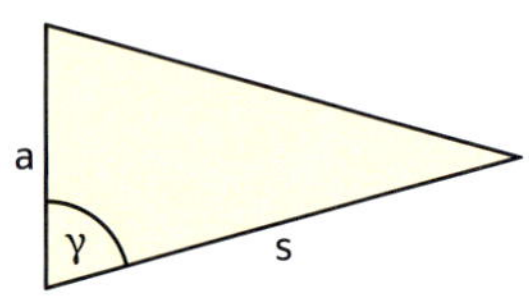

22 Die Abbildung zeigt die Diagonalschnittfläche einer regelmäßigen Achteckspyramide. Berechne ihr Volumen.

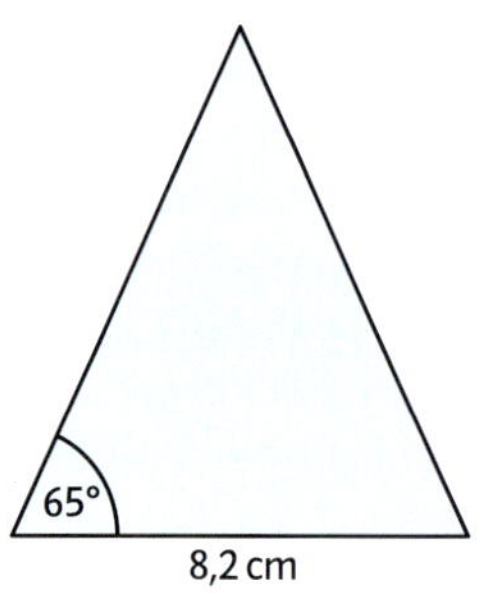

23 Berechne den Flächeninhalt der Dreiecke. (Maße in dm)

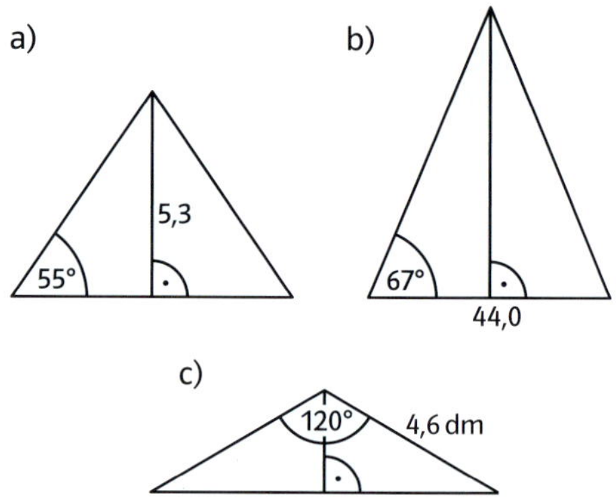

24 Das Dach eines Turms mit der Seitenlänge $a = 7\,m$ und dem Neigungswinkel von 70° soll mit Ziegeln eingedeckt werden. Wie viel Quadratmeter müssen bestellt werden, wenn man für Bruch 8 % einkalkuliert?

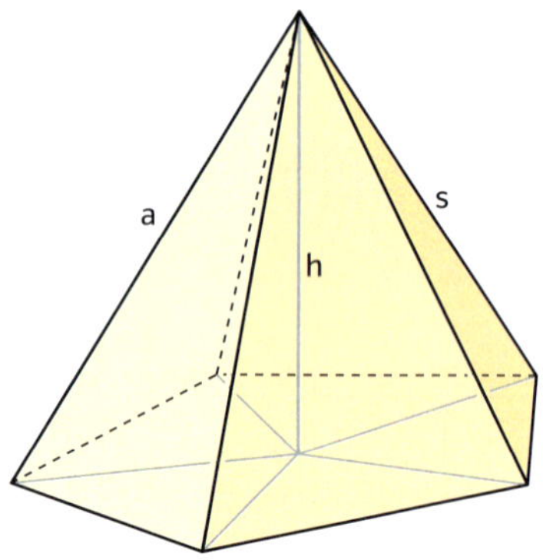

25 Berechne Volumen und Oberflächeninhalt des Kegels.
a) Die Höhe des Kegels beträgt 12 cm. Sein Achsenschnitt ist ein gleichseitiges Dreieck.
b) Der Achsenschnitt des Kegels ist ein gleichschenkliges Dreieck mit der Basis von 22 cm und den Basiswinkeln von 62°.

26 Gegeben ist der Diagonalschnitt einer quadatischen Pyramide. Berechne ihren Oberflächeninhalt und ihr Volumen in Abhängigkeit von e.

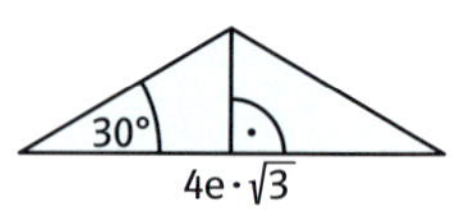

7 Sinus und Kosinus am Einheitskreis

Die Kolbenbewegung der Dampfmaschine wird über den Kreuzkopf K, die Pleuelstange P und den Drehzapfen D in die Drehbewegung des Schwungrads umgesetzt. Die Lage von D ist durch den Drehwinkel bestimmt, den die Kurbel mit der positiven x-Achse einschließt.

➔ Welche Winkel gehören zu den Lagen D_2, D_3 und D_4? Wo befindet sich K, wenn der Drehzapfen in der Lage D_4 ist?

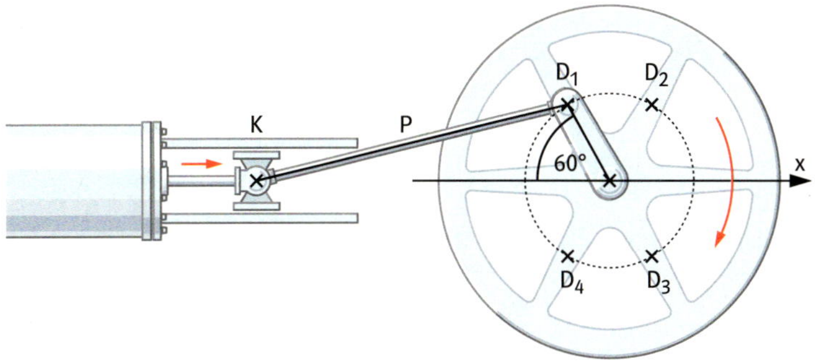

Der Kreis um den Ursprung mit dem Radius 1 heißt **Einheitskreis**. Zu jedem Punkt P auf dem Einheitskreis gehört ein Winkel ∢ AOP im Einheitskreis. Die Hypotenuse $\overline{OP}$ der Dreiecke OAP und OBP hat jeweils die Länge 1.

Es gilt $\frac{\overline{AP}}{\overline{OP}} = \sin\alpha$. Da $\overline{OP} = 1$ ist, ergibt sich $\overline{AP} = \sin\alpha$.
Es gilt ebenso $\frac{\overline{OA}}{\overline{OP}} = \cos\alpha$. Da $\overline{OP} = 1$ ist, ergibt sich $\overline{OA} = \cos\alpha$.
Der Punkt P hat also die Koordinaten $(\cos\alpha \mid \sin\alpha)$.

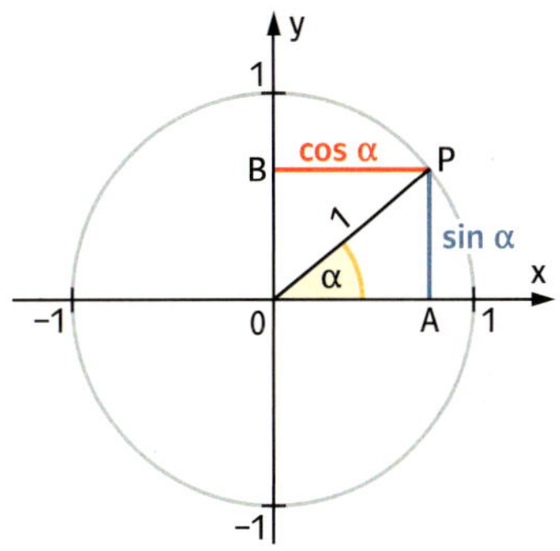

Diese Darstellung gilt zunächst nur im 1. Quadranten. Sie soll aber auch in den anderen drei Quadranten gelten. Deshalb werden Sinus und Kosinus für die Winkel 90° bis 360° als Koordinaten der Punkte auf dem Einheitskreis festgelegt.

Dafür benutzt man folgende Formeln:

2. Quadrant: $\sin\alpha_2 = \sin(180° - \alpha) = \sin\alpha$
$\cos\alpha_2 = \cos(180° - \alpha) = -\cos\alpha$
3. Quadrant: $\sin\alpha_3 = \sin(180° + \alpha) = -\sin\alpha$
$\cos\alpha_3 = \cos(180° + \alpha) = -\cos\alpha$
4. Quadrant: $\sin\alpha_4 = \sin(360° - \alpha) = -\sin\alpha$
$\cos\alpha_4 = \cos(360° - \alpha) = \cos\alpha$

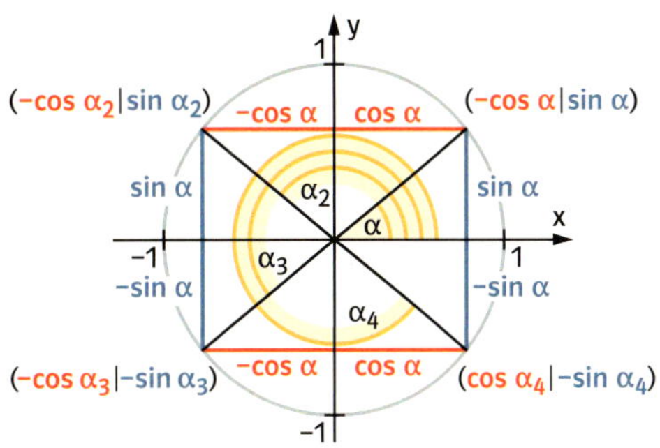

Jeder Punkt P auf dem Einheitskreis hat die Koordinaten $(\cos\alpha \mid \sin\alpha)$.
Die Werte von Sinus und Kosinus für Winkel zwischen 90° und 360° ergeben sich aus den Werten für die Winkel zwischen 0° und 90°.
Zu jedem Sinus- bzw. Kosinuswert gehören zwei Winkel auf dem Einheitskreis.

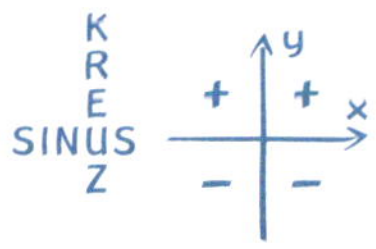

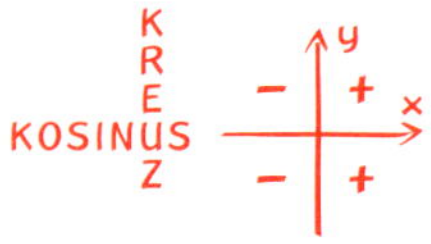

Beispiele

a) $\sin 215° = \sin(180° + 35°)$
$= -\sin 35°$
$= -0{,}573\ldots$

b) $\cos 167° = \cos(180° - 13°)$
$= -\cos 13°$
$= -0{,}974\ldots$

c) Der zweite Winkel α mit $\sin\alpha = \sin 40°$ ist $\alpha = 140°$, denn
$\sin 140° = \sin(180° - 40°)$
$= \sin 40°$

d) Der zweite Winkel α mit $\cos\alpha = \cos 25°$ ist $\alpha = 335°$, denn
$\cos 335° = \cos(360° - 25°)$
$= \cos 25°$

Aufgaben

1 Bestimme zeichnerisch am Einheitskreis (r = 1 dm) für die Winkel $\alpha = 130°$ (170°, 230°, 305°, 340°) den Sinus und Kosinus auf zwei Stellen nach dem Komma.

2 Bestimme zeichnerisch am Einheitskreis (r = 1 dm) die Winkelgrößen aus dem Bereich $0° < \alpha < 360°$, für die gilt:
a) $\sin\alpha = 0{,}27$ b) $\sin\alpha = 0{,}32$
c) $\sin\alpha = -0{,}58$ d) $\sin\alpha = -0{,}44$
e) $\cos\alpha = 0{,}95$ f) $\cos\alpha = 0{,}17$
g) $\cos\alpha = -0{,}59$ h) $\cos\alpha = -0{,}6$

3 Finde, wenn möglich, einen passenden Winkel α mit $0° \leqq \alpha \leqq 90°$.
a) $\sin\alpha = \sin 165°$ b) $\cos\alpha = \cos 300°$
c) $\sin\alpha = \sin 222°$ d) $\sin\alpha = \sin 295°$
e) $\cos\alpha = \cos 105°$ f) $\sin\alpha = \sin 91°$
g) $\cos\alpha = \cos 196°$ h) $\cos\alpha = \cos 271°$
i) $\sin\alpha = \sin 325°$ j) $\sin\alpha = \sin 359°$

4 Bestimme den zweiten Winkel α, wie in Beispiel c) und d).
a) $\sin\alpha = \sin 50°$ b) $\cos\alpha = \cos 40°$
c) $\sin\alpha = \sin 5°$ d) $\cos\alpha = \cos 82°$

5 Bestimme einen zweiten Winkel α, wie in Beispiel c) und d).
a) $\sin\alpha = -\sin 23°$ b) $\cos\alpha = -\cos 38°$
c) $\cos\alpha = -\cos 75°$ d) $\sin\alpha = -\sin 50°$

α	$\sin\alpha$	$\cos\alpha$
0°	0	1
30°	$\frac{1}{2}$	$\frac{1}{2}\sqrt{3}$
45°	$\frac{1}{2}\sqrt{2}$	$\frac{1}{2}\sqrt{2}$
60°	$\frac{1}{2}\sqrt{3}$	$\frac{1}{2}$
90°	1	0

6 Sinus und Kosinus haben besondere Werte für die Winkel 0°; 30°; 45°; 60°; 90°. Solche Werte ergeben sich auch für die um 90°; 180° und 270° vergrößerten Winkel. Lege eine Tabelle der besonderen Werte von 0° bis 360° an.

7 Gib den Quadranten und jeweils zwei Winkel an, für die gilt:
a) $\sin\alpha > 0$ und $\cos\alpha > 0$
b) $\sin\alpha > 0$ und $\cos\alpha < 0$
c) $\sin\alpha < 0$ und $\cos\alpha > 0$

8 a) Berechne
$\sin 50° + \sin 140° + \sin 230° + \sin 320°$
b) Begründe das Ergebnis von a), ohne den Taschenrechner zu benutzen.
c) Gib α_2, α_3 und α_4 so an, dass
$\sin 37° + \sin\alpha_2 + \sin\alpha_3 + \sin\alpha_4 = 0$ ist.

9 a) Welche der folgenden Formeln gelten für alle Winkel α von 0° bis 90°, welche sind falsch? Begründe am Einheitskreis.
1) $\sin\alpha = \cos(90° - \alpha)$
2) $\sin\alpha = \sin(90° + \alpha)$
3) $\cos\alpha = -\cos(360° - \alpha)$
4) $\sin(180° + \alpha) = \sin(180° - \alpha)$
5) $\cos\alpha = -\cos(180° + \alpha)$
6) $\sin\alpha = -\sin(270° + \alpha)$
7) $\sin\alpha = \cos(270° + \alpha)$
8) $\cos\alpha = -\sin(270° - \alpha)$
b) Für welche der falschen Formeln gibt es einen Winkel α, für den beide Seiten denselben Wert ergeben?

10 Berechne die Koordinaten der Pedale
a) in der gezeichneten Lage.
b) eine Vierteldrehung weiter.

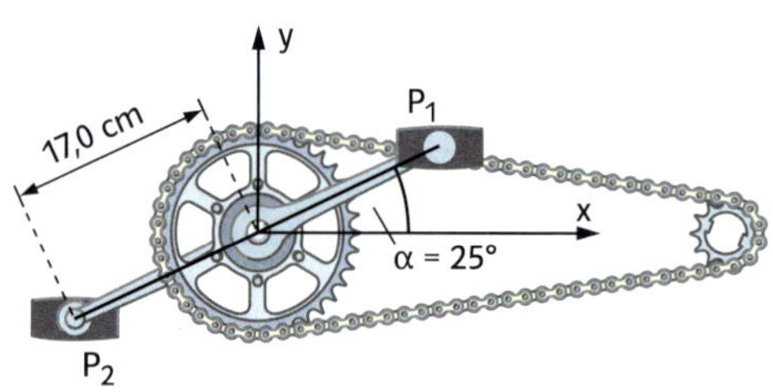

8 Sinusfunktion und Kosinusfunktion

Auf eine Folie wird eine Diagonale gezeichnet. Anschließend wird die Folie zu einem Zylinder gerollt und die entstandene Raumkurve an die Wand projiziert.
→ Beschreibe das Bild. Welcher Eindruck entsteht, wenn der Zylinder um seine Achse gedreht wird?

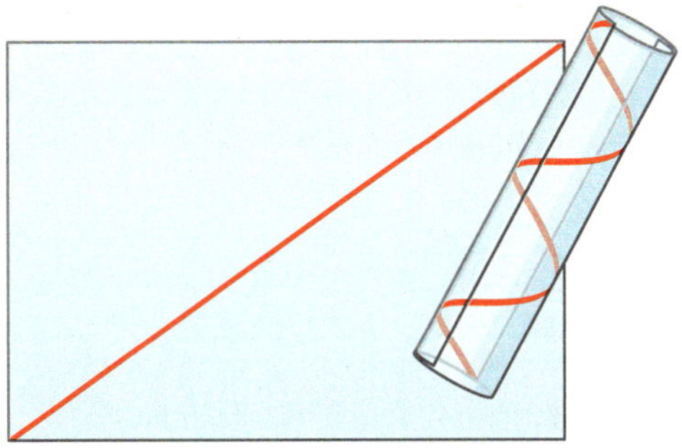

Zu jedem Wert des Winkels α von 0° bis 360° gehört ein Wert von sin α. Wird dieser Zusammenhang grafisch dargestellt, so entsteht der Graph der **Sinusfunktion**.

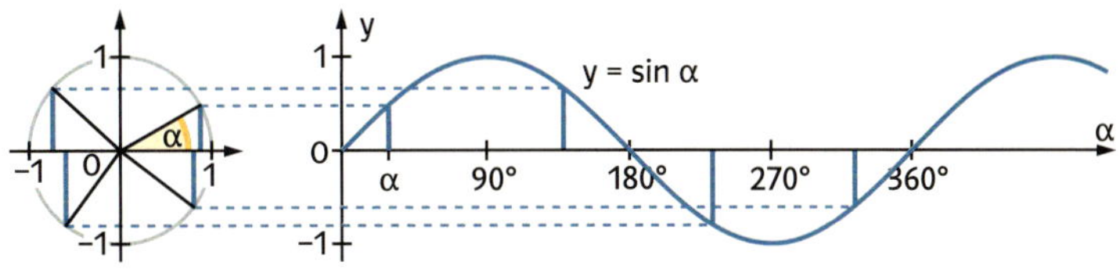

Entsprechend entsteht auch der Graph der **Kosinusfunktion**. Die am Einheitskreis waagerecht liegende Strecke mit der Länge cos α wird im Koordinatensystem als y-Wert abgetragen.

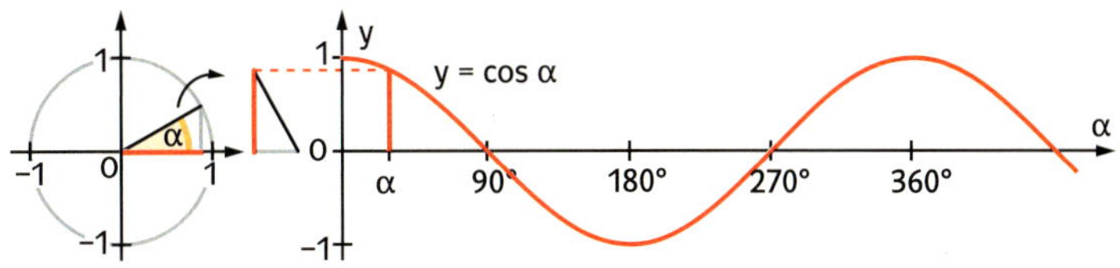

Die **Sinusfunktion** und die **Kosinusfunktion** heißen **Winkelfunktionen**. Sie sind für alle Winkel von 0° bis 360° definiert. Ihre y-Werte reichen von −1 bis +1.

Beispiele

a) Die Graphen der Sinus- und der Kosinusfunktion werden mit der Einheit 2 cm auf der y-Achse gezeichnet.
Das Intervall [0°; 360°] erhält damit die Länge 12 cm.
Eine gute Zeichnung entsteht schon mithilfe der besonderen Werte von Sinus und Kosinus 0°; 30°; 45°; 60°; 90°; usw.
Dabei werden die Näherungen $\frac{1}{2}\sqrt{2} \approx 0{,}71$ und $\frac{1}{2}\sqrt{3} \approx 0{,}87$ benutzt.

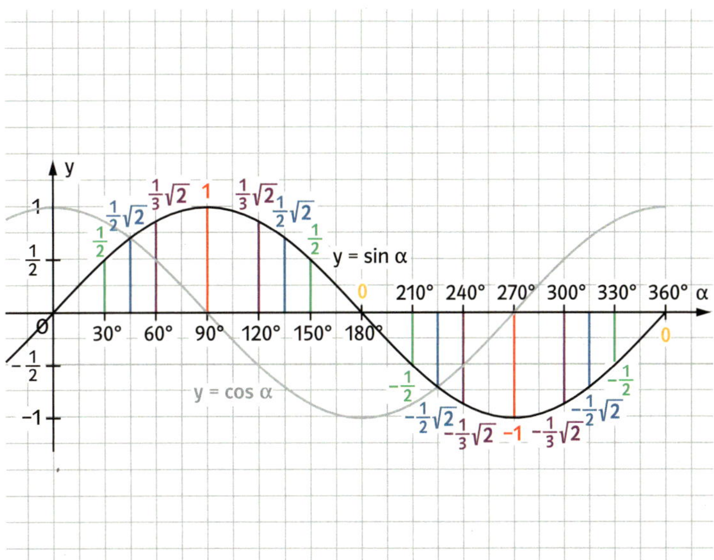

Am Graphen ist zu erkennen, dass im Intervall [0°; 360°] zu jedem Sinuswert genau zwei Winkel α gehören.
Die entsprechende Gleichung sin α = b hat also zwei Lösungen.
Dasselbe gilt für die Kosinusfunktion.
Ausnahme: sin α = 0 und cos α = 1.

Die Gleichung $\sin\alpha = 0$ hat als Ausnahmefall die drei Lösungen 0°; 180°; 360°.

b) $\sin\alpha = 0{,}8$
Der Taschenrechner liefert die erste Lösung $\alpha_1 \approx 53{,}1°$.
Aus $\sin(180° - \alpha) = \sin\alpha$ ergibt sich die zweite Lösung $\alpha_2 = 180° - \alpha_1 \approx 126{,}9°$

c) $\cos\alpha = 0{,}8$
Der Taschenrechner liefert die erste Lösung $\alpha_1 \approx 36{,}9°$.
Aus $\cos(360° - \alpha) = \cos\alpha$ ergibt sich die zweite Lösung $\alpha_2 = 360° - \alpha_1 \approx 323{,}1°$

Aufgaben

Für Zeichnungen wählt man am besten die Einheiten auf den Koordinatenachsen so, dass das Intervall [0°; 60°] auf der α-Achse ebenso lang ist wie die Einheit auf der y-Achse.

1 Zeichne die Sinuskurve und die Kosinuskurve mit der Einheit
a) 1 cm. b) 3 cm.

2 Zeichne das Kurvenstück mit der angegebenen Einheit. Berechne dazu die y-Werte in Schritten von 15°.
a) $y = \sin\alpha$; $0° \leqq \alpha \leqq 90°$; Einheit 5 cm
b) $y = \sin\alpha$; $60° \leqq \alpha \leqq 120°$; Einheit 10 cm

3 Gib den zweiten Winkel α_2 an.
a) $\sin\alpha_2 = \sin 50°$ b) $\sin\alpha_2 = \sin 77°$
c) $\sin\alpha_2 = \sin 150°$ d) $\sin\alpha_2 = \sin 200°$
e) $\sin\alpha_2 = \sin 300°$ f) $\sin\alpha_2 = \sin 275°$

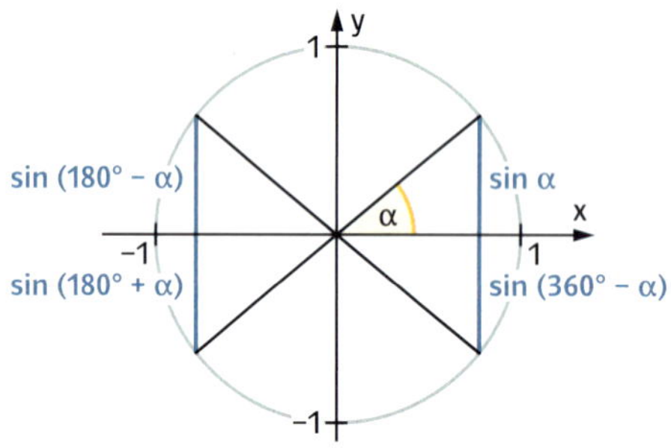

4 Gib den zweiten Winkel α_2 an.
a) $\cos\alpha_2 = \cos 35°$ b) $\cos\alpha_2 = \cos 62°$
c) $\cos\alpha_2 = \cos 140°$ d) $\cos\alpha_2 = \cos 179°$
e) $\cos\alpha_2 = \cos 300°$ f) $\cos\alpha_2 = \cos 350°$
g) $\cos\alpha_2 = \cos 111°$ h) $\cos\alpha_2 = \cos 1°$

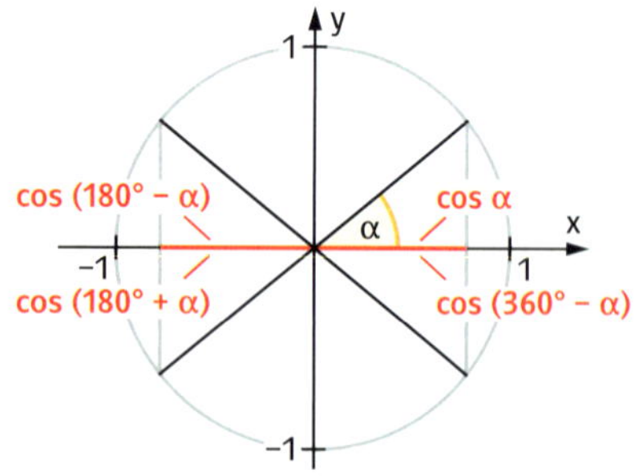

5 Löse mithilfe des Taschenrechners; gib auch die zweite Lösung an.
a) $\sin\alpha = 0{,}2$ b) $\cos\alpha = 0{,}3$
c) $\sin\alpha = 0{,}9$ d) $\cos\alpha = 0{,}7$
e) $\cos\alpha = -0{,}8$ f) $\cos\alpha = -0{,}25$
g) $\sin\alpha = -0{,}1$ h) $\sin\alpha = -0{,}8$

DGS und Sinusfunktion

Untersuche mit einer DGS, wie sich die Koordinaten des Puntkes P auf dem Einheitskreis mit dem Winkel ändern. Wie verhält sich der Graph der Funktion an dieser Stelle?

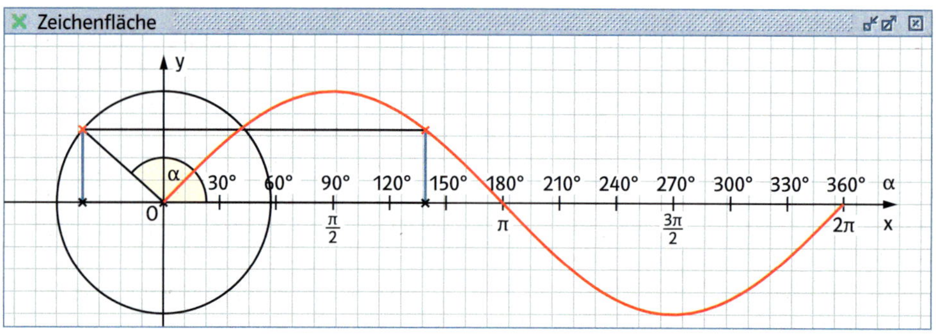

Die Tangensfunktion

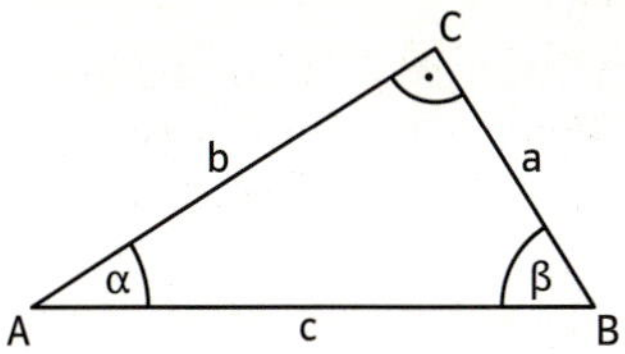

Aus $\sin\alpha = \frac{a}{c}$ folgt $a = \sin\alpha \cdot c$.
Aus $\cos\alpha = \frac{b}{c}$ folgt $b = \cos\alpha \cdot c$, daher
$\tan\alpha = \frac{a}{b} = \frac{\sin\alpha \cdot c}{\cos\alpha \cdot c} = \frac{\sin\alpha}{\cos\alpha}$

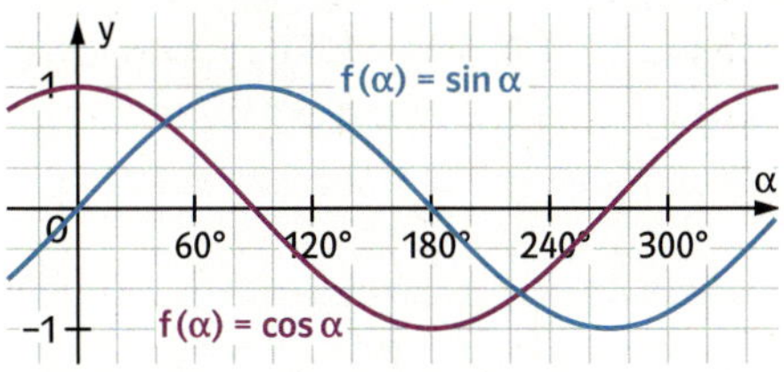

Für die Tangensfunktion $f(\alpha) = \tan\alpha$ erhält man dann folgende Grafik.

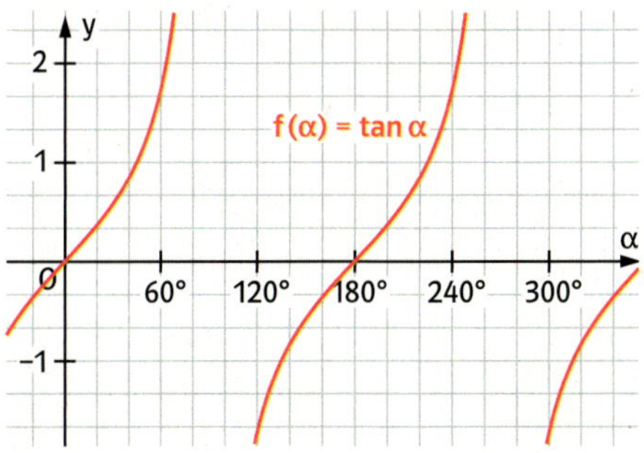

Tippt man tan 90° in den Taschenrechner, erhält man als Anzeige *Error*. Die Funktion ist an dieser Stelle **nicht definiert**.
Man bezeichnet solch eine einpunktige Stelle als **Polstelle** oder **Pol**. Die Funktionswerte werden in der Umgebung des Pols betragsmäßig beliebig groß.

- Zeichne die Tangensfunktion im Bereich $-90° < \alpha < 270°$. Wähle dazu die Einheit 2 cm auf der y-Achse. Gib auch den Definitions- und Wertebereich an.
- Warum erhält man an den Polstellen keinen Funktionswert? Begründe.
- Begründe mathematisch, warum der Betrag der Funktionswerte in der Umgebung der Polstelle unendlich groß wird.

6 Je zwei der angegebenen Winkel ergeben denselben Wert der Sinusfunktion. Nenne die zusammengehörigen Winkel. (Wer viel Zeit hat, benutzt hier den Taschenrechner.)

50° 160° 250° 100° 20° 310° 190°
200° 230° 130° 340° 80° 350° 290°

7 Je zwei der angegebenen Winkel ergeben denselben Wert der Kosinusfunktion. Nenne die zusammengehörigen Winkel. Was fällt auf?

220° 200° 60° 250° 10° 140° 160°
350° 190° 300° 210° 110° 150° 170°

8 Bestimme den Winkel α. Runde auf eine Stelle nach dem Komma.

a)

$\sin\alpha$	α_1	α_2
−0,1		
−0,86		
−0,66		
−0,19		
−0,95		

b)

$\cos\alpha$	α_1	α_2
−0,33		
−0,88		
−0,45		
−0,72		
−0,06		

9 Beantworte die Fragen anhand einer Zeichnung. Für welche Winkel haben die Sinusfunktion und die Kosinusfunktion
a) denselben Wert?
b) einen entgegengesetzt gleichen Wert?
c) In welchen Bereichen sind die Werte der Sinusfunktion größer als die der Kosinusfunktion?
d) Wo sind die Werte der Sinusfunktion kleiner als die der Kosinusfunktion?

9 Eigenschaften der Winkelfunktionen

Das London Eye ist mit 135,36 m Höhe das höchste Riesenrad Europas. Es hat 32 fast vollständig aus Glas geformte Kapseln und dreht sich mit einer Geschwindigkeit von 0,936 km/h. Für eine komplette Umdrehung benötigt das London Eye 30 Minuten.
→ Welcher Drehwinkel gehört zu folgenden Zeiten: 7,5 min; 15 min; 20 min; 45 min; 1,5 h?

Zur Beschreibung von Drehungen sind oft Winkel nötig, die über 360° hinausgehen. Drehbewegungen im negativen Drehsinn gibt man durch negative Winkel an.
Nach Drehungen um +360° bzw. −360° wiederholen sich die Koordinaten des auf dem Einheitskreis umlaufenden Punktes P $(\cos\alpha \mid \sin\alpha)$.
Entsprechend werden die Sinus- und die Kosinuskurve durch Verschiebung um Vielfache von 360° nach links und rechts beliebig weit fortgesetzt. Dabei entstehen **periodische Kurven**. Für alle Winkel α und alle natürlichen Zahlen n gilt dann:
$\sin(\alpha \pm n \cdot 360°) = \sin\alpha \quad \cos(\alpha \pm n \cdot 360°) = \cos\alpha$

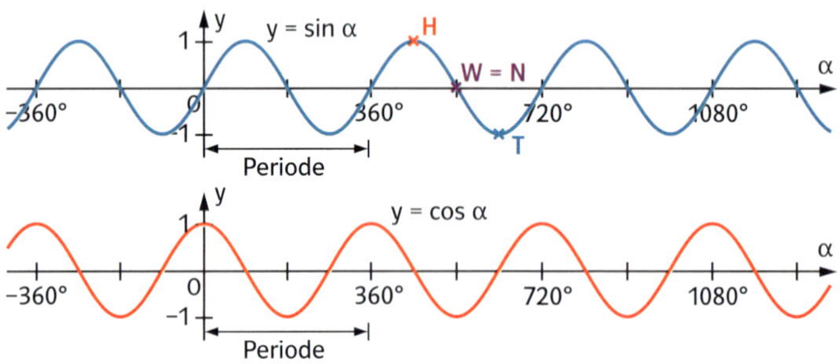

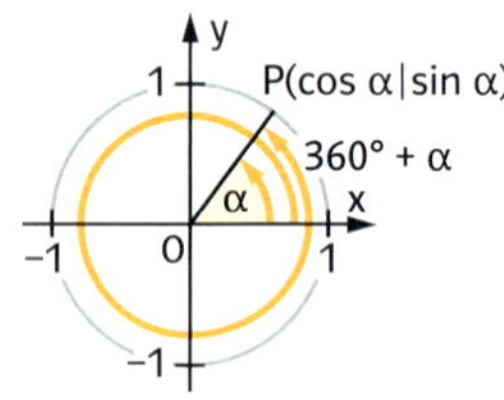

Die **Nullstellen** und die **Extremwerte** der Funktionen kehren periodisch wieder.

Sinusfunktion:
Nullstellen: $x = n \cdot 180°;\ n \in \mathbb{Z}$
Hochpunkte: $x = 90° + n \cdot 360°;\ n \in \mathbb{Z}$
Tiefpunkte: $x = -90° + n \cdot 360°;\ n \in \mathbb{Z}$
Wendepunkte: $x = n \cdot 180°;\ n \in \mathbb{Z}$
(also die Nullstellen)
Symmetrieeigenschaften:
Punktsymmetrisch zum Ursprung

Kosinusfunktion:
Nullstellen: $x = 90° + n \cdot 180;\ n \in \mathbb{Z}$
Hochpunkte: $x = n \cdot 360°;\ n \in \mathbb{Z}$
Tiefpunkte: $x = 180° + n \cdot 360°;\ n \in \mathbb{Z}$
Wendepunkte: $x = 90° + n \cdot 180°;\ n \in \mathbb{Z}$
(also die Nullstellen)
Symmetrieeigenschaften:
Achsensymmetrisch zur y-Achse

Die Sinusfunktion und die Kosinusfunktion sind auch für Winkel über 360° und negative Winkel definiert. Ihre Werte wiederholen sich jeweils nach 360°. Sie heißen daher **periodische Funktionen. Die Periode beträgt 360°.**

Beispiele

a) $\cos 420° = \cos(60° + 360°) = \cos 60° = 0{,}5$

b) $\sin(-60°) = \sin(-60° + 360°) = \sin 300° \approx -0{,}87$

Aufgaben

1 Zeichne die Sinus- und Kosinuskurve von −180° bis 540° mit der Einheit 1 cm.

2 Gib zwei Winkel im Intervall [0°; 360°] an, für die die Sinusfunktion (Kosinusfunktion) denselben Wert hat wie
a) sin 450° b) cos 500° c) sin (−321°)

3 Löse in dem angegebenen Intervall.
a) $\sin\alpha = 0{,}669$; [360°; 720°]
b) $\cos\alpha = 0{,}208$; [360°; 720°]
c) $\sin\alpha = -0{,}966$; [−360; 0°]

4 Welche Kurve entsteht, wenn
a) die Sinuskurve um 90° nach rechts
b) die Kosinuskurve um 90° nach links
verschoben wird?

5 Löse mithilfe des Taschenrechners; gib auch einen negativen Winkel als Lösung an.
a) $\cos\alpha = 0{,}2$ b) $\sin\alpha = 0{,}3$
c) $\cos\alpha = 0{,}9$ d) $\sin\alpha = 0{,}7$
e) $\cos\alpha = -0{,}8$ f) $\cos\alpha = -0{,}25$

6 Ermittle aus dem Graphen die Intervalle für α, in denen
a) die Sinuskurve fällt.
b) die Kosinuskurve steigt.
c) die Sinus- und die Kosinuskurve steigen.
d) die Sinuskurve fällt und die Kosinuskurve steigt.

7 Gib ein Intervall an, in dem die Sinuskurve unterhalb der α-Achse liegt und steigt und zugleich die Kosinuskurve oberhalb der Sinuskurve liegt.

8 Ermittle aus dem Graphen die Intervalle, in denen die
a) Sinusfunktion positiv ist und steigt.
b) Sinusfunktion negativ ist und steigt.
c) Kosinusfunktion positiv ist und fällt.
d) Kosinusfunktion negativ ist und steigt.

9 Zeichne den Graphen der Funktion $f(\alpha) = \tan(\alpha)$ im Intervall $-90° \leqq \alpha \leqq 360°$. Verwende die Einheit 4 cm auf der y-Achse. Gib alle Eigenschaften des Graphen an.

10 Die Grafik zeigt eine verschobene Sinusfunktion.

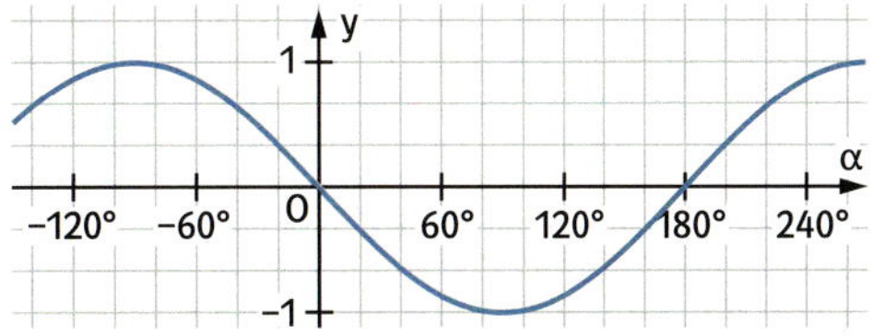

a) Gib mindestens fünf Hoch-, Tief-, Wendepunkte und Nullstellen des Graphen an.
b) Welche Symmetrieeigenschaft besitzt der Graph?
c) Finde die Funktionsgleichung, die durch die Abbildung dargestellt wird.

11 Die Grafik zeigt eine verschobene Kosinusfunktion.

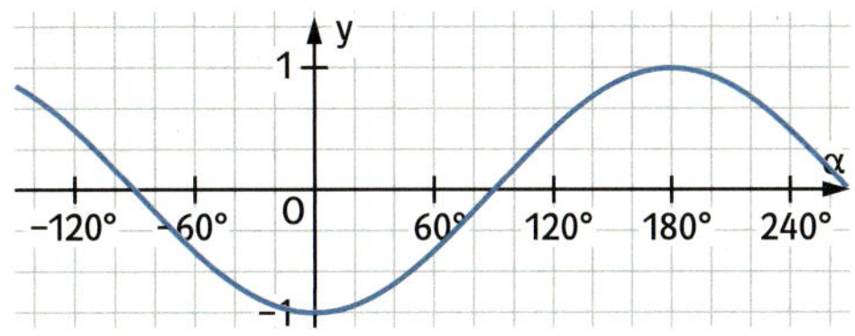

a) Welche Symmetrieeigenschaft besitzt der Graph?
b) Finde die Funktionsgleichung.
c) Gib die Hoch-, Tief-, Wendepunkte und Nullstellen des Graphen allgemein an.

12 Zeichne die Sinuskurve mit der Einheit 2 cm auf einen 12 cm langen und 6 cm hohen Papierstreifen. Zerschneide die Kurve in gleich hohe Rechtecke und setze aus den Kurvenstücken neue Kurven zusammen (Drehung um 180° erlaubt). Wie viele Kurven ohne Knick findest du? Wie viele, wenn Knicke erlaubt sind?

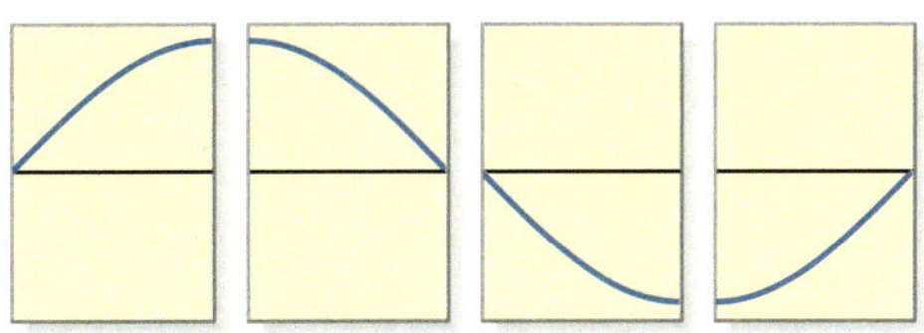

13 Zeichne folgende Graphen.
a) $y = \sin(\alpha - 60°)$ b) $y = \cos(\alpha + 30°)$
Gib zu beiden Funktionen auch die Eigenschaften an.

Die Funktion $f(x) = a \cdot \sin(bx)$

Bogenmaß
$u = 2\pi r$
für $r = 1$ gilt $u = 2\pi$

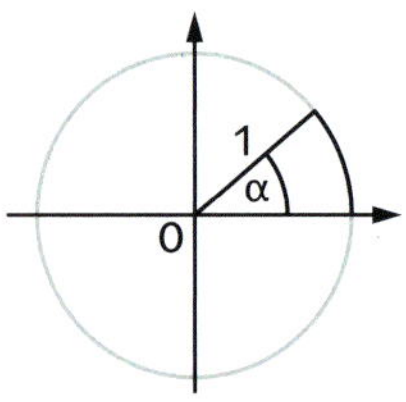

Statt dem Winkel α kann man auch die Bogenlänge als Anteil von 2π angeben.
$b = 2\pi \cdot \frac{\alpha}{360°}$

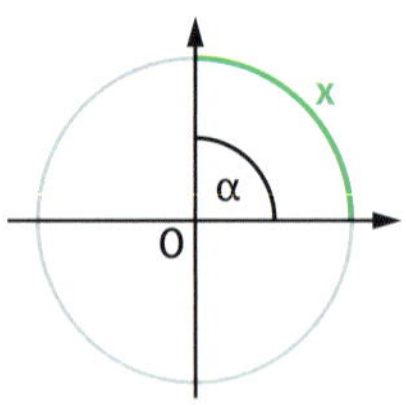

für $\alpha = 90°$ gilt
$x = 2\pi \cdot \frac{90°}{360°}$
$x = \frac{\pi}{2}$
Beim Taschenrechner muss die Anzeige auf RAD (für „Radius") umgestellt werden!

Betrachtet man die Funktion $f(x) = a \cdot \sin(bx)$, variiert man zunächst jede Variable für sich, um herauszufinden, wie sich der Graph der Funktion ändert.

Für $a = 2$ erhält man $f(x) = 2 \cdot \sin(x)$.
Für $a = 0{,}5$ erhält man $f(x) = 0{,}5 \cdot \sin(x)$.

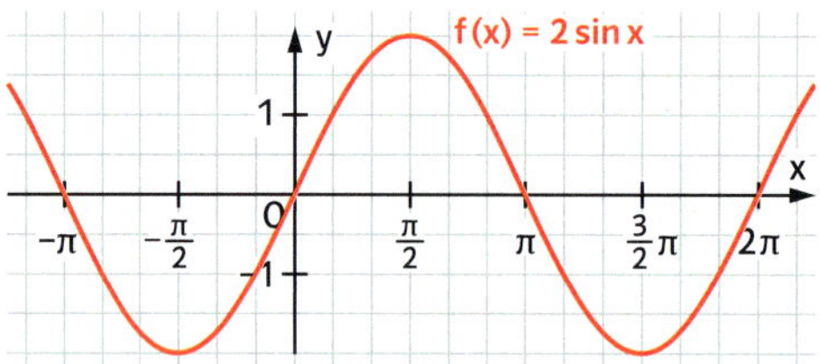

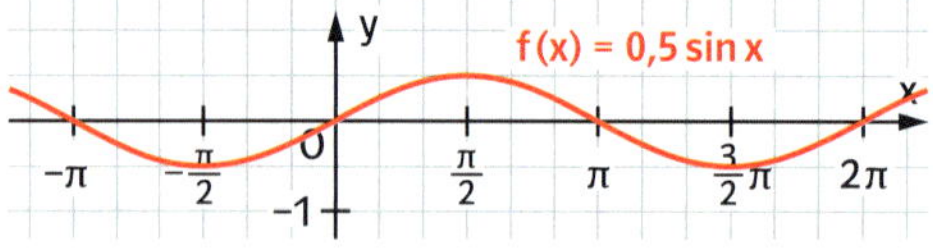

Der Faktor a ändert die **Amplitude**. Die Periode (2π) bleibt erhalten.
- Vervollständige: „Je größer a ist, desto …" und „Je kleiner a ist, desto …".
- Gib die Amplitude für $a = 1{,}5$ an.
- Gib die Funktionsgleichungen an.

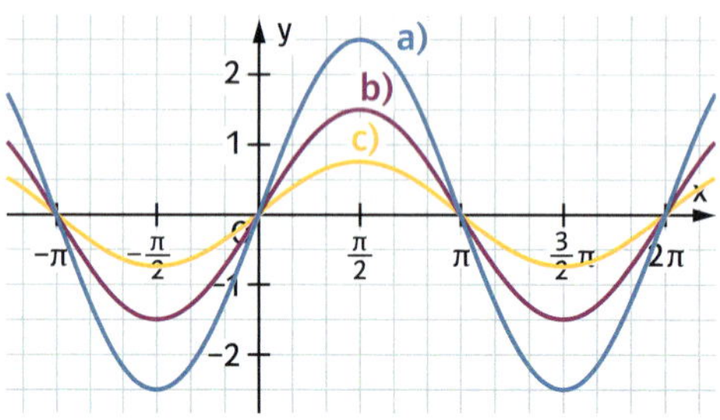

Für $b = 2$ erhält man $f(x) = \sin(2x)$.

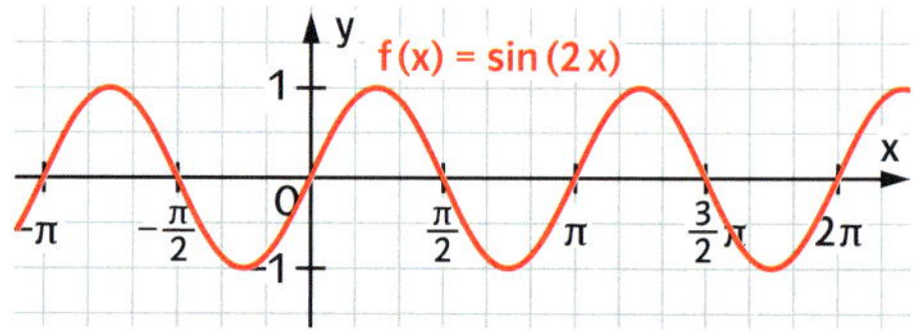

Für $b = 0{,}5$ erhält man $f(x) = \sin(0{,}5x)$.

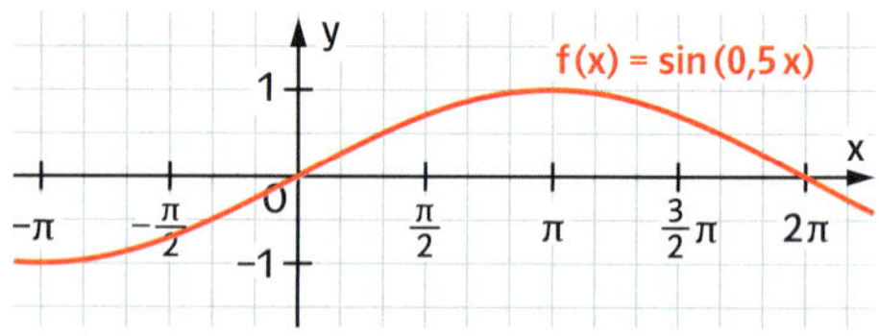

Der Faktor b ändert die **Periodenlänge**. Die Amplitude ($-1 \leqq y \leqq 1$) bleibt erhalten.
- Vervollständige die Sätze. „Je größer b ist, desto …" und entsprechend „Je kleiner b ist, desto …".
- Gib die Periodenlänge für $b = 1{,}5$ an.
- Gib die Funktionsgleichungen an.

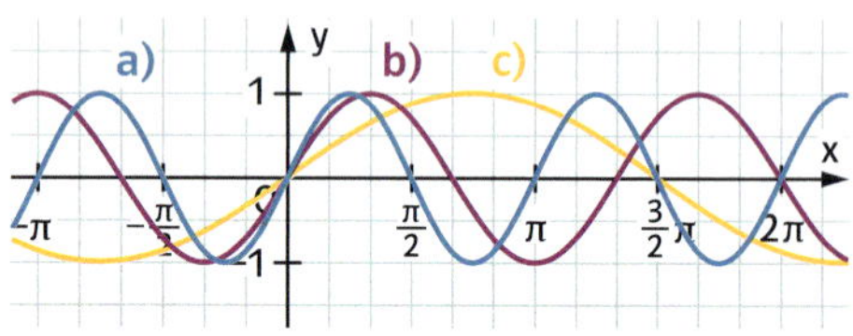

- Beschreibe den Verlauf des Graphen
a) für $a = 2$ und $b = 0{,}8$;
b) für $a = 0{,}2$ und $b = 1{,}5$ im Vergleich zum Graphen der Funktion $y = \sin(x)$.
- Gib die Funktionsgleichungen für die nebenstehenden Graphen an.
- Zeichne die Funktion $y = 3 \cdot \sin(2x)$ im Intervall $-\pi \leqq x \leqq 2\pi$. Verwende als Einheit für die y-Achse 2 cm. Gib alle Eigenschaften des Graphen an.

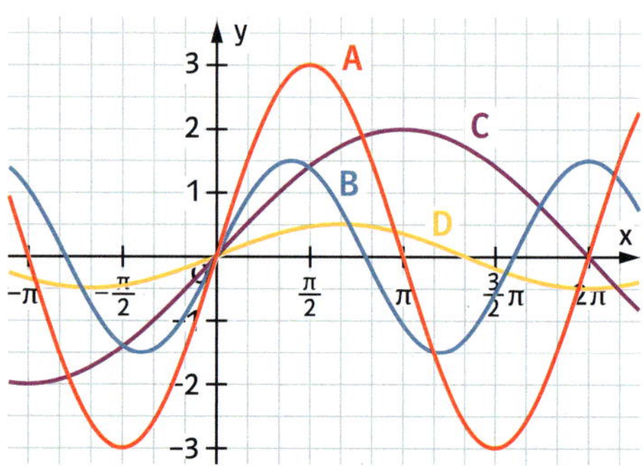

- Man kann Töne als Sinuskurven am Oszillographen darstellen. Welche Parameter müssen wie geändert werden, wenn
a) der Ton lauter werden soll? b) der Ton höher werden soll?

Zusammenfassung

Sinus, Kosinus, Tangens

Im rechtwinkligen Dreieck gilt

$\sin\alpha = \frac{\text{Gegenkathete von }\alpha}{\text{Hypotenuse}}$; also $\sin\alpha = \frac{a}{c}$

$\cos\alpha = \frac{\text{Ankathete von }\alpha}{\text{Hypotenuse}}$; also $\cos\alpha = \frac{b}{c}$

$\tan\alpha = \frac{\text{Gegenkathete von }\alpha}{\text{Ankathete von }\alpha}$; also $\tan\alpha = \frac{a}{b}$

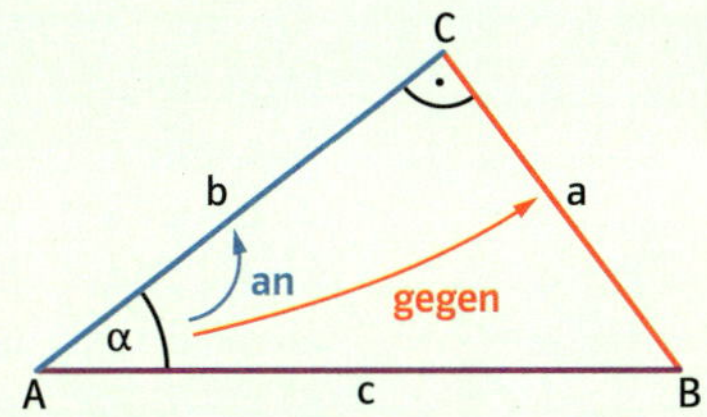

Im rechtwinkligen Dreieck lassen sich aus zwei Seiten oder aus einer Seite und einem spitzen Winkel die übrigen Seiten und Winkel berechnen.

allgemeine Dreiecke berechnen

Mithilfe von Sinus, Kosinus und Tangens lassen sich aus geeigneten Stücken die fehlenden Stücke eines allgemeinen Dreiecks berechnen. Man zerlegt dazu das Dreieck in zwei rechtwinklige Teildreiecke.

$a = 4{,}7\,\text{cm}$
$c = 6\,\text{cm}$
$\gamma = 63{,}9°$

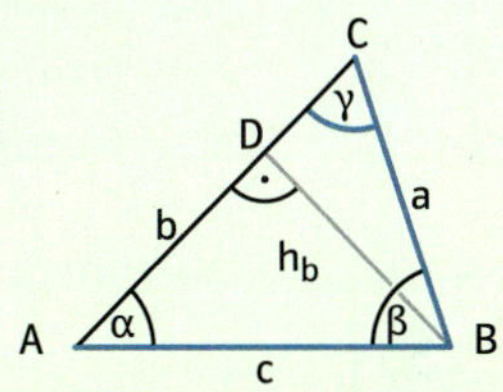

Eine andere Möglichkeit ist die Anwendung des Sinus- und Kosinussatzes.

Sinussatz: $\frac{a}{\sin\alpha} = \frac{b}{\sin\beta} = \frac{c}{\sin\gamma}$

Kosinussatz: $a^2 = b^2 + c^2 - 2cb \cdot \cos\alpha$
$b^2 = a^2 + c^2 - 2ac \cdot \cos\beta$
$c^2 = a^2 + b^2 - 2ab \cdot \cos\gamma$

Schritt	Formel	Wert
1	$h_b = a \cdot \sin\gamma$	$h_b \approx 4{,}09\,\text{cm}$
2	$\sin\alpha = \frac{h_b}{c}$	$\alpha \approx 42{,}97°$
3	$\beta = 180° - \alpha - \gamma$	…
…	…	…

Trigonometrie in Ebene und Raum

Seitenlängen, Winkel und Flächeninhalt von Vierecken und Vielecken lassen sich durch Zerlegen oder Ergänzen berechnen. Geeignete Teil- oder Ergänzungsfiguren sind rechtwinklige Dreiecke, Quadrate, Rechtecke und Trapeze.
In Körpern sucht man zur Berechnung geeignete rechtwinklige Dreiecke, so genannte **Stützdreiecke**.

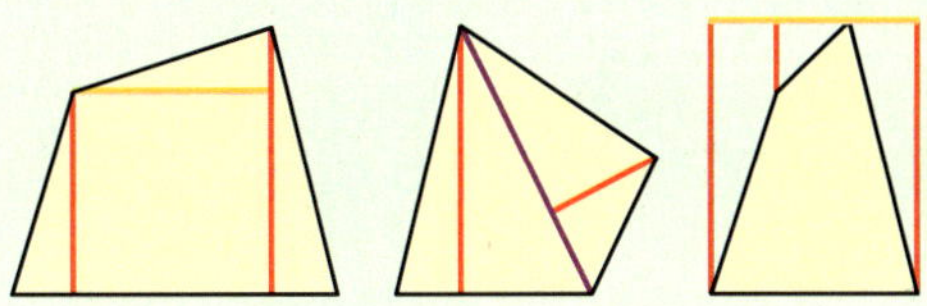

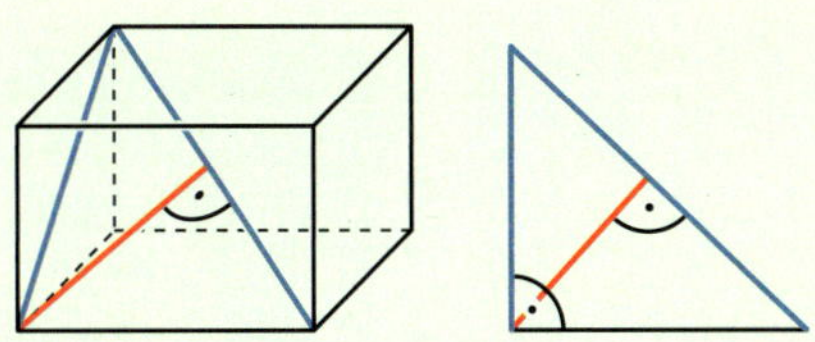

Sinusfunktion und Kosinusfunktion

Ein Punkt auf dem Einheitskreis hat die Koordinaten $(\cos\alpha \mid \sin\alpha)$. Die Sinusfunktion (Kosinusfunktion) ordnet jedem Winkel α den y-Wert (x-Wert) des zugehörigen Punktes auf dem Einheitskreis zu. Trägt man die Sinus- bzw. Kosinuswerte für α in ein Koordinatensystem ein, so entsteht der Graph der Sinus- bzw. Kosinusfunktion.
Die Sinus- bzw. Kosinusfunktion ist periodisch mit der Periodenlänge 360°.

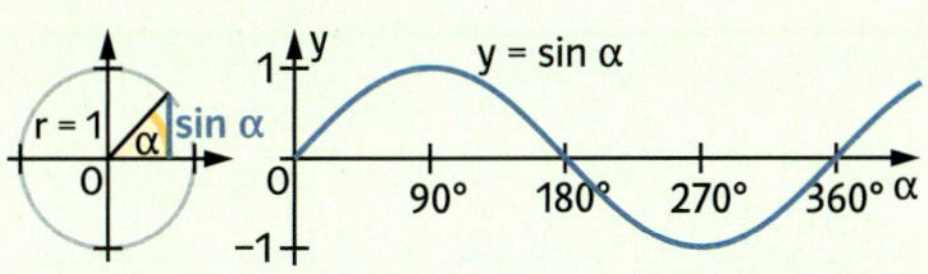

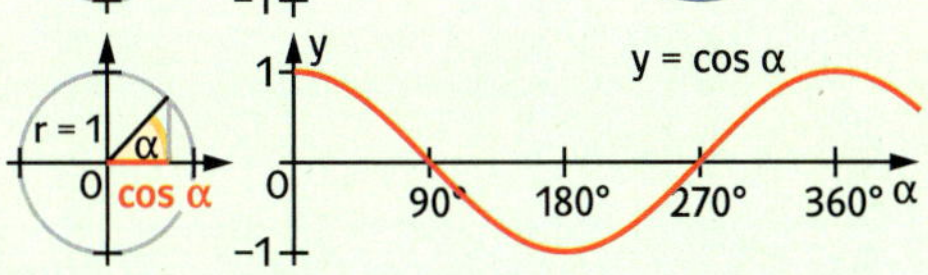

Üben • Anwenden • Nachdenken

Zu Aufgabe 8:

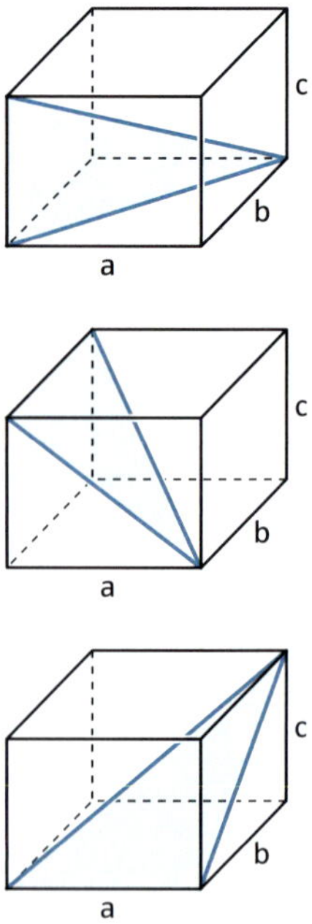

a = 8 cm
b = 10 cm
c = 6 cm

1 Berechne die fehlenden Stücke des Dreiecks ABC.
Wie immer hilft eine Planfigur.
a) $b = 5{,}1\,cm$; $\beta = 39{,}5°$; $\gamma = 90°$
b) $a = 7{,}8\,cm$; $b = 4{,}9\,cm$; $\gamma = 57{,}6°$
c) $c = 8{,}1\,cm$; $\alpha = 23{,}4°$; $\beta = 110{,}5°$
d) $b = 7{,}2\,cm$; $c = 6{,}1\,cm$; $\beta = 67{,}2°$
e) $a = 5{,}4\,cm$; $\alpha = 37{,}6°$; $\beta = 52{,}4°$

2 a) Konstruiere und berechne.
$a = 5{,}3\,cm$; $b = 8{,}2\,cm$; $\alpha = 30°$
b) Was stellst du fest, wenn du $\triangle ABC$ mit $a = 5{,}3\,cm$; $b = 8{,}2\,cm$; $\alpha = 70°$ zu konstruieren versuchst?
Versuche auch, die fehlenden Stücke zu berechnen.

3 Berechne im Dreieck ABC die Seite c aus $A = 30\,cm^2$; $b = 8{,}2\,cm$; $\alpha = 67°$.

4 a) Berechne den Flächeninhalt A eines Dreiecks mit $b = 5\,cm$; $c = 7\,cm$; $\alpha = 30°$.
b) Gib ein anderes Dreieck mit gleichen Werten von b, c und A an.

5 Bestimme den zweiten Winkel im Intervall [0°; 360°].
a) $\sin\alpha = \sin 75°$ b) $\sin\alpha = \sin 128°$
c) $\cos\alpha = \cos 48°$ d) $\cos\alpha = \cos 222°$
e) $\sin\alpha = \sin 205°$ f) $\sin\alpha = \sin 335°$
g) $\cos\alpha = \cos 154°$ h) $\cos\alpha = \cos 260°$

6 Wie groß sind die Winkel α im Intervall [0°; 360°], für die gilt:
a) $\sin\alpha = 0{,}7880$ und $\cos\alpha = 0{,}6156$
b) $\cos\alpha = 0{,}9205$ und $\sin\alpha = -0{,}3907$
c) $\sin\alpha = -0{,}4226$ und $\cos\alpha = 0{,}9063$

7 Fasse die Winkel in Paare zusammen, für die $\sin\alpha_1 = -\sin\alpha_2$ oder $\cos\alpha_1 = -\cos\alpha_2$ gilt.

120° 230° 70° 80° 310° 110° 240° 280°

8 Berechne die Seitenlängen und Winkel der Dreiecke in den Quadern am Rand.

9 Ein Parallelogramm hat die Seitenlängen $a = 10\,cm$ und $b = 5\,cm$. Sein Flächeninhalt A_P wird dem Flächeninhalt A_R eines Rechtecks mit ebenso langen Seiten verglichen.
a) Wie groß ist der Parallelogrammwinkel α, wenn A_P 50 % von A_R beträgt?
b) Um wie viel Prozent ist A_R größer als A_P, wenn $\alpha = 45°$ gilt?
c) Wie viel Prozent von A_R ist A_P für $\alpha = 1°$?

10 Berechne den Flächeninhalt A des Vierecks ABCD.
$b = 4{,}1\,cm$
$c = 4{,}4\,cm$
$d = 8\,cm$
$\beta = 165{,}3°$

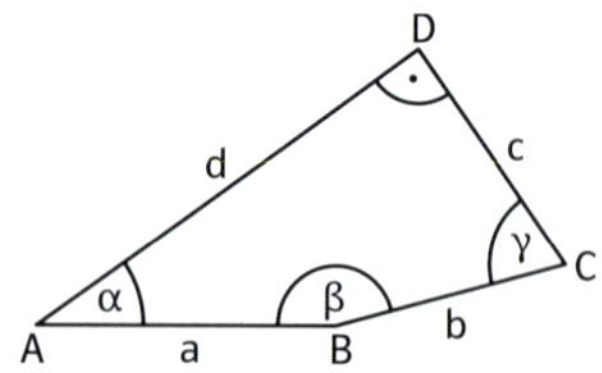

Ein günstiger Kauf?

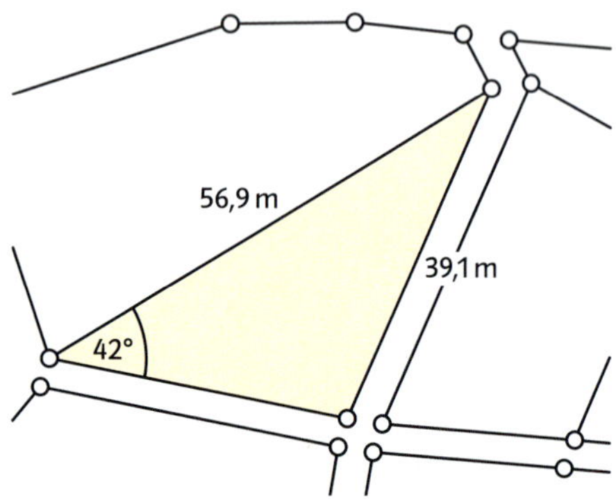

■ Familie Mertens hat ein Gartengrundstück gekauft. Es soll, so sagt der Verkäufer, etwa $650\,m^2$ groß sein. Aus dem Lageplan misst Melissa Mertens drei Größen ab. Sie prüft nach, ob der angegebene Flächeninhalt stimmt. Sie kommt auf etwa $950\,m^2$ und wundert sich, dass der Verkäufer $300\,m^2$ Fläche verschenkt hat.

Grundstücke vermessen

In der Praxis werden Grundstücksflächen mithilfe eines Theodoliten (siehe Bild) von einem einzigen Punkt aus vermessen. An einem Dreieck ist die Methode am leichtesten zu erklären.

Der Flächeninhalt eines Dreiecks ist das halbe Produkt aus zwei Seitenlängen und dem Sinus des eingeschlossenen Winkels, z.B. $A = \frac{1}{2} \cdot a b \cdot \sin\gamma$.

Der Theodolit steht in P. Die Entfernungen zu den Eckpunkten A, B, und C werden durch die Laufzeit eines Signals bestimmt. Die Winkel werden auf einer Skala abgelesen.
Der gesuchte Flächeninhalt wird aus drei Dreiecken mit Eckpunkt P berechnet.

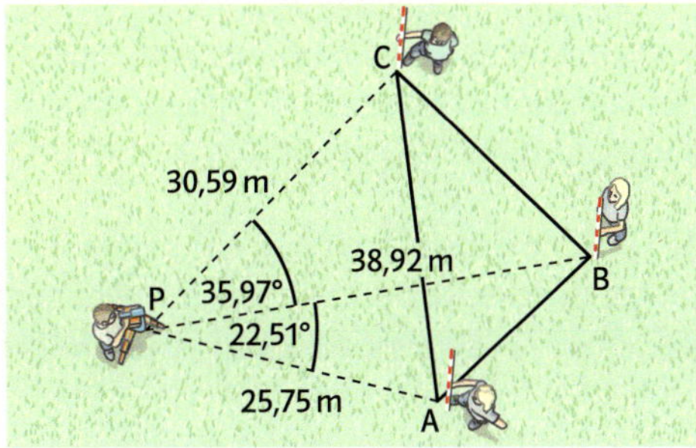

$$A_{ABC} = A_{PAB} + A_{PBC} - A_{PAC}$$
$$= \frac{1}{2} \cdot 25{,}75 \cdot 38{,}92 \cdot \sin 22{,}51°$$
$$+ \frac{1}{2} \cdot 38{,}92 \cdot 30{,}59 \cdot \sin 35{,}97°$$
$$- \frac{1}{2} \cdot 25{,}75 \cdot 30{,}59 \cdot \sin(22{,}51° + 35{,}97°)$$
$$\approx 205{,}75$$

Damit ergibt sich ein Flächeninhalt von etwa 205,75 m^2.

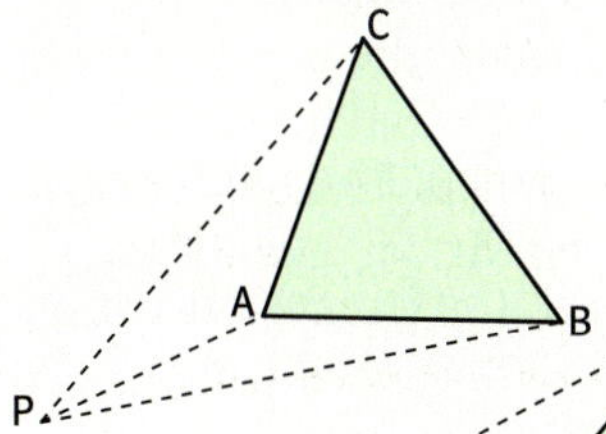

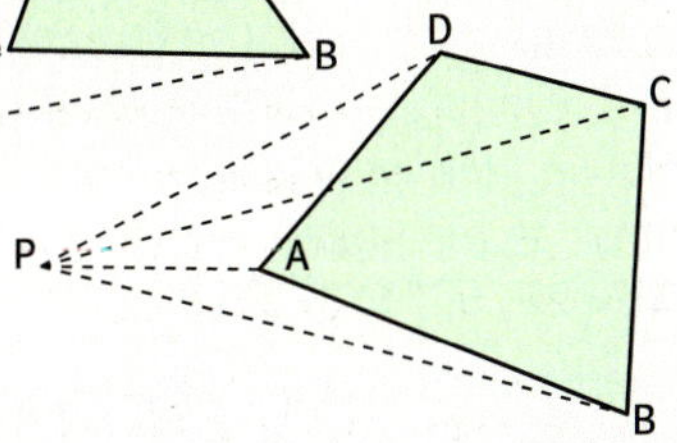

- Drücke A_{ABC} und A_{ABCD} durch die Flächeninhalte von Dreiecken mit Eckpunkt P aus.
- Probiere andere Lagen von P in Bezug auf das Viereck aus.
- Berechne die Flächeninhalte der Grundstücke.

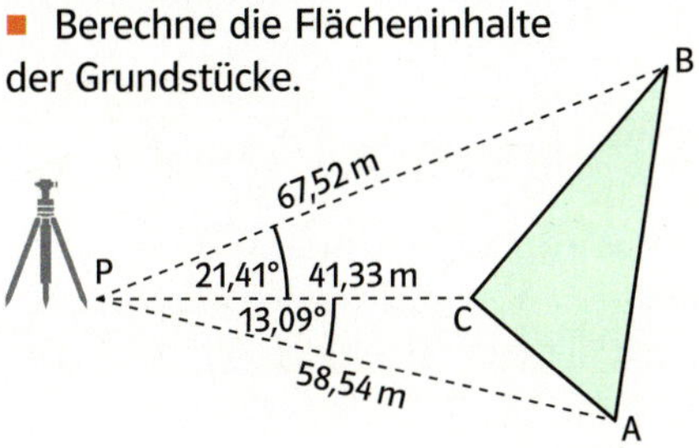

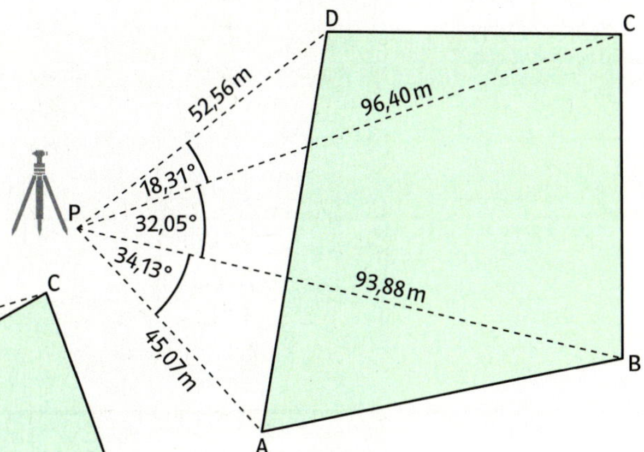

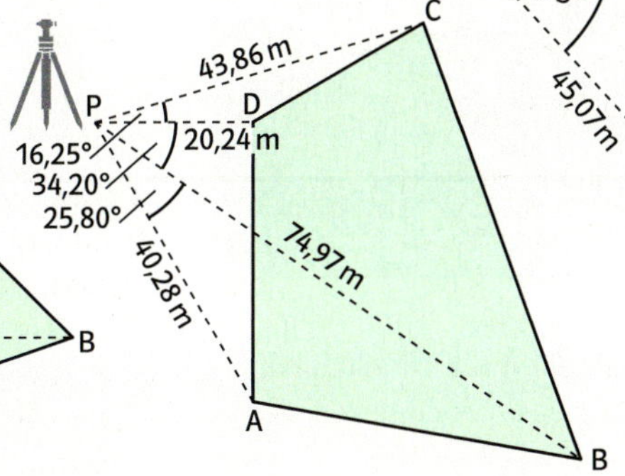

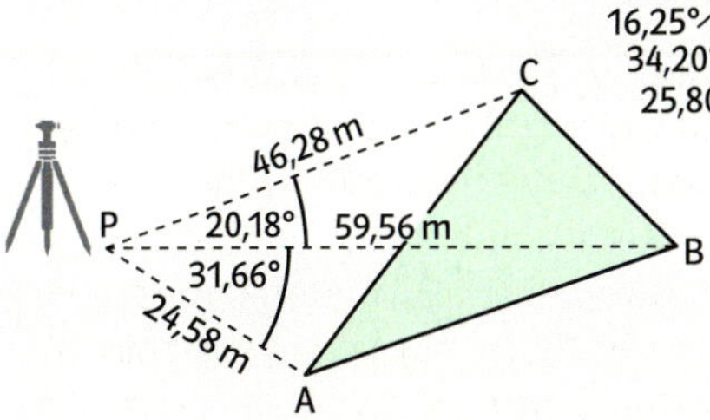

In der Praxis verläuft die Berechnung automatisch und mit großer Genauigkeit. Der Theodolit ist mit einem Rechner verbunden.

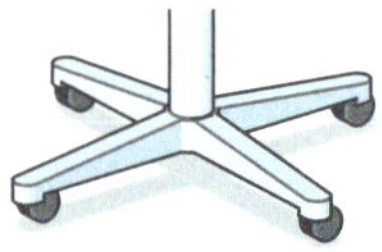

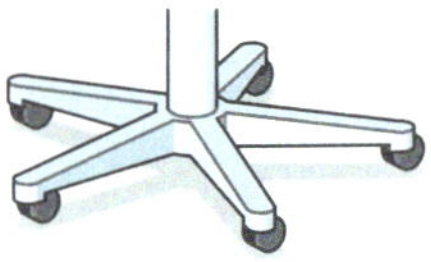

11 Drehstühle haben vier oder fünf Beine. Warum ist bei gleicher Beinlänge und Sitzhöhe ein fünfbeiniger Stuhl standsicherer als ein vierbeiniger?
Überlege dazu, über welche Linien ein Stuhl kippen kann. Welches Verhältnis ist also als Maß für die Standsicherheit geeignet? Berechne dieses Maß für Stühle mit vier und fünf Beinen, zum Vergleich auch noch für Stühle mit drei und sechs Beinen.

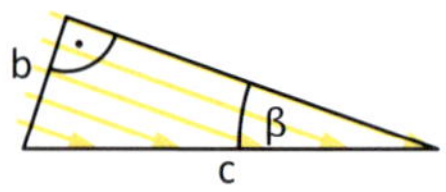

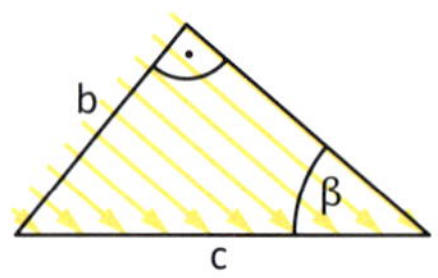

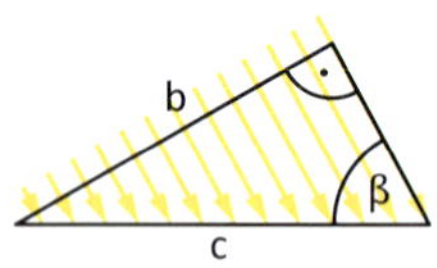

12 Die Sonneneinstrahlung auf eine horizontale Fläche ist umso intensiver, je höher die Sonne steht, je größer also der Einfallswinkel β ist.
Das Verhältnis $\frac{b}{c}$ ist ein Maß für den am Boden wirksam werdenden Anteil der eingestrahlten Wärmeenergie.
a) Gib dieses Verhältnis in Prozent an für die Winkel, unter denen die Sonne mittags am Sommeranfang (β = 65°), am Herbstanfang (β = 42°) und zu Beginn des Winters (β = 19°) am Himmel steht.
b) Wie groß ist dieses Verhältnis an den unter a) genannten Tagen auf einem um 20° nach Süden geneigten Weinberghang?

? Begründe, warum Wein fast ausschließlich an Südhängen angebaut wird.

c) Versuche herauszufinden, unter welchem Winkel Solarzellen auf Hausdächern montiert sind. Überlege, welcher Winkel theoretisch der zweckmäßigste ist.
d) Warum werden bei Sonnenkraftwerken die Solarzellen beweglich montiert und automatisch nachgeführt?

13 Jede Messung ist ungenau.
a) Untersuche, wie sich ein Winkelfehler von 0,5° bei verschiedenen Winkeln α und Entfernungen c auswirkt.

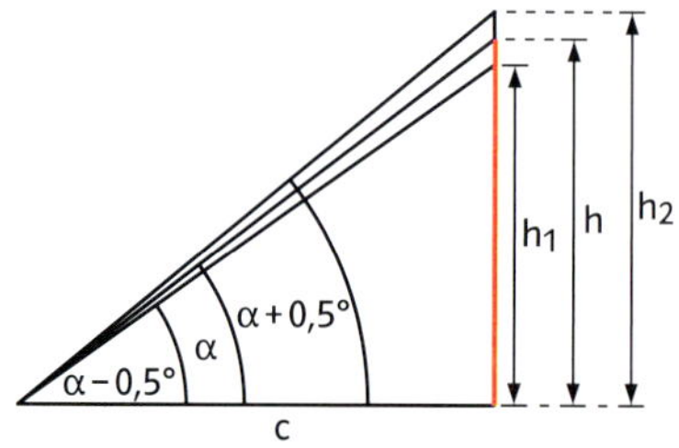

Beispiel: c = 80 m

α	20°	30°	…	60°	…
h_1 in m	28,3			135,8	
h in m	29,1				
h_2 in m	29,9	47,1			

b) Wie wirkt sich ein Längenfehler von 0,05 m aus? Wähle erst einen Winkel und dann unterschiedliche Entfernungen.

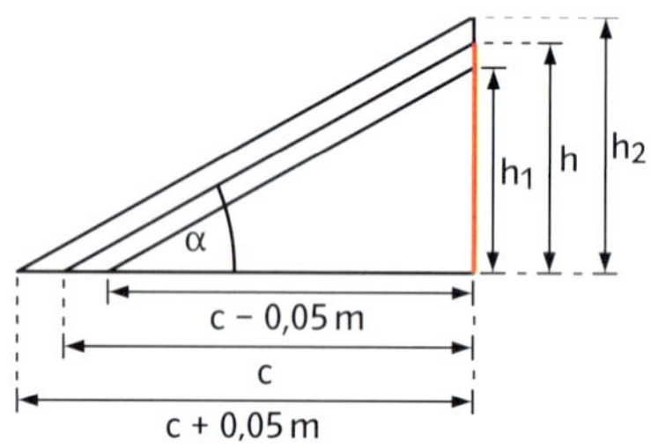

c) Der Winkelfehler beträgt ± 1°, der Längenfehler ± 0,50 m. Zwischen welchen Grenzen liegt die Höhe des Masts bis zum Endpunkt des Abspannseils?

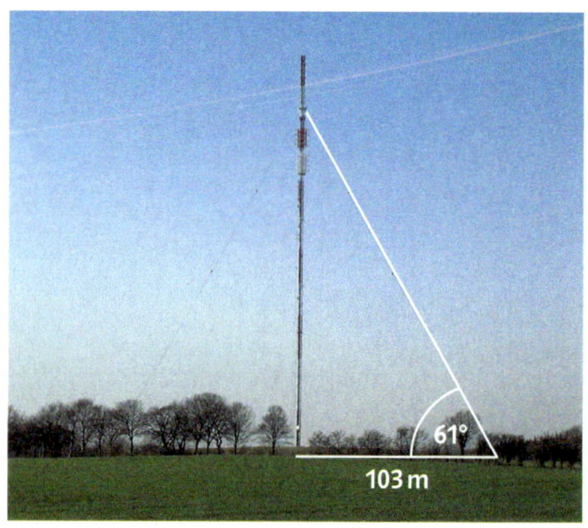

14 Eine quadratische Pyramide ist durch ihren Parallelschnitt gegeben. Berechne Oberflächeninhalt und Volumen.

a)

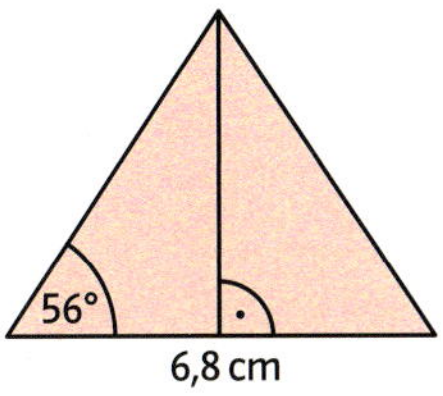

b)

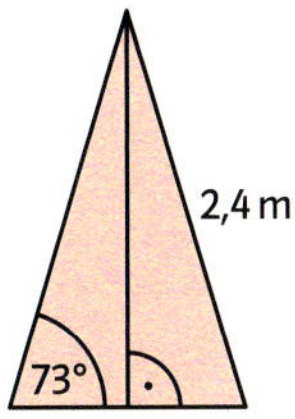

15 Eine kegelförmig aufgeschüttete Kohlenhalde ist 25 m hoch und hat einen Böschungswinkel von 42°. Wie groß ist die bedeckte Fläche? Aus wie viel Kubikmeter Kohle besteht die Halde?

16 Zwei quadratische Pyramiden wurden an ihren Grundflächen aufeinandergesetzt. Die Abbildung zeigt den Diagonalschnitt des Körpers.

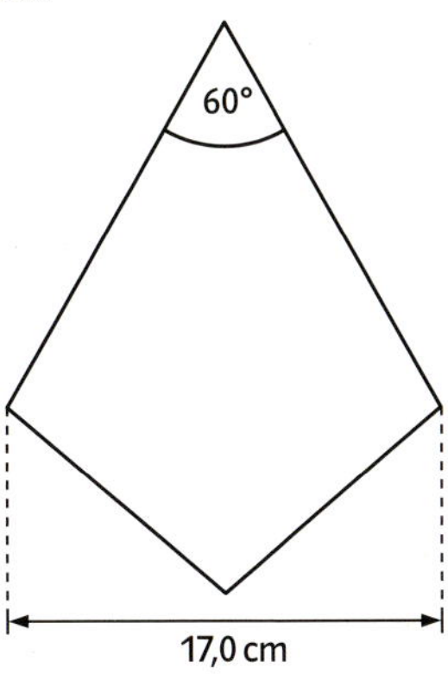

Der Oberflächeninhalt des Körpers beträgt 600 cm². Wie groß ist sein Volumen?

17 Von der Insel Annasand aus soll zu der Insel Bertaoog ein Tunnel gebaut werden. Damit die Tunnellänge bestimmt werden kann, wird auf der Vogelinsel Mövenland eine Standlinie s ausgemessen und die angegebenen Winkel gemessen. Berechne die Länge des Tunnels. Runde auf ganze Meter.

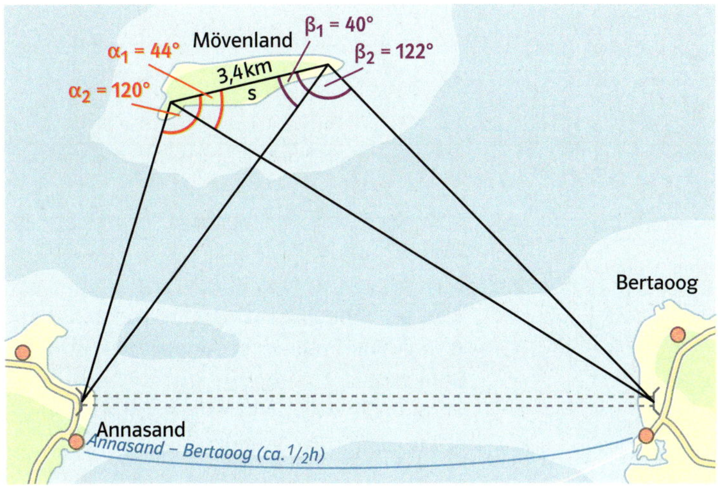

18 Ein Tal soll durch eine Autobahnbrücke überquert werden. Dazu wird eine Standlinie gemessen, deren Endpunkte A, B auf gleicher Höhe wie die Endpunkte E und F der Brücke liegen. Der Punkt B liegt in der Visierlinie der Brücke $\overline{EF}$. Dabei werden folgende Werte bestimmt: $\overline{AB} = 220\,\text{m}$, $\alpha_1 = 22{,}3°$, $\alpha_2 = 64{,}3°$, $\beta = 45{,}8°$

Wie lang wird die Brücke $\overline{EF}$?

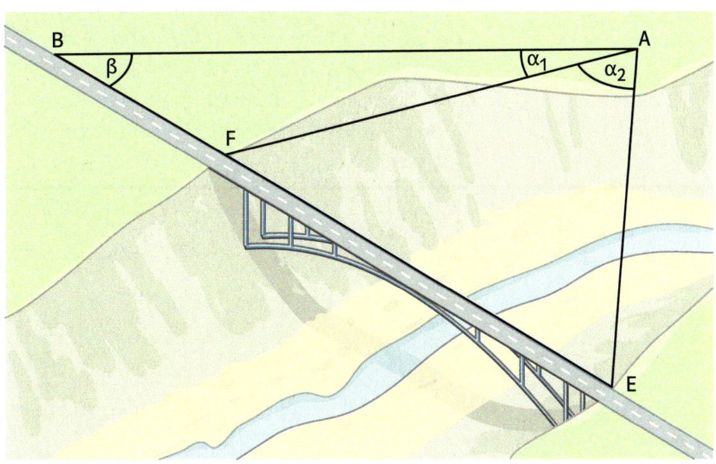

19 Ein Deich hat den unten abgebildeten Querschnitt.
a) Berechne den Böschungswinkel α.
b) Berechne die Länge der Böschung l auf der Landseite und der Böschung s auf der Seeseite.
c) Berechne die Deichsohlenlänge und die Größe der Querschnittsfläche.

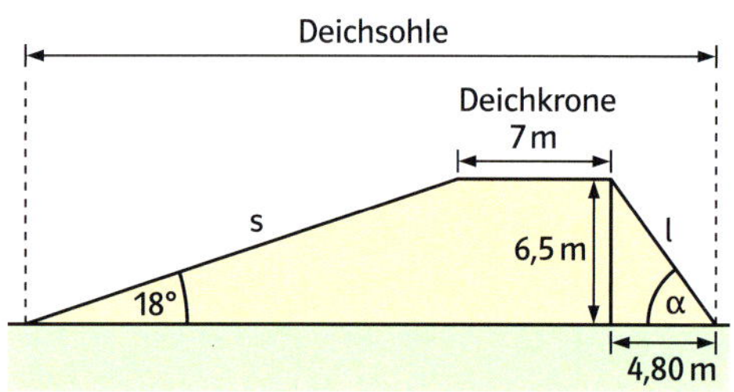

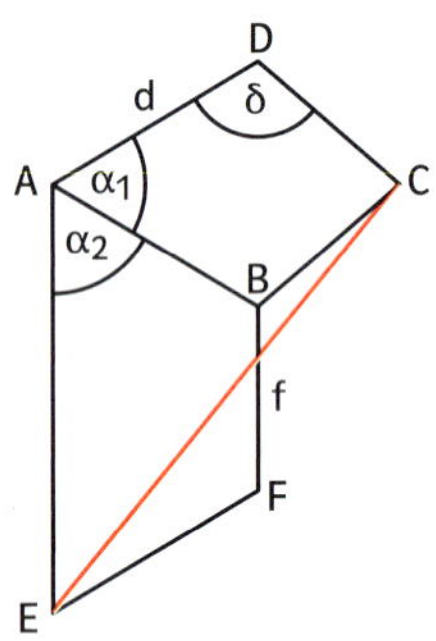

d = 8 cm
f = 6 cm
α_1 = 60°
α_2 = 60°
δ = 110°

20 Das Viereck ABCD ist ein Drachen, das Viereck AEFB ist ein symmetrisches Trapez. Berechne
a) den Flächeninhalt der gesamten Figur.
b) die Länge der Strecke $\overline{CE}$.

21 Eine quadratische Pyramide ist durch ihren Diagonalschnitt gegeben. Berechne Oberflächeninhalt und Volumen.

a)

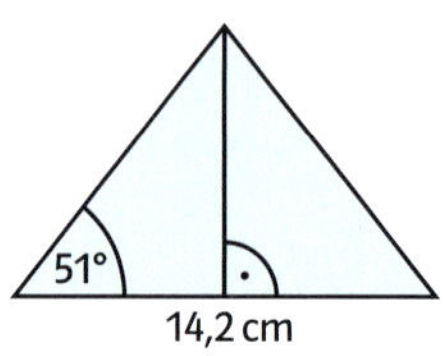

b)

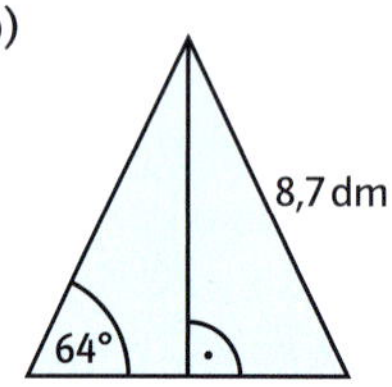

22 Eine Strecke $\overline{CD}$ in unzugänglichem Gelände kann man folgendermaßen messen: Man peilt C und D von zwei Punkten A und B aus an, deren Entfernung bekannt ist.

a = 228,9 m
α_1 = 55,3°
α_2 = 39,6°
β_1 = 35,5°
β_2 = 63,1°

! *e und f sind die Diagonalen des Vierecks ABCD.*

! *Berechne b in △ABC; d und f in △ABD; arbeite dann in △BCD weiter.*

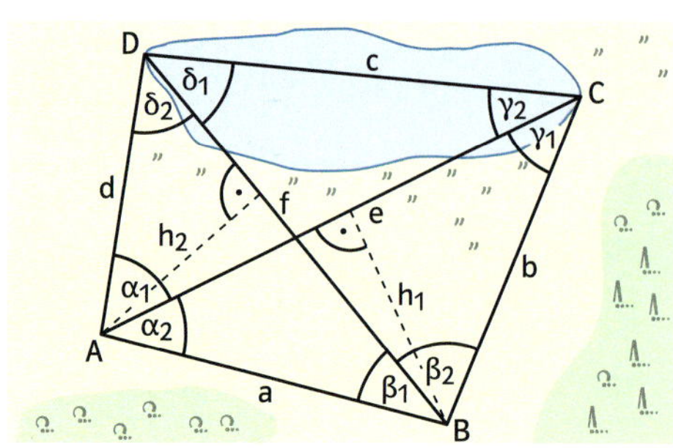

23 Die Schnittpunkte A, B, C der drei Geraden g, h, i können ein Dreieck bilden. Berechne Seitenlängen, Winkel und Flächeninhalt.

a) g: $7x - 5y = 9$
h: $x + 4y = 39$
i: $8x - y = 15$

b) g: $x - 2y = 0$
h: $7x + 6y = 0$
i: $3x - y = 0$

24 Zeichne den Graphen der Funktion $y = 2\sin(3x)$ im Intervall $-270° \leqq \alpha \leqq 360°$.
a) Gib mindestens 5 Hoch-, Tiefpunkte und Nullstellen der Funktion an.
b) Vergleiche ihre Eigenschaften mit der Sinusfunktion $y = \sin x$.

25 Gib zu jedem Graphen die Periode, die Amplitude und die Funktionsgleichung an.

a)

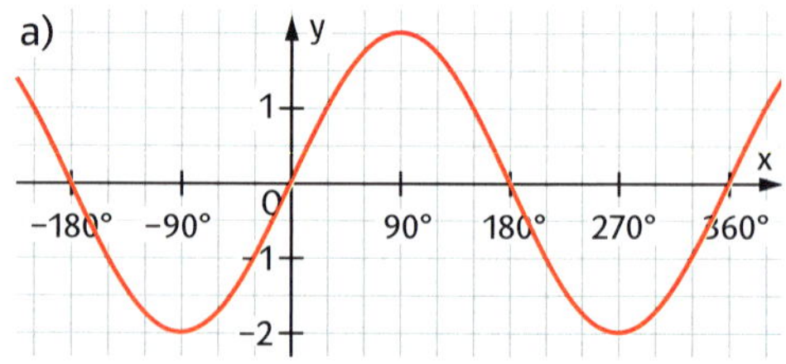

b)

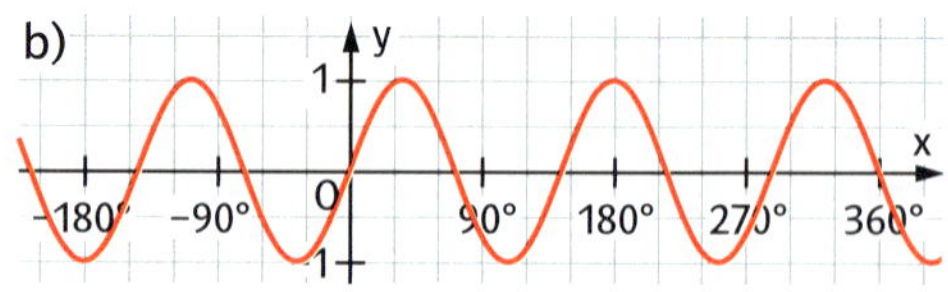

c)

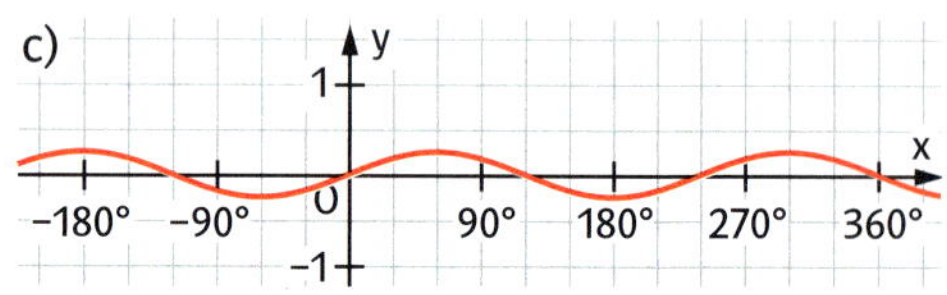

26 Im regelmäßigen Sechsecksprisma liegt das Dreieck ABC. Berechne den Flächeninhalt.

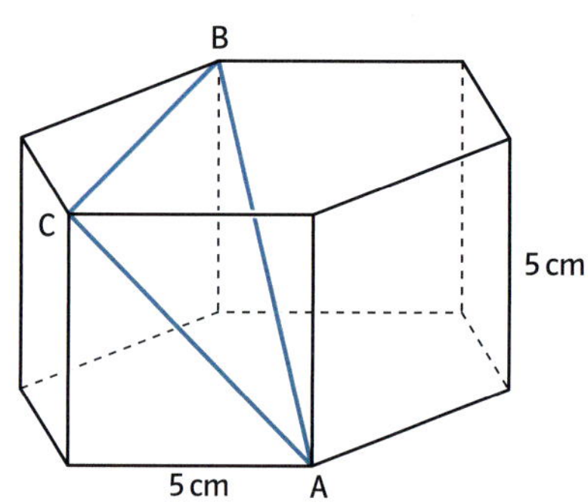

Rückspiegel

1 Berechne die fehlenden Stücke im Dreieck ABC mit
a) $c = 8{,}0\,cm$; $\alpha = 34{,}7°$; $\gamma = 90°$.
b) $b = 4{,}9\,cm$; $c = 6{,}7\,cm$; $\alpha = 74{,}1°$.

2 Gib die Winkel zu folgenden Sinus- bzw. Kosinuswerten an.
a) $\sin\alpha = 0{,}34$
$\sin\alpha = -0{,}58$
b) $\cos\alpha = 0{,}67$
$\cos\alpha = -0{,}24$

3 Eine Leiter ist 4,50 m lang.
a) Sie lehnt unter einem Winkel von 65° an einer Hauswand. Wie hoch reicht sie?
b) Kann die Leiter 4,35 m hoch reichen, wenn der Anstellwinkel nicht mehr als 80° betragen darf?

4 Das Viereck ABCD ist gegeben durch $a = 8\,cm$; $b = 6{,}1\,cm$; $d = 3{,}2\,cm$; $\alpha = 90°$; $\beta = 80{,}5°$.
a) Zerlege es in rechtwinklige Dreiecke.
b) Ergänze es durch rechtwinklige Dreiecke zu einem Rechteck.
c) Berechne den Flächeninhalt A.

5 Ein Heißluftballon wird von zwei 285 m auseinander liegenden Standorten unter den Höhenwinkeln 36° und 50° angepeilt.

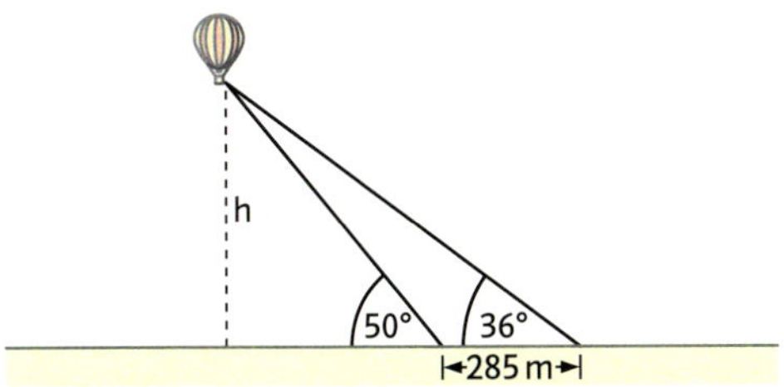

6 Berechne die Seitenlängen und Winkel des Dreiecks BCE im Quader.

$a = 6{,}5\,cm$
$b = 8{,}4\,cm$
$c = 4{,}3\,cm$

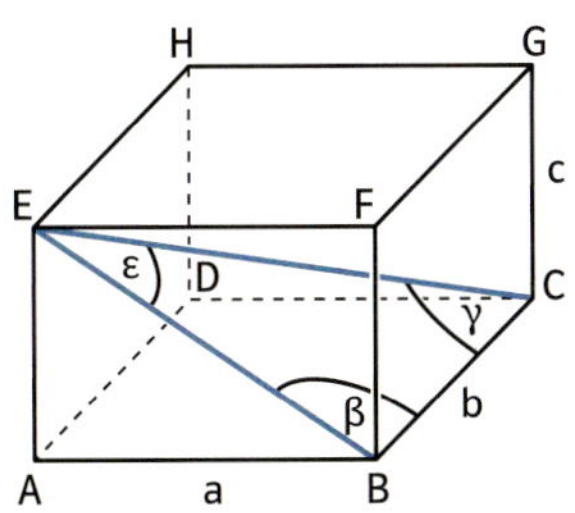

Rückspiegel

1 Berechne die fehlenden Stücke im Dreieck ABC mit
a) $b = 7{,}5\,cm$; $\beta = 62{,}4°$; $\gamma = 90°$.
b) $a = 4{,}7\,cm$; $b = 8{,}2\,cm$; $\beta = 106{,}7°$.

2 Gib die Winkel zu folgenden Sinus- bzw. Kosinuswerten an.
a) $\sin\alpha = 0{,}977$
$\sin\alpha = -0{,}566$
b) $\cos\alpha = 0{,}434$
$\cos\alpha = -0{,}867$

3 Ein Höhenunterschied von 3,40 m soll durch eine rollstuhlgerechte Rampe zugänglich gemacht werden. Der Steigungswinkel beträgt 5°.
a) Wie lang wird der Weg auf der Rampe?
b) Nach je 6 m Weg muss ein 1,50 m langer ebener Absatz eingerichtet werden.

4 Das Viereck ABCD ist gegeben durch $a = 8{,}3\,cm$; $b = 4{,}9\,cm$; $d = 5{,}6\,cm$; $\alpha = 53{,}3°$; $\beta = 145{,}1°$.
Berechne den Flächeninhalt A und den Umfang u des Vierecks.

5 Eine Seilbahn hat von der Talstation bis zur Bergstation zwei verschiedene Steigungen zu überwinden. Berechne die beiden Steigungswinkel α und β.

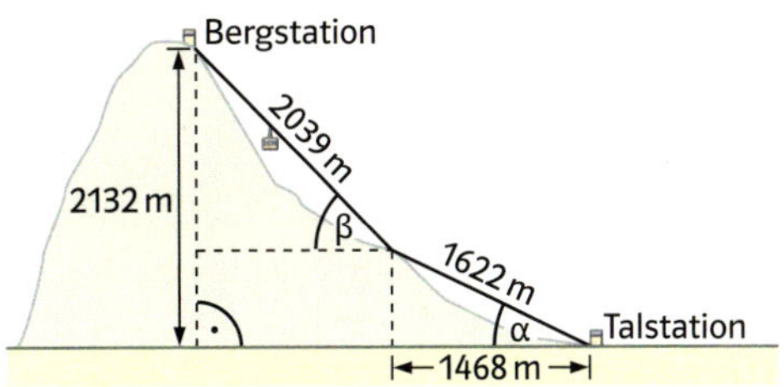

6 Berechne die Seitenlängen und Winkel des Dreiecks MGH im Quader.

$a = 6{,}5\,cm$
$b = 8{,}4\,cm$
$c = 4{,}3\,cm$
M: Seitenmitte

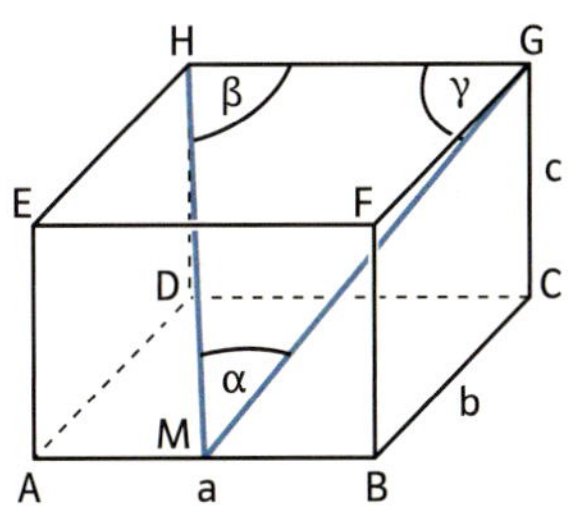

Der Blick ins All

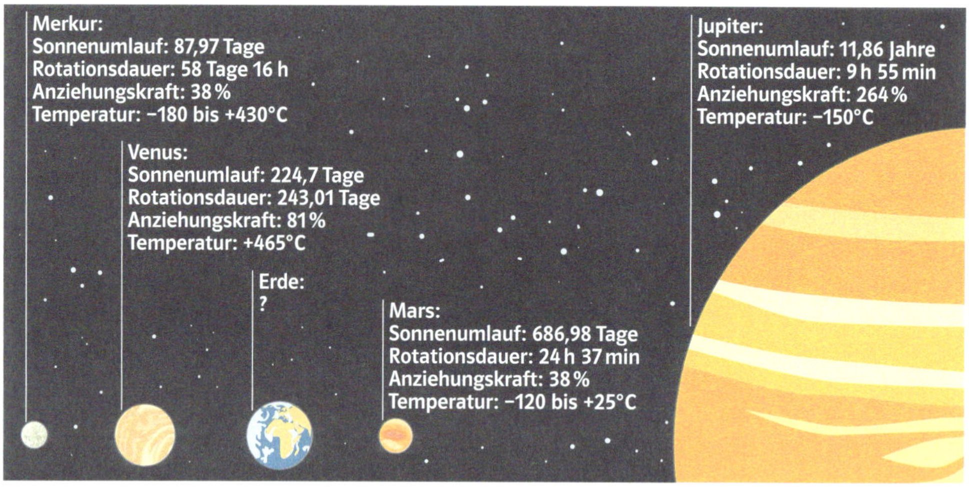

Eine Lichtsekunde ist keine Zeitspanne, sondern die Entfernung, die das Licht in einer Sekunde zurücklegt, nämlich 300 000 km. Entsprechend berechnet sich ein Lichtjahr (Lj.).

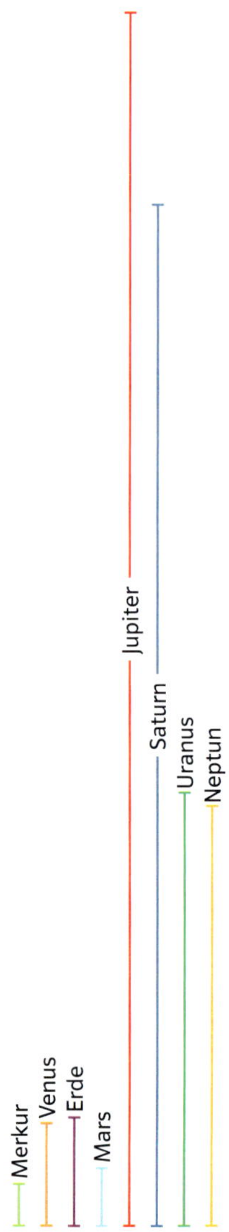

Unser Sonnensystem

Unser Sonnensystem besteht aus acht Planeten, auf denen sehr unterschiedliche Bedingungen herrschen.

- Gib die in der Abbildung fehlenden Daten für die Erde an.
- Erkläre die Unterschiede für Sonnenumlauf und Anziehungskraft bei den angegebenen Planeten.
- Wie oft umkreisen Merkur, Venus, Erde und Mars die Sonne, während der Jupiter eine Runde dreht?
- Um wie viel Grad drehen sich die vier Nachbarplaneten an einem Erdentag?
- Wie sieht ein Tag auf einem solchen Nachbarplaneten aus? Schreibe eine Reportage, für die du möglichst viele der angegebenen Daten verwendest.

Zerschnittene Planeten

Die Durchmesser der Planeten unseres Sonnensystems variieren sehr stark.

- Erstelle eine Rangliste.
- Wie groß sind die einzelnen Schnittflächen?
- Wäre die Erde ein Tischtennisball, welche Körper müsstest du für die Darstellung der übrigen Planeten wählen?
- Bringe die Planetendurchmesser prozentual ins Verhältnis zur Erde (100 %).

Weit entfernte Sterne

Die Sterne und Sonnensysteme im Weltall sind so weit entfernt, dass sie eventuell gar nicht mehr existieren, obwohl man ihr Licht am Abendhimmel sieht. Unsere Sonne ist von uns etwa 8,3 Lichtminuten entfernt. Der uns nächstgelegene Stern heißt Proxima Centauri (4,28 Lj.). Der Polarstern ist 430 Lj. entfernt. 2007 haben Astronomen in 200 Billionen Kilometer Entfernung einen Planeten („Supererde") entdeckt, dessen Bedingungen annäherungsweise denen der Erde entsprechen könnten.

- Berechne die Strecke eines Lichtjahres in Kilometer. Verwende die wissenschaftliche Schreibweise.
- Wie viel Kilometer muss ein Raumschiff bis zur Sonne zurücklegen? Wie viel Zeit braucht es etwa dafür?
- Erstelle eine Entfernungstabelle (Lj., km) für Proxima Centauri, den Polarstern und die „Supererde".
- Könnten Menschen diese Sonnensysteme jemals erreichen?

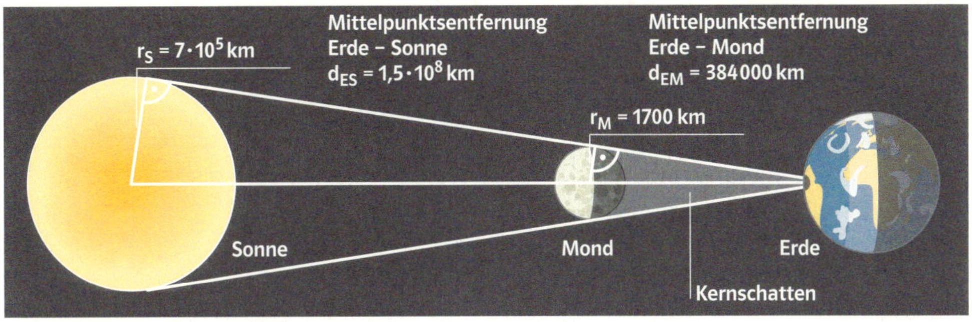

Der Aufzug zum Himmel

Um ins Weltall zu gelangen, benötigt man bislang Raketen, die enorme Mengen an Treibstoff verbrennen. Eine denkbare, noch utopisch klingende Alternative stellt der so genannte „Weltraumaufzug" dar, an dem die NASA forscht. Entlang eines Seils aus extrem dünnem, reißfestem Kohlenstoff könnten Aufzüge mit 200 km/h bis zum geostationären Orbit befördert werden.

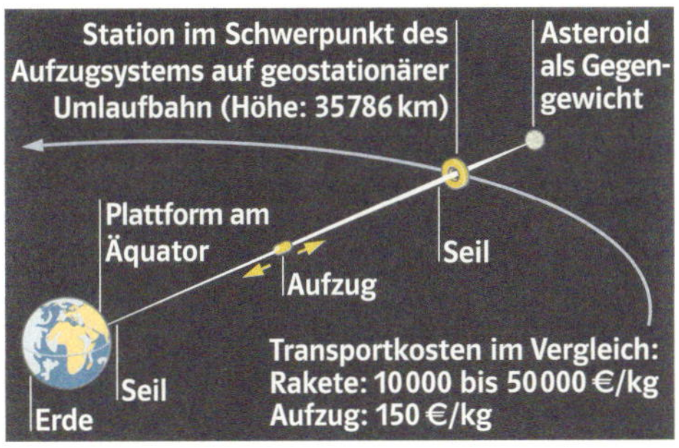

- Wie schwer schätzt du das Gegengewicht zum Seil im Weltall?
- Wie lange benötigt der Aufzug für eine Auffahrt?
- Beschreibe die Kosteneinsparungen.
- Erstelle dazu einen passenden Graphen.

Verdunkelte Sonne

Eine totale Sonnenfinsternis entsteht, wenn sich der Mond zwischen Sonne und Erde schiebt und die Sonnenscheibe dabei komplett abdeckt. Die letzte totale Sonnenfinsternis war in Deutschland am 11. August 1999 zu beobachten. Mit teilweise über 7000 km/h raste der Kernschatten des Mondes damals von Osten nach Westen über die Erdoberfläche.

- Kann der Mond die Sonnenscheibe exakt abdecken?
- Berechne den ungefähren Durchmesser des Kernschattens.
- Was wäre, wenn der Mond von der Erde weiter weg oder viel größer wäre bzw. in der Ebene der Erdbahn liefe?
- Recherchiere: Woher stammt der Strahlenkranz (Korona) um den Mond?

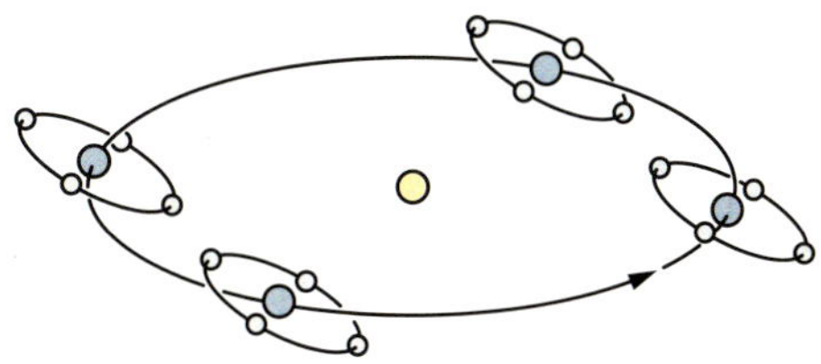

Übrigens:
Die nächste totale Sonnenfinsternis in Deutschland gibt es erst wieder am 3. September 2081. Wie alt seid ihr dann?

... und jetzt Countdown!

Veranstaltet einen „Weltraumtag". Stellt Teile einer Raumstation wie der *Mir* oder der *ISS* im Klassenraum nach. Bewegt euch wie Astronautenteams auf engstem Raum. Wie ernähren sich Astronauten? Wie gehen sie auf die Toilette oder duschen sich? Erstellt Informationsplakate zur modernen Raumfahrt. Stellt Sonnensysteme mit ihren Planeten und Monden dar. Es gibt zahlreiche Fakten und Daten, die ihr dabei verarbeiten könnt. Recherchiert: Gibt es in eurer Nähe Raumfahrtzulieferfirmen? Welche Erfindungen aus der Raumfahrt haben Einzug in unseren Alltag gehalten?

Alles in allem

In den letzten beiden Jahren sind dir im Mathematikunterricht manche Themen immer wieder begegnet. Viele Ideen und Herangehensweisen konntest du wieder aufgreifen und weiterentwickeln. Einige dieser Leitideen haben dich wie rote Fäden durch die Mathematik begleitet:

Daten und Zufall – Um bestimmte Fragen beantworten zu können, werden Daten gesammelt, erfasst, übersichtlich dargestellt und ausgewertet.

Zahl – An Zahlen denken viele Menschen als Erstes, wenn sie Mathematik hören. Zählen und Rechnen mit natürlichen Zahlen, aber auch der Umgang mit Brüchen, Dezimalbrüchen … sind unter dieser Leitidee zusammengefasst.

Messen – Geld, Zeit, Gewicht, Länge, Volumen – vieles wird gemessen und verglichen. Dafür werden Maßeinheiten festgelegt und mit den gemessenen Größen gerechnet. Manche Berechnungen werden immer nach dem gleichen Schema durchgeführt, für solche Berechnungen stellt man Formeln auf.

Raum und Form – Bestimmte Figuren, Muster und Formen begegnen uns überall: Vierecke, Kreise, Würfel, Prismen … Wir untersuchen und beschreiben ihre Eigenschaften und Besonderheiten und lernen, womit wir rechnen können.

Modellieren – Alltägliche Erscheinungen müssen wir manchmal erst in die Sprache der Mathematik übersetzen, um sie untersuchen zu können und Fragen dazu zu beantworten. Die Mathematik dient uns als Werkzeug, Antworten zu finden, die wir dann aber wieder in die Alltagssprache übersetzen und überprüfen müssen, ob unsere Antwort auch alltagstauglich ist.

Funktionaler Zusammenhang – Oft gibt es im Alltag Abhängigkeiten zwischen Größen wie Temperatur und Wasserstand. Für die Beschreibung solcher Zusammenhänge verwendet man Funktionen, um Aussagen über nicht gemessene Werte machen zu können und um ähnliche Situationen vergleichen zu können.

Auf den nächsten Seiten

findest du Aufgaben zu allen Bereichen, die du in den letzten beiden Jahren kennen gelernt hast. Dabei kannst du testen, wie schnell du den roten Faden siehst und an welchen Stellen er schnell reißt. (Die Lösungen stehen im Anhang.)

1 Kann die rote Figur durch zentrische Streckung aus der schwarzen hervorgegangen sein? Begründe.

a)

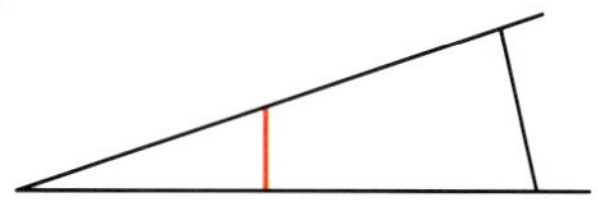

b)

c)

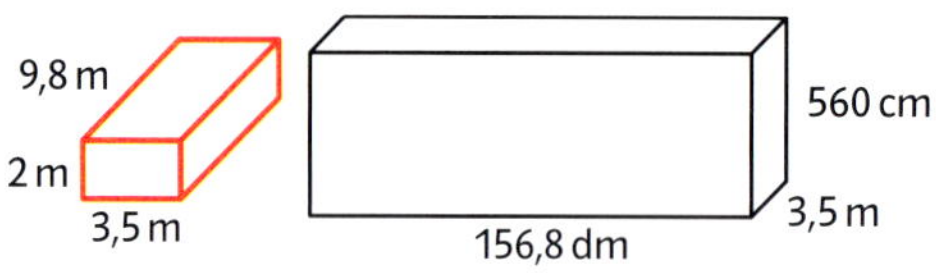

2 a) Strecke die Figur mit dem Faktor k = 1,8.

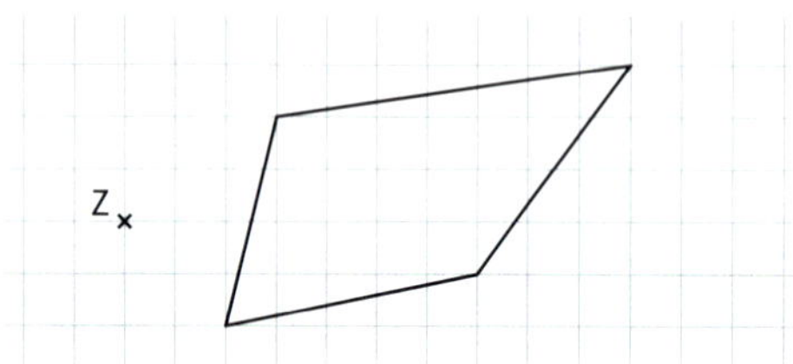

b) Führe die zentrische Streckung aus. A(−1,5 | −3); B(3,5 | −0,5); C(3 | 3); D(−1,5 | 5); Z(1,5 | 1); $k = -\frac{4}{5}$

c) Ein dreieckiges Waldstück hat die Seitenlängen a = 130 m; b = 150 m und c = 85 m. Zeichne das Dreieck maßstabsgetreu so, dass 150 m im Bild 6 cm lang sind. Gib auch den Maßstab an.

3 Berechne die Länge der Strecke x.

a)

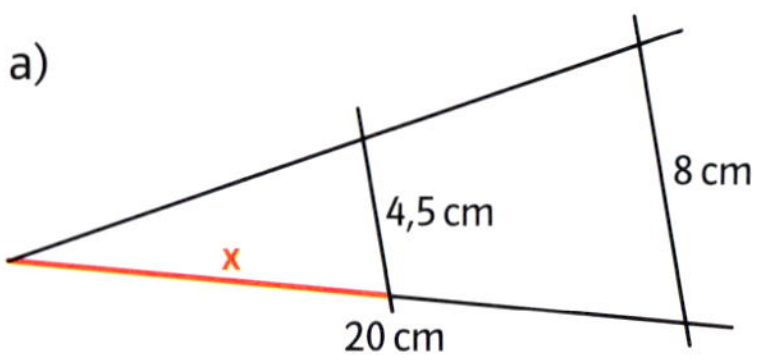

b)

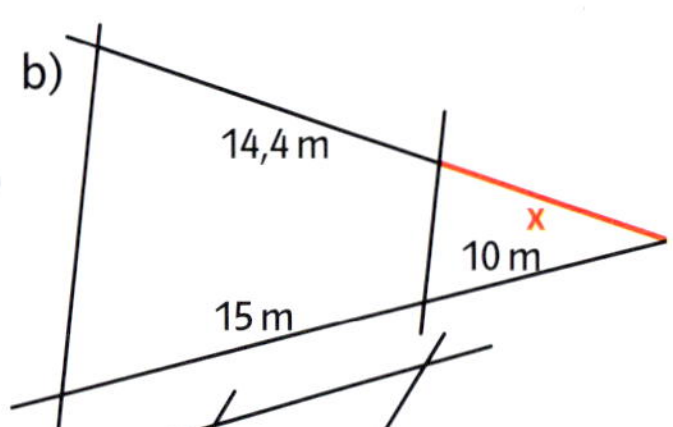

c)

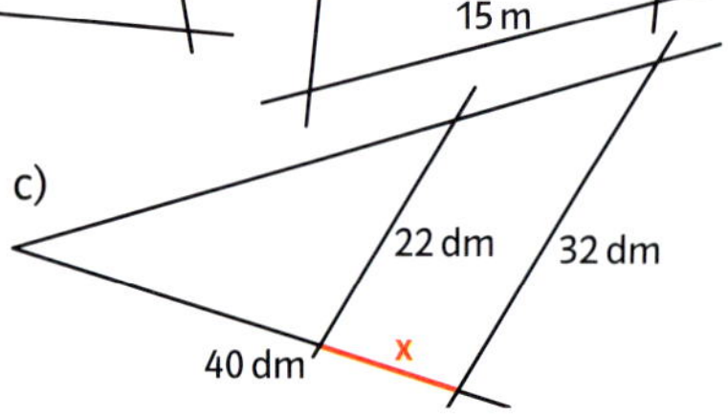

4 Berechne jeweils den Flächeninhalt des Quadrates.

a)

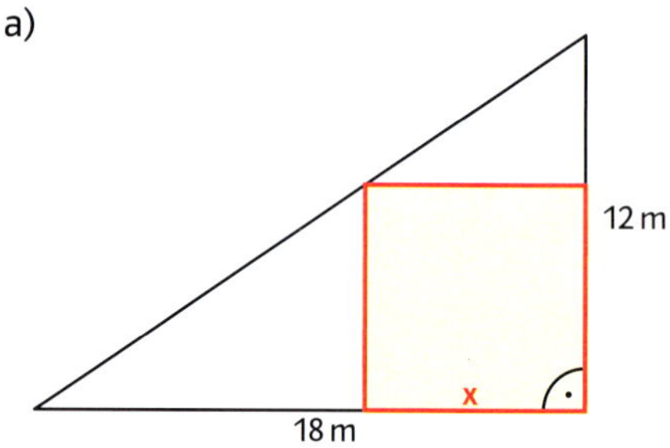

b)

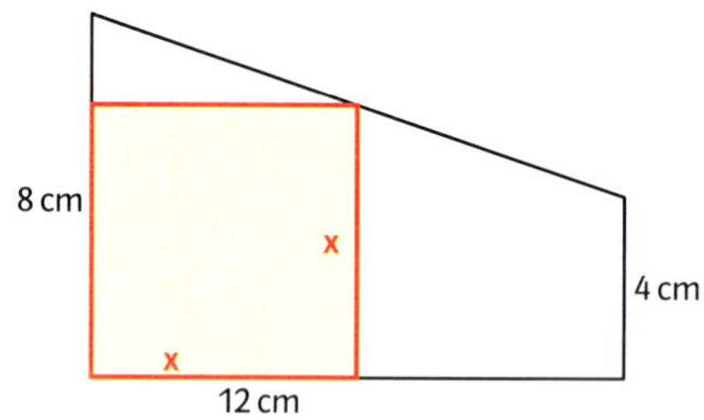

c)

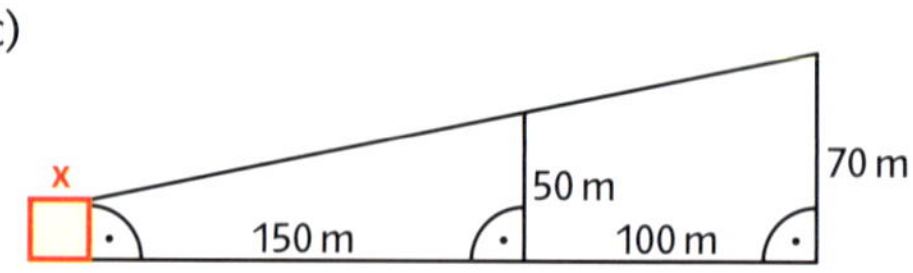

5 Bestimme jeweils x.

a)

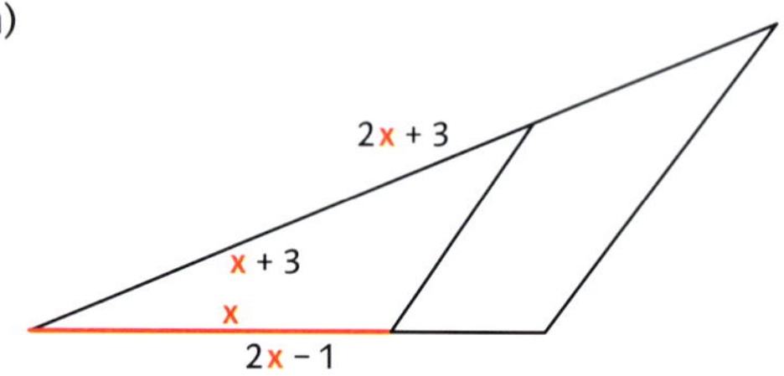

b)

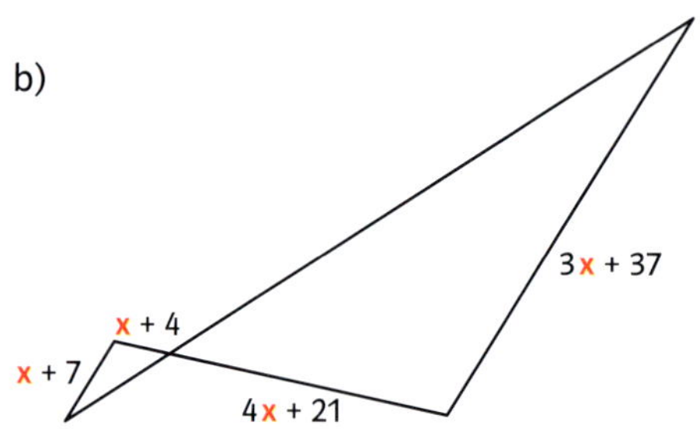

c)

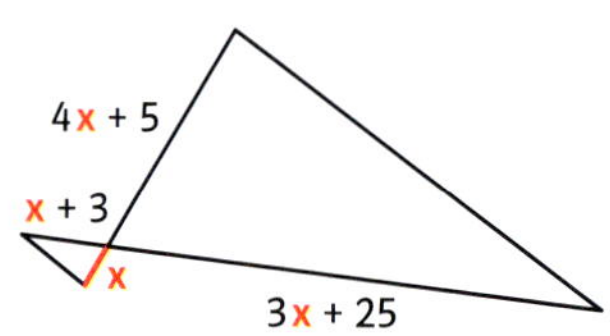

6 Berechne die Länge der Strecke x.

a)

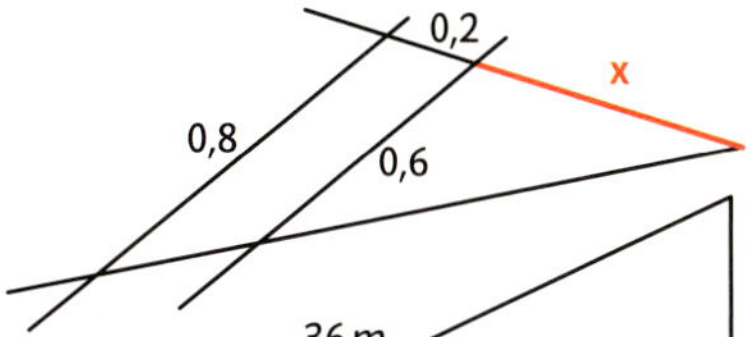

b)

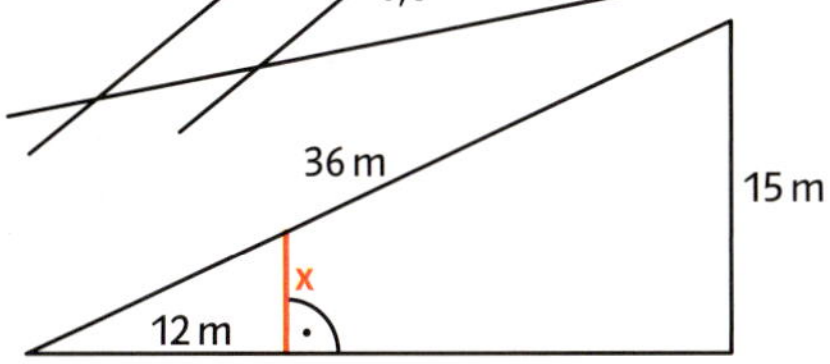

c)

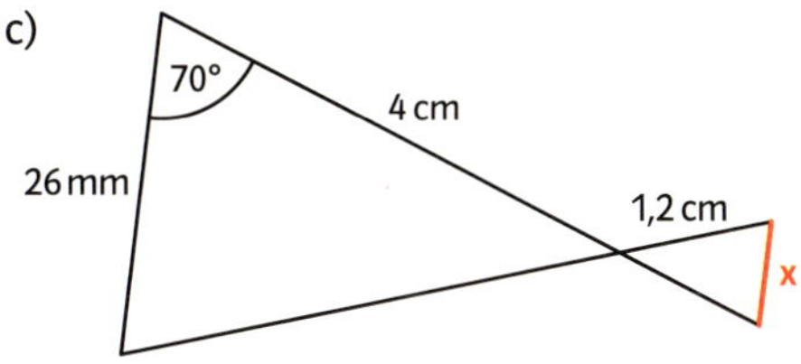

7 a) Um die Länge des Sees zu bestimmen, werden folgende Längen gemessen: $\overline{EF} = 36\,m$; $\overline{PF} = 54\,m$; $\overline{FB} = 18\,m$. Berechne die Länge des Sees $\overline{AB}$.

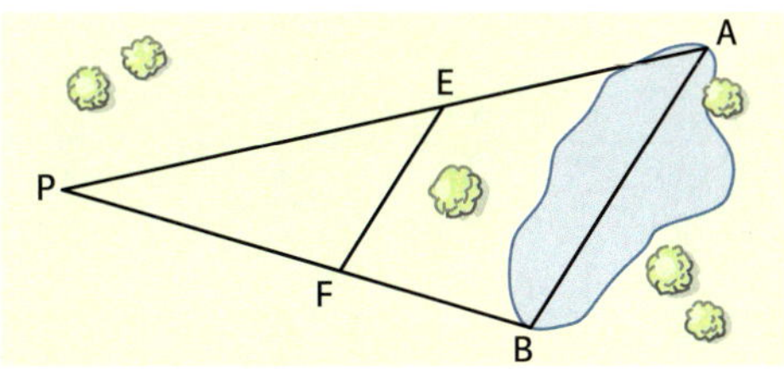

b) Berechne die Höhe des Baums.

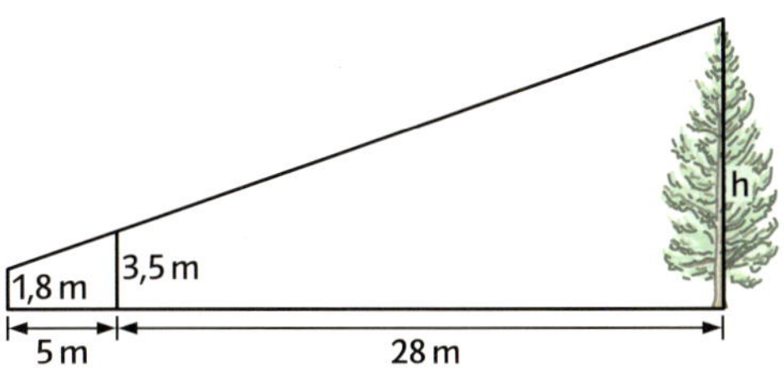

c) Berechne die Höhe h_1 des Pyramidenstumpfs für $\alpha = 65°$.

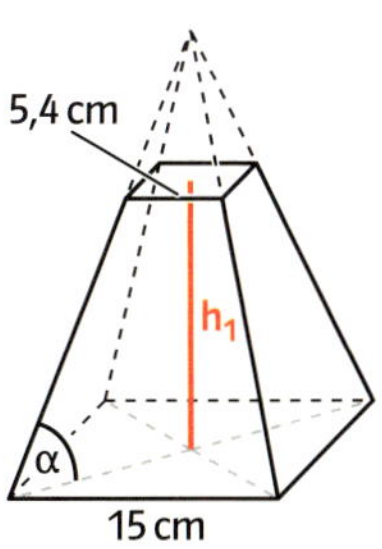

8 Bestimme jeweils x.

a)

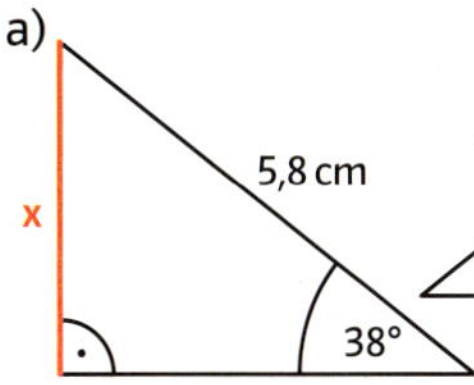

b)

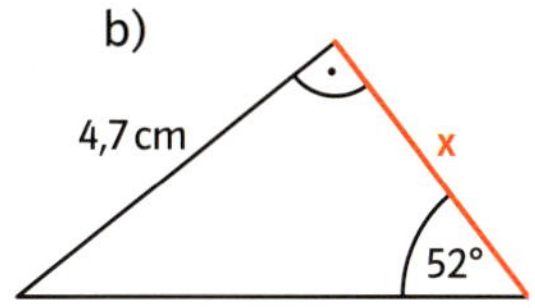

c)

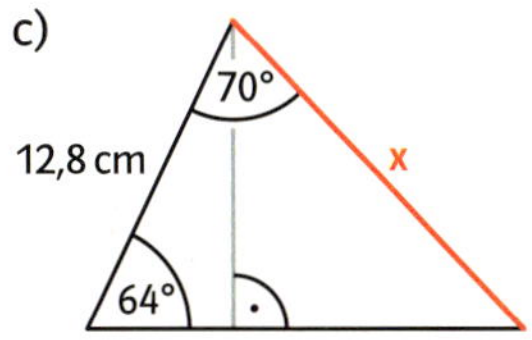

9 Vom Dreieck ABC sind bekannt: $\overline{AB} = 6,8\,cm$; $\alpha = 62°$ und $\beta = 48°$.

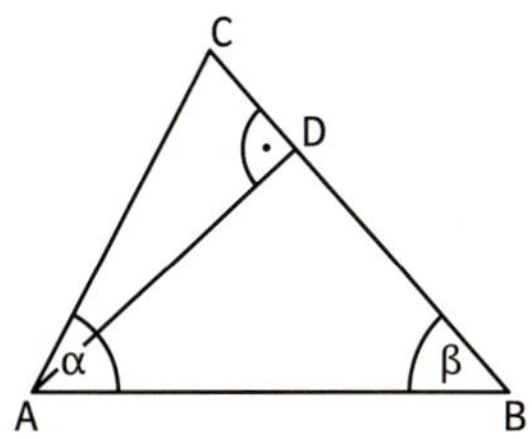

a) Konstruiere das Dreieck.
b) Um wie viel Zentimeter ist der Umfang des Dreiecks ABC größer als der Umfang des Dreiecks ABD?
c) Um wie viel Prozent ist der Flächeninhalt des Dreiecks ABC größer als der des Dreiecks ABD?

10 Das achsensymmetrische Trapez ABCD ist durch die Seitenlängen $a = 12,6\,cm$; $c = 7,2\,cm$ und den Umfang $u = 37\,cm$ gegeben.

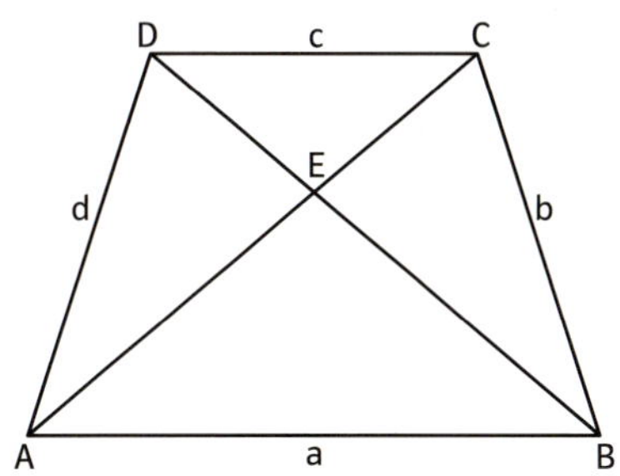

a) Wie groß ist die Fläche des Trapezes?
b) Wie groß sind die Trapezwinkel?
c) Wie viel Prozent der Trapezfläche nimmt das Dreieck ABE ein?

11 Berechne x bzw. β.

a)

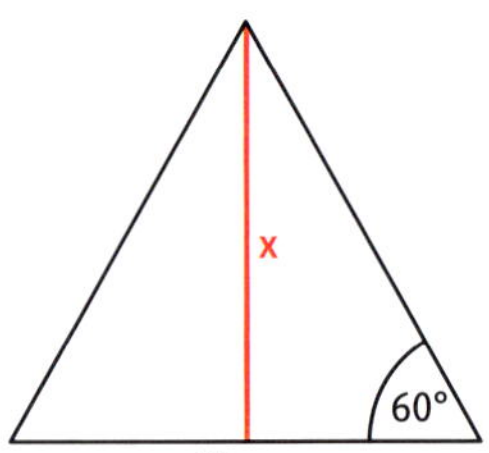

b)

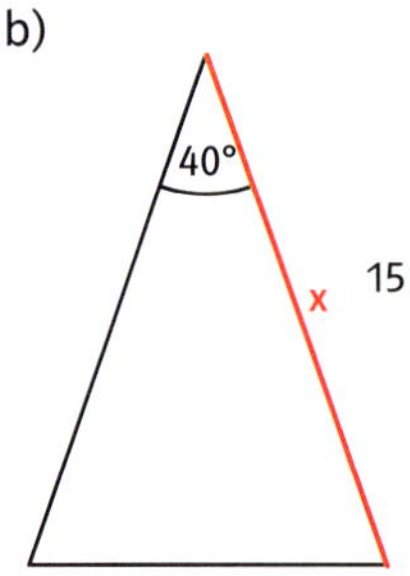

c)

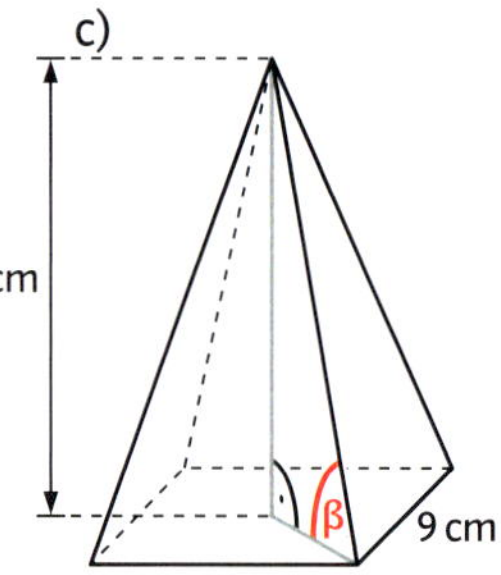

12 a) Für das rechtwinklige Trapez ABCD gilt: $\overline{AB} = 10\,\text{cm}$; $\overline{AD} = 5{,}6\,\text{cm}$; $\gamma = 39°$ und $\delta = 28{,}5°$. Wie lang ist die Strecke $\overline{CD}$?

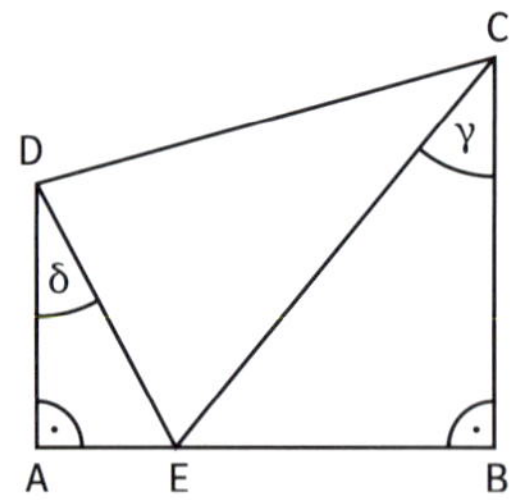

b) Die beiden Dreiecke ABC und ACD haben die Seite $\overline{AC} = 12{,}5\,\text{cm}$ gemeinsam. Außerdem ist $\alpha = 42{,}6°$ und $\beta = 71°$. Berechne die Länge der Seite $\overline{AD}$, wenn der Flächeninhalt des Dreiecks ACD um 50 % größer ist als der des Dreiecks ABC.

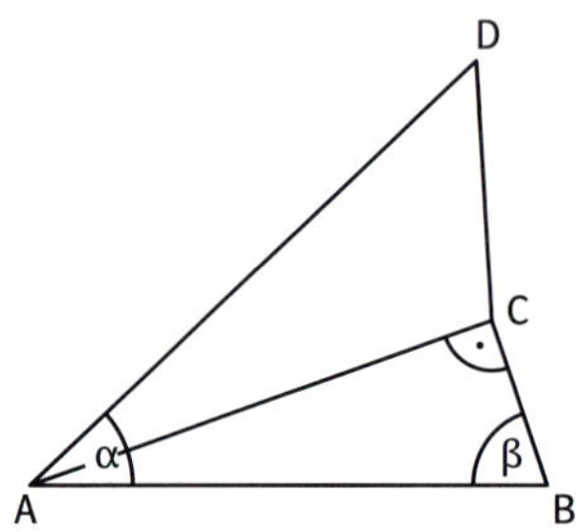

c) Im Trapez ABCD ist $\overline{BD} = 12{,}8\,\text{cm}$; $\alpha = 72{,}3°$ und $\beta = 55{,}6°$.
Berechne den Umfang und den Flächeninhalt des Trapezes.

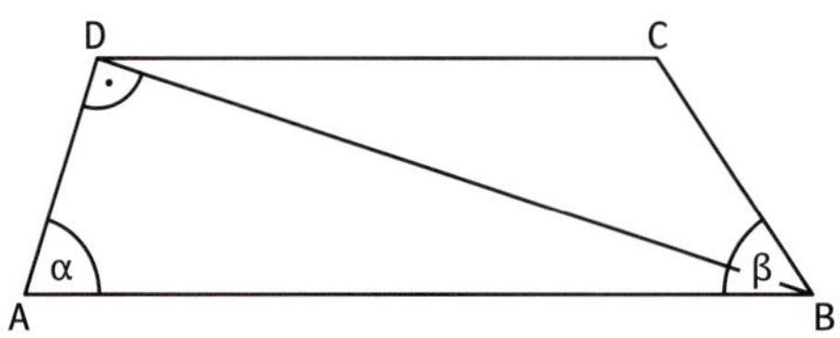

13 Berechne jeweils den Flächeninhalt des Dreiecks ABC.

a) Es gilt: $\overline{CD} = 1{,}5\,\text{cm}$ und $\alpha = 28{,}7°$.

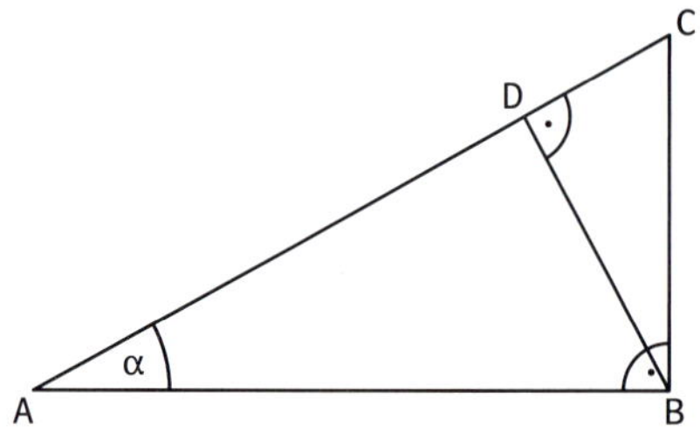

b) M halbiert die Strecke $\overline{BC}$. $\overline{AM} = 7\,\text{cm}$; $\overline{BC} = 8{,}6\,\text{cm}$; $\beta = 46{,}2°$

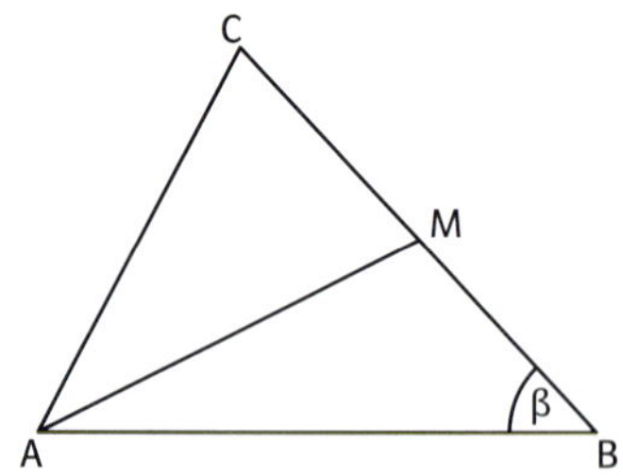

c) Es gilt: $\overline{AD} = \overline{AB} = 9{,}5\,\text{cm}$; $\varepsilon = 44{,}6°$ und $\delta = 28{,}8°$. Außerdem ist $\overline{AC} \parallel \overline{ED}$ und $\overline{BC} = \overline{EC}$.

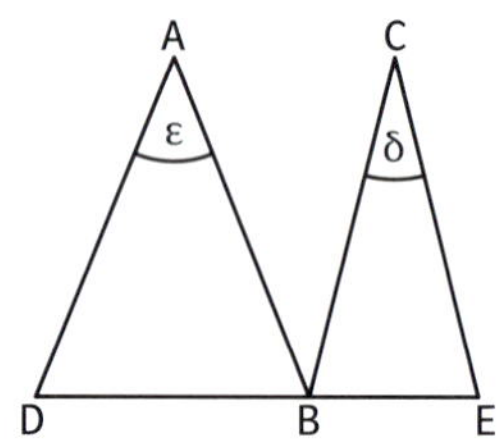

14 Die beiden rechtwinkligen Dreiecke ABC und ABE haben die Seite AB gemeinsam. Gegeben sind: $\overline{AB} = 14{,}5\,\text{cm}$; $\overline{BE} = 12{,}7\,\text{cm}$ und $\beta = 65{,}6°$.

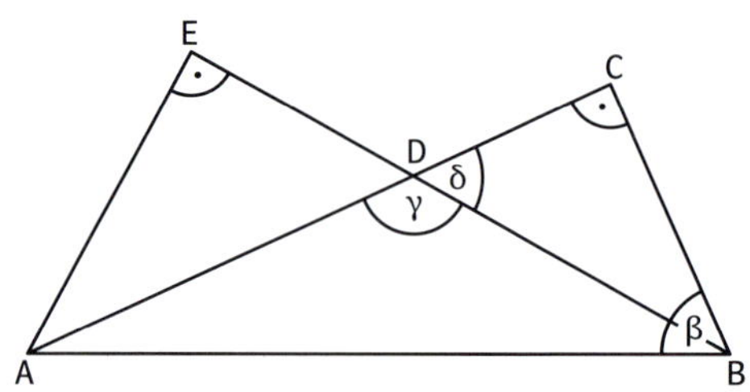

a) Berechne die Flächeninhalte der beiden Dreiecke.

b) Berechne die Größe der Winkel γ und δ.

c) Berechne den Abstand zwischen D und AB.

15 Berechne die Längen der unzugänglichen Strecken.

a) Zwischen den Ortsgemeinden A und B soll ein Kanalrohr geradlinig verlegt werden. Da der Vermesser keine Sichtverbindung hat, wählt er einen Punkt P, von dem er die beiden Orte unter einem Winkel von 58° anpeilt. Ferner misst er noch $\overline{PA} = 3{,}435\,km$ und $\overline{PB} = 3{,}852\,km$.

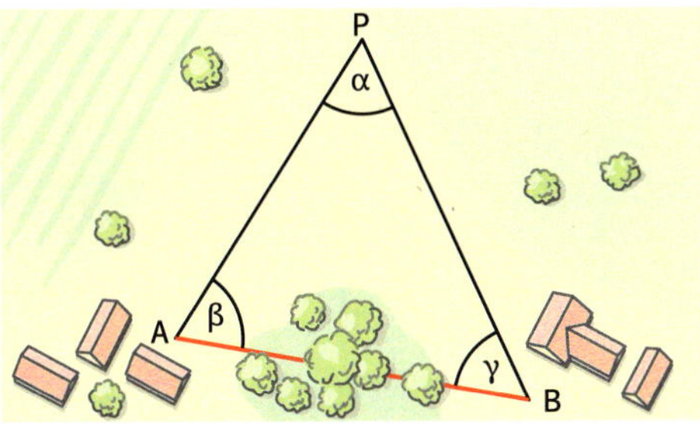

b) Zur Bestimmung der Streckenlängen $\overline{AC}$, $\overline{AD}$ und $\overline{CD}$ misst ein Vermessungstechniker folgende Längen und Winkel: $\alpha = 47°$; $\beta = 59°$; $\overline{BD} = 681\,m$ und $\overline{BC} = 932\,m$.

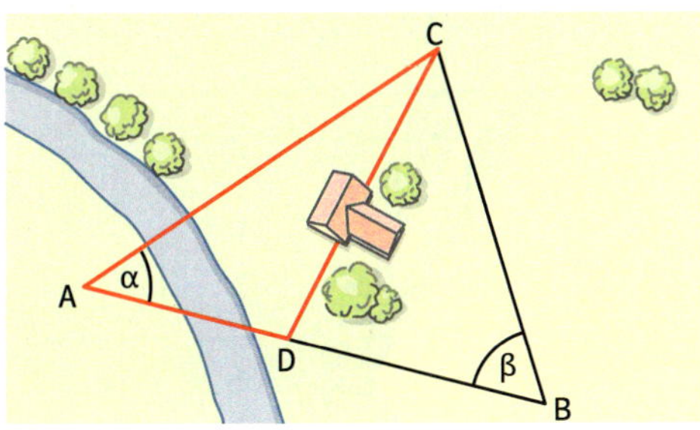

c) Der Abstand der beiden Punkte D und E lässt sich nicht direkt bestimmen. Auf der Verlängerung DE wird deshalb der Punkt A markiert und von dort aus eine Standlinie AC abgesteckt. Weiterhin wird auf AC ein Punkt B bestimmt. Anschließend werden folgende Stücke gemessen: $\overline{AB} = 76\,m$; $\overline{BC} = 52\,m$; $\alpha = 84°$; $\beta = 72°$ und $\gamma = 28°$.

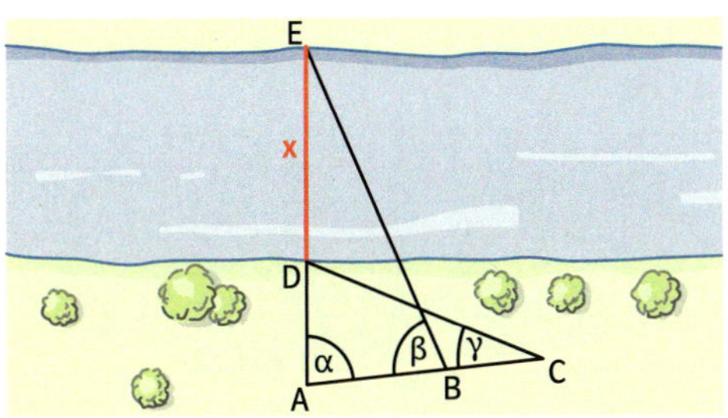

16 a) Ein Ballonfahrer misst in Augenhöhe eine Flughöhe von $h = 450\,m$, als er den westlichen Teil des Sees unter einem Winkel von $\beta = 17°$ anpeilt.
Wie weit muss er noch nach Osten fliegen, um den westlichen Seerand genau unter sich zu sehen?

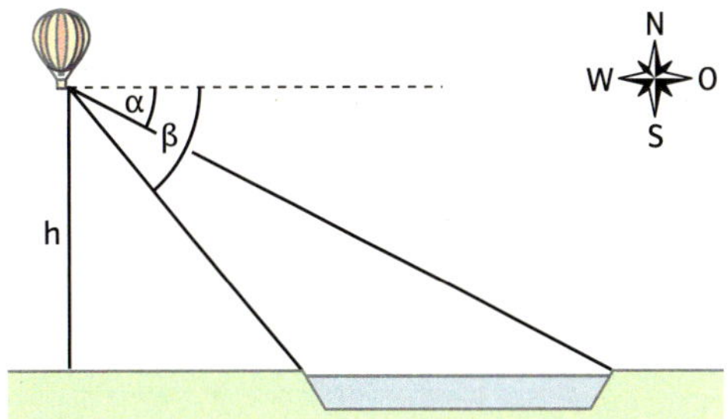

b) Vom westlichen Seerand wird der Ballonkorb unter einem Winkel von 65° und vom östlichen Seerand unter einem Winkel von 35° angepeilt.
Wie hoch fliegt der Ballonkorb, wenn der See an dieser Stelle $a = 2{,}7\,km$ breit ist? Fertige zunächst eine Skizze an.

c) Der Ballonfahrer peilt den westlichen Seerand unter einem Winkel von $\beta = 35°$ und den östlichen Seerand unter einem Winkel von $\alpha = 15°$ an. Um zu berechnen, wie hoch er fliegt, misst er die Breite des Sees auf einer Landkarte mit dem Maßstab 1:150 000 mit $a = 3{,}2\,cm$.

17 a) Zeichne den Graphen der Funktion $y = 2\sin(1{,}5\alpha)$ in ein Koordinatensystem. Bestimme die Periode und die Amplitude der Funktion.

b) Gib jeweils mindestens 5 Hoch-, Tief- und Wendepunkte der Funktion an.

c) Findest du die Funktionsgleichung?

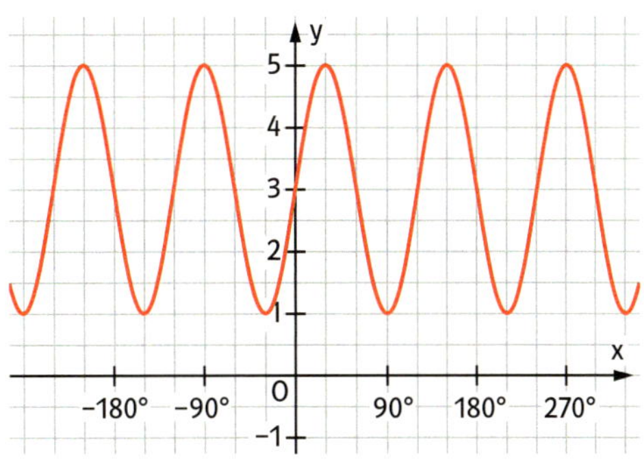

18 Berechne x bzw. α.

a)

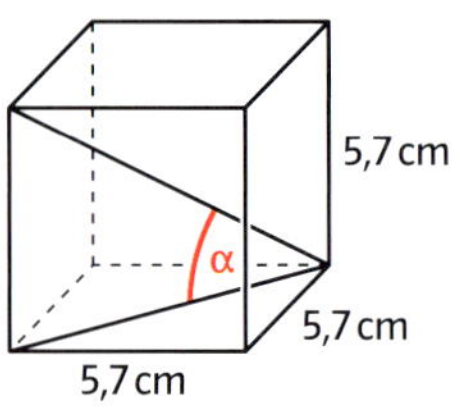

b)

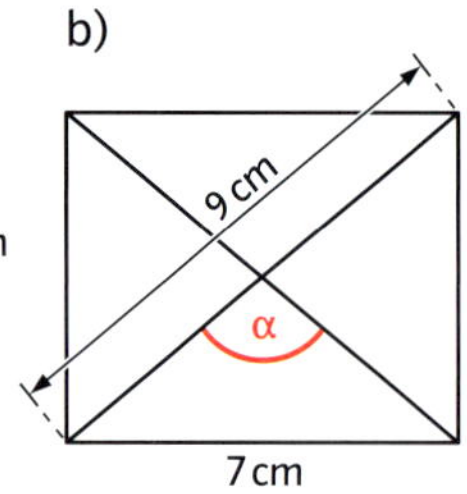

c)

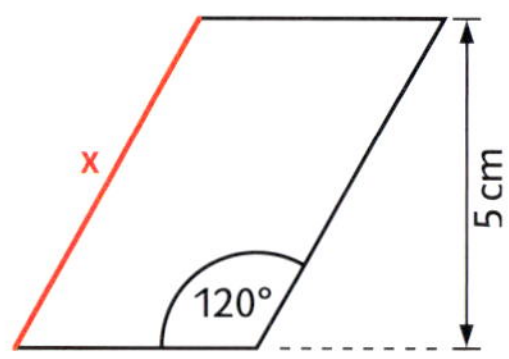

19 Berechne jeweils die Länge des roten Streckenzugs und zeichne ihn in ein maßstäblich gezeichnetes Netz ein.

a) Gegeben sind: $a = 5\,\text{cm}$; $h = 8\,\text{cm}$.

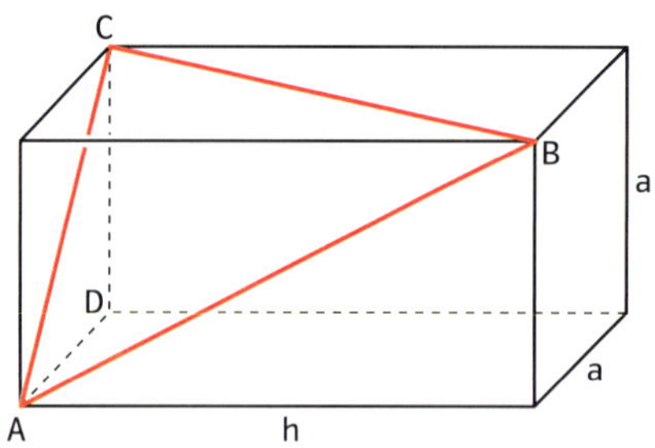

b) Im Würfel gilt: $a = \overline{BC} = 15\,\text{cm}$; $\alpha = 16°$; $\beta = 50°$.

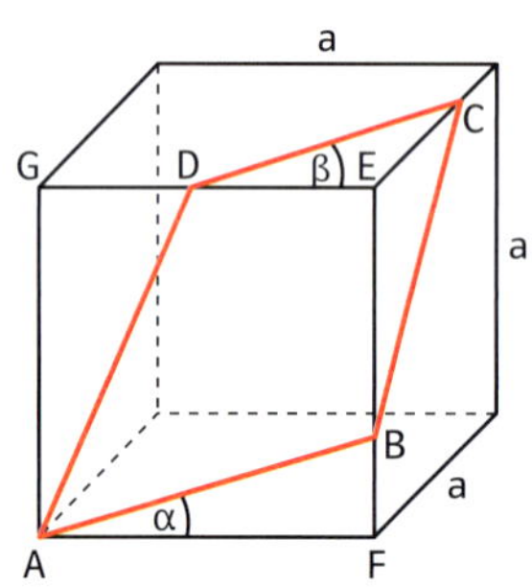

c) Für die quadratische Pyramide gilt: $a = 9{,}6\,\text{cm}$ und $s = 24{,}4\,\text{cm}$. C und D halbieren die Seitenkanten der Pyramide.

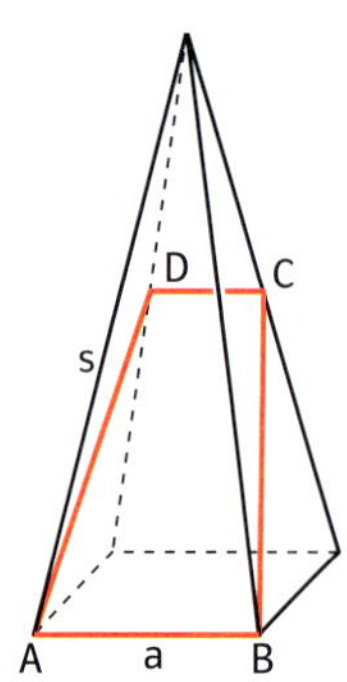

20 Berechne jeweils das Volumen der zusammengesetzten Körper.

a) Die beiden quadratischen Pyramiden haben eine gemeinsame Grundfläche. Es gilt: $s_1 = 2\,\text{cm}$; $a = 2\,\text{cm}$ und $M_2 = 12\,\text{cm}^2$ (M_2: Mantelfläche der unteren Pyramide).

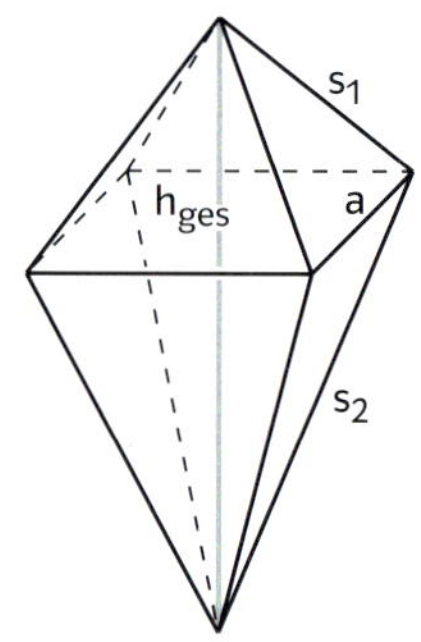

b) Auf ein quadratisches Prisma ist eine Pyramide aufgesetzt. Es gilt: $s = 9{,}6\,\text{cm}$; $\varepsilon = 150°$ und $\gamma = 75{,}3°$.

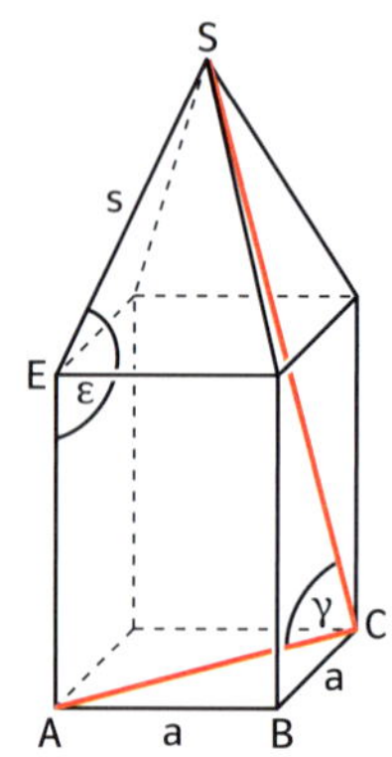

c) Zwei Kegel sind an ihren kongruenten Grundflächen aufeinandergesetzt. Man erhält den folgenden Achsenschnitt. Die Größe der Oberfläche des zusammengesetzten Körpers beträgt $335{,}2\,\text{cm}^2$.

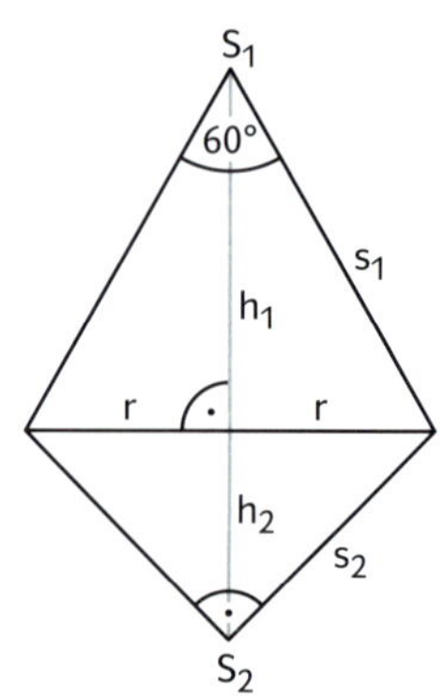

21 Berechne jeweils, um wie viel Prozent sich die Oberfläche verändert.

a) Von einer quadratischen Pyramide aus massivem Holz wurden $\frac{3}{8}$ abgesägt. Es gilt: $h = 8{,}5\,\text{cm}$ und $s = 11{,}2\,\text{cm}$.

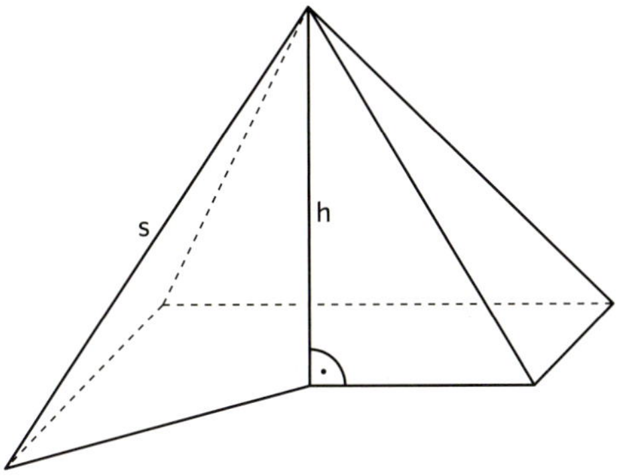

b) Aus einem Kegel wird ein halber Kegel herausgeschnitten. Es gilt: $s_1 = 16\,\text{cm}$; $s_2 = 10\,\text{cm}$ und $r_1 = 9{,}6\,\text{cm}$.

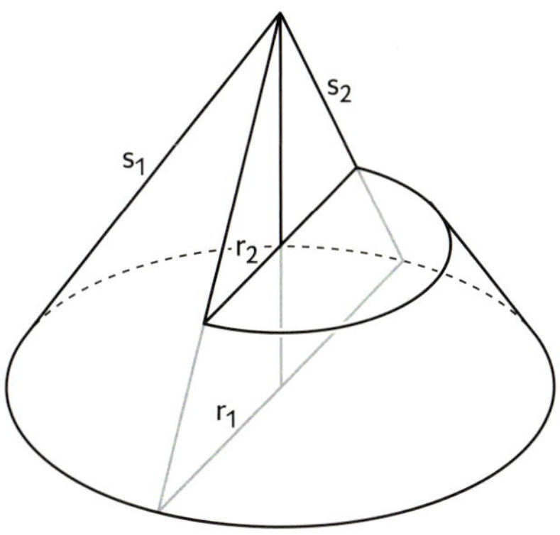

c) Von einer quadratischen Pyramide sind bekannt: $a = 12\,\text{cm}$ und $h = 8{,}4\,\text{cm}$. Von der Pyramide wird eine Ecke abgetrennt.

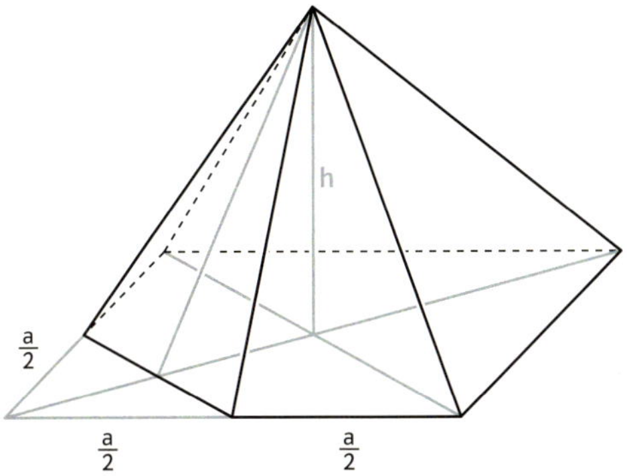

22 Gegeben ist eine quadratische Pyramide mit $a = 4\,\text{cm}$ und $s = 6\,\text{cm}$.

a) Zeichne das Schrägbild der Pyramide.

b) Berechne das Volumen und den Oberflächeninhalt der Pyramide.

c) Berechne die Winkel α, β und γ.

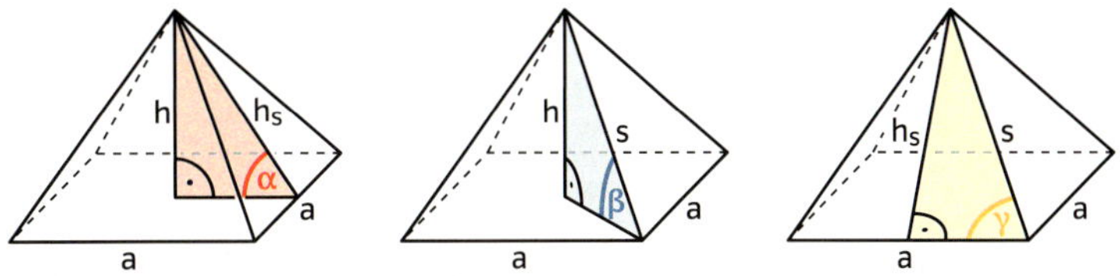

23 In einem Modell hat die Erde einen Durchmesser von 4 cm. Im gleichen Maßstab besitzt die Sonne ein Volumen von $44{,}6\,\text{m}^3$.

a) Berechne die Oberflächen beider Modelle.

b) Die Erde hat in Wirklichkeit einen Radius von 6378 km. Gib den Maßstab des Modells und den Durchmesser der Sonne in der Potenzschreibweise an.

c) Wie oft passt das Volumen der Erde in das der Sonne? Verwende die wissenschaftliche Schreibweise.

24 Ein Getreidesilo hat folgende Form.

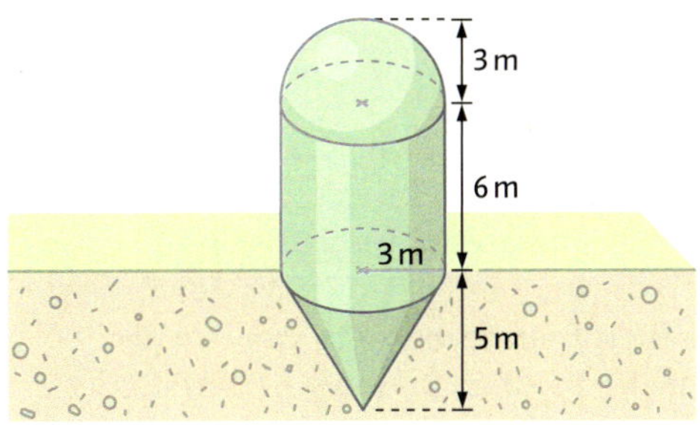

a) Berechne das Fassungsvermögen des Silos in Litern.

b) Der oberirdische Teil des Silos soll neu gestrichen werden. Man benötigt 7,5 Liter Farbe je $50\,\text{m}^2$.

c) Weizen hat je nach Korngröße ein Hektolitergewicht von 75 kg bis 80 kg. Bei Hafer liegt es zwischen 52 kg und 58 kg. Berechne den Gewichtsunterschied zwischen den beiden Getreidearten, wenn das Silo zu $\frac{3}{4}$ der Höhe gefüllt ist.

25 Ein trapezförmiger, 1 m tiefer Graben muss auf eine Länge von 3 km ausgehoben werden. Sein Böschungswinkel beträgt 75°. Die Sohle ist 50 cm breit.

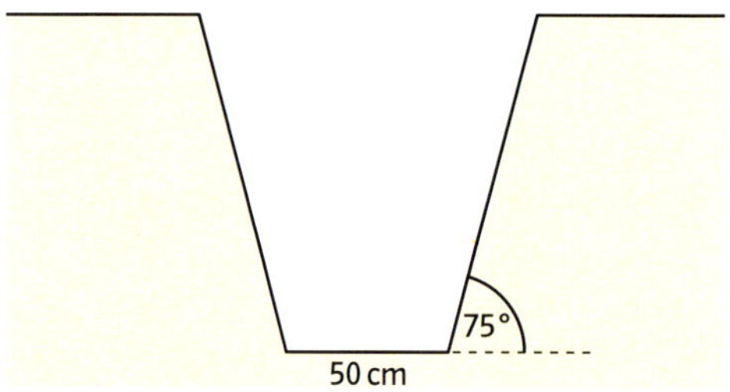

a) Berechne die Größe der Querschnittsfläche des Grabens.
b) Wie viel Kubikdezimeter Beton werden benötigt, um den Graben zu füllen? Gib das Ergebnis in Potenzschreibweise an.
c) Die Rohdichte von Normalbeton liegt zwischen 2,0 und 2,8 kg je dm^3. Ein Betonlastwagen kann 20 Tonnen je Fuhre laden.

26 a) Berechne die Größe der Oberfläche und das Volumen der beiden Körper.

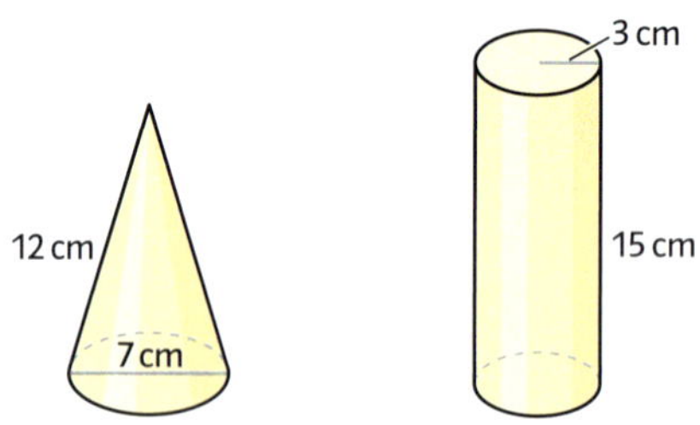

b) Wie groß muss der Radius des Kegels bei gleicher Höhe gewählt werden, damit beide Körper volumengleich sind?
c) Wie groß muss der Radius des Kegels bei gleicher Seitenkante gewählt werden, damit die Oberfläche der beiden Körper gleich groß ist?

27 Ein Kegel ist 12 e hoch und hat einen Radius von 9 e.
a) Berechne das Volumen des Kegels in Abhängigkeit von e.
b) Gib einen vereinfachten Term für den Oberflächeninhalt des Kegels in Abhängigkeit von e an.
c) Bestimme für einen Kegel mit doppelter Höhe und gleichem Volumen den Radius in Abhängigkeit von e.

28 Die Cheops-Pyramide ist die älteste der drei Pyramiden von Gizeh. Mit einer heutigen Höhe von etwa 139 m ist sie außerdem die höchste Pyramide der Welt. Sie hat eine Seitenlänge von 230 m.

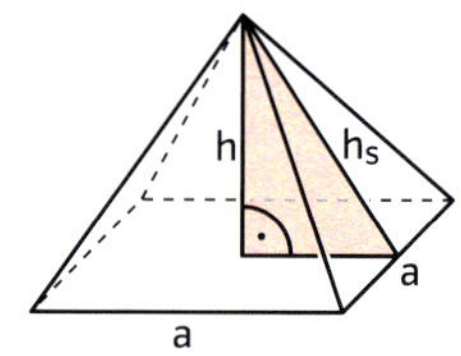

a) Berechne das Volumen der Pyramide.
b) Berechne den Basiswinkel β in der Diagonalschnittfläche der Pyramide.

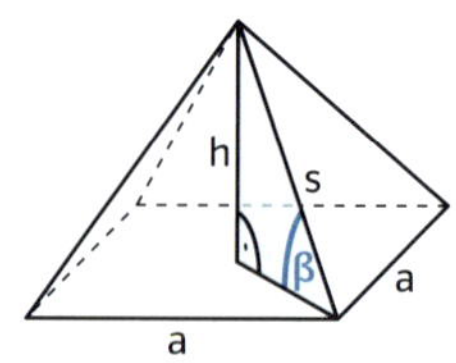

c) Über die Jahrtausende verwitterte ein Teil des Gesteins, wodurch die Cheops-Pyramide etwa 5,2 % ihrer Höhe verlor. Um wie viel Prozent wurde die Mantelfläche der Pyramide kleiner, wenn man davon ausgeht, dass die Seitenlänge in etwa gleich blieb?

29 Aus einem Würfel mit der Kantenlänge a = 12 cm ist eine quadratische Pyramide herausgearbeitet.
a) Berechne das Volumen des Restkörpers.

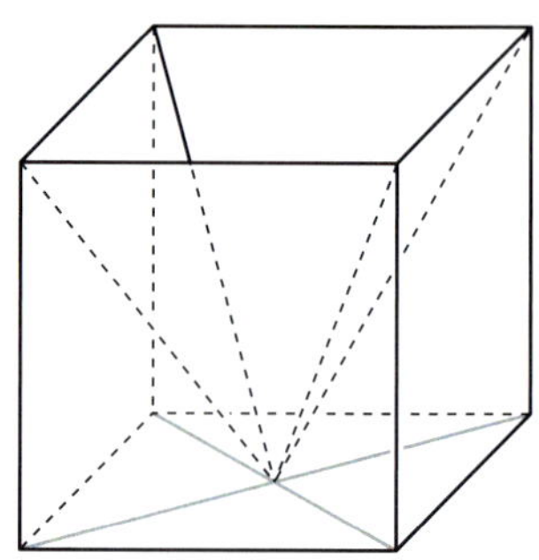

b) Berechne den Oberflächeninhalt des Restkörpers.
c) Um wie viel Prozent ist das Volumen des Restkörpers größer, wenn die Pyramide nur halb so hoch ist?

30 Die quadratischen Glaspyramiden im Hof des Louvre wurden 1989 zur Ausleuchtung der unterirdischen Teile des Louvre fertiggestellt.
Die Grundkante der größten Pyramide beträgt 35 m. Sie hat ein Volumen von 8840,42 m^3.

a) Wie hoch ist die Pyramide?
b) Berechne die Glasfläche der Pyramide. Für die Einfassung der Glasteile durch Stahlträger kannst du 5 % abziehen.
c) Eine kleinere Pyramide hat eine Oberfläche von 161 m^2 und eine Seitenhöhe von $h_s = 8$ m.
Berechne das Volumen dieser Pyramide.

31 Ein Stehaufmännchen hat eine Gesamthöhe von $h_g = 12$ cm und einen Radius $r = 5$ cm.

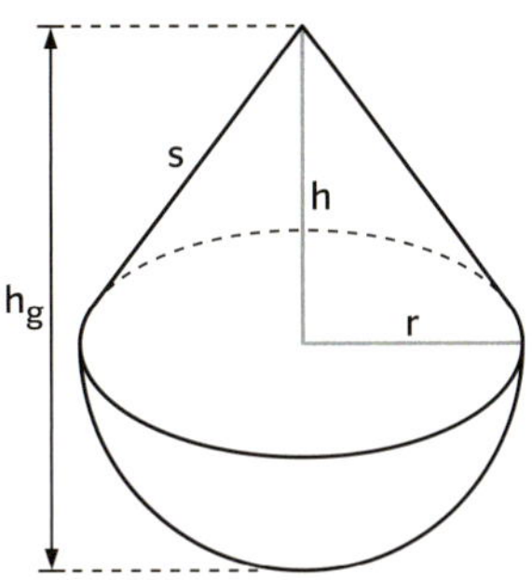

a) Berechne das Volumen und die Größe der Oberfläche des Stehaufmännchens.
b) Das Volumen eines Stehaufmännchens beträgt 14,14 dm^3. Die Höhe h ist doppelt so lang wie der Radius r.
Wie groß ist seine Oberfläche?
c) Die Gesamthöhe h_g ist viermal so groß wie der Radius. Erstelle eine Formel für das Volumen und die Größe der Oberfläche des Stehaufmännchens in Abhängigkeit von r.

32 Berechne jeweils das Volumen und den Oberflächeninhalt der quadratischen Pyramiden.
a) Ein gleichseitiges Dreieck mit der Seitenlänge 12,4 cm ist Parallelschnittfläche der Pyramide.
b) Ein gleichschenkliges, rechtwinkliges Dreieck mit der Hypotenusenlänge 18 cm ist Diagonalschnittfläche der Pyramide.
c) Die Seitenflächen sind gleichseitige Dreiecke mit einem Flächeninhalt von jeweils 65 cm^2.

33 Berechne jeweils das Volumen und den Oberflächeninhalt des Drehkörpers bei Rotation um die eingezeichnete Achse.

a)

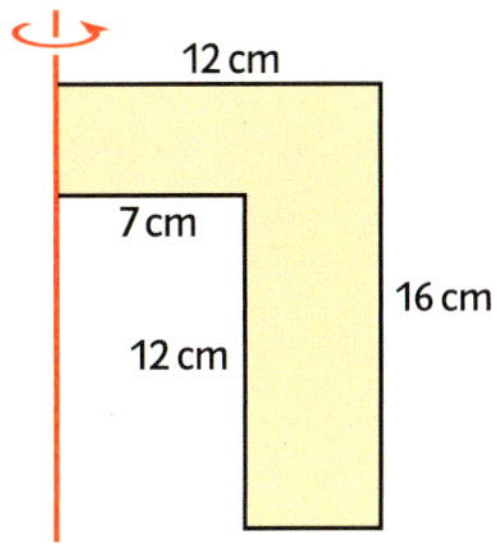

b)

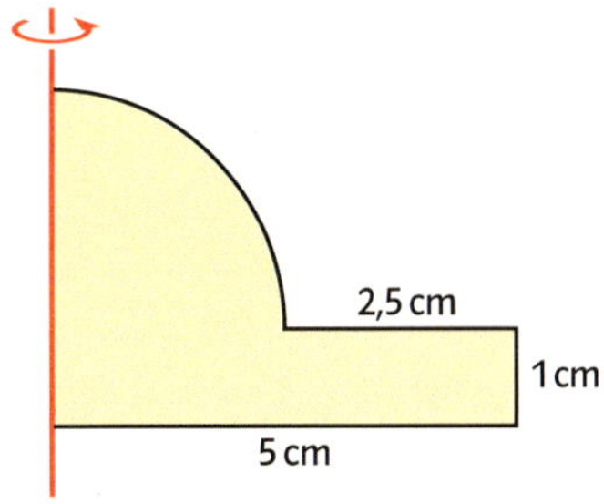

c) Gib das Volumen und die Größe der Oberfläche des Drehkörpers in Abhängigkeit von a an.

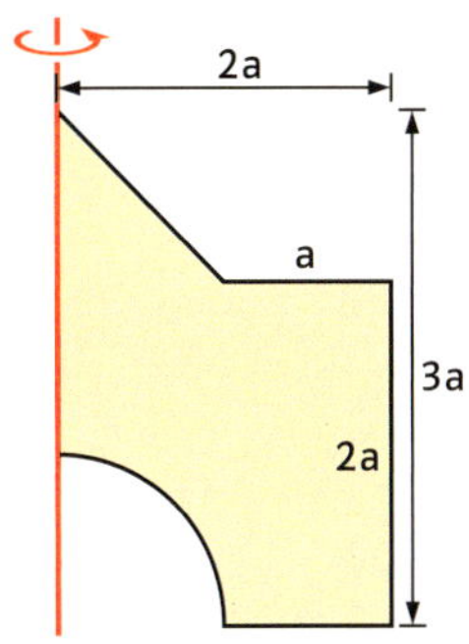

34 a) Auf eine quadratische Säule wird eine quadratische Pyramide gesetzt. Folgende Maße sind gegeben: $a_1 = 4{,}55\,m$; $h_1 = 7{,}3\,m$; $a_2 = 5{,}8\,m$ und $h_2 = 6{,}15\,m$. Berechne den Oberflächeninhalt des zusammengesetzten Körpers.

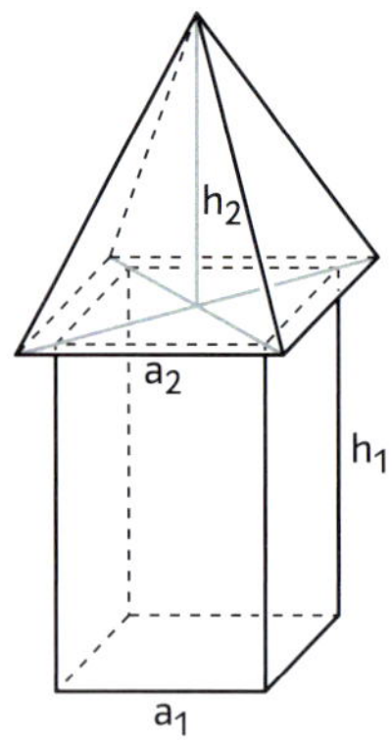

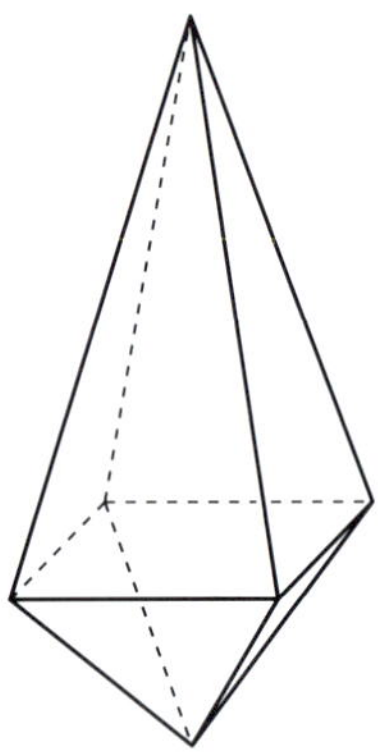

b) Zwei quadratische Pyramiden sind auf ihren Grundflächen aufeinandergesetzt. Die gemeinsame Grundkante ist 6 cm lang. Die Seitenkanten der unteren Pyramide sind genauso lang wie ihre Grundkante. Die Seitenflächenhöhe der oberen Pyramide ist doppelt so lang wie die der unteren Pyramide.
Berechne das Volumen der Doppelpyramide auf dem Rand.

c) Ein Kegel ist auf einen Zylinder aufgesetzt. Der Radius ist 7,5 cm lang und die Größe der Oberfläche des zusammengesetzten Körpers beträgt 766 cm^2. Die Mantelflächen des Kegels und des Zylinders sind gleich groß. Berechne den Winkel ε und das Volumen des zusammengesetzten Körpers.

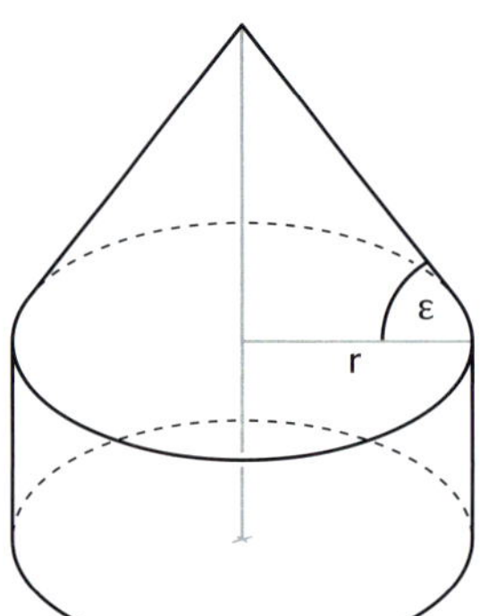

35 Berechne jeweils das Volumen und den Oberflächeninhalt des Kegels.

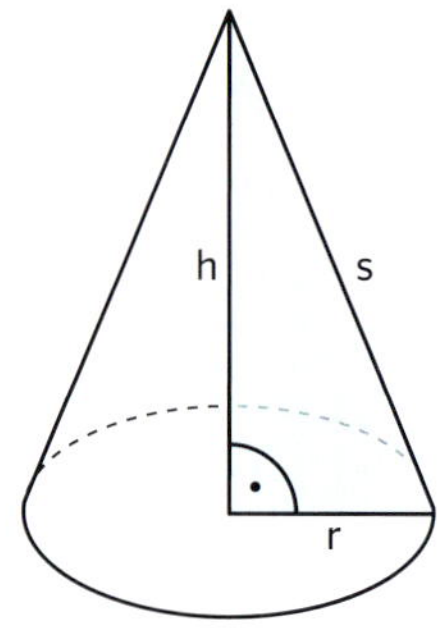

a) Die Mantelfläche ist doppelt so groß wie die Grundfläche. Die Mantellinie s beträgt 15 cm.

b) Ein Kegel und eine Halbkugel haben dasselbe Volumen. Die Halbkugel hat eine Oberfläche von 236 cm^2. Die Höhe des Kegels ist doppelt so groß wie der Durchmesser seines Grundkreises.

c) Der Achsenschnitt eines Kegels ist ein gleichseitiges Dreieck mit einem Flächeninhalt von 250 cm^2.

36 a) Von einer regelmäßigen Sechseckspyramide sind gegeben: $a = 3\,cm$ und $h = 4\,cm$. Berechne ihren Oberflächeninhalt und ihr Volumen.

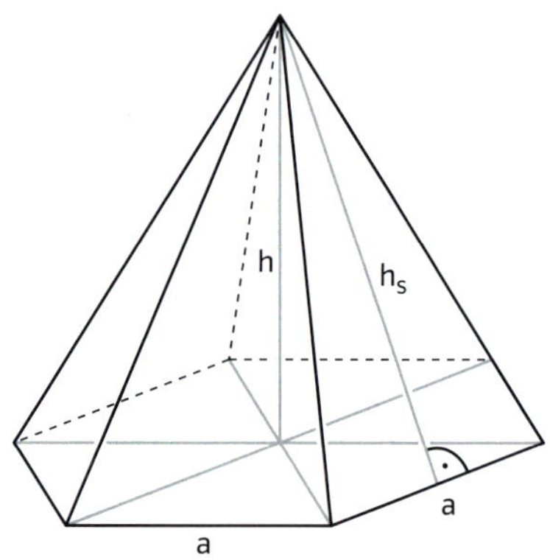

b) Die Seitenhöhe h_s einer regelmäßigen Sechseckspyramide ist 11,8 cm lang und die Mantelfläche ist 265,5 cm^2 groß. Berechne ihren Oberflächeninhalt und ihr Volumen.

c) Bei einer regelmäßigen Sechseckspyramide ist $M = 145\,cm^2$ und $O = 205\,cm^2$. Wie groß ist die Oberfläche einer Kugel mit demselben Volumen wie die Pyramide?

37 Berechne jeweils die Länge des roten Streckenzugs und zeichne ihn auf dem Netz ein.

a) Die 6,4 cm hohe Pyramide hat eine Grundkante von 3,7 cm. Die Punkte P, Q, R, M_1 und M_2 halbieren jeweils die Strecke, auf der sie liegen.

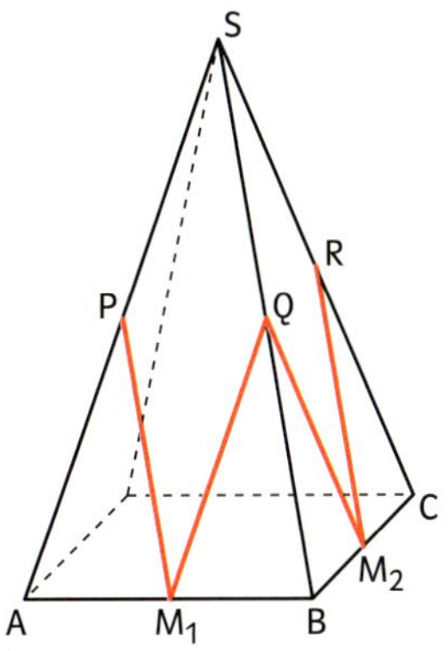

b) Vom Quader sind bekannt: $a = 7{,}4\,cm$; $b = 5\,cm$; $O = 180{,}64\,cm^2$ und $\varepsilon = 50°$.

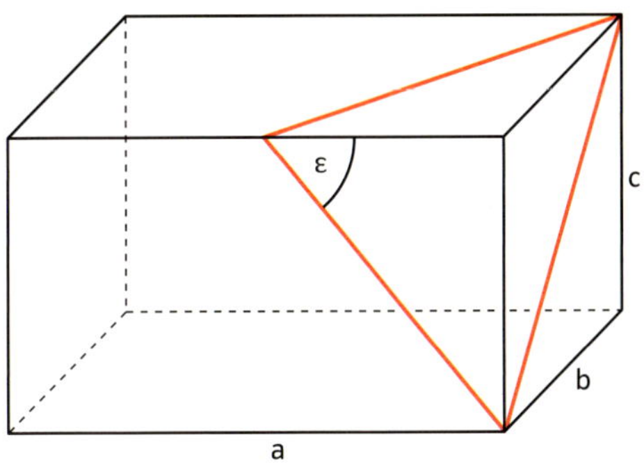

c) Die Grundkante der 4 cm hohen, quadratischen Pyramide ist 3,5 cm lang. Der Punkt P halbiert die Seitenkante s.

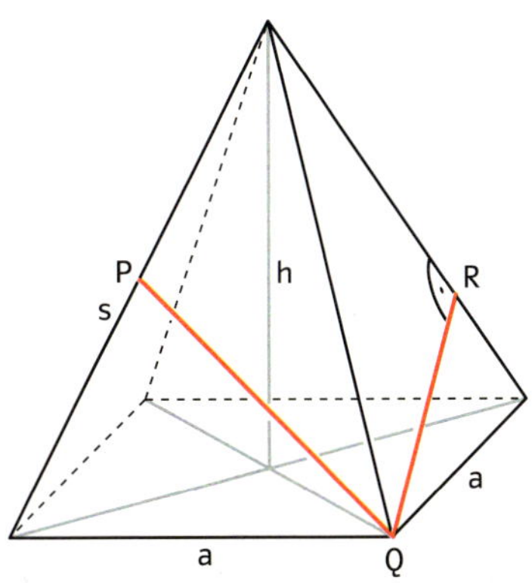

38 a) Bestimme den Schnittpunkt der beiden Geraden zeichnerisch. Prüfe deine Lösung durch Rechnung.

$f(x) = 0{,}5x - 4$

$g(x) = -1{,}5x + 2$

b) In welchem Punkt schneiden sich die beiden Geraden?

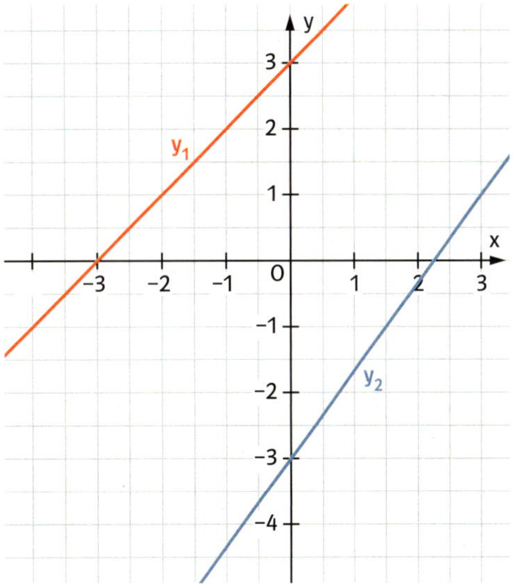

c) Berechne den Flächeninhalt des Rechtecks, das durch die vier Geraden begrenzt ist.

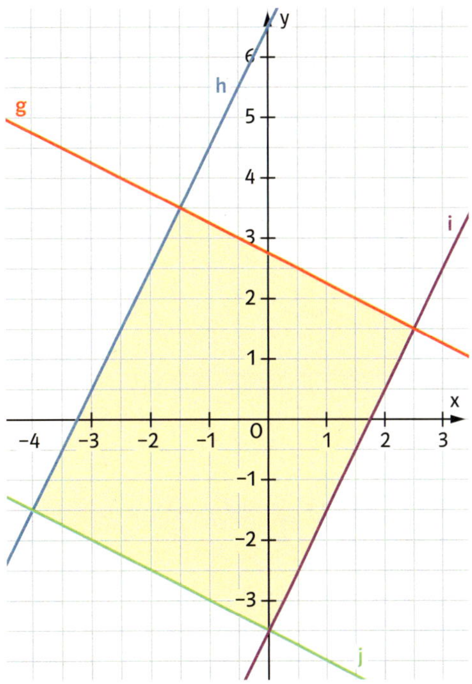

39 a) Bestimme die Lösung des linearen Gleichungssystems zeichnerisch.

$y = 2x + 3$
$y = -x - 3$

b) Löse das lineare Gleichungssystem rechnerisch.

$3x - 2y = 59$
$4x - 104 = 9y$

c) Löse das lineare Gleichungssystem mit zwei verschiedenen Verfahren.

$2(x + 1) = 9 - 3(y - 2)$
$3(3 - x) = 2(y - 1{,}5)$

40 a) Bestimme die Lösung des linearen Gleichungssystems rechnerisch.

$3x + 4y = 1$
$2x - 3y = 12$

b) Wie viele Lösungen hat das lineare Gleichungssystem?

$2y + 10 = 4x$
$3 + 3y = 6x$

c) Woran lässt sich im Schaubild eines linearen Gleichungssystems die Anzahl der Lösungen ablesen?

41 a) Löse das Gleichungssystem rechnerisch.

$2(x - 3y) - (5x - 2y) = 10$
$7y - 5(3x + 4y) = 85$

b) Löse das Gleichungssystem rechnerisch und überprüfe durch Zeichnung.

$2(3x - y) - (x + 2y) = 14$
$3(2x + 3y) - 2(y - x) = 9$

c) Bestimme die Lösungen des linearen Gleichungssystems rechnerisch.

$\frac{3x - 6y}{5} - \frac{2x + 2y}{4} = -2$
$\frac{x + 7y}{2} - (5x - y) = 18$

42 Löse das lineare Gleichungssystem.

a) $10y - 3(5 - 2x) = 7y - 6x$
$5(-2x + 1 + 3y) = -4(2x + 1) + 9y$

b) $(2x - 3)(-4x - 5)$
$= -4x(2x + 5) + 5y + 2x$
$(4x - 3)(4x + 3) - (2x + 1)(2x - 1)$
$= y + 12x^2 - 1$

c) $(3y - 1)^2 + 9x^2$
$= (3x + 5)^2 + 9(y - 2)^2 - 30$
$(2x + 3)^2 - xy$
$= 3x(2x - y) - 2x(x - y) + 11y$

43 a) Eine Gerade g verläuft durch die beiden Punkte $P(-2{,}5\,|\,-2)$ und $Q(5\,|\,1)$, eine zweite Gerade h durch die Punkte $R(-1\,|\,3{,}5)$ und $T(4\,|\,-1{,}5)$.
Bestimme die Gleichungen der beiden Geraden und die Koordinaten ihres Schnittpunkts.
b) Eine dritte Gerade f durch die Punkte P und R bildet mit den Geraden g und h ein Dreieck. Berechne seinen Umfang.
c) Berechne die Größe der drei Winkel und den Flächeninhalt des Dreiecks.

44 a) Eine Gerade g verläuft durch die beiden Punkte $P(-7\,|\,7)$ und $Q(5\,|\,-17)$. Berechne die Gleichung der Geraden und ihre Nullstelle.
b) Berechne den Abstand der beiden Punkte.
c) Unter welchem Winkel schneidet die Gerade g die x-Achse?

45 a) Gegeben sind die Gleichungen der Geraden g, h und k.

g: $y = \frac{2}{3}x + 1$
h: $3y = x + 6$
k: $4x - 6y + 15 = 0$

Bestimme die Anzahl der Schnittpunkte und begründe deine Antwort.
b) Überprüfe deine Aussage durch eine Zeichnung.
c) Ändere eine der Geradengleichungen so ab, dass die drei Geraden keinen Punkt gemeinsam haben.

46 a) Frau Bauer kauft auf dem Markt für 15,93 € Äpfel und Orangen, insgesamt 7 kg. Die Äpfel kosten 1,99 € je kg, die Orangen 2,49 €.
b) Zwei Mädchen und drei Jungen teilen 200 Kugeln untereinander auf. Beide Mädchen erhalten gleich viele Kugeln. Jeder Junge erhält doppelt so viele Kugeln wie ein Mädchen.
c) Eine zweistellige Zahl ist siebenmal so groß wie ihre Quersumme. Subtrahiert man von ihr 27, so erhält man eine neue Zahl, deren Ziffern die umgekehrte Reihenfolge haben wie die Ausgangszahl.

47 a) Harald hat doppelt so viele 1-Euro-Münzen wie Martina. Insgesamt besitzen sie 30 €. Wie viele Münzen hat Martina?

b) Manuela hat drei 1-Euro-Münzen mehr als Henning. Zusammen besitzen sie 73 €. Stelle die zugehörige Gleichung auf und berechne die Anzahl der Münzen.
c) Harald sagt zu Martina: „Ich habe dreimal so viele 1-Euro-Münzen wie du, und ich habe auch drei 1-Euro-Münzen mehr als du.“ Martina wundert sich und meint: „Meinst du vielleicht, dass du 3-mal so viel Geld hast wie ich und auch 3 € mehr?

48 a) Die Differenz aus dem Dreifachen einer Zahl und 5 ist gleich groß wie das Doppelte der um 1 verminderten Zahl. Welche der Gleichungen beschreibt das Zahlenrätsel korrekt?

A $3x - 5 = 2 \cdot x - 1$
B $3 \cdot x - 5 = 2x - 1$
C $3 \cdot x - 5 = 2(x - 1)$
D $3(x - 5) = 2(x - 1)$
E $3(x - 5) = 2 \cdot x - 1$

b) Auf einem Bauernhof gibt es Enten und Hasen. Sie haben zusammen 50 Köpfe und 182 Beine.
c) Verlängert man die kürzere Seite eines Rechtecks um 2 cm und die längere Seite um 5 cm, so vergrößert sich der Flächeninhalt des Rechtecks um 100 cm². Sein Umfang beträgt dann 82,4 cm.

49 Gegeben sind zwei Parabeln der Form $y_1 = ax^2$ und $y_2 = x^2 + c$. Sie haben den gemeinsamen Punkt P(2|2).
a) Bestimme die Funktionsgleichungen der beiden Parabeln.
b) Zeichne ihre Graphen in ein Koordinatensystem.
c) Bestätige die Koordinaten des zweiten Schnittpunkts der Parabeln durch Rechnung.

50 Bestimme die Funktionsgleichungen.

a)

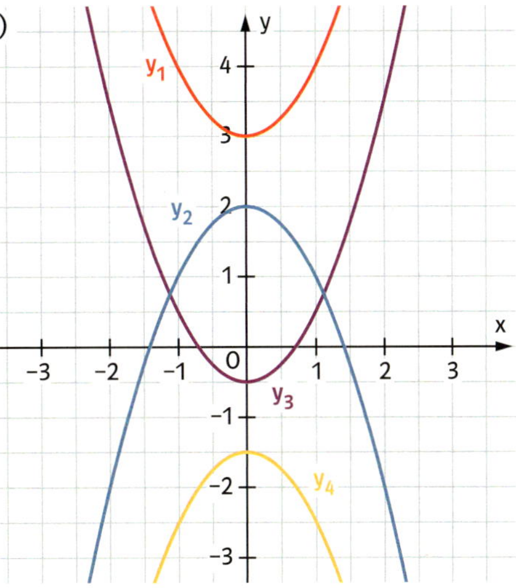

b)

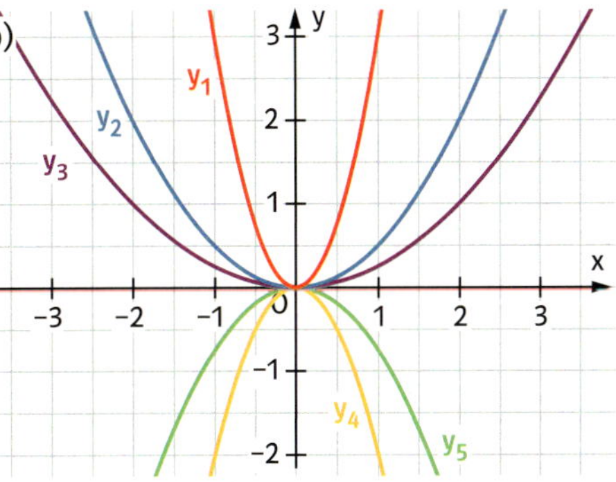

c)

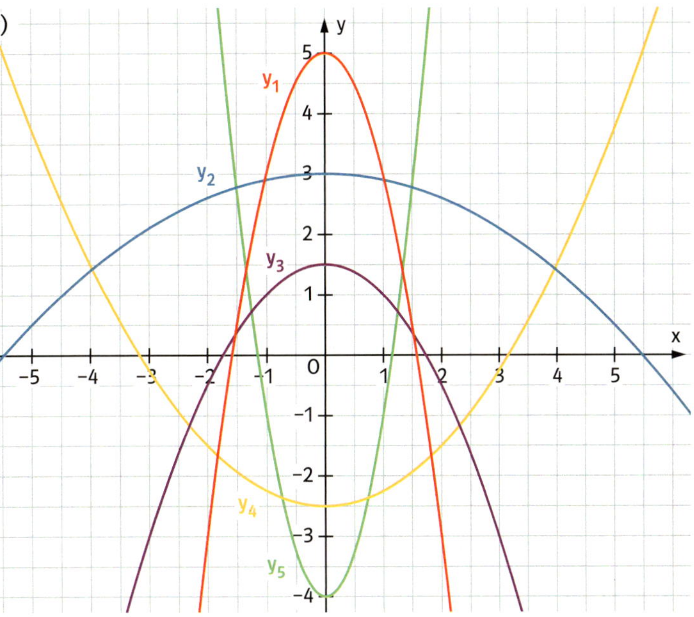

51 Eine Normalparabel hat den Scheitelpunkt $S(-5{,}5\,|\,-6{,}25)$.
a) Gib die Funktionsgleichung der Parabel in der Normalform an.
b) Bestimme die Schnittpunkte der Parabel mit der x-Achse und der y-Achse.
c) Durch die Schnittpunkte der Parabel mit den Achsen wird ein Dreieck bestimmt. Berechne dessen Flächeninhalt.

52 Eine Parabel hat die Funktionsgleichung $f(x) = x^2 - 6x + 5$.
a) Bestimme den Scheitelpunkt der Parabel.
b) Berechne die Nullstellen der Parabel.
c) Wie groß ist der Umfang des Dreiecks aus den beiden Nullstellen und dem Scheitel der Parabel?

53 Eine nach oben geöffnete, verschobene Normalparabel schneidet die x-Achse in den Punkten $N_1(-2\,|\,0)$ und $N_2(4\,|\,0)$.
a) Bestimme die Funktionsgleichung in der Normalform.
b) Bestimme den Scheitelpunkt der Parabel.
c) Wie lautet der Scheitelpunkt der nach unten geöffneten Normalparabel mit denselben Nullstellen?

54 Gegeben sind zwei Parabeln:
p_1: $y = x^2 + 2x + 6$ und
p_2: $y = 2x^2 + 3$.
a) Auf welcher Parabel liegen die Punkte $R(-3\,|\,21)$, $S(5\,|\,41)$, $T(-2\,|\,6)$, $U(3\,|\,15)$?
b) Zeichne die Schaubilder beider Parabeln in ein Koordinatensystem und gib ihre Lage und Form bezüglich der Normalparabel an.
c) Berechne die Koordinaten der Schnittpunkte.

55 Eine nach oben geöffnete Normalparabel hat den Scheitel $S(-1{,}5\,|\,1{,}5)$.
a) Bestimme ihre Funktionsgleichung in der Normalform.
b) Berechne die Koordinaten der Schnittpunkte P und Q der Parabel mit der Geraden g: $y = x + 5$.
c) Wie weit liegen die beiden Schnittpunkte voneinander entfernt?

56 Gib die Funktionsgleichungen der Parabeln in Normalform an.

a)

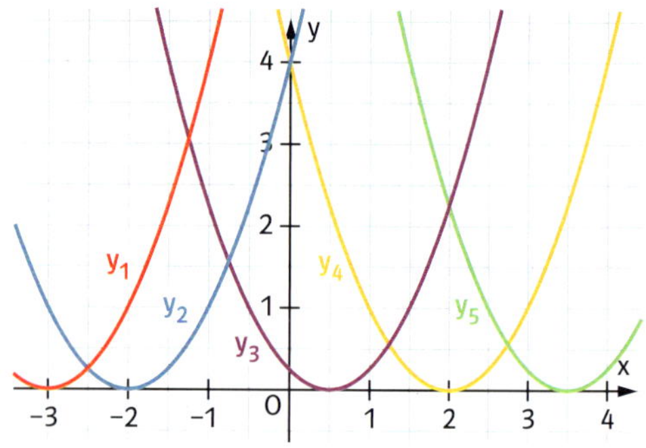

b)

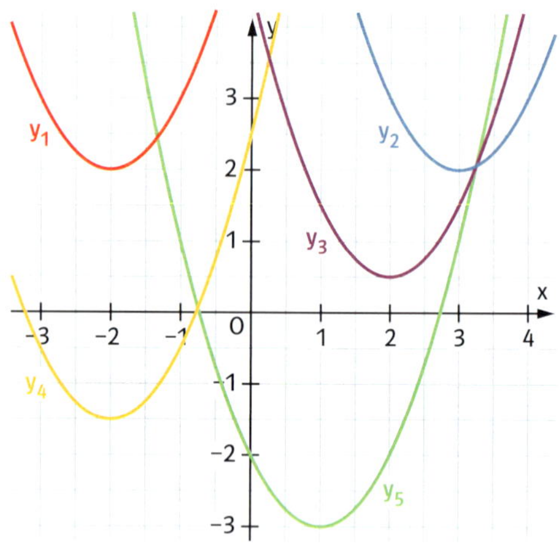

c)

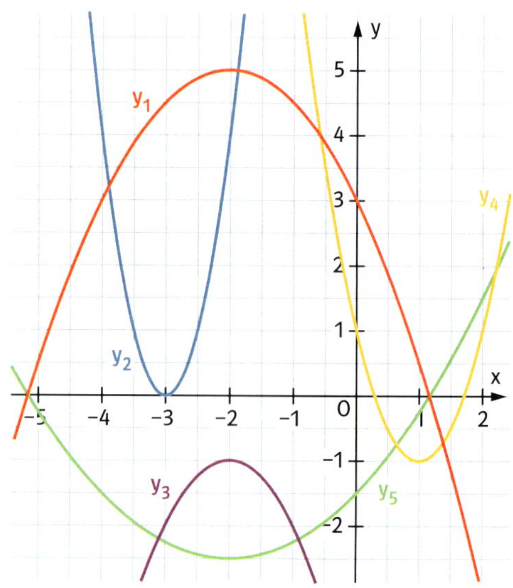

57 Der Punkt P(−1|14) gehört zu einer Parabel mit der Gleichung $y = x^2 + px + 7$. Der Punkt Q(1|14) gehört zu einer anderen Parabel mit derselben Gleichungsform.
a) Berechne die Nullstellen der Parabeln.
b) Bestimme die Scheitelpunkte der beiden Parabeln.
c) In welchem Punkt schneiden sich die beiden Graphen? Überprüfe dein Ergebnis durch Zeichnung.

58 Gegeben sind zwei Parabeln mit:
$y_1 = x^2 + 10x + 22$ und
$y_2 = x^2 - 4x + 7$
a) Zeichne beide Parabeln in ein Schaubild.
b) Bestimme rechnerisch die Koordinaten der Scheitelpunkte der Parabeln.
c) Berechne die Entfernung der beiden Scheitelpunkte.

59 Eine nach oben offene Normalparabel verläuft durch die Punkte A(−3|−1) und B(2|4). Eine andere Parabel verläuft durch den Punkt C(3|−5) und hat den Scheitel S(1|−1).
a) Zeichne die Graphen der beiden Funktionen in ein Koordinatensystem.
b) Bestimme rechnerisch die Schnittpunkte der Parabeln.
c) Die beiden Parabelschnittpunkte bilden mit dem Punkt P(−4|−1) ein Dreieck. Berechne die Winkel des Dreiecks.

60 a) Zeichne die Schaubilder der vier Parabeln mit den folgenden Gleichungen in ein Koordinatensystem:
$y_1 = x^2 - 3$
$y_2 = -x^2 + 3$
$y_3 = (x - 3)^2 + 1$
$y_4 = x^2 + 6x + 10$
b) Verbindet man die vier Scheitelpunkte, erhält man ein Viereck. Um welche Art von Viereck handelt es sich?
c) Berechne Umfang und Flächeninhalt des Vierecks.

61 Löse folgende Gleichungen.
a) $8x^2 - 21 = -x^2 - 5$
b) $\frac{x^2 + 5}{6} - 2x = 5 - 2x$
c) $(10x + 6)^2 = 120x + 40$

62 Löse die Gleichungen.
a) $x^2 - 12x + 35 = 0$
b) $x^2 + 15x + 56 = 0$
c) $3x^2 - 21x + 30 = 0$

63 Bestimme die Lösungsmenge.
a) $x - 3 = x^2 - 4x - 3$
b) $-x^2 + 2x - 61 = 3 + 18x$
c) $-x^2 - 5x + 4 = -3x^2 + 3x - 16$

64 Bestimme die Lösungsmenge.
a) $34x^2 - 14 = (7x + 3)(14x - 6)$
b) $-2x - 15x^2 - 3(x + 1) = -3 + 5(-x - 3x^2)$
c) $-(x^2 + 2x) - (-3x - 15) = 1{,}5x - 3$

65 Löse die Gleichungen.
a) $3x(x - 1) - (x^2 - 5x + 9) = x^2 + 6$
b) $(2 + 3x)(2 - 3x) - (6x + 12)$
$= 19 - 6x(3x - 2)$
c) $(3x - 2)^2 - (2x - 1)^2$
$= (1 - x)(3x - 1) + 12$

66 Löse die Gleichungen.
a) $\left(\frac{1}{2}x - 1\right)^2 - \frac{1}{2}(x - 1)(x + 1) = \frac{1}{4}$
b) $\frac{x(x + 1)}{5} - \frac{x - 1}{2} = 1$
c) $\frac{x - 6}{6} - \frac{7x - 8}{3} = \frac{1}{2}x^2$

67 Licht legt in einer Sekunde etwa 300 000 km zurück.

a) Die Entfernung Sonne–Erde beträgt durchschnittlich $1{,}496 \cdot 10^8$ km. Wie lange benötigt das Licht für diese Strecke?
b) Der Pluto ist maximal 7375 Mio. Kilometer von der Sonne entfernt. Wievielmal länger braucht das Licht zum Pluto?
c) Wie viel Kilometer ist ein Lichtjahr lang?

68 In den Viktoriafällen in Afrika stürzen je Sekunde in der Trockenzeit 170 m³ bis zu 10 000 m³ Wasser in der Regenzeit den Sambesi hinunter.
a) Wie viel Liter Wasser stürzen an einem Tag mindestens, wie viel höchstens in die Tiefe? Gib die Ergebnisse in der wissenschaftlichen Schreibweise an.
b) Wie viele Badewannen mit etwa 200 l Wasser ließen sich in der Regenzeit in einer Stunde füllen? Verwende die Zehnerpotenzschreibweise.
c) Der Wasserdurchfluss der Niagarafälle in Amerika beträgt durchschnittlich 4200 m³/s. Zur Energiegewinnung werden etwa zur Hälfte der Zeit (nachts, außerhalb der Saison) bis zu 90 % der Wassermenge über ein Stauwehr abgeleitet. Wie viel Liter Wasser stehen der Energiegewinnung jährlich zur Verfügung? Gib das Ergebnis in der technischen Schreibweise an.

69 Rechne mit Zehnerpotenzen.
a) In einer Limonadenfabrik werden pro Schicht 500 000 Flaschen abgefüllt. Wie viele Jahre und Tage würde es dauern, um 12 Milliarden Flaschen abzufüllen, wenn jeden Tag 3 Schichten gefahren würden?
b) Unser Sonnensystem gehört zur Milchstraße, einer von etwa 100 Mrd. Galaxien. Experten schätzen, dass jede Galaxie durchschnittlich 200 Mrd. Sterne hat. Wie viele Sterne gäbe es demnach insgesamt?
c) Atome haben einschließlich der Elektronenhülle etwa einen Durchmesser von 10^{-10} m. Nimm an, ein 1,85 m großer Mensch sei durchschnittlich 50 cm breit und weise eine Tiefe von 23 cm im Mittel auf. Aus wie vielen Atomen würde er mindestens bestehen, wenn man die Anordnung der Atome außer Acht lässt? Schreibe das Ergebnis ausführlich auf.

70 Bei der Wahlpflichtfacheinteilung der 7. Klassen einer Realschule haben 20,8 %, das sind 26 Schülerinnen und Schüler, Französisch gewählt. Das Fach Familienhauswesen wurde 65-mal belegt. Alle übrigen Schülerinnen und Schüler haben sich für das Fach Mathematik-Naturwissenschaften entschieden.
a) Wie viele Siebtklässer sind es?
b) Zeichne ein Kreisdiagramm für die Verteilung der drei Fächer.
c) Wie verändern sich die Prozentsätze, wenn nur 28 beim Fach Mathematik-Naturwissenschaften bleiben und die anderen Schülerinnen und Schüler sich zu gleichen Teilen für Französisch und Familienhauswesen entscheiden?

71 In der Jahresstatistik einer TÜV-Prüfstelle wurden folgende Mängel festgestellt:

Auspuffanlage	jedes elfte Auto
Fußbremse	6,7 % der Autos
Handbremse	56 von 500 Autos
Ölverlust	$\frac{1}{6}$ aller Autos

a) Ordne die Art der Mängel nach der Häufigkeit.
b) Erstelle ein geeignetes Balkendiagramm.
c) Warum ist ein Kreisdiagramm zur Darstellung nicht geeignet?

72 In den Ländern Europas ist der Mehrwertsteuersatz unterschiedlich hoch. Ein Fernsehgerät kostet in Deutschland einschließlich 19 % Mehrwertsteuer 749 €.
a) Wie hoch wäre der entsprechende Preis in Luxemburg bzw. in Schweden?

EU-Land	Mehrwertsteuersatz
Frankreich	19,6 %
Luxemburg	15 %
Polen	22 %
Schweden	25 %
Spanien	16 %

b) Um wie viel Prozent liegt der niedrigste Preis unter dem höchsten Preis?
c) Zeichne ein Balkendiagramm, in dem du die im Preis enthaltene Mehrwertsteuer der drei Länder gegenüberstellst.

73 In dem Säulendiagramm sind die Schülerzahlen der Albert-Einstein-Realschule in den letzten drei Schuljahren dargestellt.
a) Berechne den jährlichen Zuwachs in Prozent.

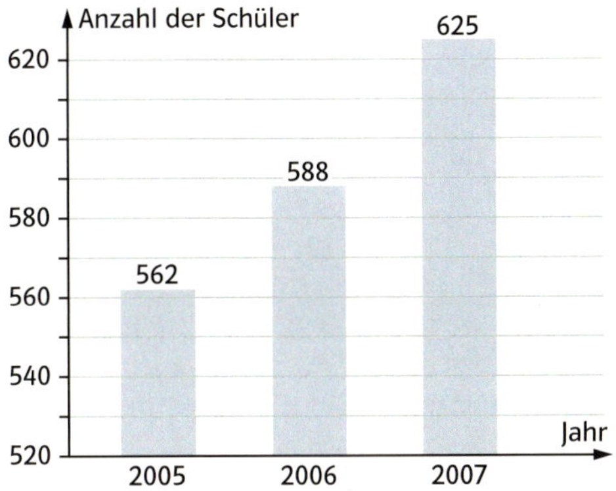

b) Für die nächsten beiden Schuljahre wird mit einer Steigerung um jeweils 8% gerechnet. Zeichne das Säulendiagramm für alle fünf Schuljahre.
c) Welcher gleichmäßige prozentuale Zuwachs hätte zum gleichen Ergebnis geführt?

74 Herr Braun bekommt auf einem Sparkonto für ein Guthaben von 589 € in 245 Tagen Zinsen in Höhe von 10,02 € gutgeschrieben.
a) Wie hoch ist der Zinssatz für dieses Konto?
b) Auf welchen Betrag ist das Guthaben nach weiteren zwei Monaten angewachsen?
c) Herr Braun zahlt am 25. April des Jahres 5000 € auf das gleiche Konto ein. An welchem Tag kann er 5032,29 € abheben?

75 Herr Brümmer hat sein Girokonto um 1500 € überzogen. Bei einem Zinssatz von 12% verlangt die Bank 8,50 € Zinsen.
a) Wie lange hat Herr Brümmer sein Konto überzogen?
b) Wie viel Zinsen hätte er bei einem Zinssatz von 15,5% mehr bezahlen müssen?
c) Herr Brümmer möchte eine Rechnung über 3456,50 € sofort bezahlen, damit er 2% Skonto abziehen kann. Dazu muss er jedoch sein Konto 25 Tage lang um 3150 € überziehen. Was würdest du ihm raten?

76 Ein Betrag von 2400 € wird bei einem Zinssatz von 3,2% für vier Jahre fest angelegt. Die Zinsen werden mitverzinst.
a) Wie hoch ist das Guthaben nach vier Jahren?
b) Um wie viel Prozent ist das Guthaben insgesamt angewachsen?
c) Um wie viel Prozent liegt der Zinsbetrag im vierten über dem im ersten Jahr?

77 Sabine legt 2400 € zu 2,8% fest an. Die Zinsen lässt sie auf dem Konto.
a) Über welchen Betrag kann sie nach 3 Jahren und 8 Monaten verfügen?
b) Um wie viel Euro wäre der Betrag niedriger, wenn sie die Zinsen jährlich auf ihr Girokonto gutschreiben ließe?
c) Welchen Betrag hätte Sabine festangelegt, wenn sie nach einem Jahr und 9 Monaten über 3358,68 € verfügen könnte?

78 Vergleiche die Kreditangebote:

Angebot A	Angebot B	Angebot C
5000 € für nur 325 € Zinsen im Jahr	10 000 € für einen Zinssatz von 5,7%	10 000 € für nur 50 € Zinsen monatlich

a) Welches Angebot ist das günstigste, welches das teuerste?
b) In welchem Fall würdest du doch das zweitgünstigste Angebot wählen?
c) Finde Gründe für das teuerste Angebot.

79 Herr Stuber legt Geld bei seiner Bank zu folgenden Bedingungen an:

Zinssatz im 1. Jahr:	2,8%
Zinssatz im 2. Jahr:	3,0%
Zinssatz im 3. Jahr:	3,3%
Zinssatz im 4. Jahr:	3,7%
Zinssatz ab dem 5. Jahr:	4,2%

a) Am Ende des vierten Jahres kann Herr Stuber über 9074,01 € verfügen. Wie hoch war sein Anfangskapital?
b) Wie viel Euro Zinsen hätte Herr Stuber nach 10 Jahren insgesamt erhalten?
c) Um wie viel Prozent hätte sich Herr Stubers Kapital nach 12 Jahren insgesamt erhöht?

80 Frau Rauch hat 5000 € auf einem Konto 3 Jahre lang angelegt.

Zinssatz im 1. Jahr: 2,5 %
Zinssatz im 2. Jahr: 2,9 %

Die Zinsen werden mitverzinst.
a) Wie viel Euro Zinsen bekommt sie im zweiten Jahr mehr als im ersten Jahr?
b) Nach Ablauf der drei Jahre bekommt sie 5452,93 € ausgezahlt. Wie hoch war der Zinssatz im dritten Jahr?
c) Welcher jährlich gleichbleibende Zinssatz hätte zum selben Ergebnis geführt?

81 In dem Auszug der Tabelle ist die Entwicklung eines Tilgungsplans im neunten und zehnten Jahr der Rückzahlung dargestellt. Es handelt sich um eine Annuitätentilgung (jährliche Tilgung).

	A	B	C	D	E
1	Jahr	Restschuld zu Jahresanfang	Zinsen	Tilgung	Restschuld zu Jahresende
2	8				
3	9	83.250,61 €	3.496,53 €	5.503,47 €	77.747,14 €
4	10	77.747,14 €	3.265,38 €	5.734,62 €	72.012,52 €
5	11				

a) Welcher Zinssatz wird von der Bank berechnet?
b) Wie hoch ist die Restschuld nach 11 Jahren noch?
c) Wie viel Zinsen mussten im 7. Jahr bezahlt werden?

82 Familie Kleinschmitt nimmt einen Kleinkredit in Höhe von 15 000 € auf.
a) Wie hoch sind die monatlichen Raten?
b) Wie viel Prozent müssen insgesamt mehr bezahlt werden?
c) Wie verändern sich die Kreditkosten, wenn die Laufzeit auf 24 Monate verkürzt wird und sich der monatliche Zinssatz auf 0,52 % erhöht?

Laufzeit: 36 Monate
einmalige Bearbeitungsgebühr: 2 %
monatlicher Zinssatz: 0,48 %
Zinsen und Bearbeitungsgebühr beziehen sich auf den vollen Kreditbetrag.

83 Für ein 22 000 € teures Auto liegen Marcel zwei Angebote vor.
Angebot A: Der Kleinkredit seiner Hausbank sieht eine Rückzahlung in 48 Monatsraten zu einem monatlichen Zinssatz von 0,45 %, eine Bearbeitungsgebühr von 1 % des Kreditbetrages und eine Versicherungsprämie von 2,50 € je Monat vor.
Angebot B: Das Ratenangebot des Autohändlers bietet die Rückzahlung in 36 Monatsraten zu je 729 € an.
a) Wie hoch wären die Raten für den Kleinkredit, wenn die Raten auf volle 10 € abgerundet werden und die 1. Rate den Restbetrag enthält?
b) Vergleiche die beiden Angebote mithilfe des effektiven Jahreszinses.
c) Wie hoch wäre der monatliche Zinssatz des Ratenangebots, wenn die Bearbeitungsgebühr und die Versicherungsprämie wie beim Kleinkredit zu berechnen wären?

84 Von seinem Weihnachtsgeld möchte Peter am Jahresanfang jährlich eine Rate von 800 € sparen. Von der Bank erhält er einen Zinssatz von 3,8 %. Die Zinsen werden bei seinem Ratensparvertrag mitverzinst.
a) Wie hoch wäre sein Guthaben nach 5 Jahren?
b) Zur Eröffnung eines Geschäftes benötigt er jedoch in 5 Jahren 15 000 €. Wie hoch muss er die jährliche Rate dann wählen?
c) Zum Bankjubiläum bot die Bank zusätzlich zu den Zinsen eine Prämie von 5 % auf die Summe der eingezahlten Beträge an. Peter erhält nach Ablauf von 3 Jahren 4060,60 €. Wie hoch war die jährliche Rate?

85 Schmidts und Hubers sind Großeltern geworden. Ihre gerade geborene Enkeltochter heißt Tabea.
a) Hubers legen für Tabea einen Betrag von 2500 € zu einem Zinssatz von 4,5 % an. Über wie viel Euro kann Tabea nach 18 Jahren verfügen?
b) Stelle die Entwicklung des Kapitals in einem geeigneten Koordinatensystem dar.
c) Nach wie vielen Jahren hätte sich das Kapital verdreifacht?

86 Den Zeitraum, in dem die Hälfte eines radioaktiven Stoffes zerfällt, nennt man Halbwertszeit $T_{\frac{1}{2}}$. Jeder Stoff hat eine für ihn typische Halbwertszeit:

Stoff	Halbwertszeit
Polonium 218	3 min
Jod 131	8 Tage
Cobalt 60	6 Jahre
Cäsium 137	30 Jahre
Kohlenstoff C14	5730 Jahre
Plutonium 239	24 000 Jahre
Plutonium 244	76 Mio. Jahre
Uran 238	4,5 Mrd. Jahre

a) Entnimm die Halbwertszeit des Stoffes Kohlenstoff C14 aus der Übersicht, ergänze die Wertetabelle und zeichne die Zerfallskurve in ein geeignetes Koordinatensystem.

Zeit (Jahre)	Zerfallsbeginn	5730			22 920
Menge (g)	80			10	

b) Ermittle rechnerisch, wie viel Gramm von ursprünglich 200 g Kohlenstoff C14 nach 45 840 Jahren noch vorhanden sind.
c) Berechne, nach wie vielen Jahren von 400 g Plutonium 244 nur noch 6,25 g übrig sind. Gib das Ergebnis in der wissenschaftlichen Schreibweise an.

87 In der Nähe der luxemburgischen Grenze steigt der Wert einer Wohnung aufgrund der hohen Nachfrage jährlich um etwa 1,5 %. Nimm an, dass diese Wertsteigerung in den nächsten Jahren stabil bleibt.
a) Nach wie vielen Jahren ist eine für 80 000 € gekaufte Wohnung 90 000 € wert?
b) Wie viel Euro sollte eine Wohnung kosten, damit ihr Wert in 15 Jahren 120 000 € beträgt?
c) Wie groß müsste die jährliche Wertsteigerung sein, damit der Wert einer Wohnung in 16 Jahren von 60 000 € auf 80 000 € steigt?

88 Der Luftdruck ist die Last der Luft über uns. Gemessen wird er in hPa (Hektopascal). In Meereshöhe (NN) beträgt der Luftdruck 1013,25 hPa. Er nimmt mit zunehmender Höhe über dem Meeresspiegel exponentiell ab, und zwar um rund 13 % pro 1000 Meter Höhe.
a) Lege eine Wertetabelle für x = 0 km, ... bis x = 9 km nach folgendem Muster an:

Höhe x in km	Luftdruck in hPa

Stelle den Graphen in einem geeigneten Koordinatensystem dar.
b) Um wie viel Prozent liegt der Luftdruck auf dem höchsten Berg in Rheinland-Pfalz, dem Erbeskopf (816 m), unter dem auf dem Donnersberg (698 m)?
c) Auf dem Matterhorn in den Alpen zeigt das Barometer 543 hPa an.
Wie hoch ist der Berg ungefähr?

89 Die Tabelle zeigt die Auslieferungszahlen der VW-Aktiengesellschaft.

	ausgelieferte Fahrzeuge	
Jahr	weltweit	Deutschland
2001	5 107 142	986 813
2002	4 983 594	940 129
2003	5 014 911	943 136
2004	5 142 759	954 573
2005	5 192 576	1 032 804
2006	5 720 096	1 108 055
2007	6 191 618	1 055 037

a) Stelle die Angaben für die weltweite Auslieferung in einem geeigneten Diagramm dar.
b) Toyota lieferte 2007 weltweit 8,524 Millionen Wagen aus. Nimm an, VW könnte in den nächsten Jahren die gleiche Wachstumsrate wie 2007 erzielen. In welchem Jahr würde VW Toyota überflügeln, wenn die Auslieferungszahlen von Toyota gleich blieben?
c) Anfang 2008 schrieb eine Zeitung: „Miserables Jahr für die Marke Volkswagen ...“ Beurteile diese Aussage.

90 Die Jungen und Mädchen der Klasse 10a haben in einem Test folgende Punktzahlen erreicht:

Jungen: 15; 11; 18; 24; 5; 10; 20; 10; 19; 8; 18; 16
Mädchen: 17; 30; 7; 28; 3; 4; 30; 29; 10; 8; 11; 3

a) Vergleiche die Mittelwerte der beiden Teilgruppen mit dem der gesamten Klasse.
b) Zeichne die beiden Boxplots.
c) Welche Unterschiede zwischen den Mädchen und Jungen stellst du fest?

91

Min	q_u	z	q_o	Max	q	w
5		12	15	28	7	

a) Ergänze die Tabelle.
b) Zeichne den Boxplot.
c) Erstelle eine mögliche Datenliste zu diesem Boxplot.

92 Das Kreisdiagramm veranschaulicht, welche Farben im Jahr 2007 bei der Neuzulassung von Pkw gewählt wurden. Das Säulendiagramm stellt dar, wie sich die Farbwahlen vom Jahr 2001 zum Jahr 2007 prozentual verändert hatten.

Autofarben 2001/2007 Gewinner und Verlierer

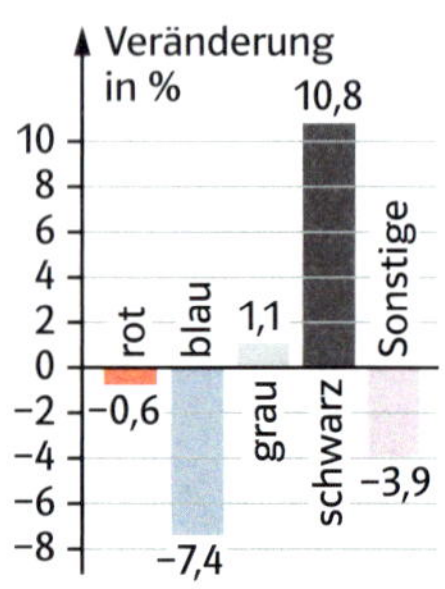

Autofarben 2007

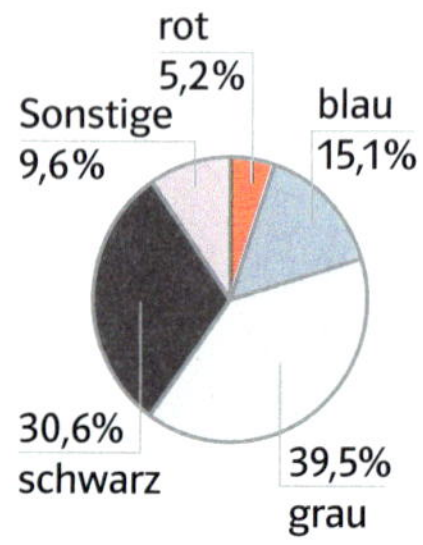

a) Schreibe auf, warum es sinnvoll ist, die „Autofarben 2007" mit einem Kreisdiagramm, die „Gewinner und Verlierer" mit einem Säulendiagramm darzustellen.
b) Addiere Gewinne und Verluste aus dem Säulendiagramm. Deute das Ergebnis.
c) Bei rund 19,4 % der 2007 neu zugelassenen Wagen handelte es sich um Autos der Marke VW. In den Mosel-News wurde behauptet: „2007 war jeder zehnte neu zugelassene Wagen in Deutschland ein schwarzer VW." Stimmt das?

93 Die Klassen 6 bis 8 einer Realschule haben sich mit folgenden Ergebnissen an einer Sammelaktion für Batterien beteiligt.

6a: 54 kg 6b: 286 kg 6c: 66 kg
7a: 67 kg 7b: 77 kg 7c: 72 kg
8a: 59 kg 8b: 52 kg 8c: 302 kg

a) Vergleiche die Mittelwerte und Zentralwerte der Klassenstufen mit den Gesamtwerten.
b) Stelle die Sammelergebnisse mit einem Säulendiagramm und einem Boxplot dar. Vergleiche die unterschiedlichen Darstellungen.
c) Überprüfe folgende Aussagen:
„Die 8er-Klassen haben 100 % mehr als die 7er-Klassen gesammelt."
„Zwei Klassen sammelten gemeinsam mehr als 50 % der Gesamtmenge."
„Mehr als zwei Drittel der Klassen sammelte weniger als der Durchschnitt aller Klassen."

94 In einem Physiktest erreichten die Schülerinnen und Schüler folgende Punktzahlen:

23; 26; 5; 11; 2; 6; 16; 20; 16; 24; 14; 19; 19; 12; 17; 12; 11; 20; 23; 8; 25; 12; 17; 21; 18; 18; 22

a) Bestimme Minimum, Maximum und Spannweite der Daten.
b) Zeichne den Boxplot zu den Daten.
c) Lass dir von deiner Lehrkraft die erreichten Punkte eurer letzten Mathematikarbeit geben und erstelle dazu einen Boxplot.

95 Die Zuschauerzahlen in den bisherigen Heimspielen zweier Handballvereine werden verglichen.

TSV Ahausen: 717; 1045; 1180; 1154; 1260; 1260; 1260; 1260
SG Bergheim: 1857; 2367; 1265; 789; 812; 790; 775; 760

a) Welcher Verein hatte durchschnittlich mehr Zuschauer?
b) Stelle die Zuschauerzahlen in einem gemeinsamen Schaubild dar.
c) Was ist für die nächsten Heimspiele aufgrund der bisherigen Zahlen zu erwarten?

96 Ein Würfel ist wie im Netz beschriftet.

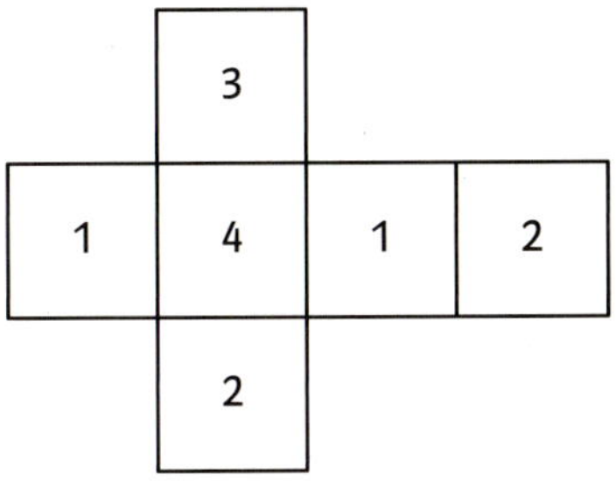

Der Würfel wird einmal geworfen. Berechne die Wahrscheinlichkeiten der Ereignisse.

a) Die geworfene Augenzahl ist ungerade.

b) Die geworfene Augenzahl ist nicht durch zwei oder drei teilbar.

c) Die geworfene Augenzahl ist durch zwei und drei teilbar.

97 Der Würfel ist mit den Augenzahlen 1 bis 6, das Tetraeder mit 1 bis 4 beschriftet.

Beide Würfel werden gleichzeitig geworfen. Wie groß ist die Wahrscheinlichkeit für folgende Ereignisse?

a) Würfel und Tetraeder liegen auf der „1".

b) Die Zahlen beider Bodenflächen bilden die Summe 5.

c) Würfel und Tetraeder bleiben auf Flächen mit unterschiedlichen Werten liegen.

98 Von 2000 Reifen, die vom Band einer Herstellerfirma gehen, weisen 74 Stück optische Fehler auf. Außerdem sind 104 Reifen nicht funktionsfähig. 1861 Reifen verlassen die Kontrollen ohne Beanstandung.

a) Wie hoch ist die Wahrscheinlichkeit, dass ein Reifen einen optischen Fehler aufweist und nicht funktionsfähig ist?

b) Erstelle eine Vierfeldertafel.

c) Ein Kontrolleur hat einen Reifen mit optischem Defekt aussortiert. Mit welcher Wahrscheinlichkeit ist er funktionsfähig?

99 Im Behälter befinden sich zwölf Kugeln mit den Farben Gelb, Rot und Schwarz. Die Kugeln sind nummeriert von 1 bis 12.

a) Mario zieht ohne Zurücklegen zwei Kugeln nacheinander. Wie hoch ist die Wahrscheinlichkeit, zwei rote Kugeln zu ziehen?

b) Ist die Wahrscheinlichkeit, zuerst eine gelbe und dann eine schwarze Kugel zu ziehen, höher als umgekehrt?

c) Peter zieht gleichzeitig zwei Kugeln und addiert ihre Zahlen. Gib die Wahrscheinlichkeit für jede mögliche Summe in Prozent an.

100 Beide Kreisel sind jeweils in sechs gleich große Felder eingeteilt. Zuerst wird Kreisel (1), dann Kreisel (2) gedreht. Berechne die Wahrscheinlichkeiten folgender Ereignisse.

(1)

(2)

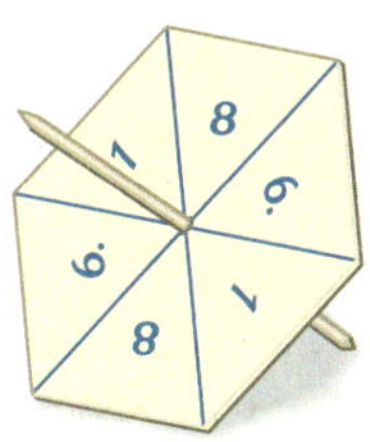

a) Keiner der beiden Kreisel bleibt auf einer geraden Zahl liegen.

b) Die Summe der beiden erdrehten Zahlen ist größer als 12.

c) Das Produkt der beiden Zahlen ist nicht durch 3 teilbar.

Lösungen des Basiswissens

Basiswissen | Schriftliche Rechenverfahren, Seite 6

1
a) 6155 b) 674,776 c) 50

2
a) 34,15 b) 31,63 c) 449,06
d) 584,58 e) 3990,42 f) 2260,89

3
a) 6312 g b) 313,3 cm
c) 208,48 cm d) 334 408,5 m^2
e) 242 477,64 mm^2 f) 2 699 983 110,6 cm^3
g) 18,2 dm^3 h) 9915 l = 99,15 hl

4
a) 32,5 b) 5632,5 c) 42 673 d) 426 730

5
a) 0,021 b) 0,072 c) 0,0051 d) 0,0114

6
a) 55,72 b) 6,525 c) 1,332 45
d) 93,15 e) 194,724 f) 18,76

7
$2{,}8 \cdot (7{,}8 + 9{,}4) = 48{,}16$

8
a) 6,25 b) 0,0078 c) 0,984 d) 0,062

9
a) 90 b) 13 c) 1,4 d) 90

10
a) 595 b) 1804 c) 506,3
d) 810,6 e) 81,06 f) 180

11
$3{,}5 + 4{,}6 - 72{,}9 : 9 = 3{,}5 + 4{,}6 - 8{,}1 = 0$

Basiswissen | Bruchrechnung, Seite 7

1
a) $\frac{3}{7}$ b) $\frac{6}{8} = \frac{3}{4}$ c) $\frac{12}{18} = \frac{2}{3}$ d) $\frac{5}{8}$

2
$-\frac{3}{4}$; $-\frac{3}{8}$; $\frac{1}{2}$; $1\frac{1}{4}$

3

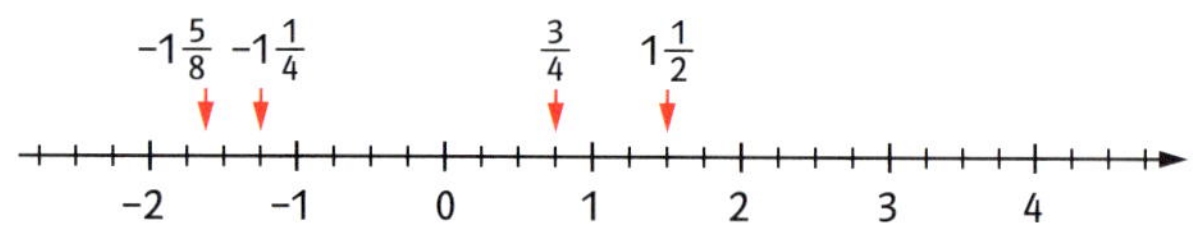

4
a) $\frac{16}{15} = 1\frac{1}{15}$ b) $\frac{4}{15}$ c) $\frac{2}{3}$, weil $\frac{2}{3} = \frac{10}{15} > \frac{6}{15} = \frac{2}{5}$

5
15 Minuten verbleiben noch.

6
a) 280 € b) 420 € c) 210 € d) 400 €

7
a) $\frac{5}{6}$ b) $\frac{37}{65}$ c) $\frac{17}{36}$ d) $\frac{1}{6}$
e) 2 f) $\frac{34}{21} = 1\frac{13}{21}$ g) $\frac{6}{5} = 1\frac{1}{5}$ h) $\frac{1}{28}$

8
12 Mitglieder der Schülervertretung stimmten für den Antrag, 8 stimmten dagegen, 4 enthielten sich der Stimme.

Basiswissen | Zuordnungen, Dreisatz, Seite 8

1

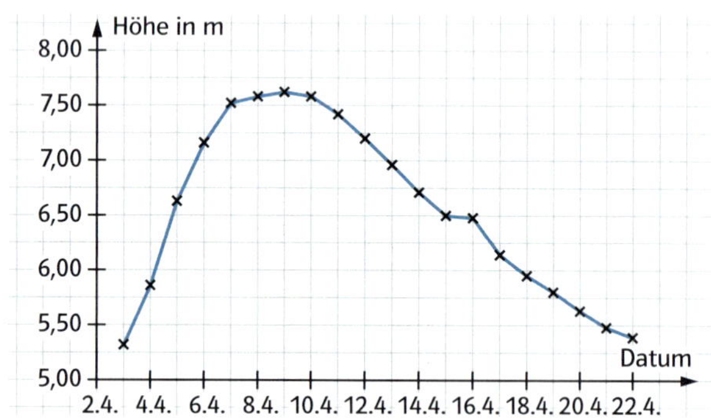

2
a) 45 g: 0,90 € 80 g: 1,45 €
250 g: 1,45 € 800 g: 2,20 €
b) Der Brief wiegt mehr als 50 g und höchstens 500 g.
c)

Gewicht x des Briefes	$x \leq 20$	$20 < x \leq 50$	$50 < x \leq 500$	$500 < x \leq 1000$
Kosten in €	0,55	0,90	1,45	2,20

3

Gewicht in kg	Preis in €
4	2,80
20	14,00
5	3,5
40	28,00

Länge in km	Zeit in min
5	60
1	12
3	36
15	180

4

Für sechs Personen werden 375 ml Milch, 15 g Hefe, 3 Eier, 3 Eigelb, $1\frac{1}{2}$ Esslöffel Honig und 60 g Fett zum Braten benötigt.

5

a) Es werden 360 kg Kartoffeln in 12 Tagen geschält.
b) 270 kg Kartoffeln reichen 9 Tage.

6

a) 14 kg Wandfarbe werden für 35 m³ benötigt.
b) Es werden 12 kg Wandfarbe für eine Wandfläche von 30 m² Größe gekauft.

7

4320 l Wasser laufen in zwei Stunden in das Schwimmbecken.

Basiswissen | Zuordnungen, Dreisatz, Seite 9

1

Anzahl Pumpen	Volumen in l
4	140
1	560
8	70
5	112

Länge in cm	Breite in cm
45	4
1	180
20	9
25	7,2

2

a)

Personen	Gewinn
1	240 000,00
2	120 000,00
3	80 000,00
4	60 000,00
5	48 000,00
6	40 000,00
7	≈ 34 285,71
8	30 000,00
9	≈ 26 666,67
10	24 000,00

b)

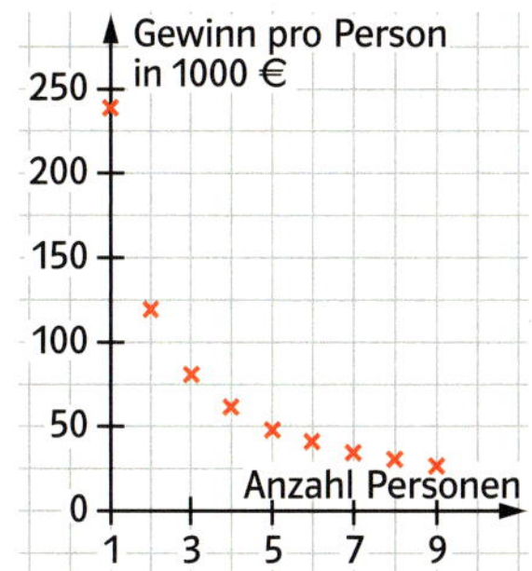

3

Der Kartoffelvorrat reicht nun für 50 Tage.

4

Die benötigte Zeit verlängert sich um 30 Minuten.

5

Es müssen 20 Arbeiter eingesetzt werden.

6

a) proportionale Zuordnung
b) sonstige Zuordnung
c) antiproportionale Zuordnung
d) sonstige Zuordnung

7

a) antiproportional; Jeder LKW war 18-mal unterwegs.
b) proportional; Jessica radelt in 2,5 Stunden 35 Kilometer.
c) sonstige Zuordnung; Jan muss 1,44 € auf den Großbrief kleben.
d) antiproportional; 4 Arbeiter benötigen 4 Tage.

8

Die Figur ist ca. 1 m groß.

Basiswissen | Prozente und prozentuale Veränderungen, Seite 10

1

Die Jacke kostete vorher 185 €.

2

Der Rechnungsbetrag beläuft sich auf 50,36 €.

3
Der Rabatt von 100 € ist bei einem Grundwert von 299 € prozentual höher (33,4 %) als bei einem Grundwert von 399 € (25,1 %).

4
Nach Abzug von 15 % Rabatt kostet die Jacke noch 165,75 €.
Der Rabatt beträgt 29,25 €.

5
a) Wie viel verdient Frau Kunz jetzt?
Frau Kunz verdient jetzt 2928,56 €.
b) Wie hoch war das Gehalt des Mitarbeiters vor der Gehaltserhöhung?
Das Gehalt des Mitarbeiters betrug vorher 2981,34 €.
c) Wie hoch ist Herrn Peters Gehalt jetzt?
Herr Peters verdient jetzt 2621,43 €.

6
a) Er kostete vorher 90 €.
b) Man müsste ihn um 4,76 % senken.
c) Die Ware verteuert sich insgesamt um 21 %.

Basiswissen | Funktionen, Seite 11

1
a) Der Graph zeigt eine eindeutige Zuordnung, also eine Funktion, da zu jedem x-Wert genau ein y-Wert gehört.
b) Es gibt zwei x-Werte, denen jeweils mehr als ein y-Wert zugeordnet ist. Der Graph stellt somit keine Funktion dar.

2
Teilaufgaben a) und d) sind keine Funktionen.

3
a) linear b) linear
c) keines von beiden d) proportional

4

x	−3	−2	−1	0	1	2	3
$f(x) = -x + 3$	6	5	4	3	2	1	0
$f(x) = 0{,}5x^2 - 3$	1,5	−1	−2,5	−3	−2,5	−1	1,5
$f(x) = -2x$	6	4	2	0	−2	−4	−6
$f(x) = -2$	−2	−2	−2	−2	−2	−2	−2

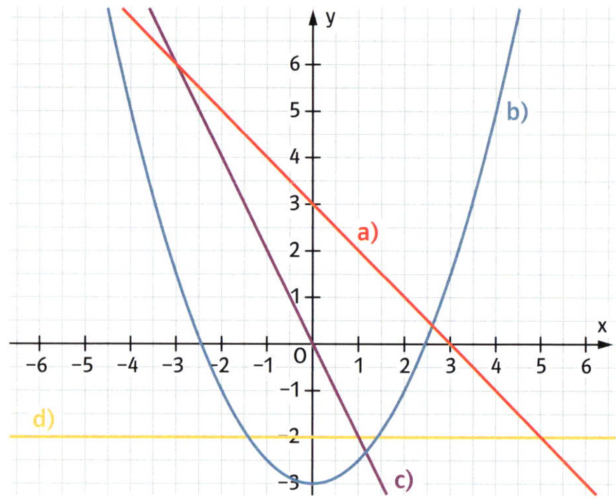

5

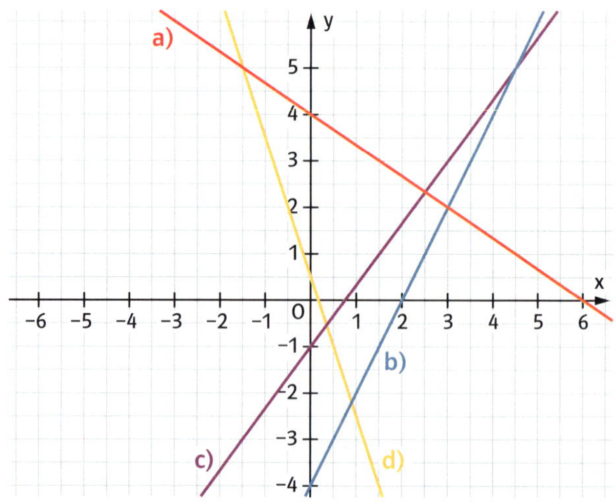

6
Die zugehörige Funktionsgleichung lautet $y = 2x - 1$.

7
$y_1 = -2x + 3$ $y_2 = 3x - 4$ $y_3 = \frac{2}{3}x - 1{,}5$
$y_4 = 2$ $y_5 = -\frac{1}{4}x + 0{,}5$

8

Tarif A: $y_1 = 5x + 10$ Tarif B: $y_2 = 7{,}5x$

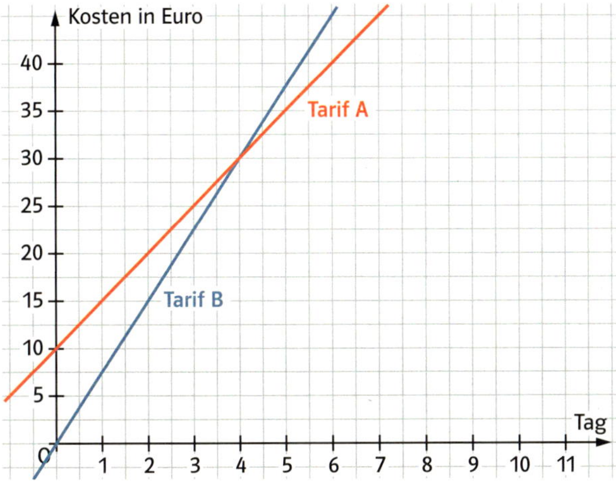

Vom 1. bis 3. Tag ist Tarif B günstiger, am 4. Tag zahlt man bei beiden Tarifen denselben Betrag und ab dem 5. Tag ist Tarif A günstiger.

Basiswissen | Gleichungen und Gleichungssysteme, Seite 12

1

a) $x = 4$ b) $x = 10$ c) $x = 5$ d) $y = 4$
e) $x = -3$ f) $x = 1$ g) $y = 1$

2

a) $R = L = 3840 \rightarrow x = 64$ richtig
b) $L = -12\ /\ R = -20 \rightarrow x = 2$ falsch
c) $R = L = 14 \rightarrow x = -1$ richtig

3

a) $(-2 \mid 1)$ b) $(2 \mid -1)$ c) $(-2 \mid -1)$

4

a) $(12 \mid 1)$ b) $(24 \mid 36)$ c) $(-3 \mid -2)$ d) $(-1 \mid -2)$

Basiswissen | Ungleichungen und Ungleichungssysteme, Seite 13

1

a) $\mathbb{L} = \{x \mid x > 52\}$ b) $\mathbb{L} = \{x \mid x < -2{,}5\}$
c) $\{\mathbb{L} = x \mid x \leqq \frac{4}{9}\}$ d) $\mathbb{L} = \{x \mid x > 0\}$
e) $\mathbb{L} = \{x \mid x < 6\}$ f) $\{\mathbb{L} = x \mid x \geqq \frac{3}{5}\}$

2

a) $x > -3$
b) $x \geqq 0{,}5$

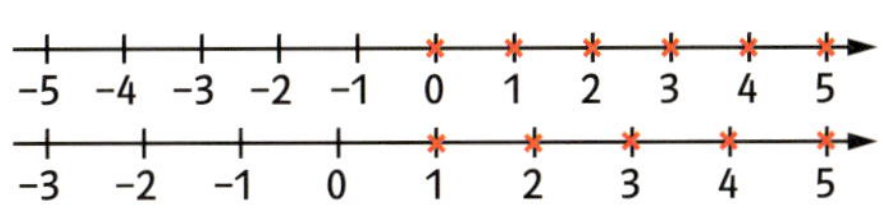

3

$x > 2$

4

Er muss mindestens 681 Zeitungen verkaufen.

5

(1) $y \geqq -1$ (2) $y \geqq 2x - 3$
(3) $y \leqq -0{,}5x + 2$ (4) $y \leqq 2x + 5$

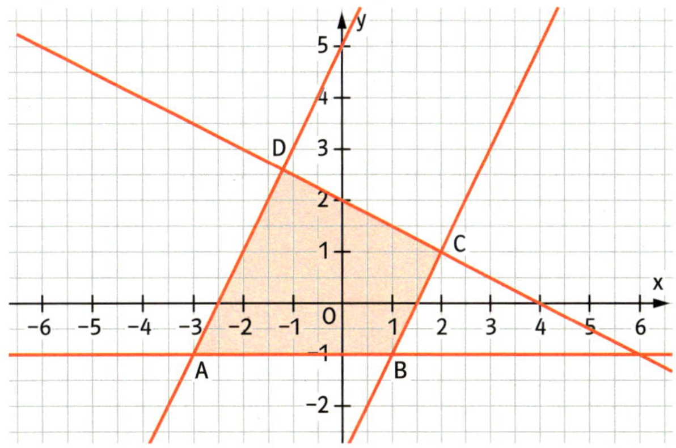

$A(-3 \mid 1)$; $B(1 \mid -1)$; $C(2 \mid 1)$; $D(-1{,}2 \mid 2{,}6)$

6

(1) $y \geqq 0$ (2) $x \geqq 0$
(3) $y \leqq -\frac{1}{2}x + 2\frac{1}{2}$ (4) $y < -\frac{1}{4}x + 2$

Basiswissen | Wurzeln, Seite 14

1

a) 12 b) 1,8 c) 0,3
d) $7x$ e) $11y^2$ f) $2ab^2$
g) $\frac{4}{7}$ h) $\frac{13x}{15}$ i) $\frac{1}{32y^2}$

2

a) $6x$ b) $9a$ c) 0,6
d) $360xy$ e) $30ab$ f) $\frac{6x}{y}$
g) $24xy$ h) $\frac{8x}{3y}$

3

a) $\sqrt{\mathbf{4}}$ b) $\sqrt{\mathbf{147}}$ c) $\sqrt{\mathbf{13}}$
d) $\sqrt{\mathbf{3}}$ e) $\sqrt{\mathbf{980}}$ f) $\sqrt{\mathbf{507}}$

4

a) $2\sqrt{5}$ b) $5\sqrt{3}$ c) $12\sqrt{2}$
d) $4a\sqrt{3b}$ e) $11x\sqrt{3xy}$ f) $6x^2y\sqrt{7xy}$
g) $\frac{7\sqrt{2x}}{16}$ h) $\frac{7x\sqrt{3}}{22y}$ i) $\frac{4x\sqrt{2z}}{11}$

5

a) $3\sqrt{x}$ b) $a\sqrt{5}$ c) $9\sqrt{z}$
d) $y\sqrt{15}$ e) $3x\sqrt{2}$ f) $3st\sqrt{3t}$
g) $\frac{a}{b}\sqrt{3}$ h) $\frac{x}{3}\sqrt{\frac{x}{y}}$ i) $\frac{4y}{5}\sqrt{2x}$

6

a) $14p^2q^4$
b) $8 \cdot 6y = 48y$
c) $7 \cdot 4x \cdot 3y^5\sqrt{xy} = 84xy^5\sqrt{xy}$
d) $18a^4b \cdot 2xy^3\sqrt{abxy} = 36a^4bxy^3\sqrt{abxy}$
e) $5 \cdot 8 \cdot 2ab^3 = 80ab^3$
f) $8 \cdot 7 \cdot 4x^3y^4\sqrt{2} = 224x^3y^4\sqrt{2}$
g) $17 \cdot 12 \cdot 15c^4d^5\sqrt{2} = 3060c^4d^5\sqrt{2}$

7

a) $\frac{4x^3y^4}{3uv}\sqrt{\frac{xy}{v}}$ b) $\frac{5a^4b^2}{6xy^3}\sqrt{\frac{b}{xy}}$
c) $\frac{x^3y^5}{ab^2}\sqrt{\frac{2xy}{3ab}}$ d) $\frac{16b^3}{3 \cdot 5\, a^6\sqrt{3}} = \frac{16b^3}{15a^6\sqrt{3}}$

8

a) $10\sqrt{2}$ b) $\sqrt{7} + \sqrt{11}$ c) $\sqrt{3} + 4\sqrt{5}$
d) $\sqrt{5a} - \sqrt{3a}$ e) $3x\sqrt{y} - 3y\sqrt{x}$

9

a) $2\sqrt{2}$ b) 0

Randspalte

Im Jahr 2025 wird Petra 45 Jahre alt. Petra ist 1980 geboren.

Basiswissen | Ähnlichkeit. Maßstab, Seite 15

1

$\frac{a_1}{b_1} = 1{,}75$; $\frac{a_2}{b_2} \approx 1{,}73$; $\frac{a_3}{b_3} = 1{,}75$
Die Rechtecke R_1 und R_3 sind zueinander ähnlich, das Rechteck R_2 ist zu R_1 und R_3 nicht ähnlich.

2

a) Der Umfang ändert sich auch um den Faktor 3, er wird 3-mal länger.
b) Der Flächeninhalt ändert sich mit dem Faktor $3^2 = 9$.
c) Der Streckfaktor ist $k = 1{,}4$, der Umfang ändert sich mit dem Faktor 1,4, der Flächeninhalt mit dem Faktor $(1{,}4)^2 = 1{,}96$.

3

Original- und Bildstrecke bleiben parallel zueinander, Winkelgrößen bleiben erhalten, es ergibt sich eine ähnliche Figur.

4

a) Zum Beispiel Länge 5 m → 5,5 cm in Skizze, damit müsste bei einer Breite von 4 m die Skizze 4,4 cm breit sein.
b) individuelle Lösung
c) In Wirklichkeit 20 m², bei Maßstab 1 : 100 z. B. 20 cm².

5

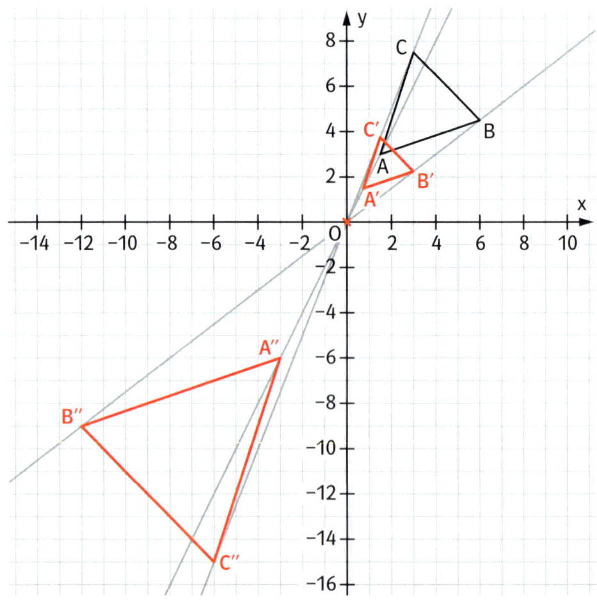

6

a) ca. 95 km b) ca. 150 km
c) ca. 75 km d) ca. 140 km

7

a) 1,62 km b) 15 cm

Basiswissen | Strahlensätze, Seite 16

1

a) $x = 22{,}5$ cm b) $x = 2{,}5$ m
c) $x = 8$ cm d) $x = 64{,}6$ m

2

a) $d = 3$ cm; $e = 2{,}4$ cm b) $a = 5{,}4$ cm; $f = 16$ cm
c) $a = 4$ m; $d = 4{,}5$ m d) $c = 5{,}4$ cm; $b = 5$ cm

3

Oberer See: 48,8 m
Unterer See: 68,7 m

4

a) $x \approx 82{,}4$ cm b) $x \approx 37{,}9$ cm
c) $x \approx 33{,}3$ cm d) $x = 60$ cm

Basiswissen | Satz des Pythagoras, Seite 17

1

a) $x \approx 8{,}6\,cm$; $r = 9{,}8\,cm$; $z = 14{,}8\,cm$; $y \approx 12{,}0\,cm$
b) $y = 12\,cm$; $x \approx 5{,}9\,cm$; $r \approx 7{,}7\,cm$; $q \approx 9{,}2\,cm$

2

$u = 43{,}4\,cm$; $h \approx 17{,}0\,cm$; $A \approx 71{,}4\,cm^2$

3

$\overline{AB} = \sqrt{12^2 + \left(\frac{a}{6}\right)^2} = \sqrt{148}$

$\overline{BC} = \sqrt{12^2 + 6^2} = \sqrt{180}$

$\overline{CD} = 12\sqrt{2} = \sqrt{288}$

$\overline{DA} = \sqrt{12^2 + \left(\frac{a}{3}\right)^2} = \sqrt{160}$

$\overline{ABCDA} \approx 55{,}2\,cm$

4

$h_s = \sqrt{36 + 9} \approx 6{,}7$
$h_s \approx 6{,}7\,cm$
$\frac{d}{2} = \frac{a}{\sqrt{2}} \approx 4{,}2\,cm$
$s = \sqrt{4{,}2^2 + 6^2} \approx 7{,}3$
$s \approx 7{,}3\,cm$

5

Balkenlänge $x \approx 7{,}4 + 2{,}8 + 2{,}8 + 1{,}2 + 2{,}9 + 2{,}7 + 2{,}4 + 3{,}0 + 1{,}2 = 26{,}4$
Die Gesamtlänge der Balken im Fachwerk beträgt 26,4 m. Die Länge des längsten senkrechten Balkens und der beiden schrägen Balken kann mithilfe des Satzes von Pythagoras berechnet werden. Für die kürzeren senkrechten Stücke braucht man die Ähnlichkeit:

$\frac{2{,}9}{6{,}8} \approx \frac{x_1}{5{,}6}$ und $\frac{2{,}9}{6{,}8} \approx \frac{x_2}{2{,}8}$

Basiswissen | Flächenberechnungen, Seite 18

1

$a = 6\,cm$; $h_c = 4{,}8\,cm$; $u = 24\,cm$

2

$A = 31{,}2\,cm^2$; $u \approx 28{,}0\,cm$

3

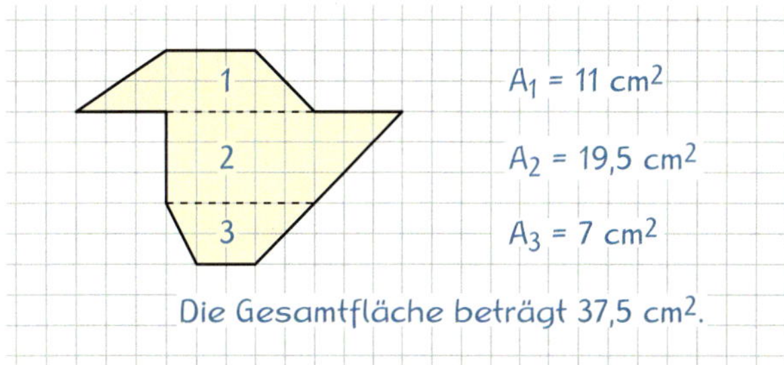

4

$a \approx 7{,}5\,cm$; $u \approx 22{,}5\,cm$

5

$s = 8\,cm$; $h \approx 6{,}61\,cm$; $A \approx 29{,}76\,cm^2$

6

a) $r \approx 6{,}8\,cm$; $A_s \approx 15{,}3\,cm^2$
b) $r \approx 6{,}6\,cm$; $b \approx 22{,}9\,cm$

7

$A_{Halbkreis} \approx 88{,}36\,m^2$ → Es werden ca. 3100 Steine benötigt.

Basiswissen | Körperberechnungen, Seite 19

1

Das Volumen des umbauten Raums beträgt $1101{,}6\,m^3$.

2

Die Oberfläche der Halbkugel beträgt etwa $1472{,}62\,cm^2$.

3

Der Öltank ist ungefähr 3,23 m hoch.

4

a) $O \approx 1633{,}6\,cm^2$ $V \approx 3063{,}1\,cm^3$
b) $O \approx 446\,cm^2$ $V = 475\,cm^3$
c) $O \approx 382{,}5\,cm^2$ $V \approx 399{,}9\,cm^3$

5

($V \approx 339{,}29\,m^3$) Es wurden etwa 610,72 t Sand aufgeschüttet.

6

$a = \sqrt{24{,}5}\,e \approx 4{,}95\,e$

Randspalte

$a = 5\,cm$

Lösungen der Rückspiegel

Rückspiegel, Seite 51, links

1
a) S(0 | −5) b) S(0|0)
c) S(3 | 0) d) S(−1 | −4)
e) S(−2 | 1) f) S(3 | −2)
g) S(2,5 | 1,25) h) S(−4,5 | −20,25)

2
a) $x^2 + 8x + 16 = 33 + 16$ $x_1 = 3$; $x_2 = -11$
b) $x^2 - 14x + 49 = 15 + 49$ $x_1 = 15$; $x_2 = -1$
c) $x^2 - 10x + 25 = 231 + 25$ $x_1 = 21$; $x_2 = -11$

3
a) $x_1 = 8$; $x_2 = -3$ b) $x_1 = 5$; $x_2 = -9$
c) $x_1 = 2$; $x_2 = -4$

4
a) $x_1 = 2$; $x_2 = -10$ b) $x_1 = 0{,}5$; $x_2 = -6$
c) $x_1 = 3$; $x_2 = 1$ d) $x_1 = 8$; $x_2 = 2$

5
n = 9
(Die zweite Lösung n = −16 ist keine natürliche Zahl.)

6
a) $y = (x + 3)^2 - 1$ b) $y = (x - 2)^2 + 0{,}5$
c) $y = -(x - 1)^2 + 1{,}5$

7
h = 72 m; w = 800; $y = a \cdot x^2$
Einsetzen:
$72 = a \cdot 400^2$; $a = 0{,}00045$; $y = 0{,}00045\,x^2$

Rückspiegel, Seite 51, rechts

1
P_3 liegt auf p_1; P_1 liegt auf p_2;
P_4 liegt auf p_3; P_2 liegt auf p_4

2
a) S(−3 | −1,5) b) S(2 | −5)

3
a) $x_1 = 4$; $x_2 = 1{,}5$ b) $x_1 = 2{,}5$; $x_2 = -1{,}5$
c) $x_1 = 8$; $x_2 = 4$

4
a) $x_1 = 5$; $x_2 = -2$ b) $x_1 = 27$; $x_2 = -1$

5
n = 5
(Die zweite Lösung n = −6 ist keine natürliche Zahl.)

6
a) $y = 2(x + 3)^2 + 1$ b) $y = -0{,}25x^2 + 2$
c) $y = 0{,}5(x - 2{,}5)^2 + 1{,}5$

7
Scheitel der Flugkurve S(0 | 28)
a) $0 = -x^2 + 28$; $x_{1,2} = \sqrt{28} \approx 5{,}3$ m
Etwa 5,3 m vom Felsrand entfernt.
b) Der Scheitel liegt 28 m über der Wasserfläche. Der Springer springt demnach zuerst 1 m in die Höhe.

Rückspiegel, Seite 75, links

1
a) 32 b) 64 c) 3
d) 25 e) 81 f) 16

2
a) 4 b) 8 c) 16 d) 9

3
a) n = 13 b) n = 4 c) n = 6 d) n = 22

4

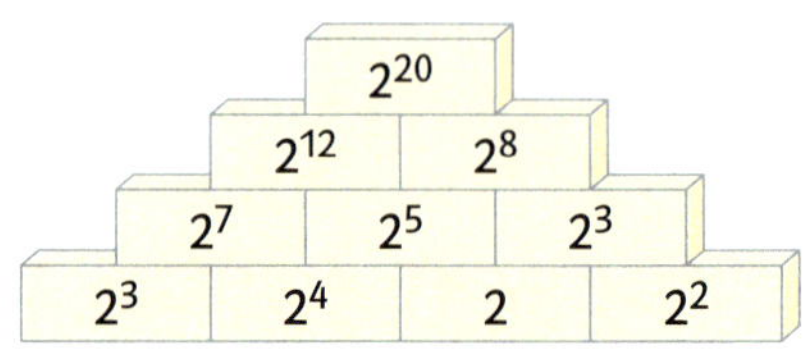

5
a) 0,001 64 b) 0,000 31

6
a) $1{,}987\,669\,87 \cdot 10^8 = 198{,}766\,987 \cdot 10^6$
b) $1{,}000\,000\,000\,1 \cdot 10^{10} = 10{,}000\,000\,001 \cdot 10^9$
c) $6{,}7 \cdot 10^{-4} = 670 \cdot 10^{-6}$
d) $1{,}000\,02 \cdot 10^{-7} = 100{,}002 \cdot 10^{-9}$

7
a) $\sqrt{5} \approx 2{,}236$ b) 5 c) 90
d) 4 e) 0,1 f) 7

8
untere Grenze: $6 \cdot 10^{-12}$ m = 6 pm
obere Grenze: $1 \cdot 10^{-8}$ m = $10 \cdot 10^{-9}$ m = 10 nm

9

a) Die Funktion hat einen Tiefpunkt bei T(0 | 0).

b) Die Funktion hat einen Wendepunkt bei W(0 | 0).

Rückspiegel, Seite 75, rechts

1

a) $2^8 = 256$ b) $(-3)^5 = -243$

c) $3^3 = 27$ d) $(10)^{-4} = 0{,}0001$

e) $2^{10} = 1024$ f) $(-3)^4 = 81$

2

a) $(-3)^3 = -27$ b) $4^{-4} = \frac{1}{256}$

c) $4^3 = 64$ d) $2^{-4} = \frac{1}{16}$

3

2 Nkz; 6	6 Nkz; 5	3Nkz; 8
3 Nkz; 4	9 Nkz; 6	8Nkz; 6
4 Nkz; 6	12 Nkz; 3	15Nkz; 2

4

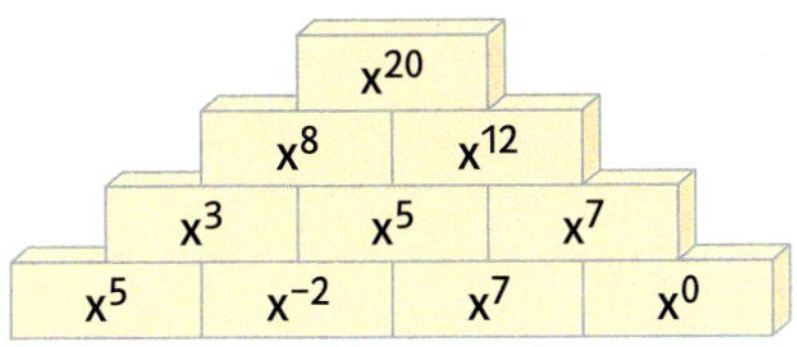

Andere Lösungen ergeben sich, wenn man im mittleren Feld der zweiten Schicht andere Potenzen von x wählt.

5

$1{,}7^{-8} \approx 0{,}014$; $1{,}7^{-9} \approx 0{,}0084$; also $n = 9$

6

$5{,}1675 \cdot 10^7$ b) $7{,}8387 \cdot 10^{-19}$

7

a) 2 b) 100 c) 0,2

d) 5 e) 10 f) 0

8

$\frac{1}{4{,}8 \cdot 10^{-7}} \approx 2{,}083 \cdot 10^6$

Sinnvoll gerundet: In 1 m passen etwa 2 100 000 Wellenlängen.

9

Mithilfe eines Computerprogramms oder einer Wertetabelle kann man die Funktion zeichnen.

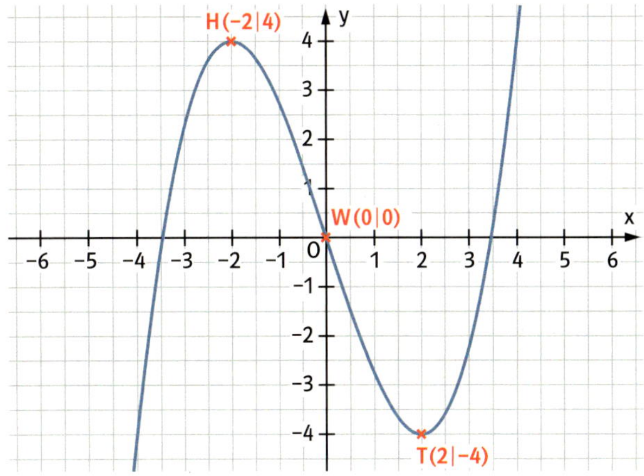

Dann sieht man, dass sie einen Hochpunkt bei H(−2 | 4), einen Tiefpunkt bei T(2 | −4) und einen Wendepunkt bei W(0 | 0) hat.

Rückspiegel, Seite 97, links

1

a) nach 2 Jahren: 90 000 € (85 800 €) b) 12 000 €
nach 7 Jahren: 15 000 € (300 €)

2

a) 1,35; 1,12 b) 100 %; 700 %

3

a) Wachstumsfaktor: 1,016; Wachstumsrate: 1,6 %

b) 2015: etwa 646,41 Mio.
2020: etwa 700,05 Mio.

4

a) ca. 15 050 €

b) Nach etwa 9,5 Jahren (etwa 13 Jahren)

5

a) etwa 155 392,54 m^3 b) etwa 71 585,65 m^3

6

a)

x	y
−2,5	≈ 0,52
−1,5	≈ 0,67
−0,5	≈ 0,88
0	1
0,75	≈ 1,22
1,5	≈ 1,48
2,25	≈ 1,80

b)

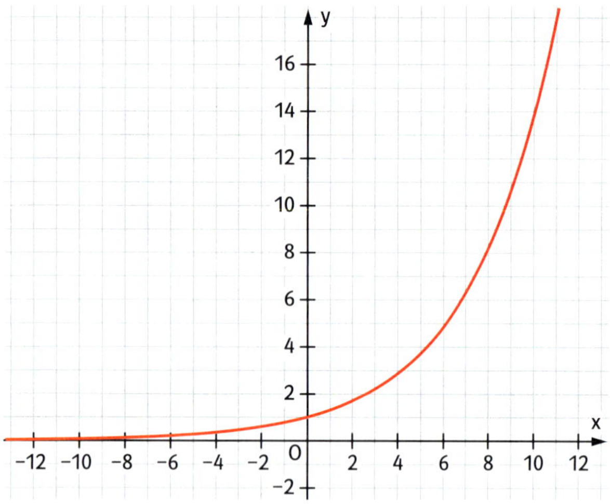

c) $y = 2^x$

Rückspiegel, Seite 97, rechts

1

a) Nach 34 Tagen (am 35. Tag)

b) nach 2 Tagen und etwa $3\frac{1}{4}$ Stunden

2

a) 1,07; 0,995

b) 140 %; −75 %

3

x ≈ 9,43

Im 10. Jahr ist es so weit.

4

a) Zinssatz: 5,25 %

b) verdoppelt: im 14. Jahr
verdreifacht: im 22. Jahr

5

a) 12 h: 25 %; 36 h: etwa 1,6 %

b) nach etwa 20 Stunden

6

a)

x	y
−2,5	48
−1,5	12
−0,5	3
0	1,5
0,75	≈ 0,53
1,5	≈ 0,19
2,25	≈ 0,07

b)

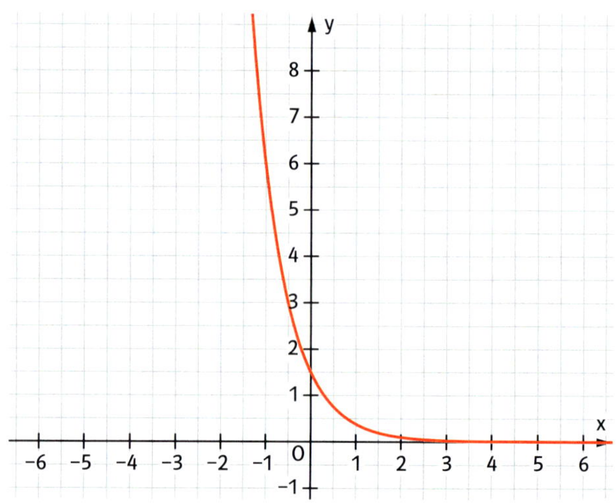

c) $y = 0{,}25 \cdot 3^x$

Rückspiegel, Seite 119, links

1

a)

1	2	3	4	5	6	7	8	9	10
2,8	2,9	3,6	4,8	5,0	5,9	6,7	6,7	6,7	6,8
1,2	3,1	4,0	5,1	5,8	6,2	6,9	7,2	7,3	8,1

11	12	13	14	15	16	17	18	19	20
6,8	7,4	7,4	7,5	8,5	8,6	9,1	9,2	10,1	10,6
8,1	8,6	9,1	9,9	10,5	11,0	11,2	11,3	12,0	16,2

b) Säulen-, Balken- oder Kreisdiagramm

Stufe	Trainingsbeginn	Nach einem halben Jahr
A	2	1
B	2	2
C	7	4
D	5	5
E	4	8

c) 20 %

2

a) Unter 20 Jahre
Min: 4
Max: 20
Spannweite: 16
Zentralwert: 10
q_u: 8
q_o: 12

Über 20 Jahre
Min: 0
Max: 16
Spannweite: 16
Zentralwert: 8
q_u: 4
q_o: 12

b) Die Spannweite ist in beiden Fällen gleich groß.
Bei den unter 20-Jährigen ist der Quartilabstand deutlich geringer als bei den über 20-Jährigen.

3

Der ursprüngliche Preis betrug 302,29 €. Die beiden Preise unterscheiden sich also um 72,79 €, das sind rund 24 % des alten Preises.

4

Der Zinssatz im 3. Jahr beträgt 3,2 %.

5

Jahr	Restschuld zu Jahresanfang	Zinsen	Tilgung	Restschuld zu Jahresende
1	120 000,00 €	5400,00 €	4200,00 €	115 800,00 €
2	115 800,00 €	5211,00 €	4389,00 €	111 411,00 €
3	111 411,00 €	5013,50 €	4586,50 €	106 824,50 €

Die Summe der Zinsen beträgt 15 624,50 €.

Rückspiegel, Seite 119, rechts

1

a) vorher: Min = 2,8; q_u = 5,45; z = 6,8; q_o = 8,55
Max = 10,6; m = 6,855

nachher: Min = 1,2; q_u = 6,0; z = 8,1; q_o = 10,75
Max = 16,2; m = 8,14

b)

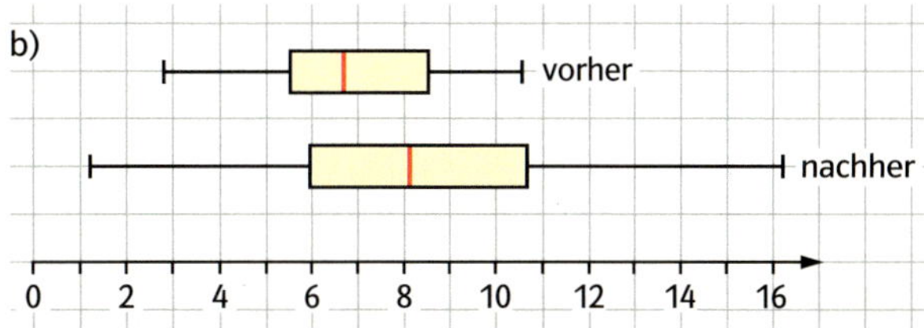

c) Beide Kennwerte haben sich erhöht.

2

a)

Rangplatz	1	2	3	4	5	6	7	8	9	10
Wert	5	7	3	0	10	12	8	9	5	6

b) Minimum: 0
Maximum: 12
Zentralwert: 6,5
q_u: 5
q_o: 9
Mittelwert: 6,5
Quartilabstand: $q_o - q_u = 9 - 5 = 4$

c)

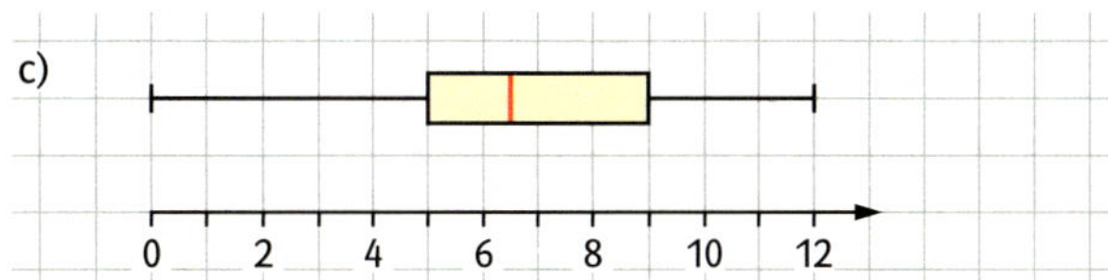

3

a) Der Zinssatz betrug 14 %.

b) Etwa 2,13 Jahre, also 2 Jahre und 46 Tage.

4

Sie muss jährlich 641,46 € einzahlen.

5

819 €

Rückspiegel, Seite 141, links

1

a) P(zwei blaue Kugeln) = $\frac{3}{10} \cdot \frac{3}{10} = \frac{9}{100}$ = 9%

b) P(zwei blaue Kugeln) = $\frac{3}{10} \cdot \frac{2}{9} = \frac{6}{90} \approx$ 6,7%

2

a)

	1	2	3	4	5	6
1	(1,1)	(1,2)	(1,3)	(1,4)	(1,5)	(1,6)
2	(2,1)	(2,2)	(2,3)	(2,4)	(2,5)	(2,6)
3	(3,1)	(3,2)	(3,3)	(3,4)	(3,5)	(3,6)
4	(4,1)	(4,2)	(4,3)	(4,4)	(4,5)	(4,6)
5	(5,1)	(5,2)	(5,3)	(5,4)	(5,5)	(5,6)
6	(6,1)	(6,2)	(6,3)	(6,4)	(6,5)	(6,6)

b) P(Pasch) = $\frac{6}{36} = \frac{1}{6} \approx$ 16,7%

3

a) P(einmal rot, einmal blau) = $\frac{2}{32} = \frac{1}{16}$ = 6,25%

b) P(unterschiedliche Farben) = $\frac{42}{64} = \frac{21}{32}$ = 65,625%

4

a) P(mindestens ein Gewinn) = 36%
b) P(genau ein Gewinn) = 32%
c) P(kein Gewinn) = 64%
d) P(höchstens ein Gewinn) = 96%

5

P(kein Gewinn) = $\frac{2}{3} \cdot \frac{2}{3} = \frac{4}{9} \approx$ 44,4%

6

	m	w	
Handel, Industrie	36,03%	23,41%	59,45%
Handwerk	31,81%	8,75%	40,55%
	67,84%	32,16%	100%

Im Handwerk nehmen Jungen einen Anteil von 67,84% ein, Mädchen haben einen Anteil von 32,16%.

Rückspiegel, Seite 141, rechts

1

a) P(mindestens eine rote Kugel) = $\frac{75}{100}$ = 75%

b) P(mindestens eine rote Kugel) = $\frac{7}{9} \approx$ 77,8%

2

a)

	1	2	3	4	5	6
1	2	3	4	5	6	7
2	3	4	5	6	7	8
3	4	5	6	7	8	9
4	5	6	7	8	9	10
5	6	7	8	9	10	11
6	7	8	9	10	11	12

b) P(Augensumme größer als 9) = $\frac{6}{36} = \frac{1}{6} \approx$ 16,7%

3

P(genau zweimal rot) = $\frac{4}{64} = \frac{1}{16}$ = 6,25%

P(mindestens einmal rot) = $\frac{28}{64} = \frac{7}{16}$ = 43,75%

P(höchstens einmal rot) = $\frac{60}{64} = \frac{15}{16}$ = 93,75%

P(kein rot) = $\frac{36}{64} = \frac{9}{16}$ = 56,25%

4

a) P(kein Gewinn) = $\frac{1892}{2450} \approx$ 77,2%

P(zwei Gewinne) = $\frac{30}{2450} \approx$ 1,2%

P(ein Gewinn) = $\frac{528}{2450} \approx$ 21,6%

b) Die Summe der Wahrscheinlichkeiten von Aufgabe 1 ist 100% = 1.
Begründung: Wenn man zwei Lose zieht, hat man nur die drei Möglichkeiten: nichts, mit nur einem Los oder sogar mit beiden Losen zu gewinnen. Die drei Möglichkeiten stellen also ein sicheres Ereignis dar, dessen Wahrscheinlichkeit 1 ist.

5

P(mindestens ein Gewinn)
= 1 − P(kein Gewinn) = 1 − 0,7 · 0,75 = 0,475 = 47,5%

6

Abgegebene Stimmen	von Frauen	von Männern	
für die Kandidatin	45	34	79
dagegen	9	37	46
	54	71	125

Die Kandidatin wurde von 47,89% der Männer unterstützt und von 83,33% der Frauen.

Rückspiegel, Seite 179, links

1

a) $\beta = 55{,}3°$; $a \approx 4{,}6\,cm$; $b \approx 6{,}6\,cm$

b) $a \approx 7{,}1\,cm$; $\beta \approx 41{,}3°$; $\gamma \approx 64{,}6°$

2

a) $\alpha \approx 19{,}88°$
$\alpha \approx -35{,}45°$

b) $\alpha \approx 47{,}93°$
$\alpha \approx 103{,}89°$

3

a) Höhe: $h = 4{,}50 \cdot \sin 65° \approx 4{,}08$. Die Leiter reicht etwa 4,08 m hoch.

b) Erster Lösungsweg: $4{,}50 \cdot \sin 80° \approx 4{,}43$
Beim Anstellwinkel 80° reicht die Leiter etwa 4,43 m hoch. Die Höhe 4,35 m ist also ohne Gefahr möglich.
Zweiter Lösungsweg: Der Anstellwinkel α bei 4,35 m Höhe ergibt sich aus $\sin\alpha = \frac{4{,}35}{4{,}50}$ und beträgt etwa 75,2°. Da er kleiner ist als 80°, ist die Höhe 4,35 m zulässig.

4

a)

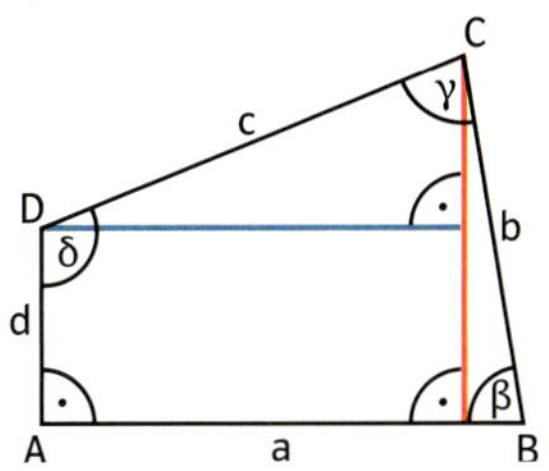

b)

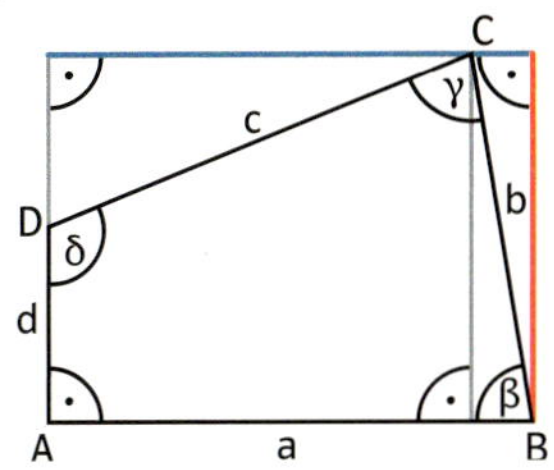

Zu a) und b): Wegen des rechten Winkels bei A sind die Parallelen zur Seite $\overline{AB}$ zugleich auch Senkrechte zur Seite $\overline{AD}$ und umgekehrt.

c) $A \approx 35{,}25\,cm^2$

5

$\frac{285 + x}{h} = \frac{\sin 54°}{\sin 36°}$

$\frac{x}{h} = \frac{\sin 40°}{\sin 50°}$

Auflösen nach x und Gleichsetzen ergibt

$h = \frac{285}{\frac{\sin 54°}{\sin 36°} - \frac{\sin 40°}{\sin 50°}} \approx 530{,}45$

$h \approx 530\,m$

6

$\overline{EB} \approx 7{,}8\,cm$; $\overline{BC} = b = 8{,}4\,cm$; $\overline{EC} \approx 11{,}5\,cm$

$\beta = 90°$; $\varepsilon \approx 47{,}1°$; $\gamma \approx 42{,}9°$

Rückspiegel, Seite 179, rechts

1

a) $\alpha = 27{,}6°$; $c \approx 8{,}5\,cm$; $a \approx 3{,}9\,cm$

b) $c \approx 5{,}5\,cm$; $\alpha \approx 33{,}3°$; $\gamma \approx 40{,}0°$

2

a) $\alpha \approx 77{,}688°$
$\alpha \approx -34{,}472°$

b) $\alpha \approx 64{,}278°$
$\alpha \approx 150{,}112°$

3

a) Für die Länge l der Rampe gilt: $l = \frac{3{,}40}{\sin 5°} \approx 39{,}0$
Die Rampe ist etwa 39 m lang.

b) Nach 6 m; 12 m; …; 36 m ist je ein Absatz nötig. Die Rampe verlängert sich dadurch um 9 m auf etwa 48 m.

4

Es ist günstig, das Viereck durch die Teilungslinie $\overline{DE}$ zu zerlegen und zugleich durch das Dreieck BFC zu ergänzen. Die Teilungslinie $\overline{GC}$ wird nur für die Berechnung von c benutzt.
$A \approx 34{,}6\,cm^2$; $u \approx 27{,}9\,cm$

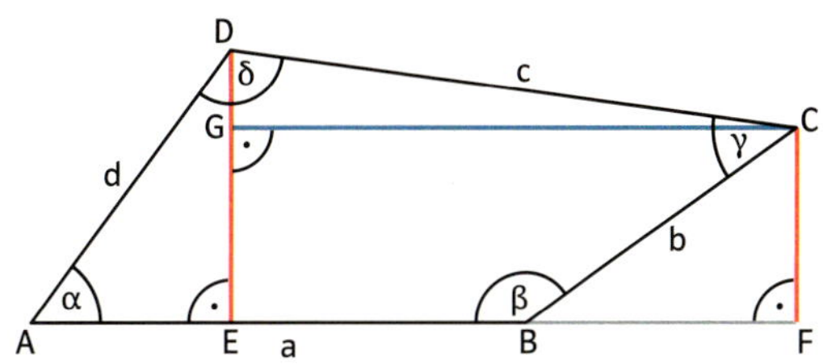

5

$\alpha \approx 25{,}2°$

$\beta \approx 45{,}0°$

6

Das Dreieck MGH ist gleichschenklig.
$\overline{GH} = a = 6{,}5\,cm$; $\overline{MH} \approx 10{,}0\,cm$; $\overline{MG} \approx 10{,}0\,cm$
$\beta \approx 71°$; $\gamma \approx 71°$; $\alpha \approx 38°$

Lösungen des Sammelpunktes

1

a) Nein, da die beiden Strecken nicht parallel sind.

b) Ja, da $\frac{0,8}{2} = \frac{1,4}{3,5}$.

c) Nein, da $\frac{2}{3,5} \neq \frac{3,5}{5,6}$ und $\frac{2}{3,5} \neq \frac{9,8}{15,68}$.

2

a)

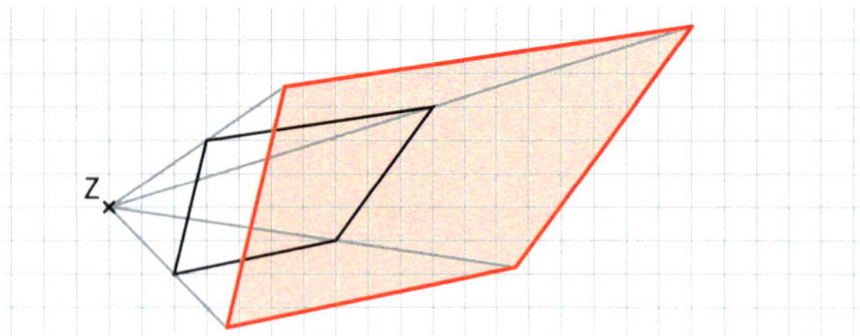

b)

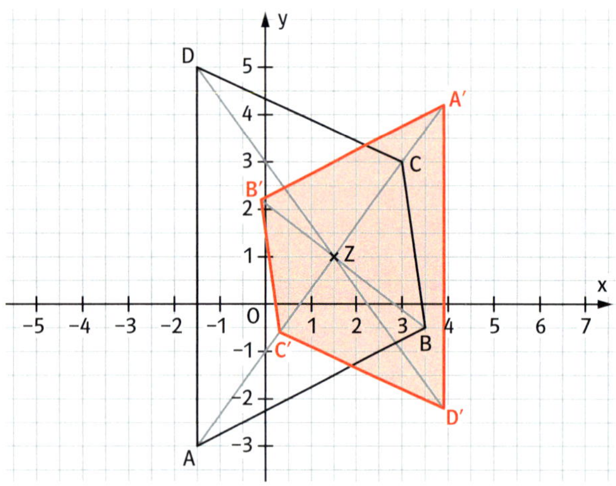

c)

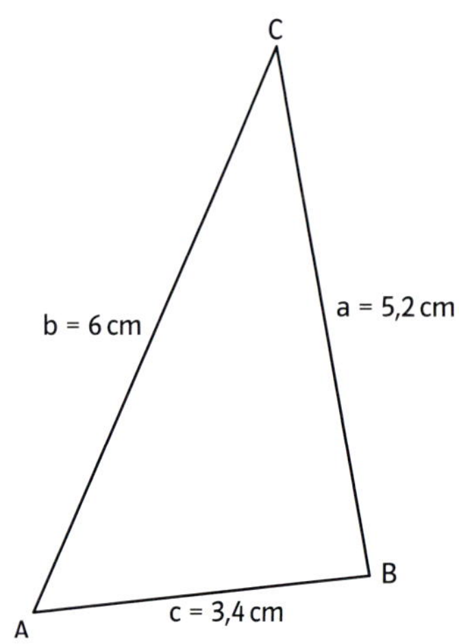

Maßstab: 1 : 2500

3

a) x = 11,25 cm   b) x = 9,6 m   c) x = 12,5 dm

4

a) A = 51,84 m²   b) A = 36 cm²   c) A = 400 m²

5

a) x = 1,5 LE   b) x = 1 LE   c) x_1 = 5 LE; x_2 = 3 LE

6

a) x = 0,6 LE   b) x ≈ 5,5 m   c) x ≈ 7,9 mm

7

a) Der See ist 48 m lang.

b) Der Baum ist 13,02 m hoch.

c) h_1 ≈ 14,56 cm

8

a) x ≈ 3,57 cm

b) x ≈ 3,67 cm

c) h ≈ 11,5 cm; x ≈ 16,0 cm

9

a)

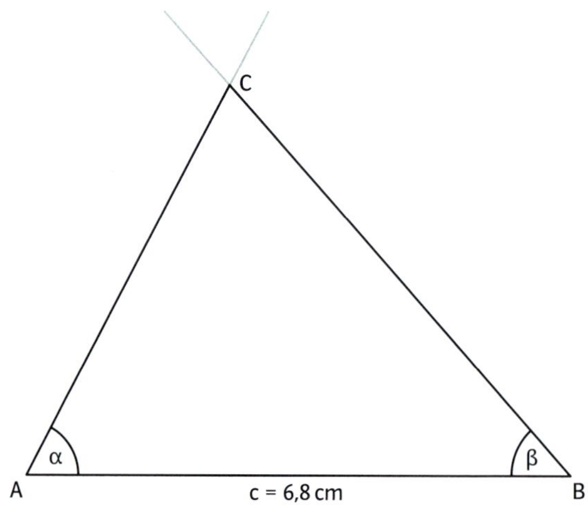

b) u_{ABC} ≈ 18,6 cm; u_{ABD} ≈ 16,4 cm
Differenz: 2,2 cm

c) Das Dreieck ABC ist um etwa 40,6 % größer.

10

a) A ≈ 80,8 cm²

b) α = β ≈ 71,7°; γ = δ ≈ 108,3°

c) A_{ABE} ≈ 32,7 cm²; A_{ABCD} ≈ 80,8 cm²
Das Dreieck nimmt ungefähr 40,5 % der Trapezfläche ein.

11

a) x ≈ 17,3 cm   b) x ≈ 8,48 cm   c) β ≈ 67°

12
a) $\overline{CD} \approx 10{,}4\,cm$
b) $A_{ABC} \approx 26{,}9\,cm^2$; $\overline{AD} \approx 16{,}1\,cm$
c) $u \approx 31{,}8\,cm$; $A \approx 44{,}7\,cm^2$

13
a) $A \approx 8{,}9\,cm^2$ b) $A \approx 28\,cm^2$ c) $A \approx 25\,cm^2$

14
a) $A_{ABE} \approx 44{,}4\,cm^2$; $A_{ABC} \approx 39{,}5\,cm^2$
b) $\gamma \approx 126{,}7°$; $\delta \approx 53{,}3°$
c) Abstand $d \approx 3{,}6\,cm$

15
a) Das Kanalrohr wird etwa 3,552 km lang.
b) $\overline{AC} \approx 1092\,m$; $\overline{AD} \approx 544\,m$; $\overline{CD} \approx 824\,m$
c) $\overline{AE} \approx 177{,}71\,m$; $\overline{AD} \approx 64{,}81\,m$; $\overline{DE} \approx 112{,}9\,m$

16
a) Er muss noch etwa 1472 m nach Osten fliegen.
b) 1. Lösung: Er fliegt etwa 2807 m hoch.

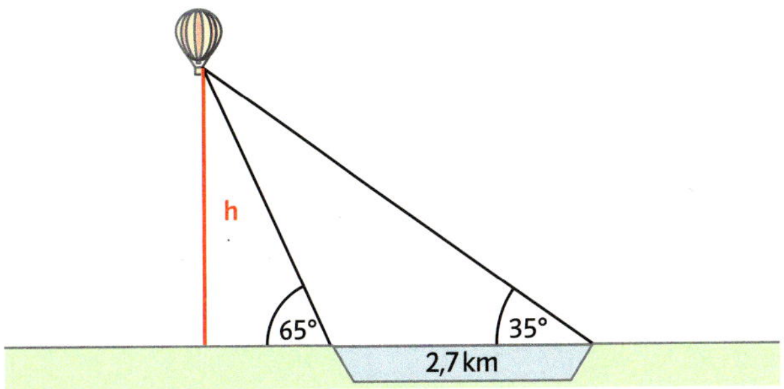

2. Lösung: Er fliegt etwa 1425 m hoch.

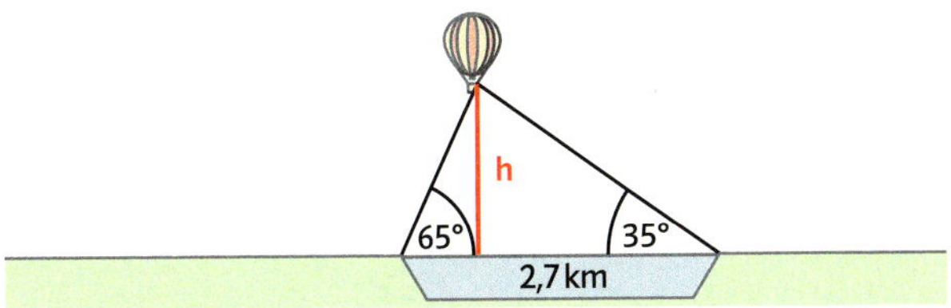

c) Der See ist an dieser Stelle 4,8 km breit.

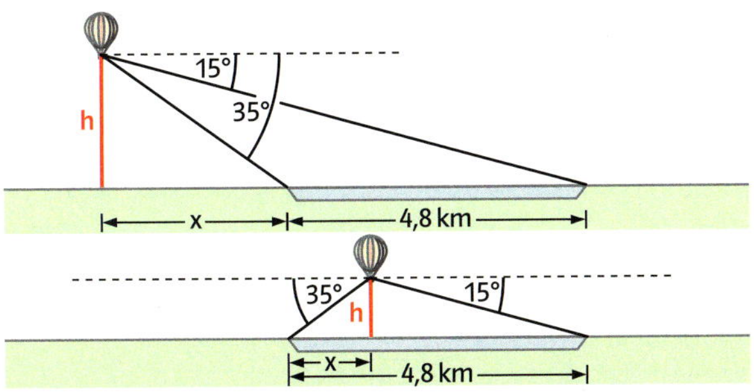

1. Lösung: $h \approx 2083\,m$ 2. Lösung: $h \approx 930\,m$

17
a)

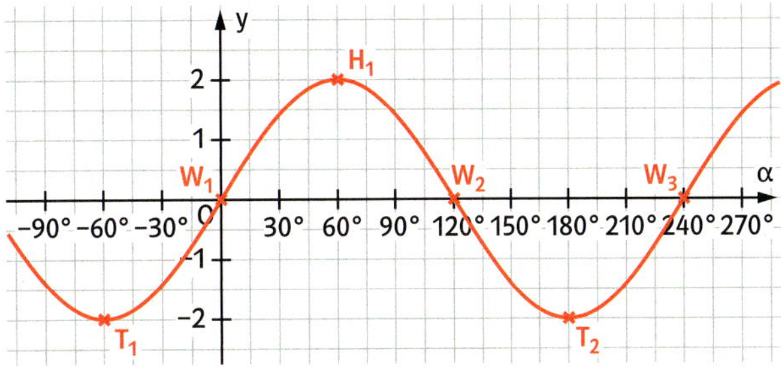

Periode: 240° Amplitude: $-2 \leqq y \leqq 2$
b) Tiefpunkte für α: −300°; −60°; 180°; 420°; 660°; …
Hochpunkte für α: −180°; 60°; 300°; 540°; 780°; …
Wendepunkte für α: −120°; 0°; 120°; 240°; 360°; …
c) $y = 2\sin(3x) + 3$

18
a) $\alpha \approx 35{,}3°$
b) $\alpha \approx 102{,}1°$
c) $x \approx 5{,}77\,cm$

19
a) $\overline{AC} \approx 7{,}07\,cm$; $\overline{BC} = \overline{AB} \approx 9{,}43\,cm$
roter Streckenzug: etwa 25,9 cm

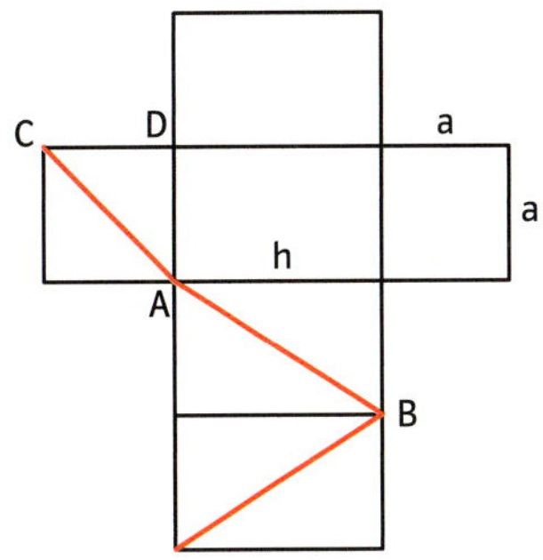

Maßstab 1:5

b) $\overline{AB} \approx 15{,}60\,cm$; $\overline{CD} \approx 13{,}69\,cm$; $\overline{AD} \approx 16{,}23\,cm$

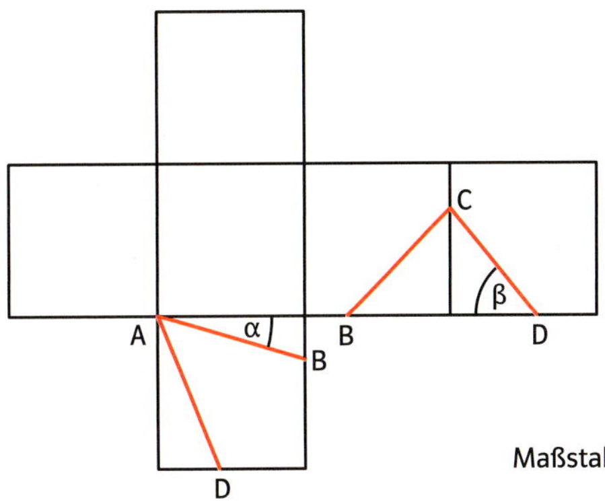

Maßstab 1:10

c) $\overline{CD} = 4{,}8\,\text{cm}$; $\overline{BC} = \overline{AD} \approx 13{,}96\,\text{cm}$
roter Streckenzug: etwa 42,3 cm

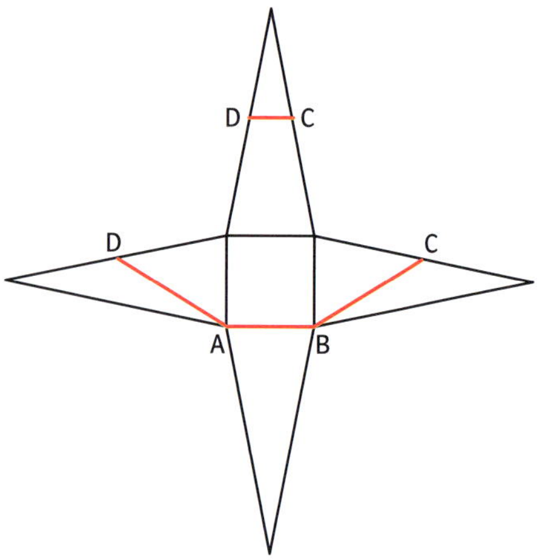

20
a) $V \approx 5{,}7\,\text{cm}^3$
b) $d = 9{,}6\,\text{cm}$; $a \approx 6{,}79\,\text{cm}$; $V \approx 587{,}7\,\text{cm}^3$
c) $r = h_2 \approx 5{,}6\,\text{cm}$; $s_1 = 2r$; $s_2 = r\sqrt{2}$
$V \approx 499{,}8\,\text{cm}^3$

21
a) $O_{vorher} \approx 311{,}47\,\text{cm}^2$; $O_{nachher} \approx 247{,}58\,\text{cm}^2$
Abnahme um etwa 20,5 %
b) $O_{vorher} \approx 772{,}08\,\text{cm}^2$; $O_{nachher} \approx 782{,}38\,\text{cm}^2$
Zunahme um etwa 1,33 %
c) $O_{vorher} \approx 391{,}8\,\text{cm}^2$; $O_{nachher} \approx 362{,}5\,\text{cm}^2$
Abnahme um etwa 7,5 %

22
a)

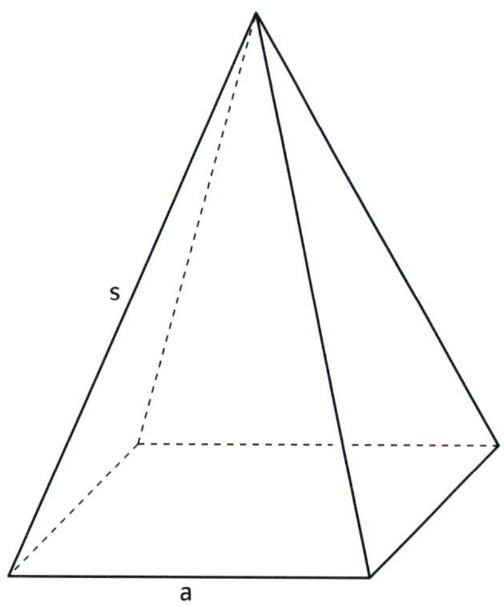

b) $V \approx 28{,}2\,\text{cm}^3$ $O \approx 61{,}3\,\text{cm}^2$
c) $\alpha \approx 69{,}3°$ $\beta \approx 61{,}9°$ $\gamma \approx 70{,}5°$

23
a) $r_{Sonne} \approx 2{,}2\,\text{m}$ $O_{Erde} \approx 50{,}27\,\text{cm}^2$ $O_{Sonne} \approx 60{,}82\,\text{m}^2$
b) Maßstab: 1 : 318 900 000
$d_{Sonne} \approx 1\,403\,137\,\text{km} \approx 1{,}4 \cdot 10^6\,\text{km}$
c) $V_{Erde} \approx 1{,}09 \cdot 10^{12}\,\text{km}^3$ $V_{Sonne} \approx 1{,}45 \cdot 10^{18}\,\text{km}^3$
Die Erde passt etwa $1{,}33 \cdot 10^6$-mal in die Sonne.

24
a) $V \approx 273\,318\,l$
b) $O \approx 169{,}7\,\text{m}^2$
Es werden etwa 25,4 Liter Farbe benötigt.
c) Füllmenge: 2026,3 hl
Weizen: zwischen 151,97 t und 162,11 t
Hafer: zwischen 105,37 t und 117,25 t
Der Gewichtsunterschied liegt zwischen 34,4 t und 56,7 t.

25
a) $a = 101{,}76\,\text{cm}$ $A \approx 75{,}9\,\text{dm}^2$
b) Es werden etwa $2\,276\,457\,\text{dm}^3 \approx 2{,}28 \cdot 10^6\,\text{dm}^3$ Beton benötigt.
c) Der benötigte Beton wiegt zwischen 4552,9 t und 6374,1 t.
Es werden also zwischen 228 und 319 Fuhren Beton benötigt.

26
a) $O_{Kegel} \approx 170{,}4\,\text{cm}^2$ $V_{Kegel} \approx 147{,}2\,\text{cm}^3$
$O_{Zylinder} \approx 339{,}3\,\text{cm}^2$ $V_{Zylinder} \approx 424{,}1\,\text{cm}^3$
b) $r \approx 5{,}9\,\text{cm}$
c) $r \approx 6\,\text{cm}$

27
a) $V = 324\,\pi\,e^3$
b) $O = 189\,\pi\,e^2$
c) $r = e \cdot \sqrt{40{,}5} \approx 6{,}4 \cdot e$

28
a) $V \approx 2\,451\,033\,\text{m}^3$
b) $\beta \approx 40{,}5°$
c) $h_{früher} \approx 146{,}62\,\text{m}$ $M_{früher} \approx 85\,718\,\text{m}^2$ $M_{heute} \approx 82\,986\,\text{m}^2$
Die Mantelfläche wurde um etwa 3,2 % kleiner.

29
a) $V = 1152\,\text{cm}^3$
b) $O \approx 1042\,\text{cm}^2$
c) Das Volumen des Restkörpers ist dann um 25 % größer.

30
a) $h \approx 21{,}65\,\text{m}$
b) $M \approx 1948{,}68\,\text{m}^2$
Die Glasfläche ist etwa $1851{,}2\,\text{m}^2$ groß.
c) $a = 7\,\text{m}$ $h_s \approx 7{,}19\,\text{m}$ $V \approx 117{,}5\,\text{m}^3$

31
a) $V \approx 445{,}06\,cm^3$ $s \approx 8{,}6\,cm$ $O \approx 292{,}2\,cm^2$
b) $r \approx 1{,}5\,dm$ $s \approx 3{,}35\,cm$ $O \approx 29{,}9\,cm^2$
c) $h = 3r$ $V = \frac{5}{3}\pi r^3$ $s = r\sqrt{10}$
$O = \pi r^2(2 + \sqrt{10}) \approx 16{,}22\,r^2$

32
a) $V \approx 550{,}4\,cm^3$ $O = 461{,}28\,cm^2$
b) $V = 486\,cm^3$ $O \approx 442{,}6\,cm^2$
c) $V \approx 433{,}5\,cm^3$ $O \approx 410{,}1\,cm^2$

33
a) $V \approx 5391{,}0\,cm^3$ $O \approx 2638{,}9\,cm^2$
b) $V \approx 111{,}3\,cm^3$ $O \approx 208{,}1\,cm^2$
c) $V = 7\frac{2}{3}\pi a^3$ $O \approx (16 + \sqrt{2})\pi a^2$

34
a) $O \approx 245{,}4\,m^2$
b) $V \approx 170{,}3\,cm^3$
c) $\varepsilon \approx 53{,}1°$ $V \approx 1694{,}3\,cm^3$

35
a) $V \approx 765{,}2\,cm^3$ $O \approx 530{,}14\,cm^2$
b) $V \approx 262{,}4\,cm^3$ $O \approx 253{,}7\,cm^2$
c) $V \approx 3145{,}3\,cm^3$ $O \approx 1360{,}3\,cm^2$

36
a) $V \approx 31{,}2\,cm^3$ $O \approx 66{,}3\,cm^2$
b) $V \approx 479{,}9\,cm^3$ $O \approx 411{,}6\,cm^2$
c) $O \approx 228{,}9\,cm^2$

37
a) Länge des roten Streckenzugs: etwa 13,8 cm

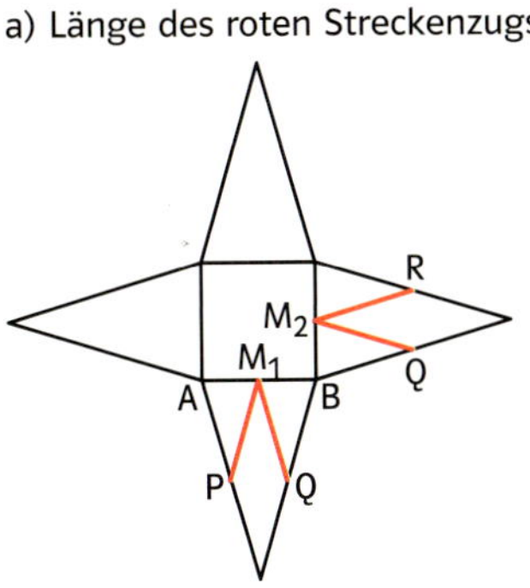

b) Länge des roten Streckenzugs: etwa 18,37 cm

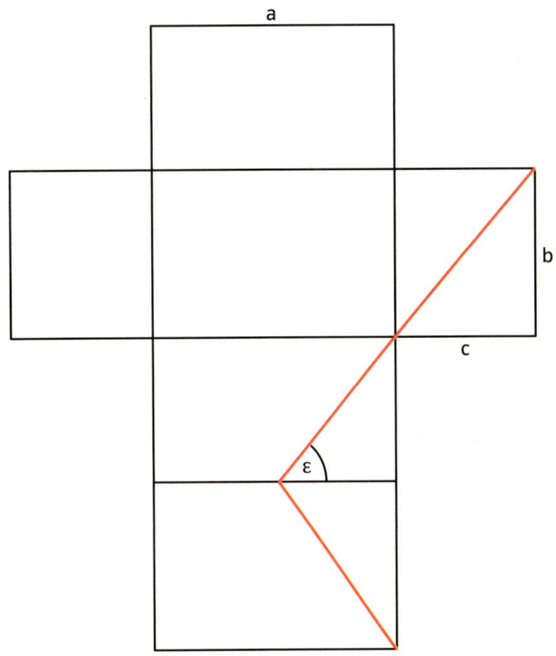

c) Länge des roten Streckenzugs: etwa 6,66 cm

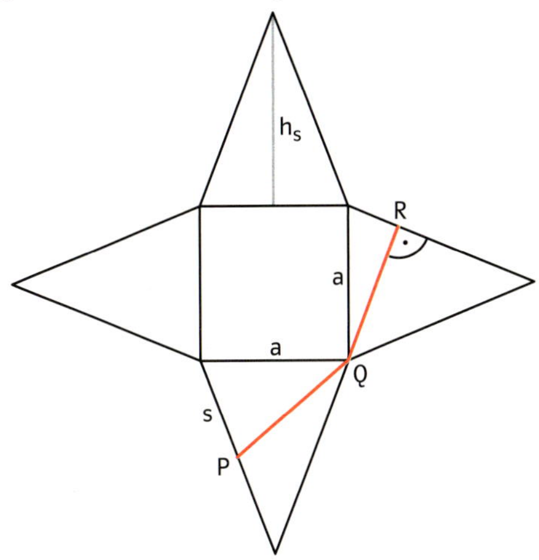

38

a)

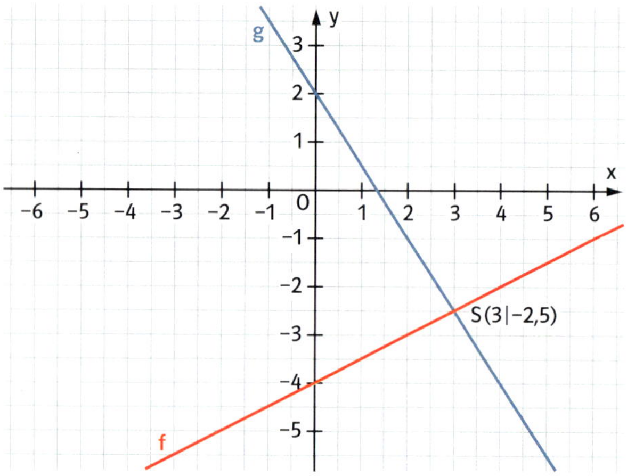

b) $y_1 = x + 3$; $y_2 = \frac{4}{3}x - 3$; S(18 | 21)

c) A = 25 cm^2

39

a)

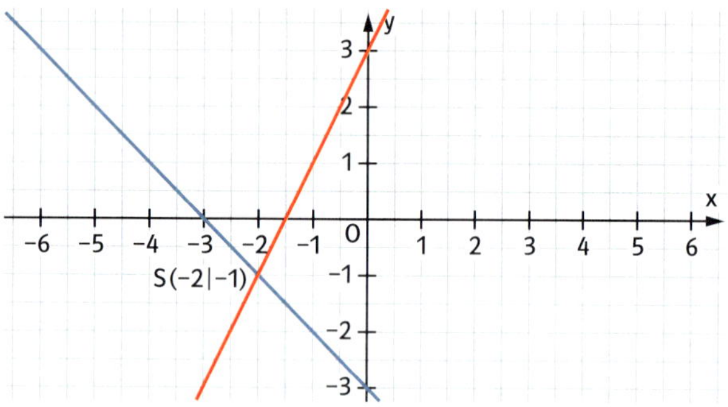

b) x = 17; y = −4

c) x = 2; y = 3

40

a) x = 3; y = −2

b) Das lineare Gleichungssystem hat keine Lösung, da die Geraden gleiche Steigung haben, also parallel sind, und nicht den gleichen y-Achsenabschnitt besitzen.

c) Ein Gleichungssystem hat unendlich viele Lösungen, wenn die Geraden aufeinanderliegen. Liegen die Geraden nicht aufeinander, haben aber die gleiche Steigung, gibt es keine Lösung, da sie parallel sind. In allen anderen Fällen besitzt das lineare Gleichungssystem genau eine Lösung, die durch den Schnittpunkt der Geraden dargestellt wird.

41

a) x = −10; y = 5

b) x = 2; y = −1

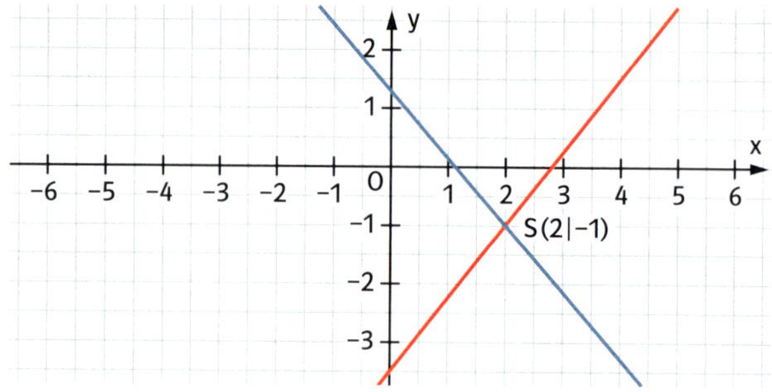

c) x = −3; y = 1

42

a) x = 1,5; y = −1 b) x = −2,5; y = −7 c) x = 2; y = 3

43

a) g: $y = \frac{2}{5}x - 1$ h: $y = -x + 2,5$

Schnittpunkt S(2,5 | 0)

b) u ≈ (4,95 + 5,7 + 5,39) cm = 16,03 cm

c) Winkel zwischen f und g: $\alpha \approx 52,9°$

Winkel zwischen g und h: $\beta \approx 66,7°$

Winkel zwischen f und h: $\gamma \approx 60,3°$

A = 12,25 cm^2

44

a) y = −2x − 7 Nullstelle: N(−3,5 | 0)

b) $\overline{PQ} \approx 26,8$ cm

c) $\alpha \approx 63,4°$

45

a) Es gibt zwei Schnittpunkte, da g || k.

b)

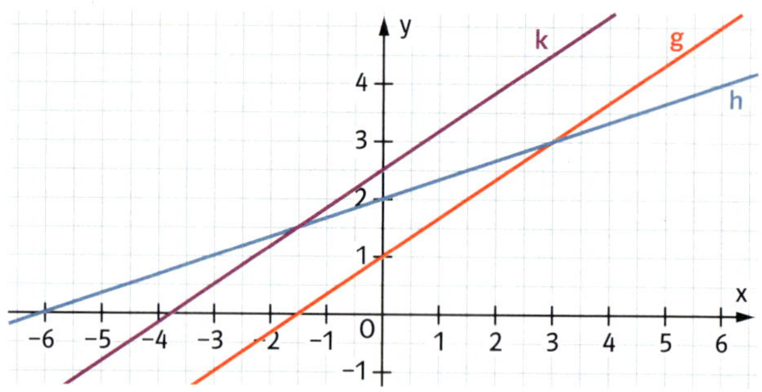

c) Man kann h ändern; z. B. h: $y = \frac{2}{3}x + 6$

46

a) Frau Bauer kauft 3 kg Äpfel und 4 kg Orangen.

b) Jedes der Mädchen erhält 25 Kugeln und jeder Junge erhält 50 Kugeln.

c) (1) 10x + y = 7(x + y) (2) 10x + y − 27 = 10y + x

Die zweistellige Zahl heißt 63.

47

a) (1) $h = 2m$ (2) $h + m = 30$

Martina hat 10 Euromünzen.

b) (1) $m = h + 3$ (2) $m + h = 73$

Henning hat 35 Münzen, Manuela hat 38 Münzen.

c) Haralds Aussage: x = Anzahl der Euro-Münzen.

$3x = x + 3$ hat keine ganzzahlige Lösung, also hat Harald Unrecht.

Martinas Aussage: x = Geldsumme.

$3x = x + 3$ hat die Lösung 1,50 €.

48

a) C

b) Es gibt 41 Hasen und 9 Enten auf dem Bauernhof.

c) Die ursprünglichen Seiten des Rechtecks waren $a = 7{,}2\,cm$ und $b = 27\,cm$.

49

a) $y_1 = \frac{1}{2}x^2$ $y_2 = x^2 - 2$

b)

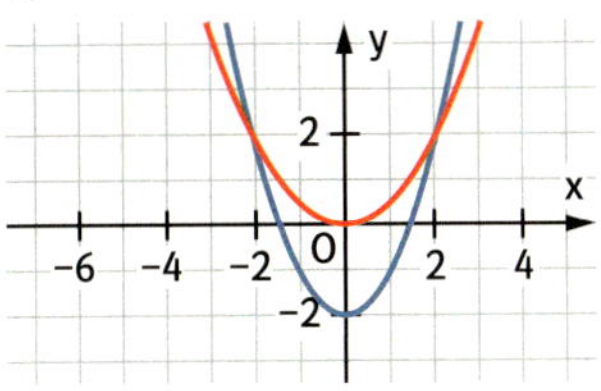

c) zweiter Schnittpunkt: $Q(-2|2)$

50

a) $y_1 = x^2 + 3$ $y_2 = -x^2 + 2$

$y_3 = x^2 - 0{,}5$ $y_4 = -x^2 - 1{,}5$

b) $y_1 = 3x^2$ $y_2 = 0{,}5x^2$

$y_3 = 0{,}25x^2$ $y_4 = -2x^2$

$y_5 = -0{,}75x^2$

c) $y_1 = -2x^2 + 5$ $y_2 = -\frac{1}{10}x^2 + 3$

$y_3 = -0{,}5x^2 + 1{,}5$ $y_4 = \frac{1}{4}x^2 - 2{,}5$

$y_5 = 3x^2 - 4$

51

a) $y = x^2 + 11x + 24$

b) mit der x-Achse: $N_1(-3|0)$; $N_2(-8|0)$

mit der y-Achse: $B(0|24)$

c) $A = 60\,cm^2$

52

a) $S(3|-4)$ b) $N_1(1|0)$; $N_2(5|0)$

c) $u = 12{,}9\,cm$

53

a) $y = x^2 - 2x - 8$ b) $S(1|-9)$ c) $S(1|9)$

54

a) auf p_1 liegen: T; S auf p_2 liegt: R

b)

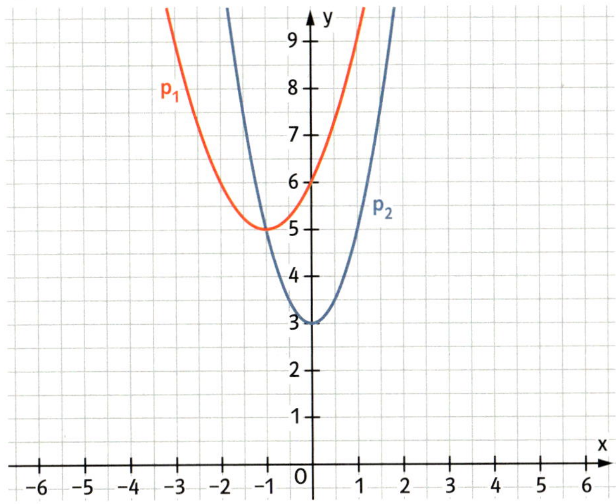

c) Schnittpunkte $P(3|21)$ und $Q(-1|5)$

55

a) $y = x^2 + 3x + 3{,}75$

b) $P(0{,}5|5{,}5)$; $Q(-2{,}5|2{,}5)$

c) $\overline{PQ} \approx 4{,}24\,cm$

56

a) $y_1 = x^2 + 6x + 9$ $y_2 = x^2 + 4x + 4$

$y_3 = x^2 - x + 0{,}25$ $y_4 = x^2 - 4x + 4$

$y_5 = x^2 - 7x + 12{,}25$

b) $y_1 = x^2 + 4x + 6$ $y_2 = x^2 - 6x + 11$

$y_3 = x^2 - 4x + 4{,}5$ $y_4 = x^2 + 4x + 2{,}5$

$y_5 = x^2 - 2x - 2$

c) $y_1 = -0{,}5x^2 - 2x + 3$ $y_2 = 4x^2 + 24x + 36$

$y_3 = -x^2 - 4x - 5$ $y_4 = 2x^2 - 4x + 1$

$y_5 = \frac{1}{4}x^2 + x - 1{,}5$

57

a) $y_1 = (x-3)^2 - 2$ $N_1(1{,}586|0)$; $N_2(4{,}414|0)$

$y_2 = (x+3)^2 - 2$ $N_1(-4{,}414|0)$; $N_2(-1{,}586|0)$

b) $S_1(3|-2)$; $S_2(-3|-2)$

c) Schnittpunkt: $P(0|7)$

58

a)

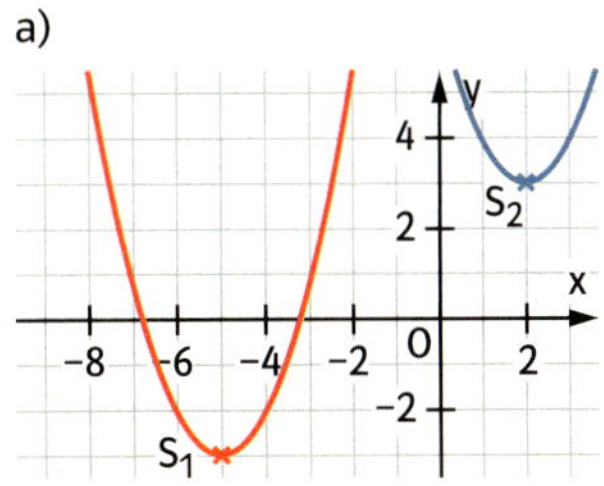

b) $S_1(-5|-3)$; $S_2(2|3)$

c) $\overline{S_1S_2} \approx 9{,}2\,cm$

59

a) $y_1 = x^2 + 2x - 4$ $y_2 = -x^2 + 2x - 2$

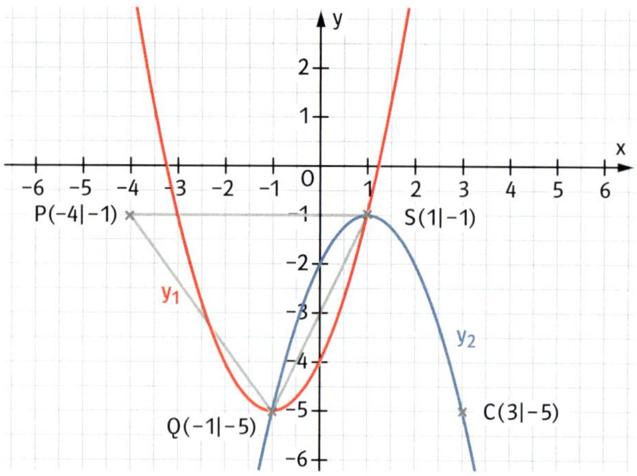

b) Schnittpunkte S(1|−1) und Q(−1|−5)

c) $\measuredangle QPS \approx 53{,}1°$ $\measuredangle PSQ = \measuredangle PQS \approx 63{,}4°$

60

a)

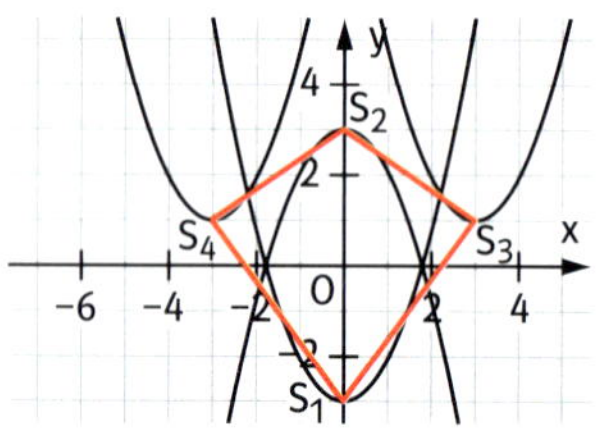

b) Das Viereck ist ein Drachen.

c) $u \approx 17{,}2\,\text{cm}$; $A = 18\,\text{cm}^2$

61

a) $\mathbb{L} = \left\{-\frac{4}{3}; \frac{4}{3}\right\}$

b) $\mathbb{L} = \{-5; 5\}$

c) $\mathbb{L} = \{-0{,}2; 0{,}2\}$

62

a) $\mathbb{L} = \{5; 7\}$

b) $\mathbb{L} = \{-8; -7\}$

c) $x^2 - 7x + 10 = 0$ $\mathbb{L} = \{2; 5\}$

63

a) $x^2 - 5x = 0$ $\mathbb{L} = \{0; 5\}$

b) $x^2 + 16x + 64 = 0$ $\mathbb{L} = \{-8\}$

c) $x^2 - 4x + 10 = 0$ $\mathbb{L} = \{\ \}$

64

a) $\mathbb{L} = \{-0{,}25; 0{,}25\}$

b) $\mathbb{L} = \mathbb{R}$

c) $x^2 + 0{,}5x - 18 = 0$ $\mathbb{L} = \{-4{,}5; 4\}$

65

a) $x^2 + 2x - 15 = 0$ $\mathbb{L} = \{-5; 3\}$

b) $x^2 - 2x - 3 = 0$ $\mathbb{L} = \{-1; 3\}$

c) $x^2 - 1{,}5x - 1 = 0$ $\mathbb{L} = \{-0{,}5; 2\}$

66

a) $x^2 + 4x - 5 = 0$ $\mathbb{L} = \{1; -5\}$

b) $x^2 - 1{,}5x - 2{,}5 = 0$ $\mathbb{L} = \{2{,}5; -1\}$

c) $x^2 + \frac{13}{3}x - \frac{10}{3} = 0$ $\mathbb{L} = \left\{\frac{2}{3}; -5\right\}$

67

a) etwa 8 min 19 s

b) fast 50-mal so lange

c) etwa $9{,}46 \cdot 10^{12}$ km

68

a) Zwischen $1{,}47 \cdot 10^{10}$ und $8{,}64 \cdot 10^{11}$ Liter Wasser

b) $1{,}8 \cdot 10^8$ Badewannen je Stunde

c) Jährlich stehen etwa $59{,}6 \cdot 10^{12}$ Liter Wasser der Energiegewinnung zur Verfügung.

69

a) 21 Jahre und 335 Tage

b) $2 \cdot 10^{22}$ Sterne

c) $V_{Atom} \approx 5{,}236 \cdot 10^{-31}\,\text{m}^3$

Er würde demnach aus mindestens $4{,}06 \cdot 10^{29}$

= 406 322 569 700 000 000 000 000 000 000 Atomen bestehen.

70

a) 125 Schülerinnen und Schüler in den 7. Klassen

b) F: 75° FHW: 187° MN: 98°

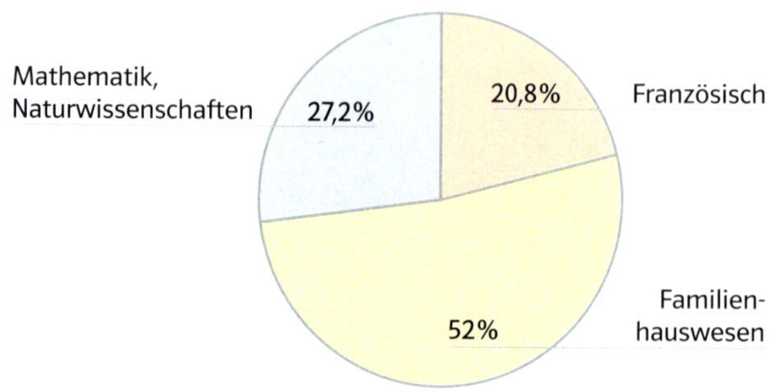

c) neue Prozentsätze: F: 23,2 %; FHW: 54,4 %; MN: 22,4 %

71

a) Ölverlust 16,7%; Handbremse 11,2%; Auspuffanlage 9,1%; Fußbremse 6,7%

b)

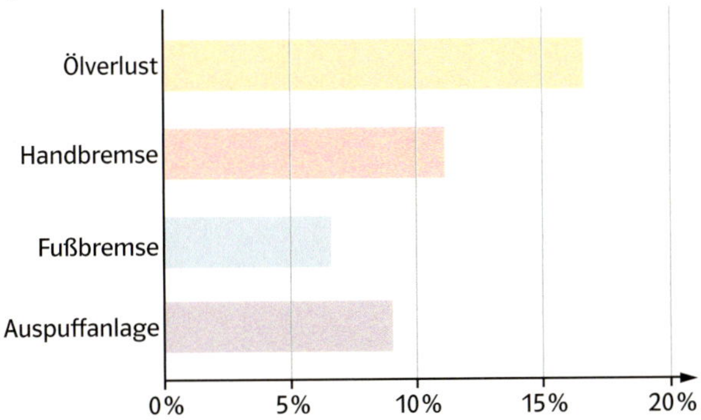

c) Da Mehrfachnennungen möglich sind und außerdem der Grundwert nicht bekannt ist, ist ein Kreisdiagramm ungeeignet.

72

a) Luxemburg: 723,82€; Schweden: 786,76€

b) Der niedrigste Preis liegt etwa 8% unter dem höchsten.

c)

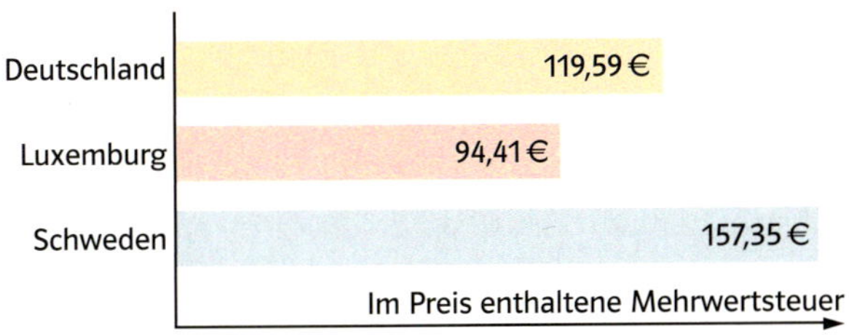

73

a) Zuwachs im 1. Jahr 4,6%; im 2. Jahr 6,3%

b) 2008: 675 Schüler 2009: 729 Schüler

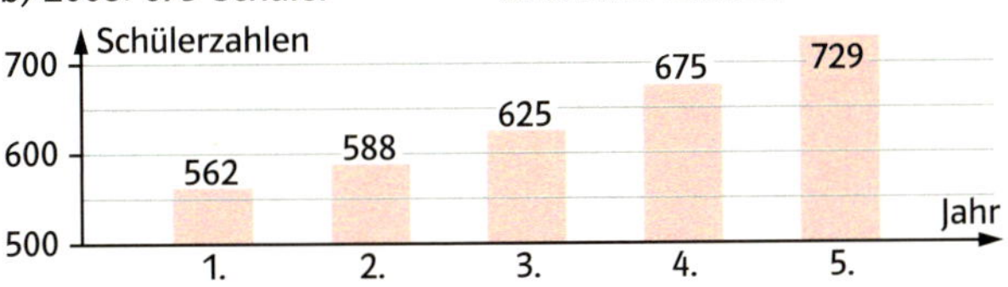

c) Ein gleichmäßiger Zuwachs von 6,7205% hätte zum gleichen Ergebnis geführt.

74

a) Der Zinssatz beträgt 2,5%.

b) Das Endkapital liegt bei 601,52€.

c) Er kann das Geld am 28. Juli des Jahres abheben.

75

a) Er hatte sein Konto 17 Tage lang überzogen.

b) Er hätte 2,48€ Zinsen mehr bezahlen müssen.

c) Durch die 2% Skonto spart er 69,13€. Für die Überziehung zahlt er 26,25€. Er sollte also seine Rechnung sofort bezahlen.

76

a) Das Guthaben nach 4 Jahren beträgt 2722,26€.

b) Es ist insgesamt um 13,4% angewachsen.

c) Der Zinsbetrag des 4. Jahres liegt 9,9% über dem des 1. Jahres.

77

a) Sie kann dann über 2655,97€ verfügen.

b) Der Betrag wäre um 9,57€ geringer.

c) Sabine hätte dann 3200€ fest angelegt.

78

a) A: 6,5% B: 5,7% C: 6%

Angebot B ist am günstigsten und Angebot A am teuersten.

b) Angebot C bietet den Vorteil einer monatlichen Zinszahlung, die vielen Menschen angenehmer ist.

c) Angebot A bietet den Vorteil, dass man nicht 10 000€ ausleihen muss, obwohl vielleicht 5000€ ebenfalls ausreichen würden. Die Zinsbelastung wäre dadurch geringer.

79

a) Sein Anfangskapital betrug 8000€.

b) Er hätte insgesamt 3614,64€ Zinsen erhalten.

c) Sein Kapital hätte sich insgesamt um etwa 57,6% erhöht.

80

a) Sie bekommt im 2. Jahr 23,63€ mehr als im 1. Jahr.

b) Der Zinssatz im 3. Jahr betrug 3,4%.

c) Ein gleich bleibender Zinssatz von 2,93% hätte zum gleichen Ergebnis geführt.

81

a) Die Bank berechnet einen Zinssatz von 4,2%.

b) Die Restschuld nach 11 Jahren beläuft sich auf 66 037,05€.

c) Die Zinsen im 7. Jahr betrugen 3931,24€.

82

a) Die monatlichen Raten betragen 497€.

b) Insgesamt müssen etwa 19,3% mehr bezahlt werden.

c) Die Kreditkosten sind um 720€ geringer.

83

a) Die 1. Rate würde 772€ betragen und die Raten 2 bis 48 lägen bei 560€.

b) Der effektive Jahreszins des Kleinkredites (11,34%) ist günstiger als der des Ratenkaufs (12,51%).

c) Der monatliche Zinssatz würde 0,49% betragen.

84

a) Sein Guthaben nach 5 Jahren wäre 4479,77 €.
b) Die jährliche Rate müsste mindestens 2678,71 € betragen.
c) Die jährliche Rate betrug 1200 €.

85

a) Tabea kann über 5521,20 € verfügen.
b)

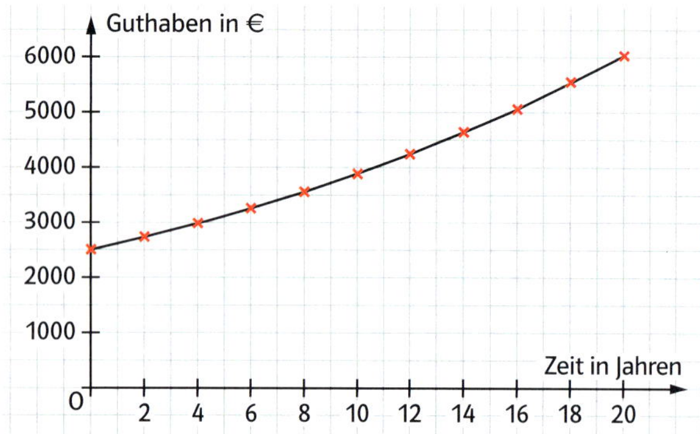

c) Das Kapital hätte sich nach etwa 25 Jahren verdreifacht.

86

a)

Zeit (Jahre)	0	5730	11 460	17 190	22 920
Menge (g)	80	40	20	10	5

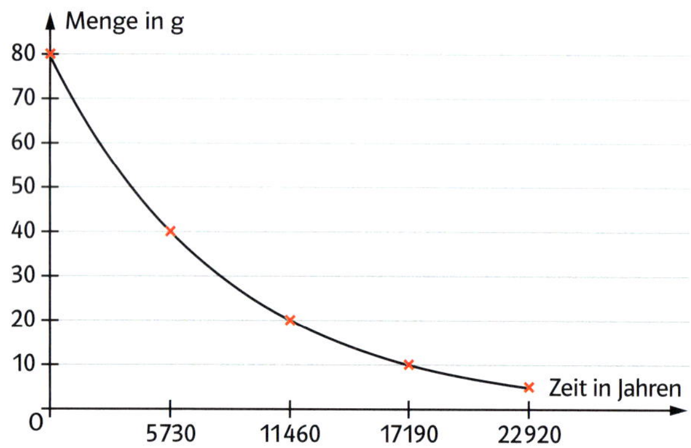

b) Nach 45 840 Jahren sind noch 0,781 g Kohlenstoff C14 vorhanden.
c) Nach $4{,}56 \cdot 10^8$ Jahren

87

a) n ≈ 7,91; nach etwa 8 Jahren
b) Sie sollte etwa 95 982,18 € kosten.
c) Die Wertsteigerung müsste bei etwa 1,814 % liegen.

88

a)

Höhe in km	Luftdruck in hPA
0	1013,25
1	881,53
2	766,93
3	667,23
4	580,49
5	505,02
6	439,37
7	382,25
8	332,56
9	289,33

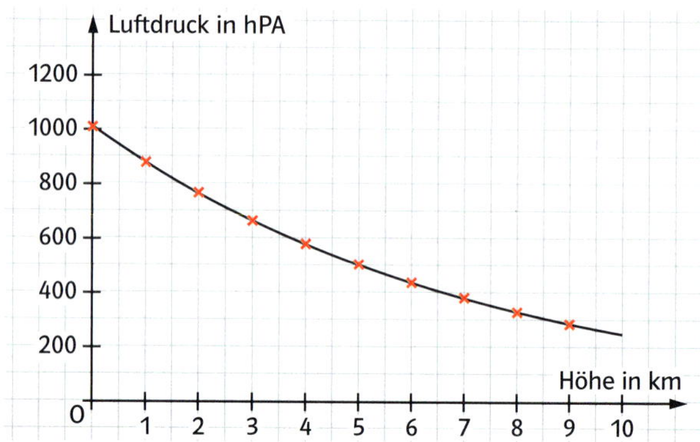

b) Der Luftdruck auf dem Erbeskopf (904,41 hPa) liegt etwa 1,63 % unter dem auf dem Donnersberg (919,39 hPa).
c) Der Berg ist etwa 4479 m hoch.

89

a)

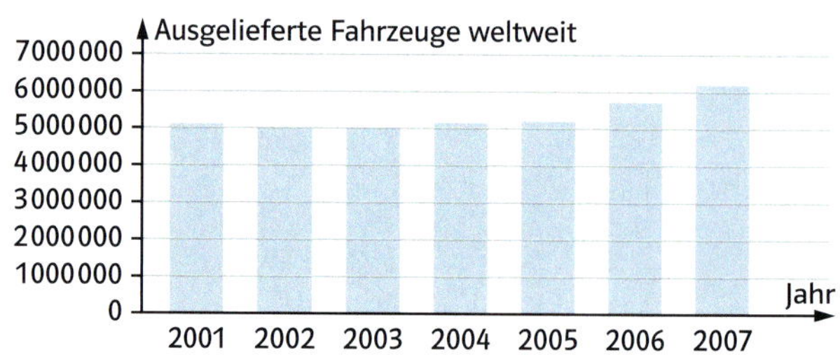

b) Wachstumsrate von VW: rund 8,24 %

Jahr	8,24 %	Produktion
2007		6 191 618
2008	510 189	6 701 807
2009	552 229	7 254 036
2010	597 733	7 851 769
2011	646 986	8 498 755
2012	700 297	9 199 052

Im Jahr 2012 würde VW Toyota überflügeln.
c) Betrachtet man die weltweite Auslieferung von Volkswagen, so ist diese Behauptung falsch, da VW hier 8,24 % mehr Autos verkaufte als 2006. Offensichtlich betrachtete die Zeitung nur den deutschen Markt. Hier lieferte VW rund 4,78 % weniger Neuwagen aus.

90

a) Mittelwert gesamt: 14,75
Jungen: m = 14,5; Mädchen: m = 15
b)

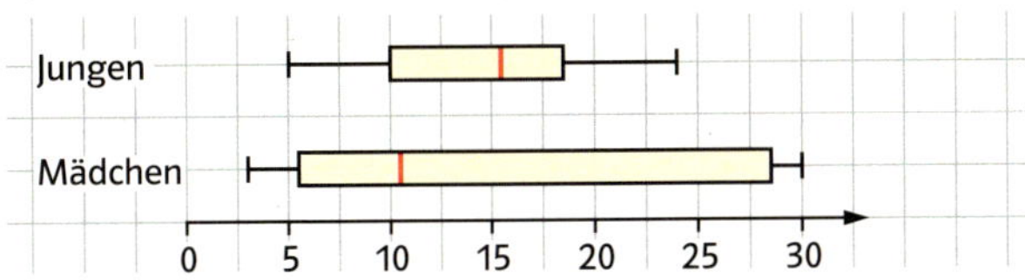

c) Die Unterschiede bei den Jungen sind geringer, Spannweite und Quartilabstand sind kleiner.

91

a)

Min	q_u	z	q_o	Max	q	w
5	**8**	12	15	28	7	**23**

b)

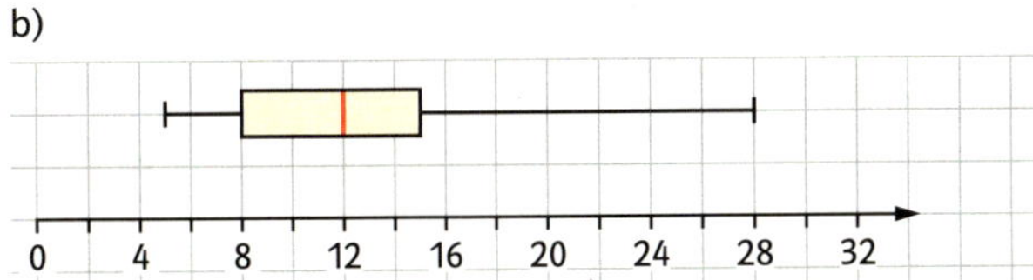

c) Beispiel: Punkteverteilung im Test
5; 5; 6; 7; 8; **8**; 9; 9; 10; 11; **12**; **12**; 13; 14; 14; 15; **15**; 17; 18; 22; 25; **28**

92

a) Das Kreisdiagramm zeigt anschaulich den Anteil der einzelnen Farben, weil die einzelnen Kreissegmente bereits als solche einen Überblick visualisieren.
Bei den Gewinnern und Verlierern wird durch die Balken oberhalb und unterhalb der x-Achse sofort deutlich, welche Farbe Zuwachs hatte bzw. welche Farbe Verluste hinnehmen musste. Dies ist in einem Kreisdiagramm beispielsweise nicht darstellbar.

b) Gewinne: 10,8 + 1,1 = 11,9
Verluste: −0,6 − 7,4 − 3,9 = −11,9
Da die prozentualen Gewinne der Farben Schwarz und Grau zu prozentualen Verlusten der anderen Farben werden, müssen die beiden Werte den gleichen Betrag mit unterschiedlichen Vorzeichen haben.
c) Man kann die Aussage weder bestätigen noch verneinen: Die Schaubilder beziehen sich auf alle neu zugelassenen Wagen. Es wird also nicht dargestellt, ob nicht eventuell die VW-Neuzulasser andere Farben wählen als die übrigen Autozulasser.
Sollten die VW-Neuzulasser die Farbe prozentual gleich wie alle Neuzulasser wählen, hat sich der Reporter verrechnet. In diesem Fall wären rund 5,9 % der Wagen schwarze Volkswagenmodelle. Das hieße, jeder 17. Wagen wäre ein schwarzer VW.

93

a) $m_{ges} = 115$; $m_6 = 135{,}3$; $m_7 = 72$; $m_8 = 137{,}7$;
$z_{ges} = 67$; $z_6 = 66$; $z_7 = 72$; $z_8 = 59$
b)

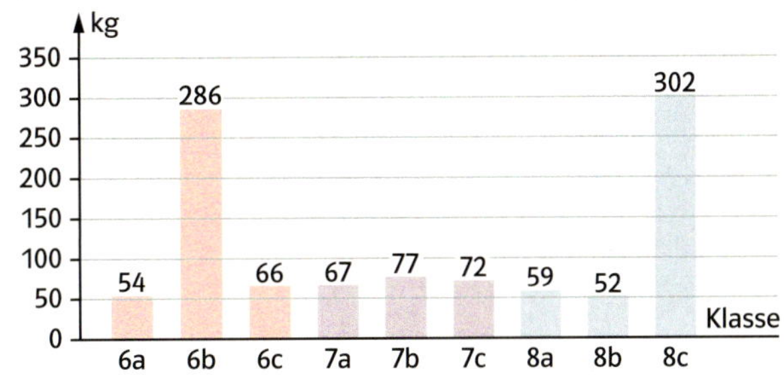

Minimum: 52; $q_u = 59$; $z = 67$; $q_o = 77$; Maximum: 302

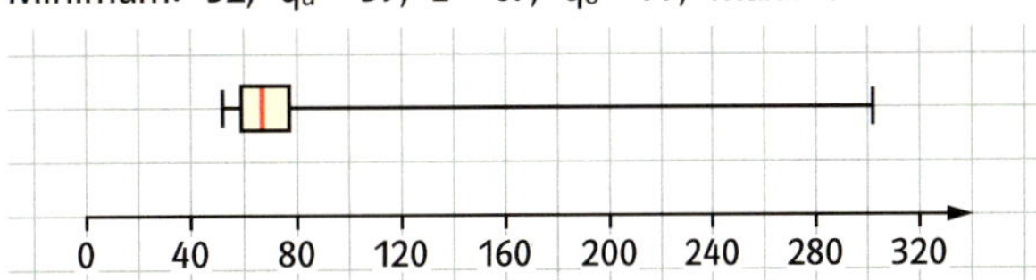

Das Säulendiagramm zeigt die Sammelergebnisse der einzelnen Klassen, der Boxplot zeigt die Verteilung. In beiden Diagrammen werden die „Ausreißer" nach oben deutlich.
c) Die 8-Klässer haben 91,2 % mehr als die 7er gesammelt. 8 c und 6 b sammelten 588 kg, also mehr als 50 % der Gesamtmenge von 1035 kg. Mehr als zwei Drittel der Klassen (6 a; 6 c; 7 a; 7 b; 7 c; 8 a; 8 b) sammelten weniger als der Durchschnitt.
Also ist die erste Aussage falsch, die beiden anderen sind richtig.

94

a) Min = 2; Max = 26; Spannweite: 26 − 2 = 24

b)

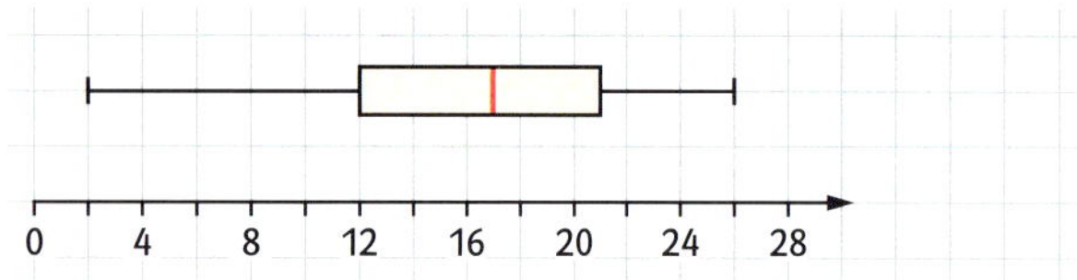

c) individuell

95

a) Der SG Bergheim hatte durchschnittlich etwa 35 Zuschauer mehr.

b)

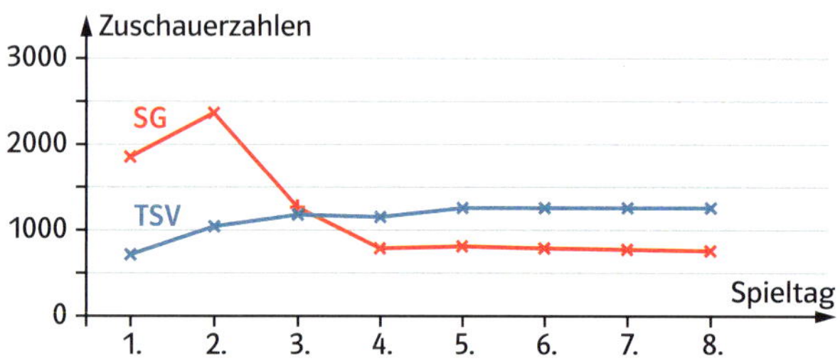

c) Der TSV Ahausen hatte zuletzt stets „ausverkauft", es sind erneut 1260 Zuschauer zu erwarten. Beim SG Bergheim kann man mit etwa 750 Zuschauern rechnen, da ein Rückgang zu beobachten ist.

96

a) P(ungerade) = $\frac{1}{2}$ = 50 %

b) P(nicht durch 2 oder 3 teilbar) = $\frac{1}{3} \approx$ 33,3 %

c) P(durch 2 und 3 teilbar) = $\frac{0}{6}$ = 0 % (unmögliches Ereignis)

97

a) P(Würfel und Tetraeder liegen auf der „1") = $\frac{1}{24} \approx$ 4,17 %

b) P(Summe = 5) = $4 \cdot \frac{1}{24} \approx$ 16,7 %

c) P(verschiedene Augenzahlen) = $1 - 4 \cdot \frac{1}{24} = \frac{5}{6} \approx$ 83,3 %

98

a) P(optischer Fehler und nicht funktionsfähig) = $\frac{39}{2000}$ = 1,95 %

b)

Reifen	optische Fehler	kein optischer Fehler	
funktionsfähig	35 1,75 %	1861 93,05 %	1896 94,8 %
nicht funktionsfähig	39 1,95 %	65 3,25 %	104 5,2 %
	74 3,7 %	1926 96,3 %	2000 100 %

c) P(funktionsfähig unter denen mit optischem Fehler) = $\frac{35}{74}$ ≈ 47,3 %

99

a) P(rot, rot) = $\frac{5}{33} \approx$ 15,2 %

b) P(gelb, schwarz) = P(schwarz, gelb) = $\frac{1}{11}$

c) P(3) = P(4) = P(22) = P(23) = $\frac{1}{66} \approx$ 1,52 %;

P(5) = P(6) = P(20) = P(21) = $\frac{1}{33} \approx$ 3,03 %;

P(7) = P(8) = P(18) = P(19) = $\frac{1}{22} \approx$ 4,55 %;

P(9) = P(10) = P(16) = P(17) = $\frac{2}{33} \approx$ 6,06 %;

P(11) = P(12) = P(14) = P(15) = $\frac{5}{66} \approx$ 7,58 %;

P(13) = $\frac{1}{11} \approx$ 9,09 %

100

a) P(nicht gerade) = $\frac{2}{9} \approx$ 22,2 %

b) P(Summe > 12) = $\frac{1}{3} \approx$ 33,3 %

c) P(Produkt nicht durch 3 teilbar) = $1 - \frac{5}{9} \approx$ 44,4 %

Register

Abnahme 78, 84, 92
–, exponentielle 84, 92
–, lineare 78
Abschreibung
–, degressive 85
–, lineare 85
addieren 6, 7, 56
Addition 6, 7, 56
Additionsverfahren 12
ähnlich 15
Anfangskapital 100, 102, 115
Anhalteweg 48
Ankathete 144, 146, 173
Annuitätentilgung 104, 115
Äquivalenzumformung 12, 13
ausklammern 14
Ausprägung 132, 135

Balkendiagramm 106, 115
Basis 54, 89
Baumdiagramm 127, 134, 135
Bremsweg 48
Bruch 7
Bruchteile
–, addieren 7
–, dividieren 7
–, multiplizieren 7
–, subtrahieren 7

Darlehen 104, 115
Datenmengen 112, 115
Definitionsmenge 11
DGS
–, Exponentialfunktion 87
–, Flugkurven 44
–, grafische Ermitteln von Nullstellen bei Parabeln 49
–, Parabeln 26
–, quadratische Funktion 26
–, Schnittpunkte von Parabeln und Geraden 36
–, Sinusfunktion 168
Diagramm 106, 115
Diskriminante 38, 41
dividieren 6, 7
Division 56, 62
Dreieck 18
–, allgemein 153, 173
–, rechtwinklig 146, 173
Dreisatz 8, 9

Einheitskreis 165, 173
Endkapital 100, 102, 115
Ereignis 122, 135
–, mögliches 135
Ergänzung 32, 45
–, quadratische 32, 45
Ergebnis
–, günstiges 122, 135
–, Wahrscheinlichkeit eines 122, 125
–, zusammengesetztes 124, 126, 135
Erhebung
–, statistische 106, 115
Exponent 54, 62, 66, 67, 69, 82
Exponentialfunktion 86, 92
–, erweiterte 86, 92
Extremwert 68, 167, 170
–, der Sinusfunktion 167, 170
–, der Kosinusfunktion 167, 170

Faustformel 48
Funktion
–, eindeutige 11
–, gemischt quadratische 33, 35, 45
–, lineare 11, 92
–, periodische 170, 173
–, proportionale 11
–, quadratische 22, 45
–, rein quadratische 22, 25, 28, 30, 45

Gegenereignis 124, 135
Gegenkathete 144, 146, 173
Generationszeit 82, 92
geordnete Paare 127
Gleichsetzungsverfahren 12
Gleichung 12, 28
–, rein quadratische 28, 45
–, gemischt quadratische 35, 45
Gleichungssystem
–, lineares 12
Grundmenge 13
Grundwert 10

Halbebene 13
Halbwertzeit 84, 92
Häufigkeit
–, absolute 10
–, relative 10
Hochpunkt 68, 69, 170
Höhensatz 17
Hyperbel 67, 69
Hypotenuse 144, 146, 174

Jahreszinsen 100, 115

Kapital 100
Kathetensatz 17
Kegel 19
Kennwert 109, 112, 115
Koeffizient 66
Kosinus 144, 151, 155, 165, 173
Kosinusfunktion 167, 173
Kosinussatz 155, 173
Kreditformen 115
Kreis 18
Kreisausschnitt 18
Kreisdiagramm 106, 115
Kubikzahl 54
Kugel 19

Linearfaktorzerlegung 30
Liniendiagramm 106, 115
Logarithmus 89, 92
Lösen einer gemischt quadratischen Funktion
–, grafisch 35, 41
–, rechnerisch 37, 41
Lösen einer rein quadratischen Funktion
–, grafisch 28
–, rechnerisch 30
Lösungsformel 37, 45
Lösungsmenge 13

Maßstab 15
mathematisches Modell 42
Maximum 109
Merkmal 132, 135
Minimum 109
Mittelwert 109
Modellieren 42
–, mit quadratischen Funktionen 45
Multiplikation 56, 62
multiplizieren 6, 7

Normalform 35, 37
Normalparabel 22, 45
–, achsensymmetrisch 22
Nullstelle 28, 45
–, der Sinusfunktion 167, 170
–, der Kosinusfunktion 167, 170

Parabel 22, 25, 28, 67, 69
Periode 170, 173
Pfad 127
Planungsgebiet 13
Potenzen 54, 56
–, mit gleicher Basis 56, 69
–, mit gleichen Exponenten 62, 69
–, mit negativen Exponenten 57, 69
Potenzfunktion 67, 69
Potenzgesetze 56, 62, 69
potenzieren 56
p-q-Formel 37
Prisma 19
Probe 12, 13
Produktgleichheit 9
Produktregel 127, 135
Prozentfaktor 10
Prozentrechnung 10
Prozentsatz 10
Prozentwert 10
Pyramide 19
Pythagoras
–, Satz des 17

Quadratfunktion 22
Quadratzahl 54
Quartil
–, unteres 109
–, oberes 109
Quartilabstand 109
Quotientengleichheit 8

Ratensparen 102, 115
Reaktionsweg 48
Realsituation 42
Relationszeichen 13
Restschuld 104, 115
Rückzahlungsrate 104

Säulendiagramm 106, 115
Scheitel 22, 25, 45
Scheitelform 32, 35, 45
Scheitelpunkt 22, 25, 32
Sinus 144, 151, 155, 165, 173
Sinusfunktion 167, 173
Sinussatz 155, 173
Spannweite 109
Sparformen 102, 115
Sparrate
–, jährliche 102, 115
Steigung 11
–, einer Straße 149
Strahlensatz 16
–, erster 16
–, zweiter 16
Streckung
–, zentrische 15
Streckzentrum 15
Streifendiagramm 106, 115
Stützdreieck 160, 173
subtrahieren 6, 7
Subtraktion 56
Summenregel 124, 135

Tabelle 106
Tangens 144, 151, 173
technische Notation 59
Termumformung 12, 13
Tiefpunkt 68, 69, 170
Trapez 18

Ungleichung 13
–, lineare 13
Ungleichungssystem 13

Variable 12
Veränderung
–, prozentuale 10
Vermehrung 10
Verminderung 10
Vieleck
–, allgemein 18
–, regelmäßiges 18
Vierfeldertafel 132, 134, 135
Vieta
–, Satz von 40

Wachstum 78, 80, 82, 92
–, exponentielles 82, 92
–, lineares 78
Wachstumsfaktor 80, 92
Wachstumsrate 80, 92
Wahrscheinlichkeit 122
Wendeparabel 67
Wendepunkt 68, 69, 170
Wertemenge 11
Winkelfunktion 167
wissenschaftliche Schreibweise 59, 69
Wurzel 64
–, n-te 64
Wurzeln 14
–, ziehen 14

y-Achsenabschnitt 11

Zahl
–, negative 13
Zehnerlogarithmen 89, 90, 92
Zehnerpotenzschreibweise 59
Zeitfaktor 100, 115
Zentralwert 109
zerlegen
–, eines Dreiecks 153, 173
–, eines Vielecks 159
–, eines Vierecks 159
Zinsen 100, 115
Zinseszins 100, 115
Zinseszinsformel 100, 115
Zinsfaktor 102, 115
Zinssatz 100
Zufallsversuch
–, zweistufiger 127, 134, 135
Zuordnung
–, antiproportional 9
–, proportionale 8
–, umgekehrt proportional 9
Zuordnung
–, eindeutige 11
Zuwachssparen 102, 115
Zylinder 19

Mathematische Symbole

$=$	gleich
$\approx$	ungefähr gleich
$<$	kleiner als
$>$	größer als
$\mathbb{N}$	Menge der natürlichen Zahlen
$\mathbb{R}$	Menge der reellen Zahlen
$\mathbb{Z}$	Menge der ganzen Zahlen
$\mathbb{Q}$	Menge der rationalen Zahlen
$g \perp h$	die Geraden g und h sind zueinander senkrecht
⊾	rechter Winkel
$g \parallel h$	die Geraden g und h sind parallel
g, h, …	Buchstaben für Geraden
A, B, … , P, Q, …	Buchstaben für Punkte
$\alpha, \beta, \gamma, \delta, \ldots$	griechische Buchstaben für Winkel
$\overline{AB}$	Strecke mit den Endpunkten A und B
$A(-2\vert 4)$	Punkt im Koordinatensystem mit dem x-Wert −2 und y-Wert 4
π	Kreiszahl
$\sqrt{\ }$	Wurzel

Maßeinheiten und Umrechnungen

Zeiteinheiten

Jahr	Tag	Stunde	Minute	Sekunde
1 a =	365 d			
	1 d =	24 h		
		1 h =	60 min	
			1 min =	60 s

Gewichtseinheiten

Tonne	Kilogramm	Gramm	Milligramm
1 t =	1000 kg		
	1 kg =	1000 g	
		1 g =	1000 mg

Längeneinheiten

Kilometer	Meter	Dezimeter	Zentimeter	Millimeter
1 km =	1000 m			
	1 m =	10 dm		
		1 dm =	10 cm	
			1 cm =	10 mm

Flächeneinheiten

Quadratkilometer	Hektar	Ar	Quadratmeter	Quadratdezimeter	Quadratzentimeter	Quadratmillimeter
1 km^2 =	100 ha					
	1 ha =	100 a				
		1 a =	100 m^2			
			1 m^2 =	100 dm^2		
				1 dm^2 =	100 cm^2	
					1 cm^2 =	100 mm^2

Raumeinheiten

Kubikmeter	Kubikdezimeter	Kubikzentimeter	Kubikmillimeter
1 m^3 =	1000 dm^3		
	1 dm^3 =	1000 cm^3	
	1 l =	1000 ml	
		1 cm^3 =	1000 mm^3

Bildquellenverzeichnis

U1: Getty Images (Stone/Ryan McVay), München – 4.1: iStockphoto (paulrdunn), Calgary, Alberta – 4.3: Corbis (John Lund), Düsseldorf – 5.2: Getty Images (Stone/Alan Thornton), München – 5.3: Getty Images RF (The Image Bank/Biddiboo), München – 5.4: Getty Images (Stone/Uwe Krejci), München – 20.1: iStockphoto (paulrdunn), Calgary, Alberta – 21.1: Avenue Images GmbH RF (Stockbyte), Hamburg – 24.5: Getty Images (photonica/Doug Plummer), München – 31.1: picturemaxx.net (RF), München – 40.2: Corbis (Bettmann), Düsseldorf – 43.2: Getty Images (Bongarts), München – 43.3: Corel Corporation Deutschland, Unterschleissheim – 43.4: Werner Otto Reisefotografie - Bildarchiv, Oberhausen – 44.1: vario images GmbH & Co.KG (Faltermaier), Bonn – 44.2: Picture-Alliance, Frankfurt – 50.2: Comstock, Luxemburg – 52.3: Avenue Images GmbH RF (Image Source), Hamburg – 52.4: Getty Images (Altrendo), München – 53.1: Getty Images (Altrendo), München – 53.2: Avenue Images GmbH RF (Fstop), Hamburg – 53.3: Getty Images RF (Photodisc), München – 55.1: Peter Arnold, Inc. (Gary Gaugler/The Medical File), New York – 57.1: MEV Verlag GmbH, Augsburg – 60.1; 60.2; 60.3; 60.4: Kage Mikrofotografie, Lauterstein – 61.1: iStockphoto (Victor Guisado Muñoz), Calgary, Alberta – 61.3: Corbis (Clouds Hill Imaging Ltd.), Düsseldorf – 61.4: iStockphoto (RF/Alan Hettinger), Calgary, Alberta – 61.5: Statoil ASA (Øyvind Hagen), Stavanger – 66.1: Phywe Systeme GmbH & Co. KG, Göttingen – 68.1: Getty Images RF (PhotoDisc), München – 71.1: Andia.fr, Pacé – 72.2: Astrofoto, Sörth – 72.4: Mauritius Images, Mittenwald – 73.2: Picture-Alliance (dpaweb), Frankfurt – 73.3: Ulrike Medenbach Wissenschaftliche Fotografie, Witten – 73.4: Okapia (Hans-Peter Schaub), Frankfurt – 74.1: FOCUS (SPL, Dr. Tony Brain), Hamburg – 75.1: FOCUS (Oscar Burriel/SPL), Hamburg – 75.2: Avenue Images GmbH RF (Thinkstock), Hamburg – 76.1: Corbis (John Lund), Düsseldorf – 76.2: Getty Images (Steve Craft), München – 76.3: together-images (© Oliver Cleve/together-images), Düsseldorf – 76.4: Getty Images RF (Angelo Cavalli), München – 79.1: Picture-Alliance, Frankfurt – 80.1: Andia.fr, Pacé – 82.1: Fotosearch Stock Photography (Digital Vision), Waukesha, WI – 83.1: Picture-Alliance (Damien Meyer), Frankfurt – 85.1: Okapia (M. Hurley/Global Pictures), Frankfurt – 85.2: FOCUS (Kluyver), Hamburg – 86.1: Picture-Alliance (Godong), Frankfurt – 88.2; 88.3: Elke Peter, Kassel – 91.1: iStockphoto (RF), Calgary, Alberta – 93.1: Mauritius Images (Herbert Kehrer), Mittenwald – 94.1: Astrofoto, Sörth – 95.1: BPK (bpk, Berlin, Büsing), Berlin – 95.2: South Tyrol Museum of Archaeology, Bolzano, Italy/Wolfgang Neeb/The Bridgeman Art Library – 96.1: iStockphoto (Dave Logan), Calgary, Alberta – 96.2: creativ collection Verlag GmbH, Freiburg – 98.4: Getty Images (Stockbyte), München – 99.2: Avenue Images GmbH RF (StockDisc), Hamburg – 100.1: Fotosearch Stock Photography, Waukesha, WI – 103.2: Getty Images (Taxi/Ebby May), München – 105.1: Dreamstime LLC, (Monkey Business Images), Brentwood, TN – 111.1: Picture-Alliance (ZB), Frankfurt – 113.1: Corbis (Allana Wesley White), Düsseldorf – 116.1: Süddeutsche Zeitung Photo, München – 117.3: MEV Verlag GmbH, Augsburg – 118.2: Getty Images RF, München – 118.3: Deutsche Bahn AG (Kirsche), Berlin – 120.1: Getty Images (Stone/Alan Thornton), München – 120.2: Avenue Images GmbH RF (PhotoDisc), Hamburg – 131.1: Avenue Images GmbH RF (Comstock), Hamburg – 131.2: Biosphoto (Gunther Michel), Berlin – 132.1: Corbis (John Lund), Düsseldorf – 134.1: Getty Images RF (PhotoDisc), München – 140.1: iStockphoto (Silvia Jansen), Calgary, Alberta – 142.1: Getty Images RF (The Image Bank/Biddiboo), München – 142.2: Picswiss Roland Zumbühl – 142.3: iStockphoto (mddphoto), Calgary, Alberta – 142.4: Avenue Images GmbH RF (Mark Karrass), Hamburg – 143.1: Getty Images RF (Arrnulf Husmo), München – 143.2: Getty Images RF, München – 150.1: Fotolia LLC (Monja Wessel), New York – 150.2: Fotolia LLC (James Wei), New York – 150.4: MEV Verlag GmbH, Augsburg – 150.5: Helga Lade (BIM), Frankfurt – 150.6: Arne Wiechern, Hamburg – 170.1: Mauritius Images (SuperStock), Mittenwald – 172.3: Corbis (Andrew Brookes), Düsseldorf – 175.4: Getty Images RF (PhotoDisc), München – 176.2: Fnoxx, Arnulf Hettrich (Arnulf Hettrich), Stuttgart – 176.5: Arne Wiechern, Hamburg – 177.2: Getty Images (Stone/Bruce Forster), München – 181.4: Astrofoto (Dorst), Sörth – 182.1: Getty Images (Stone/Uwe Krejci), München – 182.2: Getty Images (photonica/Neo Vision), München – 182.3: Corbis (Randy Faris), Düsseldorf – 182.4: Getty Images (photonica/Hoshikawa), München – 182.5: Jupiterimages GmbH (FoodPix/Bill Boch), Ottobrunn/München – 182.6: Mauritius Images (age fotostock), Mittenwald – 183.1: Corbis (zefa/Sagel & Kranefeld), Düsseldorf – 183.2: Corbis (zefa/Christopher Stevenson), Düsseldorf – 183.3: Corbis (creasource), Düsseldorf – 191.1: Picture-Alliance (Uwe Gerig), Frankfurt – 197.1: Getty Images RF, München – 198.1: iStockphoto (Vishwanatha Srinivasan), Calgary, Alberta

Alle übrigen Fotos entstammen dem Archiv des Ernst Klett Verlages, Stuttgart.